Mathematik der Neuzeit

Dietmar Herrmann

Mathematik der Neuzeit

Geschichte der Mathematik in Europa
von Vieta bis Euler

Springer Spektrum

Dietmar Herrmann
FH München
Anzing, Bayern, Deutschland

ISBN 978-3-662-65416-3   ISBN 978-3-662-65417-0   (eBook)
https://doi.org/10.1007/978-3-662-65417-0

Die Deutsche Nationalbibliothek verzeichnet diese Publikation in der Deutschen Nationalbibliografie; detaillierte bibliografische Daten sind im Internet über http://dnb.d-nb.de abrufbar.

Planung/Lektorat: Nikoo Azarm
Springer Spektrum ist ein Imprint der eingetragenen Gesellschaft Springer-Verlag GmbH, DE und ist ein Teil von Springer Nature.
Die Anschrift der Gesellschaft ist: Heidelberger Platz 3, 14197 Berlin, Germany

Gewidmet meiner lieben Gattin Eva,
mit Dank für ihre Geduld in Zeiten, zu denen ich
wieder zu lange am Computer saß.

Vorwort

Nach einer ungebrochenen, viele Jahrhunderte überdauernden Tradition wird die Mathematik in unserem Zeitalter der Massenbildung nicht mehr als integraler Teil unserer Kultur angesehen. Die Isolation der forschenden Gelehrten, der bedauernswerte Mangel an inspirierenden Lehrern, die Anzahl der langwierigen und anspruchslosen kommerziellen Lehrbücher und der generelle Erziehungstrend – weg von dieser anspruchsvollen Disziplin – haben viel zu einer gegen die Mathematik gerichteten Mode im Bildungswesen beigetragen. Es ist ein großes Verdienst der Öffentlichkeit, dass das Interesse an der Mathematik dennoch ungebrochen ist.
(Richard Courant im Vorwort zum Buch *Mathematics in Western Culture* von M. Kline, 1953).

Dieses Buch ist der vierte Teil einer Buchreihe zur Geschichte der Mathematik. Thema ist die Mathematik der Neuzeit in Europa, also einer Epoche der Glaubenskriege, Gegenreformation und Aufklärung.

Der Band ist zunächst ein Lesebuch, das nach einer Kurzbiografie des jeweiligen Mathematikers wichtige und bemerkenswerte Ergebnisse aus dessen Lebenswerk referiert. Für alle Leserinnen und Leser, die sich für die geschichtliche Entwicklung interessieren, wird das soziale und kulturelle Umfeld der Gelehrten durch Bilder und zahlreiche Zitate ausführlich geschildert. An vielen Stellen wird auch auf literarische Bezüge eingegangen.

Die Auswahl aus den mathematischen Werken beansprucht nicht, *repräsentativ* zu sein, dennoch vermitteln auch exemplarische Beispiele Einblicke in die mathematische Gedankenwelt des 16. und 17. Jahrhunderts. Bei der Besprechung der Anfänge der Algebra erfolgt ein Rückblick in die Zeit der Renaissance, ebenso bei der Erfindung der Perspektive. Der im Buch erfasste Zeitraum geht bis zum Tod Eulers (1783). Es enthält zahlreiche Hinweise und Vorgehensweisen, die zur Eigenbeschäftigung anregen.

Aber das Buch ist mehr: Es bietet eine Bestandsaufnahme der erreichten Resultate in Geometrie, Algebra, Wahrscheinlichkeitsrechnung, Zahlentheorie und Rechentechnik bis Eulers Tod. Dies erleichtert die Suche nach geeigneten Themen für Unterricht, Vorlesung und Seminare.

Vieles, was hier zur Darstellung kommt, ist mathematisches Allgemeingut. Dennoch werden hier einige Zusammenhänge offengelegt, die bisher wenig oder gar nicht beachtet wurden, und so vielleicht neue Einsichten erzeugt und Erinnerungen an frühere Vorlesungen geweckt. Der Text ist weitgehend elementar gehalten und durch zahlreiche Beispiele erläutert; bei der Behandlung von Ableitungen und Integralen sind Grundkenntnisse aus einführenden Vorlesungen in Höherer Mathematik nützlich.

Das Buch ist ein mathematisch orientiertes Geschichtsbuch; es kann *nicht* bei der Vielzahl der angesprochenen Themen, wie ein modernes Lehrbuch, umfassende Definitionen oder Regeln aufstellen. Die Darstellung ist *historisch*, so wird das Rechnen mit Reihen ohne die heute obligatorischen Konvergenzbetrachtungen und Restgliedabschätzungen vorgeführt.

Um das Lesen der Texte zu erleichtern, wird die moderne mathematische Schreibweise gewählt; an einigen Stellen wird auch auf die historischen Schreibweisen eingegangen. Die Kapitel des Buchs über Einzelpersonen sind chronologisch nach dem Geburtsjahr angeordnet. Die anderen Sachthemen wie die „Erfindung der Perspektive", „Rechenhilfsmittel" usw. sind problemgeschichtlich dargestellt, dabei wird ein Mittelweg eingeschlagen zwischen bloßer Faktenvermittlung und akribischer Darstellung aller Einzelheiten.

Der Autor wünscht allen Leserinnen und Lesern eine anregende Lektüre!

München   Dietmar Herrmann

Inhaltsverzeichnis

Abbildungsverzeichnis

We all know that the triumph for a historian of science is to prove that nobody ever discovered anything (Jacquard Hadamard, Newton Tercentenary Celebration Royal Society, Juli 1946).

Wenn mich ein neues Buch erreicht, dann suche ich, was ich daraus lernen kann, und nicht, was ich daran kritisieren kann (G. W. Leibniz).

Pro captu lectoris habent sua fata libelli (Terentianus Maurus, um 200 n. Chr.).

Igitur eme, lege, fruere (Also kaufe, lies und erfreue dich!) (Kopernikus, Vorwort De Revolutionibus 1543).

Es gibt Leute, die wollen, dass ein Schriftsteller nie von Dingen rede, über die schon andere gesprochen haben; sonst klagt man ihn an, nichts Neues zu sagen. Auch wenn auch die Gegenstände, die er behandelt, nicht neu sind, so ist doch die Anordnung neu. Wenn man Ball spielt, so ist es derselbe Ball, mit welchem der eine wie der andere spielt, aber der eine schlägt ihn besser als der andre (Pascal, Pensées 696).

1.1 Wozu dient die Geschichte der Mathematik?

Die Geschichte der Mathematik kann unter mehrfachen Gesichtspunkten betrachtet werden:

Man möchte die Entstehungsgeschichte unserer heutigen Mathematik kennenlernen und erfahren, zu welcher Zeit und auf welche Weise gewisse mathematische Teildisziplinen entstanden sind. Besonders interessant ist zu wissen, wie, wann und durch wen berühmte mathematische Sätze geprägt bzw. bewiesen wurden.

Neben der chronologischen Geschichte von mathematischen Sachverhalten will man sich über die Entwicklung, Zusammenhänge, Entfaltung und Wechselwirkung der zugrunde liegenden Ideen informieren, wobei wichtige, sich ausbreitende Ideen sach- und problemgeschichtlich dargestellt werden sollen.

D. Herrmann, *Mathematik der Neuzeit*, https://doi.org/10.1007/978-3-662-65417-0_1

Wissenswert ist es auch, etwas über die soziokulturellen Hintergründe der Wissenschaftler zu erfahren, wie ihr Leben und Wirken durch Zeitumstände, Reisen, Kontakte, kriegerische Auseinandersetzungen und religiöse Normen beeinflusst wurden.

Anzumerken ist, dass die Beschäftigung mit der Geschichte der Mathematik keinesfalls reiner Selbstzweck ist, denn oft erlangt man das Verständnis von einzelnen Sachverhalten am besten dadurch, dass man die historische Entwicklung studiert. *Last not least* dürfte gerade die Mathematikgeschichte dazu geeignet sein, die – immer stärker zu zerfallen drohende – Einheit der Mathematik aufzuzeigen.

1.2   Zum Inhalt des Buchs

Kap. 2 berichtet über die Weiterentwicklung der Algebra, die im Band *Mathematik des Mittelalters* bis zur Entdeckung der Formeln von Cardano geschildert wurde. Sehr ausführlich wird die Geschichte des komplexen Rechnens bis Gauß dargestellt. Spezielle Probleme bei Bombelli und Vieta finden sich in den Abschn. 2.2 und 2.3. Auf die großartigen Entdeckungen Eulers im Komplexen wird separat im Abschn. 14.1 eingegangen. Abschn. 2.4 zeigt den Stand der Algebra bei Thomas Harriot, dessen Werk später von John Wallis fortgesetzt wird.

Kap. 3 schildert die Erfindung der Perspektive und geht damit auf die Zeit der frühen Renaissance zurück. Aus Umfangsgründen können nur einige wichtige italienische Künstler besprochen werden, wie Leon Battista Alberti (Abschn. 3.2) und Piero de della Francesca (Abschn. 3.3). Die Künstler nördlich der Alpen werden durch Albrecht Dürer (Abschn. 3.4) und Jan Vredemann de Vries (Abschn. 3.5) vertreten. Ganz neu ist das Erscheinen einer neuen Art der Geometrie bei Girard Desargues (Abschn. 3.6), die zum Vorläufer der projektiven Geometrie wird. Sie überwindet die Geometrie nach Euklid, benötigt keine metrischen Maße wie Länge, Fläche usw. und findet alle Eigenschaften von Kegelschnitten durch Projektionen des Kreises.

Kap. 4 zeigt die Entwicklung der Rechenhilfsmittel. Neben der frühen Form der *Prosthaphaeresis* (Rechnen mittels trigonometrischen Umformungen) in Abschn. 4.2 ist hier insbesondere der Bau der ersten Rechenmaschinen durch Pascal, Schickard und Leibniz (Abschn. 4.3) zu nennen. Hand in Hand mit der Berechnung der Logarithmen (Abschn. 4.4) durch Bürgi, Napier und Briggs geht die technische Realisierung in Form der Rechenstäbe bzw. -schieber (Abschn. 4.3); hier werden die Produkte von Napier und Gunter vorgestellt.

Kap. 5 legt die Anfänge der Wahrscheinlichkeitsrechnung dar. Während in der Antike der Zufall als das Wirken einer höheren Macht angesehen wird, beginnt man in der Renaissance Häufigkeiten beim Würfeln mit kombinatorischen Mitteln zu erfassen (Abschn. 5.1). Der Beginn der Wahrscheinlichkeitsrechnung kann auf den Tag datiert werden, an dem Fermat diesbezüglich den ersten Brief an Pascal schrieb. Das genaue Datum ist nicht bekannt, Pascal antwortete am 24. August 1654. Pascals Briefe wurden angeregt durch die Fragen eines professionellen Spielers de Méré (Abschn. 5.2). Mit Begeisterung nehmen Jakob und später Daniel Bernoulli die neuen Ideen auf und entwerfen eigene Theorien (Abschn. 5.3). Weiterführende Aufgaben von Huygens und Euler finden sich in den Abschn. 5.4 bzw. 5.5.

Kap. 6 erzählt das Leben und Werk von Pierre de Fermat. Seine ersten Ansätze zur Infinitesimalrechnung bleiben in der Literatur oft unerwähnt. Bedeutsam sind seine Methoden zur Bestimmung von Extremwerten (Abschn. 6.2) und Tangenten (Abschn. 6.4), da durch sie die weitere Entwicklung gefördert wird. Neuartig war auch seine Integration durch nicht äquidistante Intervalleinteilungen (Abschn. 6.3). Bekannt geworden ist Fermat vor allem als Begründer der Zahlentheorie (Abschn. 6.5); seine Beschäftigung mit der Zahlentheorie wurde angeregt durch die Lektüre der Diophantos-Übersetzung von B. de Frénicle (de Bessy). Fermat sprach zahllose Vermutungen aus, von denen viele erst Euler beweisen konnte. Seine berühmteste Vermutung, *Großer Satz von Fermat* genannt, wurde erst 358 Jahre später von A. Wiles gelöst.

Kap. 7 informiert über das bewegte Leben des René Descartes. Der berühmte Philosoph („cogito, ergo sum") verfasste zu seinem Werk *Discours de la Méthode* einen mathematischen Anhang *Géométrie*, der die analytische Geometrie begründete (Abschn. 7.1 und 7.3). Abschn. 7.2 erklärt seine Methode zum Auffinden von Tangenten. Bedeutend war die Weiterentwicklung der Descartes'schen Methoden durch die Niederländer Johann Hudde und Jan de Witt nach Vorarbeiten von Frans van Schooten (Abschn. 7.4).

Kap. 8 referiert das Leben des Philosophen und Theologen Blaise Pascal. Er hatte drei Phasen seines Lebens, in denen er sich mathematisch betätigte. In der ersten Phase in jungen Jahren beschäftigte er sich mit Kegelschnitten, in seiner Pariser Zeit mit Kombinatorik (u. a. mit dem Pascalschen Dreieck) (Abschn. 8.1 bis 8.3). Später nahm er Anteil an der Diskussion über höhere Kurven, wobei er (unter einem Pseudonym) einen Wettbewerb über die Zykloide ausschrieb.

Kap. 9 sammelt die mathematischen Beiträge der wichtigsten Mathematiker, die bei der Entwicklung der Infinitesimalrechnung mitgewirkt haben. Nach Kepler (Abschn. 9.1) ging das Konzept der Indivisibeln auf die italienische Schule über, hier sind zu nennen: Calvalieri (Abschn. 9.2), Torricelli (Abschn. 9.3) und Mengoli (Abschn. 9.7). Über Mersenne wurden Kontakte zu Frankreich geknüpft: Roberval (Abschn. 9.4) und de Moivre (Abschn. 9.10); Letzterer ist mehr für seine Beiträge zur Wahrscheinlichkeit bekannt geworden. Gregory (Abschn. 9.9), der längere Zeit in Italien gelebt hat, bildet mit Wallis (Abschn. 9.5) und Neile (Abschn. 9.8) die englische Schule. Mercator (Abschn. 9.6) lebte lange Zeit in den Niederlanden und starb in Paris. Am Ende der Reihe steht hier L'Hôpital (Abschn. 9.11), der ein Student bei Johann Bernoulli war.

Kap. 10 bringt dem Lesenden die Geschichte der Familie Bernoulli nahe. Nach den Kurzbiografien von Johann, Jakob und Daniel Bernoulli (Abschn. 10.1 bis 10.3) werden ihre mathematischen Beiträge zur Reihenlehre (Abschn. 10.4, 10.5, 10.7, 10.9) diskutiert. Wesentliche Impulse gingen von ihnen für die Diskussion von höheren Kurven aus (Abschn. 10.6, 10.10); sie begründeten damit die Differenzialgeometrie. Zusammen mit Leibniz schufen sie die Grundlagen der Integrationstheorie; hieraus entwickelten sie wichtige Methoden zur Lösung gewöhnlicher Differenzialgleichungen (Abschn. 10.11 bis Abschn. 10.14).

Kap. 11 behandelt das Lebenswerk von Christian Huygens. Aus seiner Biografie (Abschn. 11.1) wird ersichtlich, dass Huygens mehr ein „angewandter" Mathematiker und Physiker war. Aus seinen Studien zur Zykloide und ihren Evoluten (Abschn. 11.4) entsprang seine Idee zum Bau einer idealen Pendeluhr. Bemerkenswert sind auch seine Beiträge zur Wahrscheinlichkeitsrechnung, die er unabhängig von Fermat und Pascal verfasste; auch hier war er an Anwendungen interessiert (Abschn. 11.3). Im Kontakt mit niederländischen Mathematikern entstanden Arbeiten zur Analysis (Abschn. 11.2). Sein „bedeutendster" Beitrag zur Mathematik war wohl der Unterricht, den er dem gelernten Juristen Leibniz in Paris gab.

Kap. 12 ist dem Wirken von Isaac Newton gewidmet. Ausführlich wird sein Leben (Abschn. 12.2) und sein wissenschaftliches Umfeld (Abschn. 12.1) geschildert; aus diesem Umfeld entstand die *Royal Society*, die „Hausmacht" Newtons. Auch Newton beschäftigte sich nur abschnittsweise mit Mathematik, hauptsächlich aber mit Alchemie und Theologie. Sein erster großer Wurf war die Verallgemeinerung der binomischen Reihe auf gebrochene und negative Exponenten (Abschn. 12.5). Der Erfolg regte weitere Studien zur Reihenlehre an (Abschn. 12.6 und 12.7). Mithilfe der Vorarbeiten von Barrow und Wallis entwickelte er seine Theorie der „Fluxionen" (Abschn. 12.10), die aber erst nach dem Kontakt mit Leibniz publiziert wurden. Dies führte zu dem berühmten Prioritätsstreit (Abschn. 12.3). Bekannt sind auch die Newton'schen Interpolationsformeln, die auf Vorarbeiten von Gregory und Collins beruhen. Auch die sog. Newton-Iteration stammt in der heute angewandten Form nicht von ihm (Abschn. 12.9). Weitere Einsichten in die Algebra vermittelt der Abschn. 12.8. Seine Popularität in England zeigte sich in seinem Nachleben, das in Abschn. 12.11 geschildert wird. Aus Umfangsgründen wird auf die Kontroverse mit Bischof Berkeley über die Grundlagen der „Fluxionen"-Rechnung nicht eingegangen.

Kap. 13 macht mit dem Philosophen und Mathematiker Gottfried Wilhelm Leibniz bekannt. Auch er war stolz auf seinen Anfangserfolg, der Herleitung der nach ihm benannten Reihe (13.1). Weitere Entdeckungen führen ihn zum Konzept der Determinante (Abschn. 13.2) und zum Dualsystem (Abschn. 13.3). Das in der Literatur mehrfach vorkommende sog. „charakteristische" Dreieck lieferte ihm die Idee der Differenziale (Abschn. 13.5), aus der sich das Konzept des Leibniz' schen Kalküls entwickelte. Ihre Anwendungen sind zahlreich und werden in den Abschn. 13.6 bis 13.15 beschrieben.

Das letzte **Kap.** 14 stellt einen zentralen Punkt des Buches dar, das Schaffen Leonhard Eulers. Genialisch erweitert er das Konzept der komplexen Zahlen auf trigonometrische Funktionen, was zur berühmten Euler'schen Identität führt (Abschn. 14.1 und 14.2). Virtuos handhabt er das Rechnen mit Reihen (Abschn. 14.8–14.9), wobei einige kuriose Ergebnisse entstehen; strenge Regeln zur Konvergenzbestimmung sind noch einzuführen. In seiner Algebra und Zahlentheorie benützt er höhere Methoden (Abschn. 14.4 und 14.6). Diese sind das Verwenden von Kettenbrüchen und das Rechnen in Zahlbereichen, wie $(a + b\sqrt{-2})$. Völlig neue Fachgebiete entstehen durch Eulers Ideen zur Kombinatorik und Graphentheorie (Abschn. 14.5 und 14.7). Seine Erkennt-

Abb. 1.1 Die Errungenschaften des 17. Jahrhunderts. (Modifiziert vom Autor; nach Erwin Stein: Gottfried Wilhelm Leibniz seiner Zeit weit voraus als Philosoph, Mathematiker, Physiker, Techniker, 2005, S. 142)

nisse zur Zeta- und Gamma-Funktion (Abschn. 14.10–14.11) beschäftigen noch die nächste Generation von Mathematikern, insbesondere seine Theorie der Elliptischen Funktionen. Auch seine Variationsrechnung und die Beiträge zu gewöhnlichen und partiellen Differenzialgleichungen eröffneten völlig neue mathematische Gebiete. Differenzialgleichungen löste Euler auch numerisch mit dem Euler'schen Polygonzugverfahren (Abschn. 14.14). Euler stieß auch auf Fourier-Reihen, deren Schranken im Definitionsbereich er aber nicht erkannte (Abschn. 14.13).

1.3   Das 17. Jahrhundert, die Wiege der Neuzeit

1.3.1   Die allgemeine politische Lage

Die vom Autor modifizierte Grafik (Abb. 1.1) nach einem Entwurf von Prof. Erwin Stein[1] zeigt die wichtigsten Umbrüche in den Wissenschaften des 17. Jahrhunderts; manche Autoren sprechen hier von einer wissenschaftlichen Revolution, im Rang etwa der „kopernikanischen Wende".

---

[1] Stein E., Heinekamp A. (Hrsg.): G.W. Leibniz – Das Wirken des großen Philosophen und Universalgelehrten als Mathematiker, Physiker, Techniker. G.-W.-Leibniz-Gesellschaft, Hannover 1990

Die *Accademia del Cimento* in Florenz, 1657 gegründet, wurde aber bald auf Betreiben der katholischen Kirche aufgelöst. Wie man an diesem Beispiel sieht, wurde die Deutungshoheit des wissenschaftlichen Weltbilds (wie schon im Mittelalter) von der Kirche beansprucht. Giordano Bruno wurde 1600 auf dem Scheiterhaufen verbrannt, da er behauptete „es gebe unzählig viele Welten wie die Erde". Als Galilei 1632 entgegen kirchlicher Anweisung den „Dialog über die zwei wichtigsten Weltsysteme" veröffentlichte, schlug die Kirche zurück. Alle Schriften Galileis wurden verboten, in einem Prozess zwang ihn die Inquisition 1633 in Rom zum Widerruf. Er starb 1642 im Gewahrsam der Inquisition. Die Verweigerung des kirchlichen *Imprimatur* (lat. es werde gedruckt) machte vielen Wissenschaftlern Probleme bei Veröffentlichungen. Ohne die kirchliche Bewilligung (*nihil obstat*) musste der Erstdruck von Kopernikus *De Revolutionibus Orbium Coelestium* 1543 in Nürnberg erfolgen. Nur in einer freien Reichsstadt war ein solches Projekt möglich.

Im Jahr 1618 lösten eskalierende Meinungsverschiedenheiten zwischen den evangelischen böhmischen Ständen und dem katholischen Kaiser in Prag einen Bürgerkrieg aus, der sich im Folgenden zum Dreißigjährigen Krieg auf das gesamte Reich ausweitete. Dabei ging es nicht nur um den religiösen Gegensatz von evangelischer Union und katholischer Liga, sondern auch um die Ausweitung kaiserlicher Macht über die Reichsstände. Im Laufe des Krieges mischten sich zunehmend reichsfremde Mächte, vor allem Schweden, Frankreich und Spanien in den Konflikt ein. Der Westfälische Friede setzte dem grausamen Krieg im Jahr 1648 ein Ende. Damit wurde zum einen ein Grundkonsens im Hl. Römischen Reich bis zu seinem Ende 1806 geschaffen, zum anderen ein Religionsfrieden geschaffen; d. h., auf Reichsebene wurden allen Religionen gleiche Rechte zugestanden.

In Europa herrschte jedoch kein Religionsfrieden.

England: Mit ihrem absoluten Machtanspruch geriet das katholische Haus Stuart in Konflikt mit dem englischen *Parliament*, das die Herrscher zur Bewilligung ihrer Finanzen benötigten. Das Ansinnen spaltete das Parlament in zwei Fraktionen. Die Auseinandersetzung eskalierte zum Bürgerkrieg, den die Königsgegner gewannen, mit dem Ergebnis, dass König Charles I. im Jahr 1649 hingerichtet wurde. Der Streit im anglikanisch-puritanischen Lager führte zur Gewaltherrschaft des Lordprotektors Oliver Cromwell. Nach dessen Tod (1660) wurden die Stuarts wieder auf den englischen Thron geholt. Um 1680 kam es erneut zum Streit mit dem Parlament, da das Königshaus den katholischen Klerus als Verbündeten betrachtete. Nach dem Einmarsch seines niederländischen Schwiegersohnes Wilhelm von Oranien in England (1688) musste sich der zunächst geflohene Jakob II. Wilhelm seine Inthronisation mit weitreichenden Zugeständnissen sichern. Die *Glorious Revolution* gewährte dem *Unterhaus* einen großen Teil der Regierungsgewalt – entgegen dem europäischen Trend.

Frankreich: Im Dauerkonflikt mit den Habsburgern versuchte die französische Krone zunächst, die Vormachtstellung in Europa durch Diplomatie und Unterstützung fremder Kriegsparteien zu erlangen. Ab den 30er-Jahren stellte Frankreich unter Ludwig XIII.

eigene Armeen auf, um in Konfliktfällen Teile des Hl. Römischen Reiches zu annektieren. Mit dem Antritt des Sonnenkönigs (1643) wurde die Staatsmacht gestärkt, die katholischen Kardinäle (insbesondere Richelieu) beschnitten zunehmend die Rechte der Bürger. 1614 wurde ihre Versammlung, die Generalstände, zum letzten Mal einberufen und die Adelsopposition, wie die Hugenotten und die Anführer der Fronde, wurde politisch entmachtet oder getötet. Die Eroberung von La Rochelle 1628 beendete das Leben der Hugenotten in Frankreich. Ähnlich erging es den Anhängern des Jansenismus. Die französische Expansion wurde erst 1697 mit dem Frieden von Rijswijk (nach dem Ende des Pfälzischen Erbfolgekriegs) gestoppt. Die Ruinen des Heidelberger Schlosses erinnern noch an die Zerstörung Heidelbergs 1689 durch die Truppen Ludwig XIV.

Niederlande: Ende des 16. Jahrhunderts kam es zum Aufstand gegen die Habsburger. Ein gemeinsames Vorgehen aller Provinzen gegen die Spanier gelang nicht. Die südlichen Provinzen vereinigten sich 1579 und schlossen Frieden mit dem habsburgischen König Philipp II, wurden aber 1585 von spanischen Truppen besetzt. Die nördlichen Provinzen schlossen sich im Unionsvertrag von Utrecht zusammen und kämpften unter Führung eines Statthalters aus dem Hause Oranien-Nassau gegen Spanien. Die rigorose Verfolgung Andersgläubiger durch die Spanier führte zur Auswanderung der Hugenotten. Erst der Westfälische Frieden von 1648 brachte die völkerkundliche Anerkennung der Nordprovinzen. Der wirtschaftliche Erfolg der Niederländer führte zu mehreren Kriegen um die Vorherrschaft im Welthandel mit England. Der Frieden von Breda (1667), der federführend von Johan de Witt ausgehandelt wurde, beendete die Auseinandersetzung mit England, man einigte sich auf eine Abgrenzung ihrer Kolonial- und Handelsinteressen.

Sektiererische Abspaltungen von den großen Hauptkirchen entstanden überall. In Europa blieb das Verhältnis von Lutheranern und Reformierten gespannt, man denke nur an die Vielfalt der protestantischen Kirchen. Allenthalben wurde der gegenreformatorische Geist des Katholizismus offensiv; die Beschlüsse des Konzils von Trient (1545–1563) waren noch immer Gegenstand aktueller Polemik. Die religiöse Diskussion hielt den ganzen Kontinent in Bann und drohte die Spaltung weiter zu vertiefen. Erst die Aufklärung in England (durch Hobbes und Locke) bzw. Frankreich (durch Spinoza und Voltaire) und später die Säkularisation schränkte die Macht der Kirchen ein. Die letzten Todesurteile der Inquisition wurden noch 1761 und 1782 in Rom bzw. Sevilla vollstreckt. Der Index der verbotenen Bücher (*Index librorum prohibitorum*) wurde sogar bis 1962 fortgeführt; erst das zweite Vatikanische Konzil 1965 beendete diese Zensur.

1.3.2 Zur Lage der Wissenschaften

Die Wissenschaft des 17. Jahrhunderts befand sich in einer Umbruchszeit; die wissenschaftlichen Methoden unterlagen einem grundlegenden Wandel. In der Zeit zuvor hatten Wissenschaftler die Welt oft durch deduktive Reduktion aus den Aussagen der Bibel und antiker Philosophen erklärt. *Natura abhorret vacuum*, der auf Aristoteles zurückgehende Spruch, wurde noch von Galilei bekräftigt, erwies sich aber als falsch bei den Quecksilberversuchen von Torricelli (1643) und Pascal (1647). Das ebenfalls von Aristoteles stammende Postulat, dass alle Planeten notwendig sich auf Kreisen bewegen, wurde von Kepler 1609 widerlegt.

Insbesondere durch die physikalischen Versuche Galileis zur Physik wurde die traditionelle Wissenschaft angeregt, empirische Ergebnisse zu erlangen. Zunehmend setzten sich die Erkenntnis durch, dass naturwissenschaftliche Hypothesen durch Experimente überprüft werden müssen. Die Wissenschaft wurde so durch zahlreiche neue Erkenntnisse erweitert und korrigiert. Die Neuerungen entwickelten jedoch meist unabhängige Forscher, die von Mäzenen oder gelehrten Kreisen gefördert wurden.

Aus diesen Kreisen gründeten sich schließlich die Akademien und ihre Vorläufer, die den wissenschaftlichen Austausch unter den Gelehrten ermöglicht und gefördert haben. Die *Royal Society* entstand 1662 aus einer privaten Gesellschaft, ebenso die *Académie française* 1666. Die Vervielfältigung wissenschaftlicher Schriften durch den Buchdruck sorgte für einen schnellen Informationsaustausch in Europa. Die weiterverbreitete Gelehrtensprache Latein erleichterte den innereuropäischen Austausch von Informationen unter einer kleinen gelehrten Elite.

1.3.3 Die Mathematik des 17. Jahrhunderts

Betrachten wir nun die Entwicklung der Mathematik, wie sie im Buch dargestellt wird. Die Anstöße zu neuen Themen sind:

- Analytische Geometrie: Fermat (1629), Descartes (1637)
- Infinitesimalrechnung: Newton (1666, publ. 1684), Leibniz (1673)
- Wahrscheinlichkeitsrechnung: Fermat – Pascal (1654), Huygens (1657)
- Höhere Arithmetik, algebraische Zahlentheorie: Fermat (1624)
- Projektive Geometrie: Pascal (1639), Desargues (ab 1665)
- Bau von Rechenmaschinen: Schickard (1623), Pascal (1642), Leibniz (1673)
- Entwickeln neuer Kalküle wie Logarithmen: Napier (1614), Briggs (1617), Bürgi (publ. 1620)

Alle diese Schriften entstanden zwischen 1624 (Fermat) und 1684 (Principia Newtons)! Wir stellen fest: *Die Mathematik der Neuzeit entstand im 17. Jahrhundert.*

Und sie liefert große Erfolge! Diese zeigen sich besonders bei Leonhard Euler, dessen Werk Impulse gibt zu neuen mathematischen Disziplinen wie Funktionentheorie, Variationsrechnung, Graphentheorie u. a.

Weiterentwicklung der Algebra

2

2.1 Geschichte des komplexen Rechnens

Die Einführung der komplexen Größen in die Mathematik hat ihren Ursprung und nächsten Zweck in der Theorie einfacher durch Größenoperationen ausgedrückter Abhängigkeitsgesetze zwischen veränderlichen Größen. Wendet man nämlich diese Abhängigkeitsgesetze in einem erweiterten Umfange an, indem man den veränderlichen Größen, auf welche sie sich beziehen, komplexe Werte gibt, so tritt eine sonst versteckt bleibende Harmonie und Regelmäßigkeit hervor (B. Riemann).

Der göttliche Geist hat eine feine und wundersame Zuflucht gefunden in jenem Wunder der Analysis, dem Monstrum der realen Welt, fast ein Zwitter zwischen Sein und Nicht-Sein, welches wir die imaginäre Einheit nennen (G. W. Leibniz).

Weil nun alle möglichen Zahlen, die man sich immer vorstellen kann, entweder größer oder kleiner als Null oder selbst Null sind, ist klar, dass die Quadratwurzeln von negativen Zahlen nicht einmal unter die möglichen Zahlen gerechnet werden können. Folglich müssen wir sagen, dass sie unmögliche Zahlen sind. Dieser Umstand leitet uns zum Begriff solcher Zahlen, die ihrer Natur nach unmöglich sind und gewöhnlich *imaginäre* Zahlen oder *eingebildete* Zahlen genannt werden, weil sie bloß allein in der Einbildung vorhanden sind (L. Euler[1]).

So wie man sich das ganze Reich aller reellen Größen durch die unendliche gerade Linie denken kann, so kann man sich das ganze Reich aller Größen, reeller und imaginärer Größen durch eine unendliche Ebene sinnlich machen, worin jeder Punkt durch Abszisse $= a$, Ordinate $= b$ bestimmt, die Größe $(a + bi)$ gleichsam repräsentiert (C. F. Gauß).

Vor einigen Jahren hatte ich die angenehme Aufgabe, eine Vorlesung über *komplexe Zahlen* zu halten. Wie immer machte mich die Beschäftigung mit der Thematik persönlich betroffen; am Ende überkam mich das Gefühl: *Gott erschuf die Welt mit Hilfe der komplexen Zahlen* (R. Hamming[2]).

---

[1] Euler L., Hofmann J. E. (Hrsg.): Vollständige Anleitung zur Algebra, Reclam Stuttgart 1959, Teil 2, § 143.

[2] Hamming R., The Unreasonable Effectiveness of Mathematics, The American Math. Monthly, Vol. 87 (2), 1980, p. 81–90.

© Der/die Autor(en), exklusiv lizenziert an Springer-Verlag GmbH, DE, ein Teil von Springer Nature 2022
D. Herrmann, *Mathematik der Neuzeit*, https://doi.org/10.1007/978-3-662-65417-0_2

Die Zahlen $a, b \in$ heißen Real- bzw. Imaginärteil der komplexen Zahl $z = a + ib$. Das konjugiert Komplexe der Zahl ist definiert durch $\bar{z} = a - ib$ und umgekehrt; das Produkt ist reell:

$$z\bar{z} = (a + ib)(a - ib) = a^2 + b^2$$

Der Betrag der komplexen Zahlen ist damit gegeben durch:

$$|z| = \sqrt{z\bar{z}} = \sqrt{a^2 + b^2}$$

Die komplexe Arithmetik verwendet die Rechenregeln:

$$(a + ib) \pm (c + id) = (a + c) \pm i(b + d)$$

$$(a + ib)(c + id) = (ac - bd) + i(ad + bc)$$

$$\frac{a + ib}{c + id} = \frac{ac + bd}{c^2 + d^2} + i\frac{bc - ad}{c^2 + d^2}$$

Manchmal lassen sich Beweise vereinfachen, indem man ins Komplexe geht. Zu zeigen ist, das Produkt zweier Zahlen, die jeweils Summe zweier Quadrate sind, lässt sich auch als Summe von Quadraten darstellen:

$$\begin{aligned}
\left(a^2 + b^2\right)\left(x^2 + y^2\right) &= (a + ib)(a - ib)(x + iy)(x - iy) \\
&= \big[(a + ib)(x + iy)\big]\big[(a - ib)(x - iy)\big] \\
&= \big[(ax + by) - i(ay - bx)\big]\big[(ax + by) + i(ay - bx)\big] \\
&= (ax + by)^2 + (ay - bx)^2
\end{aligned}$$

Dazu passt das bekannte Zitat von Jaques Hadamard (1865–1963):

Der kürzeste Weg zwischen zwei Wahrheiten im Reellen führt über das Komplexe.

Der Weg ins Komplexe erklärt auch oft Sachverhalte im Reellen. So hat die Funktion $\frac{1}{1+x^2}$ die Taylor-Reihe:

$$\frac{1}{1 + x^2} = 1 - x^2 + x^4 - x^6 + x^8 \pm \cdots$$

Die Reihe ist konvergent für $|x| < 1$. An den Stellen $|x| = 1$ zeigt die Funktion kein ungewöhnliches Verhalten; jedoch die Zerlegung im Komplexen zeigt hier Singularitäten $z = \pm i$:

$$\frac{1}{z^2 + 1} = \frac{1}{z - i}\frac{1}{z + i}$$

Geronimo Cardano (1501–1576) vermied in seiner *Ars Magna* alle Aufgaben, deren Lösung die imaginäre Einheit benötigt hätte, bis auf folgende Aufgabe: *Zerlege 10 so in zwei Teile, dass ihr Produkt 40 ergibt.* Die quadratische Gleichung $x(10 - x) = 40$ hat die Lösung $x = 5 \pm \sqrt{-15}$. Er schrieb, *es bereite ihm eine seelische Qual, eine Gleichung zu akzeptieren, wie die folgende; sie sei eine arithmetische Spitzfindigkeit, die – wie gesagt – so subtil ist, dass sie nutzlos ist.*

$$\left(5 + \sqrt{-15}\right)\left(5 - \sqrt{-15}\right) = 40$$

Rafael Bombelli (1526–1572) setzte Cardanos Werk zur Gleichungsauflösung fort. Für die Gleichung $x^3 = 15x + 4$ konnte er zeigen, dass gilt:

$$x = \sqrt[3]{2 + \sqrt{-121}} + \sqrt[3]{2 - \sqrt{-121}} = 4$$

Er schrieb darüber:

> Es war eine kühne Idee im Urteil von vielen anderen und lange Zeit war ich auch der Meinung. Das Ganze schien sich auf einer sophistischen Spitzfindigkeit zu beruhen statt auf einer Wahrheit. Dennoch forschte ich solange bis ich den Beweis fand.

Der Begriff der imaginären Zahl wurde 1637 von René Descartes (1596–1650) eingeführt. Dieser Ausdruck signalisiert, dass es bei den imaginären Zahlen nicht um tatsächlich existierende, sondern um *eingebildete* handelt. Leibniz griff diese Auffassung auf und ergänzte sie um eine theologische Komponente, indem er die komplexen Zahlen bezeichnet als *eine wunderbare Zuflucht des göttlichen Geistes* (siehe obiges Zitat).

In seiner Algebra (1685, Kap. 66–69) versuchte J. Wallis (1616–1703) die komplexen Lösungen reeller quadratischer Gleichungen geometrisch darzustellen. Er ist der Meinung, die komplexen Zahlen seien nicht *seltsamer* als die negativen und müssen daher auf irgendeiner Linie liegen. Die Zahl $(a + ib)$ liege genau senkrecht b Einheiten über dem Punkt a der reellen Achse.

Einen großen Fortschritt machte die Theorie der komplexen Zahlen bei Leonhard Euler, der 1748 in seiner Schrift *Introductio in analysin infinitorum* und in seiner *Vollständigen Anleitung zu Algebra* (1767/68) diese Zahlen mit Erfolg einsetzte; von ihm stammt auch die Bezeichnung „i" für die imaginäre Einheit $\sqrt{-1}$.

Der Norweger Caspar Wessel (1745–1818) war der Erste, der eine Publikation über komplexe Zahlen verfasste. Nach einem abgebrochenen Jura-Studium an der Universität von Kopenhagen wurde er 1764 Assistent der dänischen Vermessungskommission. Die Vermessung Dänemarks dauerte bis 1796; zwischendurch war er Kartograf im Herzogtum Oldenburg. 1797 reichte er bei der Königlich Dänischen Akademie der Wissenschaften seine einzige mathematische Schrift *Om Directionens analytiske betegning* ein, die 1799 in den *Mémoires* der Akademie veröffentlicht wurde, obwohl er *kein* Mitglied war. In der Arbeit schlug Wessel, unabhängig von Jean-Robert Argand (1768–1822), eine vektorielle Deutung der komplexen Zahlen vor. Seine Arbeit blieb lange unbeachtet und wurde erst 1897 von C. Juel in einem Antiquariat wiederentdeckt. Die komplexe Zahl

$(a + ib)$ wird dabei im Polarform (r, φ) geschrieben; dabei ist r der Betrag der Zahl und φ der Polarwinkel, auch Argument genannt:

$$r = |a + ib| = \sqrt{a^2 + b^2} \therefore \varphi = \arctan \frac{b}{a}$$

Die Zahl $(a + ib)$ kann somit in Vektorform mit den Komponenten $r \begin{pmatrix} \cos \varphi \\ \sin \varphi \end{pmatrix}$ dargestellt werden. Bei rein imaginären Zahlen ist $a = 0$; der Polarwinkel ist damit $\varphi = \lim\limits_{a \to 0} \arctan \frac{b}{a} = \frac{\pi}{2}$. Sie liegen daher auf der imaginären Achse.

Die Abb. 2.1 zeigt die Darstellung einer komplexen Zahl in kartesischen und Polarkoordinaten.

Zwei **Beispiele von Wessel:**

a) Mithilfe von $(2 + i)(3 + i) = 5 + 5i$ konnte er durch Vergleich der Winkelanteile folgende Identität herleiten:

$$\arctan \frac{1}{2} + \arctan \frac{1}{3} = \arctan 1 = \frac{\pi}{4}$$

Hier addieren sich die Winkelanteile (im Gradmaß) der beiden Faktoren: $26.56505° + 18.43495° = 45°$

b) Er berechnete ferner komplexe Potenzen wie $(0.3 + 2.6i)^{17}$. Der Betrag der Zahl wird potenziert $2.6172505^{17} = 12\,687\,319$; der Winkel viersiebzehnfach und *mod* 360 ° genommen, liefert $338.101069°$. Das Ergebnis ist somit

$$(0.3 + 2.6i)^{17} = 12687\,319 \left[\cos(338.101069° + i \sin(338.101069°)\right] = 11\,772\,328 - i\,4730789$$

Die fortgesetzte Multiplikation mit einer komplexen Zahl mit $|z| < 1$ liefert eine Folge, die gegen Null konvergiert; geometrisch gesehen stellt das eine Folge von Drehstreckungen dar. Abb. 2.2 zeigt die komplexe Folge $z_k = (0.8 + i\,0.45)^k; k \in N_0$.

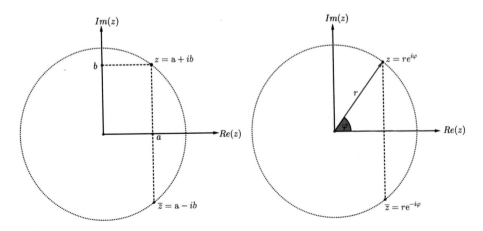

Abb. 2.1 Komplexen Zahlen in kartesischen und Polarkoordinaten

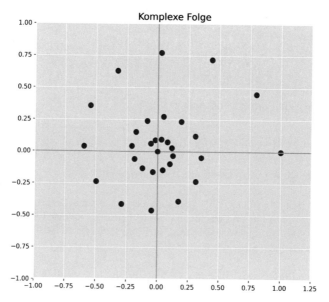

Abb. 2.2 Die komplexe Folge $(0.8 + i \cdot 0.45)^k$

Dass sich die Winkel beim Potenzieren vervielfachen, hatte schon zuvor der nach England ausgewanderte Hugenotte A. de Moivre (1667–1754) in den Jahren 1730 und 1738 festgestellt. Die nach ihm benannte Formel kennt man in der von Euler (1748) angegebenen Form:

$$[\cos \varphi + i \sin \varphi]^n = \cos (n\varphi) + i \sin (n\varphi)$$

Wessel berechnete ebenfalls komplexe Wurzeln; im folgenden Beispiel erhielt er:

$$\sqrt[3]{4\sqrt{3} + 4i} = \left[8(\cos 30° + i \sin 30°)\right]^{\frac{1}{3}} = 2\left(\cos \frac{\pi}{18} + i \sin \frac{\pi}{18}\right)$$

Mithilfe der komplexen Wurzeln können quadratischen Gleichungen gelöst werden:

$$z^2 + az + b = 0 \Rightarrow z = -\frac{a}{2} \pm \sqrt{\left(\frac{a}{2}\right)^2 - b}$$

Für das Beispiel $z^2 - 4z + 5 = 0$ folgt mit der Auflösungsformel:

$$z = 2 \pm \sqrt{4 - 5} = 2 \pm i$$

In einem Brief vom Sept. 1675 an Huygens berichtete Leibniz im September 1673 über seine Bombelli-Studien; er nannte Bombelli einen *großartigen Meister der analytischen Kunst* (*egregius certe artis analyticae magister*). Leibniz verwies auf das Beispiel von Bombelli mit der Lösung

$$x = \sqrt[3]{2 + \sqrt{-121}} + \sqrt[3]{2 - \sqrt{-121}} = \left(2 + \sqrt{-1}\right) + \left(2 - \sqrt{-1}\right) = 4$$

Er könne auch die Summe von Wurzeln (mit geraden Wurzelexponenten) ermitteln und lieferte das Exempel:

$$\sqrt{1 + \sqrt{-3}} + \sqrt{1 - \sqrt{-3}} = \sqrt{6}$$

Allgemein gilt hier die Formel von Leibniz:

$$\sqrt{a + \sqrt{-b}} + \sqrt{a - \sqrt{-b}} = \sqrt{2a + 2\sqrt{a^2 + b}}$$

Huygens äußerte sich in einem Brief von 1675 überrascht:

> Die von Ihnen gemachte Bemerkung bezüglich der imaginären Größen, die addiert eine reelle Zahl ergeben, ist überraschend und völlig neuartig. Niemand hätte je geglaubt, dass $\sqrt{1 + \sqrt{-3}} + \sqrt{1 - \sqrt{-3}}$ die Wurzel $\sqrt{6}$ ergibt; darin ist etwas verborgen, das mir unbegreiflich erscheint.

Ein Jahr später teilte er sein Beispiel Oldenburg, dem ständigen Sekretär der *Royal Society,* mit. Dieser leitete das Schreiben an Collins und Wallis weiter. Wallis antwortete an Collins (Sept. 1676), das Quadrat des Terms sei zwar 6, müsse aber lauten $-\sqrt{6}$.

Roger Cotes (1682–1716), der wesentlichen Anteil hatte an der Herausgabe der zweiten Auflage der *Principia* hatte schon 1714 folgenden Zusammenhang vermutet, in moderner Schreibweise:

$$ix = \ln(\cos x + i \sin x)$$

Um die Logarithmen von negativen oder komplexen Zahlen gab es eine langwierige Auseinandersetzung. In einem Briefwechsel (um 1712) äußerte Leibniz, die Logarithmen von negativen Zahlen seien nicht existent [= *imaginär*], während Jakob Bernoullin der Meinung war, sie müssen reell sein. Leibniz argumentierte, reelle Zahlen > 1 haben positive Logarithmen, Zahlen zwischen 0 und 1 negative. Es gelte:

$$\ln(-1) = x \Rightarrow \ln\sqrt{-1} = \ln(-1)^{1/2} = \frac{1}{2}\ln(-1) = \frac{x}{2}$$

Dies könne nicht sein! Bernoulli wollte zeigen: $\ln(-1) = 0$. Sein Argument ist, es gelte:

$$\frac{d(-x)}{-x} = \frac{dx}{x} \Rightarrow \ln(-x) = \ln x \underset{x=1}{\Rightarrow} \ln(-1) = \ln 1 = 0 \qquad (2.1)$$

Leibniz hielt dagegen, dies gelte nur für positive Zahlen: $d(\ln x) = \frac{dx}{d}$.

Beim Briefwechsel 1727 bis 1731 zwischen beiden Kontrahenten beharrte jeder auf seiner Position. Erst 1747 erfolgte eine Stellungnahme durch Euler in seinem Artikel[3] *De la controverse entre Mrs. Leibnitz et Bernoulli sur les logarithmes négatif et imaginaires.*

---

[3] Euler L.: Histoire de l'Académie de Berlin, Band V, 1749, S. 139–179.

Darin zeigt sich Euler nicht mit dem Argument Leibniz' einverstanden, dass $d(\ln x) = \frac{dx}{x}$ nur für positive Zahlen gelte: *Bernoulli vergesse in Gleichung (1), dass aus der Gleichheit zweier Ableitungen folge, dass die zugehörigen Integrale sich um eine Konstante unterscheiden!* Somit sei: $\ln(-x) = \ln x + C$. Diese Konstante müsse $\ln(-1)$ sein, da gelte:

$$\ln(-x) = \ln(-1)x = \ln(-1) + \ln x$$

Jakob Bernoullis Behauptung $\ln(-1) = 0$ müsse aber bewiesen werden. Dieser argumentierte erneut:

$$\left(a\sqrt{-1}\right)^4 = a^4 \Rightarrow \ln a = \ln\left(a\sqrt{-1}\right) = \ln a + \ln\sqrt{-1} \Rightarrow \ln\sqrt{-1} = 0$$

Euler wandte dagegen ein, dass Bernoulli an anderer Stelle bereits bewiesen habe: $\ln\sqrt{-1} = \frac{\pi}{2}\sqrt{-1}$. J. Bernoulli hatte kein Problem damit, bei einer Integration ein reelles Differenzial in ein komplexes zu zerlegen:

$$\frac{dz}{1+z^2} = \frac{1}{2}\left(\frac{1}{1+z\sqrt{-1}} + \frac{1}{1-z\sqrt{-1}}\right)dz \Rightarrow \arctan z = \frac{1}{2i}\ln\frac{\sqrt{-1}-z}{\sqrt{-1}+z}$$

Auch nach dem Tod Eulers beharrte d'Alembert (1717–1783) auf seiner Behauptung: $\log\sqrt{-1} = 0$; in seiner berühmten *Encyclopédie* nahm er keine Stellung dazu.

L. N. Carnot (1753–1823), Vater des berühmten Physikers Sadi Carnot, zweifelt in seiner Schrift *Géométrie de Position* (1803) am Nutzen der komplexen Zahlen. Er stellte das Problem:

Eine Strecke AB der Länge a, soll so zweigeteilt werden, dass das Produkt der beiden Teilstreckenlängen gleich ist dem halben Quadrat der Originallänge? Er setzte die beiden Längen gleich $x, (a-x)$. Mit dem Ansatz: $x(a-x) = \frac{1}{2}a^2$ erhält er die Lösung $x = \frac{a}{2} \pm i\frac{a}{2}$. Da der Teilungspunkts nicht auf der Strecke selbst liegt, verwirft er die Lösung.

J.-R. Argand war ein in der Schweiz geborener, in Paris lebender Buchhalter; über seine mathematische Ausbildung ist nichts bekannt. In seiner anonym erschienenen Schrift *Essay on the General Geometrical Interpretation of Imaginary Quantities* (1806) behauptete er, dass die Zahl $\sqrt{-1}^{\sqrt{-1}}$ nicht in der Form $(a+ib)$ geschrieben werden könne; sondern sie würde eine Rechnung im Dreidimensionalen benötigen. Ein Exemplar geriet in die Hände von A. Legendre (1752–1833), der es an seinen Kollegen Francais weitergab. François Francis (1775–1833), ein Professor an der Militärakademie in Metz, widersprach Argands These und stellte eine allgemeine Formel für imaginäre Potenzen auf:

$$\left(a\sqrt{-1}\right)^{\left(b\sqrt{-1}\right)} = e^{-b\pi/2}\left[\cos(b\ln a) + \sqrt{-1}\sin(b\ln a)\right]$$

Nach dem Tode von F. Francis erbte sein Bruder Jacques dessen Papiere und verfasste 1813 selbst eine umfassende Abhandlung in den *Annales de mathématiques de*

Gergonne. Im letzten Abschnitt erwähnte er den Brief von Legendre und verwies auf den unbekannten Autor. Daraufhin meldete sich Argand als Autor. Ihm zu Ehren wird in der englischen und französischen Literatur die komplexe Zahlenebene nach Argand benannt. Bei seinem Beweisversuch zum Fundamentalsatz der Algebra fand er den wichtigen, nach ihm benannten, Satz:

> Ist P ein komplexes, nichtkonstantes Polynom, dann gibt es zu jeder Zahl z, die nicht Wurzel von P ist, eine Zahl z_0 mit: $|P(z_0)| \leq |P(z)|$.

Mithilfe seines Satzes konnte er zeigen, dass man beliebig nah an Null herankommt; der Nachweis, dass der Betrag der Funktion den Wert tatsächlich annimmt, gelang nicht.

Auch A. de Morgan (1806–1871) lehnte in seiner Schrift *On the Study and Difficulty of Mathematics* (1831) das Rechnen mit komplexen Zahlen ab.

A.-L. Cauchy (1789–1857), der mit einem *Memoir* an die Académie des Sciences die *Funktionentheorie* 1814 begründet hat, verabscheute das Symbol $i = \sqrt{-1}$. Das Memoir wurde 1825 publiziert; der Name *holomorph* für eine differenzierbare Funktion erscheint darin nicht, das Konzept wird jedoch verwendet. Das erste komplexe Wegintegral findet sich in einer Schrift von Siméon Denis Poisson (1781–1840). Cauchy konstruierte 1847 die komplexen Zahlen als den Restklassenring $[x]/(x^2 + 1)$ und schrieb:

> Wir verabscheuen das Symbol $\sqrt{-1}$ und verzichten darauf ohne jedes Bedauern, da wir weder wissen, was dieses angebliche Symbol bedeutet, noch welchen Sinn wir ihm geben.

R. W. Hamilton (1805–1865) (Abb. 2.3) gelang 1835 eine korrekte, algebraische Definition der komplexen Zahlen. In einem Schreiben an die *Royal Irish Academy* von 1833 hatte er erklärt, die beiden Größen „a" und „$i \cdot b$" könne man prinzipiell nicht addieren. In seinem Werk *Theory of Conjugate Functions of Algebraic Couples* definierte er deshalb die komplexen Zahlen als Paare $(a; b)$ mit der imaginären Einheit $i = (0; 1)$. Seine Rechenregeln sind:

$$(a, b) + (c, d) = (a + c, b + d) \therefore (a, b) \cdot (c, d) = (ac - bd, bc + ad)$$

Die skalare Multiplikation ist definiert durch: $n(a, b) = (n, 0)(a, b) = (na, nb)$. Er hatte Probleme, die Zahl $\sqrt{-1}$ in das Rechnen mit Paaren zu integrieren und überlegte, ob die Einführung eines Tripels $\{1; i; j\}$ das Problem löse. In einem Brief an seinen Sohn

Abb. 2.3 Irische Briefmarke zu Ehren W. R. Hamiltons (mathshistory. st-andrews.ac.uk/miller/ stamps)

Archibald erinnerte sich Hamilton 1865 an die ersten Wochen des Monats Okt. 1843, in denen dieser und sein Bruder William Edward gewohnheitsmäßig beim Frühstück fragten:

> Nun, Papa, kannst du endlich Triplets multiplizieren? Und ich musste Ihnen, verneinend den Kopf schüttelnd, traurig gestehen: Ich kann sie nur addieren und subtrahieren.

Betrachtet werde die Menge M der Tripel $\{(a, bi, cj); a, b, c \in \}$. Zur Prüfung, ob eine Multiplikation in M definiert werden kann, kann folgende Überlegung dienen. Ein mögliches Produkt in M ist ij; somit muss die Darstellung möglich sein:

$$ij = a + bi + cj(*)$$

Multiplizieren mit i zeigt:

$$-j = ai - b + cij$$

Einsetzen von (*) liefert:

$$0 = (ac - b) + i(a + bc) + j(c^2 + 1)$$

Diese Darstellung kann wegen der linearen Unabhängigkeit der Basis $\{1; i; j\}$ nur gelten, wenn $(c^2 + 1)$ verschwindet. Da aber auf $\mathbb{R}$ stets gilt $(x^2 + 1 \neq 0)$, ergibt sich ein Widerspruch!

Es ist bekannt, wie Hamiltons Überlegungen endeten: mit der Einführung von *drei*(!) verschiedenen Wurzeln $\sqrt{-1}$. Die Idee dazu soll ihm am 16. Oktober 1843 bei einem Abendspaziergang in Dublin gekommen sein. In einem Brief an seinen Sohn Archibald erinnerte er sich:

> [In meinem Kopf] schien sich ein Stromkreis zu schließen, und ein Funke blitzte auf ... Dem Drang konnte ich nicht widerstehen – so unseriös es auch sein mochte – beim Vorbeigehen mit einem Messer in einen Stein der Brougham Bridge die Grundformel mit den Symbolen i, j, k zu schneiden:

$$i^2 = j^2 = k^2 = ijk = -1$$

Dies war die Erfindung der Quaternionen $\mathbb{H}$ mit den Elementen $z = a + ib + jc + kd$. Das Element $\bar{z} = a - ib - jc - kd$ heißt die Konjugierte von z; hier gilt:

$$z\bar{z} = (a + ib + jc + kd)(a - ib - jc - kd) = a^2 + b^2 + c^2 + d^2$$

Damit ist auch die Division erklärt: $z^{-1} = \frac{1}{z\bar{z}}\bar{z}$. Beispiel ist:

$$(2 - i + 3j - 4k)^{-1} = \frac{1}{30}(2 + i - 3j + 4k)$$

Es stellt sich jedoch heraus, dass die drei Wurzeln *nicht* kommutieren. Es gilt:

$$ij = k \therefore jk = i \therefore ki = j \ddagger ji = -k \therefore kj = -i \therefore ik = -j$$

Die Einheiten $\{\pm 1, \pm i, \pm j, \pm k\}$ bilden somit eine nichtkommutative Gruppe der Ordnung 8, Quaternionengruppe genannt.

Die Abb. 2.4 zeigt links ein Porträt von C. F. Gauß, rechts die deutsche Briefmarke mit der Darstellung der Gauß'schen Zahlenebene. Spätestens seit der Veranschaulichung durch Gauß (in Frankreich und England auch nach J.-R. Argand genannt) sind die komplexen Zahlen mathematisches Allgemeingut geworden. Im April 1831 publizierte Gauß im *Göttingischen Gelehrten Anzeiger* seine Schrift *Theoria Residuorum Biquadraticorum,* in dem er auch sein geometrisches Konzept der komplexen Zahlen darlegte. Die Idee dazu hatte er schon seit 1796 (also vor Wessel). Schon 1801 hatte er geschrieben:

> Die Analysis würde stark an Schönheit und Balance verlieren, würde man gezwungen sein, störende Einschränkungen einzuhalten gegenüber den allgemein gültigen Regeln, wenn man auf die imaginären Größen verzichtet.

Ein Geheimnis blieb: Noch 1825 schrieb er in einem Brief an Bessel: *Die wahre Metaphysik der Wurzel* $\sqrt{-1}$ *ist schwer erfassbar.* Gauß schrieb bei der erwähnten Publikation (Werke II, p. 93 ff., 169 ff.):

> Dass dieses Gebiet [der imaginären Größen] bisher vom falschen Standpunkt aus betrachtet wurde und mit einem mysteriösen Dunkel umgeben war, ist größtenteils auf eine unpassende Bezeichnungsweise zurückzuführen. Wenn man z. B. $+1, -1, \sqrt{-1}$ *direkte, inverse* und *laterale* Einheiten genannt hätte, anstelle von positiven, negativen und imaginären (oder sogar unmöglichen) Einheiten, so wäre eine solche Unklarheit gar nicht erst entstanden.

Zu seinem 50. Doktor-Jubiläum feierte man ihn in einer Laudatio als den Wissenschaftler, *der das Unmögliche möglich gemacht habe.*

Abb. 2.4 Gemälde von C. F. Gauß (Wikimedia Commons, gemeinfrei), deutsche Briefmarke mit Darstellung der Gauß'schen Zahlenebene

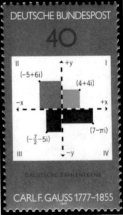

2.1.1 Gauß'scher Zahlenring

Er definierte auch die Gauß'schen Zahlen $[i]$ der Form $\{(a + ib); a, b \in\ \}$. Gauß konnte zeigen, dass diese Menge einen *euklidischen Ring* darstellt, in dem eine Norm und eine Division definiert ist. Die Norm $\|a + ib\| = a^2 + b^2$ ist das Betragsquadrat der komplexen Zahl und ist multiplikativ:

$$\|\alpha \cdot \beta\| = \|\alpha\| \|\beta\|; \alpha, \beta \in\ [i]$$

Die Einheiten e im Ring sind gegeben durch $\|e\| = 1$; dies sind die Zahlen $\{\pm 1, \pm i\}$. Die Zahl $(x + iy)$ ist genau dann ein Teiler von $(a + ib)$, wenn für den Nenner des Quotienten gilt: $x^2 + y^2$ ist ein Teiler von $ggT(ax + by, bx - ay)$:

$$\frac{a + ib}{x + iy} = \frac{ax + by}{x^2 + y^2} + i\frac{bx - ay}{x^2 + y^2}$$

Beispiel: Es gilt

$$(3 + 2i)(2 + i) = 4 + 7i \Rightarrow \frac{4 + 7i}{3 + 2i} = 2 + i$$

Somit ist $(3 + 2i)$ Teiler von $(4 + 7i)$. Auch der Begriff der Primzahl lässt auf $[i]$ verallgemeinern: Gauß'sche Primzahlen sind die Zahl $(1 + i)$, die Zahlen $(a \pm ib)$, falls ihre Norm eine Primzahl ist und alle ganzen Zahlen der Form $(4k + 3)$.

2.1.2 Ausblick auf komplexe Funktionen

Ist eine komplexe Funktion in einer offenen Umgebung $U \subset\ $ definiert, dann ist sie an der Stelle $z_0 \varepsilon U$ differenzierbar, wenn folgender Grenzwert existiert:

$$f'(z_0) = \lim_{z \to z_0} \frac{f(z) - f(z_0)}{z - z_0}$$

Für differenzierbare Funktionen gilt analog die Produkt- bzw. Kettenregel, ebenso die von l'Hôpital.

Beispiel einer nicht differenzierbaren Funktion ist $f(z) = \bar{z}$. Nähert man sich dem Punkt z_0 auf einer Parallelen zu x-Achse, so gilt: $z = z_0 + t \Rightarrow z - z_0 = t; t\varepsilon\ $. Damit folgt

$$\lim_{z \to z_0} \frac{f(z) - f(z_0)}{z - z_0} = \lim_{z \to z_0} \frac{\bar{z} - \overline{z_0}}{z - z_0} = \lim_{t \to 0} \frac{\bar{t}}{t} = 1$$

Nähert man sich dem Punkt z_0 auf einer Parallelen zu y-Achse, so gilt: $z = z_0 + it \Rightarrow z - z_0 = it$. Damit folgt

$$\lim_{z \to z_0} \frac{f(z) - f(z_0)}{z - z_0} = \lim_{z \to z_0} \frac{\bar{z} - \overline{z_0}}{z - z_0} = \lim_{t \to 0} \frac{\overline{it}}{it} = -1$$

Definition: Ist eine Funktion in einem offenen Gebiet $G \subset$ definiert und dort in jedem Punkt differenzierbar, so heißt sie *holomorph* auf G (*griech.*: ὅλος = ganz; μο φ ρή = Form, Gestalt).

Real- und Imaginärteil einer holomorphen Funktion $f(u + iv)$ erfüllen die *Cauchy-Riemann'schen* Gleichungen, die aber schon bei Euler auftreten:

$$\frac{\partial u}{\partial x} = \frac{\partial v}{\partial y} \therefore \frac{\partial u}{\partial y} = -\frac{\partial v}{\partial x}$$

Beispiel: Die Funktion $f(u + iv)$ mit $u(x, y) = x^2 + y^2$; $v(x, y) = 2xy$ ist nicht holomorph. Es gilt:

$$\frac{\partial u}{\partial y} = 2y \neq -\frac{\partial v}{\partial x} = -2y$$

Differenziert man die Cauchy-Riemann'schen Gleichungen erneut, so erhält man:

$$\frac{\partial^2 u}{\partial x^2} + \frac{\partial^2 u}{\partial y^2} = 0 \therefore \frac{\partial^2 v}{\partial x^2} + \frac{\partial^2 v}{\partial y^2} = 0$$

Real- und Imaginärteil einer holomorphen Funktion $f(u + iv)$ erfüllen die *Laplace'sche* Differenzialgleichung$\Delta u = 0$, $\Delta v = 0$.

Achtung!: Der *Mittelwertsatz* der reellen Funktionen überträgt sich *nicht* ins Komplexe!

Im Reellen gilt für eine auf $[a; b]$ stetige und auf $(a; b)$ differenzierbare Funktion, dass es eine Zahl $x \in (a, b)$ gibt mit: $f(b) - f(a) = f'(x)(b - a)$.

Die komplexe Funktion $f(z) = e^{iRe(z)}$ ist differenzierbar auf $[0; 2\pi]$ mit $f'(z) = ie^{iRe(z)}$. Aus $f(2\pi) - f(0) = e^{2\pi i} - e^0 = 0$ folgt aber nicht $f'(z) = 0$. Denn es gilt stets

$$\left| f'(z) \right| = \left| ie^{iRe(z)} \right| = \left| ie^{ix} \right| = \left| e^{ix} \right| = 1$$

Werden mathematische Lehrsätze erfunden oder entdeckt?

Ein Beispiel einer mathematischen Idee, die meiner Meinung nach eine *Erfindung* darstellt ist $\sqrt{-1}$, die Quadratwurzel von minus Eins. Da die Quadrate aller Zahlen (positiv oder negativ) stets positiv sind, gibt es keine Zahl, deren Quadrat -1 ist. Jedoch im Verlauf der Jahrhunderte haben die Mathematiker diese erfundene Zahl $\sqrt{-1}$ mit so großem Erfolg verwendet, dass sie schließlich diese *imaginäre* Zahl in ihrer Welt zuließen. Mit gutem Recht kann behauptet werden, *dass dies der größte schöpferische Schritt in der Geschichte der Menschheit war.* Er öffnete völlig neue Zugänge in der Mathematik und im 20. Jahrhundert war er wesentlich bei der Formulierung der Quantenmechanik[4].

Der komplexen Arithmetik bei Euler ist ein eigenes Kapitel gewidmet: Abschn. 14.2.

---

[4]Atiyah M.: „Mind, matter and Mathematics", Vortrag vom 10.2.2008, Royal Society of Edinburgh

2.2   Komplexe Zahlen bei Bombelli (1526–1572)

Rafael Bombelli wurde im Januar 1526 in Bologna als ältester Sohn von A. Mazzioli, einem Textilhändler, geboren. Die Eltern änderten ihren Namen aus politischen Gründen in Bombelli. Bombelli hat nie eine Universität besucht, aber er scheint einen sehr guten Privatlehrer gehabt zu haben, den Ingenieur und Architekten Pier Francesco Clementi aus Corinaldo. Dieser erhielt um 1548 den Auftrag, die zum Kirchenstaat gehörende Sümpfe südöstlich von Perugia trockenzulegen. Bombelli war von 1549 bis 1560 im Dienst des späteren Bischofs von Melfi als Ingenieur tätig bei der Trockenlegung der Sümpfe im Val di Chiana, einer zauberhaften Landschaft zwischen Umbrien und der Toskana, die damals wie Bombellis Heimatstadt Bologna zum Kirchenstaat gehörte. Ein Touristikführer informiert über das Chiana-Tal:

> Bei den Römern Kornkammer, dann versumpft, durch Wasserbauingenieure mit einer Fluss-umkehr trocken gelegt, wurde wiederum eine der fruchtbarsten Landschaften und vor allem Heimat der größten und ältesten Rinderrasse Europas: der Razza Chianina.

1557 bis 1560 wurde das Projekt zweitweise ausgesetzt und Bombelli fand Zeit für algebraische Studien, die später in sein Werk *L'Algebra* einflossen. Es ist nicht bekannt, ob Clementi ihn auch auf dieses Wissensgebiet aufmerksam gemacht hat. Unter anderem kannte er das Werk von Cardano und stellte fest, dass vieles einfacher gesagt werden konnte, insbesondere der Fall des *casus irreducibilis*. So verfasste er ein eigenes Buch *L'Algebra* auf Italienisch, in dem er u. a. die Ergebnisse von del Ferro, Tartaglia, Cardano und Ferrari vorstellte. Daneben studierte er, wie er in seinem Werk schrieb, auch die Schriften von Al-Khwaʾrizmʾı (um 840), Leonardo von Pisa und Luca Pacioli.

Als erfolgreicher Ingenieur siedelte er 1560 nach Rom um. Im folgenden Jahr 1561 finden wir ihn beim Wiederaufbau einer 1557 der durch Hochwasser zerstörten Tiber-brücke Ponte St. Maria, der nicht ganz gelingt. Später wurde er Berater von Papst Pius IV. In Rom traf er den Hochschullehrer A.M. Pazzi, mit dem er das davor aufgefundene Manuskript von Diophantos' *Arithmetica* bearbeitete.

1572 erschienen drei Bände von *L'Algebra*[5] (von insgesamt 5 geplanten Büchern) in Venedig. Band III enthält insgesamt 272 Aufgaben, wovon er 143 Probleme bei Diophantos (ohne nähere Angaben) entlehnt hat. Zur Vollendung der fehlenden Bände kommt es nicht mehr, da Bombelli im selben Jahr stirbt. Man fand jedoch im Jahr 1923 ein Manuskript von ihm, das Einblick in die geplanten Bände gibt.

Die Geschichte der komplexen Zahlen ist eng verknüpft mit dem Versuch, Lösungs-formeln für quadratische, kubische und quartische Gleichungen zu finden. Diese Auf-gabe beschäftigte im 16. Jahrhundert italienische Mathematiker wie Scipione (del Ferro), N. Tartaglia, G. Cardano und R. Bombelli. Letzterem ist die Einführung der komplexen

---

[5] Bombelli R.: L' Algebra: Opera di Rafael Bombelli da Bologna, Giovanni Rossi (Hrsg.), 1579. ETH-Bibliothek Zürich, Rar 5441, https://doi.org/10.3931/e-rara-3918

Zahlen zu verdanken: Zunächst wurde die imaginäre Einheit nur als Spielerei betrachtet oder bestenfalls als Möglichkeit, nichtreellen Lösungen einen Sinn zugeben; dass das Quadrat einer Zahl tatsächlich negativ sein könnte, war in der damaligen Zeit undenkbar.

Nachdem jedoch Bombelli (ab 1550) komplexe Zahlen benutzte, um reelle Lösungen kubischer Gleichungen zu finden, wurde Nutzen der komplexen Zahlen in der Algebra ersichtlich. Bombelli legte folgende Vorzeichenregeln für komplexe Zahlen fest ($N > 0$):

$$\pm\left(\pm\sqrt{-N}\right) = \pm\left(\mp\sqrt{-N}\right) = \sqrt{-N}$$

$$\left(\mp\sqrt{-N}\right) \times \left(\mp\sqrt{-N}\right) = \left(\pm\sqrt{-N}\right) \times \left(\pm\sqrt{-N}\right) = -N$$

$$\left(\sqrt{-N}\right)^2 = -N \therefore \left(\sqrt{-N}\right)^3 = -N\sqrt{-N} \therefore \left(\sqrt{-N}\right)^4 = N^2$$

Insbesondere gilt für ($N = 1$):

$$\left(\sqrt{-1}\right)^2 = -1 \therefore \left(\sqrt{-1}\right)^3 = -\sqrt{-1} \therefore \left(\sqrt{-1}\right)^4 = 1$$

2.2.1 Aus der Algebra

Zur Cardano-Formel:
In seiner 1572 erschienenen *Algebra* nahm Bombelli insbesondere die von Cardano nicht behandelten Fälle in Angriff. Gemäß der Formel von Cardano kann die reduzierte kubische Gleichung $x^3 + ax = b$ gelöst werden durch

$$x = \sqrt[3]{\frac{b}{2} + \sqrt{\frac{b^2}{4} + \frac{a^3}{27}}} + \sqrt[3]{\frac{b}{2} - \sqrt{\frac{b^2}{4} + \frac{a^3}{27}}}$$

Die Berechnung verläuft problemlos für ($a, b > 0$). Ist dagegen ($a < 0$), so kann der Radikand $\left(\frac{b^2}{4} + \frac{a^3}{27}\right)$ negativ werden; dieser Fall wird *casus irreducibilis* genannt. Dies ist das Beispiel von Cardano:

$$x^3 = 15x + 4 \tag{2.1}$$

Hier ergeben sich die komplexen Quadratwurzeln:

$$x = \sqrt[3]{2 + \sqrt{-121}} + \sqrt[3]{2 - \sqrt{-121}}$$

Der Trick von Bombelli:

Um die Wurzel $\sqrt[3]{2 + \sqrt{-121}}$ aufzulösen, machte Bombelli den Ansatz $\left(2 + c\sqrt{-1}\right)$. Mithilfe der binomischen Formel erhält man

$$\left(2 + c\sqrt{-1}\right)^3 = 8 + 12c\sqrt{-1} - 6c^2 - c^3\sqrt{-1} = \left(8 - 6c^2\right) + \left(12c - c^3\right)\sqrt{-1}$$

Der Koeffizientenvergleich mit $2 + 11\sqrt{-1}$ liefert das (nichtlineare) System:

$$8 - 6c^2 = 2 \therefore 12c - c^3 = 11$$

Plotten der beiden Funktionen zeigt den gemeinsame Schnittpunkt $c = 1$. Für den Term $\sqrt[3]{2 - \sqrt{-121}}$ erhält man analog $c = -1$. Damit lässt sich die Lösung von (1) schreiben als

$$x = \sqrt[3]{2 + \sqrt{-121}} + \sqrt[3]{2 - \sqrt{-121}} = 2 + \sqrt{-1} + 2 - \sqrt{-1} = 4$$

Erste Methode bei Ganzzahligkeit:

Eine erste Methode, um das komplexe Wurzelziehen zu vermeiden, beruht auf einer Faktorisierung; Bedingung dabei ist jeweils die Ganzzahligkeit der kubischen Lösung. Wie man leicht prüft, ist $(x = 4)$ eine Lösung von (1) ist. Gesucht ist eine Darstellung von $(2 \pm 11i)$ in der Form $(a \pm bi)^3$. Gleichsetzen liefert:

$$2 + 11i = (a + bi)^3 = a^3 + 3a^2bi - 3ab^2 - b^3i = \left(a^3 - 3ab^2\right) + \left(3a^2b - b^3\right)i$$

Vergleich der Real- und Imaginärteile ergibt:

$$a^3 - 3ab^2 = a\left(a^2 - 3b^2\right) = 2$$

$$3a^2b - b^3 = b\left(3a^2 - b^2\right) = 11$$

Für ganzzahliges a, b zeigt die Faktorisierung: $a \in \{1; 2\}; b \in \{1; 11\}$. Beide Gleichungen werden simultan erfüllt für $(a = 2; b = 1)$. Somit gilt:

$$2 + 11i = (2 + i)^3 \therefore 2 - 11i = (2 - i)^3$$

Für Gleichung (1) folgt wie oben:

$$x = \sqrt[3]{(2 + i)^3} + \sqrt[3]{(2 - i)^3} = 4$$

Zweite Methode bei Ganzzahligkeit:

Gegeben seien die komplexen Wurzeln:

$$x = \sqrt[3]{u + \sqrt{-v}} + \sqrt[3]{u - \sqrt{-v}}; u, v > 0$$

Alternativ entwickelte Bombelli eine weitere Methode mit dem Ansatz:

$$\sqrt[3]{u + \sqrt{-v}} = p + \sqrt{-q} \therefore \sqrt[3]{u - \sqrt{-v}} = p - \sqrt{-q}$$

Die dritte Potenz der ersten Gleichung zeigt (wie oben): $p^3 - 3pq = u$. Das Produkt beider Wurzelterme wird gleich w gesetzt:

$$\sqrt[3]{u^2 + v} = p^2 + q = w$$

Beide Gleichungen erlauben folgende Abschätzungen:

$$p^3 = 3pq + u \Rightarrow p > \sqrt[3]{u}$$

$$p^2 = w - q \Rightarrow p < \sqrt{w}$$

Wird p als ganzzahlig vorausgesetzt, so muss es folgende Doppelungleichung erfüllen:

$$\sqrt[3]{u} < p < \sqrt{w}$$

Für das oben genannte Beispiel finden wir nach Cardano: $u = 2$; $v = 121$. Dies liefert

$$w = \sqrt[3]{u^2 + v} = \sqrt[3]{125} = 5$$

Die Doppelungleichung für p zeigt:

$$\sqrt[3]{u} < p < \sqrt{w} \Rightarrow \sqrt[3]{2} < p < \sqrt{5} \Rightarrow p = 2$$

Die Unbekannte q ergibt sich aus: $q = w - p^2 = 5 - 4 = 1$. Die gesuchte Lösung ist (wie vorher):

$$x = \left(2 + \sqrt{-1}\right) + \left(2 - \sqrt{-1}\right) = 4$$

2.2.2   Rezeption von Bombellis Werk

J. W. Crossley schrieb in seinem Werk *The Emergence of Number* (Singapore 1980):

> So haben wir einen Ingenieur vor uns, Bombelli, der komplexe Zahlen praktisch nutzt, vielleicht weil sie ihm nützliche Ergebnisse lieferten, während Cardano die Quadratwurzeln negativer Zahlen nutzlos fand. Bombelli war der erste, der eine systematische Behandlung von komplexen Zahlen gab. […] Es ist bemerkenswert, wie gründlich er die Gesetze zur Berechnung komplexer Zahlen behandelt.

Geringer schätzte J. Dieudonné die Verdienste Bombellis ein. In einem Kommentar zur Besprechung von J. E. Hofmanns Artikel (1972) bemerkte er:

> Imaginäre Größen wurden schon lange vor Bombellis Schrift verwendet; daher ist es nicht gerechtfertigt zu sagen, er sei der „erste Erfinder" der komplexen Zahlen … Bombellis Algebra verkaufte sich entweder nicht gut oder er hatte offensichtlich nicht viel Einfluss auf die spätere Entwicklungen.

Rezeption bei Stevin

In seiner Schrift *L'Arithmetique* (1594) lehnte Simon Stevin (1480–1520) die Methoden Bombelli teilweise ab. Er verglich zwei Beispiele Bombellis:

$$x^3 = 6x + 40 \tag{2.2}$$

$$x^3 = 30x + 36 \tag{2.3}$$

Die Lösung von (2) akzeptierte er, da die reelle Wurzeln näherungsweise berechnet konnte.

$$x = \sqrt[3]{20 + \sqrt{392}} + \sqrt[3]{20 - \sqrt{392}} = 4$$

Dagegen kann er in der Lösung von (3) keinen Sinn finden:

$$x = \sqrt[3]{18 + \sqrt{-26}} + \sqrt[3]{18 - \sqrt{-26}} = 6$$

Zu (3) schreibt er:

> Wenn sich diese Wurzelterme dem Wert 6 sich beliebig nähern könnten, wie das analog bei (2) der Fall ist, dann hätte dieser Fall die gewünschte Klarheit.

Die Summe zweier Wurzeln konjugiert komplexen Zahlen ist reell; dies zeigt der Rechengang, der erst bei Euler möglich ist:

$$\sqrt{1 + \sqrt{-3}} + \sqrt{1 - \sqrt{-3}} = \sqrt{2}\left(e^{i\pi/6} + e^{-i\pi/6}\right) = \sqrt{2} \cdot 2\cos\frac{\pi}{6} = \sqrt{6}$$

Beispiel für die damals herrschende Unsicherheit beim Multiplikation von Wurzeln aus negativen Zahlen ist: Berechnet man $\sqrt{-2} \cdot \sqrt{-2}$ nach der Formel $\left(\sqrt{x}\right)^2 = x$ oder nach dem Produktsatz $\sqrt{a} \cdot \sqrt{b} = \sqrt{ab}$? Im ersten Fall erhält man $\left(\sqrt{-2}\right)^2 = -2$, im zweiten dagegen $\sqrt{(-2)(-2)} = \sqrt{4} = 2$.

2.3 François Viète (1540–1603), genannt Vieta

Ein bedeutender Gelehrter, der die Symbolik in die Algebra eingeführt und eine systematische Darstellung der Goniometrie gegeben hat, dessen Verdienste aber nicht in genügender Weise gewürdigt wurden, ist François Viète, Seigneur de la Bigotière, populär geworden unter seinem lateinischen Namen Vieta (Abb. 2.5). Er wurde 1540 in Fontenay-le-Comte geboren. Er widmete sich dem Jura-Studium und machte sich 1559 nach Vollendung seiner Studien in Poitiers in seiner Vaterstadt als Rechtsanwalt selbstständig.

Abb. 2.5 Bild von François
Viète, genannt Vieta
(Wikimedia Commons,
gemeinfrei)

Sein Geschick als Anwalt konnte er zeigen, als er den Nachlass der Königswitwe
Eleonore verwaltete und in einem Streit um einen Schatz Maria Stuarts vertrat. So trat
er eine Stellung als Privatsekretär an in den Diensten des Hauses *Soubise*. Diese Familie
hatte enge Kontakte zu führenden Vertretern der (calvinistischen) Hugenotten; er blieb
als Katholik stets loyal zu seinen Auftraggebern. Zur Unterrichtstätigkeit für Cathérine,
der Tochter des Hugenottenführers Jean de Parthenay, verfasste er mehrere Schriften,
darunter auch astronomische. Die junge Dame muss ihn sehr beeindruckt haben, denn in
einem Widmungsbrief schrieb er (zitiert nach Reich/Gerike[6]):

> Unermesslich sind die Wohltaten, die Ihr mir in Zeiten größten Unglücks erwiesen habt ...
> Überhaupt verdanke ich Euch mein ganzes Leben oder wenn ich etwas habe, was mir noch
> teurer ist, als das Leben. Insbesondere aber verdanke ich Euch, die Ihr dem erhabenen
> Geschlecht der Melusine entstammt, das Studium der Mathematik, zu dem mich Eure Liebe
> zu diesem Gegenstand und die großen Kenntnisse, die Ihr in diesem Fach besitzt, angeregt
> haben, vor allem aber Eure umfassende Bildung, die man bei einer Dame aus so König-
> lichem und edlem Geschlecht gar nicht genug bewundern kann.

Über die Mathematik führte er aus:

> Verehrungswürdigste Fürstin, was neu ist, pflegt anfangs roh und unförmig vorgelegt
> zu werden und muss dann in den folgenden Jahrhunderten geglättet und vervollkommnet
> werden. So ist auch die Kunst, die ich nun vortrage, eine neue oder doch auch wieder eine
> so alte und von Barbaren so verunstaltete, dass ich es für notwendig hielt, alle ihre Schein-
> beweise zu beseitigen, damit auch nicht die geringste Unreinheit an ihr zurückbleibe und
> damit sie nicht nach dem alten Moder rieche, und ihr eine vollkommen neue Form zu geben,
> sowie auch neue Bezeichnungen zu erfinden und einzuführen.

---

[6]Viète F., Reich K., Gericke H. (Hrsg.):Einführung in die Neue Algebra, Werner Fritsch München
1973, S. 34–35.

Die oben erwähnten Werke *Principes de cosmographie* und *Principes de la sphere, de géographie et d'astronomie* wurden posthum erst 1637 bzw. 1661 gedruckt. Die Theorie von Kopernikus lehnte er ab, ebenso die Kalenderreform von 1582. Dies führte zu einer Auseinandersetzung mit Joseph Scalinger und Christoph Clavius.

Ebenfalls fasste er den Plan, eine modernisierte Version des Almagest des Ptolemaios mit dem Namen *Harmonicum coeleste* herauszugeben; es blieb aber bei einem handschriftlichen Manuskript. Nach dem Tod von Parthenay blieb er in Kontakt mit der Familie als diese in die Hugenotten-Hochburg La Rochelle umzog. Cathérine verlor ihren ersten Gatten in der blutigen Bartholomäusnacht von 1572. La Rochelle war die letzte verbleibende Zufluchtsstätte der Hugenotten, die nach einer langen Belagerung schließlich 1628 auf Betreiben des Kardinals und Kriegsministers Richelieu von den Truppen Ludwigs' XIII. endgültig zerstört wurde.

Das Studium der Schrift von Ptolemaios veranlasste ihn, seine Kenntnisse in Trigonometrie zu vertiefen; insbesondere vermisste er genaue trigonometrische Tafeln. 1571 ging er als Advokat nach Paris und machte die Bekanntschaft der damals bedeutendsten Wissenschaftler. 1573 wurde er Parlamentsrat und bald auch Privatsekretär bei König Henri III., der ihn 1580 zum *Maitre des requêtes* (Berichterstatter über Bittschriften) und zum königlichen Rat erhob.

Aber schon 1584 fiel er bei den katholischen Herzögen aus dem Haus Guise in Ungnade (obwohl er Katholik war) und wurde von seinen Pflichten entbunden. Diese freie Zeit (1584–89) ohne Anstellung nutzte er zum Studium älterer Schriften von Cardano, Tartaglia, Bombelli und Xylanders Diophantos-Ausgabe. Henri III. sah sich 1589 gezwungen, Paris zu verlassen, und wurde schließlich ermordet, obwohl er 1593 zum Katholizismus konvertiert war. Nachfolger wurde Henri von Navarra, der als Henri IV. den Thron bestieg. Dieser kannte die Verdienste Vietas und ernannte ihn zum geheimen Rat, eine Stellung, die er bis zu seinem Lebensende innehatte. Die enge Bindung, die er zu den Königen hatte, brachte eine Vielzahl von Verpflichtungen mit sich, sodass er für seine Lieblingsbeschäftigung (Mathematik und Astronomie) nur wenig Zeit widmen konnte.

Sein Plan, alle seine mathematischen Schriften auszuarbeiten und drucken zu lassen, konnte er nicht mehr erfüllen. Erst 40 Jahre nach seinem Tod kam eine von Franz van Schooten d. Ä. (1615–1660) editierte, in der Bezeichnungsweise modernisierte, lateinische Werkausgabe zustande. Die Wirkung der 1646 erschienenen *Opera mathematica* aus die Fachwelt war gering, der wissenschaftliche Fortschritt, den die *Géométrie* Descartes mit sich brachte, ließ Vietas Werk als veraltet erscheinen. Im Dezember 1602 von seinen Aufgaben entbunden, starb er vermutlich am 23. Februar 1603 in Paris.

Als sich die *katholische Liga* nach der Thronbesteigung Henris IV. mit Spanien verbündete, musste der König gegen die Liga und Spanien kämpfen. Eine bekannte Episode aus der Zeit berichtet, wie es Vieta gelang, spanische Militäranweisungen zu entschlüsseln, obwohl diese einen Geheimcode mit mehr als 500 Zeichen benützten. Der König Phillip II. von Spanien, später auch Herrscher von Portugal, konnte nicht glauben, dass es bei der Entzifferung mit rechten Dingen zugegangen war. Er beschwerte sich bei Papst über die Franzosen, sie würden *Magie und Hexerei einsetzen, eine Praktik, die gegen den christlichen Glauben verstoße.*

Adrian van Roomen (1561–1615) hatte in seiner Schrift *Ideae mathematicae* eine Übersicht über die wichtigsten lebenden Mathematiker gegeben, dabei aber keinen Franzosen genannt. Am Ende des Vorworts stellte er eine Aufgabe, mit der er *alle Mathematiker des Erdkreises* herausforderte. Dies nahm der niederländische Botschafter am Hofe Henris IV. 1593 zum Anlass, sich spöttisch über die französischen Mathematiker zu ergehen. Der König geriet in Verlegenheit und ließ Vieta kommen. Dieser konnte die Aufgabe van Roomens in kurzer Zeit lösen, sein Spruch war *Ut legi, ut solvi* (Wie gelesen, so gelöst). Es handelte sich um eine Gleichung vom Grad 45, die sich der niederländische Mathematiker ausgedacht hatte.

Als er von der Lösung Vietas hörte, war die Begeisterung van Roomens war so groß, dass er unverzüglich von Würzburg (wo er damals Mathematik und Medizin unterrichtete) nach Paris reiste, um Vieta persönlich kennenzulernen. Dieser wiederum stellte ihm als Aufgabe das berühmte Problem von *Apollonius:* Konstruiere einen Kreis, der drei andere berührt. Van Roomen aber war vorgewarnt; er kannte eine Äußerung Regiomontanus', der an der Konstruktion des Mittelpunkts mit den Mitteln von Euklid verzweifelt war, und verwendete dabei den Schnitt zweier Hyperbeln.

2.3.1 Die Aufgabe von van Roomen

Bei der Aufgabe handelte es sich um eine Gleichung[7] vom Grad 45:

$$45x - 3795x^3 + 95634x^5 - 1138500x^7 + 7811375x^9 - 34512074x^{11} + 105306075x^{13}$$
$$- 232676280x^{15} + 384942375x^{17} - 488494125x^{19} + 483841800x^{21} - 378658800x^{23}$$
$$+ 236030652x^{25} - 117679100x^{27} + 496557800x^{29} - 14945040x^{31} + 3764565x^{33}$$
$$- 740459x^{35} + 111150x^{37} - 12300x^{39} + 945x^{41} - 45x^{43} + x^{45} = A$$

Insbesondere war für die rechte Seite *B* eine spezielle Lösung gesucht:

$$B = \sqrt{\frac{7}{4} - \sqrt{\frac{5}{16}} - \sqrt{\frac{15}{8} - \sqrt{\frac{45}{64}}}}$$

---

[7] Francisci Vietae Opera mathematica in unum volume, Hrsg. F. van Shooten: *Responsum ad problema quod omnibus mathematicis totius orbis construendum* proposuit Adrianus Romanus, 305–324.

Für die rechte Seite $C = \sqrt{2 + \sqrt{2 + \sqrt{2 + \sqrt{2}}}}$ wurde folgende Lösung erwartet:

$$x = \sqrt{2 - \sqrt{2 + \sqrt{2 + \sqrt{2 + \sqrt{3}}}}}$$

Vieta kannte die Entwicklung von $\sin n\varphi$; es gilt (in moderner Schreibweise)

$$\sin n\varphi = n \sin \varphi - \frac{n(n^2 - 1^2)}{3!} \sin^3 \varphi + \frac{n(n^2 - 1^2)(n^2 - 3^2)}{5!} \sin^5 \varphi - \cdots$$

Vieta erkannte sofort, dass die die linke Seite genau die Entwicklung des Terms $2 \sin \alpha$ ist. Nach Kürzen von x, erhält man die Konstante $45 = 3 \cdot 3 \cdot 5$. In moderner Schreibweise kann man wie folgt vorgehen:

Wir definieren daher für die rechte Seite B:

$$c = 2 \sin 45\alpha \; \therefore \; c_1 = 2 \sin 15\alpha \; \therefore \; c_2 = 2 \sin 5\alpha \; \therefore \; x = 2 \sin \alpha$$

Die Vielfachformel für $\sin 3\alpha$ lautet:

$$2 \sin 3\alpha = 3(2 \sin \alpha) - (2 \sin \alpha)^3$$

Eingesetzt zeigt sich

$$c = 3c_1 - c_1^3 \; \therefore \; c_1 = 3c_2 - c_2^3$$

Die Vielfachformel für $\sin 5\alpha$ liefert analog

$$c_2 = 5x - 5x^3 + x^5$$

Einsetzen ergibt schließlich

$$c = 3\left(3c_1 - c_1^3\right) - \left(3c_2 - c_2^3\right)^3$$
$$= 9\left(5x - 5x^3 + x^5\right) - 3\left(5x - 5x^3 + x^5\right)^3 - \left[3\left(5x - 5x^3 + x^5\right) - \left(5x - 5x^3 + x^5\right)^3\right]^3$$

Vereinfacht liefert dies die Gleichung von Van Roomen. Die vollständigen Lösungen der Gleichung sind

$$x_n = 2 \sin \frac{2\pi n}{45}; \; 0 \leq n \leq 44$$

Einige Lösungen kannte natürlich auch van Roomen, der wohl nicht bedacht hatte, dass das Polynom 45 Nullstellen hat. Vieta ermittelte alle 23 positiven Nullstellen, die negativen wurden von ihm verworfen.

2.3.2 Die Anfänge der Algebra

Eine erste algebraische Notation verwendete er in seinem wichtigsten Werk *In artem analyticam isagoge,* bei dem er versuchte, eine symbolische Algebra zu begründen. Vieta verwendete die Vokale (A, E, I, …) für die Unbekannten, Konsonanten (B, C, D, F, …) für bestimmte Variablen. Er entwickelte jedoch keine formale Schreibweise für Gleichungen, sondern verblieb bei der bisherigen verbalen Form. Die Gleichung $3BA^2 - DA + A^3 = Z$ schrieb er als:

$$B3 \text{ in } A \text{ quad} - D \text{ plano in } A + A \text{ cubo aequetor } Z \text{ solido}$$

Vieta achtete darauf, dass alle Variablen gleiche Dimension haben, daher muss D als Fläche (*planum*) und Z als räumlich (*solidum*) bezeichnet werden. Er schrieb *A quadratur* für A^2, eine Schreibweise, die bereits von Chuquet eingesetzt wurde. Für Addition und Subtraktion verwendet er bereits die von Johannes Widmann 1489 eingeführten Symbole „$+$" bzw. „$-$". Da er Buchstaben nur für positive Zahlen verwendete, musste er zahlreiche Fallunterscheidungen machen.

Beispiel 1 aus Buch I seiner Aufgabensammlung *Zeteticorum libri quinque* (kurz *Zetetica* genannt): Gegeben ist die Fläche B (*plano*) eines Rechtecks und das Verhältnis $S : R$ der Seiten. Gesucht sind die Seiten.

Es sei A die größere Seite, dann verhält sich S zu R wie A zu $\frac{R \text{ in } A}{S}$. Die kleinere Seite ist dann $\frac{R \text{ in } A}{S}$. Somit ist B *plano* gleich $\frac{R \text{ in } A \text{ quad}}{S}$. Multiplizieren mit S liefert R *in A quadratur* ist gleich S in B plano, als Proportion geschrieben

$$R : S = Bplanum : Aquadratur$$

Ist umgekehrt E die kleinere Seite, dann folgt analog

$$S : R = B \text{ planum} : E \text{ quadratur}$$

Ist B *plano* $= 20, R = 1, S = 5$, dann ist $E^2 = 4$. Der Bezeichner E^2 für eine Strecke ist hier für moderne Leser verwirrend.

In dieser Aufgabensammlung übernahm er mehrere Aufgaben von Diophantos. Die Rezeptionsgeschichte von Diophantos' Werk ist umfänglich:

Der Mönch Maximos Planudes, der zeitweilig Diplomat Byzanz' in Venedig war, hat zwei Bücher von Diophantos bearbeitet; die Bearbeitung geriet im Westen in Vergessenheit. Erst 1462 entdeckte Regiomontanus in einer Bibliothek Venedigs ein griechisches Manuskript und plante eine Übersetzung, die jedoch nicht realisiert wurde. Bombelli hatte im dritten Buch seiner Algebra (erschienen 1572) mehrere Aufgabe von Diophantos übernommen. Vermutlich davon angeregt, forschte Xylander 1571 nach einem Manuskript, das er dann bei A. Dudicius fand; seine Übersetzung ins Lateinische erschien 1575. Sehr viel populärer wurde die Übersetzung von Bachet de Méziriac (1621), die Fermat zu seine Zahlentheorie anregte. Überraschenderweise fand F. Sezgin 1968 in einer iranischen Bibliothek eine arabische Übersetzung von vier bisher unbekannten Büchern der *Arithmetica*, die von ibn Lūqās stammt.

Diophantos I,1: Eine gegebene Zahl (100) in zwei Zahlen zu teilen, deren Differenz (40) gegeben ist.

Methode von **Diophantos:** Ist S die kleinere Zahl, so ist die größere $S + 40$. Die Summe ist gegeben als 100, folglich gilt: $100 = 2S + 40$. Ziehe Ähnliches von Ähnlichem ab, so gilt $2S = 60$, woraus folgt: $S = 30, S + 40 = 70$.

Methode von **Vieta:** Es sei B als die Differenz zweier Seiten und D als deren Summe gegeben. Die kleinere Seite sei A, also ist die größere $A + B$. Aber die selbe ist gegeben als D. Also ist $D = 2A + B$. Mittels Antithesis wird daraus $2A = D - B$ oder nach Halbierung $A = \frac{D}{2} - \frac{B}{2}$.

Oder die größere Seite sei E, also die kleinere $E - B$. Die Summe der Seiten ist somit $2E - B$. Dies aber ist gegeben als D. Also ist $2E - B = D$. Mittels Antithesis wird daraus $2E = D + B$ oder nach Halbierung $E = \frac{D}{2} + \frac{B}{2}$.

Es sei $B = 40, D = 100$. Dann wird $A = 30, E = 70$.

Die Verwendung von *aequabitor* als Gleichheitszeichen ist ein Rückschritt gegenüber Diophantos, der bereits ein eigenes Symbol dafür hatte.Die binomische Formel $(A + B)^3$ schrieb er als:

$$A\ cubus + B\ in\ A\ quad\ 3 + A\ in\ B\ quad\ 3 + B\ cubo\ aequalia\ \overline{A + B}\ cubo$$

Die Lösung der quadratischen Gleichung $x^2 + 2bx = c$ lautet bei ihm

$$\overline{\ell Z\ plane + B\ quadratur} - B$$

Dies ist in moderner Schreibweise

$$x = \sqrt{c + b^2} - b$$

Hier die **Aufgabe** Nr. 21 aus Buch II der *Zetetica* (nach Reich/Gericke[8]):

Zwei Seiten sind zu finden, wenn das Produkt aus ihrer Differenz und der Differenz ihrer Quadrate und das Produkt aus ihrer Summe und der Summe ihrer Quadrate gegeben ist. In moderner Schreibweise ergibt sich das System

$$B(plano) = (x - y)(x^2 - y^2) \therefore D(solido) = (x + y)(x^2 + y^2)$$

Vieta setzt $A = x + y$. Damit ergibt sich

$$\frac{B}{A} = (x - y)^2 \therefore \frac{D}{A} = x^2 + y^2$$

---

[8]Viète F., Reich K., Gericke H.(Hrsg.): François Viète – Einführung in die Algebra, Werner Fritsch München 1973, S. 112–113.

Wegen $2\left(x^2 + y^2\right) - (x - y)^2 = (x + y)^2$ folgt

$$2\frac{D}{A} - \frac{B}{A} = A^2 \Rightarrow 2D - B = A^3$$

Für $B = 32$; $D = 272$ ergibt sich $A^3 = 512 \Rightarrow A = x + y = 8$. Dies liefert

$$(x - y)^2 = 4 \Rightarrow x - y = 2 \Rightarrow x = 5; y = 3.$$

Auch **Cardano** (Kap. 66, #93) hat diese Aufgabe übernommen mit $B = 10$; $D = 20$. Er setzt $\frac{x}{y} = u$. Damit ergibt sich das System

$$(u + 1)\left(u^2 + 1\right) = 2(u - 1)\left(u^2 - 1\right)$$
$$\Rightarrow u^2 + 1 = 2(u - 1)^2 \Rightarrow u = 2 + \sqrt{3}$$

Einsetzen von $x = \left(2 + \sqrt{3}\right)y$ führt zu:

$$y^3\left(36 + 20\sqrt{3}\right) = 20 \Rightarrow y = \sqrt[3]{\frac{20}{36 + 20\sqrt{3}}}$$

Interessant ist, dass Vieta, über Diophantos hinaus, eine Formel fand, die eine Summe von (rationalen) Kuben in eine entsprechende Differenz verwandelt und umgekehrt:

$$a^3 - b^3 = \left(a - \frac{b^2}{t}\right)^3 - \left(b - \frac{a^2}{t}\right)^3 ; t = \frac{a^3 + b^3}{3ab}$$

Beispiele sind:

$$7 = 2^3 - 1^3 = \left(\frac{4}{3}\right)^3 + \left(\frac{5}{3}\right)^3$$

$$56 = 4^3 - 2^3 = \left(\frac{8}{3}\right)^3 + \left(\frac{10}{3}\right)^3$$

$$189 = 6^3 - 3^3 = 4^3 + 5^3$$

Bemerkenswert ist auch seine Summation der geometrischen Reihe $(a_1, a_2, a_3, \cdots, a_n)$ nach dem Vorbild von Euklid (IX, 35):

$$\frac{a_1}{a_2} = \frac{a_1 + a_2 + a_3 + \cdots + a_{n-1}}{a_2 + a_3 + \cdots + a_n} = \frac{s_n - a_n}{s_n - a_1}$$

Ist der Quotient der geometrischen Reihe < 1, so folgt: $\lim\limits_{n \to \infty} a_n = 0$ und damit der Reihenwert

$$s_\infty = \frac{a_1^2}{a_1 - a_2}$$

2.3.3 Zur Trigonometrie

In seiner Schrift *Canon* (gedruckt 1571/79) tabelliert er alle sechs trigonometrischen Funktionen nach dem Vorbild der Tafeln von *Regiomontanus* (1553) und *Rheticus* (1551). Seine Tabelle ist wesentlich genauer: alle Winkel in Grad auf 10 Dezimalen, die Minuten auf 5. Die Werte verwendet er zur systematischen Berechnung von ebenen Dreiecken im achten Buch „Über verschiedene mathematische Aufgaben[9]". Hier finden sich die Additionstheoreme und Vervielfachungen der trigonometrischen Funktionen. Hier einige Beispiele:

$$\sin \alpha = \sin (60° + \alpha) - \sin (60° - \alpha)$$

$$\csc \alpha + \cot \alpha = \cot \frac{\alpha}{2}$$

$$\sin \alpha = 2 \cos \frac{\alpha}{2} \sin \frac{\alpha}{2}$$

$$\cos \beta - \cos \alpha = 2 \sin \frac{\alpha + \beta}{2} \sin \frac{\alpha - \beta}{2}$$

$$\sin \alpha - \sin \beta = 2 \sin \frac{\alpha - \beta}{2} \cos \frac{\alpha + \beta}{2}$$

Da er nur mit positiven Zahlen rechnet, benötigt er bei der Berechnung von schiefwinkligen Dreieck noch 28 Fallunterscheidungen; später in Buch VIII der *Varia responsa* kommt er mit 6 Fällen aus. Das genannte Werk ist das einzige, das zu seinen Lebzeiten gedruckt wurde.

Bei einigen Problemen, wie der Winkeldreiteilung, konnte sich Vieta noch nicht von der Sehnenfunktion crd() des Ptolemaios lösen. Soll der Winkel α mit der Sehne a dreigeteilt werden, so setzt er:

$$3x - x^3 = a$$

Er löst er die Gleichung mittels $x_1 = \mathrm{crd}\frac{\alpha}{3}$; $x_2 = \mathrm{crd}\left(\frac{\alpha}{3} + 120°\right)$. Die Lösung $x_3 = \mathrm{crd}\left(\frac{\alpha}{3} + 240°\right)$ verwirft er.

Neben den regulären Polygonen konnte Vieta auch ein ganzzahliges Sehnenviereck konstruieren (Abb. 2.6). Die Besonderheit ist hier, dass auch der Durchmesser des Umkreises ganzzahlig ist.

---

[9] Opera S. 417 ff.: *Variorum de rebus mathematicis responsorum liber octavus.*

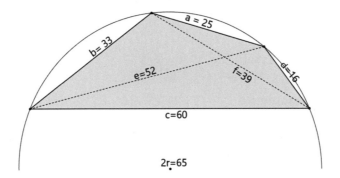

Abb. 2.6 Sehnenviereck mit ganzzahligen Seiten und Diagonalen

Die Theoreme VI und VII

Setzt man die Hypotenuse $|AD| = 2 \cos \alpha$, so folgt in moderner Schreibweise (Abb. 2.7)

$$2 \cos \alpha = |AD| = x$$
$$2 \cos 2\alpha = |AE| = x^2 - 2$$
$$2 \cos 3\alpha = |AF| = x^3 - 3x$$
$$2 \cos 4\alpha = |AG| = x^4 - 4x^2 + 2$$
$$2 \cos 5\alpha = |AH| = x^5 - 5x^3 + 5x$$
$$2 \cos 6\alpha = |AI| = x^6 - 6x^4 + 9x^2 - 2$$

(Opera S. 294–297). Hier erkennt er das Bildungsgesetz: Die Exponenten nehmen um 2 ab, die zweiten Koeffizienten sind die natürlichen Zahlen, die dritten die Dreieckszahlen usf.

Theorem VII zeigt mit $2 \sin \alpha = x$; $2 \sin 2\alpha = y$ die Identitäten:

Abb. 2.7 Abbildung zu
Theorem VI

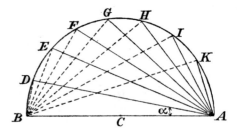

$$2 \sin \alpha = x$$
$$2 \sin 2\alpha = y$$
$$2x \sin 3\alpha = y^2 - x^2$$
$$2x^2 \sin 4\alpha = y^3 - 2yx^3$$
$$2x^3 \sin 5\alpha = y^4 - 3y^2x^2 + x^4$$
$$2x^4 \sin 6\alpha = y^5 - 4y^3x^2 + 3yx^4$$

Additionstheorem des Sinus

Betrachtet wird die Abb. 2.8. Gegeben sind die Winkel $\alpha = \angle AOD$; $\beta = \angle COD$ im Einheitskreis. Dann gelten die Beziehungen: $\sin \alpha = |AB|$ und $\sin \beta = |CD| = |EB|$. Somit folgt das Additionstheorem

$$\sin \alpha + \sin \beta = |AB| + |BE| = |AE|$$

Da das Dreieck $\triangle AOC$ gleichschenklig ist, halbiert die Winkelhalbierende von $\angle AOC$ die Gegenseite AC; dies ergibt:

$$\sin \frac{\alpha + \beta}{2} = \frac{1}{2}|AC| \Rightarrow |AC| = 2 \sin \frac{\alpha + \beta}{2}$$

Da die Winkel $\angle BAC$ und $\angle OCE$ kongruent zu β sind, gilt: $\angle AOD = \frac{\pi}{2} - \frac{\alpha - \beta}{2}$. Dies liefert

$$|AE| = |AC| \sin \left(\frac{\pi}{2} - \frac{\alpha - \beta}{2} \right) = |AC| \cos \frac{\alpha - \beta}{2}$$

Abb. 2.8 Beweisfigur zum Additionstheorem

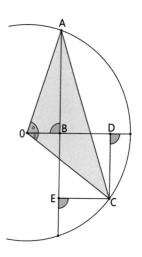

Insgesamt folgt:

$$\sin\alpha + \sin\beta = |AE| = |AC|\cos\frac{\alpha-\beta}{2} = 2\sin\frac{\alpha+\beta}{2}\cos\frac{\alpha-\beta}{2}$$

2.3.4   Zum rechtwinkligen sphärischen Dreieck

Im *Canon math.* (Anhang 36) gibt Vieta folgende Formeln für das rechtwinklige sphärische Dreieck (rechter Winkel bei C) an, die später die *Neper'schen Regeln* genannt werden (Abb. 2.9):

$$\sin AB = \frac{\sin CB}{\sin A} \therefore \sin AB = \frac{\sin AC}{\sin B}$$

$$\cos AC = \frac{\cos B}{\sin A} \therefore \cos CB = \frac{\cos A}{\sin B}$$

$$\cos AC = \frac{\cos AB}{\cos CB} \therefore \tan AC = \frac{\sin CB}{\cot B}$$

$$\tan CB = \frac{\sin AC}{\cot A} \therefore \cot AB = \frac{\cos B}{\tan CB}$$

$$\cot AB = \frac{\cos A}{\tan AC} \therefore \cot B = \frac{\cos AB}{\cot A}$$

Abb. 2.9 Rechtwinkliges
Kugeldreieck

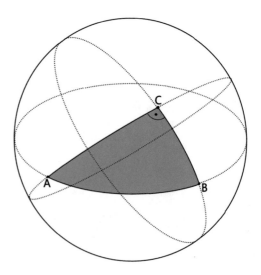

2.3.5 Das erste unendliche Produkt für π

Ebenfalls in Buch 8 der *Variorum de rebus mathematicis responsorum, liber VIII* findet sich die Darstellung, die von M. Cantor (Band II, S. 548) als erstes unendliches Produkt gewürdigt wurde:

$$\frac{2}{\pi} = \sqrt{\frac{1}{2}} \cdot \sqrt{\frac{1}{2} + \frac{1}{2}\sqrt{\frac{1}{2}}} \cdot \sqrt{\frac{1}{2} + \sqrt{\frac{1}{2} + \frac{1}{2}\sqrt{\frac{1}{2}}}} \cdots$$

Vieta leitete diese Beziehung aus der Eckenverdopplung von einbeschriebenen regulären Vielecken her. Sie folgt auch aus der wiederholten Anwendung von

$$\sin \varphi = 2 \sin \frac{\varphi}{2} \cos \frac{\varphi}{2}$$

$$\sin \varphi = 2^2 \sin \frac{\varphi}{2^2} \cos \frac{\varphi}{2^2} \cos \frac{\varphi}{2}$$

$$\vdots$$

$$\sin \varphi = 2^n \sin \frac{\varphi}{2^n} \cos \frac{\varphi}{2} \cos \frac{\varphi}{2^2} \cos \frac{\varphi}{2^3} \cos \frac{\varphi}{2^4} \cdots \cos \frac{\varphi}{2^n}$$

Division durch φ zeigt:

$$\frac{\sin \varphi}{\varphi} = \left[\frac{\sin \frac{\varphi}{2^n}}{\frac{\varphi}{2^n}} \right] \cos \frac{\varphi}{2} \cos \frac{\varphi}{2^2} \cos \frac{\varphi}{2^3} \cos \frac{\varphi}{2^4} \cdots \cos \frac{\varphi}{2^n}$$

Beim Grenzübergang $n \to \infty$ wird die eckige Klammer Eins. Setzt man in der linken Seite $\varphi = \frac{\pi}{2}$, so erhält man

$$\frac{2}{\pi} = \prod_{i=1}^{\infty} \cos \frac{\varphi}{2^i}$$

Wegen $\cos \frac{\alpha}{2} = \sqrt{\frac{1}{2}(1 + \cos \alpha)}$ kann man dies rekursiv schreiben als

$$\frac{2}{\pi} = p_1 p_2 p_3 \ldots ; p_1 = \sqrt{\frac{1}{2}} \therefore p_{n+1} = \sqrt{\frac{1}{2}(1 + p_n)}$$

Die iterierten Wurzeln nähern sich dem Wert Eins, wegen:

$$p^2 = \frac{1}{2}(1 + p) \Rightarrow p = \frac{1}{4}(1 + 3), p > 0$$

Eine zweite Produktdarstellung für π fand 1656 John Wallis in seiner Schrift *Arithmetica Infinitorum*:

$$\frac{4}{\pi} = \frac{1 \cdot 3 \cdot 3 \cdot 5 \cdot 5 \cdot 7 \cdot 7 \cdot 9 \cdot 9 \cdots}{2 \cdot 4 \cdot 4 \cdot 6 \cdot 6 \cdot 8 \cdot 8 \cdot 10 \cdot 11 \cdots}$$

2.3.6 Zur Gleichungslehre

In seiner Schrift *De aequationum recognitione et emendatione* (posthum 1615 publiziert) befasst er sich mit der Gleichungslehre. In diesem Werk findet sich der aus der Schulmathematik bekannte *Satz von Vieta:* Für die Nullstellen a, b eines quadratischen Polynoms gilt:

$$x^2 + px + q = 0 \Rightarrow p = -(a + b); \, q = ab$$

Entsprechend gilt für das (normierte) Polynom mit den Nullstellen a, b, c:

$$x^3 - (a + b + c)x^2 + (ab + ac + bc)x - abc = 0$$

Der allgemeine Zusammenhang wurde erst von Newton angegeben: Für das (normierte) Polynom $\quad p(X) = X^n + a_1 X^{n-1} + a_2 X^{n-2} + \cdots + a_{n-1}X + a_n \quad$ besteht folgender Zusammenhang zwischen den Koeffizienten $\{a_i\}$ und den symmetrischen Funktionen der Nullstellen $\{x_i\}$:

$$a_1 = -(x_1 + x_2 + x_3 + \cdots + x_n)$$

$$a_2 = x_1 x_2 + x_1 x_3 + \cdots + x_{n-1} x_n$$

$$a_3 = -(x_1 x_2 x_3 + x_1 x_2 x_4 + \cdots + x_{n-2} x_{n-1} x_n)$$

$$\cdots \cdots \cdots$$

$$a_n = -(x_1 x_2 x_3 \cdots x_n)$$

Beispiel von Vieta: Sind x_1, x_2 zwei Wurzeln der kubischen Gleichung $x^3 + b = 3ax$, so gilt:

$$3a = x_1^2 + x_1 x_2 + x_2^2 \therefore b = x_1 x_2^2 + x_1^2 x_2$$

Vieta konnte die Zusammenhänge zwischen Koeffizienten und den elementar-symmetrischen Funktionen bis $n = 5$ beweisen. Die elementar-symmetrischen Funktionen der Variablen $(x_1, x_2, x_3, \cdots, x_n)$ sind:

$$\sigma_1 = x_1 + x_2 + x_3 + \cdots + x_n$$
$$\sigma_2 = x_1 x_2 + x_1 x_3 + \cdots + x_{n-1} x_n$$
$$\sigma_3 = x_1 x_2 x_3 + x_1 x_2 x_4 + \cdots + x_{n-2} x_{n-1} x_n$$
$$\cdots \cdots \cdots$$
$$\sigma_n = x_1 x_2 x_3 \cdots x_n$$

Die ersten elementar-symmetrischen Funktionen dreier Variablen sind:

$$\sigma_1 = x + y + z \therefore \sigma_2 = xy + xz + yz \therefore \sigma_3 = xyz$$

Damit lassen sich symmetrische Polynome durch elementar-symmetrische darstellen. Beispiele sind:

$$x_1^2 x_2 x_3 + x_1 x_2^2 x_3 + x_1 x_2 x_3^2 = \sigma_3 \sigma_1$$

$$3x_1^2 + 3x_2^2 + 3x_3^2 - 9x_1 x_2 x_3 = 3\sigma_1^3 - 9\sigma_1 \sigma_2$$

Auch alle Potenzsummen der Wurzeln können damit ausgedrückt werden:

$$x^2 + y^2 + z^2 = \sigma_1^2 - 2\sigma_2$$

$$x^3 + y^3 + z^3 = \sigma_1^3 - 3\sigma_1\sigma_2 + 3\sigma_3$$

$$x^4 + y^4 + z^4 = \sigma_1^4 - 4\sigma_1^2\sigma_2 + 2\sigma_2^2 + 4\sigma_1\sigma_3 \; usw.$$

2.3.7 Lösung einer quadratischen Gleichung

Vieta entwickelte auch eine eigene Methode zur Lösung der quadratischen Gleichung $x^2 + ax = b$. Er setzt die Unbekannte als Summe an: $x = y + z$. Eingesetzt ergibt sich:

$$y^2 + (2z + a)y + \left(z^2 + az\right) = b$$

Diese quadratische Gleichung ist leicht lösbar, wenn der lineare Term entfällt: $2z + a = 0 \Rightarrow z = -\frac{a}{2}$. Einsetzen liefert:

$$y^2 - \frac{a^2}{4} = b \Rightarrow y = \sqrt{\frac{a^2}{4} + b}$$

Die gesuchte (positive) Wurzel ist damit:

$$x = y + z = -\frac{a}{2} + \sqrt{\frac{a^2}{4} + b}$$

Wie oben angegeben, gilt im Fall $x^2 - ax + b = 0$ nach Vieta:

$$a = x_1 + x_2 \therefore b = x_1 x_2$$

Die Wurzeln könnte man daraus berechnen, wenn auch die Differenz $x_1 - x_2$ gegeben wäre. Das Quadrat der Differenz findet sich leicht mittels der binomischen Formel:

$$(x_1 - x_2)^2 = (x_1 + x_2)^2 - 4x_1 x_2 = a^2 - 4b \Rightarrow x_1 - x_2 = \pm\sqrt{a^2 - 4b}$$

Die Wurzeln ergeben sich damit aus:

$$x_{1,2} = \frac{1}{2}[(x_1 + x_2) \pm (x_1 - x_2)] = \frac{1}{2}\left[a \pm \sqrt{a^2 - 4b}\right]$$

Vieta kannte auch die Reduktion einer Polynomgleichung. Die Substitution $x \mapsto y - \frac{a}{2}$ liefert für die (gemischte) quadratische Funktion: $x^2 + ax = b$ eine rein quadratische.

Beispiel: $x^2 - 2x = 8 \Rightarrow y^2 = 9 \Rightarrow x = y + 1 = \pm 3 + 1 = \begin{cases} 4 \\ -2 \end{cases}$

Er lieferte auch eine geometrische Konstruktion zur Bestimmung der positiven Lösung einer quadratischen Gleichung:

$$X^2 + BX = D^2$$

Schreibt man die Gleichung in der Form $X(X + B) = D^2$, so erkennt man den Höhensatz von Euklid. Damit ergibt sich die Konstruktionsbeschreibung (Abb. 2.10):

- Trage die Strecke B an
- Errichte in einem Endpunkt von B ein Lot der Länge D
- Ziehe Kreis um dem Mittelpunkt von B durch den Endpunkt des Lots
- Der Radius des Kreises ist $\frac{B}{2} + X$; damit ist die gesuchte Strecke X bestimmt.

2.3.8 Lösung einer kubischen Gleichung

Für den Fall des *casus irreducibilis* bei Cardano gibt Vieta eine trigonometrische Methode an, die das Rechnen mit komplexen Zahlen vermeidet. Gegeben sei die reduzierte kubische Gleichung

$$x^3 = px + q; p, q > 0$$

Mit der Substitution $x \mapsto nz$ erhält man

$$z^3 - \frac{p}{n^2}z - \frac{q}{n^3} = 0$$

Abb. 2.10 Zur grafischen Lösung einer quadratischen Gleichung

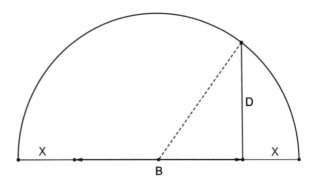

Dies wird verglichen mit der Form

$$z^3 - \frac{3}{4}z - \frac{1}{4}\cos 3A = 0$$

Sie entsteht aus der Formel $\cos 3A = 4\cos^3 A - 3\cos A$ bei der Substitution $\cos A \mapsto z$. Der Koeffizientenvergleich liefert

$$\frac{p}{n^2} = \frac{3}{4} \therefore \frac{1}{4}\cos 3A = \frac{q}{n^3} \Rightarrow n = \sqrt{\frac{4p}{3}}$$

Es ergibt sich

$$\cos 3A = \frac{4q}{n^3} = \frac{q}{2}\bigg/\sqrt{\frac{p^3}{27}}$$

Damit ist mit $\cos 3A$ auch $z = \cos A$ oder $x_1 = nz$ bestimmt. Die weiteren Lösungen sind dann

$$x_2 = n\cos\left(A + \frac{2\pi}{3}\right); x_3 = n\cos\left(A + \frac{4\pi}{3}\right)$$

Beispiel: Betrachtet wird die kubische Gleichung $x^3 = 15x + 4$. Die Cardano-Formel liefert

$$x = \sqrt[3]{2 + \sqrt{-121}} + \sqrt[3]{2 - \sqrt{-121}}$$

Wie erwähnt konnte Cardano dies nicht auflösen, obwohl er wusste, dass $x = 4$ eine Lösung ist. Nach Vieta erhält man

$$n = \sqrt{\frac{4p}{3}} = 2\sqrt{5} \therefore \cos 3A = \frac{4q}{n^3} = \frac{2}{5\sqrt{5}}$$

Dies bringt

$$A = \frac{1}{3}\mathrm{acos}\frac{2}{5\sqrt{5}} \Rightarrow z = \cos A = \frac{2}{\sqrt{5}} \Rightarrow x_1 = nz = 4$$

Die weiteren Lösungen sind:

$$x_2 = n\cos\left(A + \frac{2\pi}{3}\right) = -2 + \sqrt{3} \quad x_3 = n\cos\left(A + \frac{4\pi}{3}\right) = -2 - \sqrt{3}$$

Eine eigene Lösung von Vieta

Für Gleichungen der Form $x^3 + 3ax = 2b$ macht er die Substitution

$$a \mapsto y^2 + xy \Rightarrow x = \frac{a}{y} - y$$

Eingesetzt ergibt sich

$$y^6 + 2by^3 - a^3 = 0$$

Dies ist eine biquadratische Gleichung in y^3 und kann leicht gelöst werden. Eine positive Lösung ist:

$$y^3 = -b + \sqrt{b^2 + a^3} \Rightarrow y = \sqrt[3]{-b + \sqrt{b^2 + a^3}}$$

Damit ergibt sich in moderner Schreibweise für x:

$$x = \frac{a - \left(\sqrt[3]{-b + \sqrt{b^2 + a^3}}\right)^2}{\sqrt[3]{-b + \sqrt{b^2 + a^3}}}$$

Beispiel A ist das schon von Bombelli behandelte Exempel:

$$x^3 + 63x = 316$$

Hier ist $a = 21; b = 158$. Die Substitution liefert:

$$y = \sqrt[3]{-158 + \sqrt{158^2 + 21^3}} = \sqrt[3]{-158 + 185} = 3$$

Lösung ist damit

$$x = \frac{21 - 3^2}{3} = 4$$

Die Substitution $y^3 \mapsto z$ ergibt die biquadratische Gleichung (in y^3)

$$y^6 + 316y^3 = 9261 \Rightarrow z^2 + 316z = 9261$$

Vieta kennt keine negativen oder komplexen Wurzeln als Lösung an. Die hier fehlenden Lösungen ergeben sich aus:

$$\frac{x^3 + 63x - 316}{x - 4} = x^2 + 4x + 79$$

Dies liefert die komplexen Wurzeln $\left\{x_{2,3} = -2 \pm 5\sqrt{-3}\right\}$.

Beispiel B von Vieta: $x^3 + 5x^2 - 4x = 20$. Der quadratische Term wird eliminiert mittels der Substitution $x = y - \frac{5}{3}$. Dies liefert schließlich

$$y^3 - \frac{37}{3}y = \frac{110}{37} \Rightarrow y = \frac{11}{3} \Rightarrow x = 2$$

Die negativen Lösungen $\{-2; -5\}$ werden wieder vernachlässigt.

2.3.9 Lösung einer quartischen Gleichung

Betrachtet wird hier die (reduzierte) quartische Gleichung

$$x^4 + ax^2 + bx = c \Rightarrow x^4 = c - ax^2 - bx$$

Vieta addiert auf beiden Seiten den Term $x^2 y^2 + \frac{1}{4} y^4$ und erhält

$$\left(x^2 + \frac{1}{2} y^2\right)^2 = (y^2 - a)x^2 - bx + \left(\frac{1}{4} y^4 + c\right)$$

Damit hat man ein Quadrat auf der linken Seite gefunden; man sucht daher einen Wert von y, der auch die rechte Seite zum Quadrat macht. Dies liefert die Bedingung:

$$y^6 - ay^4 + 4cy^2 - 4ac = b^2$$

Dies ist eine kubische Gleichung in y^2 und kann so gelöst werden.

Beispiel C von Vieta: $x^4 - x^3 + x^2 - x = 10$
Durch die Substitution $x \mapsto y - \frac{a}{4}$ wird die Gleichung reduziert:

$$y^4 + \frac{5}{8} y^2 - \frac{5}{8} y - \frac{2611}{256} == 0$$

Wie oben erhält man eine Gleichung sechsten Grades:

$$y^6 - \frac{5}{8} y^4 - \frac{2611}{64} y^2 + \frac{13055}{2048} = \frac{25}{64}$$

Lösung der biquadratischen Gleichung ist

$$y = \frac{7}{4} \Rightarrow x = y - \frac{a}{4} = 2$$

Beispiel D von Vieta: $-x^4 + 44x^2 + 720x = 1600$. Lösungen sind hier $\{2; 10\}$.

2.3.10 Ein Näherungsverfahren

Gegeben sei die quadratische Gleichung $x^2 + cx = a$. Ist x_1 eine Näherung der Wurzel, so wird der Ansatz $x = x_1 + x_2$; wobei $x_2 \ll x_1$ gelten soll. Einsetzen liefert

$$a = x_1^2 + cx_1 + (2x_1 + c)x_2 + x_2^2$$

Vernachlässigt man x_2^2, so ergibt sich: $x_2 = \frac{a - x_1^2 - cx_1}{2x_1 + c}$

Ist die Lösung $(x_1 + x_2)$ noch nicht genau genug, betrachtet man die Summe als neuen Näherungswert und setzt das Verfahren fort mit einer kleinen Korrektur x_3. Vieta gibt hier folgendes Beispiel in *De numerosa*:

$$x^2 + 7x = 60750$$

Wegen $\sqrt{60750} \approx 240$ startet er mit $x_1 = 200$. Dies liefert

$$x_2 = \frac{60750 - x_1^2 - 7x_1}{2x_1 + 7} \approx 47$$

Er wählt $x_2 = 40$ und erhält $x = 240$. Erneutes Einsetzen zeigt

$$x_3 = \frac{60750 - x_2^2 - 7x}{2x_2 + 7} \approx 3$$

Einsetzen von $x = x_1 + x_2 + x_3 = 243$ ergibt

$$243^2 + 7 \cdot 243 - 60750 = 0$$

Somit ist die Lösung exakt. Vieta liefert hier zahlreiche Beispiele bis zu Gleichungen 6. Grades wie

$$x^6 + 6000x = 191246976$$

Er findet hier eine positive Lösung $x = 24$.

Das Nachleben

M. Mersenne versuchte jahrelang einen Verleger für Vietas Gesamtwerk zu finden, er hatte zuvor schon einige Schriften zu Fermat geschickt mit der Bitte, die Manuskripte auf Druckeignung zu prüfen. Erst 1641 fand sich in Franz von Schooten (d. J.) ein Herausgeber des Gesamtwerks (1646) (s. Abb. 2.11).

34 Jahre nach Vietas Tod veröffentlichte Descartes seine *Methode* und im Anhang seine *Géométrie*, Schriften, die Algebra veränderten. Baptiste Chauveau, ein ehemaliger Mitschüler von La Flèche, beschuldigte Descartes, seine Schriften würden auf das Werk Vietas aufbauen; er würde dies aber verleugnen. Descartes erklärte in einem Brief an Mersenne (Februar 1639), dass er diese Werke nie gelesen habe:

Ich habe keine Kenntnis von diesem Vermesser und ich frage mich, was er gesagt hat, dass wir Vietas Arbeit in Paris zusammen studiert haben, weil es ein Buch ist, an das ich mich nicht erinnern kann, das Titelblatt gesehen zu haben, als ich in Frankreich war.

An anderer Stelle sagte Descartes aber, dass Vietas Notationen verwirrend seien und unnötige geometrische Fallunterscheidungen machen. In einigen Briefen zeigte er, dass er das Programm der *Artem Analyticem Isagoge* kenne; in anderen verwirft er Vietas Ideen. Einer seiner Biografen, Charles Adam, bemerkte diesen Widerspruch:

Diese Worte sind übrigens überraschend, denn er (Descartes) hatte gerade ein paar Zeilen zuvor gesagt, dass er versucht hatte, in seine Geometrie nur das einzubringen, was er glaubte, *weder von Vieta noch von irgendjemand anderem bekannt war*. Also war er informiert über das, was Viète wusste und er muss seine Werke vorher gelesen haben.

Abb. 2.11 Titelblatt von
Vietas *Opera Mathematica*
(Wikimedia Commons,
gemeinfrei)

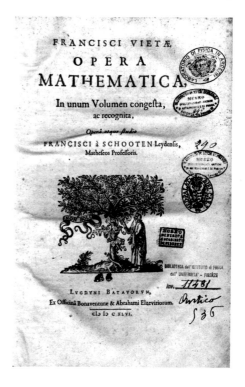

In seinen Briefen an Mersenne hat Descartes die Originalität und Tiefe der Arbeit seiner Vorgänger bewusst klein gemacht. *Ich habe angefangen,* sagt er, *wo Vieta fertig war.* Die Mathematiker gewannen so eine klare algebraische Sprache, die ohne die von Vieta geforderte Homogenität der Variablen auskommt.

2.4 Thomas Harriot (1560–1621)

Die früheste Nachricht über Thomas Harriot ist ein Vermerk der Universität Oxford vom Dezember 1577 über sein Alter (17 Jahre) und die niedere Herkunft seines Vaters (*plebeian*, d. h. weder Geistlicher noch von Adel). Sein Studium in Oxford schloss er nach drei Jahren mit dem *Bachelor of Arts* ab. Die Abb. 2.12 zeigt möglicherweise nicht Harriot, da die Angaben auf dem Gemälde (Anno Domini 1602, Alter 32) nicht mit den oben genannten Daten übereinstimmen.

Einer seiner Dozenten war Richard Hakluyt, der Vorlesungen über die Geografie der Neuen Welt für angehende Navigatoren hielt. Ferner hatte er in einer Schrift *Inducements* dazu aufgerufen, eine Nordwest-Passage in den Pazifik zu entdecken. Hakluyt war einer der eifrigsten Propagandisten einer englischen Expansion nach Übersee. Er dachte nicht nur patriotisch, sondern auch religiös. Erbost über die nicht enden wollenden theologischen Streitereien im Land überlegte er,

Abb. 2.12 Vermutliches
Porträt von Thomas Harriot.
(Wikimedia Commons,
gemeinfrei)

… ob man nicht alle Geistlichen, die aufgrund von zu viel Muße hier zu Hause jetzt ständig
neue theologische Lehrmeinungen erfinden, nach Amerika schicken solle.

Nach Studienabschluss reiste Harriot 1583 nach London, wo er Sir Walter Raleigh antraf
(ein momentaner Günstling von Königin Elisabeth I.), der eine Expedition nach Nord-
amerika für 1585 vorbereitete. Raleigh hatte im März 1584 von der Königin den Auftrag
bekommen:

> *To discover search fynde out and view such remote heathen a barbarous landes Contries*
> *and territories not actually possessed of any Christian Prynce.* (Weit entfernte Heiden zu
> entdecken, suchen, finden und in Augenschein zu nehmen in den Ländern und Territorien
> der Barbaren, die gegenwärtig nicht im Besitz eines christlichen Prinzen sind.)

Harriot wurde im Team Raleigh aufgenommen, unterrichtete Navigation für die Teilnehmer der Expedition und sollte später Vermessungsarbeiten in den besetzten Gebieten
übernehmen. In einem verloren gegangenen Werk *Arcticon* beschreibt er eine neue
Methode zur Positionsbestimmung auf See mithilfe der Sonnenkulmination und des
Polardreiecks.

Geplant war die Gründung einer Kolonie *Virginia* auf der Insel *Ranaoke,* im heutigen
US-Staat North Carolina gelegen. Eine Vorausexpedition brachte zwei Indianer aus
dem Volk der Algonquianer mit, deren Sprache Harriot sorgfältig studierte und dazu ein
eigenes phonetisches Alphabet entwickelte. Hier betätigte Harriot sich als früher Sprach-
forscher. Mithilfe seiner Sprachkenntnisse konnten sich die Engländer mit den Indianern
verständigen. Unter den aufgefundenen Pflanzen befand sich auch Tabak, den er nach
England mitbrachte. Die Informationen, die der Naturwissenschaftler Harriot, unterstützt von dem Maler John White, in der Neuen Welt sammelte, wurden in dem Buch

Abb. 2.13   Aus dem Buch *True Report of the New Found Land of Virginia* (1585)

True Report of the New Found Land of Virginia[10] (1588) dokumentiert. Abb. 2.13 zeigt links die Ankunft der englischen Schiffe, rechts zwei männliche Ureinwohner mit ihrer Bewaffnung.

Seine Rolle als Verehrer der etwa 60-jährigen Königin überdrüssig, heiratete Raleigh heimlich 1592 eine der Hofdamen der Königin. Die Heirat blieb der Königin nicht verborgen, da die Lady schwanger wurde; voller Zorn schickte sie Raleigh in den *Tower.* So musste sich Harriot einen neuen Mäzen suchen. Er fand ihn in Sir Henry Percy, dem 9. *Earl of Northumberland.*

Sein Kontakt zu dem Dramatiker Christopher Marlowe brachte ihn in Schwierigkeiten. Marlowe stand als Atheist unter Anklage wegen verschiedener Äußerungen, u. a. wegen:

> He affirmeth that Moyses was but a Jugler, and that one Hariots being Sir W. Raleighs man can do more. (Er habe behauptet, Moses sei ein bloßer Gaukler gewesen und Harriot, einer von Raleighs' Leuten, bringe mehr zustande.)

Marlowe, der vermutlich Mitautor von W. Shakespeare war, wurde 1593 in seiner Lieblingskneipe unter merkwürdigen Umständen ermordet; zu einer Verurteilung kam es nicht mehr.

Nach dem Tode Elizabeths I (1603) ernannte sich der schottische König James I zum König von England und fand Unterstützung durch die anglikanische Kirche. Dies wollte eine Gruppe von konservativen Katholiken verhindern, unter ihnen befand sich auch der Neffe Thomas von Sir Percy. Ein Attentat (engl. *Gunpowder Plot*) wurde geplant, indem sie einen Kellerraum im Parlament mieteten, um dort eine Pulverladung zu zünden. Am Tag der Inthronisation (5. November 1605) wurde die Verschwörung aufgedeckt; als Urheber des geplanten Umsturzes wurden Sir Percy und Männer aus seinem Umfeld verhaftet. Während Harriot bald wieder freikam, blieb Sir Percy bis 1621 im *Tower* in Haft.

---

[10] Harriot T.: A Briefe and True Report of the New Found Land of Virginia, Reprint von 1590, Dover 1972.

Abb. 2.14 Gemälde des Syon House im Zustand vor 1760. (Wikimedia Commons, public domain)

Raleigh wurde 1616 aus der Haft entlassen, da er sich verpflichtet hatte, eine Expedition nach *El Dorado* auszurüsten. Als die Expedition völlig scheiterte, wurde Raleigh zum Tode verurteilt (1618). Harriot wurde verpflichtet, bei der Exekution von Raleigh anwesend zu sein; das von ihm erstellte Protokoll als Augenzeuge der Hinrichtung ist erhalten.

Earl Sir Henry, der großes Interesse an Mathematik und Naturwissenschaften hatte, unterstützte eine Gruppe von Gelehrten und gewährte Harriot lebenslanges Wohnrecht in seinem Schloss *Syon-House* (Abb. 2.14), das der Earl 1594 geerbt hatte. Ein weiteres Mitglied der Gruppe war Nathaniel Torporley, der bei einem Paris-Besuch 1593/94 Vieta bei der Druckvorbereitung von dessen Werken unterstützt hatte. Durch den Bericht Torporleys erfuhr Harriot vom Werk Vietas; welchen Umfang diese Informationen hatten, ist nicht bekannt. Sein wichtigstes mathematisches Resultat erzielte Harriot, als ihm 1614 die erste Rektifikation der sog. Loxodrome mithilfe infinitesimaler Methoden gelang. Seine Erkenntnisse veröffentlichte Harriot nicht.

Eine wichtige Entdeckung Harriots war die Entwicklung der Differenzenschemata zur Interpolation. H. Goldstine[11] weist mit Nachdruck darauf hin, dass die entscheidenden Ideen dazu von Harriot und Briggs gekommen sind. Letzterer verwendet die Interpolation zur Berechnung seiner Logarithmen. Die davon abgeleiteten Verfahren, wie Newton-Cotes, Newton-Gregory usw., werden aber nach Newton benannt. Goldstine schreibt, Newton hätte diese Ergebnisse gefunden *in ignorance of the beautiful results*

---

[11] Goldstine H. H.: A History of Numerical Analysis from The 16th through the 19th Century, Springer New York, S. 68.

of both Harriot and Briggs. Möglicherweise erhielt Newton Hinweise von Wallis, als er 1664/5 dessen Integrale studierte und dabei die binomische Formel verallgemeinerte.

Neben der Mathematik beschäftigte sich Harriot auch mit Astronomie. Als 1607 ein großer Komet (später nach Halley benannt) erschien, verfasste er Beobachtungen, die es F. W. Bessel ermöglichten, dessen Bahn zu bestimmen. Durch ein selbst gebautes Fernrohr bestimmte er den Umlauf von vier Jupitermonden; ferner entdeckte die Sonnenflecken, mit deren Hilfe er die Rotationsdauer der Sonne ermittelte (ca. 1610/12). Zugleich zeichnete er die erste Karte der Mondoberfläche (vor Galilei).

Wenig bekannt sind seine physikalischen Versuche. So untersuchte die Fallgesetze, Geschoßbahnen (auf Verlangen von Raleigh) und optimale Anordnungen von Kanonenkugeln (bereits 1591). Bei letzteren Entdeckung kam Harriot J. Kepler zuvor, der die Vermutung der ffc (*face-centered-cubic*)-Packung als optimale Anordnung von Kugeln erst 1611 fand. Harriot stand zwar von 1606 bis 1608 im Briefverkehr mit Kepler; die Briefe haben nur die Optik zum Thema. Die physikalischen Experimente Harriots werden ausführlich beschrieben von dem Biografen J.W. Shirley[12].

Harriot starb 1621 an einem Geschwür im Mund, das vermutlich durch das Rauchen entstanden ist. In seinem Testament erteilte er Torporley den Auftrag, seine zahlreichen mathematischen Manuskripte zu bearbeiten und zu publizieren. Laut Testament sollte Walter Warner, ein weiterer Gelehrter aus dem Kreis um Northumberland, dabei Hilfestellung leisten. Torporley weigerte sich jedoch längere Zeit; so kam es, dass Warner sich erst 1631 der Manuskripte annahm. Er bearbeitete die elementaren Teile der Manuskripte und veröffentlichte sie unter dem Namen *Artis analyticae Praxis,* ein Werk, das wohl nicht das gesamte mathematische Wissen Harriots widerspiegelt.

Das Werk behandelt alle Gleichungen bis zum vierten Grad und vereinfacht die Schreibweise Vietas ganz wesentlich. Die Unbekannten werden mittels Vokalen kleingeschrieben, andere Buchstaben kennzeichnen die Konstanten. Potenzen schreibt er wie Stifel durch Wiederholung, also *aaa* für Vietas „A cubus". Die Dimensionsmerkmale von Vieta entfallen, Vietas „B plano" wird zu *bb*, Vietas „D solido" zu *ddd*. Ferner benützt er ein (überlanges) Gleichheitszeichen und erfindet (übergroße) Kleiner-größer-Zeichen. Vietas Produkt „A in B" wird zu *ab*; der Punkt entfällt. Die Bezeichnungsweise wird also rein symbolisch; es tauchen keine Operatoren in Wortform mehr auf.

2.4.1 Aus Harriots Algebra

Die Behandlung von negativen und komplexen Lösungen erfolgt im Manuskript höchst unterschiedlich; teilweise werden solche Lösungen verworfen. Die widersprüchliche Behandlung geht vermutlich auf die unsystematische Bearbeitung durch W. Warner zurück. Hier einer von Harriots Beweisen:

---

[12] Shirley J. W.: Thomas Harriot: A Biography, Clarendon Press, Oxford 1983, S. 217–264.

1) Beweis: Hat ein kubisches Polynom die Nullstellen b, c, d, so hat es die folgende Produktdarstellung, deren Faktoren er untereinander schrieb:

$$(a - b)(a - c)(a - d)$$

Annahme: Es sei f ebenfalls Nullstelle und es gelte $f \neq b; f \neq c; f \neq d$. Dann folgt:

$$(a - b)(a - c)(a - d) = aaa - baa + bca - caa + bda - daa + cda = bcd$$

Einsetzen von f und umordnen zeigt:

$$\mathit{fff} - cff + cdf - dff = bff - bcf + bcd - bdf$$

$$\Rightarrow f(ff - cf + cd - df) = b(ff - cf + cd - df)$$

$$\Rightarrow f(f - c)(f - d) = b(f - c)(f - d)$$

$$\Rightarrow f = b. \text{ Widerspruch!}$$

2) Beispiel eines kubischen Polynoms in Harriots Schreibweise: $2ccc = 3bba + aaa$. Wie Cardano substituierte er die Unbekannte $a \mapsto q - r$, mit $qqq - rrr = 2ccc$ und $qr = bb$. Dann setzte er $e = q$. Auflösen nach r und Einsetzen zeigte $eee - \frac{bbbbb}{eee} = 2ccc$. Umformen ergab eine quadratische Gleichung in (eee):

$$eeeee - 2cccee = bbbbbb$$

Addition von $cccccc$ lieferte ein vollständiges Quadrat auf der linken Seite:

$$eeeee - 2cccee + cccccc = bbbbbb + cccccc$$

Wurzelziehen brachte die Form

$$\pm(eee - ccc) = \sqrt{bbbbbb + cccccc}$$

Harriot akzeptierte nur die positive Lösung $eee = ccc + \sqrt{bbbbbb + cccccc}$. Er sucht einen zweiten positiven Term für eee. Er setzte ($e = r$) und fand

$$eee = \sqrt{bbbbbb + cccccc} - ccc$$

Zurückgehen auf ($e = q$) bzw. ($e = r$) lieferte die endgültige Lösung:

$$a = q - r = \sqrt[3]{\sqrt{bbbbbb + cccccc} + ccc} - \sqrt[3]{\sqrt{bbbbbb + cccccc} - ccc}$$

3) Beispiel der reduzierten kubischen Gleichung $x^3 - 3x - 52 = 0$ mit der Lösung ($x = 4$) in Harriots Schreibweise:

$$52 = -3 \cdot a + aaa$$

$$a = \underbrace{\sqrt{3.})26 + \sqrt{675}} + \underbrace{\sqrt{3.})26 - \sqrt{675}}_{\underbrace{2 + \sqrt{3} + \dots 2 - \sqrt{3} + \dots}_{4}}$$

Die komplexen Lösungen $\{-2 \pm 3i\}$ erschienen nicht.

4) Beispiel des quartischen Polynoms $12 = 8a - 13aa + 8aaa - aaaa$. Harriot kannte die ganzzahligen Lösungen $(x = 2)$ und $(x = 6)$. Er wusste, es kann keine weitere positive Wurzel geben, da die Summe der beiden genau die Koeffizienten des kubischen Terms ist. Da ihm bekannt war, dass es vier Lösungen gibt, substituierte er $a \mapsto 2 - e$, um den kubischen Term zu eliminieren. Dies lieferte die neue Gleichung in e

$$-20e + 11ee - eeee = 0$$

Diese hat die Wurzeln $(e = 0)$ und $(e = -4)$. Entfernen der Wurzel $(e = 0)$ ergab die kubische Gleichung $-20 + 11e - eee = 0$ mit der Wurzel $(e = -4)$. Die Summe der beiden verbleibenden Wurzeln muss 4, ihr Produkt 5 ergeben. Wie er zuvor[13] gezeigt hatte, gilt bei die Summe der Wurzeln x und deren Produkt $(xx - df)$:

$$e = \frac{x}{2} \pm \sqrt{df - \frac{3}{4}xx}$$

Hier gilt $x = 4 \Rightarrow df = 11 \Rightarrow e = 2 \pm \sqrt{-1}$. Rücksubstitution zeigt

$$a = 2 - \left(2 \pm \sqrt{-1}\right) = \pm\sqrt{-1}$$

5) Beispiel eines reduzierten quartischen Polynoms ist: $aaaa - 6aa + 136a = 1155$. In moderner Schreibweise folgt

$$a^4 - 6a^2 + 136a - 1155 = 0$$

Umformung liefert vollständige Quadrate auf beiden Seiten:

$$a^4 - 2a^2 + 1 = 4a^2 - 136a + 1156$$

$$a^2 - 1 = \pm(2a - 34)$$

$$a^2 + 2a + 1 = 36 \Rightarrow a = -1 \pm 6$$

Die Fallunterscheidung bringt noch:

$$a^2 - 2a + 1 = -32 \Rightarrow a = 1 \pm \sqrt{-32}$$

---

[13] Stedall J. (Hrsg.): The Greate Invention of Algebra: Thomas Harriot's Treatise on Equations, Oxford University Press 2003, S. 202.

Leibniz war der Meinung, Harriot habe eine Regel aufgestellt, die anhand der Vorzeichen der Koeffizienten die Anzahl von positiven bzw. negativen Lösungen erkennen lässt. Wallis beschuldigte daher Descartes, vieles aus der Algebra von Harriot – nicht nur seine Vorzeichenregel – übernommen zu haben:

> Harriot hat die Grundlagen geliefert, aufgrund deren Descartes den größten Teil (wenn nicht das Ganze) seiner Algebra aufgebaut hat. Ohne diese wäre der ganze Überbau von Descartes (wie ich bezweifle) nicht möglich gewesen.

Jedoch hat man im (bisher bekannten) Werk Harriots keine derartige Regel gefunden[14]. Für die Herausgabe von Harriots Algebra (2003) hatte Jacqueline Stedall erst 140 Seiten der ca. 4000 Seiten Manuskripte ausgewertet.

Literatur

Alten H.-W., Djafari Naini A. e. a.: 4000 Jahre Algebra – Geschichte, Kulturen, Menschen, Springer 2003

Bombelli R.: L' Algebra: Opera di Rafael Bombelli da Bologna, Giovanni Rossi (Hrsg.), 1579. ETH-Bibliothek Zürich, Rar 5441, https://doi.org/10.3931/e-rara-3918

Braunmühl von A.: Vorlesungen über Geschichte der Trigonometrie Band I + II, Teubner 1890/1900

Euler L.: Histoire de l'Académie de Berlin, Band V, 1749

Francisci Vietae Fontenaeensis De aequationum recognitione et emendatione tractatus duo, Parisiis 1615

Francisci Vietae opera mathematica/in unum volumen congesta, ac recognita, opera atque studio Francisci a Schooten Leydensis 1646

Gray J.: A History of Abstract Algebra, Springer 2018

Gray J.: The Real and the Complex: A History of Analysis in the 19th Century, Springer 2015

Harriot T.: A Briefe and True Report of the New Found Land of Virginia, Dover 1972, Reprint 1590

Hofmann J. E., R. Bombelli – Erstentdecker des Imaginären II, Praxis der Mathematik 14(10) (1972)

Hofmann J. E., R. Bombelli – Erstentdecker des Imaginären, Praxis der Mathematik 14(9) (1972)

Hofmann J. E.: Bombellis ‚Algebra' – eine genialische Einzelleistung und ihre Einwirkung auf Leibniz, Studia Leibnitiana 4 (3–4) (1972)

Hofmann J. E.: Geschichte der Mathematik Band I – III, Sammlung Göschen, de Gruyter 1957/63

Ineichen R.: Leibniz, Caramuel, Harriot und das Dualsystem, Zeitschrift d. Deutschen Mathematiker-Vereinigung 16 (2008)

Isaev A.: Twenty-One Lectures on Complex Analysis – A first Course, Springer 2017

Katz V., Parshall-Hunger K.: Taming The Unknown – A History of Algebra from Antiquity to the Early Twentieth Century, Princeton University 2020

Reich K: Diophant, Cardano, Bombelli, Viète: Ein Vergleich ihrer Aufgaben, Festschrift für Kurt Vogel, München 1968, S.131–150

---

[14] Seltman M., Goulding R. (Hrsg.): Thomas Harriot's artis Analyticae Praxis, Springer 2007, S.15.

Schneider I.: François Viète, in: Exempla historica, Epochen der Weltgeschichte in Biographien, Bd.27, Fischer 1984

Scholz, E. (Hrsg.): Geschichte der Algebra – Eine Einführung. BI Wissenschaftsverlag, Mannheim (1990)

Seltman M., Goulding R. (Hrsg.): Thomas Harriot's Artis Analyticae Praxis, Springer 2007

Sesiano, J.: An Introduction to the History of Algebra – Solving Equations from Mesopotamian Times to the Renaissance. American Mathematical Society, Providence (2009)

Shirley, J. W.: Thomas Harriot: A Biography. Clarendon, Oxford (1983)

Stedall J. (Hrsg.): The Greate Invention of Algebra: Thomas Harriot's Treatise on Equations, Oxford University 2003

Stedall J.: A Discourse Concerning Algebra – English Algebra to 1685, Oxford University 2002

Stedall, J.: From Cardano's Great Art to Lagrange's Reflections: Filling a Gap in the History of Algebra. European Mathematical Society, Zürich (2011)

Viète F., Reich K., Gericke H. (Hrsg.): Einführung in die Neue Algebra, Historiae scientiarum elementa, Band 5, Fritsch München 1973

Viète F., Witmer T. R. (Hrsg.): The analytic art: nine studies in algebra, geometry and trigonometry from the Opus Restitutae Mathematicae Analyseos, Reprint Dover 2006

3.1 Die Erfindung der Perspektive

In der Renaissance zeigten Architekten, Ingenieure und Künstler verstärktes Interesse an der Lehre für Perspektive und Proportionen in der Malerei. Eine Reihe von italienischen Künstlern versuchte geeignete Regeln für das Erstellen perspektivisch korrekter Zeichnungen zu finden. Die Abb. 3.1. zeigt das bekannte Gemälde „Jesus übergibt die Schlüssel an Petrus" (1481) von Pietro Perugino, dem Lehrer von Raffaello Santi.

Die Erfindung der (geometrischen) Perspektive und ihrer das Aufstellen entsprechender Regeln gehört zu den frühen mathematischen Leistungen der beginnenden Neuzeit. Erfinder (nicht Entdecker!) war der spätere Erbauer der Kuppel des Doms von Florenz, Filippo Brunelleschi, dessen Skizzen wir aber nur aus Berichten kennen. Die ersten uns überlieferten perspektivischen Darstellungen stammen von einem Freund Brunelleschis, dem Maler Masaccio (T. Giovanni di Mone Cassai, 1401–1428). Dieser zeichnete in der Kirche Santa Maria Novella eine Kreuzigungsszene in einem Gewölbe derart plastisch, dass die Florentiner glaubten, hinter dem Fresco befinde sich ein Hohlraum (Abb. 3.2).

Einige Autoren sprechen hier von einer „Wiederentdeckung", da das Problem bereits in der Antike bekannt war. Die *Optik* (Ὀπτικά) von Euklid[1] enthält mehrere Lehrsätze über das Sehen von Parallelen; es wird jedoch keine Theorie der Perspektive entwickelt, u. a.:

Lehrsatz 7: Parallelen von der Ferne betrachtet, erscheinen nicht im gleichen Abstand zu einander.

Lehrsatz 9: Parallele Strecken gleicher Länge, von der Ferne gesehen, erscheinen nicht im gleichen Verhältnis zu ihrem Abstand.

---

[1] Kheirandish E. (Hrsg.): The Arabic Version of Euclid's Optics Volume I, Springer 1999, S. 18, 34.

D. Herrmann, *Mathematik der Neuzeit*, https://doi.org/10.1007/978-3-662-65417-0_3

Abb. 3.1 Gemälde von Perugino „Jesus übergibt die Schlüssel an Petrus" (Wikimedia Commons, public domain)

Abb. 3.2 Fresko von Masaccio „Kreuzigungsszene" (Wikimedia Commons, public domain)

In der *Geographica* gibt Ptolemaios Anleitung zur Darstellung des Erdglobus mit Breitenkreisen. Das Buch VI der *Collectio* Pappos' enthält Anweisung zum perspektivischen Zeichnen von Kreisen. Vitruvius[2] erwähnt die Perspektive in Buch I, Kap. 2 nur kurz:

> Verzeichnungsarten […] gibt es folgende: Aufriss, Grundriss und perspektivische Ansicht. […] Die perspektivische Ansicht ist eine im verkleinerten Maßstab ausgeführte zusammenhängende Darstellung […] des künftigen Gebäudes vermittelst Zirkel und Lineal […] Die perspektivische Ansicht ferner ist eine, die Stirnseite und die zurücktretenden Seiten darstellende Zeichnung, bei welcher die Richtungen aller Linien einem Zirkelpunkt entsprechen.

Eine antike Theorie der Perspektive ist somit nicht überliefert worden und die in diesem Zusammenhang maßgeblichen Werke der römischen und pompejanischen Wandmalerei waren damals noch nicht ausgegraben. Viele Autoren nehmen deshalb an, dass bei der Entwicklung des Perspektivenbegriffs Kenntnisse von islamischen Gelehrten eingeflossen sind. Ein bekanntes Beispiel ist al Haythams Buch der Optik, das im Abendland unter dem Titel *Perspectiva* bekannt war. Al Haytham hat vermutlich seine Erkenntnisse beim Experimentieren mit einer Lochkamera (*camera obscura*) gewonnen. Mithilfe einer solchen Kamera konnten die projizierten Bilder direkt gemessen und entsprechende Regeln aufgestellt werden.

Es gab auch zuvor schon Künstler, wie Giotto, die versucht haben, Raumtiefe durch geeignete Bodenmuster zu erzeugen. Ein Jahrhundert vor Alberti setzten die Brüder Lorenzetti Bodenraster ein, um Tiefe und Abstände in ihren Bildern anzudeuten.

Das erste Lehrbuch der Perspektive *De Pictura* schrieb 1435 der Genueser Gelehrte Leon Battista Alberti (1404–1472), der seine Erkenntnisse zur Perspektive 1426 in dem Traktat *De Pittura* (Über die Malkunst) niederlegte. Später wurden die Regeln der Perspektive durch die Werke von Paolo Uccello und Piero della Francesco noch einmal zusammengefasst; die Schrift des Letzteren heißt *De prospectiva Pingende* (um 1480). Die weitere Schrift Francescos über die platonischen Körper ist als Anhang des Werks *De divina proportione* von Luca Paciola 1497 erschienen, gedruckt 1509.

Unter allen italienischen Künstlern der damaligen Zeit, die sich mit der Naturwissenschaft befassten, ragt der berühmte Leonardo da Vinci (1452–1519) hervor. Leonardo beschäftigte sich intensiv mit Mechanik, Optik und Astronomie und sah in der Mathematik das Vorbild des wissenschaftlichen Vorgehens. In seiner Abhandlung *Il trattato della pictura* (1651) wies Leonardo besonders auf die Regeln des perspektivischen Zeichnens hin; er schrieb:

> Wer nur die Praxis, nicht aber die Wissenschaft kenne, gleiche einem Steuermann, der sein Schiff ohne Steuer und Kompass betrete, denn er könne nicht sicher sein, wohin er fahre.

Im Rahmen des Buchs ist es nicht möglich, auf die Biografien aller dieser Künstler einzugehen. Eine umfassende Sammlung solcher Künstler-Viten (darunter da Vinci, Raffael

---

[2]Vitruv, Reber F. (Hrsg.): Zehn Bücher über die Architektur, Marix Verlag Wiesbaden 2012, S. 31.

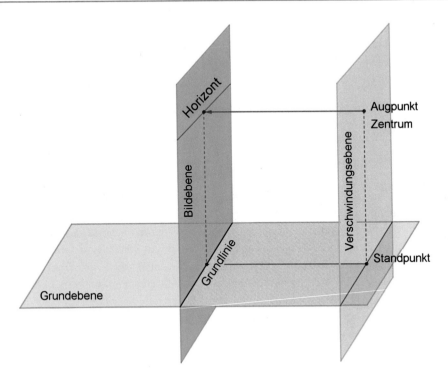

Abb. 3.3 Zur Theorie der perspektivische Abbildung

und Michelangelo) findet sich bei dem Architekten und Maler Giorgio Vasari[3] (1511–1574) in seiner Schrift *Le vite de' più eccelenti pittori, scultori e architettori.* Es handelt sich um ein erzählendes Werk, das dennoch wichtige Informationen zur Kunstgeschichte enthält, die man sonst nicht kannte. Kurioserweise fügte Vasari einige erfundene Künstler hinzu, sodass der moderner Neudruck von 1906 insgesamt neun Bände umfasst.

Zur Theorie (Abb. 3.3)

Die perspektivische Abbildung soll die Punkte des dreidimensionalen Raumes in die Bildebene abbilden. Die Bildebene ist die Ebene, in der das zu zeichnende Bild oder die Bildfläche liegt. Sie steht im Allgemeinen senkrecht auf der Grundebene, auf der der Betrachter steht. Die Grundlinie ist die Gerade, die durch den Schnitt der Bildebene mit der Grundebene entsteht.

Der Augpunkt oder das Zentrum oder Projektionszentrum ist die Stelle, an der sich das Auge des Zeichners befindet. Der Horizont der Grundebene (oder auch einer beliebigen Ebene) ist die Schnittgerade der Bildebene mit einer Ebene, die parallel zur Grundebene

---

[3] Vasari G.: Le Vite de' più eccelenti architetti, pittori, et scultori italiani, da Cimabue infino a' tempi nostril, Torrentino Florenz 1550.

(oder zur beliebigen Ebene) durch den Augpunkt geht. Der Fluchtpunkt einer Geraden im Raum ist der Schnittpunkt der Parallelen durch den Augpunkt mit der Bildebene. Der Hauptpunkt ist der Schnittpunkt des Sehstrahls mit der Bildebene.

Die Zentralprojektion (Perspektive) wird ausgeführt, indem der Sehstrahl vom Auge zum Objekt mit der Bildebene geschnitten wird; sie simuliert damit in guter Näherung das einäugige Sehen und das Abbildungsverhalten von Kameras. Die Zentralperspektive verliert alle metrischen Bestimmungsstücke der euklidischen Geometrie. Weder Streckenlängen, noch Winkelgrößen oder Parallelität bleiben erhalten. Invarianten der Perspektive sind Geradentreue und das Doppelverhältnis. Geraden (die nicht orthogonal zur Bildebene sind) werden in solche abgebildet, ebenfalls Kegelschnitte auf solche.

Abb. 3.4 zeigt die Zentralprojektion eines Parallelenpaars. Die projizierten Geraden schneiden sich am Horizont.

Die Zentralprojektion eines Zimmers stellt die Abb. 3.5. dar. Die Projektionslinien schneiden sich im Fluchtpunkt auf Augenhöhe.

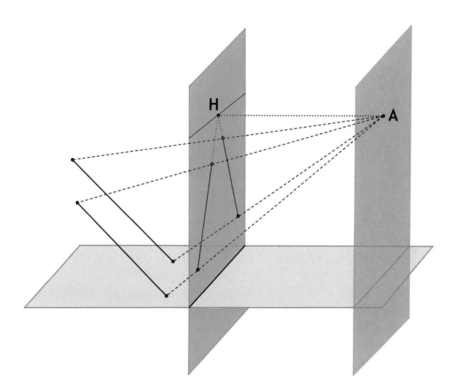

Abb. 3.4 Perspektivische Abbildung zweier Parallelen

Abb. 3.5 Zentralprojektion
eines Zimmers

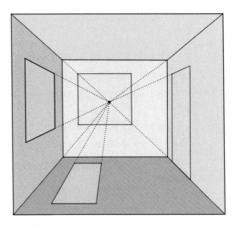

3.2   Leon Battista Alberti (1404–1472)

Alberti wurde in Genua geboren, als einer von zwei unehelichen Söhnen des wohlhabenden Florentiner Kaufmanns Lorenzo Alberti. Wie viele andere Familien auch waren die Albertis von dem aristokratischen Regime der Albizzis aus ihrer Heimatstadt Florenz verbannt worden. Bald nach seiner Geburt zog die Familie nach Venedig. Alberti erhielt die übliche Ausbildung für Kinder von italienischen Adligen. Ab 1415 besuchte Alberti die Schule des Humanisten G. Barzizza in Padua und begann danach das Studium des Kirchenrechts in Bologna. Wegen finanzieller Schwierigkeiten nach dem Tode des Vaters wechselte er nach Padua, um dort Physik und Mathematik zu studieren. 1428 schloss er sein Studium in Bologna mit dem Doktor des Kirchenrechts ab, im selben Jahr wurde die Verbannung der Alberti durch den Papst aufgehoben.

1432 wurde er Sekretär von Blasius Molin, dem Patriarchen von Grado. Das gleiche Amt führte Alberti auch für Papst Eugen IV. aus, den er auch ins Exil nach Florenz begleitete. Dort kam er in Kontakt mit den Florentiner Künstlern Brunelleschi, Donatello, Ghiberti und anderen. Dadurch wurde er selbst zum Malen angeregt und nannte sich Leon, nach Urteil des Künstlerbiografen Vasari mit wenig Erfolg. Später verfasste er die bekannten kunsttheoretischen Abhandlungen *De statua* und *De pictura*, Letztere auf Italienisch *Della pittura*. 1443 kehrte Alberti mit dem Papst Eugen IV. wieder nach Rom zurück. Dort begeisterte er sich für die architektonischen Details der noch erhaltene römischen Bauten und fasste seine Erkenntnisse in dem kartografischen Werk *Descriptio urbis Romae* zusammen.

1447 wurde mit Tommaso Parentucelli ein führender Humanist als Nikolaus V. zum Papst gewählt. Dieser entfaltete eine rege Bautätigkeit zur Erneuerung und Verschönerung von Rom. Eine Mitarbeit an den päpstlichen Projekten ist nicht bezeugt, jedoch erhielt Alberti Aufträge der Kaufmannsfamilie Rucellai (Bau eines Palastes 1455/62) und von Markgrafen Luigi Gonzaga, der ihn 1460 mit dem Entwurf für die

Kirche San Sebastiano beauftragte. Sein berühmtestes Werk ist der Entwurf der Fassade von Santa Maria Novella in Florenz (1470). Neben diesen Bauaufträgen ist er als Architekt in Erinnerung geblieben aufgrund seines architekturtheoretisches Werks *De re aedificatoria* (1452, publiziert 1485). Alberti starb im April 1472 in Rom.

Alberti betrachtete die Mathematik als die gemeinsame Basis von Kunst und Wissenschaften. Seine Abhandlung *Della pittura*, Buch I beginnt mit dem Verweis auf die Mathematik:

> Wir werden, damit unsere Rede gut verständlich sei, zunächst bei den Mathematikern übernehmen, die mein Fach betreffen; und wenn sie bekannt sind, werden wir, soweit unser Talent reicht, die Malkunst aus den ersten Grundlagen der Natur darlegen.[4]

Das ultimative Ziel eines Künstlers ist es also, die Natur nachzuahmen. Maler und Bildhauer haben zwar unterschiedliche Fähigkeiten, streben aber nach demselben Ziel, nämlich dass das von ihnen geschaffene Werk für den Beobachter den realen Objekten der Natur ähnlich sei. Alberti meinte jedoch nicht, dass die Künstler die Natur objektiv imitieren sollten, sondern auf die Schönheit achten, denn in der Malerei ist die Schönheit ebenso notwendig, wie sie gefällig ist. Ein Kunstwerk muss nach Alberti so konstruiert werden, dass es nicht möglich ist, etwas wegzunehmen oder hinzuzufügen, ohne die Schönheit des Ganzen zu beeinträchtigen. Schönheit ist für Alberti die Harmonie aller Teile zueinander; die Übereinstimmung verlangt eine gewisse Proportion und eine Anordnung, die von der Harmonie bestimmt wird.

Die Konstruktionen Albertis

Beim Zeichnen eines Schachbrettmusters ergab sich eine Problem. Es war zunächst unklar, wie die Distanz zwischen Grundlinie und den waagrechten Transversalen in der Projektionsebene bestimmt werden sollte. Einige Künstler setzten die erste Waagrechte nach Gutdünken, die weiteren jeweils im Abstand $\frac{2}{3}$ der vorhergehenden. Hier zeigten sich Probleme beim Einzeichnen von Diagonalen, die für mehrere Felder nicht mehr auf einer Geraden verliefen. Alberti liefert dafür die Konstruktion nach Abb. 3.6. Die Positionen der Sehstrahlen vom Augpunkt O, die auf die Bildebene fallen, geben die Lage der Parallelen an.

Diese Konstruktion kann überprüft werden mithilfe der sog. Diagonalmethode. Da die Diagonalen eines Schachbrettmusters parallel verlaufen, werden sie auf einen Fernpunkt projiziert (Abb. 3.7).

Daraus resultiert folgende Abbildung eines Schachbrettmusters (Abb. 3.8):

---

[4]Alberti L.B., Bätschmann O., Gianfreda (Hrsg.), Della Pittura – Über die Malkunst[4], Wissenschaftliche Buchgesellschaft, Darmstadt 2014.

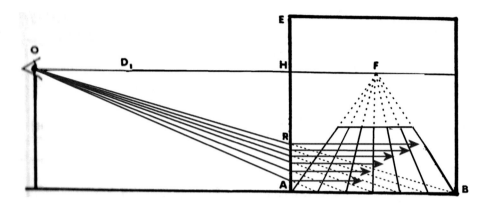

Abb. 3.6 Erste Konstruktion von Alberti

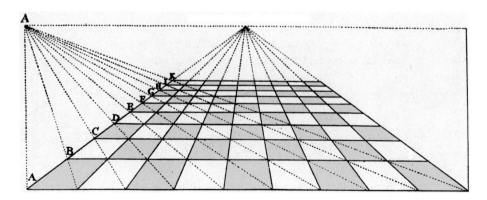

Abb. 3.7 Zweite Konstruktion von Alberti

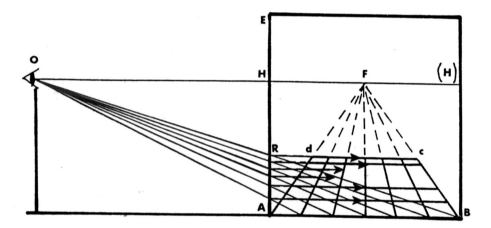

Abb. 3.8 Resultierende Abbildung aus beiden Konstruktionen

Zahlenbeispiel: In einem kartesischen Koordinatensystem sei $A(-1; 1)$ der Augpunkt. Gesucht sind die Abschnitte der Sehstrahlen auf der y-Achse von A zu den Punkten $\{0; 1; 2; 3; 4; \dots\}$ der x-Achse.

Die Gleichungen der Geraden im Büschelpunkt $(-1; 1)$, die durch die Punkte $(k; 0)$ gehen, sind:

$$y_k = \frac{1}{1+k}(-x+k)$$

Die Schnittpunkte mit der y-Achse ergeben sich zu $\left(0; \frac{k}{1+k}\right); k \in \mathbb{N}_0$; die y-Abschnitte sind somit

$$\left\{ 0; \frac{1}{2}; \frac{2}{3}; \frac{3}{4}; \frac{4}{5}; \dots \right\}$$

Wegen $\lim\limits_{k \to \infty} \frac{k}{1+k} = 1$ wird der unendlich ferne Punkt auf den Punkt $(0; 1)$ abgebildet. Die Gerade $y = 1$ stellt somit den Horizont dar.

Zur perspektivischen Konstruktion machte Alberti die Vorrichtung *velum* populär. Das Velum (italienisch *velo*) ist ein rechteckig eingerahmter durchsichtiger Stoff, der ein Fadengitter trägt. Der Künstler kann damit die Position des Sehstrahls auf ein kariertes Papier übertragen. Der Vorgang wird in einen Kupferstich von A. Dürer dargestellt, der erst in der zweiten Auflage seiner *Underweysung der Messung* von 1538 erschien (s. Abschn. 3.4).

Vasari äußert sich ganz begeistert über diese Vorrichtung und verglich deren Bedeutung sogar mit dem Buchdruck (zitiert nach Bätchmann und Gianfreda[5]):

Im Jahr 1457 als der deutsche Johann Gutenberg die äußerst nützliche Buchdruckerkunst erfand, wurde von Leon Battista Alberti etwas Ähnliches entdeckt, wie nämlich mittels eines Instruments natürliche Perspektiven darzustellen und die Figuren zu verkleinern seien, wie gleicherweise kleine Dinge in größere Form zu bringen und zu vergrößern seien: alles ausgeklügelte Dinge, der Kunst nützlich und wirklich schön.

3.3 Piero della Francesca (ca. 1420–1492)

Piero (eigentlich Pietro di Benedetto dei Franceschi) stammt aus Borgo San Sepolcro, ein Ort der heute Sansepolcro heißt. Piero ist berühmt für sein äußerst realistisches Doppelbildnis des Herzogpaares de Montefeltro; die gekrümmte Nase des Herzogs Frederico war ein auffälliges Merkmal.

Seine Jugend und Ausbildung verbrachte Piero wohl in Florenz, da er um 1439 in der Werkstatt von Domenico Veneziano gearbeitet hat. Seinen (wohl kaufmännisch aus-

---

[5]Alberti L.B., Bätchmann O., Gianfreda S. (Hrsg.): Della Pitura – Über die Malkunst, Wissenschaftl. Buchgesellschaft Darmstadt 2014, S. 17.

gerichteten) Mathematikunterricht hat er in einer *Scuola d'abaco* in Florenz absolviert. In seiner Lehre wurden ihm wohl die Darstellungen Albertis und Masaccios als Vorbilder gezeigt. Ab 1442 war er bevorzugt in der Toskana tätig für die Fürstenhäuser in Urbino, Ferrara oder Rimini. Vom Jahr 1459 ist bekannt, dass er kurzzeitig einen Auftrag für den Papst Pius II erfüllte, der seine Heimatstadt neugestalten wollte.

Um 1478 beendete er seine Tätigkeit als Maler und wandte sich der Kunsttheorie zu. Seine Schriften *De prospectiva pingendi* und *Libellus de quinque corporibus regularibus* zeigen, dass er sich ernsthaft mit Geometrie und Trigonometrie auseinandergesetzt hat. Mithilfe der Mathematik versucht perspektivische Probleme zu lösen und konstruktive Hinweise zu entwickeln. Bei der Besprechung der platonischen Körper entdeckte er auch sechs der archimedischen Körper. Diese Darstellungen verwendete er zur Illustration wichtiger Schriften von Archimedes, die als Übersetzung von dem Italienischen Humanisten Iacopo da San Cassiano herausgegeben wurden. Insgesamt 82 Folioblätter sind davon in der *Biblioteca Riccardiana* gesammelt worden. Später verfasste er mit dem *Trattato d'Abaco* ein Buch zur elementaren Mathematik.

In seiner Schreibwerkstatt erteilte er auch Kollegen wie Luca Signorelli und Pietro Perugino Unterweisungen. Ein besonderer Schüler von ihm war Luca Pacioli (um 1445–1514), der später das Werk Piero rücksichtslos plagiiert hat. Pacioli übernahm ohne Hinweise auf den wahren Autor nicht nur den *Trattato d'Abaco* in seinem Werk *Summa de arithmetica* (1494), sondern kopierte auch eine Übersetzung von *De quinque corporibus* in seine Schrift *Divina proportione* (1509), ein Werk, das von keinem geringeren als Leonardo da Vinci illustriert wurde. Da die Originalschrift von Piero weitgehend unbekannt blieb, wurden seine Grafiken erst durch das Werk Paciolis bekannt. [Zu Pacioli vgl.: Mathematik im Mittelalter, S. 304–307]. Pacioli hat in einigen Briefen nach 1509 erwähnt, dass er die Perspektive *nach Art Pieros* unterrichten könne; jedenfalls spielte er die Hauptrolle bei der Bekanntwerdung des Inhalts von *De prospectiva*.

Vasari erkannte den Schwindel und beschuldigte Pacioli in seinen Künstlerbiografien des ruchlosen Plagiats. Lange Zeit konnte man die Anschuldigungen Vasaris nicht überprüfen, da Pieros Original verschollen war. Erst 1851 und 1880 wurde diese Schrift in der Urbino-Sammlung des Vatikans gefunden. Der Bericht des Berliner Kunsthistorikers Max Jordan[6] bestätigt die Plagiatsvorwürfe von Vasari in vollem Umfang.

Die Abb. 3.9 zeigt die perspektivische Konstruktion eines regulären Fünfecks bzw. eines Würfels nach Piero mithilfe des Zweitafelverfahrens.

---

[6] Jordan M.: Der vermisste Traktat des Piero della Francesca über die fünf regelmäßigen Körper, Jahrbuch der Königlich Preußischen Kunstsammlungen 1. Bd., 2./4. H. (1880), S. 112–119).

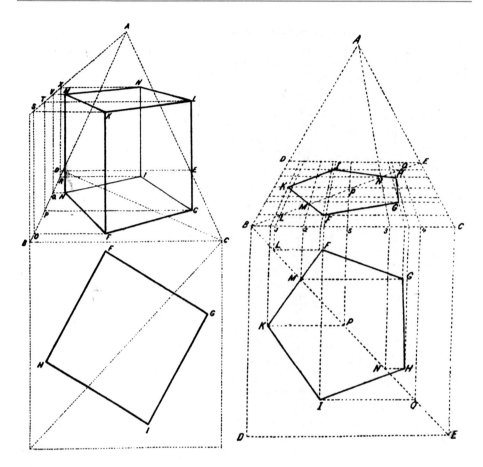

Abb. 3.9 Perspektivische Konstruktion eines regulären Fünfecks und Würfels (Piero della Francesca 1474)

3.4   Albrecht Dürer (1471–1528)

Aus einer Nürnberger Chronik:

> Ich, Albrecht Dürer bin am Prudentientage [21. Mai], der war am Freitag, da man gezählt hat 1471 Jahr, in der freien Reichsstadt Nürnberg geboren.

Schon früh nahm ihn der Vater, ein Maler und Goldschmied, in seine Werkstatt mit. Ende 1486 bis 1490 ging er in die Lehre bei dem Maler Michael Wolgemut. Wolgemut leitete eine bekannter Malerwerkstatt mit zahlreichen Gehilfen und Lehrlingen. Er erhielt zahlreiche Aufträgen für Illustrationen von Büchern, wie der berühmten Schedelsche Weltchronik mit Hunderten von Bildern.

Von Ostern 1490 bis Pfingsten 1494 begab sich Dürer auf Wanderschaft. Die genaue Route ist nicht bekannt. Vermutlich wanderte er über die Niederlande und das Elsass nach Basel, wo er die Bilder des „Narrenschiffs" von Sebastian Brant fertigte. Bereits drei Monate nach seiner Hochzeit trat er im Oktober 1494 seine erste Italien-Reise an. Es ist umstritten, wie weit er in den Süden Italiens gelangte; sicher bezeugt ist sein Aufenthalt in Innsbruck, Trient und Arco (am Gardasee). Man kann davon ausgehen, dass auf dieser Reise sein Interesse an der italienischen Kunst des *Quattrocento* geweckt wurde.

Ab 1497 machte er sich selbstständig und führte eine Werkstatt gemeinsam mit den fertig ausgebildeten Malern Hans Suess von Kulmbach, Hans Baldung Grien und Hans Schäufelein; die beiden Letzteren verließen Dürer nach seiner zweiten Venedig-Fahrt. Die erste Reise nach Venedig fand 1505 bis 1507 statt, dort traf er auf die berühmten Maler der venezianischen Schule: Tizian, Giorgione und Giovanni Bellini; Letzteren nannte Dürer *pest in gemell* (Bester in der Malerei). Dort lernte er insbesondere die bildnerische Wirkung der Farbe kennen, die in späteren Gemälden eingesetzt wurde, z. B. im Gemälde „Rosenkranzfest" (heute in der Nationalgalerie Prag).

Ab 1509 wurde er Mitglied des Größeren Rats von Nürnberg, bei dem er sicher auch über künstlerische Projekte mitentscheiden durfte. In diese Zeit fällt auch der erste Kontakt mit Kaiser Maximilian I., der ihm mehrere Aufträge verschaffte und ein *Privileg* (Schutz vor Nachahmung) und eine Jahresrente gewährte. Neben diesen Aufträgen intensivierte Dürer seine Fertigkeiten an Holzschnitten und Kupferstichen, um durch Kontraste, Schraffierung und Schatten die Farbigkeit (der Gemälde) vergessen zu lassen.

Die Produktion von Flugblättern mit biblischen Themen war in der Zeit vor der Reformation (1517) ein einträgliches Geschäft. Bekannte Grafiken Dürers sind:

- Große Passion Christi (Holzschnitte um 1498)
- Offenbarung des Johannes (15 Holzschnitte 1498)
- Ritter, Tod und Teufel (Kupferstich 1513)
- Der heilige Hieronymus im Gehäuse (Kupferstich 1514) (s. Abb. 3.10)
- Melancholie (Kupferstich 1514)

In den Jahren 1520 bis 1521 reiste Dürer in Begleitung seiner Ehefrau in die Niederlande, wobei die Route über Bamberg, Frankfurt, Mainz, Köln nach Antwerpen führte. Auch in Aachen machte er Station, um der Kaiserkrönung von Karl V., dem Nachfolger Maximilians beizuwohnen; dieser wurde der neue Gönner von Dürer. Der Aufenthalt in Antwerpen gestaltete sich sehr erfolgreich. Er wurde überall freundlich empfangen, studierte die Kunstschätze der Niederländer und erhielt sogar das Angebot, sich in der Stadt niederzulassen. Die Reise ist sehr gut dokumentiert, da sein Reisetagebuch erhalten geblieben ist.

Zurück in Nürnberg widmete er sich mehr den theoretischen Aspekten der Malerei. Ein erstes Manuskript *Vier Bücher von menschlicher Proportion* blieb zunächst unvoll-

Abb. 3.10 Kupferstich von A. Dürer *Der heilige Hieronymus im Gehäuse* (Zeno.org, gemeinfrei) mit perspektivischen Strahlen

endet; sein Lehrbuch zur Geometrie und Mathematik *Unterweisung in der Messung*[7] erschien 1525 in Nürnberg. Die *Unterweisung* ist eine Art Lehrbuch der darstellenden Geometrie. Buch I behandelt gekrümmte Kurven (wie Spiralen) in der Ebene und im Raum, Buch II Darstellung von Polygonen, Buch III Kegel, Pyramiden, Säulen und den Entwurf von Buchstaben, Buch IV verschiedene stereometrische Körper und die Perspektive. Das Werk erschien erfolgreich in vier lateinischen Auflagen in Europa, sodass auch eine deutsche Version 1538 posthum erschien. Im letzten Teil findet sich das bekannte Bild „Der Zeichner der Laute"; hier demonstrierte Dürer die Arbeit mit dem *velum.* Der Sehstrahl wird dabei durch einen Faden simuliert, dessen Durchgang durch den Schirm jeweils einen Projektionspunkt der Bildebene lieferte (s. Abb. 3.11).

Es ist anzumerken, dass die Zentralperspektive im Schaffen und Denken Dürers nicht so ausgeprägt ist wie bei italienischen Malern. Ihre Konstruktion hängt, wie in den vorangegangenen Kapiteln besprochen, von der Berücksichtigung der Fluchtlinien und der korrekten Tiefeneinteilung ab. Der französische Theoretiker Pélerin sah sich 1509 genötigt, im Dürer-Bild „Darbringung im Tempel" (1503/4) die Abstände der bildparallelen Deckenbalken zu korrigieren (nach Eberlein[8], S. 86). Obwohl Dürer sich

---

[7] Dürer A.: Unterweisung der Messung, Verlag Alfons Uhl Nördlingen Reprint 1983.

[8] Eberlein J. K.: Albrecht Dürer, Rowohlt Monographien Hamburg 2003.

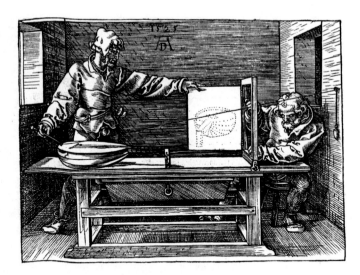

Abb. 3.11 Kupferstich von A. Dürer *Der Zeichner der Laute* (Zeno.org, gemeinfrei)

auf der zweiten Italienreise in Bologna um eine verbesserte Kenntnis der Konstruktion bemüht hatte, verschaffte er seinen Bildern eine Perspektive mehr mit malerischen Mitteln, wie die Verkleinerung von Personen. Das Buch der Proportionen mit mehr als 120 Abbildungen erschien auf Betreiben der Witwe Dürers erst im Sterbejahr 1528.

Zu erwähnen ist, dass die erste Darstellung der Perspektivkunst in deutscher Sprache von Jörg Glockendon (?1450–1514) stammt. Das betreffende Werk des wenig bekannten Kunstwerkers erschien 1509: *Von der Kunst Perspectiva*. Ihm wird auch die Bemalung des berühmten Nürnberger Erdglobus von Martin Behaim zugeschrieben. Ein Bericht über Glockendon findet sich bei Andreas Kühne[9].

3.5   Hans Vredeman de Vries (1527–1604)

Auch in den Niederlanden wurden die neuen Regeln des perspektivischen Zeichnens angenommen. Neben Jan van Eyck war es besonders Hans (Jan) Vredeman de Vries (= aus Friesland), Architekt und Maler, der sich den neuen Regeln anschloss.

Vredeman wurde 1527 als Sohn eines deutschen Söldners zu Leeuwarden in Friesland (Provinz der Niederlande) geboren. Hier ging er fünf Jahre lang bei dem Glasmaler R. Gerritszen in die Lehre, bevor er nach Antwerpen zog (1549). Dort war er wesentlich beteiligt am Bau eines großen Triumphbogens, der für den Einzug Kaiser Karls V. errichtet wurde. In die Heimat zurückgekehrt, begann Vredeman mit dem Malen in Öl,

[9] Kühne A.: Jörg Glockendons „Von der Kunst Perspectiva" als erstes Werk der Perspektivliteratur im deutschsprachigen Raum, im Sammelband: Rechenmeister und Mathematiker der frühen Neuzeit, Adam-Ries-Bund Band 25, Annaberg 2017, S. 15–26.

unterstützt von seinem Lehrer Koeck van Aelst, der die bekannten Architekturbücher von Vitruvius und Sebastiano Serlios (1527–1604) übersetzt hatte. Diese Lektüre begeisterte ihn so stark, dass er nach der Übersiedlung (1563/64) nach Antwerpen seine Studien der Architekturgeschichte fortsetzte. Dabei entwarf er eine Vielzahl perspektivischer Skizzen, die von den berühmtesten Kupferstechern des Landes umgesetzt und verbreitet wurden (Abb. 3.12).

In Antwerpen wurde er Stadtarchitekt und Experte für Festungsbau; in diesem Amt entwarf er erneut einen Triumphbogen, diesmal für den Einzug Philipps II. (von Spanien) in Antwerpen (1570). Als Philipp II. im April desselben Jahres den „Generalpardon" verkünden ließ, flüchtete er für zwei Jahre nach Aachen und hielt sich dann weitere anderthalb Jahre in Lüttich auf.

Nach dem Abschluss des Friedens zwischen Spanien und den Niederlanden kehrte Vredeman nach Antwerpen zurück, wo er die Stellung eines Oberaufsehers über alle städtischen Befestigungsarbeiten erhielt. Nach Übergabe der Stadt (1585) an den Prinzen von Parma (Statthalter Spaniens) waren die Niederlande (ohne die abtrünnigen Provinzen) wieder in spanischer Hand. 1586 flüchtete Vredeman auf deutsches Gebiet; Stationen waren Wolfenbüttel (Bau eines Grachtensystems), Hamburg (Wiederaufbau der Petri-Kirche) und Danzig (Architekturbilder im Rathaus).

Später erhielt er den ehrenvollen Auftrag, für Kaiser Rudolf II. in Prag ein Kunstmuseum aufzubauen; an dieser Reise nahm auch sein Sohn Paul (1567–1617) teil, der

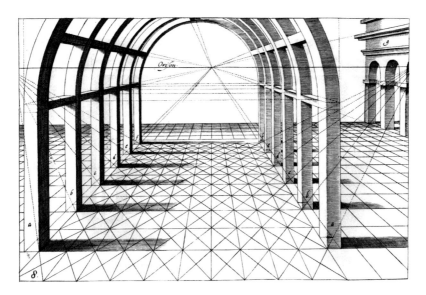

Abb. 3.12 Perspektivische Konstruktion eines Tonnengewölbes von Vredeman de Vries (aus dem Werk *Perspektive*, The Hague, Henrik Hondius, 1604, Folio 8)

Abb. 3.13 Perspektivische Konstruktion einer Straße von Vredeman de Vries (aus dem Werk *Perspective*, The Hague, Henrik Hondius,1604, Altera Pars Folio 15)

sich in die Kunst seines Vaters vollends eingearbeitet hatte. Die Tätigkeiten (Wandgemälde in der Burg) von Vater Vredeman und Sohn in Prag dauerten bis 1596.

Auf der Heimreise über Hamburg traf er den Malers G. Coignet, der ihn überredete, nach Amsterdam zu ziehen. Er siedelte aber bald nach Den Haag um, wo er das Werk *Architectura, oder Bauung der Antiquen* (1598) herausgab. Mit dieser Publikation hoffte er eine Anstellung als Lehrer der Perspektive an der Universität Leiden zu finden, aber vergeblich. Zusammen mit Hendrick Hondius verfasste er ein umfassendes Lehrbuch *Perspective, Das ist Die weitberuembte Khunst,* das erst posthum publiziert wurde (1604/5). Vredeman starb 1604 in Antwerpen.

Abb. 3.13 zeigt eine Straßenflucht mit beiderseitigen Gebäuden aus dem Werk *Perspective*[10] von Vredeman.

3.6   Girard Desargues (1593–1662)

Girard Desargues wurde in Lyon als eines von neun Kindern geboren. Sein Vater war Kommissär am Hof des Seneschalls, der den „Zehnten" [10 %] aller Einkommen als Kirchensteuer für die Diözese für der Stadt Lyon einsammelte. Über Girards Jugend ist

---

[10]Vredeman J. de Vries, Baudoin R. (Hrsg.): Perspective, Verlag Broché 2003

Abb. 3.14 Desargues erklärt Richelieu die Bauarbeiten zur Belagerung von La Rochelle (AKGimages 5463756)

nichts Genaues bekannt; man kann aber davon ausgehen, dass ihm eine gute schulische Ausbildung zuteilwurde. Er betrieb zunächst in Lyon einen Seidenhandel, wie ein Dokument von 1621 besagt. Sein Interesse galt jedoch dem Bau- und Ingenieurswesen.

Nach einer langen Reise durch Flandern schlug er im September 1626 zusammen mit einem Kollegen aus Lyon der Stadt Paris vor, Hydraulikpumpen zu bauen, um ganze Stadtviertel mit dem Flusswasser der Seine zu versorgen. Das Projekt scheint erfolgreich gewesen zu sein; jedenfalls versuchte er dafür ein Patent zu erlangen.

Wie sein Biograf Adrien Baillet berichtet, gehörte er seit 1626 als Bauingenieur zum Offizierscorps des Kardinals Richelieu. Abb. 3.14 zeigt Desargues, wie er dem Kardinal die Bauarbeiten zur Belagerung der Hugenottenstadt La Rochelle (1627/28) erläutert. Unter den Truppen des Kardinals befand sich auch Descartes. Der Biograf René Taton[11] bezweifelt den Vorgang; es fand sich jedoch später ein Brief von Desargues, der das Treffen beider bestätigt.

Nach einem Bericht seines Schülers und späteren Freunds Abraham Bosse erhielt er 1630 nach seiner Rückkehr nach Paris eine königliche Publikationserlaubnis. Um diese Zeit lernte er den Gesprächskreis um Pater Mersenne kennen und wurde als ständiges Mitglied aufgenommen. Das Wandgemälde (Abb. 3.15) der Universität Sorbonne zeigt vier Mitglieder dieses Kreises, von links nach rechts: Desargues, Mersenne, Pascal,

---

[11] Taton R.: Introduction biographique, in Desargues, L'oeuvre mathématique, Paris, 1951, S. 1–67.

Abb. 3.15 Wandgemälde von
Th. Chartran in der Sorbonne:
Begegnung von Desargues,
Mersenne, Pascal und
Descartes (Foto Alain Juhel,
www.mathouriste.eu)

Descartes. Gemäß der Bildunterschrift diskutieren die Gelehrten bei einem Treffen 1643
auf dem *Place Royal* über das Gewicht der Luft (erzeugt durch die Atmosphäre).

1634 erwähnte Mersenne in einem Rundschreiben, dass Desargues an einer Schrift
über eine universale Methode zur Perspektive arbeite. Als das Werk zwei Jahre später
unter dem Namen S.G.D.L. (= Sieur Girard Desargues Lyonnais) erschien, hatte es
keine große Wirkung, da es nur 12 Seiten umfasste und in einer kleinen Auflage gedruckt
wurde. Nur Descartes und Mersenne erkannten Desargues' Genie, später auch Fermat,
Roberval und Blaise Pascal. In erweiterter Form wurde 1636 seine Schrift *Exemple de
l'une des manières universelles touchant la pratique de la perspective* veröffentlicht.
Darin forderte Desargues die Analogie eines Strahlenbündels mit einer Parallelenschar,
die sich in einem Fernpunkt schneidet.

Das Erscheinen von Jean de Beaugrands *Geostatice* 1636 und der *Géométrie*
Descartes' ein Jahr später entzündete eine breite Diskussion über die Regeln der neu
entstehenden analytischen Geometrie. Desargues war ein kompromissloser Verfechter
seiner Anschauungen, auch wenn er sich dabei Leute wie de Beaugrand zum Gegner
machte. Sein Brief an Mersenne vom April 1638 über das Tangentenproblem zeigte
neue Methoden der synthetischen Geometrie, im Gegensatz zu denen, die Descartes
mit der *Algebraisierung* der Geometrie vorgab. Obwohl Descartes und Fermat zwar

das einheitliche Konzept der Arbeit lobten, waren sie selbst der Überzeugung, dass die bloße Anwendung geometrischer Verfahren ausreichte. Nur der junge Pascal erkannte die Originalität Desargues' und publizierte 1640 einen kurzen Aufsatz *Essay pour les coniques,* inspiriert durch Desargues' *Brouillon project.*

Mit dem Werk *Brouillon project d'une Atteinte aux Evénéments des Rencontres d'un Cone avec un Plan* (1639) hatte Desargues einen ganz neuen Zweig der Mathematik eröffnet, nämlich die *projektive Geometrie.* Folgende Regeln stellte er auf:

- Geraden laufen in beiden Richtungen nach unendlich; es gibt keinen Unterschied zu einem Kreis mit unendlich großem Radius.
- Ebenen laufen in allen Richtungen nach unendlich; jede Ebene schneidet jede weitere Ebene. Der einzige Unterschied von parallelen Ebenen zu denen in allgemeiner Lage ist, dass sich die parallelen Ebenen in der unendlich fernen Geraden schneiden.
- Jede Gerade einer Ebene schneidet jede andere Gerade der Ebene. Der einzige Unterschied von Parallelen zu den Geraden in allgemeiner Lage ist, dass sich die parallelen Geraden im unendlich fernen Punkt schneiden.

Ferner zeigte er, dass sich die von Apollonios beschriebenen Eigenschaften der Kegelschnitte aus der Zentralprojektion eines Kreises herleiten lassen. Desargues ließ 1639 insgesamt 50 Exemplare drucken, die aber wenig Verbreitung fanden; gegen 1680 war das Werk verschwunden. 1679 hatte sein Schüler Philippe de La Hire (1640–1718) glücklicherweise von dem Druck eine handschriftliche Kopie gemacht, die 1845 Michel Chasles in einem Antiquariat wiederentdeckt hat. De la Hire durchlief eine künstlerische Ausbildung und lernte bei einem vier Jahre währenden Italien-Aufenthalt die Grundlagen der dort gelehrten Geometrie. In seiner Schrift *Nouvelle Méthode en Géométrie pour les sections des superficies coniques et cylindrique* lieferte er wertvolle Kommentare zum Gesamtwerk Desargues'. Es gelang ihm, sämtliche Lehrsätze Apollonius' über Kegelschnitte auf projektive Art zu beweisen.

Die von de la Hire aufgezeichnete Version wurde 1864 von Poudra publiziert; M. Chasles veröffentlichte darüber 1865 das Werk *Traité des Sections Coniques.* Eine Übersetzung[12] ins Englische erfolgte 1704. Das einzige bekannte Druckexemplar wurde erst 1951 von René *Taton* in der Nationalbibliothek aufgefunden und herausgegeben. Als J. V. Poncelet 1820 sein grundlegendes Werk *Traité des propriétés projectives* zur Projektiven Mathematik veröffentlichte, kannte er Desargues' Werk nur vom Hörensagen.

Seltsamerweise erscheint der berühmte *Satz von Desargues* über Dreiecke in perspektiver Lage nur in dem von Bosse 1648 verfassten Anhang M*anière universelle de M. Desargues pour practiquer la perspective;* ebenso der wichtige Satz über die projektive Invarianz des Doppelverhältnisses.

---

[12] De la Hire P., Robinson B. (Hrsgd.): New Elements of Conick Sections, Midwinter London 1704.

Im Juli 1639 kritisierte Jean de Beaugrand (1584–1640), auch unter dem Spitznamen *le Géostaticien* bekannt, an Desargues' Werk, dass dessen Beweise bei einigen Lehrsätze komplizierter seien als die von Apollonius selbst. Desargues hatte in einem Anhang die Prinzipien der Mechanik besprochen und dabei die *Geostatik* de Beaugrands kritisiert.

Im August 1640 veröffentlichte Desargues ein Werk über Steinmetzen und den Bau von Sonnenuhren, ebenfalls unter dem Namen *Brouillon project.* Er führt dabei Namen von zwei Künstlern an, die seine neuen Methoden bereits erfolgreich angewendet hätten: der Maler de la Hire und der Steinmetz Abraham Bosse (1604–1676); beide kamen dadurch in Konflikt mit ihren Berufsgenossenschaften, die die herkömmlichen Methoden bevorzugten.

Im selben Jahr verfasste Desargues eine Ergänzung zum *Brouillon Project;* der Text ist nicht genau bekannt. Descartes, der seit 1637 im Briefkontakt stand, äußerte sich zustimmend: *... eine wunderschöne Entdeckung und wegen Ihrer Einfachheit umso genialer.* 1641 publizierte Desargues ein weiteres Werk über Kegelschnitte unter dem Namen *Leçon de ténèbres.* Von dieser Schrift ist kein Exemplar überkommen, es ist jedoch möglich, dass Teile davon in dem Werk Bosses *Manière universelle de Mr Desargues pour pratiquer la perspective* (Paris 1648) enthalten sind.

Ab 1642 formierte sich eine große Schar von Kritikern. Die anonym erschienene Schrift *La perspective pratique* des Jesuiten Jean Dubreuil verbreitete bittere Polemik. Desargues ließ zwei Plakate aufhängen, die Dubreuil des Plagiats und des Unverständnisses bezichtigten. Ebenfalls beschuldigte er die beiden Verleger, die wiederum zwei andere Werke als Quelle nannten. Die Verleger rächten sich, indem sie erneut ein anonymes Pamphlet gegen die Schriften Desargues' veröffentlichten: *Diverses Methodes universelles, et novelles, en Tout ou en partie pour faire des Perspectives.* Auf dem Titelblatt wurde Stellung bezogen gegen die Plakate von Desargues: *Ce qui seruira de plus de résponseaux deix affiches du Sieur Desargues, contre ladite Perspective Pratique;* dies wird als weitere Antwort auf die beiden Poster von *Sieur* Desargues gegen die oben erwähnte praktische Perspektive dienen. Das Pamphlet wurde ergänzt durch den Wiederabdruck des (schon genannten) *Lettre de M. de Beaugrand* vom August 1640.

Desargues war tief getroffen durch die Anschuldigungen, die gegen sein Werk und seine wissenschaftliche Kompetenz gerichtet waren. Daher beauftragte er seinen treuesten Anhänger Abraham Bosse damit, seine Methoden weiterhin zu verbreiten und sein Werk zu verteidigen. Daher gab Bosse 1643 gleich zwei Werke von Desargues heraus: *La pratique du trait á preuves de MR Desargues, Lyonnois, pour coupe des pierres en l'architecture* und *La manière universelle de MR Desargues, Lyonnois, pour poser l'essieu et placer les heures et autres chose ...* Bosses Werke erschienen in größerer Auflage und wurden u. a. auch ins Deutsche übersetzt.

Aber die Auseinandersetzungen waren noch nicht beendet. Der Steinmetz J. Curabelle kritisierte 1644 heftig Desargues' und Bosses Werke: *Er finde daran nichts außer Mittelmäßigkeit, Fehler, Plagiate und belanglose Informationen.* Desargues versuchte rechtlich gegen Curabelle vorzugehen, aber es gelang nicht. Der Streit endete vor Gericht mit der Auflage für Desargues, seine Lehre vor der Königlichen Akademie weder vorzutragen noch zu verteidigen; dies betraf auch Bosse. Dieser Konflikt dürfte auch ein Anlass sein für seinen Umzug nach Lyon. Bosse publizierte nun eigenständig; er verfasste eine Schrift von 1643 neu als *Livret de perspective* und veröffentlichte ein Werk über Perspektive und unregelmäßige Körper, ebenso über seine bevorzugte Arbeitsweise, dem Gravieren von Kupferschnitten.

1648 wurde ein Attentat auf Desargues ausgeführt im Zusammenhang mit der *Fronde,* ein Aufstand der Adligen gegen das Anwachsen der Königsmacht. Desargues kehrte daher 1649 zurück nach Lyon, wo er wieder als Architekt wirkte. Er baute die Fassade des Rathauses, ferner eine Wendeltreppe und eine neuartige Wasserpumpe. Etwa ab 1657 arbeitete Desargues wieder als Architekt in Paris, wie aus einem Brief von Huygens (1660) hervorgeht; er nahm auch wieder an öffentlichen Diskussionen teil. Für die Wasserversorgung des *Château de Beaulieu* entwickelte er eine Pumpe mit einem neuartigen epizyklischen Antrieb. Einem Protokoll einer Testamentseröffnung vom 8. Oktober 1661 aus Lyon ist zu entnehmen, dass Desargues einige Tage zuvor verstorben ist. Die genauen Todesumstände sind nicht bekannt.

Aus dem Werk Desargues

1) Der Satz von Desargues in der Ebene und im Raum
Der Satz von Desargues lautet: Sind zwei Dreiecke ABC bzw. A', B', C' so gelegen, dass die Geraden AA', BB' und CC' durch einen Punkt gehen, dann liegen die entsprechenden Schnittpunkte P, Q, R der Dreieckseiten auf einer Geraden (Abb. 3.16 links).

2) Ein Porismus von Euklid
Von den drei Büchern Euklids über Porismen sind zehn solcher Sätze von Pappos im Buch VII seiner *Collectio* bewahrt worden. Auf einen dieser Porismen hat William M. Ivins[13] vom *Metropolitan Museum of Art* hingewiesen, der Ähnlichkeit mit dem Satz von Desargues hat. T. Heaths[14] Übersetzung aus dem Griechischen ist nicht einfach zu verstehen:

If, in a system of four straight lines which cut one another two and two, three points on one straight line be given, while the rest except one lie on different straight lines given in position, the remaining point also will lie on a straight line given in position.

Ivins nennt den Satz *Euclid's porism* und interpretiert ihn gemäß Abb. 3.17.

3) Erhaltung des Doppelverhältnisses
Bei der Projektion einer Geraden auf eine andere bleibt i. A. das Doppelverhältnis von vier entsprechenden Punkten konstant (Abb. 3.18). Es gilt:

---

[13] Ivins W.M.: Art & Geometry – A Study in Space Intuitions, Dover Reprint 2018, S. 95–97.

[14] Heath T.L. (Hrsg.): Euclid – The thirteen Books of the Elements, Volume 1, Dover 1946, S. 11.

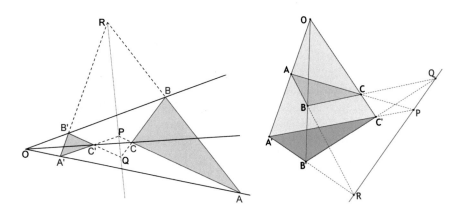

Abb. 3.16 Satz von Desargues in der Ebene und im Raum

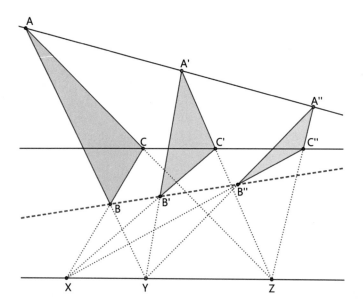

Abb. 3.17 Porismus von Euklid

$$(A, C; B, D) = (A^{'}, C^{'}; B^{'}, D^{'})$$

4) Das vollständige Vierseit

E, H, F sind die Diagonalpunkte im Vierseit. Der Schnittpunkt der Diagonalen EJ bzw.
F FK E, ist zugleich der Diagonalschnittpunkt H des Vierecks $ABCD$. Die Punkte
(F, L, H, K) sind in harmonischer Lage (Abb. 3.19).

Abb. 3.18 Erhaltung des
Doppelverhältnisses

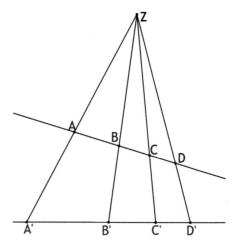

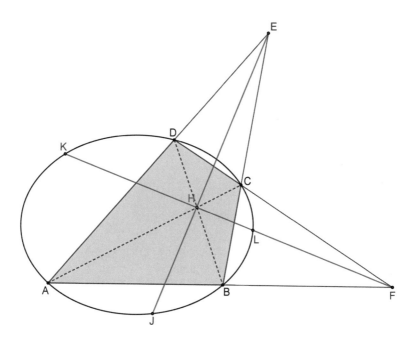

Abb. 3.19 Das vollständige Vierseit

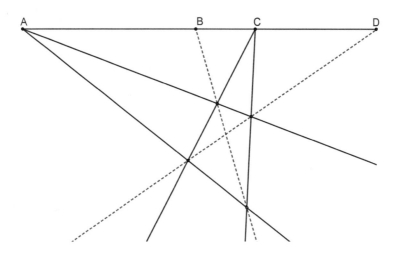

Abb. 3.20   Konstruktion harmonischer Punkte

5) Konstruktion harmonischer Punkte

Sind zwei Punkte A, C fest vorgegeben, so können mithilfe der folgenden Konstruktion die vier Punkte (A, B, C, D) in harmonischer Lage konstruiert werden (Abb. 3.20).

6) Näherungskonstruktion einer Ellipse

In dem Werk[15] *Traité des Geometrales* gibt Bosse eine praktikable Näherungs-konstruktionen für Ellipsen. Die Konstruktion (Abb. 3.21) läuft wie in Abb. 3.21 ab.

- Wähle die beide Halbachsen a, b *mit* $a > b$
- Zeichne die Achsenpunkte A, B *mit* $|OA| = a, |OB| = b$
- Bestimme eine Zahl $j > \frac{a^2 - b^2}{2b}$
- Trage die Strecke $|OJ| = j$ auf der negativen y-Achse ab
- Bestimme den Punkt G auf der x-Achse mit $|AG| = |BJ|$
- Konstruiere die Mittelsenkrechte zu GJ, Schnittpunkt mit der x-Achse ist K
- Konstruiere den Kreisbogen mit dem Mittelpunkt K durch A bis H, dies ist der Schnittpunkt mit der Geraden JK
- Konstruiere den Kreisbogen HB zum Mittelpunkt J
- Ergänze die so konstruierte Viertelellipse symmetrisch

[15] Bosse, A.: Traité des Geometrales et Perspectives Enseignées dans l'Academie Royale de la Peinture et Sculpture, L'Auteur, Paris 1655.

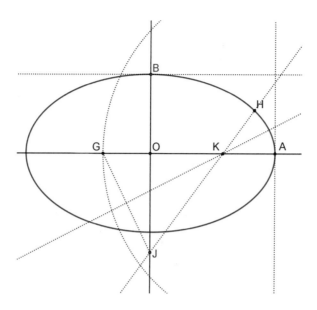

Abb. 3.21 Näherungskonstruktionen für Ellipsen

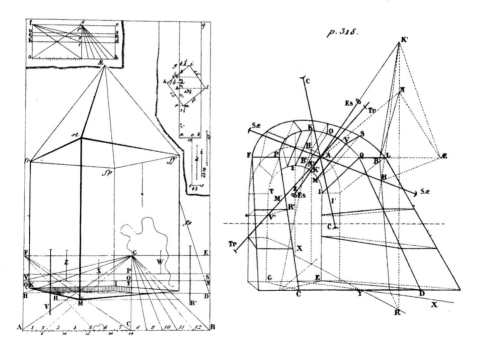

Abb. 3.22 Perspektivische Darstellungen von Desargues/Bosse (Bosse, *Manière universelle de Mr Desargues* 1648, S. 84, 318)

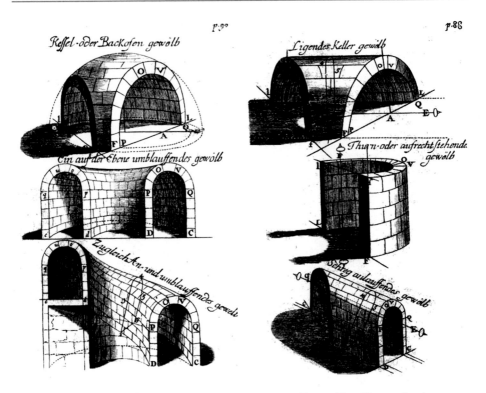

Abb. 3.23 Architektonische Darstellungen von Desargues/Bosse (*Des Herren des Argues von Lion: Kunstrichtige und probmäßige Zeichnung zum Stein = Hauen und in der Bau = Kunst,* Helmers Nürnberg 1699, S. 88, 90)

7) Projektive Bilder (Poudra, Band I):

Die Abb. 3.22 zeigt zwei Abbildungen aus dem Gesamtwerk Desargues, die eventuell von Bosse stammen.

8) Aus der deutschen Übersetzung von Desargues/Bosse (S. 88, 90)

Die Abb. 3.23 liefert zwei architektonische Bilder (Gewölbe und Kellergänge) aus der anonymen deutschen Übersetzung von 1699.

Literatur (weiterführend)

Alberti, L. B., Bätschmann, O., Gianfreda, S. (Hrsg.).: Della Pitura – Über die Malkunst, Wissenschaftl. Buchgesellschaft Darmstadt (2014)

Anonym.: Diverses Methodes universelles, et novelles, en Tout ou en partie pour faire des Perspectives, Paris (1642). [Google nennt Jean du Breuil als Autor]

Bosse, A. (Hrsg.).: Manière universelle de Mr Desargues pour pratiquer le perspective par petit-pied, Des-Hayes, Paris (1648)

Bosse, A.: Traité des Geometrales et Perspectives Enseignées dans l'Academie Royale de la Peinture et Sculpture, L'Auteur, Paris (1655)

Curabelle, I.: Examen des Oeuvres du S^R. Desargues, Henault Paris (1644)

Desargues, G.: Des Herren des Argues von Lion: Kunstrichtige und probmäßige Zeichnung zum Stein=Hauen und in der Bau=Kunst, Helmers Nürnberg (1699)

Dürer, A.: Unterweisung der Messung 1525. Verlag A. Uhl, Nördlingen Reprint (1983)

Eberlein, J. K.: Albrecht Dürer, Rowohlts Monographien (2003)

Field, J. V., Gray, J. J.: The geometrical Work of Girard Desargues, Springer (1987)

Gerhardt, C.I.: Desargues und Pascal über die Kegelschnitte, Sitzungsber. der Königl. Preuß. Akademie (1892)

Kühne A.: Jörg Glockendons „Von der Kunnst Perspectiva" als erstes Werk der Perspektivliteratur im deutschsprachigen Raum, im Sammelband: Rechenmeister und Mathematiker der frühen Neuzeit, Adam-Ries-Bund Band 25, Annaberg (2017)

La Hire, de P., Lehmann, E (Hrsg.).: De La Hire und seine sectiones conicae, Jahresbericht Gymnasium Leipzig (1888)

Poudra N. G. (Hrsg.): Oeuvres de Desargues, Volume I+II, Cambridge University Reprint (2011)

Rehbock, F.: Geometrische Perspektive, Springer (1980)

Vredeman, J. de Vries, Baudoin, R. (Hrsg.): Perspective, Verlag Broché (2003)

Vredeman, J. de Vries, Placek, A. (Hrsg.): Studies in Perspective, Dover (2014)

Die Entwicklung der Rechenhilfsmittel

4

4.1 Frühe Hilfsmittel

4.1.1 Die Prosthaphaeresis

Eines der frühen Rechenhilfsmittel vor der Einführung der Logarithmen war die sog. *Prosthaphaeresis* (πρόσθεσις = Hinzugabe; ἀφαίρεσις = Wegnahme). Sie bestand darin, ein Produkt mithilfe von trigonometrischen Formeln in eine Summe bzw. eine Differenz zu verwandeln; mögliche Formeln sind:

$$\sin\alpha \cdot \sin\beta = \frac{1}{2}[\cos(\alpha - \beta) - \cos(\alpha + \beta)]$$

$$\cos\alpha \cdot \cos\beta = \frac{1}{2}[\cos(\alpha - \beta) + \cos(\alpha + \beta)]$$

Beispiel zur Prosthaphaeresis:

Gesucht ist das Produkt $83.60 \cdot 27.5 = 0.836 \cdot 0.257 \cdot 10^4$:

$0.836 = \sin\alpha \Rightarrow \alpha = \arcsin 0.836 = 56.73°$

$0.257 = \sin\beta \Rightarrow \beta = \arcsin 0.257 = 15.96°$

$\alpha + \beta = 72.69° \therefore \alpha - \beta = 40.77°$

$$\frac{1}{2}[\cos(\alpha - \beta) - \cos(\alpha + \beta)] = \frac{1}{2}(\cos 40.77° - \cos 72.69°) = \frac{0.757 - 0.298}{2} = 0.230$$

Das gesuchte Produkt ist somit $0.230 \cdot 10^4 = 2300$, exakter Wert 2299.

© Der/die Autor(en), exklusiv lizenziert an Springer-Verlag GmbH, DE, ein Teil von Springer Nature 2022
D. Herrmann, *Mathematik der Neuzeit*, https://doi.org/10.1007/978-3-662-65417-0_4

Wie A. von Braunmühl[1] 1896 herausgefunden hat, stammt die Methodik von dem Nürnberger Pfarrer und Astronomen Johannes Werner (1486–1528). Das Verfahren wurde in der Schrift *De triangulis spaericis* (zwischen 1505–1513) ausgearbeitet, die jedoch erst 1907(!) gedruckt wurde, da Werner keinen Verleger fand. Die Formeln werden in der englischen Literatur *Werner formulas* genannt. Die Autorenschaft Werners wird durch einen Hinweis von Johann Prätorius im *Codex lat. monac. 24101* bestätigt (vgl. von Braunmühl[2]).

Werner hatte nach einem fünfjährigen Aufenthalt in Rom die Muße, sich ausgiebig mit Geografie und sphärischer Mathematik zu beschäftigen. Für die Mehrzahl seiner Werke fand er keinen Verleger, so sind große Teile seiner Schriften verloren gegangen, so auch die fünfbändige sphärische Trigonometrie *De triangulis per maximorem circulorum segmenta constructis libri V.* Werner zugehörte zum Freundeskreis um den bekannten Nürnberger Patrizier Willibald *Pirckheimer* (1470–1530), der als Mäzen und Sammler alter Handschriften diese allen Mitgliedern zur Verfügung stellte. Zu diesem Umkreis gehörten neben Werner auch der Theologe A. Osiander (1498–1552) und A. Dürer. So erhielt Werner Kenntnis von Regiomontanus' *De triangulis omnimodis* und konnte dieses Werk im ersten Teil fortsetzen. In Teil 2 und 3 wurden sphärische Dreiecke mit einem rechten Winkel behandelt; Teil 4 enthielt die Formeln zur Prosthaphaeresis.

Nach dem Tod Werners gelangte sein Nachlass in die Hände des Nürnberger Mechanikers G. Hartmann, von dem aus die Manuskripte auf Georg Rheticus (1514–1574) übergingen, der sich damals (im Mai 1542) längere Zeit in Nürnberg aufhielt. Rheticus wurde der erste Mathematik-Professor in Wittenberg, später wurde er nach Leipzig berufen. Er plante den Druck 1557 in Krakau; das Vorhaben gelang nicht, so konnte er nur noch Abschriften des Manuskripts verbreiten. Rheticus war übrigens die treibende Kraft, die N. Kopernikus (1473–1543) überzeugte, sein Hauptwerk *De revolutionibus orbium coelestium* zu publizieren. Er sorgte auch für den Druck in Nürnberg, ein Vorgang, der ohne kirchliche Erlaubnis nur in einer freien Reichstadt möglich war.

Aus dem Nachlass von Rheticus erfuhren 1580 Tycho Brahe und sein Schüler Paul Wittich von der Prosthaphaeresis und entwickelten die Methode weiter. Von Wittich wurde auch der des Lateinischen unkundige Jost Bürgi über das Verfahren informiert.

Das erste gedruckte Buch *Fundamentum astronomicum* (1588) über die Methode stammt – zum Missfallen Brahes – von dem schon erwähnten kaiserlichen Hof-astronomen Nicolaus Reimers (genannt Ursus, 1551–1600), der das Verfahren bei Brahe kennengelernt hatte und nun als eigene Erfindung ausgab. Brahe beschuldigte darauf-

---

[1] von Braunmühl A.: Beitrag zur Geschichte der prosthaphäräretischen Methode, Bibliotheka mathematica 1896, S. 105–108.

[2] von Braunmühl A.: Vorlesungen über Geschichte der Trigonometrie Band I, Teubner Leipzig 1890, S. 136.

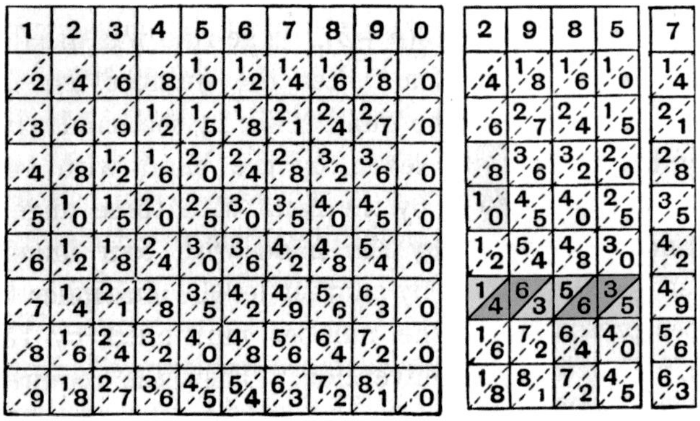

Abb. 4.1 Schematische Darstellung der Neper'schen Rechenstäbe

hin Reimers, sein Weltmodell (abweichend von Kopernikus) als Plagiat übernommen zu haben; Ursus hat diesen Prozess nicht überlebt.

Mit Brahes Rechenfertigkeit ist eine kleine Anekdote verbunden, die Dr. Craig, der Leibarzt des schottischen Königs James IV., überlieferte. Craig hatte schon 1576 bei einem Besuch in deutschen Landen Näheres über die Prosthaphaeresis bei P. Wittich erfahren und vermutlich an Neper weitergegeben. Craig berichtete[3]:

> Der schottische König segelte 1590 nach Dänemark, um seine künftige Braut Anne von Dänemark abzuholen. Infolge eines katastrophalen Sturms musste das Schiff Notankern an einer Uferstelle, die in der Nähe von Brahes Observatorium lag. Die königlichen Gäste wurden freundlich beherbergt. Während sie auf besseres Wetter warteten, führte Brahe den staunenden Gästen sein mathematisches Können vor. Als Dr. Craig Neper von der Anwendung der Prosthaphaeresis am Observatorium erzählte, soll dieser seine Arbeit an den Logarithmen intensiviert haben, eine Idee, die er schon länger hatte.

4.1.2 Die Neper'schen Rechenstäbe

In seinem Werk *Rabdologia* beschrieb Napier, der diese Form seines Namens kaum verwendete, die nach ihm benannten Rechenstäbe, die eine große Hilfe bei Multiplikationen und Divisionen darstellten:

> Ich habe mich immer nach meinen Kräften und Fähigkeiten bemüht, Schwierigkeiten und Öde bei langwierigen Berechnungen zu beseitigen, deren Mühsal sehr viele vom Studium der Mathematik abgeschreckt hat.

In seiner Schrift *Rabdologia* (ράβδος = griech. Stab) stellte Neper seine Rechenstäbe vor, die im Englischen *Neper's bones* heißen, da sie oft aus Elfenbein gefertigt wurden

---

[3] Havil J.: Gamma, Springer 2007, S. 9.

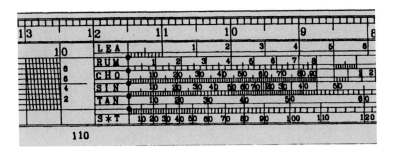

Abb. 4.2 Gunter-Rechenstab (Otto van Poeljie, Gunter Rules Rules in Navigation, Journal of the Oughtred-Society, Vol. 13, No. 1, 2004, S. 12), koloriert vom Autor

(Abb. 4.1). Das grundlegende Prinzip, die Vielfachen einer Zahl von 1 bis 9 auf einen Streifen o. ä. zu schreiben, kam aus Indien oder Persien, wie Reisende aus dem Orient berichtet haben. Legt man die Stäbe in einem Block so zusammen, dass die Ziffern oben den Multiplikanden ergeben, so wird die Multiplikation mit der einstelligen Zahl „x" durchgeführt werden, indem man die Zeile „x" des Blocks liest und zusammengehörige Ziffern addiert.

Beispiel: Gesucht ist das Produkt 2985 × 7. Die Stäbe mit den entsprechenden Vielfachen werden als Block nebeneinander gelegt. Liest man die siebente Zeile des Blocks (farbig notiert) von rechts nach links, erhält man zuerst die Zahl 5. Die nächste Ziffer des Produkts ist 3 + 6 = 9, die nächste 5 + 3 = 8, ebenso die nächste 6 + 4 = 10. Hier ist die Summe zweistellig; es muss also ein Übertrag stattfinden. Notiert wird die Null, die führende Eins wird zum nächsten Feld gezählt, hier Zwei. Nun von links nach rechts gelesen, ergibt sich das gesuchte Produkt 20 895.

Ist der Multiplikator mehrstellig, so muss das Produkt mit jeder Ziffer ausgeführt und um eine Stelle verschoben notiert werden. Die Summe der einzelnen Produkte ergeben das Gesamtergebnis. Das Produkt 2985 × 317 = 946 245 ergibt sich aus folgendem Schema:

2985						317
	2	0	8	9	5	7
	2	9	8	5		1
8	9	5	5			3
9	4	6	2	4	5	

Eine Division ist ebenfalls möglich, eine Erklärung in wenigen Sätzen ist jedoch nicht möglich.

Die technische Ausführung bestand entweder in quaderförmigen oder zylindrischen Stäben, wobei Letztere drehbar angeordnet, fast den Eindruck einer Rechenmaschine erweckten.

Abb. 4.3 Moderne
Rechenscheibe (Wikimedia
Commons, gemeinfrei)

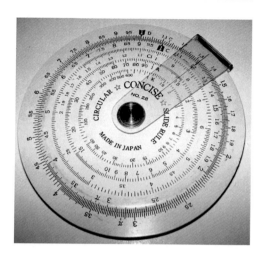

4.2 Die Rechenschieber und Rechenscheiben

Um 1620 hatte Edmund Gunter, Astronomie-Professor und Kollege von Henry Briggs am *Gresham College* London die Idee, mithilfe zweier logarithmisch eingeteilten Stäben (engl. *Gunter's scales*) Multiplikationen auszuführen. Eine Beschreibung erfolgte im Werk *Description and Use of the Sector, the Crosse-staffe and other Instruments* (1624). Bald wurden die Stäbe mit weiteren Skalen versehen, zur Umrechnung von Längen- und Volumenmaßen und trigonometrischen Funktionen (Abb. 4.2). Mithilfe eines Stech- zirkels konnte man Strecken übertragen. So war die Strecke (1 ↔ 2) gleich lang zur Strecke (3 ↔ 6); dies bedeutet 1 : 2 = 3 : 6 ⟹ 6 : 3 = 2 oder 2 · 3 = 6. Solche Verhält- nisse traten oft auf, da damals Gleichungen in der Regel als Quotienten geschrieben wurden:

$$ab = cd \Leftrightarrow a : c :: d : b$$

Exkurs zu W. Oughtred (1574–1660):

William Oughtred, Sohn eines Lehrers an der Eton Schule, wurde im März 1574 in Eton getauft. Nach dem Schulabschluss an der Schule seines Vaters ging er 1591 an das *King's College* in Cambridge, wo er 1600 zum *Master of Arts* graduierte. 1603 erhielt er die Priesterweihe der anglikanischen Kirche und wurde Vikar in der Stadt Shalford. 1610 wurde er zum Rektor des *Albury College* befördert, eine Stellung, die er 50 Jahre lang inne hatte. Nebenbei erteilte er als Privatlehrer unentgeltlich Mathematikunterricht für Schüler, die mathematisches Talent zeigten. Unter ihnen befanden sich Studenten, die später berühmt wurden, wie J. Wallis, J. Pell oder C. Wren.

Etwa 1622 erfand er das Prinzip des Rechenschiebers, indem er zwei Gunter-Stäbe gegenaneinander verschiebbar machte. Seine Erfindung wurde aber erst 1633 in seiner Schrift *An Addition untot he Use oft the instrument calles Circles of Porportion* publiziert.

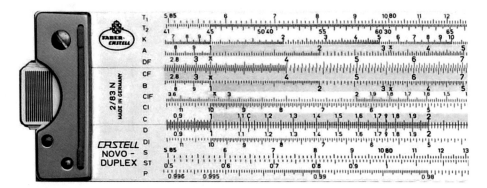

Abb. 4.4 Moderner Rechenschieber (Foto Autor)

Ein Jahr zuvor hatte er bereits seine Idee einer Rechenscheibe in seinem Werk *Circles of Proportion* propagiert. Mit der Veröffentlichung zur Rechenscheibe (in moderner Form Abb. 4.3) war ihm allerdings ein Schüler namens R. Delamaine zuvorgekommen, was eine heftige Kontroverse auslöste.

Sehr einflussreich war Oughtreds Werk *Clavis mathematicae* (1631), das bis zum Erscheinen von John Wallis' *Algebra* Bestand hatte. In dieser Schrift verwendete er eine Vielzahl von neuen Symbolen wie „×" und „::", sowie zahlreiche Kürzel für die trigonometrischen Funktionen. Im Jahr 1914 fand der Autor J. W. Glaisher[4] heraus, dass der 16-seitige Anhang von Nepers *Mirifici logarithmorum* (2. Auflage) genau diese Symbole verwendet, und vermutete daher, dass der Anhang von Oughtred stamme. In diesem Anhang wird geschildert, wie man mithilfe der sog. Wurzelmethode Logarithmen berechnen kann.

R. Bissaker (1654) und S. Patridge (1657) brachten mithilfe einer beweglichen „Zunge" die Rechenschieber auf die heutige Form. Diese leisteten gute Dienste bis etwa 1967, als die ersten elektronischen Taschenrechner auf den Markt kamen. Abb. 4.4 zeigt einen modernen Rechenschieber des Autors.

4.3   Die Rechenmaschinen

Der erste Schritt zur Konstruktion einer Rechenmaschine, die automatisch (Dezimal-) Stellen verschiebt, kam von Wilhelm Schickard 1623/24, Professor für Astronomie und biblische Sprachen in Tübingen. In den Wirren des Dreißigjährigen Krieges sind alle vorhandenen Exemplare und die Kenntnis darüber verloren gegangen. Die Maschine

---

[4] Glaisher J. W.: The Quarterly Journal of Pure and Applied Mathematics, 46 (1914/15), S.125–197.

Abb. 4.5 Skizze von
Schickards Rechenmaschine
(Wikimedia Common,
gemeinfrei), Rekonstruktion
auf einer deutschen Briefmarke

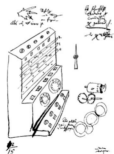

Abb. 4.6 Briefmarke von S. Tomé e Príncipe mit
Bild von Pascals Rechenmaschine (mathshistory.
st-andrews.ac.uk/miller/stamps)

besaß ein sechsstelliges dezimales Addierwerk (mit Zehnerübertragung) und ein Multiplizierwerk, das zylindrische Neper-Stäbe verwendet.

Die Abb. 4.5 rechts zeigt eine Rekonstruktion auf einer deutschen Briefmarke. Erste Hinweise auf Schickards Maschine fanden sich in der Korrespondenz von Keplers Nachlass. Der Biograf Keplers Max Caspar hatte 1935 einen Brief Schickards vom Sept. 1623 aus Keplers Nachlass entdeckt. Voller Begeisterung berichtet darin Schickard:

> Dasselbe, was Du auf rechnerischem Weg gemacht hast, habe ich kürzlich mechanisch versucht und eine aus 11 vollständigen und 6 verstümmelten Rädchen bestehende Maschine gebaut, welche gegebene Zahlen im Augenblick automatisch zusammenrechnet: addiert, subtrahiert, multipliziert und dividiert.
>
> Du würdest hell auflachen, wenn Du da wärest und sehen könntest, wie sie, so oft es über einen Zehner oder Hunderter weggeht, die Stellen zur Linken ganz von selbst erhöht oder ihnen beim Subtrahieren etwas wegnimmt.

In einem weiteren Brief vom Februar 1624 fand sich eine eigenhändige Konstruktionszeichnung Schickards (Abb. 4.5 links).

Vor dem Bekanntwerden der Schickard'schen Maschine galt Blaise Pascal als Erfinder der Rechenmaschine, *Pascaline* genannt (Abb. 4.6). Der kaum 20-Jährige baute 1640/42 eine Zwei-Spezies-Maschine, um die Rechenarbeit seines Vaters zu vereinfachen, der königlicher Steuereintreiber war. Obwohl Pascal seine Maschine mehrfach verbesserte,

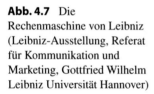

Abb. 4.7 Die
Rechenmaschine von Leibniz
(Leibniz-Ausstellung, Referat
für Kommunikation und
Marketing, Gottfried Wilhelm
Leibniz Universität Hannover)

konnte er nur wenige Exemplare davon verkaufen. Er sagte in seinen *Pensées* über seine
Maschine:

> Die Rechenmaschine zeigt Wirkungen, die dem Denken näher kommen als alles, was Tiere
> vollbringen; aber keine, von denen man sagen muss, dass sie Willen habe wie Tiere.

Bei einem Aufenthalt in London im Winter 1673 wollte Leibniz der *Royal Society* seine
Vier-Spezies-Maschine vorstellen, aber infolge feinmechanischer Probleme gelang die
Vorführung nicht. Dagegen funktionierte die von dem Engländer Morland vorgeführte
Rechenmaschine, die eine Kombination von Neper'schen Stäben und Gunters Skalen
verwendete, einwandfrei. Dieser Vorfall erhöhte die Skepsis, die die *Royal Society*
Leibniz entgegenbrachte.

Abb. 4.7 zeigt einen modernen Nachbau von Leibniz' Rechenmaschine. 1674 konnte
Leibniz durch die Erfindung der sog. Staffelwalze seine Erfindung verbessern; präzise
modernen Nachbauten bestätigen die Vorstellungen von Leibniz. Leibniz lieferte
folgenden Kommentar über seine Rechenmaschine:

> Es ist unwürdig, die Zeit von hervorragenden Leuten wie von Knechten mit Rechenarbeiten
> zu verschwenden, weil beim Einsetzen einer Maschine auch der Einfältigste die Ergebnisse
> sicher hinschreiben kann.

Erst ab 1770 gab es technisch ausgereifte Vier-Spezies-Rechenmaschinen, wie die des
Pfarrers Philip Matthäus Hahn oder anderer Erfinder. Von der Hahn'schen Maschine
wurden nur drei Exemplare hergestellt, die bis 1998 verschollen waren; ein Exemplar
tauchte bei einer Londoner Versteigerung wieder auf.

4.4   Die Entwicklung der Logarithmen

Die Erfindung der Logarithmen hat, indem sie die Arbeitszeit verkürzt, die Lebenszeit des Astronomen verdoppelt (P.-S. Laplace).

Um die Lesbarkeit des Kapitels sicherzustellen, verwenden wir hier die moderne Schreibweise für Dezimalbrüche und Potenzen. Historisch ist festzustellen, dass das Rechnen mit Dezimalen weitgehend unbekannt war und es auch dafür keine einheitliche Schreibweise gab, bis Napier den im Englischen üblichen Dezimalpunkt einführte. Eine frühe Schreibweise und Anleitung zum Rechnen stammt von Simon Stevin[5]. Die Dezimalzahl 8.573 schreibt er wie folgt:

$$8 ⓪ 5 ① 2 ② 7 ③ 3$$

Die Versuche von Stifel und Stevin, ihre Schreibart populär zu machen, waren vergeblich. Es war Euler, der den Begriff „Basis" eines Logarithmus geprägt hat, in seiner Schrift *Analysin Infinitorum* (1748). Die moderne Schreibweise für Potenzen wurde erst von Descartes eingeführt, fünf Jahre nach Bürgis Tod.

1618 erfolgte die Herausgabe einer fünfstelligen Tafel, basierend auf den Brigg'schen Werten durch den oben erwähnten Benjamin Ursinus; das Werk erschien in Kölln (heute Neukölln/Berlin) in lateinischer Sprache. Der Niederländer Adriaan Vlacq (1600–1667) berechnete nicht nur die fehlenden Werte der Brigg'schen Tabellen, sondern verkaufte sie auch als Verleger ab 1628 in ganz Europa als *Tabellen der Sinuum, Tangentium und Secantium wie auch der Logarithmorum vor die Sinubus Tangentibus und die Zahlen von 1 bis 10000 …*

Eine deutsche Version der Vlacq'schen Tabellen wurde ab 1673 von J. von Ravesteyn vertrieben. Die erste Anleitung zum Rechnen mit Logarithmen in deutscher Sprache (1631) stammte von Johannes Faulhaber (1580–1635), der sie als Anhang zu seinem vierbändigen Werk *Ingenieurs Schuol* (ab 1630) verfasste: *Zehentausent Logarithmi, der absolut oder ledigen Zahlen von 1 biß auff 10000. Nach Herrn Johannis Neperi Baronis Merchstenij Arth und invention, welche Henricus Briggius illustriert/und Adrianus Vlacq augiert, gerichtet.* Faulhaber schrieb dazu:

Aus diesem erklärten Bericht kann man nun mehr verstehen den Ursprung oder Geburt der Logarithmorum, welches ein solche herrliche schöne Kunst/so mit Worten nicht auszureden ist./Dann ist es nicht eine wunderbarliche Invention, daß in währendem Proceß das Extrahieren [der Wurzel] ins Halbieren verwandelt wird?

Einen umfassenden Bericht über die Ausbreitung von gedruckten Logarithmentafeln in der ganzen Welt lieferte Klaus Kühn[6] am 4. April 2014 bei einer gemeinsamen Tagung

---

[5] Stevin S., Gericke H., Vogel K. (Hrsg.): De Thiende (Dezimalzahlrechnung), Ostwalds Klassiker der exakten Wissenschaften, Frankfurt 1965.

[6] Kuehn K.: Logarithms a Journey of their Tables to all over the World 2017.pdf [10.11.2020].

Abb. 4.8 Bild von Jost Bürgi (Wikimedia Commons) und eine Globusuhr (Briefmarke der DDR)

der James Clerk Maxwell Society und der British Society for the History of Mathematics (BSHM), die anlässlich des 400. Jahrestags der Publikation von John Napiers *Mirifici Logarithmorum* stattfand. Interessant ist, dass sogar noch im Jahr 1957 der Verlag Frederik Ungar Publishing Company in New York eine Logarithmentafel in deutscher Sprache publiziert hat. Die Tafeln stammten von J. Peters, der sie auf einer 10-stelligen Differenzenmaschine berechnet hat; offensichtlich konnten die damaligen Rechner diese Genauigkeit (noch) nicht erreichen.

4.4.1 Logarithmen bei Bürgi (1552–1632)

Lange Zeit dachte man, John Napier sei der Erfinder der Logarithmen gewesen. 1588 berichtete der schon erwähnte Astronom Nicolaus Reimers (auch Ursus genannt), dass Bürgi ein Hilfsmittel verwende, das die Berechnungen dramatisch vereinfache. Diese Erwähnung könnte darauf hinweisen, dass sich der Schweizer Uhrmacher Jost Bürgi (lat.: *Iustus Byrgius*) schon vor 1588 mit Logarithmen beschäftigt hatte. Bürgi (Abb. 4.8) wurde 1579 vom Landgrafen Wilhelm IV. von Hessen als Hofuhrmacher eingestellt. Der Landgraf selbst war praktizierender Astronom. Bis auf einen Aufenthalt in Prag wurde Kassel für Bürgi eine zweite Heimatstadt. Er stellte zahlreiche Uhren für den Kasseler Hof her, darunter die erste mit einem Sekundenzeiger. Neben Himmelsgloben (Abb. 4.8 rechts) fertigte er auch Sextanten und Quadranten für Astronomen an. Johannes III

Bernoulli besuchte im Jahr 1768 die Sammlung der von Bürgi gefertigten Geräte. Er berichtete[7] darüber:

> Das kurioseste Stück im Uhrensaal ist zweifelsohne eine automatische astronomische Maschine, die von dem geschickten Just Byrgius ausgeführt wurde, unter der Leitung von Wilhelm IV. Man weiß nicht, was man mehr bewundern soll, die Idee dazu oder die Ausführung; sie [die Maschine] verursacht ein echtes Erstaunen, mehrere Seiten würden nicht ausreichen, um sie zu beschreiben. Um sie zu prüfen müsste man einen Kurs über die ptolemäischen Astronomie machen, und um sie zu verstehen, sollte man einige ungewöhnliche Vorstellungen von der Uhrmacherei haben.

1592 übergab Bürgi persönlich einen Himmelsglobus an den deutschen Kaiser Rudolph II. in Prag. Dieser bot ihm an, in seine Dienste zu treten; Bürgi kehrte jedoch zunächst nach Kassel zurück. Erst nach dem Tod Wilhelms siedelte Bürgi 1603 nach Prag um, wo er bis kurz vor seinem Tod verblieb.

In Prag kam Bürgi in Kontakt mit Kepler, lieferte jedoch diesem keine näheren Informationen über seine logarithmischen Berechnungen. Kepler war enttäuscht über die mangelnde Information Bürgis. Er schrieb auf S. 11 seiner *Tabulae Rudolphinae* (Ausgabe Ulm 1627):

> *Ecce tibi apices logistices antiquae qui praestant hoc longe commodius: qui etiam apices logistici Justo Byrgio multis annis ante editionem Neperianam, viant praeiverunt, ad hos ipissimos logarithmos. Etsi cunctator et scretorum suorum custos, foetum in partu destituit, non ad usus publico eduavit.* (Solche logistische Zahlen [=Exponenten] waren es auch, die Iustus Byrgius lange Zeit vor dem Neper'schen System den Weg zu diesen Logarithmen gewiesen haben. Allerdings ist er ein Zauderer und Bewahrer seiner Geheimnisse, der die Neugeburt hat verkommen lassen, anstatt sie zum allgemeinen Nutzen groß zu ziehen.)

Kepler urteilte hier einseitig; er wusste nicht, dass Bürgi über zehn Jahre den Druck seiner Tafeln aus Geldmangel verschieben musste. Zur Veröffentlichung der *Arithmetischen und geometrischen Progress-Tabulen*[8] von Bürgi kam es daher erst im Kriegsjahr 1620 (Einnahme von Prag), sechs Jahre nach Erscheinen von Napiers *Descriptio*. Bürgis Publikation blieb infolge der Zeitumstände unbeachtet; es fehlte auch eine genaue Beschreibung der Handhabung. Kepler stellte fest, dass die Tabellen Bürgis unvollständig seien, sodass er gezwungen sei, die benötigten Logarithmen selbst zu berechnen.

Ein weiterer Zeuge für die Priorität Bürgis ist Benjamin Bramer, der 1640 seine Schrift Johann Faulhaber widmet: *Beschreibung Eines sehr leichten Perspectiv und grundreissenden Instruments auff einem Stande* verfasst hat, *die an den Ehrenverten,*

---

[7] Bernoulli Jean, Lettres astronomiques, Berlin 1774, S. 3

[8] Clark K. (Hrsg.): Jost Bürgi's Aritmetischen und Geometrischen Progreß Tabulen (1620), Birkhäuser 2015.

Hochachtbarn und Kunstreichen Herrn Johan Faulhabern gerichtet ist. Er schrieb im Vorwort:

> Daß in den Mathematischen Künsten viel wunderbare vnd verborgene Geheimniss, auch offtmahls Dinge, so fast unmöglich scheinen, gleichwol aber durch geringe Mittel zu wege gebracht werden können, ist aus vielen Dingen zu sehen.

Nach einer Beschreibung, wie Logarithmen das Rechnen vereinfachen, fuhr er fort (S. 5):

> Auff diesem Fundament hat mein lieber Schwager und Praeceptor [=Vormund] Jobst Burgi vor zwantzig oder mehr Jahren eine schöne progress-tabul mit ihren differentzen von 10 zu 10 in 9 Ziffern calculirt und zu Prag ohne Bericht in Anno 1620 drucken lassen. Und ist also die Invention der Logarith[men] nicht dess Neperi, sondern vom gedachten Burgi (wie solches vielen wissend und ihm auch Herr Keplerus zeugniss gibt) lange zuvor erfunden.

Einige Autoren interpretieren dieses Zitat (einseitig) als Hinweis, dass Bürgi seine Tafeln erst beim Einzug Bramers in sein Haus entwickelt habe.

Bürgi hatte 1544 die Idee von Michael Stifel (1487?–1567) übernommen, mithilfe einer arithmetischen und geometrischen Reihe Multiplikationen zu vereinfachen. Stifel betrachtete nach heutiger Auffassung die Exponenten von Zweierpotenzen, eine Begriffsbildung, die damals noch unbekannt war, und stellte fest, dass die Multiplikation $\frac{1}{4} \times 32$ durch Addition der zugehörigen Exponenten $(-2) + 5 = 3$ und Ablesen der darunter stehenden Zahl erfolgen kann.

-3	-2	-1	0	1	2	3	4	5	6
1/8	1/4	1/2	1	2	4	8	16	32	64

In seiner *Arithmetica integra* (Nürnberg 1544) schrieb Stifel:

> Man könnte ein ganz neues Buch über die wunderbaren Eigenschaften dieser Zahlen schreiben, aber ich muss mich an dieser Stelle bescheiden und mit geschlossenen Augen daran vorübergehen. [...] Die Addition in der arithmetischen Reihe entspricht der Multiplikation in der geometrischen Reihe, ebenso Subtraktion in jener der Division in dieser. Die Multiplikation bei der arithmetischen Reihe wird zur Multiplikation in sich [= Potenzierung] bei der geometrischen Reihe. Die Division in der arithmetischen Reihe ist dem Wurzelausziehen in der geometrischen Reihe zugeordnet, wie die Halbierung dem Quadratwurzel ausziehen.

Eine ähnliche Betrachtung findet sich auch bei Simon Jacob (1510?–1565), auf den sich auch Bürgi namentlich beruft. In seinem Werk *Ein New und Wohlgegründt Rechenbuch* (1565) verwendet Jacob hier die geometrische Folge $3 \cdot 2^n$:

> So merck' nun/was in Geometrica progreßione ist Multiplizieren/das ist in Arithmetica progreßione Addieren/und was dort ist Dividieren/das ist hier Subtrahieren/und was dort mit sich Multiplizieren [=Potenzieren]/ ist hier schlechts [=einfaches] Multiplizieren/Letzt-

Abb. 4.9 Titelblatt von
Bürgis Logarithmentafel
(Universität Graz, public
domain)

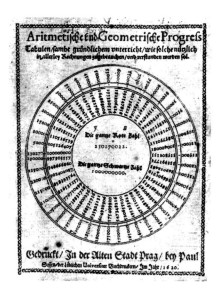

lich was dort ist Radicem extrahieren/das ist hier schlechts Dividieren mit der Zahl, die der
Radix in Ordnung zeigt.

Da der Abstand der Zweierpotenzen immer größer wird, ging Bürgi von der geometrische Folge mit $q = 1 + 10^{-4}$ aus. Er verwendet in moderner Schreibweise:

$$\log_{Bürg} x = 10^5 \log_a \left(x \cdot 10^{-8}\right); a = \left(1 + 10^{-4}\right)^{10^4}$$

Hier gilt $a \approx e$. Mit sehr guter Näherung lässt sich schreiben:

$$\log_{Bürg} x = \frac{10 \ln\left(x \cdot 10^{-8}\right)}{\ln 1.0001}$$

Auf den Titelblatt findet man die Schreibweise: 230270022[0]; die ist die Dezimalschreib-
weise von Bürgi von 230270.022. Bürgi erklärte dazu: *... und werden all Zeit bis unter* [0]
die Ganze[n] verstanden und die folgenden der Bruch.

Die Abb. 4.9 zeigt, dass Bürgis Tafel tatsächlich zweifarbig gedruckt wurde, was bei
der damaligen Drucktechnik relativ aufwendig war. Bürgi nannte den Logarithmus und
Antilogarithmus die „schwarze" bzw. „rote" Zahl. Die Inschrift des Titelblatts lautet:

Ganze rote Zahl 230270022 – **Ganze schwarze Zahl** 1 000 000 000.

Dies ist so zu verstehen, dass gilt:

$$\log_{Bürg} 10^9 = 230270.022$$

Als Beispiel berechnete Bürgi das Produkt 154 030 185 × 205 518 112. Hier ergibt sich

Abb. 4.10 Gemälde von John
Napier (Wikimedia Commons,
public domain)

$$\log_{B\ddot{u}rg} 154030185 = 43200.000$$
$$\log_{B\ddot{u}rg} 205518112 = 72040.000$$

Summe der Logarithmen ist 115 240.000. Delogarithmieren liefert die ersten 9 Ziffern
des Produkts:

$$10^8 \cdot 1.0001^{11524} = 316\,559\,928$$

Eine grobe Abschätzung liefert $1.5 \cdot 10^8 \times 2.0 \cdot 10^8 = 3.0 \cdot 10^{16}$. Das Ergebnis ist also
$3.16559928 \cdot 10^{16}$. Der exakte Wert ist 31 655 992 812 210 720.

Bürgi behandelte ebenso: Division, Wurzelziehen bis zum Wurzelexponent 5 und Ein-
schalten der mittleren Proportionalen. Aus seiner Vorrede an den „treuherzigen Leser"
(zitiert nach Gronau[9]):

> Betrachtendt derowegen die Aigenschaft und Correspondenz der Progressen als der
> Arithmetischen mit der Geometrischen, das was in der ist Multiplizieren ist in jener nur
> Addieren, und was ist in der dividieren, in Jehner Subtrahieren, und was in der ist Radicem
> quadratam Extrahieren, in Jener ist nur halbieren, Radicem Cubicam Extrahieren, nur in
> 3 dividieren, Radicem Zensi in 4 dividieren, Sursolidam in 5. Und also fort in Anderen
> quantitaten, so habe Ich nichts Nützlichres erachtet, dan dise Tabulen.

Zum Wurzelziehen führte er aus:

> Aus einer gegebenen Zahlen Radicem quadratam zu extrahieren. Man sol zum Exempel
> Radicem quadratam aus 4.015.374 Extrahieren, wird also erstlich punctiert wie bey der

---

[9]Gronau D.: Johannes Kepler und die Logarithmen. Bericht der Math.- statist. Sektion in der
Forschungsgesellschaft Joanneum. Ber. Nr.284 (1987), Graz 1987.

extraction bräuchlich ist und steht also $40\dot{1}5\dot{3}7\dot{4}$ und weil alhir vier Punkten seindt, so wirdt sein Radix auch vier Ziffern haben, die rothe Zahl dieser obgeführten ist 139.020 dieße halbiret kombt 69.510 dessen Schwarze Zahl ist 2003 8 3982 oder soll verstanden werden $20\,038\,\frac{3982}{1000}$.

Wegen $20\,038.3982^2 = 401\,537\,402$ liegt hier eindeutig ein Druckfehler vor, gemeint war sicherlich 401537402. Zu zeigen ist also $\sqrt{401537400} = 20\,038.3982$. Es gilt

$$\log_{B\ddot{u}rg}401\,537\,400 = 139\,020$$

$$\Rightarrow \frac{1}{2}\log_{B\ddot{u}rg}401\,537\,400 = 69\,510$$

$$10^8 \cdot 1.0001^{6951} = 200\,383\,981$$

Da das Ergebnis 4 Stellen haben soll, korrigiert wegen des Druckfehlers zu 5, folgt

$$\sqrt{401537400} = 20\,038.3981$$

4.4.2 Logarithmen bei Napier (1550–1617)

Die englischen Literatur feiert John Napier (Abb. 4.10) (lateinisch *Neper*), 8th *Laird* (=Lehnsherr) *of Merchiston* (Schottland), als Erfinder der Logarithmen. Im Alter von 13 besuchte er das St. Salvator College in St. Andrews; der Eintritt ist bezeugt durch die Schulchronik: *Johannes Neaper Ex Collegio Salvatoriano 1563*. Da er auf der Liste der Absolventen nicht erscheint, ist anzunehmen, dass er die Schule vorzeitig verlassen hat. Daher schrieb der Bischof von Orkney, ein Onkel mütterlicherseits, an den Vater, er bitte ihn, John auf eine Schule nach Frankreich oder Flandern zu schicken. Der Brief liefert einen Eindruck des schottischen Englisch um 1560 (zitiert nach Havil[10]):

> I pray you, schir, to send your son Jhone to the schuyllis; oyer to France or Flandaris; for he can leyr na guid at hame, nor get na proffeitt in this maist perullous worlde – that he may be saved in it, – that be may do frendis efter honnour and proffeitt as I dout not bot he will: quhem with you, and the remanent of our successioune, and my sister, your pairte, Got mot preserve eternalle.
>
> (Ich bitte Euch, Sire, Euren Sohn John in eine Schule zu schicken, hinüber nach Frankreich oder Flandern; denn zu Hause kann er weder gut lernen noch Nutzen ziehen in dieser höchst gefährlichen Welt – damit er geschützt ist –, sodass er nach Ehre und Gewinn streben kann, woran ich nicht zweifle. Friede mir Dir und unseren Nachkommen, und meine Schwester, Deine Patin, Gott möge ewig erhalten.)

So wurde Napier ins Ausland geschickt, vermutlich nach Frankreich oder in die Niederlande. Das Ziel Paris erscheint eher unwahrscheinlich, da die Religionsfreiheit für Protestanten erst 1598 durch das Edikt von Nantes garantiert wurde. Ein weiterer Anlass, ins Ausland zu gehen, war die fehlende Möglichkeit in Schottland Griechisch zu lernen.

---

[10] Havil J.: John Napier: Life, Logarithms, and Legacy, Princeton University 2014, S. 15.

In St. Andrews hatte Napier theologische Vorlesungen bei Christopher Goodman gehört, einem Geistlichen im Rang eines *divine,* der die katholische Kirche als Werkzeug des Teufels ansah. Dieser lenkte Napiers Interesse auf das Studium der *Offenbarung des Johannes,* dessen Urtext in Griechisch geschrieben ist.

Nach einem Aufenthalt in Kontinentaleuropa von 1564 bis 1571 kehrt er als Gelehrter nach Schottland zurück. Mittlerweile war der Bürgerkrieg in Schottland ausgebrochen; sein Vater Sir Archibald wurde von den Truppen der Königin verhaftet, nach mehreren Monaten aber freigelassen, das Schloss Merchiston Castle war zeitweilig besetzt. Nach dem Tod des Vaters 1608 übernahm er das Schloss und den Adelstitel als Erbe. Der Turm des Schlosses ist übrigens erhalten; um ihn herum wurde die 1964 gegründeten *Napier-University of Edinburgh* gebaut. Weitere Details über Napier finden sich bei K. Kühn[11].

Neben Theologie und Astrologie beschäftigte er sich auch mit Mathematik. Sein Interesse an Theologie war ungebrochen, da es ihm gelang, aus der *Offenbarung* das Datum des Weltuntergang vorherzusagen; seine Prognose fiel auf das Jahr 1688 oder 1700. Dies sah er als seine größte Erkenntnis an, ein Werk, an das sich, seiner Meinung nach, noch spätere Generationen erinnern werden.

Aus der Mathematik bekannt sind die nach ihm benannten Neper'schen Regeln zur Berechnung von rechtwinkligen sphärischen Dreiecken. In seinem Werk *Rabdologia* beschrieb er die Neper'schen Rechenstäbe, die die Multiplikationen und Divisionen wesentlich vereinfachten. Er beteuerte darin:

> Ich habe mich immer nach meinen Kräften und Fähigkeiten bemüht, Schwierigkeiten und Öde bei langwierigen Berechnungen zu beseitigen, deren Mühsal sehr viele vom Studium der Mathematik abgeschreckt hat.

Die Erfindung der Logarithmen war das Ergebnis eines langen, einsamen Nachdenkens. Heute ist es einfach (mit Euler) zu sagen: Wenn $a = b^x$ gilt, dann ist x der Logarithmus von a zur Basis b. Damals war jedoch die Schreibweise mittels Exponenten nicht allgemein akzeptiert. Es ist irgendwie paradox, dass die Logarithmen berechnet wurden, bevor Exponenten allgemein in Gebrauch kamen!

Die erste Kenntnis von Napiers Tafeln lieferte ein Brief von John Craig (vom März 1592) an Tycho Brahe. Auf ihn bezog sich auch das Schreiben Keplers an Crüger in Danzig (November 1624); Kepler schrieb hier irrtümlich das Jahr 1594, statt 1592. Napiers Schrift *Mirifici Logarithmorum canonis descriptio* erschien 1614 in lateinischer Sprache. Napier nannte die neuen Zahlen Logarithmen nach dem Griechischen λόγος (= Verhältnis) und ἀριθμός (= Zahl). Kepler hatte 1617 kurz Gelegenheit, die *Descriptio* Napiers einzusehen; begeistert berichtete er an Schickard:

> Ein schottischer Baron, dessen Name ich nicht behalten habe, ist mit einer glänzenden Leistung hervorgetreten, indem er jede Multiplikations- und Divisionsaufgabe in reine Additionen und Subtraktionen umwandelt.

---

[11] www.collectanea.eu/logarithmis/john-napier-1614/napier-bürgi-et-al/ [12.06.2021]

Um trigonometrische Berechnungen zu vereinfachen, versuchte Napier die Logarithmen der Sinusfunktion zu berechnen. Da es keine wachsende geometrische Reihe mit dem Anfangswert Null gibt, startet er mit 10^7 eine fallende geometrische Folge mit dem Quotienten $q = 1 - 10^{-7}$. In moderner Schreibweise gilt

$$g = 10^7 \left(1 - 10^{-7}\right)^{x/s}; \; s = 1 + 5 \cdot 10^{-8}$$

Meist wird $s = 1$ gesetzt. Man erhält die Folge

$$g_0 = 10^7 \left(1 - 10^{-7}\right)^0 = 10^7 \Rightarrow \log_{Nep} 10^7 = 0$$

$$g_1 = 10^7 \left(1 - 10^{-7}\right)^1 = 9999999 \Rightarrow \log_{Nep} 9999999 = 1$$

$$g_2 = 10^7 \left(1 - 10^{-7}\right)^2 = 9999998.0000001 \Rightarrow \log_{Nep} 9999998.0000001 = 2$$

$$g_3 = 10^7 \left(1 - 10^{-7}\right)^3 = 9999997.0000003 \Rightarrow \log_{Nep} 9999997.0000003 = 3$$

Hier ein Ausschnitt der Folge als Tabelle:

0	10000000
1	9999999
2	9999998.0000001
3	9999997.0000003
. . .	. . . .
100	9999900.0004951
200	9999800.0019901
500	9999500.0124751
1000	9999000.0499489

Um sich Rechenarbeit zu sparen, versuchte Napier mit Näherungen zu arbeiten. So gilt für kleine x: $(1 \pm x)^n \approx 1 \pm nx$. Damit erhält man folgende Näherungen:

$$g_{100} = 10^7 \left(1 - \frac{1}{10^7}\right)^{100} \approx 10^7 \left(1 - \frac{1}{10^5}\right) = 9999900$$

$$g_{200} = 10^7 \left(1 - 10^{-7}\right)^{200} = g_{100} \left(1 - \frac{1}{10^7}\right)^{100} \approx g_{100} \left(1 - \frac{1}{10^5}\right) = 9999800$$

Hier die Folgenterme mit den Nummern 5000 und 10000:

5000	9995001.2495444
10000	9990004.9978395

In der dritten Tabelle der *Descriptio* findet man die Werte

$$g_{5000} = 10^7 \left(1 - 10^{-7}\right)^{5000} \approx 10^7 \left(1 - \frac{5}{10^4}\right) = 9995000$$

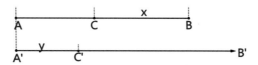

Abb. 4.11 Zum kinematischen Modell Nepers

$$g_{10000} = 10^7 \left(1 - \frac{1}{10^7}\right)^{10000} \approx g_{5000}\left(1 - \frac{5}{10^4}\right) = 9990000$$

Welches Näherungsverfahren Napier genau verwendet hat, ist nicht bekannt. Hier noch einige Werte aus seiner Sinus-Tabelle:

$$\log_{Nep}\left(10^7 \cdot \sin 0°18'\right) = \log_{Nep}(52359) = 52522019$$

$$\log_{Nep}\left(10^7 \cdot \sin 5°32'\right) = \log_{Nep}(964249) = 23389908$$

$$\log_{Nep}\left(10^7 \cdot \sin 30°\right) = \log_{Nep}(5000000) = 6931469$$

$$\log_{Nep}\left(10^7 \cdot \sin 60°\right) = \log_{Nep}(8660254) = 1438410$$

Das kinematisches Modell von Neper

Napier lieferte zur Erklärung seiner Logarithmen das in Abb. 4.11 dargestellte Modell.

Zwei Punkte A, A' starten gleichzeitig. Punkt A' bewegt sich auf der Geraden A'B' mit gleichförmiger Geschwindigkeit, deren Betrag gleich ist 10^7. Punkt A bewegt sich auf der Strecke $|AB| = 10^7$ so, dass sich der Betrag seiner Geschwindigkeit proportional zum Abstand von B verhält. Im Punkt C ist also der Betrag seiner Geschwindigkeit gleich $x = |CB|$. Ist Punkt A bei Punkt C angekommen, entsprechend A' bei C' mit $y = |A'C'|$, so definiert Napier:

$$y = \log_{Nep} x$$

Damit gilt für die Geschwindigkeiten das System von Differenzialgleichungen:

$$\frac{dy}{dt} = 10^7 \Rightarrow y = 10^7 t + C_1$$

$$\frac{d}{dt}\left(10^7 - x\right) = x \Rightarrow x = C_2 e^{-t}$$

Die Integrationskonstanten werden aus den Anfangsgeschwindigkeiten $x(t=0) = 10^7$; $y(t=0) = 0$ bestimmt. Damit gilt:

$$x = 10^7 e^{-t} \therefore y = 10^7 t$$

Elimination von t liefert den gesuchten Zusammenhang:

$$\ln\left(\frac{10^7}{x}\right) = \frac{y}{10^7} \Rightarrow y = \log_{Nep} x = 10^7 \ln\left(\frac{10^7}{x}\right)$$

Abb. 4.12 Graph von Nepers Logarithmus-Funktion

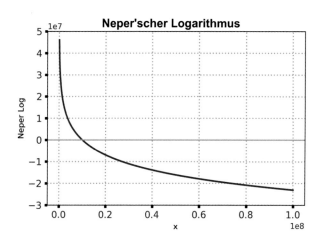

Den Funktionsgraphen des Neper'schen Logarithmus zeigt Abb. 4.12.

Ein Nachteil dieser Logarithmen ist, dass sie nicht die heute erwarteten Eigenschaften aufweisen, wie:

$$\log_{Nep} (a \cdot b) \neq \log_{Nep} (a) + \log_{Nep} (b)$$

Napier fasste eine Punktrechnung als Verhältnisgleichung auf: $\frac{a}{b} = x \Leftrightarrow \frac{a}{b} = \frac{x}{1}$. Einsetzen liefert:

$$\frac{a}{b} = \frac{10^7 \left(1 - 10^{-7}\right)^A}{10^7 \left(1 - 10^{-7}\right)^B} = \left(1 - 10^{-7}\right)^{A-B}$$

$$\frac{x}{1} = \frac{10^7 \left(1 - 10^{-7}\right)^X}{10^7 \left(1 - 10^{-7}\right)^E} = \left(1 - 10^{-7}\right)^{X-E}$$

Gleichsetzen zeigt $A - B = X - E \Rightarrow X = A - B + E$. Dies bedeutet:

$$\log_{Nep} (a/b) = \log_{Nep} (a) - \log_{Nep} (b) + \log_{Nep} (1)$$

Aus der Proportion: $a \cdot b = x \Leftrightarrow \frac{x}{b} = \frac{a}{1}$ folgt für ein Produkt:

$$\log_{Nep} (a \cdot b) = \log_{Nep} (a) + \log_{Nep} (b) - \log_{Nep} (1)$$

In ähnlicher Weise lässt sich für Potenzen und Wurzeln zeigen:

$$\log_{Nep} (a^n) = n \log_{Nep}(a) - (n - 1) \log_{Nep} (1)$$

$$\log_{Nep} \left(\sqrt[n]{a}\right) = \frac{1}{n} \log_{Nep}(a) + \frac{n + 1}{n} \log_{Nep} (1)$$

Zahlenbeispiel: Gesucht ist das Produkt $a = 2456$ und $b = 1871$. Die zugehörigen Logarithmen sind:

Abb. 4.13 Zwei Details aus dem Frontispiz der der *Tabulae Rudolphinae* (Ausschnitt aus Abb. 9.9)

$$\log_{Nep}(a) = 10^7 \ln\left(\frac{10^7}{2456}\right) = 83118063$$

$$\log_{Nep}(b) = 10^7 \ln\left(\frac{10^7}{1871}\right) = 85838673$$

$$\log_{Nep}(1) = 10^7 \ln\left(10^7\right) = 161180956$$

Der Logarithmus des Produkts ist damit:

$$\log_{Nep}(a \cdot b) = 83118063 + 85838673 - 161180956 = 7775780$$

Delogarithmieren liefert das Ergebnis:

$$a \cdot b = 10^7 \left(1 - 10^{-7}\right)^{7775780} = 4595176$$

Auch die Umkehrung der zweiten Form liefert:

$$a \cdot b = 10^7 \exp\left(-\frac{7775780}{10^7}\right) = 4595176$$

Das Resultat ist korrekt, nach Angabe von Roegel[12] rechnet Napier abweichend mit $\log_{Nep}(1) = 161180896$.

---

[12] Roegel D.: Napier's ideal construction on the logarithms [https://hal.inria.fr/inria-00543934/document] [3.9.2019].

4.4.3 Logarithmen bei Kepler

Im Lehrbuch (1618) von Benjamin Ursinus (eigentlich B. Behr, 1587–1633?), das eine verkürzte Darstellung der Neper'schen Tafeln enthält, fand Kepler endlich die von ihm gesuchte Information über die Logarithmen. Kepler, der seine Rudolphinischen Tafeln mühsam mit der Prosthaphaeresis-Methode berechnet hat, schrieb im selben Jahr an J. Remus:

> Die Logarithmen waren das glückbringende Unglück (*foelix calamitas*) für meine Rudolphinischen Tafeln. Es sieht nämlich so aus, als ob die Tafeln neu zu machen und auf Logarithmen umzustellen oder überhaupt aufzugeben, seine Herausforderung sei.

Als 1619 Kepler endlich ein eigenes Exemplar von Nepers *Descriptio* erhielt, war er enttäuscht, dass keine genauen Angaben über Nepers Methoden enthalten waren; die Grundlagen wurden erst posthum von Nepers Sohn Robert mitgeteilt. Die geometrische Interpretation als Bewegung zweier Punkte verwarf Kepler als unpassend. Begeistert teilte Kepler seinem ehemaliger Lehrer Michael Mästlin (1550–1631) in Tübingen das neue Verfahren mit. Dieser war ebenfalls unzufrieden mit der Darstellung der Neper'schen Tafel und schrieb im März 1620 in einem Brief an Kepler:

> Ich sehe zwar, dass die logarithmische Rechnung richtige Resultate liefert, aber ich wende sie nicht an, weil ich bis jetzt ihre Grundlage nicht herausbringen konnte, so dass ich den Verdacht habe, der Erfinder habe absichtlich für die Fundamentzahl irgend eine verzwickte Zahl genommen, deren Ergründung sehr schwierig, wenn nicht unmöglich sein sollte. Ich halte es eines Mathematikers unwürdig, mit fremden Augen sehen zu wollen und sich auf Beweise zu stützen oder als solche auszugeben, die er nicht verstehen kann. [...] Deshalb mache ich mir ein Kalkül nicht zu eigen, von dem ich glaube oder annehme, dass es bewiesen sei, sondern nur von einem, von dem ich es weiß.

Abb. 4.13 gibt zwei Details aus dem (von Kepler selbst entworfenen) Frontispiz der *Tabulae Rudolphinae* wieder (s. Abschn. 9.1). Links befindet sich ein Selbstbildnis Keplers (mit seinen Schriften u. a. *Mysterium Cosmographicum*), wie er das Dach des dargestellten Tempels (Titelbild) betrachtet. Das rechte Bild zeigt die auf dem Dach stehende Muse *Arithmetica,* die zwei Rechenstäbe in der Hand hält; ihre Gloriole zeigt die Ziffern von $\ln 2 = 0.6931472$. Auf diese Genauigkeit dieser Zahl war Kepler besonders stolz, da hier Napier den ungenaueren Wert 0.6931469 erhalten hatte.

Kepler publizierte eine unvollständige Tafel 1624 mit *Chilias Logarithmorum* (griech. χιλιάς $= 1000$); fehlende Tafelwerte wurden von seinem Schwiegersohn Jakob Bartsch nachgeliefert (1630/31). In einer ergänzenden Schrift *Supplementum Chiliadis Logarithmorum* erläuterte Kepler seine Rechenmethodik; das Manuskript wurde im Winter 1621/22 fertiggestellt. Noch bevor es in Druck ging, erhielt Kepler Ende 1623 die *Logarithmorum Chilias prima* von Briggs. Er stand damit erneut vor einem Dilemma: Sollte er seine Rudolfinischen Tafeln noch auf die Briggs'schen Logarithmen umrechnen? In Anbetracht des anstehenden Aufwands verzichtete er darauf. Nach der Publikation der *Chilias* schrieb ihm Briggs 1625 deswegen:

> In Eurem soeben erschienenen Buch über Logarithmen anerkenne ich Euren Scharfsinn und lobe den Fleiß. Hättet Ihr auf den Erfinder Merchiston [= Napier] gehört und wäret Ihr mir gefolgt, dann hättet Ihr meiner Meinung nach denen, die am Gebrauch der Logarithmen ihre Freude haben, einen besseren Dienst erwiesen.

Kepler untersuchte die Eigenschaften des Logarithmus mithilfe einer additiven Maßfunktion M(lat. *mensura)*:

$$M\left(\frac{a}{b}\right) + M\left(\frac{b}{c}\right) = M\left(\frac{a}{b} \cdot \frac{b}{c}\right) = M\left(\frac{a}{c}\right)$$

Speziell für $b = c$ folgt:

$$M\left(\frac{a}{c}\right) + M\left(\frac{c}{c}\right) = M\left(\frac{a}{c}\right) \Rightarrow M\left(\frac{c}{c}\right) = 0$$

Er fordert: Gleiche Proportionen sollen dasselbe Maß haben:

$$\frac{a}{b} = \frac{c}{d} \Rightarrow M\left(\frac{a}{b}\right) = M\left(\frac{c}{d}\right)$$

Für die mittlere Proportionale g [= geometrisches Mittel] von a, b gilt:

$$\frac{a}{g} = \frac{g}{b} \Leftrightarrow \frac{a}{b} = \left(\frac{a}{g}\right)^2 \Rightarrow M\left(\frac{a}{b}\right) = M\left(\frac{a}{g}\right) + M\left(\frac{a}{g}\right) = 2M\left(\frac{a}{g}\right) \quad (*)$$

Es folgt also:

$$M\left(x^2\right) = M(x) + M(x) = 2M(x)$$

Als **Beispiel** berechnet Kepler das Maß der Zahlen $z = 10^{20}; a = 7 \cdot 10^{19}$. Für die mittlere Proportionale x_1 von (z, a) gilt nach (*):

$$M\left(\frac{z}{a}\right) = 2M\left(\frac{z}{x_1}\right)$$

Setzt man das Verfahren iterativ fort, so erhält man nach n Schritten die mittlere Proportionale von (z, x_n):

$$M\left(\frac{z}{x_n}\right) = 2M\left(\frac{z}{x_{n+1}}\right) \Rightarrow M\left(\frac{z}{a}\right) = 2^n M\left(\frac{z}{x_{n+1}}\right)$$

Kepler rechnet bis $n = 30$ und erhält folgende Tabelle:

1	83666002653407559680
2	91469121922869444608
3	95639490757149818880
4	97795445066296328192
.	. . . .
27	99999999734256467968
28	99999999867128233984
29	99999999933564125184
30	99999999966782062592

Es ergibt sich folgende Differenz

$$M\left(\frac{z}{x_{30}}\right) = z - x_{30} = 3.3217937408 \cdot 10^{-10}$$

(bei Kepler $3.3217943100 \cdot 10^{-10}$). Daraus findet man mit (*)

$$M\left(\frac{z}{a}\right) = M\left(\frac{10}{7}\right) = 2^{30} \cdot (z - x_{30}) = 35667\,48870\,19837\,52192$$

(bei Kepler $35667\,49481\,37222\,14400$). Der Vergleich mit $\ln\frac{10}{7} = 0.3566749439$ zeigt, dass 7 geltende Ziffern erreicht wurden!

Zusammenfassend lässt sich sagen: Kepler hat gezeigt, dass eine Funktion f mit folgenden Eigenschaften auf $\mathbb{R}^+$ gibt, die ein Vielfaches des natürlichen Logarithmus ist: $f(x) = z \ln x$.● Es gilt die der Funktionalgleichung $f\left(x^2\right) = 2f(x)$
● f ist differenzierbar mit $f'(1) = z$

Die zweite Eigenschaft folgt aus dem Grenzwert:

$$\lim_{n\to\infty} \frac{M(z/x_n)}{z - x_n} = 1$$

Setzt man $z - x_n = x_n\left(\frac{z}{x_n} - 1\right)$, so ergibt sich mit $M(1) = 0$ und $\lim_{n\to\infty} x_n = z$

$$\lim_{x\to 1} \frac{M(x) - M(1)}{x - 1} = z$$

Dies ist gleichbedeutend mit der Differenzierbarkeit von M und es gilt $M'(1) = z$. Die Basis lässt sich direkt zeigen:

$$f(x) = z \log_b x \Rightarrow f'(1) = \frac{z}{\ln b} = z \Rightarrow \ln b = 1 \Rightarrow b = e \Rightarrow f(x) = z \ln x$$

Kepler zeigte sich hier als der wahre Mathematiker, der den zugrunde liegenden Mechanismus der Logarithmen erfasst hat; die *kinematische Erklärung von Napier ist*

32   Die Briggschen Logarithmen.

N.	L.	0	1	2	3	4	5	6	7	8	9	P. P.
1000	000	000	043	087	130	174	217	260	304	347	391	
1001		434	477	521	564	608	651	694	738	781	824	
1002		868	911	954	998	•041	•084	•128	•171	•214	•258	
1003	001	301	344	388	431	474	517	561	604	647	690	44
1004		734	777	820	863	907	950	993	•036	•080	•123	1|4,4 2|8,8
1005	002	166	209	252	296	339	382	425	468	512	555	3|13,2 4|17,6
1006		598	641	684	727	771	814	857	900	943	986	5|22,0 6|26,4
1007	003	029	073	116	159	202	245	288	331	374	417	7|30,8 8|35,2
1008		461	504	547	590	633	676	719	762	805	848	9|39,6
1009		891	934	977	•020	•063	•106	•149	•192	•235	•278	
1010	004	321	364	407	450	493	536	579	622	665	708	
1011		751	794	837	880	923	966	•009	•052	•095	•138	
1012	005	181	223	266	309	352	395	438	481	524	567	
1013		609	652	695	738	781	824	867	909	952	995	43
1014	006	038	081	124	166	209	252	295	338	380	423	1|4,3 2|8,6
1015		466	509	552	594	637	680	723	765	808	851	3|12,9 4|17,2
1016		894	936	979	•022	•065	•107	•150	•193	•236	•278	5|21,5 6|25,8
1017	007	321	364	406	449	492	534	577	620	662	705	7|30,1 8|34,4
1018		748	790	833	876	918	961	•004	•046	•089	•132	9|38,7
1019	008	174	217	259	302	345	387	430	472	515	558	

Abb. 4.14 Ausschnitt aus einer dekadischen Logarithmen-Tafel (gemeinfrei)

dagegen fachfremd. Eine ausführliche Diskussion der Kepler'schen Rechentechnik findet sich bei Detlef Gronau.[13]

4.4.4 Logarithmen bei Briggs (1561–1630)

Die überlieferten Lebensdaten von Henry Briggs widersprechen sich teilweise; es gibt Problem beim Umrechnen des altes Kalenders (*old style*), der bis August 1752 gültig war und den Jahresbeginn am 25. März hatte. Eine genaue Untersuchung findet sich

---

[13] Gronau D.: Johannes Kepler – Die logarithmischen Schriften, im Sammelband: Verfasser und Herausgeber math. Texte der frühen Neuzeit, Schriften des Adam-Ries-Bundes Band 14, Annaberg 2002, S. 253–263.

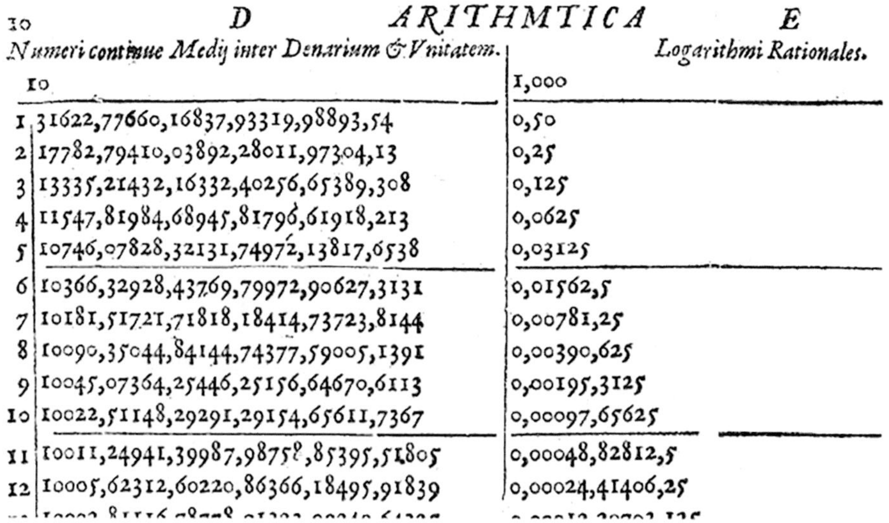

10	D ARITHMTICA E	
	Numeri continue Medij inter Denarium & Vnitatem.	*Logarithmi Rationales.*
10		1,000
1	31622,77660,16837,93319,98893,54	0,50
2	17782,79410,03892,28011,97304,13	0,25
3	13335,21432,16332,40256,65389,308	0,125
4	11547,81984,68945,81796,61918,213	0,0625
5	10746,07828,32131,74972,13817,6538	0,03125
6	10366,32928,43769,79972,90627,3131	0,01562,5
7	10181,51721,71818,18414,73723,8144	0,00781,25
8	10090,35044,84144,74377,59005,1391	0,00390,625
9	10045,07364,25446,25156,64670,6113	0,00195,3125
10	10022,51148,29291,29154,65611,7367	0,00097,65625
11	10011,24941,39987,98758,85395,51805	0,00048,82812,5
12	10005,62312,60220,86366,18495,91839	0,00024,41406,25

Abb. 4.15   Ausschnitt aus Briggs *Logarithmica* (Briggs, *Arithmetica Logarithmica* 1624, S. 10)

bei Wolfgang Kaunzner.[14] Er wurde am 23.2.1561 oder 1556/57 getauft. Nach einem Besuch der *grammar school* in der Nähe von Warley findet sich möglicherweise am 5.11.1579 ein Eintrag Briggs' in die Matrikel des St. John College Cambridge. 1581 wurde er *Bachelor of Arts,* 1585 *Master of Arts* und 1588 *Fellow.* Im Jahr 1592 wurde er Examinator für das Fach Mathematik, bald darauf Dozent für medizinische Vorlesungen am *Royal College of Physicians of London.* Ab 1596 diente er als Lehrer für Astronomie und Navigation, ein Jahr später wurde er der erste Professor für Geometrie am dem neu gegründeten *Gresham College* in London. Er war Lehrer und später Kollege von Edmund Gunter (1581–1626).

Als 1614/15 von den Neper'schen Logarithmen erfuhr, schrieb Briggs begeistert im März 1615 an den Theologen J. Ussher:

> Napier, Lord von Markinston [Merchiston], hat meinem Verstand und meinen Händen mit diesen neuen und wunderbaren Logarithmen eine Aufgabe erteilt. Ich hoffe ihn in diesem Sommer zu begegnen, sofern es Gott gefällt, denn ich sah niemals ein Buch, das mich mehr erfreut und in Bewunderung versetzt hat.

Tatsächlich erhielt er einen Besuchstermin bei Lord Napier und traf ihn nach einen langen Reise in Edinburgh verspätet an. John Marr, ein gemeinsamer Bekannter, war

---

[14] Kaunzner W.: Über Henry Briggs, den Schöpfer der Zehnerlogarithmen, im Sammelband: Visier- und Rechenbücher der frühen Neuzeit, Schriften des Adam-Ries-Bundes Band 19, Annaberg 2008, S. 179–214.

vorausgereist, um das Treffen zu begleiten. Der Biograf des Astrologen W. Lilly[15] berichtete über das Treffen:

> Beim Warten auf Briggs sagte der Lord, Mr. Briggs werde wohl nicht mehr kommen, als es prompt an der Pforte klopfte. Marr lief hinunter zur Pforte, erkannte zu seiner größten Zufriedenheit Briggs und führte diesen in das Arbeitszimmer des Lords. Die beiden sahen sich fast eine Viertelstunde bewundernd und stillschweigend an bis endlich Briggs seine Stimme erhob. *Mylord, ich habe diese lange Reise nur unternommen, um Sie zu sehen und zu erfahren, welcher Einfallsreichtum und Genialität Ihnen die Idee eingab zu diesem wunderbaren Hilfsmittel der Astronomie [Logarithmen]. Aber, Mylord, wie Sie es erfunden haben, wundert es mich, dass es keiner zuvor entdeckt hat, und einmal bekannt, ist es so einfach zu verstehen.* Briggs wurde vom Lord vorzüglich unterhalten und solange der Lord lebte, fuhr dieser ehrungswürdige Mann, Mr. Briggs nach Schottland, allein zu dem Zweck ihn zu besuchen; tempora nunc mutantur.

Während diesem und dem nächsten Besuch diskutierten Briggs und Napier und kamen überein, dass die Wahl von $\log 1 = 0$ bzw. $\log 10 = 1$ nützlicher wäre. In den folgenden Jahren berechnete Briggs auf dieser Basis mit Napiers Einverständnis die Logarithmen bis 20 000 und von 90 000 bis 100 000 auf 14 Stellen, veröffentlicht 1624. Die dekadischen Logarithmen werden daher meist nach Briggs benannt. Abb. 4.14 zeigt einen Ausschnitt aus einer sechsstelligen dekadischen Logarithmen-Tafel. Ein Ablesebeispiel ist: $\log_{10} 10.198 = 1.008515$.

Briggs entwickelte die eventuell von W. Oughtred stammende geniale Idee der Wurzelmethode weiter. Er zog wiederholt die Quadratwurzel $\sqrt[n]{10}\,(n = 2^k)$ und erhielt damit die Zehner-Logarithmen

$$\log_{10} 10^{\frac{1}{k}} = \frac{1}{k}(k > 1).$$

Die folgende Tabelle zeigt dies für die Wurzelexponenten k:

k	$10^{1/k}$	1/k
2	3.16227766016837952279	0.5
4	1.77827941003892275873	0.25
8	1.33352143216332397202	0.125
16	1.15478198468945825184	0.0625
32	1.07460782832131740427	0.03125
64	1.03663292843769805351	0.015625
128	1.01815172171818191238	0.0078125
256	1.00903504484144734832	0.00390625
512	1.00450736425446240929	0.001953125
1024	1.00225114829291284124	0.0009765625
2048	1.00112494139987995290	0.00048828125
4096	1.00056231260220873658	0.000244140625

---

[15]Ashmole E.: William Lilly's History of his Life and Times, London 1826, S. 100.

Man vergleiche die Tabelle mit dem folgenden Ausschnitt von Briggs *Arithmitica* (Abb. 4.15).

Briggs erreicht hier bei 30-stelliger Rechnung etwa 15 geltende Dezimalen. Er entdeckte noch einen weiteren Rechenvorteil. Iteriert man das Wurzelziehen, so ergibt sich der Grenzwert

$$\lim_{k \to \infty} 10^{1/2^k} = 1$$

Für Werte nahe bei Eins kannte er die Näherung $\sqrt{1+x} \approx 1 + \frac{x}{2}$. Für kleine Werte von x werden die Nachkommastellen nahezu halbiert. Beispiel ist:

$$\sqrt[262144]{10} = 1.0000087837 \Rightarrow \sqrt[524288]{10} = 1.0000043918$$

Für kleine Werte von x fand er die Näherung

$$\log(1+x) \approx Kx \ (K \approx 0.434294481903..)$$

Die Tabelle des wiederholten Wurzelziehens zeigt die Annäherung an die Briggs'sche Konstante:

```
        1+x        log(1+x)    log(1+x)/x
10.0000000            1         0.1111111
 3.1622777          1/2         0.2312376
 1.7782794          1/4         0.3212214
 1.3335214          1/8         0.3747885
 1.1547820         1/16         0.4037938
 1.0746078         1/32         0.4188569
 1.0366329         1/64         0.4265288
 1.0181517        1/128         0.4303999
 1.0090350        1/256         0.4323443
 1.0045074        1/512         0.4333187
 1.0022511       1/1024         0.4338064
 1.0011249       1/2048         0.4340504
 1.0005623       1/4096         0.4341724
```

In moderner Schreibweise folgt dies auch aus dem Grenzwert:

$$\lim_{x \to 0} \frac{\log(x+1)}{x} = \log e = K \Rightarrow \log(1+x) \approx Kx$$

Beispiel wie oben:

$$\log\left(\sqrt[524288]{10}\right) \approx K \cdot 0.0000043918 = 1.907352821 \cdot 10^{-6} \approx \frac{1}{524288}$$

Mit diesem Verfahren konnte er die Logarithmen einer Primzahl p ermitteln:

$$\log p^{1/2^n} = \frac{1}{2^n} \log p = \log(1+x) \approx Kx \Rightarrow \log p \approx 2^n Kx$$

Briggs geht zur Berechnung von $\log_{10} 2$ allerdings von der Zahl $\frac{2^{10}}{1000} = 1.024$ aus und zieht 47(!)-mal die Wurzel.

$$\sqrt[2^{47}]{1.024} = 1 + 0.1685160570539497663606782 88\ldots \cdot 10^{-15}$$

$$\Rightarrow \log\left(1.024^{\frac{1}{140737488355328}}\right) \approx K \cdot 0.168516057053949766360678288 \cdot 10^{-15}$$
$$= 7.318559369062393930422 40780 \cdot 10^{-17}$$

$$\Rightarrow \log 1.024 = \log\left(1.024^{\frac{1}{140737488355328}}\right) \cdot 140737488355328$$
$$= 0.0102999566398119521373889472\ldots$$

$$\log 2 = \frac{1}{10}(3 + \log 1.024) = 0.30102999566398119521 37389\ldots$$

Die angegebenen Dezimalstellen sind korrekt! Damit folgt auch:

$$\log 5 = 1 - \log 2 = 0.69897000433601880\ldots$$

Auf ähnliche Weise berechnete Briggs $\log 3$; er geht von der Zahl $6^9 = 10077696$ aus und zieht 46-mal die Wurzel.

$$\sqrt[2^{46}]{10077696} = 1 + 0.229161901516112361617330197 7\ldots \cdot 10^{-12}$$

$$\Rightarrow \log\left(10077696^{\frac{1}{70368744177664}}\right) \approx K \cdot 0.2291619015161123616173301977\ldots \cdot 10^{-12}$$
$$= 9.9523749290904037598719240 58045\ldots \cdot 10^{-14}$$

$$\Rightarrow \log 6^9 = \log\left(10077696^{\frac{1}{70368744177664}}\right) \cdot 70368744177664$$
$$= 7.00336125345279269257890118181\ldots$$

$$\Rightarrow \log 3 = \frac{1}{9}\left(\log 6^9 - 9\log 2\right) = 0.47712125471966243729502790\ldots$$

Auch hier sind alle angegebenen Dezimalstellen korrekt!

Briggs fand noch ein weiteres Hilfsmittel zur Logarithmus-Berechnung, das Briggs'sche Differenzenschema, ein Thema mit dem sich auch T. Harriot beschäftigt hatte. Die Darstellung dieser Tabellen, die mehrere Druckseiten umfasst, muss aus

Umfangsgründen entfallen. Eine ausführliche Diskussion findet sich bei T. Sonar[16] und H. Goldstine[17].

Die Übersetzung vom Lateinischen ins Englische erfolgte 1618 durch E. Wright: *Mirifici – A description oft he admirable table of logarithms.* Die Schrift enthält einen Anhang, der die Logarithmen-Berechnung mittels der Wurzelmethode beschreibt. Wie schon erwähnt, wurde der Anhang anfangs H. Briggs zugeschrieben; er stammt vermutlich von Oughtred. Somit dürfte dieser der Erfinder der Wurzelmethode gewesen sein und hat diese bei der Entwicklung seines stab- und kreisförmigen Rechen-„Schiebers" verwendet.

4.4.5 Logarithmen bei Euler

In seiner *Vollständigen Anleitung zur Algebra* (I, Abs. 1, § 235) zeigte Euler eine Intervallschachtelung für $x = \log_{10} 2$. Wegen $\log 1 = 0$ und $\log 10 = 1$ gilt: $0 < x < 1$. Er setzt für x die Werte $\frac{1}{2}$; $\frac{1}{3}$ ein und stellt fest, dass $\frac{1}{2}$ wegen $10^{\frac{1}{2}} > 2$ und ebenso $\frac{1}{3}$ wegen $10^{\frac{1}{3}} > 2$ zu groß für x sind. Beim Wert $\frac{1}{4}$ folgt $10^{\frac{1}{4}} < 2$, also gilt: $\frac{1}{4} < x < \frac{1}{3}$. Euler setzt das Verfahren fort mit der Abschätzung $\frac{3}{10} < x < \frac{1}{3}$ usw.

Die Methode der Intervallschachtelung liefert für $\log_{10} 2$ beim Startintervall $\left[\frac{1}{4}; \frac{1}{3}\right]$ die Werte:

$$
\begin{array}{ll}
0.25000000 & 0.33333333 \\
0.29166667 & 0.33333333 \\
0.29166667 & 0.31250000 \\
0.29166667 & 0.30208333 \\
0.29687500 & 0.30208333 \\
0.29947917 & 0.30208333 \\
0.30078125 & 0.30208333 \\
\ldots & \ldots \\
0.30102992 & 0.30103000 \\
0.30102996 & 0.30103000 \\
0.30102998 & 0.30103000 \\
0.30102999 & 0.30103000 \\
0.30103000 & 0.30103000
\end{array}
$$

Literatur

Ashmole E.: William Lilly's History of his Life and Times. London (1826)

Briggs H.: Arithmetica logarithmica (Reprint von 1628). Georg Olms Verlag (1976)

Cajori F.: The Works of William Oughtred, The Monist, Volume 25, July 1 1915, S. 441–466

[16] Sonar T.: 3000 Jahre Analysis, Springer Heidelberg 2011, S. 306–312.

[17] Goldstine H.: A History of Numerical Analysis, Springer New York 1977, S. 16–19.

Cajori F.: William Oughtred, A Great 17th-Century Teacher of Mathematics. Open Court Publishing, Chicago (1916)

Clark K. M. (Hrsg.): Jost Bürgi's Aritmetische und Geometrische Tabulen (1620). Birkhäuser (2015)

Goldstine, H.: A History of Numerical Analysis. Springer, New York (1977)

Gronau D.: Johannes Kepler – Die logarithmischen Schriften, im Sammelband: Verfasser und Herausgeber math. Texte der frühen Neuzeit, Schriften des Adam-Ries-Bundes, Bd. 14. Annaberg (2002)

Gronau D.: Johannes Kepler und die Logarithmen. Bericht der Math.- statist. Sektion in der Forschungsgesellschaft Joanneum. Ber. Nr.284 (1987). Graz (1987)

Havil J.: John Napier: Life, Logarithms, and Legacy. Princeton University Press (2014)

Kaunzner W.: Über Henry Briggs, den Schöpfer der Zehnerlogarithmen, im Sammelband: Visier- und Rechenbücher der frühen Neuzeit, Schriften des Adam-Ries-Bundes, Bd. 19. Annaberg (2008)

Poelje von O. E.: Gunter Scales in Operation, Conference der Oughtred Society, Sept. 2006 (2006)

Rice B., Gonzalez-Velasco E., Corrigan A.: The Life and Works of John Napier. Springer (2017)

Roegel D.: Napier's Ideal Construction on the Logarithms. https://hal.inria.fr/inria-00543934/document. Zugegriffen: 3. Sept. 2019

Sonar, T.: 3000 Jahre Analysis. Springer, Heidelberg (2011)

www.collectanea.eu/logarithmis/john-napier-1614/napier-bürgi-et-al/ [12.06.2021]

www.mathematikinformation.info/pdf/MI47Sonar.pdf

Anfänge der Wahrscheinlichkeitsrechnung

5

5.1 Erste Fragestellungen

1) Würfeln bei Cardano

Über Geronimo Cardano (1501–1576) ist schon im Band „Mathematik des Mittelalters" berichtet worden. Hier soll seine Schrift *Liber de ludo aleae*[1] besprochen werden. Cardano verfasste das Werk im Jahr 1525 und bearbeitete es 1556 neu, gedruckt wurde es posthum 1663. Neben seinen Erfahrungen beim Glücksspiel enthält das Buch auch theoretische Überlegungen zum Würfelwurf.

Bei der Diskussion, welche Chancen gerade Augenzahlen beim Würfel haben, schreibt er in Kap. IX:

> Für die Hälfte der Gesamtzahl der Würfelflächen besteht stets eine Gleichheit [der Chancen]; gleiche Chancen bestehen folglich, dass eine bestimmte Augenzahl beim dreimaligen Wurf auftritt […], wie auch dass eine von drei vorgegebenen Augenzahlen beim einmaligen Würfeln auftaucht. So kann man beispielsweise genauso leicht {„1", „3", „5"} wie {„2", „4", „6"} würfeln. Die Aussichten sind hier gleich groß, wenn der Würfel nicht gezinkt ist (*si alea sit justa*).

Er erklärt, dass beim Würfeln der Augenzahl „3 oder 5" die Wahrscheinlichkeiten addiert werden. Bei Wiederholungen werden die Wahrscheinlichkeiten multipliziert. Jeweils „6" mit zwei Würfel oder drei Würfeln hat die Wahrscheinlichkeit $\left(\frac{1}{6}\right)^2$ bzw. $\left(\frac{1}{6}\right)^3$. Beim zweifachen Würfelwurf gibt es 36 Möglichkeiten, erfüllen fünf davon eine Bedingung, so ist die Wahrscheinlichkeit gleich $\frac{5}{36}$.

Mehr Überlegungen waren bei der folgenden Fragestellung notwendig:

---

[1] Cardano G.: De ludo alae, Opera Omnia Band I, Lyon 1663, S. 262–276.

© Der/die Autor(en), exklusiv lizenziert an Springer-Verlag GmbH, DE, ein Teil von Springer Nature 2022
D. Herrmann, *Mathematik der Neuzeit*, https://doi.org/10.1007/978-3-662-65417-0_5

Mit welcher Wahrscheinlichkeit fällt beim Doppelwurf „1 oder 2"?

Eine naheliegende Idee ist: Bei einem Würfel gilt dafür $\frac{1}{3}$, bei zwei Würfel somit $\frac{2}{3}$. Cardano erkennt, dass dies nicht korrekt ist. Abzählen aller 36 Möglichkeiten liefert 20 Chancen:

$$\{(x, 1), (x, 2), (1, y), (2, y); x = 1 \dots 6, y = 3 \dots 6\}$$

Dies liefert die Wahrscheinlichkeit $\frac{20}{36} = \frac{5}{9}$. Aber Cardano rechnet auch anders. Von den genannten $\frac{2}{3}$ muss man die Wahrscheinlichkeit, dass mit beiden Würfeln „1 oder 2" geworfen wird, also $\frac{1}{9}$, subtrahiert werden: $\frac{2}{3} - \frac{1}{9} = \frac{5}{9}$.

Cardano erweitert die Fragestellung auf die Zahlen $\{1, 2, 3\}$ und findet insgesamt 27 Möglichkeiten beim Doppelwurf eine der drei Augen zu erhalten; das ergibt die Wahrscheinlichkeit $\frac{3}{4}$. Beim Doppelwurf auf das Erscheinen von „1 oder 2 oder 3" zu setzen, ist also erfolgreich.

Eine **Aufgabe** aus seiner Schrift *Liber de ludo aleae,* die er nicht korrekt lösen konnte, war:

Beim dreimaligen Werfen von zwei Würfeln: Wie hoch ist die Wahrscheinlichkeit, dass man mindestens zweimal mindestens eine Eins erhält? Bei einem Doppelwurf hat man 11 günstige Möglichkeiten für mindestens eine „1", also die Wahrscheinlichkeit $\frac{11}{36}$. Beim dreifachen Doppelwurf ergibt sich für die Wahrscheinlichkeit, dieses Ereignis mindestens zweimal zu erlangen:

$$p = \binom{3}{2}\left(\frac{11}{36}\right)^2\left(\frac{25}{36}\right)^1 + \binom{3}{3}\left(\frac{11}{36}\right)^3\left(\frac{25}{36}\right)^0 = \frac{5203}{23\,328}$$

Cardano erhielt das Ergebnis $p = \frac{2}{5}$.

2) Die Probleme des Herrn de Méré

Der Chevalier Antoine Gombaud (1607–1684) war kein Adliger, er nannte sich **de Méré** nach seinem Landsitz, auf dem er seine Jugend verbracht hatte. Er hatte eine vorzügliche Ausbildung erfahren und liebte es, in Salons aufzutreten, um intelligente Gespräche zu führen; später publizierte er auch einige Aufsätze und Gedichte. Aufgrund seines Reichtums konnte er sich leisten, in Spielsalons Wetten auf bestimmte Glücksspiele anzubieten. Bei einigen Wetten verlor er und beklagte sich darüber in einem Brief an Pascal.

A) Aus seinen Spielerfahrungen schloss de Méré, dass beim Werfen von 3 Würfeln die Augensumme 11 häufiger auftrat als die Augensumme 12. Dies schien ein Widerspruch zu sein zu der Tatsache, dass es für beide Augensummen 6 Möglichkeiten der Zerlegung gibt:

Summe 11	Summe 12
1+5+5	1+5+6
1+4+6	2+5+5
2+4+5	2+4+6

Summe 11	Summe 12
2+3+6	3+5+6
3+4+4	3+4+5
3+3+5	4+4+4

Maßgeblich ist jedoch nicht die Anzahl von Partitionen von 11 bzw. 12, sondern die Anzahl der Möglichkeiten: Es gibt 27 Möglichkeiten für die Augensumme 11; entsprechend 25 für die Summe 12.

B) Ein häufig gemachtes Spiel bestand darin, zweimal mit je 2 Würfeln zu werfen, *ohne* eine Sechs zu erlangen.

Die Gewinnwahrscheinlichkeit für den Spieler ist $\left(\frac{5}{6}\right)^4 \approx 0.48225 < \frac{1}{2}$. In der Interpretation von de Méré bestehen hier die Chancen 4 : 6. Die Wahrscheinlichkeit für eine Sechs ist 1/6, für ihn dann bei 4 Würfen eben 4/6. Für die Bank ist dies ein lohnendes Spiel, da der Spieler auf Dauer verliert.

C) De Méré dachte sich folgende Änderung von Spiel B) aus:

Man wirft mit 24-mal zu je 2 Würfeln, ohne eine Doppel-Sechs (*sonnez*) zu erlangen.

De Méré sieht hier wieder das Verhältnis 4 : 6; es gibt 24 Würfe und 36 Möglichkeiten. Es gibt 36^{24} Möglichkeiten insgesamt, davon sind günstig 35^{24}. Somit ist die Gewinnwahrscheinlichkeit für den Spieler

$$\left(\frac{35}{36}\right)^{24} \approx 0.50860 > \frac{1}{2}$$

Für die Bank ist dieses Spiel ein Verlustgeschäft, da der Spieler auf Dauer gewinnt. Dies merkte auch de Méré und beklagte sich bei Pascal; er war der Meinung: *L' Arithmétique se démentoit* (dass die Arithmetik sich widerspreche). Pascal schrieb über ihn an Fermat:

Il est très bon esprit, mais il n'est pas géomètre; c'est, comme vous savez, un grand défaut.
(Er ist ein sehr kluger Kopf, aber kein Mathematiker; dies ist, wie Sie wissen, ein großer Mangel.)

D) Hier schließt sich die Frage an, wie oft man würfeln muss, damit die Bank auf Dauer gewinnt. Die Gewinnwahrscheinlichkeit für die Bank ist

$$1 - \left(\frac{35}{36}\right)^n > \frac{1}{2} \Rightarrow n > \frac{\log 2}{\log 36 - \log 35} \Rightarrow n \geq 25$$

Wie man sieht, war de Méré bei Spiel C) schon nahe an der Gewinnzone.

Einige spätere Urteile über Pascal und de Méré:

Ein Problem, entstanden aus dem Glücksspiel, vorgeschlagen einem strenggläubigen Jansenisten [Pascal] von einem Mann von Welt war der Ursprung der Wahrscheinlichkeitstheorie (Denis Poisson).

Das Problem, das Chevalier de Méré (einem angesehenen Glücksspieler) dem Einsiedler von Port Royal aufgegeben hatte (der sich noch nicht den Interessen der Wissenschaft entzogen hatte zugunsten der ihn mehr interessierenden Betrachtung über die „Größe und Misere der Menschheit"), war das erste einer langen Reihe von Problemen, bestimmt dazu, neue Methoden der mathematischen Analyse ins Leben zu rufen und um wertvolle Dienste in den praktischen Belangen des Lebens zu leisten (George Boole).

3) Das Spiel *Treize* von Monmort

Der französische Mathematiker Pierre Rémond *de Montmort* (1678–1719) stellte 1708 in seinem Buch *Essai d'analyse sur les jeux de hazard* ein Spiel namens *Treize* (franz. *Dreizehn*) vor, das wie folgt beschrieben wird. Abb. 5.1 zeigt einen Spielsalon aus diesem Buch.

Die 13 Spielkarten einer Farbe werden nummeriert. Eine mögliche Nummerierung ist: As = 1, die Karten 2 bis *10* nach ihrem Zahlenwert, Bube (= 11), Königin (= 12) und König (=13). Der Spieler mischt diesen Kartensatz zufällig und legt ihn als Stapel vor sich hin. Nun deckt er die Karten der Reihe nach auf und prüft jeweils, ob die Nummer der gezogenen Karte mit ihrer Ziehungsnummer übereinstimmt. Stimmen die beiden Nummern bei mindestens einer Karte überein, so gewinnt der das Spiel, andernfalls verliert er.

Nun stellt de Montmort sich die Frage nach der Gewinnwahrscheinlichkeit des Spielers. In der ersten Auflage seines Buchs von 1708 gibt de Montmort zwar das korrekte Ergebnis an, allerdings ohne genauere Herleitung. In der zweiten Auflage von 1713 stellt er dann zwei Beweise vor, einen eigenen, der auf einer rekursiven Darstellung beruht, und einen weiteren aus einem Briefwechsel mit Nikolaus I Bernoulli, der auf dem Inklusions-Exklusions-Prinzip basiert. De Montmort zeigt weiter, dass die Gewinnwahrscheinlichkeit sehr nahe an dem Wert von $\frac{1}{e}$ liegt. Vermutlich stellt dies die erste Verwendung der Exponentialfunktion in der Wahrscheinlichkeitstheorie dar.

Abb. 5.1 Spielsalon des 17. Jahrhunderts (Monmort, *Essai d'analyse sur les jeux de hazard*, 1708, Premier Partie S. 1)

5.2   Problem der gerechten Teilung

Auch das Problem der gerechten Teilung erfuhr Pascal aus einem Brief von de Méré:
Zwei Spieler planen ein faires Spiel bis einer 3 Spiele gewonnen hat. Beim Stand von
1:0 für A wird das Spiel unterbrochen. Wie ist der Gewinn auf beide Spieler aufzuteilen?

a) Lösung nach Fermat
Der erste Spieler A hat eine Partie gewonnen. Nach höchstens vier weiteren Partien wäre
das Spiel zu Ende gewesen. Für diese vier Partien gibt es folgende 16 gleichberechtigte
Möglichkeiten. (Folgende Bezeichnungsweise hier: BBAB bedeute: Sieg von B in der
zweiten, dritten und fünften Partie, Sieg für A in der vierten Partie):
AAAA, AAAB, ABAA, AABB, ABAA, ABAB, ABBA, ABBB, BAAA, BAAB,
BABA, BABB, BBAA, BBAB, BBBA, BBBB. Von diesen 16 sind 11 für A günstig und
fünf (die unterstrichenen) für B günstig. Der Spieler A muss $\frac{11}{16}$, der Spieler B muss $\frac{5}{16}$ des
Geldeinsatzes erhalten.

b) Lösung nach Pascal
Hier folgen wir Cantor[2]. Hätte der erste Spieler A zwei Gewinne, der zweite B einen
Gewinn und sie spielen weiter, so kann zweierlei sich ereignen: A gewinnt und erhält den
ganzen Einsatz, oder B gewinnt und steht dann mit A gleichauf, sodass jedem die Hälfte
des Einsatzes zukommt. Der Spieler A erhält unter allen Umständen die eine Hälfte des
Einsatzes, spielt daher nur um die andere Hälfte. Diese letztere Hälfte ist, wenn das Spiel
unterbleibt, zwischen A und B hälftig zu teilen, d. h., wenn der Gesamteinsatz 1 beträgt,
hat A $\frac{3}{4}$ zu erhalten und B nur $\frac{1}{4}$. Nun stehe zweitens A mit zwei Gewinnen gegen B ohne
Gewinn oder mit null Gewinnen.

Fällt eine neu zu spielende Partie zugunsten von A aus, so hat er gewonnen und zieht
den ganzen Einsatz, fällt sie zugunsten von B aus, so ist der vorige Fall hergestellt, und
A hat $\frac{3}{4}$ zu fordern. So viel bekommt er also mindestens und spielt nur um $\frac{1}{4}$. Dieses letzte
Viertel, wenn das Spiel unterbleibt, ist zwischen A und B hälftig zu teilen, d. h., A hat $\frac{7}{8}$
und B hat $\frac{1}{8}$ zu erhalten.

Endlich stehe das Spiel auf 1 gegen 0, wonach eigentlich gefragt wurde. Gewinnt A
in einer weiter angenommenen Partie, so ist der zuletzt erörterte Zustand geschaffen,
und A bekommt $\frac{7}{8}$. Gewinnt dagegen B, so stehen die beiden Spieler gleichauf, und jeder
erhält die Hälfte. A hat also diese Hälfte unter allen Umständen zu fordern und würde
eine etwaige Partie nur um $\frac{7}{8} - \frac{1}{2} = \frac{3}{8}$ spielen, wovon ihm beim Unterbleiben des Spiels
die Hälfte mit $\frac{3}{16}$ zukommt. Die Teilung muss deshalb dem Spieler A $\frac{11}{16}$, dem Spieler B $\frac{5}{16}$
zusprechen.

---

[2] Cantor M.: Vorlesungen über Geschichte der Mathematik, Band II, Teubner Leipzig 1913, S. 755.

c) Lösung nach Jakob Bernoulli (aus *Ars Conjectandi* 1713).

Fehlen dem Spieler A noch k Partien zum Sieg und dem Spieler B noch n Partien, so gewinnt A das Spiel mit der Wahrscheinlichkeit

$$p = \frac{1}{2^m}\left[\binom{m}{k} + \binom{m}{k+1} + \binom{m}{k+2} + \ldots + \binom{m}{m}\right]$$

Dabei ist $m = k + n - 1$. Die Gewinnwahrscheinlichkeit von B ist dann $1 - p$. Im diskutierten Fall gilt $m = 4$; $k = 2$; $l = 3$. Hier ergibt für A die Wahrscheinlichkeit

$$p = \frac{1}{2^4}\left[\binom{4}{2} + \binom{4}{3} + \binom{4}{4}\right] = \frac{1}{16}(6 + 4 + 1) = \frac{11}{16}$$

Entsprechend ist die Wahrscheinlichkeit für B gleich $\frac{5}{16}$

Voller Begeisterung über die gemeinsame Lösung antwortete Pascal am 29. Juli 1654 auf einen (undatierten) Brief von Fermat. Hier ein kurzer Ausschnitt:

Monsieur,

eine Unruhe hat mich erfasst, und obwohl ich noch im Bette liege, habe ich die Feder ergriffen, um Ihnen mitzuteilen, dass ich gestern Abend von Herrn Carcavi Ihren Brief über die gerechte Teilung erhalte habe und keine Worte finde, um zu sagen, wie er mich beeindruckt. Ich will keine langen Ausführungen machen: Sie haben das Problem des Würfelns und das Problem der gerechten Teilung gleichermaßen vollständig gelöst; das ist eine große Freude für mich, denn jetzt zweifle ich nicht mehr daran, dass ich recht habe, nachdem wir auf so wunderbare Weise zu denselben Resultaten gekommen sind.

Ihre Methode, mit der Sie das Problem der gerechten Teilung gelöst haben, bewundere ich noch mehr als die Lösung des Problems des Würfelspiels. Mehreren Leuten, darunter selbst dem Chevalier de Méré und Herrn Roberval, ist es gelungen, die zuletzt genannte Frage zu beantworten: aber de Méré konnte das Problem der gerechten Teilung nicht richtig lösen, ja, er hat sogar nicht einmal gewusst, wie man es anzupacken habe, und so war ich bisher der einzige, der das richtige Verhältnis kannte.

5.3 Bernoulli-Wahrscheinlichkeiten

Unschwer wirst du sehen, dass dieser Zweig der Mathematik oft nicht weniger verzwickt als ergötzlich ist (Daniel Bernoulli)

5.3.1 Das St. Petersburger Paradoxon

Das Paradoxon erschien 1738 in der Schrift von Daniel Bernoullis *Commentaries of the Imperial Academy of Science of St. Petersburg*. Daniel B. schrieb darin:

Mein verehrter Oheim, der berühmte Nikolaus Bernoulli, legte einmal dem bekannten Monmort fünf Probleme vor, die man in dem Buche „Analyse sur les Jeux de Hasard de Monmart" (p. 402) findet. Das letzte dieser Probleme lautet folgendermaßen:

Peter wirft eine Münze in die Höhe, und zwar so lange, bis sie nach dem Niederfallen die Kopfseite zeigt; geschieht dies nach dem ersten Wurf, so soll er dem Paul einen Dukaten geben; wenn aber erst nach dem zweiten: 2; nach dem dritten: 4; nach dem vierten: 8, und so fort in der Weise, dass nach jedem Wurfe die Anzahl der Dukaten verdoppelt wird. Man fragt: Welchen Wert hat die Gewinnhoffnung für Paul?

Daniel B. fand es paradox, dass die Hoffnung bei diesem Spiel unendlich groß ist:

Es wird wohl keinen vernünftigen Menschen geben, der nicht gern diese Hoffnung für 20 Dukaten verkauft hätte.

Das von Nikolaus erfundene Problem war aber schon länger Gegenstand der familieninternen Gespräche. Die von Daniel B. erwähnte Mitteilung war bereits am 9. Sept. 1713 erfolgt. Nikolaus B. hatte das Problem P. Reymond de Montmort in einem Brief mitgeteilt; dieser war perplex und publizierte es nach einem Briefwechsel mit Bernoulli in seinem Buch über Glücksspiele (1713). Seinen Namen erhielt es durch die oben genannte Publikation in St. Petersburg.

Peter beginnt mit dem Einsatz von 1 Rubel, beim zweiten Wurf zahlt er 2 Rubel und so fort. Wenn die Siegesprämie G Rubel beträgt, sollte der Erwartungswert des fairen Spiels X gleich Null sein:

$$E(X) = G - \left(\frac{1}{2} \cdot 1 + \frac{1}{4} \cdot 2 + \frac{1}{8} \cdot 4 + \ldots + \frac{1}{2^n} \cdot 2^{n-1} + \ldots \right)$$

$$= G - \frac{1}{2} \sum_{k=1}^{\infty} 1 = 0 \Rightarrow G = \infty$$

Das Paradoxe an dem Spiel ist also, dass es keinen endlichen Einsatz G gibt, der das Spiel fair macht. Das Problem gab den Namen für alle Spiele oder finanzielle Investitionen, bei denen jeweils der Einsatz verdoppelt wird. Zur Auflösung des Paradoxons stellte W. Feller[3] fest, dass die bisherige Definition des fairen Spiels $E(X) = 0$ nicht auf das St. Petersburger Problem anwendbar ist.

Daniel B. hatte in seinem Werk *Specimen theoriae novae de mensura sortis* für solche Probleme die Idee, eine sog. Nutzenfunktion U (englisch *Utility*) einzuführen. Für eine vermögende Person ist der Zugewinn eines mittleren Gewinns von kleinem Nutzen, für eine arme Person jedoch von großem Nutzen. Daniel B. versuchte dies mathematisch zu fassen. Sei G der Geldbesitz der Person, dann ist die Änderung des Nutzens dU bei Änderung des Geldbesitzes dG indirekt proportional:

$$dU(G) = k \frac{dG}{G}$$

---

[3] Feller W.: An Introduction to Probability Volume 1, Reprint Wiley 2018, S. 252.

Setzt man die Anfangswerte des Nutzens $U_0 = 0$ und des Geldbetrags gleich G_0, so folgt durch Integration mit ($k = 1$):

$$U(G) = \ln \frac{G}{G_0}$$

Der Geldbetrag wächst im Gewinnfall beim n-ten Spiel und dem Einsatz E von $G_0 - E$ auf

$$G_n = G_0 - E + 2^{n-1}$$

Der mittlere Nutzen U_m bei n Spielen ist daher

$$\frac{1}{2^n} \sum_{k=1}^{n} \ln \frac{G_n}{G_0} = \frac{1}{2^n} \sum_{k=1}^{n} \ln \frac{G_0 - E + 2^{n-1}}{G_0}$$

Daniel B.s Vorschlag zur Auflösung des Petersburger Paradoxons läuft daher auf die Bestimmung des geeigneten Einsatzes E hinaus:

$$U_m = \frac{1}{2^n} \sum_{k=1}^{\infty} \ln \frac{G_0 - E + 2^{n-1}}{G_0} = \ln G_0$$

Die Auflösung der Reihe nach E ist jedoch nur numerisch machbar.

5.3.2 Das Bernoulli-Experiment

Jakob Bernoulli betrachtete das einfachste aller Zufallsexperiment, nämlich dasjenige, beidem genau zwei sich ausschließende Ergebnisse auftreten wie „Treffer" und „Niete". Tritt ein solches Ereignis „Treffer" mit der Wahrscheinlichkeit p ein, so heißt der Vorgang *Bernoulli-Experiment* zum Parameter p. Bei einem fairen Würfel, auch Laplace-Würfel genannt, beträgt die Wahrscheinlichkeit für das Eintreten eines bestimmten Ereignisses, z. B. „Augenzahl 6", genau $p = \frac{1}{6}$, für das Gegenereignis „keine 6" genau $q = 1 - p = \frac{5}{6}$. Die Wahrscheinlichkeiten für ein Ereignis bzw. für das Gegenereignis ergänzen sich stets zu Eins.

5.3.3 Die Bernoulli-Kette

Gewöhnlich treten Bernoulli-Experimente gleich in Serien auf, wenn mehrfach gewürfelt oder Roulette gespielt wird. Eine Serie solcher Experimente heißt *Bernoulli-Kette* der Länge n, wenn gilt:

- Es finden n Bernoulli-Experimente statt.
- Alle Ereignisse sind (stochastisch) unabhängig.
- Die Wahrscheinlichkeit für das Eintreten des Treffers ist konstant p.

Beispiel 1: Bei einem 6-fachen Würfelwurf treten die Augenzahlen {3; 6; 4; 2; 5; 6} in dieser Reihenfolge auf. Betrachtet man die Augenzahl „6" als Treffer, so ergeben sich 2 Treffer und 4 Nieten. Da die Ereignisse unabhängig sind, können die Wahrscheinlichkeit multipliziert werden. Es ergibt sich die Wahrscheinlichkeit:

$$w = \frac{5}{6}\frac{1}{6}\frac{5}{6}\frac{5}{6}\frac{5}{6}\frac{1}{6} = \left(\frac{1}{6}\right)^2\left(\frac{5}{6}\right)^4 = \frac{5^4}{6^6} = \frac{625}{46656} \approx 0.0134$$

Beispiel 2: Bei einem 6-fachen Würfelwurf tritt das Ereignis „6" genau zweimal auf. Im Gegensatz zum Beispiel 1 ist hier keine Reihenfolge gegeben. Wir müssen also noch die Anzahl der Möglichkeiten betrachten, dass in einer Reihe von 6 Experimenten genau 2 Treffer auftreten: Dies sind genau $\binom{6}{2} = 15$ Möglichkeiten. Damit ergibt sich die Wahrscheinlichkeit in moderner Schreibweise:

$$w = \binom{6}{2}\left(\frac{1}{6}\right)^2\left(\frac{5}{6}\right)^4 = \frac{9375}{46656} \approx 0.20094$$

Die Wahrscheinlichkeitsfunktion für das Ereignis, genau k Treffer in einer Bernoulli-Kette der Länge n zu landen, nennt man die *Binomialverteilung* $B(n,k,p)$:

$$B(n,k,p) = \binom{n}{k}p^k q^{n-k}$$

Abb. 5.2 veranschaulicht einen Ereignisbaum einer Bernoulli-Kette für vier Versuche.

Abb. 5.3 zeigt die Wahrscheinlichkeiten beim 12-fachen Würfelwurf als Histogramm

Abb. 5.2 Ereignisbaum einer Bernoulli-Kette

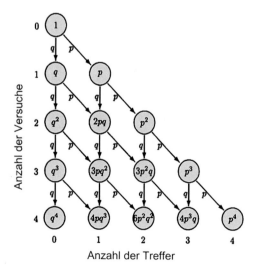

Abb. 5.3 Histogramm zum
12-fachen Würfelwurf

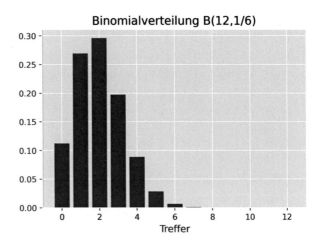

Beispiel 3: Das Galton-Brett

Francis Galton (1822–1911) war ein bekannter Naturforscher, der seinerseits ein Cousin
des noch berühmteren Evolutionsforschers Charles Darwin war. Er beschäftigte sich ausführlich mit Statistik und erfand, zur Demonstration von Wahrscheinlichkeiten, das nach
ihm benannte Galton-Brett. Er ist besonders bekannt geworden als Erfinder der Finger-
abdruckmethode und der Galton-Pfeife.

Bei dem Galton-Brett (s. Abb. 5.4) fallen die Kugeln zufällig auf 6 Reihen von
Hindernissen. Jeder Fall einer Kugel stellt daher eine Bernoulli-Kette der Länge 6 dar.

Abb. 5.4 Galton-Brett
(Wikimedia Commons, public
domain, Urheber: Chrischi)

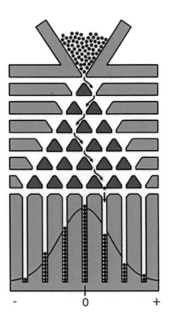

Abb. 5.5 Bewegung in einem
zweidimensionalen Gitter

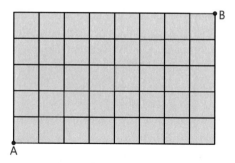

Beispiel 4: Bewegung in einem zweidimensionalen Gitter

Von Punkt A nach B gibt es $\binom{13}{5}$ kürzeste Wege (s. Abb. 5.5). Geht man bei 13 Schritten mit gleicher Wahrscheinlichkeit nach rechts bzw. nach oben, so ist die Wahrscheinlichkeit von A nach B zu gelangen, gleich

$$p = \binom{13}{5} \frac{1}{2^{13}} = \frac{1287}{8192} \approx 0.1571045$$

5.4 Die Aufgaben von Huygens

Im Jahr 1657, nur drei Jahre nach dem Briefwechsel zwischen Fermat und Pascal, erschien der erste Abhandlung über die Wahrscheinlichkeitstheorie im heutigen Sinn: Huygens Schrift *Tractaet handelende van Reeckening in Speelen van Geluck* in niederländischer Sprache. Hier legte er die Grundregeln für die Berechnung von Wahrscheinlichkeiten fest und stützte seine Entwicklung auf systematische Lehrsätze. Welche Bedeutung Huygens diesem neuen mathematischen Gebiet zumisst, geht aus der Einleitung hervor:

> Ich zweifle auf keinen Fall, dass derjenige, der tiefer das von uns Dargebotene zu untersuchen beginnt, sofort entdecken wird, dass es sich hier nicht, wie es scheint um Spiel und Kurzweil geht, sondern, dass die Grundlagen für eine schöne und überaus tiefe Theorie entwickelt werden.

Obwohl Huygens weder Fermat noch Pascal persönlich gekannt hat, war er doch über ihre Schriften informiert, er schrieb aber an van Schooten d. J.:

> Schon einige Zeit haben sich einige der besten Mathematiker Frankreichs mit dieser Art des Rechnens beschäftigt, deshalb gebe mir niemand die Ehre der ersten Erfindung. […] Diese hielten jede ihrer Methoden so sehr geheim, dass ich die gesamte Materie von den Anfangsgründen an selbst entwickeln musste.

Huygens erwähnt hier nicht, dass er im Juni 1656 über Carcavi fünf Aufgaben von Fermat erhalten hat, von denen zwei die Lösung, jedoch nicht den Lösungsweg, enthalten haben. Carcavi versorgt Huygens auch später noch mit Aufgaben Fermats, so im September 1656 mit einem Problem, das Pascal an Fermat gestellt hat. Die Entstehungsgeschichte der Huygens'schen Aufgaben wird im Band Haller-Barth[4] (S. 82–92, S. 97–123) ausführlich geschildert.

Huygens Schrift, ins Lateinische übersetzt als *De ratiociniis in ludo aleae,* wurde von Frans van Schooten d. J. als Teil seines Werks *Exercitationum Mathematicarum Libri quinque* (1657) herausgegeben, abgedruckt auf den Seiten 519 bis 534. Vater und Sohn van Schooten waren zeitweise Mathematiklehrer Huygens' gewesen. Die Abhandlung Huygens wurde auch von Jakob Bernoulli in seiner *Ars Conjectandi* wiedergegeben (erschienen erst posthum 1713), da er die fünf Probleme behandelt, die Huygens ohne Lösung versehen hat. *Lude Aleae* enthält 14 Aufgaben von ansteigendem Schwierigkeitsgrad. Huygens Werk war lange Zeit ein wichtiges Lehrbuch; es beeinflusste noch de Moivre und de Montmort.

Die Schrift endete auf S. 533 mit fünf Aufgaben, für die er keine Lösung angab, weil

… diese viel zu viel Arbeit erfordert hätten, wenn ich sie gründlich ausgeführt hätte, aber auch, damit diese unseren Lesern, so es welche geben wird, als Übung und Zeitvertreib dienen mögen. [„Zeitvertreib" schrieb er auf Niederländisch]

1) A und B werfen abwechselnd ein Paar Würfel. A gewinnt, wenn er die Augensumme „6" wirft, B wenn er die Summe „7" wirft. A hat einen Wurf, B dann zwei, dann A zwei und so fort. Zeige, dass sich das Verhältnis der Gewinnchancen von A zu denen von B wie 10.355 : 12.276 verhält.

2) Drei Spieler A, B, C haben 12 Steine, davon 8 schwarze und 4 weiße. Sie spielen zu folgenden Bedingungen: Sie ziehen nacheinander blindlings die Kugeln [ohne Zurücklegen], Gewinner ist derjenige, der zuerst eine weiße Kugel zieht. A beginnt, B als nächster, dann C, dann wieder A und so fort. Bestimme die Chancen der einzelnen Spieler.

3) Es gibt 40 Spielkarten, die 4 verschiedene Farben von jeweils 10 Karten bilden. A spielt mit B und setzt darauf, beim Ziehen von 4 Karten je eine Farbe zu ziehen; B wettet dagegen. Zeige, dass sich die Gewinnchancen von A im Vergleich zu B verhalten wie 1000 : 8139.

4) In einer Urne befinden sich 12 Steine, 8 davon sind schwarz und 4 weiß. A spielt mit B und setzt darauf, beim blinden Ziehen von 7 Kugeln [ohne Zurücklegen] 3 Weiße zu erhalten. Vergleiche die Chancen der einzelnen Spieler.

5) A und B haben beide je 12 Spielmarken und spielen mit 3 Würfeln, wie folgt: Fällt die Augensumme „11", so gibt A eine Marke an B; fällt die Summe „14", so gibt B eine Marke an A. Derjenige Spieler gewinnt, der zuerst alle Marken hat. Zeige, dass sich die Gewinnchancen von A zu B verhalten wie 244 140 625 : 282 429 536 481.

---

[4] Haller R., Barth F.: Berühmte Aufgaben der Stochastik[2] – Von den Anfängen bis heute, de Gruyter Berlin 2017.

Für die folgenden zwei Aufgaben wurde die Lösung (ohne Rechengang) beigefügt:

13) A und B spielen mit 2 Würfeln; fällt eine „7", so gewinnt A, bei einer „10" B. Bei einer anderen Augenzahl wird der Einsatz halbiert. Vergleiche die Gewinnchancen von A und B [Antwort 13 : 11].
14) A und B spielen mit einem Paar Würfeln. A gewinnt den Einsatz, wenn er eine „6" wirft, bevor B eine „7" wirft. B gewinnt den Einsatz, wenn er eine „7" wirft, bevor A eine „6" wirft. A beginnt, die Spieler werfen abwechselnd. Vergleiche die Gewinnchancen von A und B. [Antwort 30 : 31].

5.4.1 Lösungen von Jakob Bernoulli

1) Das Spiel kann möglicherweise nicht enden, wenn weder „6" noch „7" fallen.

A gewinnt, entweder beim ersten Wurf oder beim vierten Wurf (wenn weder A noch zweimal B siegreich) oder beim fünften Wurf (wenn weder A noch zweimal B noch A siegreich) oder beim achten oder neunten Wurf usw. Schematisch geschrieben ergibt sich:

$$A \text{ oder } \bar{A}\bar{B}\bar{B}A \text{ oder } \bar{A}\bar{B}\bar{B}\bar{A}A \text{ oder } \bar{A}\bar{B}\bar{B}\bar{A}\bar{A}\bar{B}\bar{B}A \text{ oder } \bar{A}\bar{B}\bar{B}\bar{A}\bar{A}\bar{B}\bar{B}\bar{A}\bar{A}\bar{B}\bar{B}A \ldots$$

Wegen der Unabhängigkeit der Ereignisse wird dies in Potenzschreibweise geschrieben:

$$A + A\bar{A}\bar{B}^2 + A\bar{A}^2\bar{B}^2 + \bar{A}^3\bar{B}^4A + + \bar{A}^4\bar{B}^4A + \bar{A}^5\bar{B}^6A + \bar{A}^6\bar{B}^6A + \bar{A}^7\bar{B}^8A + \bar{A}^8\bar{B}^8A \ldots =$$

$$= A + \frac{A}{\bar{A}}\left[(\bar{A}^2\bar{B}^2) + A(\bar{A}^2\bar{B}^2) + (\bar{A}^4\bar{B}^4) + A(\bar{A}^4\bar{B}^4) + (\bar{A}^6\bar{B}^6) + A(\bar{A}^6\bar{B}^6) + (\bar{A}^8\bar{B}^8) + A(\bar{A}^8\bar{B}^8)\ldots]$$

Mit der Substitution $q = \bar{A}^2\bar{B}^2$ folgt

$$A + \left[\frac{A}{\bar{A}} + A\right]q + \left[\frac{A}{\bar{A}} + A\right]q^2 + \left[\frac{A}{\bar{A}} + A\right]q^3 + \ldots$$

$$= -\frac{A}{\bar{A}} + \left[\frac{A}{\bar{A}} + A\right]1 + \left[\frac{A}{\bar{A}} + A\right]q + \left[\frac{A}{\bar{A}} + A\right]q^2 + \left[\frac{A}{\bar{A}} + A\right]q^3 + \ldots$$

$$= -\frac{A}{\bar{A}} + \left[\frac{A}{\bar{A}} + A\right]\frac{1}{1-q} = -\frac{A}{\bar{A}} + \left[\frac{A}{\bar{A}} + A\right]\frac{1}{1-\bar{A}^2\bar{B}^2}$$

Bei der letzten Umformung wurde die geometrische Summenformel verwendet. Die Einzelwahrscheinlichkeiten sind hier für „6" bzw. „7" beim Doppelwurf

$$A = \frac{5}{36}; B = \frac{6}{36} = \frac{1}{6}; \bar{A} = \frac{31}{36}; \bar{B} = \frac{5}{6}$$

A, B gewinnen somit mit der Wahrscheinlichkeit:

$$p(A) = -\frac{\frac{5}{36}}{\frac{31}{36}} + \left[\frac{\frac{5}{36}}{\frac{31}{36}} + \frac{5}{36}\right] \frac{1}{1 - \left(\frac{31}{36}\right)^2 \cdot \left(\frac{35}{36}\right)^2} = \frac{10355}{22631} \Rightarrow p(B) = \frac{12276}{22631}$$

Die Gewinnchancen A zu B verhalten sich wie $10355 : 12276$.

2) Beim Spiel sind höchstens 9 Züge möglich, da nach achtmal Schwarz ziehen der neunte Zug sicher Weiß ergibt. A gewinnt entweder beim ersten Zug oder beim vierten Zug (wenn weder A noch B noch C Weiß ziehen) oder beim siebenten Zug (wenn weder A noch B noch C noch A noch B noch C Weiß ziehen), schematisch geschrieben:

$$A \text{ oder } \bar{A}\bar{B}\bar{C}\, A \text{ oder } \bar{A}\bar{B}\bar{C}\bar{A}\bar{B}\bar{C}A$$

B gewinnt entweder beim zweiten Zug (wenn A nicht Weiß zieht) oder beim fünften Zug (wenn weder A noch B noch C Weiß ziehen) oder beim siebenten Zug (wenn weder A noch B noch C noch A noch B noch C noch A Weiß zieht), schematisch geschrieben:

$$\bar{A}B \text{ oder } \bar{A}\bar{B}\bar{C}\bar{A}B \text{ oder } \bar{A}\bar{B}\bar{C}\bar{A}\bar{B}\bar{C}\bar{A}B$$

C gewinnt entweder beim dritten Zug (wenn weder A noch B Weiß zieht) oder beim sechsten Zug (wenn weder A noch B noch C noch A noch B Weiß zieht) oder beim neunten Zug, wo C sicher Weiß zieht, schematisch geschrieben:

$$\bar{A}\bar{B}C \text{ oder } \bar{A}\bar{B}\bar{C}\bar{A}\bar{B}C \text{ oder } \bar{A}\bar{B}\bar{C}\bar{A}\bar{B}\bar{C}\bar{A}\bar{B}C$$

Die Gewinnwahrscheinlichkeiten sind somit

$$p(A) = \frac{4}{12} + \frac{8}{12} \cdot \frac{7}{11} \cdot \frac{6}{10} \cdot \frac{4}{9} + \frac{8}{12} \cdot \frac{7}{11} \cdot \frac{6}{10} \cdot \frac{5}{9} \cdot \frac{4}{8} \cdot \frac{3}{7} \cdot \frac{4}{6} = \frac{77}{165} = \frac{7}{15}$$

$$p(B) = \frac{8}{12} \cdot \frac{4}{11} + \frac{8}{12} \cdot \frac{7}{11} \cdot \frac{6}{10} \cdot \frac{5}{9} \cdot \frac{4}{8} + \frac{8}{12} \cdot \frac{7}{11} \cdot \frac{6}{10} \cdot \frac{5}{9} \cdot \frac{4}{8} \cdot \frac{3}{7} \cdot \frac{2}{6} \cdot \frac{4}{5} = \frac{53}{165}$$

$$p(C) = \frac{8}{12} \cdot \frac{7}{11} \cdot \frac{4}{10} + \frac{8}{12} \cdot \frac{7}{11} \cdot \frac{6}{10} \cdot \frac{5}{9} \cdot \frac{4}{8} \cdot \frac{4}{7} + \frac{8}{12} \cdot \frac{7}{11} \cdot \frac{6}{10} \cdot \frac{5}{9} \cdot \frac{4}{8} \cdot \frac{3}{7} \cdot \frac{2}{6} \cdot \frac{1}{5} \cdot 1 = \frac{35}{165} = \frac{7}{33}$$

Die Gewinnchancen A : B : C verhalten sich daher wie $77 : 53 : 35$.

3) Beim ersten Zug hat er die volle Auswahl 40 von 40 Karten. Beim zweiten Zug hat er die Auswahl aus 30 Karten von 39. Analog bei dritten Zug: Hier besteht die Auswahl aus 20 Karten von 38. Schließlich beim vierten Zug besteht die Auswahl aus 10 Karten von 37. Da diese Ereignisse unabhängig voneinander sind, werden die entsprechenden Wahrscheinlichkeiten multipliziert. Die Gewinnwahrscheinlichkeiten für A, B sind:

$$p(A) = \frac{40}{40} \cdot \frac{30}{39} \cdot \frac{20}{38} \cdot \frac{10}{37} = \frac{1000}{9139} \quad \therefore \quad p(B) = 1 - \frac{1000}{9139} = \frac{8139}{9139}$$

Die Gewinnchancen sind daher:

$$\frac{1000}{9139} : \frac{8139}{9139} = \frac{1000}{8139}$$

4) Dies eine Aufgabe, bei der es um eine hypergeometrische Wahrscheinlichkeit, wie sie später genannt wird, geht. Es gibt insgesamt 7 aus 12 Möglichkeiten: $\binom{12}{7}$. Günstig für A sind die Ereignisse, 3 schwarze Kugeln von 8 und 4 weiße Kugeln von 4 zu ziehen; dies sind insgesamt $\binom{8}{3}\binom{4}{4}$ Möglichkeiten. Die Gewinnwahrscheinlichkeiten für A und B betragen somit:

$$p(A) = \frac{\binom{8}{3}\binom{4}{4}}{\binom{12}{7}} = \frac{56 \cdot 1}{792} = \frac{7}{99} \therefore p(B) = 1 - p(A) = \frac{92}{99}$$

Die Gewinnchancen A : B verhalten sich also wie:

$$\frac{7}{99} : \frac{92}{99} = \frac{7}{92}$$

5) Es gibt 27 Möglichkeiten mit 3 Würfeln die Summe 11 zu erhalten:
    {(1,4,6)(1,5,5)(1,6,4)(2,3,6)(2,4,5)(2,5,4)(2,6,3)(3,2,6)(3,3,5)(3,4,4)(3,5,3)(3,6,2) (4,1,6)(4,2,5)(4,3,4)   (4,4,3)(4,5,2)(4,6,1)(5,1,5)(5,2,4)(5,3,3)(5,4,2)(5,5,1)(6,1,4)(6,2,3) (6,3,2)(6,4,1)}.
    Es gibt 15 Möglichkeiten mit 3 Würfeln die Summe 14 zu erhalten:
    {(2,6,6)(3,5,6)(3,6,5)(4,4,6)(4,5,5)(4,6,4)(5,3,6)(5,4,5)(5,5,4)(5,6,3)(6,2,6)(6,3,5) (6,4,4)(6,5,3)(6,6,2)}.
    Da es für 3 Würfel insgesamt $6^3 = 216$ Möglichkeiten gibt, ergeben sich die Wahrscheinlichkeiten:

$$p(„11“) = \frac{27}{216} = \frac{9}{72} \therefore p(„14“) = \frac{15}{216} = \frac{5}{72}$$

Bei allen anderen Augensummen ändert sich der Spielstand nicht. Die Chancen für einen Wechsel der Spielmarken sind 9 : 5, also bei 14 Möglichkeiten für A mit $\frac{5}{14}$, bzw. für B mit $\frac{9}{14}$. Da die Würfel unabhängig voneinander fallen, ist es unerheblich, bei welchem Spielstand abgebrochen wird. Entscheidend für den Gewinn von A ist, dass er 12-mal gewinnt, entsprechendes für B. Somit folgt

$$p(A) = \left(\frac{5}{14}\right)^{12} = \frac{244\,140\,625}{56\,693\,912\,375\,296} \therefore p(B) = \left(\frac{9}{14}\right)^{12} = \frac{282\,429\,536\,481}{56\,693\,912\,375\,296}$$

Die Gewinnchancen A : B verhalten sich also wie

$$244\ 140\ 625 : 282\ 429\ 536\ 481$$

5.5   Eine Aufgabe von Euler

In dem Artikel über die Lotterie von Genf berechnete Euler[5] einige Wahrscheinlichkeiten, die sich beim Kauf von Lotterielosen ergeben. Bei dieser Lotterie gab es 90 Lose, jeweils 5 Lose wurden (zufällig) gezogen. Euler betrachtete das Ziehen von drei Losen.

Aus einer Urne von nummerierten Lotterielosen (von 1 bis n), werden drei Lose [ohne Zurücklegen] zufällig gezogen. Euler unterscheidet hier drei Ereignisse:

I.   Es werden *drei* aufeinander folgende Zahlen gezogen.
II.   Es werden *genau zwei* aufeinander folgende Zahlen gezogen.
III. Es werden *keine* zwei aufeinander folgende Zahlen gezogen.

Zu Fall I) Drei aufeinander folgende Zahlen sind von der Form $(a, a + 1, a + 2)$. Davon gibt es bei n Losen genau $(n - 2)$ Tripel.

Zu Fall II): Die drei gezogenen Zahlen sind von der Form $(a, a + 1, b)$; $b \neq a - 1$; $b \neq a + 2$.

Zu Fall III): Von den drei gezogenen Zahlen (a, b, c) dürfen keine zwei aufeinander folgende Zahlen sein.

Es gibt insgesamt $|\Omega| = \binom{n}{3}$ Möglichkeiten drei Lose zu ziehen.

Lösung zu I): Es gibt $(n - 2)$ benachbarte Tripel, somit ist die gesuchte Wahrscheinlichkeit:

$$p_1 = \frac{n - 2}{|\Omega|} = \frac{6}{n(n - 1)}$$

Lösung zu II): Zahlen sind von der Form $(a, a + 1, b)$. Für die Paare $(a, a + 1)$ gibt es $(n - 1)$ Möglichkeiten. Im Allgemeinen darf b nicht sein $(a - 1), a, (a + 1)$ oder $(a + 2)$; dies ergibt $(n - 4)$ Möglichkeiten. Ist speziell $a = 1$ oder $a + 1 = n$, gibt es für b $(n - 3)$ Möglichkeiten. Insgesamt ergeben sich damit die Möglichkeiten:

$$(n - 1)(n - 4) + 2 = n^2 - 5n + 6 = (n - 2)(n - 3)$$

Die gesuchte Wahrscheinlichkeit ist damit

$$p_2 = \frac{(n - 2)(n - 3)}{|\Omega|} = \frac{6(n - 3)}{n(n - 1)}$$

---

[5] Euler L.: Sur la Probabilité des sequences dans la Lotterie Génoise, Berlin 1767, S. 191–230.

Lösung zu III): Die Möglichkeiten der Form (a, b, c) ergänzen die Möglichkeiten von I) und II) zur Gesamtzahl $|\Omega|$, sie sind daher:

$$\frac{n(n-1)(n-2)}{6} - (n-2)(n-3) - (n-2) = \frac{(n-2)(n-3)(n-4)}{6}$$

Dies liefert die Wahrscheinlichkeit:

$$p_3 = \frac{(n-2)(n-3)(n-4)}{6|\Omega|} = \frac{(n-3)(n-4)}{n(n-1)}$$

Bei dieser Schrift verwendet Euler übrigens eine Bezeichnungsweise für Binomialkoeffizienten, die schon an das moderne Symbol erinnert. Er schreibt $\left[\begin{smallmatrix} n \\ k \end{smallmatrix}\right]$ für

$$\frac{n(n-1)(n-2)\cdots(n-k+1)}{1 \cdot 2 \cdot 3 \cdots k}$$

Literatur

Bernoulli, J., Haussner, R. (Hrsg.): Wahrscheinlichkeitsrechnung (Ars conjectandi 1713). Wilhelm Engelmann, Leipzig (1899)

Devlin, K.: The Unfinished Game, Pascal, Fermat and the 17th century Letter that made the World modern. Basic Books, New York (2008)

Haller R., Barth F.: Berühmte Aufgaben der Stochastik[2] – Von den Anfängen bis heute. de Gruyter, Berlin (2016)

Haller R., Barth F.: Stochastik-Leistungskurs. Ehrenwirth (1983)

Schneider I. (Hrsg.): Die Entwicklung der Wahrscheinlichkeitstheorie von den Anfängen bis 1933. Wissenschaftliche Buchgesellschaft, Darmstadt (1988)

Schneider I.: Algebra in der frühen Glücksspiel- und Wahrscheinlichkeitsrechnung, im Sammelband Scholz (1990)

Scholz E. (Hrsg.): Geschichte der Algebra. BI Wissenschaftsverlag, Mannheim (1990)

Pierre de Fermat (1601?-1665)

6

Ich habe eine Vielzahl von wunderschönen Lehrsätzen gefunden (P. de Fermat).

Lange Zeit dachte man, dass Pierre de Fermat (Abb. 6.1) am 17.8.1601 in Beaumont-de-Lomagne in Frankreich geboren wurde. Klaus Barner[1] hat dieses Datum in Zweifel gezogen. Er konnte glaubhaft darlegen, dass derjenige Pierre, der 1601 als Sohn von Dominique Fermat im Taufregister von Beaumont eingetragen wurde, *nicht* der berühmte Mathematiker ist. Die Mutter dieses Pierre I, Françoise Cazenove, scheint nach 1603 gestorben zu sein. Dominique Fermat hatte in den Jahren 1603 bis 1607 erneut geheiratet, nämlich die adlige Hugenottin Claire de Long. Mit ihr hatte er fünf Kinder, darunter auch einen Pierre II. Barners These wird auch durch das Epitaph am Familiengrab der Familie Fermat gestützt, auf dem geschrieben steht, dass Fermat im Alter von 57 Jahren am 12. Januar 1665 gestorben ist. Fermat ist daher vermutlich erst 1607 geboren.

Sein Vater war ein wohlhabender Großhändler für Agrarprodukte und der zweite Konsul der Stadt. In der Literatur findet man oft die Behauptung, dass er in der Schule des örtlichen Franziskanerordens unterrichtet wurde; dies ist nicht möglich, da dieses College erst 1683 eröffnet wurde. Vermutlich dürfte Fermat seine anerkannte, klassische Bildung am *College de Navarre* im benachbarten Montauban erhalten haben. Es spricht einiges für Montauban: Hier lebte nämlich die Großmutter (mütterlichseits), ferner besuchte die dortige Schule auch sein Onkel Samuel de Long. Fermat beherrschte nicht nur die klassischen Sprachen Latein und Griechisch, sondern auch mehrere moderne Sprachen wie Spanisch.

---

[1] Barner K.: Das Leben Fermats, Mitteilungen der Deutschen Mathematiker-Vereinigung, Heft 3/2001, S. 1–26.

© Der/die Autor(en), exklusiv lizenziert an Springer-Verlag GmbH, DE, ein Teil von Springer Nature 2022
D. Herrmann, *Mathematik der Neuzeit*, https://doi.org/10.1007/978-3-662-65417-0_6

Abb. 6.1 Gemälde von
Pierre de Fermat (Wikimedia
Commons, public domain)

Er besuchte die Universität in Toulouse, bevor er in der zweiten Hälfte des Jahres
1620 nach Bordeaux ging. Dort begann er seine ersten ernsthaften mathematischen
Studien. Aufgrund seiner Sprachenkenntnisse war es ihm möglich, wichtige antike
Werke von Archimedes, Apollonius, Pappos oder Diophantos zu lesen. So konnte
er 1629 eine Überarbeitung von Apollonius' Werk *Ad locos planos et solidos isagoge*
dem dort lebenden Mathematiker Beaugrand präsentieren. Sein Hauptinteresse galt
der Theorie der Kegelschnitte. Zu ihrem Studium führte er (in der Ebene) eine Art
Koordinatensystem ein und definierte die ebenen Örter erst durch geometrische
Erzeugung, aus der er dann die entsprechende Gleichung in zwei Variablen ermittelte.

Von Bordeaux aus zog Fermat nach Orléans, wo er 1623 bis 1626 an der Universität
Jura studierte. Unter seinen Mitstudenten befand sich Pierre de Carcavi, mit dem sich
Fermat in einer lebenslangen Freundschaft verband. Dieser ging später als königlicher
Bibliothekar nach Paris und knüpfte dort Kontakt zu Mersenne und dessen Gruppe.
Mersennes Interesse wurde bei Carcavis Beschreibungen über Fermats Entdeckungen
geweckt und es entwickelte sich ein Briefverkehr mit Fermat. Mersenne diente dabei als
Kontaktmann zu anderen europäischen Mathematikern.

Er schloss das Studium mit dem Baccalaureus im Zivilrecht ab und ließ sich, vermutlich auf Anraten des Mathematikers Jean Beaugrand, als Anwalt am *Parlement de
Bordeaux* nieder, wo er bis 1630 blieb und damit eine vierjährige Berufstätigkeit nachweisen konnte. Über Beaugrand gewann Fermat Kontakt zu Etienne d'Espagnet, dessen
Vater eine Bibliothek mit den (schwer zugänglichen) Werken Vietas besaß und Kopien
davon Fermat überließ.

Im Herbst des Jahres 1626 bestimmte Vater Dominique seinen älteren Sohn Pierre
zum Universalerben. Nach des Vaters Tod 1628 verfügte Fermat über genügend Geld, um
sich für die horrende Summe von 43.500 Livres das Amt eines *conseiller au parlement* in
Toulouse kaufen(!) zu können, gleichzeitig wurde er *commissaire aux requêts*. Am 1. Mai
1631 in den Amtsadel *(noblesse de robe)* erhoben, durfte er sich Pierre *de* Fermat nennen.

Den Rest seines Lebens verbrachte er in Toulouse, aber er arbeitete auch in Castres und seiner Geburtsstadt Beaumont-de-Lomagne. 1652 wurde er auf die höchste Ebene des Strafgerichts befördert. Er galt als unbestechlich und von großer Gelehrsamkeit; seine Beurteilung vom Gerichtsintendanten Bezin war (zitiert nach Mahoney, p. 20):

> Fermat, ein Mann großer Gelehrsamkeit, hat überallhin Umgang mit den Gelehrten, aber ziemlich eigennützig; er ist kein sehr guter Berichterstatter und ist konfus, er zählt nicht zu den Freunden des ersten Präsidenten.

Eine Episode aus Fermats Berufsleben: Er wurde beauftragt, sich auf den beschwerlichen Weg nach Nîmes zu machen um einen Gerichtsbeschluss durchzusetzen. Die Färber von Nîmes sollten dringendst von der Verwendung importierten Übersee-Indigos absehen und wieder die heimische Farbproduktion verwenden. Die betreffende Region Lauragrais war quasi ein *Schlaraffenland,* da die profitable Vermarktung des Farbstoffs erhebliche Einnahmen bescherte. Diese delikate Aufgabe konnte Fermat ganz diplomatisch lösen; er war wohl nicht der menschenscheue Gelehrte, wie er von der Nachwelt dargestellt wurde.

Das oben genannte Urteil seines Vorgesetzten führte bei einigen Biografen, wie Michael S. Mahoney[2], dazu, ihn für einen schlechten Juristen zu halten. Dies hatte aber andere Gründe; Fermat hatte ein Todesurteil des Gerichtspräsidenten Fieubet gegen einen Geistlichen nicht mitgetragen und so dessen Missachtung erregt. Neben seiner juristischen Tätigkeit beschäftigte sich Fermat ausgiebig mit Mathematik, E. T. Bell[3] nennt ihn den *Prinzen unter den Amateur-Mathematikern.*

Abb. 6.2 zeigt eine Ausgabe seiner Schriften und ein darin enthaltenes Porträt.

Wenn er ein zahlentheoretisches Problem gelöst hatte, forderte er mehrfach seine mathematischen Briefpartner zu weiteren Lösungen auf. Zu seinen Lebzeiten gab Fermat keine einzige Abhandlung in Druck, da er alle Schriften erst perfektionieren wollte. Viele von Fermat behandelte Probleme wurden daher posthum von seinem Sohn Samuel publiziert (wie die berühmte Randbemerkung zu Diophantos Buch II, 8) oder im Briefverkehr mit anderen Mathematikern gefunden.

1643 bis 1651, während der Zeit des Bürgerkriegs und einer Pandemie, brach Fermats Verbindung mit den Kollegen in Paris ab und er nutzte die Zeit, um sich mit der Zahlentheorie zu beschäftigen. Obwohl er später mithilfe des nach ihm benannten Prinzips das Brechungsgesetz begründet hat, zeigte er wenig Interesse an der physikalischen Anwendung.

Als Beispiel für die Korrespondenz, die Fermat mit anderen Mathematikern führte, sei der Brief von Fermat an Kenelm Digby vom Juni 1657 angeführt (zitiert nach Nikiforowski[4]):

---

[2] Mahoney M. S.: The Mathematical Career of Pierre de Fermat, Princeton University 1994, S. 20.

[3] Bell E. T.: Men of Mathematics, Simon & Schuster Reprint 1986, S. 56 ff.

[4] Nikiforowski W. A., Freimann L. F.: Wegbereiter der neuen Mathematik, VEB Fachbuchverlag Leipzig 1976, S. 127.

VARIA OPERA
MATHEMATICA
D· PETRI DE FERMAT,
SENATORIS TOLOSANI.

Accefferunt felectæ quædam ejufdem Epiftolæ, vel
ad ipfumà plerifque doctifsimis viris Gallicè, Latinè,
vel Italicè, de rebus ad Mathematicas difciplinas,
aut Phyficam pertinentibus fcriptæ.

TOLOSÆ,
Apud JOANNEM PECH, Comitiorum Fuxenfium Typographum, juxta
Collegium PP. Societatis JESU.
M. DC. LXXIX.

Abb. 6.2 Titelblatt von Fermats Schriften und ein darin enthaltenes Porträt (Fermat, *Varia opera mathematica*, Toulouse 1679, Frontispiz)

Ich habe nach einer Kubikzahl gefragt, die, wenn man alle ihre [echten] Teiler hinzuzählt, eine Quadratzahl ergibt. Als Beispiel habe ich 343 angegeben, eine ganze Zahl und die Kubikzahl von 7; vereint mit all ihren Teilern 1, 7 und 49 ergibt sie 400, d. h. eine Quadratzahl. Da es zu diesem Problem noch viele andere Lösungen gibt, fragte ich nach einer anderen ganzen Kubikzahl, die, wenn man all ihre Teiler hinzuzählt, eine Quadratzahl ergibt; und wenn Mylord Brouncker antwortet, es gebe unter den ganzen Zahlen außer 343 kein anderes Beispiel, das den Anforderungen entspricht, verspreche ich Ihnen und ihm, ihn vom Gegenteil zu überzeugen, indem ich etwas anderes vorweise. Außerdem habe ich ihn nach einer ganzen Quadratzahl gefragt, die, wenn man all ihre Teiler dazuzählt, eine Kubikzahl ergibt. Was eine Lösung in Brüchen angeht (sie kann man sofort angeben), so stellt sie mich nicht zufrieden.

1652 wurde er aufgrund seines Dienstalters in das *chambre criminelle des parlement* befördert. Im Herbst des Jahres brach die Pestepidemie aus, die allein in Toulouse 4000 Todesopfer forderte. Fermat erkrankte ebenfalls und wurde schon zu den Toten gezählt. Der Philosoph B. Medon meldete irrtümlich seinen Tod: *Fato functus est maximus Fermatius.*

Er wünschte sich, in einen persönlichen Kontakt mit Kollegen zu treten, u. a. mit Pascal, der aber nicht zustande kam; ein einziger Besuch eines Fachkollegen – außer Beaugrand – erfolgte im Rahmen eines dreitägigen Treffens mit Mersenne. *Fermat starb schließlich,* schreibt André Weil[5] in seiner Zahlentheorie, *ohne sich jemals weiter von zuhause weggewagt zu haben als bis nach Bordeaux.*

---

[5] Weil A.: Zahlentheorie, Ein Gang durch die Geschichte von Hammurapi bis Legendre, Birkhäuser 1992, S. 40.

1654 versuchte Fermat die Kollegen Carcavi und Pascal in ein Projekt einzuspannen, nämlich die Herausgabe seiner gesammelten Werke. Das Vorhaben zerschlug sich, auch als später Carcavi versuchte, Huygens dafür zu interessieren. I. Schneider[6] schreibt:

> Für Huygens und die Mehrzahl seiner Zeitgenossen waren die Probleme [der Zahlentheorie] bestenfalls geistreiche Spielereien eines Liebhabers, der das vordringliche Bedürfnis nach einer der neuen Mechanik angepassten Mathematik nicht mehr sah.

Seine letzte Arbeit zur Integration höherer Parabeln war beim Erscheinen der *Opera Varia* bereits veraltet durch die Arbeiten von Gregory und Newton. Die einzige Arbeit, die zu seinen Lebzeiten veröffentlicht wurde, behandelte Rektifikationsmethoden mit geometrischen Mitteln; sie erschien *anonym* als Anhang im Werk *Veterum geometria promota in septem de cycloide libris* (1660) von Antoine de Lalouvère. Huygens kritisierte daran, dass Fermat nicht die neuere Methode von Hendrik van Heuraet übernommen habe, die von einer Gruppe um van Schooten in der erweiterten Ausgabe von Descartes' *Géométrie* (1659) publiziert wurde. Dies zeigt, dass Fermat die Fortschritte der Mathematik nicht verfolgt hatte. Seine letzte mathematische Aktivität bestand in der Herleitung des Brechungsgesetzes mithilfe seiner Extremwertmethode.

Fermat konzentrierte sich nur noch auf seine Richtertätigkeit am *Chambre de l'Edit* in Castres, die er bis zu seinem Ende fortführte. Sein letztes Protokoll wurde am 9. Januar 1665 verfasst, am 12. Januar ist er gestorben.

Nachleben:

In seinem letzten Brief an Huygens zählte er nochmals seine wichtigsten Erkenntnisse auf:

> Das ist kurz zusammengefasst der Bericht über meine Träumereien zum Thema Zahlen. […] Und vielleicht wird mir die Nachwelt zu danken wissen, dass ich ihr gesagt habe, dass die Alten nicht alles gewusst haben. Diese Mitteilung wird im Geist derjenigen, die nach mir kommen, als Fackelübergabe an die Jungen gelten, wie der Großkanzler von England [Bacon] es ausdrückte, und ich füge, indem ich dessen Meinung und Wahlspruch folge, hinzu: *Multi pertransibunt et augebitur scientia* (Viele werden dahingehen, aber die Wissenschaft wird wachsen).

Der Mathematiker Keith Devlin[7] schreibt über ihn:

> Als Pierre de Fermat am 12. Januar 1665 starb, war er einer der berühmtesten Mathematiker in Europa. Obwohl sein Name heutzutage ausnahmslos mit der Zahlentheorie verbunden wird, war vieles von seinem Werk in diesem Gebiet seiner Zeit so weit voraus, dass er seinen Zeitgenossen besser vertraut war durch seine Forschung in der Koordinatengeometrie (die er unabhängig von Descartes erfand), durch die Infinitesimalrechnung (die Newton und Leibniz vollendeten) und durch die Wahrscheinlichkeitstheorie (die im Wesentlichen durch Fermat und Pascal begründet wurde).

---

[6] Schneider I.: Pierre de Fermat, im Sammelband: Fassmann H., S. 793.

[7] Devlin K.: Mathematics: The New Golden Age, Penguin Books, London 1988, S. 176.

Jean Dieudonné[8] würdigt vor allem seine Zahlentheorie, die erst später von Leonhard Euler wieder aufgenommen wurde:

Fermat, unzweifelhaft der tiefgründigste Mathematiker des siebzehnten Jahrhunderts, schuf mit Pascal die Anfangsgründe der Wahrscheinlichkeitstheorie und entdeckte, vor Descartes, die Koordinatenmethode. Er war der Erste, der eine allgemeine Methode zur Bestimmung der Tangenten an ebene Kurven vorstellte; aber es war vor allem die Zahlentheorie, in der sich sein Genie offenbarte.

P. S. Laplace sagte über ihn:

Es scheint, dass Fermat, der wahre Erfinder des Differenzial-Calculus, seine Methoden aus dem Kalkül der finiten Differenzen herleitete, indem er infinitesimale Differenzen höherer Ordnung vernachlässigte gegenüber denen von niederer Ordnung.

6.1   Geometrie bei Fermat

1) Fermat stellte in einem Brief an Torricelli die Frage, welcher (innerer) Punkt F eines Dreiecks (größter Innenwinkel max. 120°) eine minimale Abstandsumme von den drei Eckpunkten A, B, C hat.

$$|AF| + |BF| + |CF| \rightarrow Minimum$$

Bei seiner Pilgerfahrt nach Rom (1644) überbringt Mersenne das Problem an andere italienische Mathematiker-Kollegen. Die (korrekte) Lösung von Torricelli wird 1659 von seinem Schüler Vincenzo Viviani (1622–1703) überbracht.

Der gesuchte Punkt liegt symmetrisch im Winkelfeld, sodass die Verbindungsstrecken AF, BF, CF je 120° einschließen. Diesen Punkt erreicht man, indem über jede Seite ein gleichseitiges Dreieck errichtet wird (dies gelingt, da jeder Innenwinkel kleiner als 120° ist). Die Spitzen dieser Dreiecke $\left(A', B', C'\right)$ werden mit dem gegenüberliegenden Eckpunkten des Dreiecks verbunden; der Schnittpunkt der Transversalen ist der gesuchte Punkt, benannt nach Fermat bzw. Fermat-Torricelli (Abb. 6.3).

Der Fermat-Punkt hat noch eine weitere Eigenschaft; er ist der gemeinsame Schnittpunkt aller Umkreise der aufgesetzten Dreiecke.

2) In einem Brief an Mersenne teilte Fermat die Entdeckung der nach ihm benannten Fermat-Spirale mit der Polarform $r^2 = a\varphi$ mit, die er nach dem Muster der archimedischen Spirale $r = a\varphi$ entwickelte. Abb. 6.4 zeigt beide Spiralen im Vergleich.

3) Die Schrift *Ad Locos planos et Solidos Isagoge*[9], vermutlich um 1629 geschrieben, ist die älteste Schrift zur analytischen Geometrie. Fermat stellt darin die Notwendigkeit eines Koordinatensystems fest:

---

[8] Dieudonné J.: Mathematics – the Music of Reason, Springer 1992, S. 263.
[9] Fermat de P.: Ad locos planos et solidos isagoge, Œuvres de Fermat, Band I, S. 91–103.

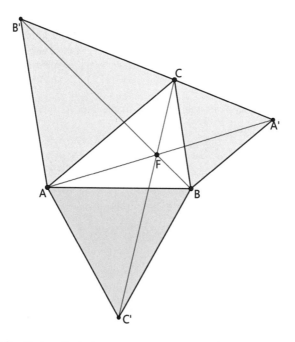

Abb. 6.3 Fermat-Punkt eines Dreiecks

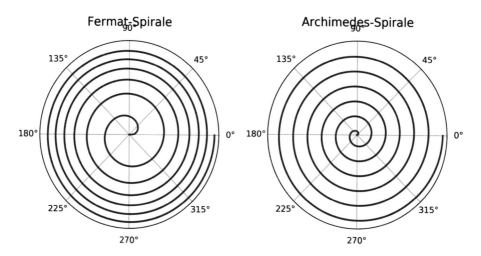

Abb. 6.4 Spiralen von Fermat und Archimedes

Sobald in einer Schlussgleichung zwei unbekannte Größen auftreten, hat man einen Ort, und der Endpunkt, der einen Größe beschreibt, eine gerade oder krumme Linie [...] Die Gleichungen kann man bequem versinnlichen, wenn man die unbekannten Größen in einem Winkel (den wir meist als rechten nehmen) aneinandersetzt und von der einen die Lage und den einen Endpunkt gibt[10].

Er bestimmt die Gleichungen der wichtigsten Kurven, hier in moderner Schreibweise:

- Gerade durch Ursprung: $\frac{x}{y} = \frac{b}{a}$
- Die allgemeine Gerade $ax + by = c$ wird transformiert mittels $\frac{c}{a} - x = x_1$ zu $ax_1 = by$
- Kreis mit Mittelpunkt im Ursprung: $a - x^2 = y^2$
- Ellipse mit Mittelpunkt im Ursprung: $a - x^2 = cy^2$
- Hyperbel: $a + x^2 = cy^2$; $xy = a$ (gleichseitig)
- Parabel: $x^2 = ay$; $y^2 = ax$

Fermat erkannte auch die Notwendigkeit einer Koordinatentransformation, falls die Funktionsgleichung nicht in Normalform vorliegt. Er zeigte dies an folgendem Beispiel:

$$2x^2 + 2xy + y^2 = a^2$$

Dies lässt sich umformen in:

$$(x + y)^2 + x^2 = a^2$$

Mit der Transformation $x_1 = x\sqrt{2}$; $y_1 = x + y$ erhielt Fermat die Form $2a^2 - x_1^2 = 2y_1^2$. Dies stellt eine Ellipse dar:

$$\left(\frac{x_1}{a\sqrt{2}}\right)^2 + \left(\frac{y_1}{a}\right)^2 = 1$$

6.2   Extremwertbestimmung bei Fermat

Vorausgegangen war Fermats Beschäftigung mit Kegelschnitten. In seiner Schrift *Isagoge* stellte er fest, dass alle quadratischen Formen einen (evtl. ausgearteten) Kegelschnitt darstellen.

Schon Kepler war von dem Prinzip ausgegangen, dass sich eine Funktion an einem Extremwert nur wenig ändert; das bedeutet, ein benachbarter Punkt hat nahezu denselben Funktionswert.

---

[10]Fermat de P., Wieleitner H. (Hrsg.): Einführung in die ebenen und körperlichen Örter, Ostwald's Klassiker 208, Leipzig 1923, S. 7

Um 1627/28 schreibt Fermat in seiner Abhandlung *De Maximis et Minimis*:

Man setze in dem Ausdruck, der zu einem Maximum oder Minimum werden soll, statt der Unbekannten A die Summe zweier Unbekannten A+E und betrachte die beiden Formen *als annähernd gleich, wie Diophant sagte*. Danach streicht man auf beiden Seiten, was zu streichen ist, und behält so nur noch Glieder, die den Faktor E enthalten. Nun teilt man durch E und streicht dann wiederholt die noch mit E behafteten Glieder. Dann bleibt endlich die Gleichung übrig, welche den Wert von A liefert, der das Maximum oder Minimum hervorbringt.

Beispiele von Fermat:
(1) Die Strecke B sei in zwei Teile geteilt. Wie muss die Teilung vorgenommen werden, damit das Produkt der beiden Teilstrecken $(A, B − A)$ maximal wird (Abb. 6.5)?

Es soll also gelten: $A(B − A) → Maximum$.

Fermat ersetzt die Strecke A durch $A + E$ und setzt den Term gleich dem gegebenen Produkt:

$$(A + E)(B − A − E) = A(B − A)$$

Vereinfachen zeigt für $E \neq 0$:

$$EB − 2AE − E^2 = 0 \Rightarrow B − 2A − E = 0$$

Nun wird E gleich Null gesetzt und man erhält:

$$B − 2A = 0 \Rightarrow A = \frac{B}{2}$$

Geometrisch gesehen: Ist B der halbe Umfang eines Rechtecks, so wird die Fläche maximal, wenn das Rechteck ein Quadrat ist.

(2) Gesucht sei das Maximum des Terms $A^2(B − A)$. Auch hier wird A durch $A + E$ ersetzt und die Terme werden gleichgesetzt:

$$(A + E)^2(B − A − E) = A^2(B − A)$$

Vereinfachen liefert:

$$2ABE + BE^2 − 3A^2E − 3AE^2 − E^3 = 0$$

Kürzen mit E zeigt:

$$2AB + BE − 3A^2 − 3AE − E^2 = 0$$

Abb. 6.5 Zum Extremwert 1)
von Fermat

Abb. 6.6 Zum Extremwert 3)
von Fermat

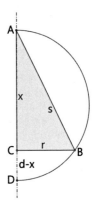

Nullsetzen von E ergibt:

$$2AB - 3A^2 = 0 \Rightarrow A = \frac{2}{3}B$$

Das Vorgehen könnte man modern schreiben als:

$$f(A) \rightarrow Max \Rightarrow f(A + E) = f(A)$$

Division durch E und anschließendes Nullsetzen liefert den Term:

$$\left[\frac{f(A + E) - f(A)}{E}\right]_{E=0} = 0$$

Das Verfahren erinnert an den später entwickelten Differenzialquotienten; Fermat kannte jedoch zu dieser Zeit noch keine Grenzwertbildung. Sonar[11] nennt die Methode das *Pseudogleichsetzungsverfahren* von Fermat.

(3) Gesucht ist der einer Kugel eingeschriebene Kegel mit maximaler Oberfläche. Zur Bezeichnungsweise s. Abb. 6.6.

Die Oberfläche O eines Kegels ergibt sich aus dem Grundkreisradius $|BC| = r$ und der Mantellinie $|BC| = s$:

$$O = \pi \left(r^2 + rs\right)$$

Bei gegebenem Kugeldurchmesser d soll also $\left(r^2 + rs\right)$ maximal werden; Fermat suchte daher das Maximum von $\frac{r^2+rs}{d^2}$ (*). Für die Höhe des Kegels gilt $|AC| = x = \sqrt{s^2 - r^2}$. Wegen der Ähnlichkeit der Dreiecke $\triangle ABC$ und $\triangle ADB$ gilt $\frac{d}{s} = \frac{s}{x}$ und es folgt:

$$|AD| = d = \frac{s^2}{x} = \frac{s^2}{\sqrt{s^2 - r^2}} \Rightarrow d^2 = \frac{s^4}{s^2 - r^2}$$

[11] Sonar T.: 3000 Jahre Analysis, Springer 2011[1], S. 257.

Mit (*) ist das Maximum gesucht von:

$$\frac{r^2 + rs}{\frac{s^4}{s^2 - r^2}} = \frac{s^3 r + s^2 r^2 - sr^3 - r^4}{s^4}$$

Hier ist der Nenner konstant, da s fest ist. Die Quasi-Gleichheit bei Extrema erfordert für den Zähler $f(r) = f(r+h)$. Dies ergibt:

$$h^4 + 4h^3 r + 6h^2 r^2 + 4hr^3 + h^3 s + 3h^2 sr + 3r^2 sh - 2rhs^2 - s^2 h^2 - s^3 h = 0$$

Division durch h und anschließendes Nullsetzen $h \to 0$ zeigt:

$$s^3 + 2s^2 r - 3sr^2 + 4r^3 = 0$$

Da $r = -s$ eine formale Lösung ist, gilt die Zerlegung:

$$(r + s)\left(4r^2 - sr - s^2\right) = 0$$

Zu lösen bleibt $\left(4r^2 - sr - s^2\right) = 0$. Für Fermat ist das Problem damit gelöst; er schrieb:

> … Daraus geht die Lösung schon hervor. Wir verweilen nicht länger bei dieser selbstverständlichen Sache.

Die Gleichung $r^2 - \frac{s}{4} r - \left(\frac{r}{s}\right)^2 = 0$ liefert $r = \frac{s}{8}\left(1 + \sqrt{17}\right)$. Dies ergibt:

$$\frac{x}{d} = 1 - \left(\frac{r}{s}\right)^2 = \frac{23 - \sqrt{17}}{32}$$

Aus dem Höhensatz im Dreieck $\triangle ABD$ folgt $r^2 = x(d - x)$ oder

$$\left(\frac{r}{d}\right)^2 = \frac{190 + 14\sqrt{17}}{32^2}$$

Das gesuchte Verhältnis ist somit

$$\frac{r}{d} = \frac{1}{32}\sqrt{190 + 14\sqrt{17}} \approx 0.49185$$

(4) Mithilfe dieses Prinzips bestimmte er später die Lichtwege bei Reflexion und Brechung; diese Betrachtungen sind als *Prinzip von Fermat* in die Physikgeschichte eingegangen. Um das Gesetz von Willebord v. R. Snell (latinisiert: *Snellius*) aus diesem Prinzip herzuleiten, muss man zeigen, dass die Laufzeit T des Lichts minimal ist (vgl. Abb. 6.7):

$$T = \frac{\sqrt{a^2 + x^2}}{v_1} + \frac{\sqrt{b^2 + (d - x)^2}}{v_2} \to \textit{Minimum}$$

Abb. 6.7 Darstellung des
Brechungsgesetzes

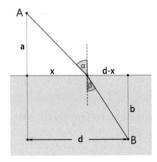

Die rechnerische Durchführung dieser Extremwertaufgabe gelang erst Leibniz (1684) in seiner Abhandlung *In tribus Lineis*. Er fand die Ableitung

$$\frac{dT}{dt} = \frac{1}{v_1} \frac{2x}{\sqrt{a^2 + x^2}} + \frac{1}{v_2} \frac{-2(d-x)}{\sqrt{b^2 + (d-x)^2}}$$

Die Winkel wurden eingebracht mittels:

$$\sin \alpha = \frac{x}{\sqrt{a^2 + x^2}} \therefore \sin \beta = \frac{d-x}{\sqrt{b^2 + (d-x)^2}}$$

Nullsetzen der Ableitung liefert:

$$\frac{\sin \alpha}{v_1} = \frac{\sin \beta}{v_2}$$

Mithilfe der zweiten Ableitung $\frac{d^2T}{dt^2} > 0$ lässt sich zeigen, dass ein Minimum vorliegt.

6.3   Tangentenbestimmung bei Fermat

Die erste Tangentenbestimmung Fermats erschien in der Abhandlung *De tangentibus linearum curvarum*. Dies geht aus einem Brief an Descartes vom Juni 1638 hervor:

Ich möchte ihn wissen lassen, dass unsere Abhandlungen *De maximis et minimis* bzw. *De tangentibus* ... bereits vor 8 oder 10 Jahren fertiggestellt waren und mehrere Personen, die diese Schriften in den letzten 5 oder 6 Jahren gesehen haben, dies auch bezeugen können.

Die Methode wird hier an einem Kreis demonstriert (Abb. 6.8):

Gegeben sei die Tangente an den Kreis (Mittelpunkt im Ursprung) im Punkt $M(x_0, y_0)$. Ein benachbarter Punkt auf dem Kreis sei M', die zugehörigen Lotfußpunkte seien P bzw. P'. Deren Abszissen lauten x_0, x_1 mit $x_1 = x_0 + E$. Die Dreiecke MPT und M'P'T sind ähnlich, daher gilt:

$$\frac{y_1}{y_0} = \frac{s-E}{s} \Rightarrow y_1 = y_0 \left(1 - \frac{E}{s}\right)$$

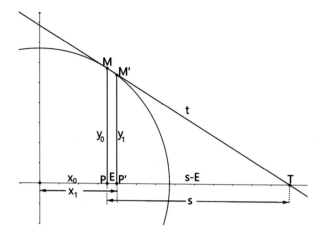

Abb. 6.8 Tangentenbestimmung bei Fermat

Da beide Punkt M, M' auf dem Kreis liegen, erfüllen Sie die Kreisgleichung:

$$x_0^2 + y_0^2 - r^2 = (x_0 + E)^2 + y_0^2\left(1 - \frac{E}{s}\right)^2 - r^2$$

Vereinfachen liefert:

$$2x_0E + E^2 - \frac{2E}{s}y_0^2 + \frac{E^2}{s^2}y_0^2 = 0$$

Division durch $E \neq 0$ zeigt:

$$2x_0 + E - \frac{2}{s}y_0^2 + \frac{E}{s^2}y_0^2 = 0$$

Nullsetzen von E bringt:

$$2x_0 - \frac{2}{s}y_0^2 = 0 \Rightarrow s = \frac{y_0^2}{x_0}$$

Damit ist die Subtangente PT bestimmt. T hat die Koordinaten $x_T = x_0 + s$; $y_T = 0$. Die gesuchte Tangente MT ergibt sich aus der Steigung

$$\frac{y_0 - y_T}{x_0 - x_T} = \frac{y_0}{\left(-\frac{y_0^2}{x_0}\right)} = -\frac{x_0}{y_0}$$

Dieses Verfahren konnte Fermat auf andere Kurven ausdehnen. Im selben Jahr (1638) forderte Descartes seine Kollegen auf, die Tangente an die Zykloide zu finden. Fermat konnte die Aufgabe auf Anhieb lösen.

Diese Kurve hatte das Interesse der Mathematiker gefunden, der Italiener Torricelli
und der Franzose Roberval hatten zuvor unabhängig die Fläche unter der Zykloide
bestimmt. Für die fehlende Berechnung der Bogenlänge wurde 1658 ein anonymer,
internationaler Wettbewerb im Wert von 60 Dublonen ausgeschrieben. Da bis zum
1. Oktober keine exakte Lösung einging, kam es zu einem lebhaften Disput unter den
Mathematikern. Dem Beweisziel am nächsten kamen die englischen Mathematiker John
Wallis und Christopher Wren. Auch Pascal mischte sich in die Diskussionen ein; dies
war seine letzte mathematische Aktivität.

6.4   Fermats Integralsummen

Die Schrift *De aequationum localium transmutatione ...* erschien erst in seinem Gesamtwerk *Œuvres de Fermat* Band I und stammt vermutlich aus den Jahren 1658/59. Darin
gelang es ihm, die Fläche eines Integrals im Intervall [0;B] durch Rechtecke zu berechnen,
deren Breite sich geometrisch verkleinerte (Abb. 6.9). Mit dem Faktor $E < 1$ am rechten
Intervallende beginnend, sind die zugehörigen Abszissen $\{B; EB; E^2B; E^3B; E^4B; \cdots\}$.
Die entsprechenden Intervallbreiten $\{b_i; 1 \leq i \leq n\}$ sind damit:

$$b_1 = B - EB = B(1 - E)$$
$$b_2 = EB - E^2B = BE(1 - E)$$
$$b_3 = E^2B - E^3B = BE^2(1 - E)$$

$$\cdots\cdots\cdots$$

$$b_n = E^{n-1}B - E^nB = BE^{n-1}(1 - E)$$

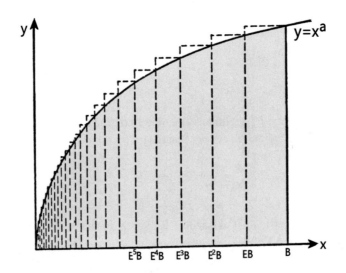

Abb. 6.9 Integralbestimmung bei abnehmender Intervallbreite

Zu zeigen ist, dass die Summe aller Rechteckbreiten das ganze Intervall überdeckt. Mit der Summenformel für geometrische Reihen folgt im Grenzübergang $n \to \infty$:

$$\sum_{i=1}^{\infty} b_i = \frac{b_1}{1 - E} = \frac{B(1 - E)}{1 - E} = B$$

Für die Flächensumme der Rechtecke ergibt sich:

$$\begin{aligned}
A &= b_1 B^a + b_2 (EB)^a + b_2 \left(E^2 B\right)^a + \cdots + b_n \left(E^{n-1} B\right)^a \\
&= B^{a+1}(1 - E) + B^{a+1} E^a (1 - E) + \cdots + B^{a+1} E^{a(n-1)}(1 - E) \\
&= B^{a+1}(1 - E)\left[1 + E^a + E^{2a} + \ldots + E^{a(n-1)}\right] \\
&= B^{a+1}(1 - E)\frac{1}{1 - E^{a+1}} \\
&= B^{a+1}\frac{1}{1 + E + E^2 + \ldots + E^a}
\end{aligned}$$

Im Grenzwert $E \to 1$ folgt

$$A = \frac{B^{a+1}}{a + 1}$$

6.5 Zahlentheorie bei Fermat

Bei seiner Lektüre antiker Autoren beschäftigte Fermat sich insbesondere mit der *Arithmetik* des Diophantos, die Claude Gaspard *Bachet* (*de Méziriac*). 1621 in lateinischer Sprache herausgegeben hatte. Er fasste dabei den Entschluss – im Gegensatz zu Diophantos – auf rationale Lösungen zu verzichten; dies ist der Grund, warum man heute diophantische Gleichungen auf der Grundmenge $\mathbb{Z}$ betrachtet.

6.5.1 Faktorisierung bei Fermat

Eine Aufgabe bestand darin, eine ungerade Primzahl in eine Differenz zweier Quadrate zu zerlegen. Für die zu faktorisierende Zahl n machte Fermat daher den Ansatz:

$$n = x^2 - y^2 \Rightarrow y^2 = x^2 - n; x \geq \sqrt{n}$$

Beginnend mit der Zahl $x = \lceil \sqrt{n} \rceil$ prüft man, ob in der Gleichung $z = x^2 - n$ die rechte Seite ein Quadrat ist. Ist dies der Fall, so setzt man $y = \sqrt{z}$ und erhält die Faktorisierung $n = x^2 - y^2 = (x + y)(x - y)$. Im anderen Fall wird x weitergezählt und die Differenz erneut auf Quadrateigenschaft geprüft.

Da das Verfahren immer einen großen Teiler $\geq \sqrt{n}$ sucht, kann das das Vorgehen wenig effektiv werden, wenn eine Vielzahl von Kandidaten zu prüfen ist. Man wird daher zunächst nach kleineren Teilern suchen, etwa alle Primzahlen ≤ 29.

Exkurs zu Marin Mersenne (1588–1648):

Mersenne ging 1604 bis 1609 zur Schule *La Flèche*, die auch vom 8 Jahre jüngeren Descartes besucht wurde, und studierte 1609 bis 1611 Theologie am *Collège Royale de France* und an der *Sorbonne*. Nach dem Studium trat er dem Orden der Paulaner (auch Minimiten genannt) bei und erhielt im darauffolgenden Jahr die Priesterweihe. Nach Lehrtätigkeiten in der Provinz wurde er 1616 zum Abt des Klosters am Place Royale in Paris gewählt; dort lebte er bis zu seinem Tod. Ab 1620 konnte er auf einigen Reisen Kontakte mit französischen Gelehrten, auf einer Pilgerfahrt nach Rom, mit italienischen Forschern aufnehmen. Damit wurde er zur zentralen Ansprechpartner vieler europäischer Forscher zu einer Zeit, als es noch keine wissenschaftlichen Zeitschriften gab.

Zusammen mit den in Paris lebenden Gelehrten Descartes, Desargues, Roberval und Etienne Pascal bildet er die Gruppe *Academia Parisiensis*, die als Vorläufer der *Académie des Sciences* angesehen werden kann. In einem Sammelband *Synopsis mathematica* publizierte er 1626 wichtige Texte zur Mathematik und Mechanik. Seine Beiträge zur Physik und Akustik enthält das Werk *Cogita Physico-Mathematica* von 1644; u. a. bestimmte er die Schallgeschwindigkeit.

Obwohl er als Priester der Kirchenlehre verpflichtet war, übersetzte er 1639 die *Discorsi* Galileis und machte diesen außerhalb Italiens populär. Nach seinem Tod fand man in seiner Klosterzelle den Briefverkehr, den er mit 78 Adressaten geführt hatte. Besonders fruchtbar war seine Zusammenarbeit mit Fermat, den er zu zahlreichen Untersuchungen in der Zahlentheorie anregte.

Im Vorwort seiner Schrift *Cogitata Physico-Mathematica* hatte Mersenne 1644 behauptet, dass die nach ihm benannten Zahlen der Form $M(p) = 2^p\text{-}1$ prim seien für die Exponenten

$$p \in \{2, 3, 5, 7, 13, 17, 19, 31, 67, 127, 257\}$$

Er irrte sich bei $p \in \{67, 257\}$, übersehen hat er die Fälle $p \in \{61, 89, 107\}$. Dass $M(67)$ bzw. $M(257)$ keine Primzahlen sind, wurde aber erst 1876 von É. Lucas bzw. 1903 von F.N. Cole nachgewiesen.

a) Für die Mersenne-Zahl $M(15) = 2^{15} - 1 = 32767$ benötigt das Verfahren von Fermat nur 3 Schritte. Man startet mit $\lceil \sqrt{32767} \rceil = 182$. Es folgt:

$$182^2 - 32767 = 357 \Rightarrow k.Q.$$
$$183^2 - 32767 = 722 \Rightarrow k.Q.$$
$$184^2 - 32767 = 1089 = 33^2$$

Damit folgt:

$$y = 33 \Rightarrow 32767 = (184 - 33)(184 + 33) = 151 \cdot 217$$

Fermat gelang es mithilfe seines Verfahrens die Mersenne-Zahlen $M(23)$ und $M(37)$ zu faktorisieren:

$$M(23) = 8\,388\,607 = 47 \cdot 178\,481 \,\therefore\, M(37) = 137\,438\,953\,471 = 223 \cdot 616\,318\,177$$

Euler schaffte 1738 noch die Zerlegung

$$M(29) = 536\,870\,911 = 233 \cdot 1103 \cdot 2089$$

b) Für die Faktorisierung von 216.389 sind 18 Schritte notwendig; es finden sich die Faktoren 353 und 613.

c) Mersenne forderte Fermat auf, mithilfe seiner Methode die Zahl 2 027 651 281 zu faktorisieren. Fermat hatte keine Probleme die Faktoren 44 021 und 46 601 zu finden; man benötigt 12 Schritte.

6.5.2 Die Mersenne-Primzahlen

Die Suche nach Primzahlen unter den Mersenne-Zahlen ist noch nicht abgeschlossen; auch ist unklar, ob es unendlich viele Primzahlen unter den Mersenne-Zahlen gibt. Im Dezember 2018 wurde die bisher größte (vermutlich) 51. Mersenne-Primzahl $2^{82\,589\,933} - 1$ gefunden bei der Suche mithilfe eines riesigen Rechnerverbunds GIMPS (= *Great Internet Mersenne Prime Research*). Die aktuelle Rekordzahl kann auf der Seite *mersenne.org* erfragt werden. Die Nummerierung ist unsicher, da die Suche seit Nummer 47 nicht mehr kontinuierlich verläuft. Alle Mersenne-Primzahlen haben die Eigenschaft:

$$M(p) \equiv 7 \, mod \, 24; p \neq 2$$

Die Mersenne-Zahlen sind besonders geeignet für ein Primzahlsuche, da es hier einfache Kriterien gibt.

- Eine Mersenne-Zahl $M(n)$ ist dann Primzahl, wenn der Exponent n selbst prim ist:

$$2^n - 1 \, Primzahl \Rightarrow n \, ist \, Primzahl$$

Fall a) Exponent ist gerade: $n = 2k; k > 1$.

$$M(n) = 2^n - 1 = 2^{2k} - 1 = \left(2^k\right)^2 - 1 = \left(2^k - 1\right)\left(2^k + 1\right)$$

Damit ist die Mersenne-Zahl in zwei Faktoren > 3 zerlegt.

Fall b) Exponent zerfällt in zwei ungerade Faktoren: $n = pq; p, q > 1$.

Für die Summe der geometrischen Folge gilt:

$$(2^p)^0 + (2^p)^1 + (2^p)^2 + \cdots + (2^p)^{(q-1)} = \frac{2^{pq} - 1}{2^p - 1}$$

Somit lässt sich die Mersenne-Zahl faktorisieren als

$$M(n) = 2^{pq} - 1 = (2^p - 1)\left[1 + 2^p + 2^{2p} + \cdots + (2^p)^{(q-1)}\right]$$

In beiden Fällen ergibt die (nichttriviale) Faktorisierung von $M(n)$ einen Widerspruch zu der Annahme $M(n)$ ist prim. Somit muss der Exponent selbst eine Primzahl sein. Folgender Satz wurde bereits 1750 von Euler vermutet und 1775 von Lagrange bewiesen:

- Ist $p \equiv 3\ mod\ 4$ eine Primzahl, dann ist $(2p + 1)$ genau dann ein Teiler der Mersenne-Zahl $M(p)$, wenn $(2p + 1)$ Primzahl ist.

Beispiel: Mit $p \equiv 251 (\equiv 3\ mod\ 4)$ ist auch $(2p + 1) = 503$ Primzahl. Somit hat die Zahl $M(251)$ den Teiler 503.

Abb. 6.10 zeigt die 39. Mersenne'sche Primzahl auf einer Briefmarke und ein Bild von M. Mersenne.

- Test nach Lucas-Lehmer: Die Mersenne-Zahl $M(p)$ ist genau dann prim, wenn die Folge $\{s_1, s_2, s_3, \ldots, s_{p-1}\}$ mit dem Wert $s_{p-1} = 0$ endet. Dabei gilt $s_1 = 4$ und

$$s_k \equiv \left(s_{k-1}^2 - 2\right)\ mod\ M(p)$$

Beispiel: Es soll $M(13) = 8191$ geprüft werden. Wir rechnen schrittweise:

$$s_2 \equiv \left(4^2 - 2\right)\ mod\ 8191 \equiv 14$$
$$s_3 \equiv \left(14^2 - 2\right)\ mod\ 8191 \equiv 194$$
$$s_4 \equiv \left(194^2 - 2\right)\ mod\ 8191 \equiv 4870$$
$$s_5 \equiv \left(4870^2 - 2\right)\ mod\ 8191 \equiv 3953$$
$$s_6 \equiv \left(3953^2 - 2\right)\ mod\ 8191 \equiv 5970$$
$$s_7 \equiv \left(5970^2 - 2\right)\ mod\ 8191 \equiv 1857$$
$$s_8 \equiv \left(1857^2 - 2\right)\ mod\ 8191 \equiv 36$$
$$s_9 \equiv \left(36^2 - 2\right)\ mod\ 8191 \equiv 1294$$
$$s_{10} \equiv \left(1294^2 - 2\right)\ mod\ 8191 \equiv 3470$$
$$s_{11} \equiv \left(3470^2 - 2\right)\ mod\ 8191 \equiv 128$$
$$s_{12} \equiv \left(128^2 - 2\right)\ mod\ 8191 \equiv 0$$

Damit ist bewiesen, dass $M(13)$ prim ist.

Abb. 6.10 Liechtensteiner Briefmarke zu einer Mersenne-Primzahl und Porträt von M. Mersenne (Wikimedia Commons, gemeinfrei)

6.5.3 Die Fermat-Zahlen

Fermat hatte in einem Brief an Bernhard Frénicle *(de Bessy)* behauptet, dass alle Zahlen der Form $2^{2^n} + 1$ Primzahlen sind. Er schreibt:

> Es ist eine Eigenschaft, für deren Wahrheit ich einstehe; der Beweis ist sehr unangenehm, und ich bekenne, dass ich ihn noch nicht vollständig zu erledigen imstande war. Ich würde Ihnen nicht vorschlagen, einen Beweis zu suchen, wenn ich damit zustande gekommen wäre.

Die Behauptung ist nur korrekt für $n \in \{0, 1, 2, 3, 4\}$. Euler fand 1732 das Gegenbeispiel: Die Fermat-Zahl $F(5) = 2^{2^5} + 1 = 4\,294\,967\,297$ hat den Teiler 641. Mit seinem eigenen Verfahren hätte Fermat dafür mehrere zehntausende Rechenschritte machen müssen.

Die Fermat-Zahlen haben zahlreiche Anwendungen gefunden.

A) Für das Produkt gilt:

$$\prod_{i=0}^{n-1} F(i) = F(n) - 2$$

Beweis durch Induktion:

Anfang ($n = 1$): $F(0) = F(1) - 2$, wegen $F(0) = 3, F(1) = 5$.

Voraussetzung: $\prod_{i=0}^{n-1} F(i) = F(n) - 2$.

Schluss: $\prod_{i=0}^{n} F(i) = \left[\prod_{i=0}^{n-1} F(i) \right] F(n) = (F(n) - 2)F(n) = \left(2^{2^n} - 1 \right) \left(2^{2^n} + 1 \right)$

$$= 2^{2^{n+1}} - 1 = F(n + 1) - 2$$

Dies ist einer der *schönen* Beweise aus dem Klassiker[12].

---

[12] Aigner M., Ziegler G. M.: Das BUCH der Beweise, Springer 2002, S. 3–4.

B) Ferner haben Fermat-Zahlen die Eigenschaft, teilerfremd zu sein:

$$ggT(F(k), F(n)) = 1; k < n$$

Ein gemeinsamer Teiler m von $F(k)$ bzw. $F(n)$ ist einer von $\prod_{i=0}^{n-1} F(i)$ bzw. $F(n)$, gleich-bedeutend mit $F(n) - 2$ bzw. $F(n)$. Es gilt daher $m = 1$(trivial) oder $m = 2$; dies ist ausgeschlossen, da alle Fermat-Zahlen ungerade sind. Die Anzahl der bei den Fermat-Zahlen auftretenden Primfaktoren ist nicht beschränkt; dies liefert einen neuen Beweis für die Unendlichkeit der Primzahlen.

C) Ein (reguläres) n-Eck ist genau dann nach Euklid konstruierbar, wenn gilt:

$$n = 2^r \cdot p_1 p_2 p_3 \cdots p_k$$

Dabei sind die Zahlen p_i paarweise verschiedene Fermat'sche Primzahlen. Gauß konnte das reguläre 17-Eck konstruieren, da 17 die dritte Fermat'sche Primzahl ist: $17 = 2^{2^2} + 1 = F(2)$.

6.5.4 Der Zwei-Quadrate-Satz

Fermat fand bei Diophantos eine Aufgabe, die voraussetzt: Jede Primzahl der Form $(4n + 1)$ hat genau eine Zerlegung in zwei Quadrate:

$$29 = 5^2 + 2^2 \therefore 2\,369\,929 = 1100^2 + 1077^2 \therefore 201\,743\,929 = 10\,035^2 + 10\,552^2$$

Für Potenzen solcher Zahlen konnte Fermat ebenfalls diese Zerlegung zeigen:

$$p = a^2 + b^2$$
$$p^2 = (2ab)^2 + (a^2 - b^2)^2$$
$$p^3 = \left[a(a^2 - b^2) - b(2ab) \right]^2 + \left[a(2ab) + b(a^2 - b^2) \right]^2$$
$$p^4 = \left[2(2ab)(a^2 - b^2) \right]^2 + \left[(2ab)^2 - (a^2 - b^2)^2 \right]^2$$

In einem Brief vom Dezember 1640 an Mersenne teilte er folgendes Ergebnis[13] mit:
Ist p prim von der Form $(4n + 1)$ und $(n \geq 1)$, dann hat die Zahl p^n genau $\frac{n}{2}$, falls n gerade, andernfalls $\frac{n+1}{2}$ Zerlegungen.

Für $p = 29$ (wie oben) folgt hier:

$$29^2 = 20^2 + 21^2$$
$$29^3 = 65^2 + 142^2 = 58^2 + 145^2$$
$$29^4 = 41^2 + 840^2 = 580^2 + 609^2$$

---

[13] Weil A.: Zahlentheorie – Ein Gang durch die Geschichte von Hammurapi bis Legendre, Birkhäuser 1984, S. 73.

In einem Brief an Carcavi, der nach dem Tod Mersennes dessen Nachfolger an der Pariser Akademie wurde, erläutert Fermat das von ihm erfundene Beweisprinzip des *Unendlichen Abstiegs* (zitiert nach Scharlau und Opolka[14]):

> Lange Zeit gelang es mir nicht, meine Methode auf bejahende Sätze anzuwenden, denn der richtige Kniff an sie heranzukommen, ist viel beschwerlichen als jener, den ich für verneinende Sätze verwende. So befand ich mich, als ich zu beweisen hatte, dass jede Primzahl, die ein Vielfaches von 4 um 1 übersteigt, aus zwei Quadraten besteht, in einer rechten Klemme. Schließlich brachte eine oft wiederholte Besinnung die Erleuchtung, und nun lassen sich auch bejahende Sätze mithilfe neuer Grundregeln, die noch hinzukommen müssen, mit meiner Methode behandeln. Der Gang meiner Überlegungen bei bejahenden Sätzen ist folgender: Wenn eine willkürlich gewählte Primzahl der Form 4n+1 keine Summe von zwei Quadraten ist, [beweise ich, dass] es eine kleinere der gleichen Form gibt, und [deshalb] eine dritte noch kleinere usw. Wenn wir auf diese Art einen unendlichen Abstieg vornehmen, gelangen wir zur Zahl 5 als der kleinsten dieser Zahlen (4n+1). [Aus dem erwähnten Beweis und dem ihm vorangehenden Argument] folgt, dass 5 keine Summe von zwei Quadraten ist. Es ist jedoch eine. Deshalb müssen wir durch eine *reductio ad absurdum* zu dem Schluss kommen, dass alle Zahlen der Form 4n+1 Summen von zwei Quadraten sind.

Ergänzung: Die Verallgemeinerung des Zwei-Quadrate-Satzes stammt von Carl Gustav J. Jacobi (1804–1851) aus dem Jahr 1828:

> Eine natürliche Zahl n ist genau dann als Summe zweier Quadratzahlen darstellbar, wenn jeder Primfaktor von n der Form $(4k + 3)$ in gerader Anzahl auftritt.

6.5.5   Der Vier-Quadrate-Satz

Jede natürliche Zahl lässt sich als Summe von höchstens 4 Quadraten darstellen, wobei der Summand Null erlaubt ist. Ein Beispiel ist

$$34 = 5^2 + 3^2 + 0^2 + 0^2 = 5^2 + 2^2 + 2^2 + 1^2 = 4^2 + 4^2 + 1^2 + 1^2 = 4^2 + 3^2 + 3^2 + 0^2$$

Ein Beweis erfolgte durch Joseph L. Lagrange 1770.

6.5.6   Ein weiterer Satz bei Diophantos

Ebenfalls in der Diophantos-Ausgabe fand Fermat die Aufgabe, eine ungerade Primzahl p in die Differenz zweier Quadrate zu zerlegen. Fermat konnte zeigen, dass diese Zerlegung eindeutig ist. Ein Spezialfall der binomischen Formel zeigt die Identität für ungerade Zahlen:

---

[14] Scharlau W., Opolka H.: Von Fermat bis Minkowski, Eine Vorlesung über die Zahlentheorie und ihre Entwicklung, Springer Berlin 1980, S. 8.

$$p = \left(\frac{p+1}{2}\right)^2 - \left(\frac{p-1}{2}\right)^2$$

Es sei $p = x^2 - y^2 = (x+y)(x-y)$. Für Primzahlen gilt die eindeutige Faktorisierung:

$$\left.\begin{array}{l} p = x+y \\ 1 = x-y \end{array}\right\} \Rightarrow x = \frac{p+1}{2}; y = \frac{p-1}{2}$$

Dies führt zur gegebenen Identität; die Darstellung ist somit eindeutig.

6.5.7   Die diophantische Gleichung x^4 y^4 z^2

Fermat behauptete, dass die diophantische Gleichung $x^4 + y^4 = z^2$ keine Lösung (außer $xyz = 0$) habe; einen vollständigen Beweis lieferte erst Euler.

Ergänzung Eulers Beweis:
Euler hat 1770 in einem Brief an Goldbach das von Fermat entwickelte Beweisprinzip verwendet, um die Nichterfüllbarkeit der diophantischen Gleichung $x^4 + y^4 = z^2$ zu zeigen. Damit ist auch die Nichtlösbarkeit von $x^4 + y^4 = z^4$ erwiesen.
   Annahme: Es gibt eine ganzzahlige Lösung z von $x^4 + y^4 = z^2$. Falls (x,y,z) nicht teilfremd sind, wird durch $d = ggt(x,y,z) > 1$ geteilt:

$$\left(\frac{x}{d}\right)^4 + \left(\frac{y}{d}\right)^4 = \left(\frac{z}{d^2}\right)^2$$

Dies zeigt, die Gleichung ist auch für $\frac{z}{d^2} < z$ erfüllt. Sind (x,y,z) teilfremd, so stellt $\left(x^2, y^2, z\right)$ ein primitives Pythagoras-Tripel dar mit $x^2 \neq y^2 \mod 2$. Es sei x^2 gerade, dann gilt

$$x^2 = 2pq \therefore y^2 = p^2 - q^2 \therefore z = p^2 + q^2$$

Dabei sind p, q teilfremd und von ungleicher Parität. Nimmt man an, dass p gerade ist, würde folgen: $y^2 + q^2 = p^2$ ist eine durch 4 teilbare Summe zweier ungerader Quadratzahlen, was nicht möglich ist. Also muss q gerade sein; dies zeigt: (q,y,p) ist ein primitives Pythagoras-Tripel. Mit $x^2 = 2pq$ folgt, dass auch p ein Quadrat ist:

$$p = A^2 \therefore q = 2B^2 \Rightarrow 2B^2 = 2uv; A^2 = u^2 + v^2$$

Hier gilt $ggT(u,v) = 1$. Dies liefert

$$u = C^2 \therefore v = D^2 \Rightarrow A^2 = C^4 + D^4$$

Insgesamt folgt mit $A > 1$:

$$z = A^4 + 4B^4 > A^4 \geq A$$

Dies bedeutet, dass die diophantische Gleichung auch für ein kleineres z lösbar ist. Setzt man das Verfahren in der angegebenen Weise fort, so ergibt sich ein Widerspruch, da $z \in \mathbb{N}$ nicht beliebig verkleinert werden kann.

Eine ganz ähnliche Aufgabe, nämlich die Lösung von $x^3 + y^3 = z^2$, war schon lange bekannt. Bereits um 1020 hatte Abu Bakr *al-Karhkî* eine Vielzahl von ganzzahligen Lösungen entdeckt:

$$\{(1,2,3); (2,2,4); (4,8,24); (8,8,32); (9,18,81); \ldots\}$$

Dass es unendlich viele Lösungen gibt, erkennt man daran, dass mit (x, y, z) auch $(4x, 4y, 8z)$ die Gleichung erfüllt. In seiner Schrift *Fakhrî* 5.1 gab al-Karhkî dazu die Parameterlösung:

$$\left\{ x = \frac{s^2}{1+t^2}; y = tx; z = sx \right\} s, t \in \mathbb{N}$$

6.5.8 Problem der kongruenten Zahlen

Es gibt kein rechtwinkliges Dreieck, dessen Flächeninhalt ein Quadrat ist:

$$a^2 + b^2 = c^2 \Rightarrow A = \frac{1}{2}ab \neq Quadrat!$$

Bekannt ist, dass jedes ganzzahlige Pythagoras-Tripel (a, b, c) als Vielfaches des folgenden Tripels darstellbar ist:

$$\left(x^2 - y^2; 2xy; x^2 + y^2 \right); x \neq y \bmod 2; ggT(x, y) = 1$$

Für den Flächeninhalt des Dreiecks (a, b, c) gilt:

$$A = xy \cdot (x - y)(x + y)$$

Alle Faktoren der Flächenformel sind nach Voraussetzung teilerfremd. Dies bedeutet hier, dass, wenn A ein Quadrat wäre, alle Primfaktoren doppelt auftreten. Somit würde es ein noch kleineres Quadrat geben mit dem zugehörigen Dreieck. Setzt man diese Schritte fort, so würde man jeweils ein noch kleineres Dreieck erhalten, was nicht möglich ist, da die natürlichen Zahlen nach unten beschränkt sind.

Dies ist eine weitere Anwendung des von Fermat erfundenen Beweisprinzip des *unendlichen Abstiegs*.

6.5.9 Der sog. *kleine* Fermat-Satz

Der Satz findet sich in einem Schreiben Fermats an Frénicle *de Bessy*. Dort berichtet er über die Beobachtung: Ist a eine natürliche Zahl, p eine Primzahl mit $ggt(a, p) = 1$, so gilt stets:

$$p | a^p - a$$

Dies lässt sich in anderer Form schreiben als:

$$a^p \equiv a \bmod p \Rightarrow a^{p-1} \equiv 1 \bmod p$$

Auch zu diesem Satz liefert Fermat keinen Beweis. Ein erster Beweis stammt von Leibniz; er findet sich in einem undatierten Brief (um 1683). Einen Beweis lieferte auch Euler mittels vollständiger Induktion über a:

- Für $a = 1$ gilt: $a^{p-1} \equiv 1 \bmod p$.
- Es gelte für ein $a > 1$: $a^{p-1} \equiv 1 \bmod p$.
- Dann gilt auch:

$$(a + 1)^p \equiv a^p + 1 \equiv (a + 1) \bmod p$$

Im letzten Schritt wird die Tatsache verwendet, dass alle Binomialkoeffizienten $\binom{p}{k}, 1 \le k \le p - 1$ durch p teilbar sind. Dies ist aus der binomischen Reihe ersichtlich:

$$(a + 1)^p \equiv a^p + \left[\binom{p}{1} + \binom{p}{2} + \binom{p}{3} + \cdots + \binom{p}{p-1} \right] + 1 \equiv a^p + 1$$

6.5.10 Eine Verallgemeinerung von Euler

Euler hat den Satz noch verallgemeinert mithilfe seiner Euler'schen φ-Funktion. Die Funktion $\varphi(n)$ zählt alle natürlichen Zahlen aus $\{1, 2, 3, \ldots, n - 1\}$, die teilerfremd zu n sind. Für Primzahlen p sind alle Zahlen kleiner p teilerfremd; somit gilt $\varphi(p) = p - 1$. Der Fermat-Satz lautet damit

$$a^{\varphi(p)} \equiv 1 \bmod p$$

Der Satz von Fermat-Euler ist einer der wichtigsten Sätze der Zahlentheorie.

a) Eine Anwendung ist das formale Lösen einer Kongruenz $ax \equiv b \bmod m$. Wegen $a^{\varphi(m)} \equiv 1 \bmod m$ multipliziert man diese Kongruenz mit $a^{\varphi(m)-1}$. Man erhält so

$$ax \equiv b \bmod m \Rightarrow \underbrace{a^{\varphi(m)}}_{1} x \equiv \left(b \cdot a^{\varphi(m)-1} \right) \bmod m$$

Das Produkt auf der rechten Seite kann recht groß werden, es muss daher $\bmod m$ reduziert werden. Dafür gibt es einen schnelles Algorithmus, hier am Beispiel von $4^{100} \bmod 7$ gezeigt:

$$4^2 \equiv 2 \bmod 7$$
$$4^4 \equiv 4 \bmod 7$$
$$4^8 \equiv 2 \bmod 7$$
$$4^{16} \equiv 4 \bmod 7$$
$$4^{32} \equiv 2 \bmod 7$$
$$4^{64} \equiv 4 \bmod 7$$

Damit folgt: $4^{100} \bmod 7 \equiv \left(4^{64}\right)\left(4^{32}\right)\left(4^4\right) \bmod 7 \equiv 4 \cdot 2 \cdot 4 \bmod 7 \equiv 4 \bmod 7$

Beispiel: Gesucht ist die Lösung der Kongruenz $4x \equiv 5 \bmod 7$. Wegen $\varphi(7) = 6$ multipliziert man mit $4^{6-1} \bmod 7$ und erhält das Ergebnis:

$$4^6 x \equiv \left(5 \cdot 4^5\right) \bmod 7 \Rightarrow x \equiv (5 \cdot 1024) \bmod 7 \equiv 3 \bmod 7$$

Damit kann auch folgende lineare diophantische Gleichung in Angriff genommen werden:

$$4x - 7y = 5$$

Nimmt man die Gleichung $\bmod 4$, so folgt

$$7y \equiv -5 \bmod 4 \equiv 3 \bmod 4$$

Ersichtlich ist eine Lösung: $y \equiv 1 \bmod 4 \Rightarrow x \equiv 3 \bmod 4$. Damit existieren beliebig viele Lösungen:

$$\begin{pmatrix} x \\ y \end{pmatrix} = \begin{pmatrix} 3 \\ 1 \end{pmatrix} + \begin{pmatrix} 7 \\ 4 \end{pmatrix} t; t \in \mathbb{N}$$

b) Eine weitere Anwendung ist der sog. *Fermat-Test*. Wie oben erläutert, gilt für eine Primzahl p:

$$a^{p-1} \equiv 1 \bmod p$$

Er liefert eine *notwendige* Bedingung für einen Primzahltest. Soll die Zahl 97 auf Primzahleigenschaft getestet werden, so wählt man eine natürliche Zahl a, die kein Vielfaches von 97 ist. Wir verwenden die Basis $a = 2$ und rechnen schrittweise

$$2^2 \equiv 4 \bmod 97$$
$$2^4 \equiv 4^2 \bmod 97 \equiv 16 \bmod 97$$
$$2^8 \equiv 16^2 \bmod 97 \equiv 62 \bmod 97$$
$$2^{16} \equiv 62^2 \bmod 97 \equiv 61 \bmod 97$$
$$2^{32} \equiv 61^2 \bmod 97 \equiv 35 \bmod 97$$
$$2^{64} \equiv 35^2 \bmod 97 \equiv 61 \bmod 97$$

Für die gesuchte Zweierpotenz folgt:

$$2^{96} \bmod 97 \equiv \left(2^{32}\right)\left(2^{64}\right) \bmod 97 \equiv (35 \cdot 61) \bmod 97 \equiv 1 \bmod 97$$

Somit besteht die Möglichkeit, dass 97 prim ist. Führt man den Test für andere Basen aus, so erhöht sich die Wahrscheinlichkeit, prim zu sein. Zu beachten ist, dass der Test nicht hinreichend ist. Es gibt nämlich die sog. Carmichael-Zahlen, die für bestimmte Basen den Fermat-Test bestehen, ohne selbst Primzahlen zu sein. Beispiel ist die zusammengesetzte Zahl $341 = 11 \cdot 31$; sie erfüllt dennoch den Satz von Fermat:

$$2^{341} \equiv 2 \bmod 11 \therefore 2^{341} \equiv 2 \bmod 31$$

Die kleinste Carmichael-Zahl mit 3 Primteilern ist $561 = 3 \cdot 11 \cdot 17$. Hier gilt analog:

$$2^{561} \equiv 2 \bmod 3 \therefore 2^{561} \equiv 2 \bmod 11 \therefore 2^{561} \equiv 2 \bmod 17$$

Es gibt aber ein hinreichendes Kriterium von D. H. *Lehmer*, das besagt: Eine natürliche Zahl n ist mit Sicherheit Primzahl, wenn für alle Primteiler p von $(n-1)$ eine Zahl a existiert, für die gilt:

$$a^{n-1} \equiv 1 \bmod n \ \wedge \ a^{(n-1)/p} \neq 1 \bmod n$$

Als Beispiel wird die Zahl 107 geprüft. Die Primfaktorisierung von 106 ist $2 \cdot 53$. Wir wählen als Basis $a = 2$. Nach Lehmer ist zu prüfen:

$$2^{106} \equiv 1 \bmod 107$$
$$2^{106/2} \equiv 2^{53} \equiv 106 \bmod 107 \neq 1 \bmod 107$$
$$2^{106/53} \equiv 2^{2} \equiv 4 \bmod 107 \neq 1 \bmod 107$$

Somit ist 107 nach Lehmer eine Primzahl.

6.5.11 Eine weitere Anwendung des *unendlichen Abstiegs*

In der Bibliothek von Leiden fand sich 1879 im Nachlass von Huygens ein Schreiben von Fermat, in dem er die Anwendung seines Prinzips beim Beweis der Irrationalität von $\sqrt{2}$ demonstriert.

Annahme: Es gelte

$$\sqrt{2} = \frac{a}{b}; a > b > 0; ggT(a, b) = 1$$

Eine weitere Bruchdarstellung findet sich mit $a^2 = 2b^2$:

$$2(a - b)^2 = 2a^2 - 4ab + 2b^2 = 4b^2 - 4ab + a^2 = (2b - a)^2 \Rightarrow \sqrt{2} = \frac{2b - a}{a - b}$$

Setzt man dies gleich $\sqrt{2} = \frac{a_1}{b_1}$, so gelten folgende Ungleichungen

$$1 < \frac{a}{b} < 2 \Rightarrow b < a < 2b \Rightarrow 0 < 2b - a = a_1$$
$$b < a \Rightarrow 2b < 2a \Rightarrow \underbrace{2b - a}_{a_1} < a$$

Damit ist gezeigt, der neue Zähler a_1 ist kleiner ist als der alte und positiv. Setzt man das Verfahren fort, so erhält man jeweils eine weitere Bruchdarstellung $\frac{a_i}{b_i}$ mit verkleinertem, positiven Zähler. Dies ist nicht möglich, da die natürlichen Zahlen nach unten beschränkt sind. Widerspruch!

6.5.12 Der sog. *große* Satz von Fermat

Der sog. *große* Satz von Fermat (im Englischen *Last Theorem* genannt) stellt die Frage nach der Lösbarkeit der diophantischen Gleichung

$$x^n + y^n = z^n; \, x \cdot y \cdot z \neq 0; n > 2$$

Die Aufgabe (II, 8) von Diophantos verlangt eine Zahl in eine Summe von (rationalen) Quadraten darzustellen. Beim Lesen dieses Problems machte Fermat (ca. 1637) die berühmte Randnotiz, *dass diese Darstellung nicht für größere Exponenten gelte. Er habe eine Beweisidee, leider sei aber der Rand zu klein, um den Beweis zu fassen.* Die Randbemerkung wurde von seinem Sohn Samuel in sein Gesamtwerk aufgenommen.

Nach diesem Beweis haben ganze Generationen von Mathematikern gesucht: Euler zeigt die Unlösbarkeit für $n = 3, 4$, Legendre (1823) für $n = 5$, Dirichlet (183) für $n = 14$ und Lamé (1840) für $n = 7$. 1993 war das Problem mit Rechnerunterstützung für Exponenten bis $4 \cdot 10^4$ bewiesen.

Zuvor war schon ein wichtiges Zwischenergebnis erlangt worden: Gerd Faltings hatte 1983 bewiesen, dass der große Satz von Fermat höchstens endliche Lösungen haben könne. 1993 kam die Sensation, Andrew *Wiles* kündigte einen allgemeinen Beweis an. Nach einigen Verbesserungen konnte Wiles 1995 zusammen mit R. Taylor den Beweis vollenden. Nach 358 Jahren mathematischer Bemühungen war das Ziel erreicht!

Eric *Weisstein* schreibt auf *mathworld.wolfram.com:*

Der Beweis von Fermats letztem Satz markiert das Ende einer mathematischen Ära. Da praktisch alle Hilfsmittel, die schließlich zur Lösung des Problems eingesetzt wurden, zur Zeit von Fermat noch nicht erfunden worden waren, ist es interessant darüber zu spekulieren, ob er tatsächlich über einen elementaren Beweis des Theorems verfügte. Gemessen an der Hartnäckigkeit, mit der das Problem so lange dem Angriff widerstand, scheint Fermats angeblicher Beweis illusionär gewesen zu sein. Diese Schlussfolgerung wird weiter durch die Tatsache gestützt, dass Fermat nach Beweisen für die Fälle ($n = 4; 5$) suchte. Diese Suche wäre überflüssig gewesen, wenn er tatsächlich über einen allgemeinen Beweis verfügt hätte.

Abb. 6.11 zeigt Briefmarken aus Tschechien und Frankreich zum Beweis von Wiles.

Abb. 6.11   Briefmarken aus Tschechien und Frankreich zum Beweis von Wiles (mathshistory.st-andrews.ac.uk/miller/stamps).

6.5.13 Die Pell'sche Gleichung

Als Herausforderung an die Mathematiker-Kollegen (1657) John Wallis und Lord William Brouncker fand Fermat folgende Fragestellung: Gesucht sind ganzzahlige Lösungen der sog. *Pell'schen* Gleichung:

$$x^2 - Dy^2 = 1; \sqrt{D} \notin \mathbb{N}$$

Beide antworteten auf Englisch, so wurde für die französischen Mathematiker eine Übersetzung angefordert. Der Engländer John Pell übersetzte und erweiterte die Algebra des Niederländers J. H. Rahn; die Übersetzung enthielt auch Lösungen von diophantischen Gleichungen. Als Euler später das Werk zu Gesicht bekam, dachte er irrtümlich, sie stamme von Pell und benannte diese Art der Gleichung nach ihm.

Fermat formulierte das Problem wie folgt:

> Gegeben ist eine Zahl, die *kein* Quadrat ist. Dann gibt es unendlich viele Quadrate, die mit der gegebenen Zahl multipliziert um die Einheit addiert, wiederum ein Quadrat ergeben.
>   *Beispiel:* Es sei 3 die gegebene Zahl. Multipliziert mit 1^2 und um 1 vermehrt, gibt das Quadrat 4. Dieselbe Zahl 3, multipliziert mit 4^2 und um 1 vermehrt, gibt das Quadrat 49. Außer den Faktoren 1 bzw. 16 gibt es unendliche viele Quadrate mit denselben Eigenschaften.
>   Ich frage nach der allgemeinen Lösung, wenn irgendein Nichtquadrat wie 149, 109 oder 433 gegeben ist.

Frénicle (de Bessy) meldete den englischen Mathematikern, dass Fermat die Lösung für $D \leq 149$ gefunden habe. Lösungen für $D \geq 150$ erbrachten teilweise Frénicle, Lord Brouncker und Wallis. Frénicle forderte Lord Brouncker heraus mit der Frage nach der Lösung für $D = 313$; die kleinste positive Lösung ist hier $\{x = 32\,188\,120\,829\,134\,849; y = 1\,819\,380\,158\,564\,160\}$.

Der zu dieser Fragestellung entstandene Schriftverkehr wurde von Wallis gesammelt und in seinem Buch *Comercium epistolicum de questionibus quibusdam mathematicis nuper habitem* 1658 publiziert. Wallis, der Brounckers Methode studierte, behauptete,

dass die Pell'sche Gleichung generell lösbar sei, Fermat dass sie unendlich viele Lösungen habe. Der erste Beweis, der im Druck erschien, stammte von Lagrange (1766).
Die folgende Tabelle liefert die kleinste Lösung (x, y) bis $D = 20$:

D	2	3	5	6	7	8	10	11	12	13	14	15	17	18	19	20
x	3	2	9	5	8	3	19	10	7	649	15	4	33	17	170	9
y	2	1	4	2	3	1	6	3	2	180	4	1	8	4	39	2

Große Zahlen treten ferner auf bei:

D	61	109	149
x	1 766 319 049	158 070 671 986 249	25 801 741 449
y	2 261 533 980	15 140 424 455 100	2 113 761 020

Die von den indischen Mathematikern gefundenen Methoden waren zu diesem Zeitpunkt in Europa nicht bekannt. Eine ausführliche Darstellung der indischen Methoden findet sich im Band *Mathematik im Mittelalter* (S. 128 ff.).

6.5.14 Ausblick auf weitere zahlentheoretische Ergebnisse

Fermat beschäftigte sich mit zahlreichen weiteren Fragen der Zahlentheorie:
a) Keine natürliche Zahl n der Form $8n + 7$ ist Summe von drei Quadraten.

Für alle Quadrate gilt: $n^2 \, mod \, 8 \equiv \begin{cases} 0 \\ 1 \\ 4 \end{cases}$. Keine Kombination von dreien dieser Reste ergibt 7.

b) Jede Primzahl der Form $3n + 1$ kann dargestellt werden in der Form $x^2 + 3y^2$, jede Primzahl der Form $8n + 1$ oder $8n + 3$ als $x^2 + 2y^2$.

b) Im Jahr 1621, dem Jahr seiner Diophantos-Publikation, stellte Bachet (de Mézeriac) folgendes Problem: Welche Lösungen haben die (nach ihm benannten) diophantischen Gleichungen $x^2 + k = y^3$?

Fermat fand hier für zwei Werte von k Lösungen:

- $k = 2 : \{x = 5; y = 3\}$
- $k = 4 : \{x = 2; y = 2\}, \{x = 11; y = 5\}$

Bemerkenswert ist der Beweisversuch von Euler zur Lösung von $x^2 + 2 = y^3$ (siehe Abschn. 14.6.8).

c) Eine Aufgabe Fermats für Frénicle (de Bessy): Gesucht ist ein rechtwinkliges Dreieck (mit ganzzahligen Seiten) und der Eigenschaft, Hypotenuse und Kathetensumme sind Quadrate. Frénicle konnte keine Lösung finden und verdächtigte Fermat, ein unlösbares Problem gestellt zu haben. Fermat hatte jedoch eine Lösung parat:

$$a = 1\ 061\ 652\ 293\ 520; \quad b = 4\ 565\ 486\ 027\ 761; \quad c = 4\ 687\ 298\ 610\ 289$$

Die Hypotenuse und die Kathetensumme sind wie verlangt Quadrate:

$$c = 4\ 687\ 298\ 610\ 289 = 2\ 165\ 017^2$$
$$a + b = 5\ 627\ 138\ 321\ 281 = 2\ 372\ 153^2$$

Nachlese:

In seinem letzten Brief an Huygens vom August 1659 zählt Fermat noch einmal seine wichtigsten Erkenntnisse aus diesem Gebiet auf und schließt dann mit den Worten:

Das ist kurz zusammengefasst der Bericht über meine Träumereien zum Thema Zahlen. […] Und vielleicht wird mir die Nachwelt zu danken wissen, dass ich ihr gesagt habe, dass die Alten nicht alles gewusst haben. Diese Mitteilung wird im Geist derjenigen, die nach mir kommen, als Fackelübergabe an die Jungen gelten, wie der Großkanzler von England [Bacon] es ausdrückte, und ich füge, indem ich dessen Meinung und Wahlspruch folge, hinzu: *Multi pertransibunt et augebitur scientia* (Viele werden dahingehen, aber die Wissenschaft wächst).

Zitat E. T. Bell *in seinem Werk "Development of Mathematics, p.142*:

Fermat war eines dieser vergleichsweise seltenen Genies ersten Ranges, wie Newton und Gauß, die ihre Belohnung in der wissenschaftlichen Arbeit selbst und keine in der Öffentlichkeit finden [...] Fermats analytische Geometrie scheint so allgemein zu sein wie die von Descartes; sie ist auch vollständiger und systematischer [...] Fermat hatte die Gleichung der Geraden in allgemeiner Lage gefunden, ebenso die Gleichung eines Kreises mit Mittelpunkt im Ursprung, einer Ellipse, einer Parabel und einer gleichseitigen Hyperbel, wobei die Asymptoten zuletzt als Achsen bezeichnet wurden.

Kommentar von Keith Devlin:

Als Pierre de Fermat am 12. Januar 1665 starb, war er einer der berühmtesten Mathematiker in Europa. Obwohl sein Name heutzutage ausnahmslos mit der Zahlentheorie verbunden wird, war vieles von seinem Werk in diesem Gebiet seiner Zeit so weit voraus, dass er seinen Zeitgenossen besser vertraut war durch seine Forschung in der Koordinatengeometrie (die er unabhängig von Descartes erfand), durch die Infinitesimalrechnung (die Newton und Leibniz vollendeten) und durch die Wahrscheinlichkeitstheorie (die im Wesentlichen durch Fermat und Pascal begründet wurde).

Literatur

Barner K.: Das Leben Fermats, Mitteilungen der Deutschen Mathematiker-Vereinigung, Heft 3 (2001)
Devlin, K.: The Unfinished Game, Pascal, Fermat, and the 17th-Century Letter that Made the World Modern. Basic Books, New York (2008)

Dickson L. E.: History of the Theory of Numbers, Bd. II: Diophantine Analysis. Dover (2005)

Hofmann J. E.: Pierre de Fermat – Eine wissenschaftsgeschichtliche Skizze. Sci. Hist. **13**(1) (1971)

Křížek, M., Luca, F., Somer, L.: 17 Lectures on Fermat Numbers – From Number Theory to Geometry. CMS Books in Mathematics, Springer (2001)

Mahoney M. S.: The Mathematical Career of Pierre de Fermat, Princeton University Press (1993)

Nikiforowski W. A., Freimann L. F.: Fermat. In: Wegbereiter der modernen Mathematik. VEB Fachbuchverlag Leipzig (1978)

Scharlau W., Opolka H.: Von Fermat bis Minkowski, Eine Vorlesung über die Zahlentheorie und ihre Entwicklung. Springer, Berlin (1980)

Schneider I.: Pierre de Fermat. In: Fassmann H. (Hrsg.) Sammelband: Die Großen Band V/2. Coron/Kindler Verlag (1995)

Schneider I. (Hrsg): Der Briefwechsel zwischen Pascal und Fermat, im Sammelband Schneider

Singh S.: Fermats letzter Satz. Carl Hanser (1998)

Stedall, J.: John Wallis and the French: his quarrels with Fermat, Pascal, Dulaurens, and Descartes. Hist. Math. **39**, 265–279 (2012)

Weil A.: Zahlentheorie – Ein Gang durch die Geschichte von Hammurapi bis Legendre. Birkhäuser, Basel (1992)

René Descartes (1596–1650)

7

Von allen, die bis jetzt nach Wahrheit forschten, haben die Mathematiker allein eine Anzahl Beweise finden können, woraus folgt, dass ihr Gegenstand der allerleichteste gewesen sein müsse (R. Descartes)
  Alles, was lediglich wahrscheinlich ist, ist wahrscheinlich falsch (R. Descartes).

René Descartes (latein. Renatus *Cartesianus*) wurde am 31.03.1596 als drittes Kind einer kleinadeligen Familie in La Haye (Touraine) geboren, wohin die Mutter aus Angst vor der Pest geflüchtet war. Abb. 7.1 zeigt das bekannte Gemälde Descartes' aus dem *Louvre*, das lange Zeit dem niederländischen Maler Frans Hals (ca. 1582–1666) zugeschrieben wurde. Als man ein ähnliches Bild Descartes' aus dem *Statens Museum for Kunst* in Kopenhagen untersuchte, das jedoch weniger kunstvoll gemalt war, kamen Zweifel auf, ob es sich bei dem Louvre-Exemplar um ein Original von F. Hals handelt. Das Bild wurde daher als Kopie eingestuft: *Copie ancienne d'un original perdu, d'apres F. Hals.* Aus Umfangsgründen wird hier auf die Literatur verwiesen, s. etwa: Steven Nadler.[1]

Descartes' Vater Joachim war Gerichtsrat *(conseiller)* am Obersten Gerichtshof der Bretagne in Rennes. Seine Mutter, Jeanne Brochard, starb bei der Geburt ihres letzten Kindes. Da der Vater rasch wieder heiratete, verbrachte Descartes seine Kindheit bei seiner Großmutter mütterlicherseits und einer Amme. Mit acht Jahren brachte ihn seine Vater zur Ausbildung in das Jesuiten-Kolleg *La Flèche* (Abb. 7.2), das er achteinhalb Jahre später mit einer scholastischen Ausbildung verließ.

Das pädagogische Ziel der Jesuitenschule war es, den heranwachsenden Söhnen der Oberschicht die katholische Weltanschauung zu vermitteln und sie gegebenenfalls auf ein Priesteramt vorzubereiten. Die scholastische Ausbildung sah wöchentliche Disputationen über ein Thema bei Aristoteles vor. Ein Student musste die aufgestellte These

---

[1] Nadler S.: The Philosopher, the Priest, and the Painter: A Portrait of Descartes, Princeton University 2013.

D. Herrmann, *Mathematik der Neuzeit*, https://doi.org/10.1007/978-3-662-65417-0_7

Abb. 7.1   Gemälde von René
Descartes, Kopie nach Frans
Hals (Wikimedia Commons,
gemeinfrei)

Abb. 7.2   Französische
Briefmarke mit Darstellung
des früheren Jesuiten-Kollegs
La Flèche (mathshistory.
st-andrews.ac.uk/miller/
stamps)

verteidigen, ein Opponent mittels logischer Schlussfolgerung dagegenhalten. Descartes
bemerkte in seinen *Discours de la méthode* später:

> Ich habe niemals bemerkt, dass man durch die Disputation, wie man sie in der Schule
> anstellt, jemals *eine* Wahrheit entdeckt hat, die man vorher nicht wusste; denn da sich jeder
> bemüht, obzusiegen, übt man weit mehr die Wahrscheinlichkeit zur Geltung zu bringen, als
> die Gründe auf beiden Seiten abzuwägen.

Vermutlich dienten die Schriften von Christopher Clavius (1538–1612) zur Mathematik-
ausbildung am *La Flèche,* wie Clavius ignoriert Descartes später komplexe Nullstellen
bei Polynomen. Clavius war der führende Mathematiker im Jesuitenorden; unter seiner
Leitung erfolgte in Rom die Einführung des gregorianischen Kalenders (1582).

Es scheint, dass man dort auf Renés Gesundheitszustand Rücksicht genommen hat;
er durfte länger im Bett bleiben und studierte die Bücher eigenständig. Im Kolleg traf er
möglicherweise den 8 Jahre älteren Mitschüler Marin Mersenne, mit dem er später Zeit
seines Lebens in Kontakt blieb.

Die in der Schule gelehrten Wissenschaften stellten ihn nicht zufrieden. In seiner Schrift *Discours* erinnerte er sich:

> Von Jugend auf bin ich für die Wissenschaften erzogen worden. Man sagte mir, durch sie könne man eine klare und sichere Erkenntnis von allem erlangen, was für das Leben von Wert ist, und so war ich vom sehnlichsten Wunsche beseelt, sie kennen zu lernen. Als ich nun den ganzen Studiengang beendet hatte und mich, wie es Sitte war, zu den *Gelehrten* hätte rechnen dürfen, da war ich ganz anderer Meinung geworden! Zweifel und Irrtümer umgaben mich, und nur das eine schien mir bei all meiner Lernbegierde immer klarer und klarer geworden zu sein, nämlich dass *ich nichts weiß.* Und doch besuchte ich eine der hervorragendsten Schulen in ganz Europa, wo es, wenn überhaupt irgendwo in der Welt, gelehrte Männer geben musste!

Er staunte über die Mathematik:

> Ich habe mich vor allem an der Mathematik wegen der Gewissheit und der Absolutheit ihrer Schlussweisen erfreut; aber ich hatte ihre wahren Bedeutung noch nicht entdeckt. […] So war ich erstaunt, dass mit solch soliden Fundamenten noch nie etwas Bedeutenderes aufgebaut worden wäre.

Abb. 7.3 zeigt eine Briefmarke aus Monaco mit dem Porträt nach F. Hals und einer Darstellung des Sehapparats aus seiner Schrift *Dioptrique.*

So studierte Descartes nach Schulabschluss 1612 Jura in Poitiers und legte dort 1616 ein juristisches Examen ab. Das Studium hatte ihn nicht befriedigt, und so verschmähte er es, die eigentlich geplante juristische Karriere einzuschlagen:

> Sobald mein Alter es erlaubte, mich von der Unterwerfung unter meine Lehrer freizumachen, gab ich das gelehrte Studium völlig auf. Ich entschloss mich, kein anderes Wissen mehr zu suchen als dasjenige, das sich in mir selbst oder in dem großen Buch der Welt finden könne. Ich verwandte den Rest meiner Jugend darauf zu reisen, Höfe und Heere zu sehen, mit Menschen von verschiedener Art und Stellung zu verkehren, mannigfaltige Erfahrungen zu sammeln, mich in Ereignissen, die das Geschick mir darbot, zu erproben und überall über das, was mir begegnete, so nachzudenken, dass ich Gewinn davon hätte.

Nach dem Studium verbrachte er zwei Jahre mit Reisen. Um sich zu beweisen, ließ er sich 1618 in Breda (Niederlande) als Berufssoldat verdingen. Seine militärische

Abb. 7.3 Briefmarke von Monaco mit einem Bild von Descartes und einer Darstellung des Sehapparats (mathshistory. st-andrews.ac.uk/miller/ stamps)

Ausbildung erfuhr er in der Armee von Maurice de Nassau, die gegen die spanische Besetzung der Niederlande kämpfte. Im selben Jahr erbte er von seiner Großtante d'Archangé ein Gut und durfte sich damit *Sieur de Perron* nennen. In Breda traf er den Physiker Isaac Beekmannc und fühlte sich als *Physico-Mathematicus*. Das Treffen muss Descartes stark beeindruckt haben, denn er tauschte im folgenden Jahr noch fünf Briefe mit Beekmann aus. In einem der Brief (1619) an Beekmann schrieb er:

> Um Ihnen die Wahrheit zu sagen, waren es wirklich Sie, die mich aus meiner Untätigkeit herausholten und mich an Dinge erinnern ließ, die ich einst gelernt und nun fast vergessen hatte: Als meine Gedanken von ernsten [mathematischen] Dingen abwanderten, brachten Sie mich wieder auf den richtigen Weg.

Als Descartes am 9. September 1619 Augenzeuge der Kaiserkrönung Ferdinands II. in Frankfurt wurde, beschloss er in deutschen Landen zu bleiben. Er zog nach Bayern und schloss sich den Truppen des Herzogs Maximilian I. von Bayern an, mit denen er später an der Eroberung Prags 1620 teilnahm. Stark beeindruckt zeigte er sich dort beim Besuch der Arbeitsstätten von Tycho Brahe und Johannes Kepler.

Das Winterquartier 1619/1620 bezog er vermutlich im Schloss Neuburg a. d. Donau (Abb. 7.4) in einem Kaminzimmer. Er schrieb im Abschn. 2 des *Discours*:

> Ich war damals in deutschen Landen, wohin die Kriege, welche noch heute nicht beendet sind, mich gelockt hatten. Als ich von der Kaiserkrönung zum Heere zurückkehrte, hielt mich der einbrechende Winter in einem Quartiere fest, wo ich keine Gesellschaft fand, die mich interessierte und wo glücklicherweise weder Sorgen noch Leidenschaften mich beunruhigten. So blieb ich den ganzen Tag in einem warmen Zimmer eingeschlossen und hatte volle Muße, mich in meine Gedanken zu vertiefen.

Die Schriften Galileis lesend, entwickelte Descartes die Idee, dass es „universale Methode zur Erforschung der Wahrheit" geben müsse. Hilfreich erschien ihm nur die Mathematik:

Abb. 7.4 Schloss Neuburg a. d. Donau, Kupferstich um 1720 (GetArchive LLC)

Ich hatte in meiner Jugend von den Zweigen der Philosophie die Logik und von der Mathematik die *geometrische Analysis* und die *Algebra* ein wenig studiert, da diese drei Künste oder Wissenschaften mir für meinen Plan förderlich zu sein schienen.

Ich überlegte, dass von Allen, welche früher die Wahrheit in den Wissenschaften gesucht hatten, allein die Mathematiker einige Beweise, d. h. einige sichere und überzeugende Gründe haben auffinden können, und so zweifelte ich nicht, dass sie mit diesen auch die Prüfung begonnen haben; und wenn ich auch keinen Nutzen sonst davon erwarten konnte, so glaubte ich doch, sie würden meinen Geist gewöhnen, sich von der Wahrheit zu nähren und nicht mit falschen Gründen.

Nach einem Bericht seines Biografen Adrien Baillet (1691) und eigenen Aufzeichnungen in *Cogitationes privatae* hatte Descartes in der Nacht vom 10./11. November (Sankt-Martins-Fest) drei entscheidende Träume[2]:

Im ersten Traum sieht er sich schwankend durch die Straßen laufen, ohne rechte Kontrolle über seinen Körper, ein Unbekannter schenkt ihm eine Melone. Im zweiten Traum weckt ihn ein Donnerschlag, und das Zimmer ist voller Feuerfunken. Im dritten Traum nimmt er ein Wörterbuch und eine Gedichtsammlung des römischen Dichters Ausonius zur Hand und findet in der siebenten Ode das Zitat *Quod vitae sectabor iter? (Welchem Lebensweg soll ich folgen?)*.

Als Descartes erwachte, wusste er plötzlich: Philosoph wollte er werden, einen geistigen Umbruch herbeiführen, das Wissen auf mathematisch überprüfbare Grundlagen zurückführen. Descartes sah sich durch sein Träume nachhaltig beflügelt, die Träume markierten seinen philosophischen Durchbruch. Und der führte zu dem berühmten *Cogito ergo sum (Ich denke, also bin ich)*. In Descartes' Philosophie entdeckt das menschliche Denken seine Macht und wird zum Mittelpunkt des Universums.

Der Aufenthalt in Neuburg scheint verbürgt, da der dort lebende Jesuiten-Pater J. Molitor in ein Buch des Philosophen P. Charon eine Widmung an René Descartes geschrieben hat; man kann daher annehmen, dass der Pater Descartes persönlich gekannt hat. Drei Jahre nach Descartes' Tod publizierte Daniel Lipstorp die Schrift *Specimina Philosophiae Cartesianae* mit einem biografischen Anhang. Er berichtet von den Träumen Descartes', nennt aber keinen Ort.

Der spätere Biograf Andrien Baillet konnte 1691 nicht mehr auf die Unterlagen zurückgreifen, die Lipstorp noch vorfand. Er berichtete in der zweibändigen Biografie[3] (1691) von einem Winterquartier Descartes' in Ulm. In der verkürzten Ausgabe (1693) war jedoch die Rede von Neuburg an der Donau und einem anschließenden Aufenthalt in Ulm, wo er angeblich Faulhaber getroffen habe[4]. Warum änderte Baillet den Ort

---

[2] www.faz.net/aktuell/feuilleton/geisteswissenschaften/intellektuelle-erleuchtungen-die-nacht-der-traeume-1911505.html [01.06.2020].

[3] Baillet A.: La vie de Mr. Des-Cartes, Réduité en abregé, Paris 1693, S. 42.

[4] Baillet A.: La vie de Mr. Descartes, Band I, Paris 1691, S. 67.

des Winterquartiers? Ivo Schneider[5] erklärt diese Korrektur durch einen Einspruch von Seiten der Jesuiten, die – wie oben erwähnt – in direkten Kontakt zu Descartes standen.

Ferner sprach Baillet über die Einsicht, die er in neun Notizbüchern Descartes' gewonnen habe; angeblich habe dieser Faulhaber einen in der Zahlenlehre erfahrenen und führenden Mathematiker genannt:

Mathematicum insignem et imprimis in numerorum doctrina versatum et praeceptorum.

Es scheint sicher, dass Descartes in Ulm den Rektor des Gymnasiums Johann B. Hebenstreit, einen erbitterten Gegner Faulhabers, besucht hat. Hebenstreit befand sich im Streit mit Faulhaber, da dieser für 1618 einen Kometen als Boten der Apokalypse vorhergesagt hatte. Hebenstreit, der gute Kontakte zu Kepler hatte, forderte diesen auf, gegen „falsche Eschatologien" Stellung zu beziehen; ein entsprechendes Schreiben gab er Descartes auf dessen Reise nach Linz mit. Hebenstreit erkundigte sich später bei Kepler in einem Schreiben vom 1. Februar nach dem Empfang des Briefes (zitiert nach K. Hawlitschek[6]):

Ich weiß nicht, ob ein gewisser Cartelius, ein sehr gebildeter Mann von ungewöhnlicher Humanität, Dir meinen Brief überbracht hat. […] Cartelius schien anders zu sein und würdig, dass Du ihm mit Deinem Rat beistehst.

Auffällig ist hier die Schreibweise *Cartelius* statt *Cartesius*. Unklar ist auch das Datum; der Biograf Keplers M. Caspar ergänzte hier die fehlende Jahreszahl zu „1620". Eine Stellungnahme Keplers erschien als „Kanones pueriles" unter dem Pseudonym „Kleopas Herennius" (Anagramm von Io(h)annes Keplerus) ohne Erwähnung Faulhabers.

In den Schriften Faulhabers taucht der Namen Descartes nicht auf. Seltsam ist auch eine Erwähnung in der Schrift *Miracula Arithmetica* von 1622, in der er von einem Carolus „Zolindius" oder „Polybius" berichtet. Sollte dies ein Pseudonym für Descartes sein, das Faulhaber schon nach zwei Jahren vergessen hatte? Hawlitschek vertritt hier die These, dass Descartes hier unter einem Alias-Namen aufgetreten ist aus Furcht, mit der Bruderschaft der Rosenkreuzer in Verbindung gebracht zu werden, mit der Faulhaber in Kontakt stand. Eine ausführliche Diskussion findet sich in der Biografie Faulhabers von Ivo Schneider[7].

Nach seinem Aufenthalt in Linz schloss sich Descartes im Mai 1620 den Truppen des Maximilian von Bayern an (als Teil der katholischen Liga), die im September 1620 in Böhmen einmarschierten. Am 8. November kam es zur Niederlage der böhmischen Truppen bei der Schlacht am Weißen Berg; damit war der Weg frei zur Eroberung von

---

[5] Schneider I.: Persönliche Mitteilung an den Autor vom 3. März 1922.

[6] Hawlitschek K.: Johann Faulhaber (1580–1635), Eine Blütezeit der mathematischen Wissenschaften in Ulm, Verlag Stadtbibliothek Ulm 1995, S. 59.

[7] Schneider I.: Johannes Faulhaber 1580–1635, Vita Mathematica Bd. 7, Birkhäuser 1993.

Abb. 7.5 Kasteel Endegeest bei Oegstgeest (Wikimedia Commons, Publiek domein)

Prag. Hawlitschek[8] berichtet, dass Descartes im Auftrag des Landgrafen Philipp in Prag nach den Verbleib der astronomischen Geräte Tycho Brahes gesucht habe. Auch noch nach der Eroberung Prags soll Descartes an der Besetzung von Südmähren teilgenommen haben.

Nach dem böhmischen Feldzug hängte Descartes zunächst den Soldatenrock an den Nagel. Nach dem Tod seines Vaters hatte er mehrere Güter geerbt, die ihn nach dem Verkauf für den Rest seines Lebens wirtschaftlich unabhängig machten. So war er frei und konnte eine mehrmonatige Reise durch das Römische Reich Deutscher Nation, die Niederlande, die Schweiz und Italien antreten. Dabei gewann er Einblicke jeglicher Art und suchte Kontakt mit den verschiedensten Gelehrten.

1625 ließ er sich in Paris nieder, wo er drei Jahre in Ruhe und Geborgenheit lebte. Nach dieser Auszeit wurde er wieder Soldat. Im Dienst des Herzogs von Savoyen beteiligte er sich als Offizier an der Belagerung der Hugenotten-Hochburg *La Rochelle.* Die Belagerung wurde durch zahlreiche Bauten (1627/1628) vorbereitet, insbesondere durch Sperren im Hafen (gegen englische Schiffe) errichtet. Bei der Belagerung traf er Desargues, der dort als Bauingenieur im Dienst von Kardinal Richelieu wirkte. La Rochelle wurde 1628 auf Betreiben des Kardinals völlig zerstört; erhalten blieben nur die beiden Türme der Hafeneinfahrt.

Vermutlich wegen der größeren religiösen Freiheit zog es Descartes 1628 in die Niederlande, wo er 18 Jahre lebte, bei häufigem Wechsel von Wohnung und Wohnort. Abb. 7.5 zeigt das Schloss Endegeest bei Oegstgeest (Leiden); da Descartes dort längere Zeit gewohnt hat, ist vor dem Eingang eine Büste Descartes' errichtet worden. Mit einer seiner Dienstmägde, Helena J. van der Strom, hatte er 1635 eine Tochter Francine, die

---

[8] Hawlitschek K.: Johann Faulhaber, Briefe und Begegnungen, im Sammelband „Rechenmeister und Cossisten der frühen Neuzeit", Schriften des Adam-Ries-Bundes, Band 7, S. 206/207.

Abb. 7.6 Titelblatt von
Discours de la méthode
(Wikimedia Commons, Public
domain)

DISCOURS
DE LA METHODE
Pour bien conduire fa raifon,& chercher
la verité dans les sciences.
PLUS

LA DIOPTRIQVE.
LES METEORES.
ET
LA GEOMETRIE.
Qui font des effais de cete METHODE.

A LEYDE
De l'Imprimerie de IAN MAIRE.
cIↄ Iↄ c xxxvII.
Avec Privilege.

fünfjährig im September 1640 starb. Descartes bezeichnete Francines Tod als „den
größten Schmerz seines Lebens" (nach A. Baillet).

Während seiner ersten Zeit in den Niederlanden arbeitete Descartes an einem Traktat
zur Metaphysik, in dem er einen klaren und zwingenden Gottesbeweis zu führen hoffte.
Er legte ihn jedoch beiseite zugunsten eines großangelegten naturwissenschaftlichen Werks
Traité du Monde, das in französischer Sprache verfasst werden sollte. Als Galilei wegen
seiner wissenschaftlichen Überzeugung im Jahr 1633 in einem Prozess der Inquisition verurteilt wurde, vernichtete er diese Schrift aus Angst vor einem ähnlichen Schicksal.

Vor allem korrespondierte Descartes intensiv mit seinem Pariser Freund Pater M.
Mersenne und über diesen, der allein seine aktuelle Adresse kannte, mit Gelehrten aus
ganz Europa sowie mit einigen geistig interessierten, hochstehenden Damen. 1637
publizierte Descartes im niederländischen Leiden anonym sein Werk *Discours de la
méthode* in französischer Sprache, was damals unüblich war (Abb. 7.6). Im Anhang
befindet sich seine einzige mathematische Schrift *La Géométrie,* ebenso die Physikbei-
träge *La Dioptrique* (Optik) und *Les Météores* (u. a. Erklärung des Regenbogens).

Im Januar 1638 erhielt er über Mersenne die Abhandlung Fermats zur Bestimmung
von Extrema. Als er von diesem erfuhr, dass Fermat seine *Dioptrique* kritisiert hatte,
geriet er in Zorn. Er schrieb an Mersenne.:

> Da ich erfahren habe, dass dieser der Mensch ist, der vorher versucht hat meine *Dioptrique*
> zu widerlegen und da Sie mir mitteilen, dass er, nachdem er meine *Géométrie* gelesen hatte
> und in Verwunderung, dass ich ein anderes Ergebnis erzielt habe, dieses [die Extrema-
> Methode] mit dem Ziel geschickt habe, mit mir in den Wettbewerb zu treten und um zu
> zeigen, dass er mehr als ich versteht und weil ich außerdem von Ihren Briefen erfuhr, dass
> er den Ruf eines sehr bewanderten Geometers genießt, halte ich es für meine Pflicht, ihm
> entsprechend zu antworten.

Abb. 7.7 Karikatur von Varignon über Descartes(rechts) und Mersenne(links) (Wikimedia Commons, gemeinfrei)

Es bahnte sich eine heftige Auseinandersetzung an. Da der Briefverkehr über Mersenne verlief, schaltete sich auch Roberval und Etienne Pascal ein. Der Streit endete mit dem Nachgeben Fermats.

Abb. 7.7 zeigt eine Karikatur von Descartes (rechts) und Mersenne (links), wie sie den senkrechten Abschuss einer Kanonenkugel verfolgen. Sie rätseln: *Retombera-t-il?* (Wird sie zurückfallen?). Der eigentliche Sinn des Experiments ist natürlich der Nachweis der Erddrehung während der Flug- und Fallzeit. Die Karikatur stammt aus einer Schrift von P. Varignon[9].

Der erste Abschnitt des *Discours* beginnt mit dem bekannten Spruch:

Kein Ding ist in dieser Welt besser verteilt als der gesunde Menschenverstand; denn jeder glaubt, damit so wohl versehen zu sein, dass selbst, wer in allem anderen doch so schwer zu befriedigen ist, nicht gewohnt ist, mehr davon zu wünschen, als er besitzt.

Der *Discours* endet mit dem Satz:

Ich hoffe, dass unsere Enkel mir nicht nur für die Dinge Dank wissen werden, die ich hier auseinandergesetzt habe, sondern auch für diejenigen, die ich absichtlich übergangen habe, um ihnen das Vergnügen zu lassen, sie selbst zu finden.

Eine der gebildeten Damen, die – wie schon erwähnt – mit Descartes im Briefverkehr standen, war Elisabeth, Tochter des Kurfürsten Friedrichs V. von der Pfalz. Der Briefwechsel zum Thema „Emotionen" wurde Grundlage seiner psychologischen Schrift „Die Leidenschaft der Seele" von 1649. Ihr Vater ging als „Winterkönig" in die Geschichte ein. Als Protestant hatte er sich 1619 von den böhmischen Reichsständen zum König von Böhmen wählen lassen. In der Schlacht am Weißen Berg (1620) unterlag er den

---

[9]Varignon P.: Nouvelles conjéctures sur la pesanteur, A Paris 1690.

kaiserlichen Truppen. Durch die Verhängung der Reichsacht verlor er nicht nur das Königreich Böhmen, sondern auch sein angestammtes Herrschaftsgebiet, die Pfalz, sowie seine Kurwürde. Die Ironie an der Geschichte ist, dass, wie schon erwähnt, Descartes beim Feldzug gegen Böhmen beteiligt war.

Auf einer Paris-Reise hatte er den späteren französischen Botschafter Pierre Chanut am schwedische Hof kennengelernt. Über Chanut hörte die schwedische Königin Christina von Descartes und lud ihn ein an den schwedischen Hof nach Stockholm zu kommen. Christina war die Tochter des in der Schlacht bei Lützen gefallenen Gustavs II. Adolf und daher von evangelischem Bekenntnis; sie war eine vielseitig interessierte Königin, die von Descartes Unterricht in „Lebensführung und Philosophie" erwartete. Sie unterstützte zahlreiche Gelehrte und Künstler, hatte aber keine Skrupel, die Kunstsammlung (760 Gemälde, 270 Statuen, 30.000 Münzen) von Kaiser Rudolf II. aus Prag zu beschlagnahmen. Dem Frieden von Osnabrück stimmte sie nur zu, als sie große Teile von Vorpommern, Rügen und Bremen-Verden für die schwedische Krone annektieren konnte.

Klima und Umfeld behagten Descartes nicht. Er, der gewohnt war, bis Mittag im Bett schöpferisch tätig zu sein, musste um 5 Uhr früh bei der Königin antreten (vgl. Abb. 7.8). An Prinzessin Elisabeth hatte er geschrieben:

> Er sei nicht in seinem Element und in Schweden seien die Gedanken gefroren wie das Wasser. Er glaube nicht, dass er länger hierbleiben werde als bis nächsten Sommer. Aber wer weiß, was die Zukunft bringt?

Seine Ahnung bewahrheitet sich: Am 11. Februar 1650 starb Descartes an einer Lungenentzündung im Haus des französischen Botschafters.

Abb. 7.8 Ausschnitt aus einem Gemälde des Hofstaates mit Descartes und Königin Christina von Schweden (Wikimedia Commons, Public domain)

Auf den Entschluss Königin Christinas, 1654 abzudanken und zum Katholizismus überzutreten, hatte er sicher keinen Einfluss mehr. Die Konvertierung der Königin war ein Triumpf der katholischen Liga. Die Ex-Königin wurde in Rom begeistert empfangen; weniger katholisch war ihr Gebaren. Sie führte einen großen Hof: A. Scarlatti war ihr Kapellmeister, G. L. Bernini war einer ihrer Verehrer, der Kardinal D. Azzolino ihr Liebhaber.

Chanut überzeugte die Königin, Descartes in einem einfachen Grab auf einem Friedhof, der für Andersgläubige reserviert war, zu beerdigen. Obwohl seine Werke posthum (1663) auf den Index kamen, versuchten Freunde Descartes' seinen Leichnam nach Frankreich zu holen. Er erhielt zunächst ein Grab in der Kirche Saint-Geneviève-du-Mont. 1793 erfolgt ein Antrag an das Nationalkonvent, den Corpus ins französische Panthéon zu überführen; diesem wurde stattgegeben. Bei der Abstimmung im Rat der Fünfhundert verweigerte der Newton-Anhänger Mercier die Zustimmung:

> Descartes sei die Hauptursache der Unglücke, die die menschliche Rasse seit langem quälen … Seine Werke seien voller Irrtümer.

So entstand der Plan, die Gebeine im Jardin Élysée aufzunehmen. Auch dieses Vorhaben wurde vereitelt. Erst 1819 fand er seine letzte Ruhestätte in der Kirche Saint-Germain-des-Prés.

Nachleben:

Eine treffende Würdigung stammt von dem bekannten Historiker A. P. Juschkewitsch (zitiert nach Nikiforowski und Freimann[10]):

> Die Grundzüge der allumfassenden Mathematik waren folgende: Alle mathematischen Probleme. können mit Hilfe von Gleichungen eines bestimmten Grades ausgedrückt werden; die allgemeine Methode zur Lösung von Gleichungen besteht in der Konstruktion ihrer Wurzeln als Längen, als Ordinaten der Schnittpunkte einiger ebenen Kurven; diese ebenen Kurven werden durch algebraische Gleichungen zweier laufenden Koordinaten ausgedrückt und sind selbst geometrische Abbilder algebraischer Funktionen. Bei der Auswahl der Kurven, die zur konstruktiven Lösung einer bestimmten Aufgabe gebraucht werden, spielte die Klassifikation der Kurven eine entscheidende Rolle. Die Buchstabenrechnung mit Längen wurde mit der Geometrie der Kurven zu einem organischen Ganzen zusammengefügt, und erst ihre Synthese ergab eine universelle Methode zur Lösung von Problemen aus dem Gebiet der kontinuierlichen Größen. Historisch sind jedoch aus Descartes' allumfassender Mathematik zwei Wissenschaften entstanden – die Zahlen- und Buchstabenalgebra und die analytische Geometrie.

---

[10] Nikiforowski W. A., Freimann L. F.: Wegbereiter der neuen Mathematik, VEB Fachbuchverlag Leipzig 1978, S. 77.

7.1   Beiträge zur Geometrie

7.1.1   Der Vier-Kreise-Satz

Der 4-Kreise-Satz von Descartes ist mit einer kleinen Geschichte verbunden. Die
Formel erschien zuerst in einem Brief Descartes' an die mathematisch-philosophisch
interessierte Prinzessin Elisabeth von der Pfalz, eine Tochter des Königs von Böhmen.
Nach der Niederlage des Böhmischen Heers am Weißen Berg (1620) war ihre Familie
ins Exil nach den Haag gezogen. Elisabeth blieb ehelos und wurde später Äbtissin
der Reichsabtei Herford. Der englische Wissenschaftler F. Soddy entdeckte den
Briefwechsel und publizierte ihn der Zeitschrift Nature 137 (1936) zusammen mit
einem von ihm verfassten Gedicht, in dem er die berührenden Kreise dichterisch als
„küssende" Kreise interpretierte. Sind drei sich außen berührende Kreise mit den Radien
(r_i; $1 \leq i \leq 3$) gegeben, so gibt es einen vierten Kreis mit dem Radius r_4, der die drei
gegebenen Kreise berührt (Abb. 7.9). Für die Radien gilt

$$\left(\frac{1}{r_1} + \frac{1}{r_2} + \frac{1}{r_3} + \frac{1}{r_4}\right)^2 = 2\left[\left(\frac{1}{r_1}\right)^2 + \left(\frac{1}{r_2}\right)^2 + \left(\frac{1}{r_3}\right)^2 + \left(\frac{1}{r_4}\right)^2\right]$$

Vereinfacht wird das Rechnen, wenn man die Krümmungen $k_i = \frac{1}{r_i}$ einführt:

$$(k_1 + k_2 + k_3 + k_4)^2 = 2\left[k_1^2 + k_2^2 + k_3^2 + k_4^2\right]$$

Abb. 7.9 Zum Vier-Kreise-
Satz

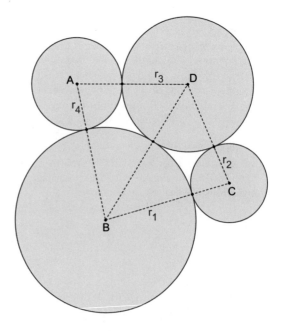

Abb. 7.10 Ganzzahlige
Lösung des Vier-Kreise-Satzes

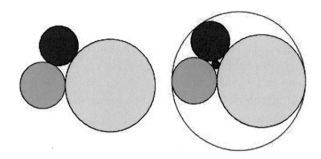

Auflösen nach k_4 ergibt:

$$k_4 = k_1 + k_2 + k_3 \pm 2\sqrt{k_1 k_2 + k_2 k_3 + k_3 k_1}$$

Das doppelte Vorzeichen liefert zwei Lösungen; dabei bedeutet die negative Krümmung eine Berührung von innen. Eine ganzzahlige Lösung für die Krümmungen ist folgende (s. Abb. 7.10):

$$(k_1, k_2, k_3, k_4) = \left(2; 6; 3; \begin{Bmatrix} 23 \\ -1 \end{Bmatrix}\right)$$

7.1.2 Das kartesische Blatt

In einem Brief an Prinzessin Elisabeth von der Pfalz berichtete er über die nach ihm benannte Kurve (Abb. 7.11). Das kartesische Blatt, auch *folium Cartesiani* genannt, hat die kartesische oder Polarform bzw. die Parameterdarstellung:

$$x^3 + y^3 = 3axy \quad \therefore \quad r = \frac{3a \sin \varphi \cos \varphi}{\sin^3 \varphi + \cos^3 \varphi}$$

$$x = \frac{3at}{1 + t^3} \; \therefore \; y = \frac{3at^2}{1 + t^3}; t \in \mathbb{R}$$

Abb. 7.11 Kartesisches Blatt

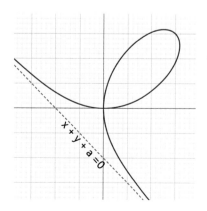

Eine interessante Eigenschaft des Blatts ist, dass der Flächeninhalt der „Schleife" gleich dem Quadrat ist, dessen Diagonale ihre Symmetriestrecke darstellt.

Descartes übte Kritik an der Tangenten-Methode Fermats, sie sei nicht allgemeingültig. In einem Brief an Mersenne forderte er Fermat die Tangenten an seine Funktion zu bestimmen und sagte voraus, dass Fermat daran scheitern würde; ihm selbst gelang die Aufgabe nicht. Zum Ärger von Descartes konnte Fermat innerhalb kurzer Zeit die korrekte Lösung an Mersenne verschicken.

Mit der Schreibweise für die Infinitesimalen Δx, Δy ergibt das Fast-Gleichsetzen:

$$(x + \Delta x)^3 + (y + \Delta y)^3 - 3a(x + \Delta x)(y + \Delta y) = x^3 + y^3 - 3axy$$

Vereinfachen und Nullsetzen der Infinitesimalen zweiter Ordnung ergibt:

$$\left(3x^2 - 3ay\right)\Delta x + \left(3y^2 - 3ax\right)\Delta y = 0$$

Dies liefert die Tangentensteigung:

$$\frac{\Delta y}{\Delta x} = \frac{3ay - 3x^2}{3y^2 - 3ax} = \frac{ay - x^2}{y^2 - ax}$$

Dies ist die korrekte Lösung, wie man durch implizites Differenzieren bestätigt.

7.1.3 Das kartesische Oval

In seiner *Géométrie* beschäftigte sich Descartes neben dem cartesischen Blatt auch mit einer ovalförmigen Kurve vierten Grades (Abb. 7.12):

Abb. 7.12 Kartesisches Oval

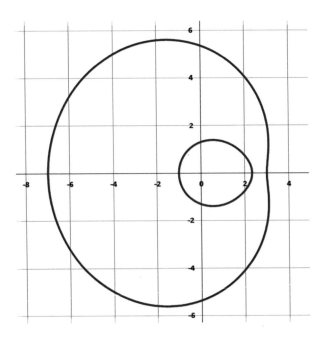

$$\left[\left(1-m^2\right)\left(x^2+y^2\right)+2m^2cx+a^2-m^2c^2\right]^2 = 4a^2\left(x^2+y^2\right)$$

Der Parameter c gibt den Abstand der festen Brennpunkte $Q(0,0)$; $R(c,0)$ an. Das Oval ist der geometrische Ort aller Punkte P, für die zwei der folgenden Gleichungen erfüllt sind:

$$d(P,Q) \pm m \cdot d(P,R) = a$$
$$d(P,Q) \pm m \cdot d(P,R) = -a$$

Der Parameter m gibt das Vielfache an, mit dem der allgemeine Punkt P weiter von R entfernt ist als von Q. Da die Funktionsgleichung drei Parameter enthält, kann sie eine Vielzahl bekannter Kurven darstellen:

- Gilt $m = 1$ und $a > d(Q,R)$, so erhält man eine Ellipse
- $m = -1$ und $0 < a < d(Q,R)$ ergibt eine Hyperbel
- Für $c = 0$ erhält man einen Kreis
- Für $m = \frac{a}{c}$ liefert die Pascal'sche Schnecke

7.1.4 Das Rechnen mit Strecken

Die Abb. 7.13 demonstriert wie Descartes Strecken multipliziert bzw. dividiert:

Ist $|AB|$ die Einheitsstrecke und soll $|BC|$ mit $|BD|$ multipliziert werden, so verbindet man die Punkte A, C und zieht die Parallele durch D mit Schnittpunkt E. Die Strecke $|BE|$ ist das gesuchte Produkt. Soll umgekehrt $|BE|$ durch $|BD|$ dividiert werden, dann ist die Strecke $|BC|$ der gesuchte Quotient. Descartes löste sich hier von der Vorstellung Vietas, der – wie die antiken Mathematiker – von der Vorstellung geprägt ist, dass beim Rechnen mit geometrische Größen auf passende Dimensionen geachtet werden muss.

Abb. 7.13 Rechnen mit Strecken (nach Descartes)

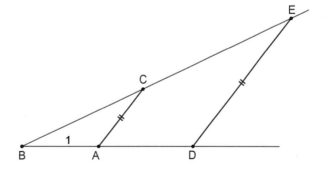

7.1.5 Das Problem von Pappos

Beim dem Versuch, das Problem von Pappos [Collectio VII] zu lösen, war Descartes auf die entscheidenden Ideen zur Entwicklung der analytischen Geometrie gekommen. Das Problem wurde in der Antike nicht gelöst; Apollonius diskutiert es im Buch II seiner *Conica*. Pappos lebte um 320 n. Chr. in Alexandria und war der letzte namhafte griechische Mathematiker aus dieser Stadt. Sein Hauptwerk *Collectio* umfasst 8 Bücher und ist von besonderer Bedeutung, da eine Vielzahl von Problemen enthalten ist, die sich nicht bei Euklid finden (s. auch: Antike Mathematik, 2. Auflage, S. 393–409).

Das Problem von Pappos für vier Geraden lautet allgemein:

Gesucht ist der geometrische Ort eines Punktes C so, dass folgende Produkte der „Abstände" von C zu vier Punkten $\{B, D, F, H\}$ konstant sind:.

$$\frac{|CB||CD|}{|CF||CH|} = k \quad \Rightarrow \quad |CB||CD| = k|CF||CH| \quad (*)$$

Abb. 7.14 aus der *Géométrie* zeigt, dass Descartes die „Abstände" nicht notwendig durch Lote misst, er setzt hier nur gleiche Schnittwinkel voraus. Die „Abstände" sind in der Originalzeichnung die Strecken $|CB|, |CD|, |CF|$ und $|CH|$. Man beachte die schiefwinkligen „Koordinatenachsen" (x, y), zwei Dreiecke sind hier koloriert. Descartes zeigt zunächst, dass die Strecken $|CB|, |CD|, |CF|, |CH|$ linear in (x, y), sodass die Gleichung (*) quadratisch wird. Er folgerte daraus unter Verwendung von Lehrsätzen aus dem Buch I der

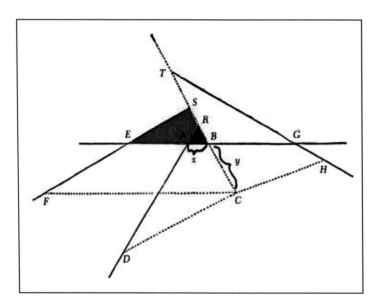

Abb. 7.14 Zum Problem von Pappos (Descartes, *Discours de la méthode* 1637), koloriert

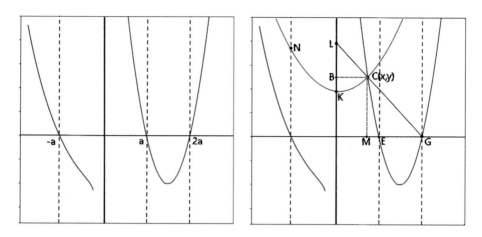

Abb. 7.15 Spezieller Fall des Vier-Geraden-Problems

Conica von Apollonius, dass der geometrische Ort für *C* ein Kegelschnitt ist. Sein Resultat zeigt, dass jede quadratische Form in (x, y) ein (evtl. ausgearteter) Kegelschnitt ist.

Descartes betrachtete auch den Fall von vier senkrechten Geraden und einer waagrechten. Er setzt das Produkt der Abstände zur ersten, dritten und vierten senkrechten Geraden gleich dem Produkt aus dem konstanten Abstand a der Geraden und den Abständen zur zweiten senkrechten und zur waagrechten Geraden (Abb. 7.15). Er erhält die Gleichung

$$axy = (x + a)(a - x)(2a - x) \quad (*) \quad \Rightarrow \quad y = \frac{(x + a)(a - x)(2a - x)}{ax}$$

Diese Kurve nannte Newton die Parabel von Descartes. Dieser schrieb in Buch I seiner *Géométrie*:

> Ich betrachte nun die Kurve *CEG*, die, wie ich mir vorstelle, entsteht als Schnitt mit der Parabel *CKN*, die verschiebbar ist längs ihrer Symmetrieachse *KL*, mit dem Strahl *GL*, der sich um den Punkt *G* so dreht, dass er stets durch den Punkt *L* läuft.

Betrachtet man *AB* als *y*-Achse und *AG* als *x*-Achse, dann ist die Parabel von Descartes der *geometrische Ort* aller Punkte $C(x, y)$, die sich als Schnitte der sich bewegenden Parabel (mit der Achse *KL*) und dem Drehstrahl durch den Punkt $G(2a, 0)$ ergeben. Die Parabel hat die Gleichung $x^2 = az$, wobei $a = |KL|$ und $z = |BK|$ (der Parabelbrennpunkt liegt $\frac{1}{4}|KL|$ über dem Punkt *K*). Da die Dreiecke $\triangle GMC$ bzw. $\triangle CBL$ ähnlich sind, folgt

$$\frac{|GM|}{|MC|} = \frac{|CB|}{|BL|} \Rightarrow \frac{2a - x}{y} = \frac{x}{|BL|}$$

Dies liefert

$$|BK| = a - |BL| = a - \frac{xy}{2a - x}$$

Aus der Gleichung der Parabel *CKN* folgt: $|BK| = \frac{x^2}{a}$. Gleichsetzen und vereinfachen liefert die dieselbe Gleichung wie (*)

$$x^3 - 2ax^2 - a^2x + 2a^3 = axy$$

Es zeigt sich, dass im allgemeinen Fall das Produkt dieser Abständen eine Kurve dritten Grades ergibt.

7.2 Tangentenmethode bei Descartes

Es sei $P(x, y)$ ein Punkt der Funktion $y = f(x)$ und der Tangente *t*. Descartes suchte nun einen Kreis mit dem Mittelpunkt auf der *x*-Achse, der die Funktion bzw. Tangente im Punkt *P* berührt. Der Radius $|PM|$ steht senkrecht auf *t*, der Mittelpunkt $M(v; 0)$ liegt somit auf der Normalen *s* zu *P* (Abb. 7.16). Nach Pythagoras gilt:

$$y^2 = s^2 - (v - x)^2$$

Die Länge der Subnormale ist $|v - x|$. Bei bekanntem s, v lässt sich die Tangentensteigung ermitteln.

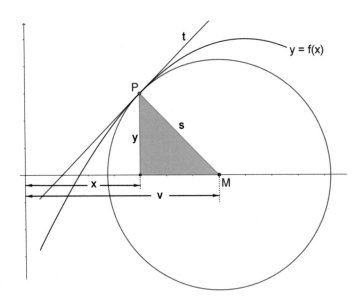

Abb. 7.16 Zur Tangentenmethode

Beispiel einer Parabel $y^2 = kx$. Ist $P(x_0, y_0)$ der Tangentenberührpunkt, dann hat der Kreis um M die Gleichung

$$(v - x_0)^2 + y_0^2 = s^2$$

Da P die Parabelgleichung $y_0^2 = kx_0$ erfüllt, liefert das Einsetzen die quadratische Gleichung

$$x_0^2 + (k - 2v)x_0 + \left(v^2 - s^2\right) = 0$$

Im Berührfall existiert eine Doppellösung, wenn die zugehörige Diskriminante verschwindet:

$$x_0 = \frac{1}{2}(2v - k) \Rightarrow v - x_0 = k$$

Dies zeigt, dass die Subnormale der Parabel konstant ist. Dies wird bestätigt mit dem Kalkül von Leibniz. Die Tangentensteigung beträgt

$$y^2 = kx \Rightarrow 2yy' = k \Rightarrow y' = \frac{k}{2y}$$

Die Steigung der Normale im Punkt $P(x_0, y_0)$ ist damit $-\frac{2y_0}{k} = -\frac{y_0}{\frac{k}{2}}$. Die konstante Subnormale der Parabel ist somit $\frac{k}{2}$.

Bourbaki[11] schreibt über die Methode von Descartes:

> Er gab für die Bestimmung der Tangenten eine Methode der algebraischen Geometrie und nicht wie Fermat eine Methode der Differentialrechnung an. Die von der Antike hinterlassenen Resultate über die Schnittpunkte einer Geraden mit einem Kegelschnitt, Descartes' eigene Überlegung über die Schnittpunkte zweier Kegelschnitte und über Aufgaben, die darauf hinausliefen, mussten ihn ganz auf den Gedanken bringen, als Kriterium für die Berührung das Zusammenfallen zweier Schnittpunkte zu nehmen.

7.3   Herleitung der Hyperbelgleichung

Descartes erzeugt eine Hyperbel als Schnitt zweier Geradenbüschel (Abb. 7.17). Es sei die Gerade GL Teil eines Geradenbüschels durch G. Der Punkt K sei ein Punkt eines Büschel von Parallelen, die Richtung der Schar ist gegeben durch den Winkel φ. Setzt man $|LK| = b$ und $|LN| = c$, so ist die Richtung $\cot \varphi = \frac{b}{c}$. Der Schnitt von $GL \cap KN$ ist der laufende Punkt C der Hyperbel. Es sei A der Koordinatenursprung, damit soll gelten: $|AB| = x, |BC| = y, |AG| = a$. Dies liefert die Gleichungen

$$|BL| = \frac{b}{c}y - b \therefore |AL| = x + \frac{b}{c}y - b$$

---

[11] Bourbaki N.: Elemente der Mathematikgeschichte, Vandenhoek & Ruprecht, Göttingen 1971.

Abb. 7.17 Zur Herleitung der
Hyperbelgleichung

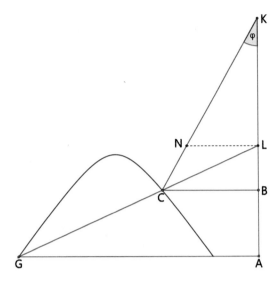

Es gilt die Proportion

$$\frac{|AL|}{|AG|} = \frac{|BC|}{|BL|} \Rightarrow |AL||BL| = |BC||AG|$$

Einsetzen ergibt

$$\frac{ab}{c}y - ab = xy + \frac{b}{c}y^2 - by$$

Umformen zeigt die Gleichung einer Hyperbel in kartesischen Koordinaten

$$y^2 + \frac{c}{b}xy - (a+c)y = ac$$

7.4　Aus der Gleichungslehre

7.4.1　Geometrische Lösung einer quadratischen Gleichung

Descartes löst die quadratische Gleichung $z^2 = az + b^2$ $(a, b > 0)$ geometrisch.
Zu Abb. 7.18a: Er zeichnet das rechtwinklige Dreieck $\triangle NLM$ mit den Katheten
$|NL| = \frac{1}{2}a$ und $|LM| = b$. Der Kreis um N durch den Punkt L schneidet die Verlängerung
der Hypotenuse NM (Descartes nennt sie *Basis*) im Punkt O. Da gilt $|NO| = |NL| = \frac{1}{2}a$,
ist die gesuchte Strecke z gleich $|OM|$ und es gilt

$$z = \frac{1}{2}a + \sqrt{\frac{1}{4}a^2 + b^2}$$

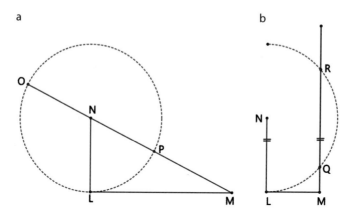

a   b

Abb. 7.18 Geometrische Lösung einer quadratischen Gleichung

Zu Abb. 7.18b: Hier der Fall $z^2 = az - b^2$. Descartes setzt $|NL| = \frac{1}{2}a$ und $|LM| = b$. Durch den Punkt M zieht er die Parallele zu NL. Wenn der Kreis um N durch den Punkt L die Parallele schneidet, existiert mindestens eine Lösung. Die Schnittpunkte der Parallelen mit dem Kreis sind Q, R. Ist O der Mittelpunkt der Strecke QR, so folgt

$$|MQ| = |OM| - |OQ| = \frac{1}{2}a - \sqrt{\frac{1}{4}a^2 - b^2} \quad \therefore \quad |MR| = |MO| + |OR| = \frac{1}{2}a + \sqrt{\frac{1}{4}a^2 - b^2}$$

Dies sind die beiden gesuchten Lösungen $|MR| = z_1$, $|MQ| = z_2$. Der Nachweis folgt aus der Streckenaddition und nach dem Sehnen-Tangenten-Satz:

$$z_1 + z_2 = a \quad \therefore \quad z_1 z_2 = b^2$$

7.4.2 Geometrische Lösung einer quartischen Gleichung

Descartes versuchte in seiner *Géométrie* mit geometrischen Mitteln kubische und quartische Gleichungen zu lösen. Sein Ausgangspunkt war die reduzierte und normierte Form

$$x^4 + px^2 + qx + r = 0 \quad (*)$$

Er wusste, dass die allgemeine quartische Gleichung $z^4 + az^3 + bz^2 + cz + d = 0$ durch die Substitution $z \mapsto x - \frac{a}{4}$ auf $(*)$ reduziert werden kann. Ebenso kann die allgemeine kubische Gleichung $z^3 + az^2 + bz + c = 0$ durch die Substitution $z \mapsto x - \frac{a}{3}$ auf die Form $x^3 + px + q = 0$ transformiert werden. Descartes multipliziert hier mit der Variablen x, um eine Gleichung der Form $(*)$ zu erhalten; damit schleppt so eine zusätzliche Lösung ($x = 0$) ein.

Descartes' Methode besteht darin, die gesuchte Lösung mittels Schnittpunktansatz mit einem Kreis zu ermitteln. Die Kreisgleichung beim Mittelpunkt $M(a, b)$ und Radius R ist:

$$(x - a)^2 + (y - b)^2 = R^2 \Rightarrow x^2 + y^2 - 2ax - 2by + a^2 + b^2 - R^2 = 0$$

Der Schnitt des Kreises mit der Standardparabel $y = x^2$ liefert die quartische Gleichung:

$$x^4 + (1 - 2b)x^2 - 2ax + a^2 + b^2 - R^2 = 0$$

Folgende Größen werden transformiert:

$$1 - 2b = p \therefore -2a = q \therefore a^2 + b^2 - R^2 = r$$

Aufgelöst ergibt dies:

$$a = -\frac{q}{2} \therefore b = \frac{1-p}{2} \therefore R^2 = \frac{q^2}{4} + \frac{1}{4}(1-p)^2 - r$$

Aufgrund der Definition kann R^2 auch negativ sein; d. h., R ist eventuell komplex. Für den Fall, dass (*) nur eine reelle Lösung x_1 hat, gilt:

$$x_1^4 + (1 - 2b)x_1^2 - 2ax_1 + a^2 + b^2 - R^2 = 0$$

Setzt man x_1^2 gleich y_1, so folgt:

$$x_1^2 + y_1^2 - 2ax_1 - 2by_1 + a^2 + b^2 - R^2 = 0$$
$$\Rightarrow (x_1 - a)^2 + (y_1 - b)^2 = R^2$$

Abb. 7.19 Geometrische Lösung einer quartischen Gleichung

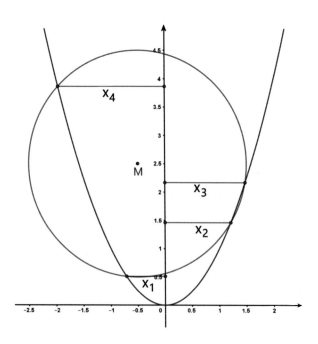

Im Fall *einer* reellen Lösung ist $R^2 = \frac{1}{4}\left[(1 - p)^2 + q^2\right] - r$ positiv und die letzte Gleichung stellt einen Kreis dar. Damit folgt, dass alle reellen Lösungen sich als Abszissen der Schnittpunkt mit der Parabel $y = x^2$ ergeben (Abb. 7.19). Im Falle $R^2 < 0$ gibt es keine Schnittpunkte mit der Parabel, dies zeigt, die Gleichung (*) hat keine reelle Lösung.

Als **Beispiel** wird behandelt: $x^4 - 4x^2 + x + \frac{5}{2} = 0$. Hier gilt mit ist $p = -4; q = 1; r = \frac{5}{2}$

$$a = -\frac{1}{2} \therefore b = \frac{5}{2} \therefore R = \sqrt{\frac{1}{4} + \frac{25}{4} - \frac{5}{2}} = 2$$

Man erhält einen Kreis mit Radius $R = 2$ und dem Mittelpunkt $M\left(-\frac{1}{2}; \frac{5}{2}\right)$. Die Abszissen der 4 Schnittpunkte sind:

$$x_1 = -0.7153; x_2 = 1.2083; x_3 = 1.4721; x_4 = -1.9651$$

Ein **Beispiel** einer kubischen Gleichung ist:

$$x^3 - 10x + 3 = 0 \Rightarrow x^4 - 10x^2 + 3x = 0$$

Hier ist $p = -10; q = 3; r = 0$. Dies liefert:

$$a = -\frac{3}{2} \therefore b = \frac{11}{2} \therefore R = \sqrt{\frac{9}{4} + \frac{121}{4}} = \frac{1}{2}\sqrt{130}$$

Dieser Kreis schneidet die Standardparabel (außer im Nullpunkt) im Punkt (3, 9). Die Abszisse $x_1 = 3$ ist eine reelle Lösung, die weiteren Lösungen sind $x_{2,3} = \frac{1}{2}\left(-3 \pm \sqrt{13}\right)$.

7.4.3 Eine rein algebraische Lösung

Faulhaber gab in seinem Werk *Miracula Arithmetica* (1622) an, dass er Descartes *auff sein begeren vertrawet* einen Ansatz verraten hat, mit dessen Hilfe ein quartisches Polynom in ein Produkt zweier quadratischer Faktoren zerlegt werden kann. Faulhaber nannte das Verfahren *partes aliquotae* (echter Teiler) und als Quelle die Schrift *Arithmetica Philosophica* (1608) von Petrus Roth, der die Methode des Niederländers Nicolaus Petrie (1598) verbessert habe. Es besteht daher die Möglichkeit, dass Descartes diese Methode von Roth in seiner *Géométrie* übernommen hat.

Betrachtet wird hier die folgende Zerlegung eines reduzierten quartischen Polynoms:

$$x^4 + px^2 + qx + r = \left(x^2 + kx + m\right)\left(x^2 - kx + n\right)$$

Ausmultiplizieren der rechten Seite liefert:

$$x^4 + px^2 + qx + r = x^4 + \left(m + n - k^2\right)x^2 + k(n - m)x + mn$$

Der Koeffizientenvergleich liefert das System:

$$p = m + n - k^2 \therefore q = k(n - m) \therefore r = mn$$

Für $k \neq 0$ kann nach den Parametern m, n aufgelöst werden:

$$2n = p + k^2 + \frac{q}{k} \quad \therefore \quad 2m = p + k^2 - \frac{q}{k}$$

Einsetzen in r ergibt eine kubische Gleichung in k^2:

$$k^6 + 2pk^4 + \left(p^2 - 4r\right)k^2 - q^2 = 0$$

Jede Wurzel $k^2 \neq 0$ erzeugt ein Paar von quadratischen Gleichungen:

$$x^2 + kx + \frac{1}{2}\left(p + k^2 - \frac{q}{k}\right) = 0 \quad \therefore \quad x^2 - kx + \frac{1}{2}\left(p + k^2 + \frac{q}{k}\right) = 0$$

Jede Lösung der beiden quadratischen Gleichungen ist auch Lösung des gegebenen Polynoms. Descartes gibt dazu das **Beispiel:**

$$x^4 - 17x^2 - 20x - 6 = 0$$

Die zugehörige kubische Gleichung in k^2 ist:

$$k^6 - 34k^4 + 313k^2 - 400 = 0$$

Von den drei Lösungen $\left\{16; 9 \pm 2\sqrt{14}\right\}$ wird hier die ganzzahlige ($k^2 = 16$) gewählt. Einsetzen liefert mit $p = -17; q = -20$:

$$x^2 + 4x + \frac{1}{2}\left(-17 + 16 + \frac{20}{4}\right) = 0 \Rightarrow x^2 + 4x + 2 = 0$$

$$x^2 + 4x + \frac{1}{2}\left(-17 + 16 - \frac{20}{4}\right) = 0 \Rightarrow x^2 - 4x - 3 = 0$$

Die gesuchten Wurzeln sind $\left\{-2 \pm \sqrt{2}; 2 \pm \sqrt{7}\right\}$.

Eine umfangreiche Untersuchung der „Algebra" von Vieta bzw. Descartes stammt von Henk Bos und K. Reich[12].

7.4.4 Die Vorzeichenregel

Descartes kannte die Eigenschaft aller normierten, ganzzahligen Polynome, dass die ganzzahligen Wurzeln Teiler der Konstanten sind. Ist $x = a$ eine Wurzel, so lässt sich das Polynom ohne Rest durch $(x - a)$ teilen. Er gibt dazu das Beispiel

---

[12] Bos Henk J. M., Reich K.: Der doppelte Auftakt zur frühneuzeitlichen Algebra: Viète und Descartes, im Sammelband Scholz, S. 183–234

$$p(x) = x^4 - 4x^3 - 19x^2 + 106x - 120$$

Es lässt sich ohne Rest teilen durch $(x - 2), (x - 3), (x - 4)$ und $(x + 5)$. Positive Wurzeln nennt er *wahr*, negative *falsch*. Für Polynome ohne verschwindende Konstante stellte er folgende Vorzeichenregel auf:

Die Anzahl aller positiven Nullstellen eines reellen Polynoms ist gleich der Zahl der Vorzeichenwechsel der Folge seiner Koeffizienten oder um eine gerade natürliche Zahl kleiner
als diese, wobei jede Nullstelle ihrer Vielfachheit entsprechend gezählt wird. Die Anzahl der
negativen Nullstellen ist so groß, wie man zwei positive Vorzeichen oder negative hinter-
einander findet.

Das oben genannte Polynom hat die Vorzeichenfolge (+, -, -, +, -) und damit 3 Vorzeichenwechsel. Die Anzahl der positiven Nullstellen ist somit 3 oder 1, die der
negativen 1. Ebenfalls betrachtet er das Polynom $p(-x)$. Es gilt hier

$$p(-x) = x^4 + 4x^3 - 19x^2 - 106x - 120$$

Die Vorzeichenfolge ist hier $(+, +, -, -, -)$; sie enthält einen Vorzeichenwechsel und
3 Paare von aufeinanderfolgenden Koeffizienten gleichen Vorzeichens. Die Anzahl der
positiven Nullstellen von $p(-x)$ ist somit 1, die der negativen 3. Damit ist bestätigt, dass
$\{2, 3, 4\}$ die positiven Nullstellen von $p(x)$ sind, $\{-5\}$ die negative ist.

Eine wichtige Folgerung ergibt sich: Wenn ein reelles Polynom nur einen Vorzeichenwechsel hat, dann hat es genau eine einfache positive Nullstelle. Ein Beispiel dazu ist:

$$q(x) = 3x^4 + 10x^2 + 5x - 4$$

Es hat die Vorzeichenfolge $(+, +, +, -)$ und damit einen Vorzeichenwechsel, die positive
Nullstelle liegt bei $\{\approx 0.4223\}$. Da komplexe Nullstellen von reellen Polynomen stets
paarweise auftreten, muss mindestens eine Wurzel negativ sein.

Betrachtet wird $r(x) = x^5 + x^2 + 1$. Hier hat $r(x)$ keinen Vorzeichenwechsel, aber
$r(-x)$ einen. Somit existiert eine negative Wurzel, die restlichen vier sind komplex.

Descartes führte auch Substitutionen ein zum Verschwinden der Konstanten; dies
ändert jedoch die Vorzeichenfolge. Im oben erwähnten Polynom $p(-x)$ substituiert er
$x \mapsto y - 3$ und erhält

$$p(y) = y^4 - 8y^3 - y^2 + 8y$$

Das Polynom hat (außer der Null) die Wurzeln $\{-1, 1, 8\}$.

Descartes gab keinen Beweis für die Vorzeichenregel an; komplexe Nullstellen
erwähnt er überhaupt nicht.

7.4.5 Ergänzungen zur Géométrie durch niederländische Mathematiker

Die in französischer Sprache geschriebene *Géométrie* war für Nichtfranzosen nicht einfach zu verstehen. Das Werk wurde der Nachwelt nahegebracht durch die lateinische Übersetzung von Frans van Schooten d. J. und in Frankreich durch Philippe de la Hire. **Exkurs** zu van Schooten:

> F. van Schooten d. J. (1615–1660) war der Sohn eines gleichnamigen Mathematikprofessors der Universität Leiden. Van Schooten hatte Descartes 1632 persönlich kennengelernt und 1637 wiedergetroffen, als dieser in Leiden den Druck seines *Discours de la Méthode* überwachte. Van Schooten erkannte schnell, dass seine Mathematikkenntnisse nicht ausreichten, um das Werk zu verstehen. So ging er mit Empfehlung Descartes' zum Studium nach Paris, wo ihn Pater Mersenne nach Kräften förderte. Er fand dort die Manuskripte von Fermat und Vieta vor und beschloss, die Handschriften von Vieta zu sammeln. Über Irland und London (mit Kontakt zu Wallis) kehrte van Schooten 1643 in seine Heimatstadt nach Leiden zurück, wo er die Herausgabe des *Discours* in Angriff nahm. 1645 unterrichtete er die Huygens-Brüder in Mathematik, die bereits Studenten bei seinem Vater gewesen waren. 1646 konnte er das Amt des Vaters übernehmen und gelang es ihm, das Gesamtwerk Vietas herauszugeben als *Francisci Vietae Opera Mathematica*.
>
> Besonders wichtig wurde seine Übersetzung der *Géométrie* ins Lateinische. Die erste Auflage 1649 der *Geometria a Renato Des Cartes* hatte einen so großen Erfolg, dass er die zweite Auflage durch zahlreiche Kommentare um 800(!) Seiten erweiterte, sodass das Werk auf zwei Bände aufgeteilt wurde (1659/61). Ab 1651 hielt van Schooten öffentliche Vorträge über die *Géométrie*; ebenfalls unterrichtete er in Privatkursen vielversprechende Talente wie Johan de Witt (1625–1672), Jan Hudde (1628–1704) und Hendrick van Heuraet (1635–1660?). Die späteren Beiträge dieser Schüler zu den erweiterten Auflagen der *Géométrie* führten die Ansätze von Descartes fort und legten damit die Grundlagen der analytische Geometrie. Van Schooten ergänzte die *Géométrie* durch einen umfangreichen Beitrag *Commentarii*, der die Abbildungen beschreibt, einen Kegelschnitt durch Translationen und Drehungen auf Hauptachsenlage zu bringen.
>
> Bekannt ist der Satz von van Schooten: Ist P ein Punkt des Umkreises des gleichseitigen Dreiecks *ABC,* so ist die längste Strecke von $|PA|, |PB|, |PC|$ gleich der Summe der beiden kleineren Strecken.

Wichtig war die Ergänzung von de Witt[13]: *Elementa curvarum linearum;* sie enthält die Formeln zur Klassifikation von Kurven zweiten Grades wie $yy + \frac{2bxy}{a} - 2bc = bx - \frac{bbxx}{aa} - cc$. Von van Heuraet stammt der Beitrag *De transmutatione curvarum linearum ...*, in dem er ein allgemeines Verfahren zur Rektifikation einer Kurve angibt. Diese Schriften (mit den unten folgenden Beiträgen Huddes) sind auch nach dem Tod van Schootens in weiteren Auflagen aufgenommen worden (1683, 1695).

---

[13] Easton J. B.: Johan de Witt's Kinematical Constructions of the Conics, Mathematics Teacher, **56** (1963), S. 632–635.

Auch eine verkürzte Version in niederländischer Sprache hatte großen Erfolg und erzielte drei Auflagen (1660, 1661, 1663); Herausgeber war G. Kinckhuysen, der seine Ausgabe ebenfalls mit zahlreichen nützlichen Kommentaren versah. Es ist bekannt, dass Wallis sich die Erstausgabe von Kinckhuysen übersetzen ließ, Newton studierte die zweite. Newtons Brief vom Februar 1675 an R. Hooke enthielt einen Kommentar über Descartes mit dem berühmten Zitat:

> What Des-Cartes did was a good step. [...] If I have seen further it is by standing on ye shoulders of Giants. (Descartes machte einen guten Schritt ... Wenn ich weiter gesehen habe [als andere] dann, weil ich auf den Schultern von Riesen stand.)

Das Zitat stammt ursprünglich von Bernhard von Chartres (um 1120), wie John of Salisbury (Metalogicon III, 4, 47–50) berichtet hat:

> Dicebat Bernardus Carnotensis nos esse quasi *nanos gigantum umeris insidentes*, ut possimus plura eis et remotiora videre, non utique proprii visus acumine, aut eminentia corporis, sed quia in altum subvehimur et extollimur magnitudine gigantea. (Bernhard von Chartres sagte, wir seien gleichsam Zwerge, die auf den Schultern von Riesen sitzen, um mehr und Entfernteres als diese sehen zu können – freilich nicht dank eigener scharfer Sehkraft oder Körpergröße, sondern weil die Größe der Riesen uns emporhebt.)

Bedeutend war der Beitrag *De reductione aequationum* zur Géométrie von Jan Hudde[14], dem späteren Bürgermeister von Amsterdam, der mit Huygens und de Witt über Fragen des Kanalbaus und der Lebenserwartung in Briefkontakt stand.

A1) Das Verfahren zur Bestimmung des größten gemeinsame Teilers (*ggT*) zweier Polynome wird am Beispiel der Polynome gezeigt:

$$x^3 + 3x^2 + 3x + 1 = 0 \quad (1) \quad \therefore \quad x^2 - 4x - 5 = 0 (2)$$

Aus (2) folgt $x^2 = 4x + 5$. Zweifaches Einsetzen liefert

$$x^3 = x \cdot x^2 = x(4x + 5) = 4x^2 + 5x = 4(4x + 5) + 5x = 21x + 20 \quad (3)$$

Einsetzen von (3) in (1) ergibt:

$$21x + 20 + 3(4x + 5) + 3x + 1 = 0 \Rightarrow 36x + 36 = 0 \Rightarrow x = -1$$

Einsetzen in (2) zeigt, dass die Gleichung erfüllt ist:

$$(-1)^2 - 4(-1) - 5 = 0$$

Somit ist $(x - 1)$ der *ggT* der gegebenen Polynome. Ergibt sich im letzten Schritt keine Identität, so sind die Polynome teilerfremd.

---

[14] Haas K.-H.: Die mathematischen Arbeiten von Johannes Hudde, Centaurus, **4** (1956), S. 235–284.

A2) Hudde verwendet zur Bestimmung von doppelten Nullstellen das Beispiel:

$$x^3 + 3x^2 + 3x + 1 = 0$$

Multiplizieren der Koeffizienten mit einer abnehmenden arithmetischen Folge liefert:

$$x^3 + 3x^2 + 3x + 1 = 0$$

$$3\quad\ \ 2\quad\ \ 1\quad\ \ 0$$

$$3x^3 + 6x^2 + 3x\ \ \ \ \ \ = 0\quad\underset{x\neq 0}{\Rightarrow}\ 3x^2 + 6x + 3 = 0$$

Mit dem oben gezeigten Verfahren wird der $ggT(x^3 + 3x^2 + 3x + 1;\ 3x^2 + 6x + 3)$ bestimmt; es ergibt sich $(x - 1)$. Somit ist $x = 1$ eine doppelte Nullstelle des gegebenen Polynoms. Man erkennt schnell, dass durch die angegebene Multiplikation die Ableitung erzeugt wird; eine gemeinsame Nullstelle $(x \neq 0)$ von Funktion und Ableitung ist notwendig eine doppelte Nullstelle.

A3) Mit derselben Methode bestimmte er auch relative Extrema von Polynomen $p(x)$. Angenommen, der Funktionswert des Minimums sei M, dann hat das Polynom $p(x) - M$ eine doppelte Nullstelle. Wie oben multipliziert er die Koeffizienten mit der abnehmenden arithmetischen Folge:

$$x^3 - 3x^2 - 9x + (27 - M) = 0$$

$$3\quad\ \ 2\quad\ \ 1\quad\ \ \ \ 0$$

$$3x^3 - 6x^2 - 9x\ \ \ \ \ \ \ \ \ \ \ = 0 \underset{x\neq 0}{\Rightarrow} x^2 - 2x - 3 = 0$$

Das sich ergebende quadratische Polynom hat die Nullstellen $\{-1; 3\}$. Wegen $p(-1) = 32;\ p(3) = 0$ liefert $\{x = -1\}$ das Maximum; $\{x = 3\}$ das Minimum.

A4) Ebenfalls von J. Hudde stammt eine Lösungsmethode für reduzierte Polynome; sie hat Ähnlichkeit mit dem Verfahren von Huygens (vgl. Abschn. 11.2). Gegeben sei $x^3 = ax + b$. Mit der Substitution $x \mapsto y + z$ folgt:

$$y^3 + 3y^2 z + 3yz^2 + z^3 = ax + b$$

Die Gleichung wird additiv zerlegt in ein System:

$$y^3 + z^3 = b\quad (1)\quad \therefore\quad 3y^2 z + 3yz^2 = ax\,(2)$$

Gleichung (2) liefert nach Kürzen der Substitution:

$$y(y + z) = \frac{1}{3}\frac{a}{z}x \Rightarrow y = \frac{1}{3}\frac{a}{z}$$

Mit (1) folgt

$$y^3 = b - z^3 \Rightarrow b - z^3 = \frac{1}{27}\left(\frac{a}{z}\right)^3$$

Dies ist eine biquadratische Funktion in z^3. Damit gilt:

$$z^3 = \frac{b}{2} \pm \sqrt{\frac{1}{4}b^2 - \frac{1}{27}a^3} = A \quad \therefore \quad y^3 = \frac{b}{2} \mp \sqrt{\frac{1}{4}b^2 - \frac{1}{27}a^3} = B$$

Eine Lösung des kubischen Polynoms ist damit:

$$x = \sqrt[3]{A} + \sqrt[3]{B}$$

Literatur

Baillet A.: La vie de Mr. Des-Cartes, Réduité en abregé. Paris (1693)

Bos Henk J. M., Reich K.: Der doppelte Auftakt zur frühneuzeitlichen Algebra: Viète und Descartes, im Sammelband Scholz, S. 183–234

Bourbaki N.: Elemente der Mathematikgeschichte, Vandenhoek & Ruprecht. Göttingen (1971)

Descartes, R.: Philosophische Schriften in einem Band. Felix Meiner Verlag, Hamburg (1996)

Dicker G.: Descartes – An Analytical and Historical Introduction. Oxford University (2013)

Federico, P. J.: Descartes on Polyhedra – A Study of the De Solidorum Elementis. Springer (1982)

Hawlitschek K.: Johann Faulhaber (1580–1635), Eine Blütezeit der mathematischen Wissenschaften in Ulm, Stadtbibliothek Ulm. (1995)

Hawlitschek K.: Johann Faulhaber, Briefe und Begegnungen, im Sammelband „Rechenmeister und Cossisten der frühen Neuzeit", Schriften des Adam-Ries-Bundes, Band 7, S. 206/207

Perler, D.: René Descartes. Beck, München (1998)

Poser H.: René Descartes – Eine Einführung. Reclam Stuttgart (2003)

Röd W.: René Descartes, Exempla historica, Epochen der Weltgeschichte in Biographien, Bd. 28. Fischer (1975)

Schneider I.: Johannes Faulhaber 1580–1635, Vita Mathematica Bd. 7. Birkhäuser (1993)

Smith D. E., Latham M.L. (Hrsg.): The Geometry of René Descartes: with a Facsimile of the First Edition. Dover (2012)

Sonar T.: 3000 Jahre Analysis. Springer (2011)

Specht R.: René Descartes, Rowohlts Monographien. Hamburg (2006)

Stedall J.: John Wallis and the French: His quarrels with Fermat, Pascal, Dulaurens, and Descartes, Historia Mathematica 39 (2012)

Varignon P.: Nouvelles conjéctures sur la pesanteur, A Paris (1690)

Blaise Pascal (1623-1662)

Blaise Pascal (Abb. 8.1) wurde am 19. Juni 1623 in Clermont-Ferrand geboren. Sein Vater Étienne Pascal hatte in Paris Jura studiert und etwas später das Amt des zweiten Vorsitzenden Richters am Obersten Steuergerichtshof der Auvergne in Clermont-Ferrand gekauft. Die Mutter A. Begon kam aus einer wohlhabenden Kaufmannsfamilie. Pascal hatte zwei Schwestern, die drei Jahre ältere *Gilberte* sowie die zwei Jahre jüngere *Jacqueline,* von deren Geburt sich die Mutter nicht erholte, sodass Pascal mit drei Jahren Halbwaise wurde. Mit beiden Schwestern stand er Zeit seines Lebens in engem Kontakt, was für die spätere religiöse Ausrichtung der Geschwister von Bedeutung war. Gilberte wurde später seine Nachlassverwalterin und erste Biografin[1].

Als er acht war, zog die Familie samt Kinderfrau nach Paris, vermutlich weil der Vater dem sichtlich hochbegabten Jungen bessere Entfaltungsmöglichkeiten schaffen wollte. Sein Richteramt verkaufte er für die gewaltige Summe von 65 665 *Livres* an einen Verwandten und legte sein Vermögen in Staatsanleihen an. Ein anderer Grund, warum Étienne Clermont-Ferrand verließ, könnte sein, dass er den Sterbeort seiner geliebten Frau verlassen wollte oder dass er Anschluss finden wollte an den wissenschaftlichen Kreis um den Paulaner-Pater Mersenne, der die *Académie Parisienne* gegründet hatte. Die Akademie war ein Vorläufer der berühmten *Académie des Sciences,* die 1699 von Jean-Baptiste Colbert (1619–1683), dem Finanzminister unter Ludwig XIV., gegründet wurde.

Pascal war von Kindheit an kränklich. Er wurde deshalb von seinem hochgebildeten und naturwissenschaftlich interessierten Vater selbst sowie von Hauslehrern unterrichtet. Dass der Vater selbst mathematisch aktiv war, ist dadurch belegt, dass die sog. Pascal'sche Schnecke (*limaçon de Pascal*) nach Vater Etienne benannt ist. Der Vater

---

[1] Pascal G.: Das Leben des Monsieur Pascal, in: Pascal B.: Kleine Schriften zur Religion und Philosophie, S. 12 ff., Felix Meiner Verlag 2008.

D. Herrmann, *Mathematik der Neuzeit,* https://doi.org/10.1007/978-3-662-65417-0_8

Abb. 8.1 Gemälde von Blaise
Pascal (Wikimedia Commons,
gemeinfrei)

versuchte, Pascal von der Mathematik fernzuhalten, bevor dieser die alten Sprachen
Latein und Griechisch gelernt hatte. Als einmal der Vater überraschend ins Zimmer
kam, fand er zu seinem Erstaunen den Sohn in mathematischer Beschäftigung. Gilberte
schildert dies so:

> Aber [Pascals] Geist konnte derartige Beschränkungen nicht ertragen, und sobald er die
> einfache Erklärung gehört hatte, die Mathematik ermögliche es, unfehlbar richtige Figuren
> zu entwerfen, dachte er selbst darüber nach, und in seinen Erholungsstunden, wenn er in
> ein Zimmer gekommen war, wo er gewöhnlich spielte, nahm er nun ein Kohlestück und
> zeichnete Figuren auf die Fliesen, wobei er zum Beispiel nach den Mitteln suchte, um
> einen vollkommen runden Kreis oder ein Dreieck, dessen Seiten und Winkel gleich wären,
> und andere ähnliche Dinge zu entwerfen. Das alles fand er mühelos heraus; hierauf suchte
> er nach den gegenseitigen Proportionen der Figuren. Da ihm mein Vater jedoch all diese
> Dinge so sorgfältig verheimlicht hatte, dass er nicht einmal deren Namen kannte, sah er sich
> gezwungen, eigene für sich selbst zu erfinden. Einen Kreis nannte er *ein Rund*, eine Linie
> *einen Strich* und so weiter.
> Als er gerade damit beschäftigt war, betrat mein Vater zufällig den Raum, in dem sich
> mein Bruder befand, ohne dass er es hörte. Er fand ihn so eifrig beschäftigt, dass er dessen
> Ankunft lange nicht bemerkte. Man kann nicht sagen, wer mehr überrascht war, der Sohn,
> weil er seinen Vater sah und an das von ihm ausgesprochene ausdrückliche Verbot dachte,
> oder der Vater, als er seinen Sohn inmitten all dieser Dinge entdeckte.

Der Vater war ganz begeistert und händigte ihm ein Exemplar der *Elemente* von Euklid
aus. Später nahm er den Sohn mit zur Mersenne-Runde, wo Blaise begierig Wissen aufnahm. Gilberte schrieb:

> Da mein Vater das für richtig hielt, gab er ihm die Elemente Euklids, damit er sie in seinen
> Erholungsstunden lesen sollte. Er studierte und verstand sie ganz allein, ohne jemals eine
> Erklärung zu benötigen. Und während er sie studierte, verarbeitete er sie und erreichte so
> große Fortschritte, dass er regelmäßig an den Zusammenkünften teilnehmen konnte, die

allwöchentlich stattfanden und bei denen sich die größten Pariser Gelehrten versammelten, um ihre eigenen Werke vorzustellen und die der anderen zu prüfen. Mein Bruder konnte sowohl bei der Prüfung anderer Werke als auch bei den eigenen Werken seinen Rang behaupten, denn er gehörte zu jenen, die dort am häufigsten etwas Neues vorstellten. Bei diesen Zusammenkünften untersuchte man auch sehr oft Lehrsätze, die aus Deutschland und anderen fremden Ländern zugeschickt wurden, und bei alldem fragte man ihn nach seiner Ansicht und schenkte ihm größere Aufmerksamkeit als jedem anderen; denn er hatte so lebhafte Geistesgaben, dass er zuweilen Fehler entdeckte, die den anderen entgangen waren.

In dieser Gelehrtenrunde diskutierte u. a. 1638 bis 1639 Girard Desargues sein *Brouillon projet*. Davon angeregt, präsentierte Blaise im Alter von 16 Jahren der Runde seine Abhandlung *Essai pour les coniques* über die Kegelschnitte; das einem Kegelschnitt einbeschriebene Sechseck nannte er *hexagrammum mysticum*. Gilberte berichtet darüber:

Da er jedoch in dieser Wissenschaft [Mathematik] die Wahrheit fand, die er stets so leidenschaftlich gesucht hatte, befriedigte sie ihn so sehr, dass er seinen ganzen Geist darauf verwendete, und wenn er sich auch nur wenig damit beschäftigte, machte er deshalb so große Fortschritte, dass er im Alter von sechzehn Jahren eine Abhandlung über die Kegelschnitte verfasste, die man als eine so große geistige Leistung ansah, dass man sagte, seit Archimedes hätte man nichts derart Bedeutendes gesehen. Alle Gelehrten waren der Meinung, dass man dieses Werk sogleich drucken sollte, denn sie erklärten, wenn man es zu der Zeit drucke, da sein Autor erst sechzehn Jahre alt sei, werde dieser Umstand es noch weitaus schöner erscheinen lassen, obwohl es auch sonst stets bewundernswert bleiben werde.

Die Schrift Pascals *Essai pour les coniques* schien lange Zeit verloren, es konnte nur der erste Abschnitt (unter den Papieren von Leibniz) wieder aufgefunden werden[2].René Taton, der Biograf Desargues', hat in einem Artikel[3] die vorhandenen Informationen zusammengestellt. Ein Abdruck des *Essai* findet sich im Anhang des Buchs von Field/Gray[4].

1638 kam die Familie in ernste Schwierigkeiten. Vater Étienne hatte offen dagegen protestiert, dass die Staatsanleihen weniger verzinst werden, woraufhin er sich aus dem öffentlichen Leben in die Auvergne zurückziehen musste. Tochter Jacqueline nutzte eine Theateraufführung vor Kardinal Richelieu, um diesen um Gnade für ihren Vater zu erbitten. Dieser – von ihrer Schönheit erfreut – begnadigte den Vater und schickte ihn als königlichen Kommissar und obersten Steuereintreiber nach Rouen. Um die Rechenarbeit des Vaters zu erleichtern, erfand Pascal eine Additionsmaschine. Die Maschine, später Pascaline genannt, wurde verbessert und konnte dann auch subtrahieren (s. Abschn. 4.3). Die Währungseinheiten waren damals (bis 1799) nicht dezimal unterteilt, das machte das Umrechnen kompliziert: 1 Livre entsprach 20 Sol, 1 Sol wiederum 12 Dernier.

---

[2] Pascal B.: Essay pour les Coniques, S. 326–330, im Sammelband Smith.

[3] Taton R.: „L'Essay pour les Coniques" de Pascal, Revue d'histoire des sciences et de leurs applications, tome 8, n°1, 1955, S. 1–18.

[4] Field J. V., Gray J. J.: The Geometrical Work of Girard Desargues, Springer 1987, S. 180–184.

Pascal erhielt für seine Maschine zwar 1649 ein königliches Privileg (vergleich-
bar einem Patent); der Verkauf der handgefertigten Maschine war kein Erfolg. Pascal
widmete seine Maschine dem Reichskanzler und schrieb eine Widmung *Lettre
dédicatoire à Mgr de Cancelier sur le sujet de la nouvelle machine inventée par le Sieur
Blaise Pascal.* Eine eigenhändige Beschreibung Pascals der Maschine findet sich bei
Smith[5]. Er war überzeugt von seiner Maschine (aus den Pensées):

> Die Rechenmaschine zeigt Wirkungen, die dem Denken näher kommen als alles, was Tiere
> vollbringen; aber keine, von denen man sagen muss, dass sie Willen habe wie die Tiere.

Von der Rechenmaschine sind noch 8 Exemplare erhalten (nach Loeffel[6]).

Im Jahr 1646 erlitt der Vater einen schweren Oberschenkelbruch, sodass eine lange
Rekonvaleszenz notwendig war. Zwei der Gelegenheitsärzte, die den Vater mit Erfolg
behandelten, nisteten sich drei Monate im Hause Pascal ein und bekehrten alle Familien-
mitglieder – samt Schwiegersohn – zum Jansenismus. Diese katholische Sekte wurde benannt
nach dem holländischen Reformbischofs *Jansenius,* der eine auf den Kirchenvater *Augustinus*
zurückgehende These vertrat: Ein Christ kann nur durch die Gnade Gottes des ewigen Lebens
teilhaben. Jacqueline wollte sofort als Nonne in das jansenistische Frauenkloster *Port-Royal*
eintreten, was vom Vater verhindert wurde, da er ihr die Auszahlung der Mitgift verweigerte.
Pascal, der seit seinem achtzehnten Lebensjahr an chronischen Schmerzen litt, deutete seine
Krankheit als ein Zeichen Gottes und begann ein asketisches Leben.

Die Schwester Gilberte hatte 1641 ihren Cousin Florin Périer geheiratet, der natur-
wissenschaftliches Interesse zeigte. Mit dem Schwager Périer führte Pascal die
Luftdruckversuche des Torricelli durch. Zunächst experimentierten sie mit dem
Torricelli-Rohr auf dem Dach der Kirche *Saint-Jacques-La-Bougerie* in Paris. Später
beauftragte Pascal seinen Schwager (und einige Zeugen) brieflich den nahe gelegenen,
1465 m hohen *Puy de Dôme* zu besteigen und in halber Höhe und am Gipfel den Luftdrucks zu messen (Abb. 8.2).

Die Versuche mit dem Torricelli-Rohr erregten auch das Interesse Descartes. Jacqueline berichtete in einem Brief vom 25.09.1647 an Gilberte über Descartes' Besuch:

> Nach dem Austausch von Höflichkeiten redete man über das Experiment zum Vakuum.
> Descartes erklärte das Absinken der Quecksilbersäule, das Pascal als den experimentellen
> Beweis für das Wirken des Luftdrucks ansah, mit dem Eindringen einer *materia subtilis.*
> Pascal widersprach, der ebenfalls anwesende Roberval übernahm das Gespräch in der
> Annahme, dass Pascal wegen seiner Erkrankung nicht imstande wäre, sich gebührend
> zu äußern und ging Descartes *hitzig, aber dennoch nicht ohne Höflichkeit* an. Descartes
> erwiderte, er wolle lieber direkt mit Pascal sprechen, der verständig sei und nicht, wie
> Roberval, voller Vorurteile. Descartes kam am nächsten Tag wieder; aber die Diskussion
> erging sich nur in medizinische Hinweise zur Gesundung Pascals.

---

[5] Pascal B.: On his Calculating Machine, S. 165–181, 326–330, im Sammelband Smith.
[6] Loeffel H.: Blaise Pascal, Vita Mathematica Band 2, Birkhäuser 1987, S. 52.

Abb. 8.2 Die
Luftdruckversuche von Pascals
Schwiegersohn auf dem Berg
Puy de Dôme (Kupferstich aus
Les mervielles de la sciences,
Tome 1 1867, koloriert)

Die Messwerte des Schwagers vom 19. September 1648 bestätigten die Abhängigkeit des Luftdrucks von der Höhe. Auch zeigt sich das Vorhandensein eines Vakuums unabhängig von der Höhe des Quecksilberspiegels. Damit wurde die Behauptung von Aristoteles widerlegt, dass die Natur kein Vakuum kenne: *natura (ab)horret vacuum.* 1648 publizierte Pascal ebenfalls das Gesetz der *kommunizierenden Röhren,* eine Abhandlung über den Luftdruck erfolgte erst später 1653.

Ende des Jahres 1650 war die Familie nach Paris zurückgekehrt. Als der Vater ein Jahr später starb, konnte Pascal den Eintritt seiner Schwester Jacquelines ins Kloster Port Royal nur zeitlich verzögern. Die Abtei war inzwischen nach Champ außerhalb von Paris verlegt worden. Pascal war nun frei von familiären Pflichten und bewegte sich in der gehobenen Pariser Gesellschaft. Neben anderen lernte er dort den professionellen Spieler Chevalier de Méré kennen, dessen Fragen ihn 1653 zu der Beschäftigung mit Glücksspielen anregten. In einem regen Briefwechsel mit Pierre de Fermat erarbeiteten die beiden Mathematiker die Grundlagen der Wahrscheinlichkeitsrechnung, der Briefverkehr[7],[8] zwischen Pascal und Fermat ist gut dokumentiert.

Seine Erkenntnisse über das nach ihm benannte Pascal'sche Dreieck veröffentlichte er 1654 als *Traité du triangle arithmétique.* Mit welchen mathematischen Themen sich Pascal noch beschäftigte, zeigt ein eigenhändiges Schreiben an die *Académie Parisienne,* das sich im Nachlass von Leibniz gefunden hat:

---

[7] Schneider I.(Hrsg.): Die Entwicklung der Wahrscheinlichkeitsrechnung von den Anfängen bis 1933, S. 25–40, Wissenschaftliche Buchgesellschaft 1988.

[8] Devlin K.: Pascal, Fermat und die Berechnung des Glücks. Eine Reise in die Geschichte der Mathematik. C. H. Beck, 2009.

- Summe von Potenzen natürlicher Zahlen
- Magische Quadrate, die beim Streichen der Ränder, magisch bleiben
- Verallgemeinerung von Apollonius' Kreisberührungsproblem
- Umfassendes Werk über Kegelschnitte
- Abhandlung über die Perspektive
- Über die Rechenmaschine und das Vakuum

Die Mehrzahl dieser Schriften wurde nicht mehr realisiert, da Pascal sich nach einem religiösen Erlebnis nur noch mit Theologie beschäftigen wollte. Im Herbst des Jahres 1654 kam es zu einem einschneidenden Ereignis: Als er mit der Kutsche über die Seine-Brücke von Neuilly fuhr, scheuten die Pferde und fielen über das Geländer. Zum Glück blieb die Karosse hängen, Pascal selbst blieb unversehrt. Das Gefühl der Rettung schlug bei ihm wie ein Blitzschlag ein: Auf einem Pergament schrieb er sein religiöses Offenbarungserlebnis, *Mémorial* genannt, nieder (hier gekürzt):

> Im Jahre des Heils 1654, Montag, den 23. November, Tag des Heiligen Klemens, Papst und Märtyrer, und anderer im Martyrologium … Seit ungefähr abends zehneinhalb bis ungefähr eine halbe Stunde nach Mitternacht. FEUER!
>
> Gott Abrahams, Gott Isaaks, Gott Jakobs! Nicht der Philosophen und Gelehrten. Gewissheit, Gewissheit, Empfinden: Freude, Friede. Gott Jesu Christi *Deum meum et Deum vestrum.*
>
> Er ist allein auf den Wegen zu finden, die das Evangelium lehrt: Größe der menschlichen Seele. Gerechter Vater, die Welt kennt dich nicht; ich aber kenne dich. Freude, Freude, Freude und Tränen der Freude. Ich habe mich von ihm getrennt. *Dereliquerunt me fontem aquae vivae.*
>
> Ich habe mich von ihm getrennt, ich habe mich ihm entzogen, habe ihn verleugnet und gekreuzigt. Möge ich niemals von ihm getrennt sein. Er ist allein auf den Wegen zu bewahren, die im Evangelium gelehrt werden. Vollkommene Unterwerfung unter Jesus Christus und meinen geistlichen Berater. Ewige Freude für einen Tag der Mühe auf Erden. *Non obliviscar sermones tuos.* Amen.

Der letzte Satz stammt aus Psalm 119, Vers 16. Den Umschlag nähte er in das Futter seines Mantels ein, den er dann zeitlebens trug; er wurde erst nach seinem Tod von einem Diener gefunden. Die genaue Zeitangabe des *Mémorials* erklärt sich daraus, dass Pascal stets eine transportable Uhr bei sich führte, was damals nicht alltäglich war. Der Biograf D. Adamson[9] vermutet, dass einige Zeit zwischen dem Unfall auf der Brücke und der Abfassung des *Mémorials* vergangen ist; da das „Feuer"-Erlebnis Pascals sich spät im Jahr ereignete (23. November).

Um seiner Schwester Jacqueline näher zu sein, zog er sich zurück und bezog ein kleines Haus, dass an das Kloster *Port Royal* (Abb. 8.3) angebaut war. Von diesem Zeitpunkt an betrieb er nur noch religiöse Studien, mit Ausnahme des Jahres 1658, in dem

---

[9] Adamson D.: Blaise Pascal: Mathematician, Physicist and Thinker about God, St. Martin's Press, New York 1995, S. 7.

Abb. 8.3 Kloster Port Royal
vor der Zerstörung (Wikimedia
Commons, gemeinfrei)

er sich – in einer schmerzfreien Phase – mit der Zykloide beschäftigte. Im Sommer des
Jahres veranstaltete Pascal unter falschem Namen ein Preisausschreiben über die Eigenschaften der Zykloide. Obwohl sich namhafte Mathematiker beteiligten, war Pascal mit
den Einsendungen nicht zufrieden und publizierte nur seine Musterlösung, woraus eine
sehr heftige Diskussion unter seinen Kollegen entbrannte und zahlreiche Angriffe auf
ihn mündeten. Der Vorgang ist in der schon erwähnten Biografie von seiner Schwester
Gilberte und der Patennichte Marguerite Périer bezeugt.

Seine letzte mathematische Schrift *Traité des sinus des quarts de cercle* erschien
1659. Von ihr sagte Leibniz später, sie habe ihm *ein Licht entzündet, das der Autor nicht
gesehen habe*. Ein Brief an de Fermat von 1660 ließ erkennen, dass er sich von der
Mathematik entfernt hatte und nur noch religiöse Studien betreiben wollte:

> Ich halte die Mathematik als die höchste Schule des Geistes, gleichzeitig aber erkannte ich sie
> als nutzlos, dass ich wenig Unterschied mache zwischen einem Manne, der nur Mathematiker
> ist und einem geschickten Handwerker. Ich möchte sie als die schönste Beschäftigung
> (*métier*) der Welt nennen, aber sie bleibt letztlich eine Beschäftigung. Bei mir kommt aber
> noch hinzu, dass ich in Studien vertieft bin, die soweit vom Geist der Mathematik entfernt
> sind, dass ich mich kaum mehr daran erinnere, dass es einen solchen gibt.

Seine asketische Lebensweise verschlimmerte seinen Gesundheitszustand. Seine
religiös-philosophischen Gedanken und Ideen schrieb er auf etwa 1000 Notizzetteln
(in 60 Bündeln) nieder, die nach seinem Tod von verschiedenen Herausgebern als sein
berühmtes philosophisches Werk *Pensées* (Gedanken) veröffentlicht wurden. Darunter ist
auch die berühmte Wette auf die Existenz Gottes:

> *Wir kennen … die Existenz und die Natur des Endlichen, weil wir ihm vergleichbar angelegt
> und auch endlich sind. Wir kennen die Existenz des Unendlichen, aber wissen nichts über
> seine Beschaffenheit, denn es ist angelegt wie wir, hat aber keine Grenzen wie wir.*

Aber wir kennen weder die Existenz noch die Natur Gottes, denn er hat weder Raum noch Grenzen.
Wir sind demnach unfähig zu wissen, sowohl, was er ist, als auch, ob er ist.
Und doch ist sicher, dass Gott sowohl ist, als dass er auch nicht ist. Einen Mittelweg gibt es nicht.
Wetten Sie also, ohne zu zögern, dass er ist ...
Wenn Sie sich entscheiden, an ihn zu glauben, gewinnen Sie alles, falls Sie gewinnen.
Falls Sie aber verlieren, verlieren Sie nichts. Glauben sie also, wenn Sie können!

Anfang 1662 hatte er noch mit einem Freund ein Pferdetaxiunternehmen *Les carrosses á cinq sous* gegründet, der erste öffentliche Nahverkehr in Paris. Nach einer schweren Erkrankung ließ er sein Hab und Gut für mildtätige Zwecke verkaufen und zog ins Haus des Schwagers. Dort starb er im Alter von nur 39 Jahren, ein Jahr nach Jacqueline. Von Pascals Totenmaske wurden zahlreiche Kopien gefertigt; sie dienten als Muster für die bekannten neun posthumen Porträts Pascals des 17. Jahrhunderts. Nach Meinung des Biografen Adamson (S. 14) existiert von ihm nur ein Bild, das zu Lebzeiten gemacht wurde (1649). Es handelt sich um eine Rötelzeichnung des jungen Pascal, die der Vater seines Freunds Jean Domat gefertigt hat (Abb. 8.4).

Mit der einsetzenden Jansenisten-Verfolgung wurde dem Kloster bereits 1661 untersagt, neue Novizinnen aufzunehmen; später wurde die Abtei Port-Royal auf Anordnung Ludwigs XIV. im Jahr 1709 völlig zerstört. Wie groß der Hass auf Andersgläubige war, sieht man daran, dass auch noch die Gräber(!) der dort verstorbenen Nonnen aufgelassen und die Leichenteile verbrannt wurden.

Abb. 8.4 Rötelzeichnung Pascals von Jean-Domat Senior(GetArchive LLC)

8.1 Beiträge zur Geometrie

1) Satz des jungen Pascal über eine Ellipse:

Gegeben ist eine Viertelellipse, die einem Rechteck einbeschrieben ist. Es sei E ein beliebiger Punkt der Ellipse; durch E wird eine Parallele zur Halbachse $|AB| = b$ gezogen. Der Schnittpunkt der Parallelen mit der Diagonale CB ergibt den Punkt F, der Schnitt mit der Halbachse $|AC| = a$ den Punkt D (Abb. 8.5).
Behauptung: $|DE|^2 + |DF|^2 = |AB|^2$.

Die Dreiecke $\triangle\, CDF$ und $\triangle\, CAB$ sind ähnlich; somit folgt:

$$\frac{|DF|}{|AB|} = \frac{|DC|}{|CA|} \Rightarrow |DF| = |CD|\frac{|AB|}{|CA|} = x\frac{b}{a}$$

Oben eingesetzt mit $|DE| = y$ ergibt sich:

$$y^2 + x^2\left(\frac{b}{a}\right)^2 = b^2$$

Division durch b^2 zeigt die Gleichung einer Ellipse:

$$\frac{x^2}{a^2} + \frac{y^2}{b^2} = 1$$

Dieser (synthetische) Beweis ist vermutlich durch Desargues inspiriert.

2) Das Theorem von Pascal:

Im Alter von 16 Jahren entdeckte Pascal den Satz vom einbeschriebenen Sechseck, das er *hexagrammum mysticum* nannte.

Wenn ein Sechseck einem Kegelschnitt einbeschrieben ist, dann liegen die Schnittpunkte der drei Paare gegenüberliegender Seiten auf einer Geraden.

Abb. 8.5 Pascals Beweis über eine Ellipseneigenschaft

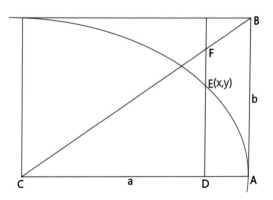

Genaue Formulierung: Liegen die Punkte A, B, C, A', B', C' auf einem Sechseck, dann sind die folgenden Schnittpunkte kollinear.

$$BC' \cap B'C; \, CA' \cap C'A; \, AB' \cap A'B$$

Die Abb. 8.6 zeigt das Pascal'sche Sechseck (Hexagramm) einbeschrieben in den Kegelschnitten Ellipse, Parabel und Hyperbel. Das Theorem gilt auch für den entarteten Fall eines Geradenpaars; dies ist der Satz von Pappos.

3) Die Pascal'sche Schnecke

Die Schnecke (*limaçon de Pascal*) von Étienne Pascal (Abb. 8.7) hat die Polarform $r = a \cos \varphi + b$, hier mit $a > b$.

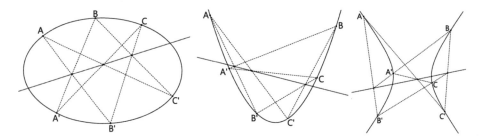

Abb. 8.6   Sechseck von Pascal, einbeschrieben in drei Kegelschnitten

Abb. 8.7   Die Pascal'sche
Schnecke

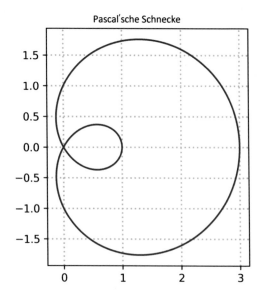

8.2   Das Pascal'sche Dreieck

Das Dreieck wird nach Pascal benannt, da sich dieser in seiner Schrift *Traité du triangle arithmétique* (1654, posthum gedruckt 1665) ausgiebig damit befasst hat (Abb. 8.8d). Zahlreiche Autoren haben sich vor Pascal mit diesem Dreieck beschäftigt. Dazu gehören Yang Hui (Abb. 8.8a), Apianus (Abb. 8.8b) und Stifel (Abb. 8.8c).

Eigenschaften des Dreiecks (in moderner Schreibweise):

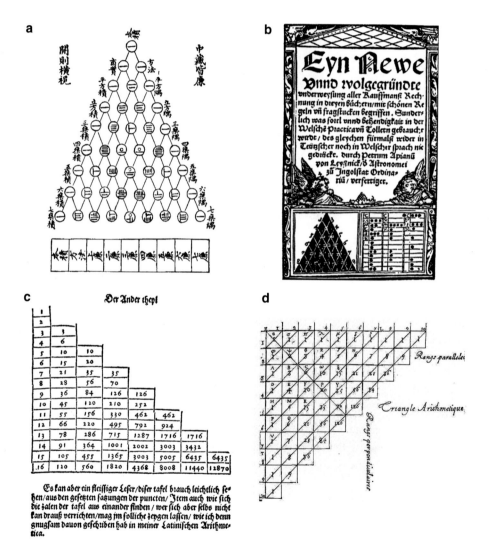

Abb. 8.8 Das Pascal'sche Dreieck bei Yang Hui, Pascal (beide Wikimedia Commons, gemeinfrei), Apian (Titelbild: Eyn neue vnnd wolgegründte vnderweysung, Fr. Chr. Egenolphus Ingolstadt 1527) und Stifel (Deutsche Arithmetica, Petreius Nürnberg 1545, S. 153)

1) Alle Elemente des Dreiecks sind Koeffizienten der binomischen Formel:

$$(a + b)^n = \sum_{k=0}^{n} \binom{n}{k} a^k b^{n-k} = \binom{n}{0} b^n + \binom{n}{1} ab^{n-1} + \cdots + \binom{n}{n} a^n$$

Beispiel ist:

$$(a + b)^5 = \binom{5}{0} b^5 + \binom{5}{1} ab^4 + \binom{5}{2} a^2 b^4 + \binom{5}{3} a^3 b^3 + \binom{5}{4} a^4 b^2 + \binom{5}{5} a^5$$
$$= b^5 + 5ab^4 + 10a^2 b^3 + 10a^3 b^2 + 5a^4 b + a^5$$

Sie heißen daher Binomialkoeffizienten und werden geschrieben als $\binom{n}{k}$, dabei gibt n die Zeilenzahl, k die Spaltenzahl an, jeweils beginnend mit Null. Beispiel ist $\binom{10}{3} = 120$.

2) Die nullte Spalte und die äußere Schrägdiagonale enthalten nur Einsen:

$$\binom{n}{0} = \binom{n}{n} = 1$$

3) Alle Zeilen sind symmetrisch: $\binom{n}{k} = \binom{n}{n-k}$

4) Die erste Spalte enthält die natürlichen Zahlen: $\binom{n}{1} = n$

5) Die zweite Spalte enthält die Dreieckszahlen $\binom{n}{2} = \frac{n(n-1)}{2}$, alle weiteren Spalten zeigen die (regulären) figurierten Zahlen die Tetraeder-, Pentatopzahlen usw. Hier gilt:

$$\binom{n+k-1}{k}$$

6) In jeder Spalte stellen die Elemente die Partialsummen der vorhergehenden Spalte dar.

$$\binom{n}{k} = \sum_{i=1}^{n-1} \binom{i}{k-1}$$

Beispiel: Die Folge der Dreieckszahlen (2. Spalte) ist {1; 3; 6; 10; 15; 21; 28; 36; ..}. Die Folge der Partialsummen ergibt damit {1; 4; 10; 20; 35; 56; 84; 120; ..}; dies ist genau die Spalte 3. Pascal beweist dies durch Induktion.

7) Jede Zeilensumme ist eine Potenz von 2:

$$\sum_{k=0}^{n} \binom{n}{k} = 2^n$$

Beispiel ist:

$$\sum_{k=0}^{5} \binom{5}{k} = \binom{5}{0} + \binom{5}{1} + \binom{5}{2} + \binom{5}{3} + \binom{5}{4} + \binom{5}{5} = 1+5+10+10+5+1 = 32 = 2^5$$

Setzt man in der obigen binomischen Formel $a = -1, b = 1$, so erhält man die alternierende Reihe

$$\sum_{k=0}^{n} (-1)^k \binom{n}{k} = 0$$

8) Jedes Element (außer den Randelementen) ist die Summe aus der darüber stehenden Zahl und deren links stehenden Zahl:

$$\binom{n}{k} = \binom{n-1}{k} + \binom{n-1}{k-1}$$

Beispiel ist:

$$\binom{10}{3} = \binom{9}{3} + \binom{9}{2} \Rightarrow 120 = 84 + 36$$

9) Daraus folgt, dass jede Zeilensumme das Doppelte ist von der Summe der darüber stehenden Zeile:

$$\sum_{k=0}^{n} \binom{n}{k} = 2 \sum_{k=0}^{n-1} \binom{n-1}{k}$$

Beispiel ist:

$$32 = \binom{5}{0} + \binom{5}{1} + \binom{5}{2} + \binom{5}{3} + \binom{5}{4} + \binom{5}{5} = 2\left[\binom{4}{0} + \binom{4}{1} + \binom{4}{2} + \binom{4}{3} + \binom{4}{4}\right]$$

10) Ferner findet er die Symmetrie:

$$\sum_{k=0}^{m} \binom{n}{k} = \sum_{k=0}^{m} \binom{n-1}{k} + \sum_{k=0}^{m-1} \binom{n-1}{k}$$

Beispiel zu $n = 5; m = 3$:

$$\binom{5}{0} + \binom{5}{1} + \binom{5}{2} + \binom{5}{3} = \binom{4}{0} + \binom{4}{1} + \binom{4}{2} + \binom{4}{3} + \binom{4}{2} + \binom{4}{1} + \binom{4}{0}$$

11) Für das Verhältnis zweier Koeffizienten findet er:

$$\frac{\binom{n}{k}}{\binom{n}{k-1}} = \frac{n-k+1}{k}$$

Daraus ergibt sich die Rekursionformel:

$$\binom{n}{k} = \frac{n-k+1}{k} \binom{n}{k-1}$$

Pascal findet noch weitere Beziehungen, die aber weniger von Interesse sind. In seiner Schrift zählt er vier Anwendungen seines Dreiecks auf:

- Bestimmung der figurierten Zahlen
- Ermittlung der Kombinationen
- Aufteilung des Einsatzes bei Glücksspielen
- Aufstellen von binomischen Formeln

Hier ein Beispiel zu den Kombinationen. Gewählt wird der vierfache Münzwurf $\{K, Z\}^4$ ($K=$ "Kopf", $Z=$ "Zahl"). Hier gibt es folgende Anzahl von Möglichkeiten für das Ereignis Zahl:

$\binom{4}{0}$	{K,K,K,K}	1
$\binom{4}{1}$	{Z,K,K,K}, {K,Z,K,K}, {K,K,Z,K}, {K,K,K,Z}	4
$\binom{4}{2}$	{K,K,Z,Z}, {K,Z,K,Z}, {K,Z,Z,K}, {Z,K,K,Z}, {Z,K,Z,K}, {Z,Z,K,K}	6
$\binom{4}{3}$	{K,Z,Z,Z}, {Z,K,Z,Z}, {Z,Z,K,Z}, {Z,Z,Z,K}	4
$\binom{4}{4}$	{Z,Z,Z,Z}	1

Für das Ereignis „mindestens dreimal Zahl" gibt es gemäß obiger Tabelle $\binom{4}{3} + \binom{4}{4} = 5$ Möglichkeiten; die zugehörige Wahrscheinlichkeit ist damit $\frac{5}{16}$.

Beim Ausdrucken bevorzugt man oft die Rechteckform des Pascal'schen Dreiecks:

$\binom{n}{k}$	0	1	2	3	4	5	6	7	8	9	10	11	12
0	1	0	0	0	0	0	0	0	0	0	0	0	0
1	1	1	0	0	0	0	0	0	0	0	0	0	0
2	1	2	1	0	0	0	0	0	0	0	0	0	0
3	1	3	3	1	0	0	0	0	0	0	0	0	0
4	1	4	6	4	1	0	0	0	0	0	0	0	0
5	1	5	10	10	5	1	0	0	0	0	0	0	0
6	1	6	15	20	15	6	1	0	0	0	0	0	0
7	1	7	21	35	35	21	7	1	0	0	0	0	0
8	1	8	28	56	70	56	28	8	1	0	0	0	0

$\binom{n}{k}$	0	1	2	3	4	5	6	7	8	9	10	11	12
9	1	9	36	84	126	126	84	36	9	1	0	0	0
10	1	10	45	120	210	252	210	120	45	10	1	0	0
11	1	11	55	165	330	462	462	330	165	55	11	1	0
12	1	12	66	220	495	792	924	792	495	220	66	12	1

Die Matrizen dieser Form haben spezielle Eigenschaften. Ein Beispiel ist:

$$\exp\begin{pmatrix} 0 & 0 & 0 & 0 & 0 & 0 \\ 1 & 0 & 0 & 0 & 0 & 0 \\ 0 & 2 & 0 & 0 & 0 & 0 \\ 0 & 0 & 3 & 0 & 0 & 0 \\ 0 & 0 & 0 & 4 & 0 & 0 \\ 0 & 0 & 0 & 0 & 5 & 0 \end{pmatrix} = \begin{pmatrix} 1 & 0 & 0 & 0 & 0 & 0 \\ 1 & 1 & 0 & 0 & 0 & 0 \\ 1 & 2 & 1 & 0 & 0 & 0 \\ 1 & 3 & 3 & 1 & 0 & 0 \\ 1 & 4 & 6 & 4 & 1 & 0 \\ 1 & 5 & 10 & 10 & 5 & 1 \end{pmatrix}$$

Dabei ist die Exponentialfunktion für Matrizen definiert als Reihe:

$$\exp(A) = E + A + \frac{A^2}{2!} + \frac{A^3}{3!} + \frac{A^4}{4!} + \ldots$$

8.3   Die Potenzsummen bei Pascal

Um die Summe von Potenzen natürlicher Zahlen zu ermitteln, entwickelte Pascal eine neue Art vollständiger Induktion. Um die Darstellung zu verkürzen, wird hier die Summenformel der ersten Potenzen vorgegeben:

$$\sum_{n=1}^{k} n = \frac{1}{2}k(k+1)$$

A) Summe der Quadrate:
Pascal geht aus von der binomischen Formel:

$$(k+1)^3 - k^3 = 3k^2 + 3k + 1$$

Einsetzen der ersten Zahlen liefert:

$$2^3 - 1^3 = 3 \cdot 1^2 + 3 \cdot 1 + 1$$
$$3^3 - 2^3 = 3 \cdot 2^2 + 3 \cdot 2 + 1$$
$$4^3 - 3^3 = 3 \cdot 3^2 + 3 \cdot 3 + 1$$
$$5^3 - 4^3 = 3 \cdot 4^2 + 3 \cdot 4 + 1$$

$$\ldots\ldots$$

$$(k+1)^3 - k^3 = 3k^2 + 3k + 1$$

Die Summation der Gleichungen ergibt:

$$(k+1)^3 - 1^3 = 3\left(1^2 + 2^2 + 3^2 + 4^2 + \ldots + k^2\right) + 3(1 + 2 + 3 + 4 + \ldots + k) + k$$

$$\Rightarrow (k+1)^3 - 1^3 = 3\left(1^2 + 2^2 + 3^2 + 4^2 + \ldots + k^2\right) + \frac{3}{2}k(k+1) + k$$

Umformen und Ausklammern zeigt:

$$(k+1)^3 - (k+1) = 3\left(1^2 + 2^2 + 3^2 + 4^2 + \cdots + k^2\right) + \frac{3}{2}k(k+1)$$

$$\Rightarrow (k+1)^3 - (k+1) = 3\left(1^2 + 2^2 + 3^2 + 4^2 + \cdots + k^2\right)$$

$$\Rightarrow \frac{1}{2}k(k+1)(2k+1) = 3\sum_{n=1}^{k} n^2$$

Für die gesuchte Summe der Quadrate ist damit:

$$\sum_{n=1}^{k} n^2 = \frac{1}{6}k(k+1)(2k+1)$$

B) Summe der Kuben:

Das Verfahren lässt sich fortsetzen:

$$(k+1)^4 - k^4 = 4k^3 + 6k^2 + 4k + 1$$

Einsetzen der ersten Zahlen liefert:

$$2^4 - 1^4 = 4 \cdot 1^3 + 6 \cdot 1^2 + 4 \cdot 1 + 1$$
$$3^4 - 2^4 = 4 \cdot 2^3 + 6 \cdot 2^2 + 4 \cdot 2 + 1$$
$$4^4 - 3^4 = 4 \cdot 3^3 + 6 \cdot 3^2 + 4 \cdot 3 + 1$$
$$5^4 - 4^4 = 4 \cdot 4^3 + 6 \cdot 4^2 + 4 \cdot 4 + 1$$

$$\cdots \cdots$$

$$(k+1)^4 - k^4 = 4 \cdot k^3 + 6 \cdot k^2 + 4 \cdot k + 1$$

Die Summation der Gleichungen liefert wieder:

$$(k+1)^4 - 1^4 = 4\left(1^3 + 2^3 + 3^3 + 4^3 + \cdot + k^3\right) + 4\left(1^2 + 2^2 + 3^2 + 4^2 + \cdot + k^2\right)$$
$$+ 6(1 + 2 + 3 + 4 + \cdot + k) + k$$

Einsetzen der Summenformeln zeigt:

$$(k+1)^4 - 1^4 = 4\sum_{n=1}^{k} n^3 + 4\sum_{n=1}^{k} n^2 + 6\sum_{n=1}^{k} n + k$$

$$(k+1)^4 - (k+1) - k(k+1)(2k+1) - 2k(k+1) = 4\sum_{n=1}^{k} n^3$$

Ausklammern und Vereinfachen liefert:

$$\sum_{n=1}^{k} n^3 = \frac{1}{4}k^2(k+1)^2$$

Die rechte Seite ist das Quadrat von $\frac{1}{2}k(k+1)$; somit gilt:

$$\sum_{n=1}^{k} n^3 = \left[\sum_{n=1}^{k} n\right]^2$$

Dies ist die schon im Altertum bekannte Formel von *Nikomachos* von Gerasa (um 100 n. Chr.).

C) Summen weiterer Potenzen

Das Verfahren lässt sich auf höheren Potenzen verallgemeinern; die Resultate sind:

$$\sum_{n=1}^{k} n^4 = \frac{1}{30}k(k+1)(2k+1)\left(3k^2+3k-1\right)$$

$$\sum_{n=1}^{k} n^5 = \frac{1}{12}k^2(k+1)^2\left(2k^2+2k-1\right)$$

$$\sum_{n=1}^{k} n^6 = \frac{1}{42}k(k+1)(2k+1)\left(3k^4+6k^3-3k+1\right)$$

$$\sum_{n=1}^{k} n^7 = \frac{1}{24}k^2(k+1)^2(3k^4+6k^3-k^2-4k+2)$$

Pascal wusste nicht, dass zuvor schon Johann *Faulhaber* in seinem Werk *Academiae Algebrae* (1631) die Summenformeln für ungerade Potenzen bis 17 aufgestellt hatte. Faulhaber konnte zeigen, dass diese Potenzsummen Polynome des Terms $\frac{1}{2}k(k+1)$ sind. Daher bezeichnet der Informatiker D. Knuth[10] diese als Faulhaber-Polynome.

Literatur (weiterführend)

Adamson, D.: Blaise Pascal, mathematician, physicist and thinker about god. St. Martin's, New York (1995)

Béguin, A.: Blaise Pascal, Rowohlt Monographien. Hamburg (1992)

Beguin, A.: Pascal par lui-meme, Edition du Seuil, Paris (1952)

Brunschvicg, L., Lewis, G. (Hrsg.): Blaise Pascal, Paris (1953)

Devlin, K.: Pascal, Fermat und die Berechnung des Glücks. Eine Reise in die Geschichte der Mathematik. C. H. Beck, München (2009)

Devlin, K.: The unfinished game, Pascal, Fermat and the 17th-century letter that made the world modern. Basic Books, New York (2008)

---

[10] Knuth D. E.: Johann Faulhaber and Sums of Powers, Math. Comp. 61 (1993), no. 203, S. 277–294.

Gerhardt, C.I.: Desargues und Pascal über die Kegelschnitte, Sitzungsber. der Königl. Preuß. Akademie (1892)

Loeffel, H.: Blaise Pascal, vita mathematica Bd. 2, Birkhäuser , Basel (1987)

Mortimer, E.: Blaise Pascal – the life & work of a realist. Methuen & Co, London (1959)

Pascal, B.: Essay pour les Coniques, im Sammelband Smith

Pascal, B.: Kleine Schriften zur Religion und Philosophie, Meiner Verlag, Hamburg 2008

Pascal, B.: Oeuvres complète, Band I-XIV, Hrsg.: Brunschvicg L., Boutroux P., Gazier F., Paris (1908–1925)

Pascal, B.: Pensées (Hrsg. Brunschvicg), Hrsg.: Giraud V., Paris (1924)

Pascal, G.: Das Leben des Monsieur Pascal. In: Pascal, B. (Hrsg.) Kleine Schriften zur Religion und Philosophie, Felix Meiner Verlag (2008)

Raffelt, A.: Das Leben Pascals. Kleine Schriften zur Religion und Philosophie, Meiner Verlag Hamburg, Vorwort zu (2005)

Rheinfelder, H.: Blaise Pascal, Exempla historica, Epochen der Weltgeschichte in Biographien, Bd. 28, Fischer (1984)

Schneider, I. (Hrsg.): Der Briefwechsel zwischen Pascal und Fermat, im Sammelband Schneider

Stedall, J.: John Wallis and the French: his quarrels with Fermat, Pascal, Dulaurens, and Descartes. Hist. Math. 39, 265–279 (2012)

Taton R.: „L'Essay pour les Coniques" de Pascal, Revue d'histoire des sciences et de leurs applications, tome 8, n°1, (1955)

Erste Schritte zur Infinitesimalrechnung

9

Nach Israel Kleiner[1] waren zur Entwicklung der Infinitesimalrechnung (engl. *calculus*) vier Stadien notwendig.

- Erfinden des Konzepts der Ableitung (zur Bestimmung von Tangenten, Extrema, Momentanwerte) und der Integration (zur Bestimmung von Längen, Flächen, Volumina u. a.)
- Erkennen, dass Differenziation und Integration inverse Aufgaben sind
- Entwickeln einer geeigneten Symbolik und der zugehörigen Algorithmen
- Förderung der Anwendbarkeit; viele Ideen wurden zunächst für Polynome formuliert und mussten auf algebraische und transzentente Funktion verallgemeinert werden

Die angesprochenen Probleme wurden von den Mathematikern nur schrittweise angegangen, sie entwickelten dazu eine Fülle von kreativen Ideen. Davon berichtet dieses Kapitel. Leibniz und Newton konnten daher auf zahlreiche Ansätze zugreifen.

Nur mit Kenntnis der Archimedes-Schriften hätte man ein erstes Integral ermitteln können (Abb. 9.1):

Integral nach Archimedes

Das Rechteck $OABC$ hat den Flächeninhalt a^3, die Dreiecke $\triangle OBC$ bzw. $\triangle OAB$ haben den halben Inhalt $\frac{1}{2}a^3$. Nach Archimedes (*Quadratur der Parabel*, Satz 17) beträgt der Flächeninhalt eines Parabelsegments $\frac{4}{3}$ des einbeschriebenen Dreiecks. Das Parabelsegment OBC hat somit die Fläche $\frac{4}{3}\triangle OBC = \frac{2}{3}a^3$. Für das Integral (blaue Restfläche von $OABC$) bleibt somit

---

[1] Kleiner I.: History of the infinitely small and the infinitely large in calculus, Educational Studies in Mathcmatics 48, Kluwer Academic Publishers 2002, S. 142.

© Der/die Autor(en), exklusiv lizenziert an Springer-Verlag GmbH, DE, ein Teil von Springer Nature 2022
D. Herrmann, *Mathematik der Neuzeit*, https://doi.org/10.1007/978-3-662-65417-0_9

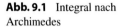

Abb. 9.1 Integral nach Archimedes

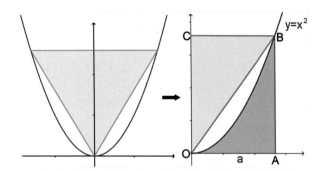

$$\int_0^a y\,dx = \int_0^a x^2\,dx = \frac{1}{3}a^3$$

9.1   Johannes Kepler (1571–1630)

Johannes Kepler wurde am 27. Dezember 1571 als ältester von sieben Geschwistern im württembergischen Weil (heute: Weil der Stadt) geboren. Als Frühgeburt war er ein schwaches und krankes Kind, Probleme mit den Händen und eine Augenschwäche behielt er sein Leben lang. Der Vater verließ die Familie, als Johannes fünf Jahre alt war und heuerte 1574 bis 1578 als Söldner im spanischen Heer in den Niederlanden an; nach seiner Rückkehr wurde er Gastwirt in Ellmendingen. Seine Mutter Katharina, eine Gastwirtstochter, war eine Kräuterfrau und wurde später der Hexerei angeklagt. Für die dreiklassige Lateinschule in Leonberg benötigte er fünf Jahre. Danach wurde er 1584 in der Klosterschule zu Adelsberg aufgenommen. Sein allgemeiner Gesundheitszustand besserte sich erst 1586, als er in die Stiftsschule Maulbronn aufgenommen wurde; dort legte er 1588 das Bakkalaureat ab.

Nur mithilfe eines Stipendiums konnte er 1589 sein evangelisches Theologiestudium in Tübingen beginnen. In den Vorsemestern hörte er die Vorlesungen in Mathematik und Astronomie bei Michael Mästlin (1550–1631), der Keplers Mentor wurde. Man kann annehmen, dass Kepler über Mästlin vom kopernikanischen System erfuhr. Mästlin war Nachfolger und Student des bekannten Astronomen und Kartografen Philipp Apian (1531–1589), der wegen seines Übertritts zum Protestantismus von der katholischen Hochschule in Ingolstadt verwiesen worden war.

Die Abb. 9.2 zeigt das wenig bekannte *Rychnover* Porträt Keplers im Alter von 40 Jahren, gemalt 1611 von Hans von Aachen, dem Hofmaler Kaiser Rudolfs II in Prag. Es befindet sich im Schloss Rychnow bei Kneznou (Tschechien).

Kepler beendete sein Theologiestudium ohne Abschluss und nahm 1594 eine Stelle an als Lehrer für Mathematik und Moral am ständischen Gymnasium in Graz, wo er gleichzeitig das Amt eines Landschaftsmathematiker ausübte. In Graz hatte Kepler einen schweren Stand, da die Stadt seit 1570 fest in der Hand der Jesuiten war (Kolleg

Abb. 9.2 Rychnower
Porträt Keplers (Wikimedia
Commons, public domain)

Abb. 9.3 Darstellung aus
*Mysterium Cosmographicum
1596* (Wikimedia Commons,
gemeinfrei)

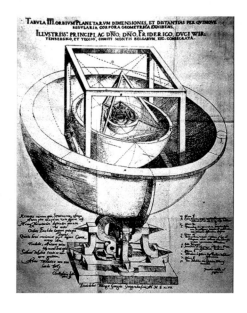

1572, Gymnasium 1573, Universität 1585). Eine seiner Aufgaben war die Herausgabe eines Jahreskalenders, der insbesondere Prognosen für Missernten, Seuchen
und Kriegsgefahren umfassen sollte: Im Jahr 1595 trafen mehrere seiner Prognosen
ein, was ihm ein erstes Ansehen einbrachte; kritisiert wurde aber sein Eintreten
für den gregorianischen Kalender. 1596 publizierte er sein erstes Werk *Mysterium
Cosmographicum*. Höhepunkt des Buchs ist der Versuch, die Bahnradien der damals
sechs bekannten Planeten mithilfe der platonischen Körper zu erklären – ganz nach
griechischem Vorbild (s. Abb. 9.3).

Abb. 9.4 Schloss Uraniborg mit Sternwarte (Wikimedia Commons, gemeinfrei)

Im Zuge der Gegenreformation musste Kepler, wie alle nichtkonvertierten Lutheraner, im September 1598 Graz verlassen, durfte aber kurz danach zurückkehren. Er ließ sich in Prag nieder, wo er zunächst als Assistent des dänischen Astronomen Tycho Brahe (1546–1601) tätig wurde. Im August 1600 traf ihn die endgültige Ausweisung aus Graz, wobei er alles Hab und Gut zurücklassen musste. Die Zusammenarbeit mit Brahe gestaltete sich schwierig. Brahe, der 21 Jahre lang mit Unterstützung durch den dänischen König wie ein Fürst im Schloss Uraniborg mit Sternwarte (Abb. 9.4) gelebt hatte, war wenig kompromissbereit und glaubte nicht an das kopernikanische System. Er sah in Kepler einen Konkurrenten und gab deshalb nie alle Beobachtungsdaten aus der Hand. Dies hatte für Kepler ärgerliche Folgen. Als nämlich 1601 Brahe starb, verwickelten Brahes Nachkommen Kepler in einen langwierigen Streit; er sollte erhebliche Summen für die Herausgabe der astronomischen Daten bezahlen. Kepler wurde zwar sein Nachfolger als kaiserlicher *mathematicus* bis 1627; ihm wurde nur das halbe Gehalt von Brahe zugesagt, aber selten ausgezahlt.

Anhand der mühsam erworbenen Messwerte Brahes erkannte Kepler, dass der Planet Mars *keine* Kreisbahn, wie von Aristoteles verlangt, um die Sonne ausführt. 1602 formulierte Kepler das sog. Flächengesetz. Bei der Herleitung machte er für das Produkt aus Radius- und Geschwindigkeitsvektor einen falschen Ansatz, ein Fehler, der sich im Verlauf der Rechnung jedoch aufhob. 1605 hatte er die Gewissheit über die Ellipsenbahnen der Planeten gewonnen; er publiziert 1609 seine Erkenntnis als erstes und zweites Kepler'sches Gesetz. Nach langen und mühsamen Rechnungen (ohne Rechenmaschine!) fand er das dritte Gesetz, das 1619 in dem Werk *Harmonices Mundi* erschien. Dieses Werk enthält eine Vielzahl von Themen, wie Parkettierungen, die platonischen und halbregulären archimedischen Körper und die Sternpolygone (Abb. 9.5).

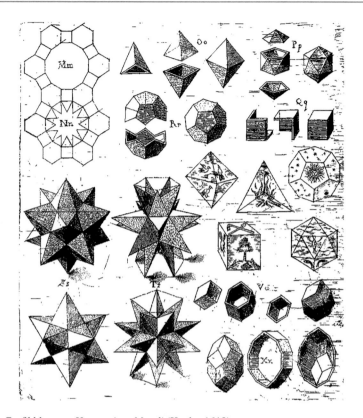

Abb. 9.5 Grafikblatt aus *Harmonices Mundi* (Kepler 1619)

Eine Darstellung des dritten Kepler'schen Gesetzes findet man in Abb. 9.6. Es besagt: Das Quadrat der Umlaufszeit T ist proportional zum Kubus der großen Bahnachse r, daher ergibt sich in der zweifach-logarithmischer Skala eine Gerade:

$$T^2 \sim r^3 \Rightarrow \log T \sim \frac{3}{2} \log r$$

AE ist hier die astronomische Einheit, d.h. die mittlere Entfernung der Erde von der Sonne. Bei Kenntnis der Radialbeschleunigung (hergeleitet von Huygens) hätte man das Gravitationsgesetz für Kreisbahnen (lange vor Newton) herleiten können. Ist v die Bahngeschwindigkeit des Planeten, so gilt $v = \frac{2\pi r}{T}$. Die Radialbeschleunigung liefert mit dem dritten Kepler-Gesetz:

$$a = \frac{v^2}{r} = \frac{4\pi^2 r}{T^2} = \frac{4\pi^2}{r^2} \Rightarrow a \sim \frac{1}{r^2}$$

Damit ist die Gravitation indirekt proportional zum Quadrat des Abstandes der beiden Himmelskörper. Dies hat Kepler bereits geahnt, obwohl er die Anziehungskräfte als magnetisch ansah. In der *Astronomia Nova* schreibt er (zitiert nach Caspar(2020)):

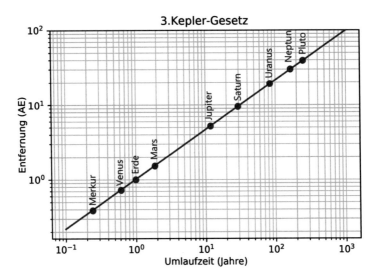

Abb. 9.6 Grafik zum dritten Kepler'schen Gesetz in doppelt-logarithmischer Darstellung

> Wenn man einen Stein hinter die Erde setzen und den Fall annehmen würde, dass beide [Erde und Stein] von jeder anderen Bewegung frei sind, so würde nicht nur der Stein auf die Erde zueilen, sondern auch die Erde auf den Stein zu, und sie würden den dazwischen liegenden Raum im umgekehrten Verhältnis ihrer Gewichte teilen.

Bezeichnend für Newton ist, dass er den Namen „Kepler" nirgends in seinen *Principia* erwähnt. Erst in seinem Alterswerk *Catalogue of Portsmouth Collection* gibt er zu, die Kepler'schen Gesetze als Hilfsmittel verwendet zu haben.

Kepler hätte seine immense Rechenarbeit bei der Herleitung seiner Gesetze vereinfachen können, wenn er eher Zugang zu den Neper'schen Logarithmen gehabt hätte. Auch Bürgi zögerte mit der Veröffentlichung seiner Logarithmen, sodass Kepler selbst die Berechnungen in Angriff nehmen musste (s. Abschn. 4.4). Kepler schickte seine Logarithmus-Rechnungen an Mästlin, der das Manuskript liegen ließ. Erst durch Vermittlung von W. Schickard wurden das Werk *Chilias logarithmorum* auf Kosten des Landgrafen in Marburg gedruckt.

Kepler geriet zunehmend in Konflikt mit der Kirche und wechselte 1611 den Wohnsitz nach Linz, wo er als „Mathematiker der Landschaft Österreich ob der Ens" bestallt wurde. Im selben Jahr verbesserte er in der Schrift *Dioptrice* den Strahlengang des nach ihm benannten Fernrohrs, das auch der Jesuitenpater C. Scheiner (1575?–1650) bei der Beobachtung der Sonnenflecken verwendete. Der Strahlengang wurde später von Huygens optimiert. Anlässlich seiner zweiten Hochzeit 1615 beschäftigte Kepler sich mit der Volumenbestimmung von Weinfässern. Dabei entwickelte er eine Volumenformel, die später die Kepler'sche Fassregel genannt wurde. Bei der Untersuchung von Rotationskörpern versuchte er Flächen und Volumina mithilfe von Indivisibeln zu berechnen *(Nova stereometra doliorum vinarium)*.

Abb. 9.7 Ansicht von Prag und Schloss 1607 (Wikimedia Commons, gemeinfrei)

1612 endete die Herrschaft des kinderlosen Kaisers Rudolf II. aus dem Hause Habsburg, der sich stets als Freund und Förderer von Kunst und Wissenschaft hervorgetan und in Glaubensfragen neutral verhalten hatte. Kurzzeitig wurde sein Bruder Matthias Kaiser (1612–1619). Dessen Nachfolger Ferdinand II. war ein erbitterter Gegner des Protestantismus, sein Motto: *Besser eine Wüste regieren als ein Land voller Ketzer.* Sein undiplomatisches Auftreten als König von Böhmen (seit 1617) hatte zum Fenstersturz von Prag (Mai 1618) geführt und den Dreißigjährigen Krieg ausgelöst. Abb. 9.7 zeigt die Stadtmauern und die Burg *(Hrad)* von Prag im Jahr 1607. Mit seinem *Restitutionsedikt* von 1629 forderte Ferdinand II., dass die Besitzstände im ganzen Reich wieder auf den Stand von 1552 gebracht werden sollten. Diese Verordnung bedrohte den gesamten Protestantismus im Reich und wurde auch von Teilen des katholischen Lagers kritisch angesehen.

Die Abb. 9.8 zeigt das von Kepler bewohnte Haus in Prag.

Insgesamt 14 Monate der Jahre 1617 und 1620/1621 verbrachte Kepler in Württemberg um die Anklage seiner Mutter Katharina auf Hexerei zu widerlegen und sie aus dem Gefängnis zu befreien. Nach der Eroberung von Linz 1620 durch den katholischen Herzog Maximilian wurde das protestantische Leben immer unerträglicher. Im Jahr 1626 wurde Keplers Bibliothek beschlagnahmt und er gezwungen, Linz zu verlassen. Da die aufständischen Bauern mit der Druckerei auch die ersten Exemplare der von Kaiser Rudolph in Auftrag gegebenen astronomischen Tafeln zerstört hatten, siedelte er nach Ulm um, um dort den Druck wieder aufzunehmen und fertigzustellen.

Nachdem der Ingenieur J. Faulhaber festgestellt hatte, dass die beiden im Ort vorhandenen Maßkessel keine gleichen Messungen ergaben, beauftragte der Rat der freien Reichsstadt Ulm in den Jahren 1626/27 Kepler mit der Erstellung eines neuen Eichsystems. Kepler empfahl die Anfertigung eines zylindrischen Modellgefäßes, dass die

Abb. 9.8 Wohnhaus Keplers
in Prag. (Foto vom Autor)

damals verwendeten Längen-, Raum- und Gewichtseinheiten in sich vereint und geometrisch und arithmetisch zueinander in Beziehung setzt. Aus seinem Inhalt von exakt
3,5 Zentnern (1 Zentner = 47,03 kg) bzw. 1 Eimer (= 164,6 l) ergibt sich ein Durchmesser von 1 Elle (= 0,6 m) und eine Tiefe von 2 Schuh (= 0,584 m). Der in Bronze
gegossene Kessel wurde für alle zugänglich im (noch erhaltenen) Steuerhaus aufgestellt;
er befindet sich heute im Ulmer Museum[2].

1617 erhielt Kepler einen Ruf an die Universität Bologna, die zum Einflussbereich
des Vatikans gehörte. Er lehnte ab, da er von dem Verbot des Papstes wusste, das
kopernikanische Weltsystem zu propagieren. Der berühmte Prozess gegen Galilei fand
dann im Jahr 1633 statt.

Exkurs zu Galilei (1564–1642)

Nach 13 Jahren meldete sich Galileo Galilei wieder bei Kepler. Er hatte im März 1610 in
seiner Schrift *Sidereus Nuncius* die Entdeckung von vier Jupitermonden publik gemacht und
forderte Kepler in Prag zu einer Stellungnahme auf. Kepler, der kein geeignetes Fernrohr
zur Verfügung hatte, konnte die Entdeckung nicht überprüfen, zeigte sich aber begeistert.
Seine Expertise trug dazu bei, dass Galilei den lang ersehnten Posten als Hofphilosoph
im Hause Medici erhielt. Als Galilei bei einer öffentlichen Vorführung seine Beobachtung
nicht wiederholen konnte, schien Kepler blamiert. 1612 suchte Galilei erneut Keplers Hilfe
bei seinem Prioritätsstreit über die Entdeckung der Sonnenflecken mit dem Jesuitenpater
Christoph Scheiner, der sich später als erbitterter Gegner herausstellte. Galilei ging in keiner
Weise auf Keplers Arbeiten ein, obwohl der bereits die Rotation der Sonne vorausgesagt
hatte. Bis zu seinem Tod akzeptierte Galilei die Kepler'schen Gesetze nicht; er betrachtete
das Problem der Planetenbewegung als ungelöst.

---

[2] www.landesstelle.de/ulmer-eichmass-keplerkessel/[04.05.1921]

Abb. 9.9 Titelblatt der
Tabulae Rudolphinae
(Wikimedia Commons,
gemeinfrei)

Auf mehreren Reisen versuchte Kepler in Regensburg, Linz und Prag eine neue
Stellung zu finden. Eine Rückkehr nach Württemberg war ausgeschlossen, da die
protestantische Gemeinde ihn als konfessionslos erklärt hatte: Kepler habe in der
Abendmahlsfrage nicht explizit zustimmt. Es ging um die Frage, ob Jesus beim Abend-
mahl „leibhaftig" oder nur „im Geiste" anwesend ist. 1627 erschienen schließlich die
Tabulae Rudolphinae die bis ins 19. Jahrhundert hinein als Grundlage für astronomische
Berechnungen dienten. Abb. 9.9. zeigt das von Kepler selbst entworfene Titelblatt.

Albrecht von Wallenstein (1593–1634) stammte aus dem niedrigen Landadel; durch
eine reiche Heirat war er imstande, eine eigene Truppe zusammenzustellen, die er Kaiser
Ferdinand II. zum Kriegsdienst anbot. Nach ersten Erfolgen im Dreißigjährigen Krieg
wurde er vom Kaiser zum Herzog von Friedland und Sagan befördert. Als 1636 plötzlich der schwedische König Gustav Adolf in das Kriegsgeschehen eingriff, war Wallenstein mit seinen Truppen wieder zu Diensten. Er erhielt dafür das eroberte Herzogtum
Mecklenburg zugesprochen; in den Augen Ferdinands II. war das genug Belohnung, um
auch für die Entlohnung von Kepler aufzukommen. Endlich schienen die Geldsorgen
Keplers sich aufzulösen.

Wallenstein, ein großer Bewunderer von Sterndeutung, hatte sich die Dienste Keplers
gewünscht. So wurde vereinbart, dass der Herzog die Bezahlung Keplers und die Alt-
schulden des Kaisers in Höhe von 12 000 Gulden übernehmen sollte. Nachdem Kepler
einen Großteil seiner Instrumente und Bibliothek in Regensburg hinterlegt hatte, zog
er 1628 um nach Sagan. Wallenstein aber hatte keine Interesse des Kaisers Schulden
zu begleichen; er drängte Kepler zur Erstellung von Horoskopen, die seine künftigen
Erfolge und auch seinen Tod aufzeigen sollten.

Das maßgebliche frühere Horoskop Keplers von 1608 ist erhalten mit allen schrift-
lichen Kommentaren Wallensteins. Dieser schickte es 16 Jahre später an Kepler
zurück mit der Auflage, es zu korrigieren (er hatte seine Geburtszeit um 15 min später
angesetzt). Einige astrologiegläubige Autoren berichten, Kepler habe das Todesdatum
Wallensteins vorhergesagt. Das Horoskop endet mit der Vorhersage für den März 1634:
„Es gebe es eine schröckliche Landverwirrung." Tatsächlich wurde Wallenstein wenige
Tage zuvor am 25. Februar ermordet. Der wahre Grund für das Horoskopende zu diesem
Datum war die Unsicherheit bei der Saturnbahnberechnung; sie erlaubte keine längere
Vorausberechnung mehr. Kepler selbst glaubte nicht an die Astrologie, war aber aus
finanziellen Gründen gezwungen, Horoskope zu erstellen; er schrieb dazu:

> Wenn Gott jedem Tierlein Werkzeuge zur Erhaltung des Lebens gegeben hat, warum soll
> es dann nicht gerecht sein, wenn er in derselben Absicht den Astronomen die Astrologie
> zuteilt? […] Die Dirne Astrologie muss ihre Mutter Astronomie aushalten, sind doch der
> Mathematiker Gehälter so gering, dass die Mutter gewisslich Hunger leiden müsste, wenn
> die Tochter nichts erwürbe.

Als Wallenstein eigenmächtig in Verhandlungen mit der protestantischen Seite eintrat,
fiel der Generalissimus in Ungnade und wurde später ermordet. Friedrich Schiller hatte
sich bereits 1792 in seiner Schrift „Geschichte des Dreißigjährigen Kriegs" mit dem
Thema befasst. Das Schicksal Wallensteins hat ihn dabei so sehr inspiriert, dass er später
darüber ein dreiteiliges Drama *Wallenstein* verfasst hat (Erstaufführung Oktober 1798).

Der Kurfürstentag 1630 in Regensburg beschloss daher die Absetzung des über-
mächtig gewordenen Generalissimus Wallenstein. So blieb Kepler nichts anderes übrig,
als persönlich nach Regensburg zu reiten, um beim Kaiser sein seit Jahren ausstehendes
Gehalt einzufordern. Infolge der Strapazen und des schlechten Wetters zog sich Kepler
ein Fieber zu, sodass er am 15. November 1630 in Regensburg verstarb. Das Sterbehaus Keplers (Keplerstraße 5) dient heute als Museum[3] (Abb. 9.10). Der Friedhof, auf
dem Kepler beerdigt wurde, wurde im Jahr 1633 bei der Belagerung von schwedischen
Soldaten zerstört. Die von Kepler selbst gewählte Grabinschrift ist überliefert:

> Mensus eram coelos, nunc terrae metior umbras,
> Mens coelestis erat, corporis umbra jacet.

> Lebend maß ich die Himmel, jetzt mess' ich das Dunkel der Erde,
> vom Himmel herab stammte der Geist, Erde bedeckt nur den Leib.

Wie sehr sich das Kaiserhaus der Bezahlung Keplers widersetzte, lässt sich aus der
Tatsache ersehen, dass die Schuldurkunde über 12 964 Gulden erst im Jahr 1717(!) an
Keplers Nachfahren ausgehändigt wurde.

---

[3] www.regensburg.de/kultur/museen/alle-museen/document-keplerhaus [06.05.2021]

Abb. 9.10 Sterbehaus
Keplers und Museum in
Regensburg (Wikimedia
Commons, gemeinfrei)

Abb. 9.11 Zur Kepler-
Vermutung

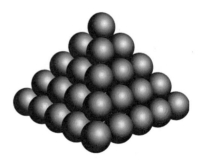

In seinem Nachlass fand man eine kleine Broschüre „Über die sechsseitige Schnee-
flocke" von 1611, die als Weihnachtsgabe an seinen Freund W. von Wackerstein
gedacht war. Darin äußert sich Kepler auch über das Problem der dichtesten Kugel-
packung. Die *Kepler'sche Vermutung* besagt, dass die optimale Anordnung die *ffc* (face-
centered-cubic-)Packung ist (Abb. 9.11). Die Raumerfüllung beträgt hier $\frac{\pi}{\sqrt{18}} \approx 0{,}74048$
. Wie bekannt ist, wurde die Kepler-Vermutung erst 2005 durch Th. C. Hales und S. P.
Ferguson[4] mithilfe von Computer bewiesen.

Ebenfalls im Kepler'schen Nachlass wurden zwei Briefe von Wilhelm Schickard
(1592–1635) entdeckt, die uns Kenntnis geben über dessen Rechenmaschine
(Abschn. 4.3); der Prototyp ist in den Kriegswirren verloren gegangen. So konnte Franz

---

[4]Hales Th.C., Ferguson S.P., Lagarias J.C. (Hrsg.): The Kepler Conjecture – The Hales-Ferguson
Proof, Springer 2010

Abb. 9.12 Volumenbestimmung eines Fasses (Adam-Ries-Bund)

Hammer anlässlich eines Mathematikerkongresses 1957 mitteilen, dass die Priorität des Baus von Rechenmaschinen nicht Blaise Pascal zukommt.

9.1.1 Kepler und die Fassregel

Als Kepler die Vorbereitungen für seine zweite Hochzeit traf, bestellte er eine Reihe von Weinfässern. Der Verkäufer maß trotz unterschiedlicher Fassformen immer mit der gleichen Methode. Er steckte einfach eine Messlatte durch das Spundloch des Fasses (Abb. 9.12) und ermittelte damit das Fassvolumen. Kepler fand das merkwürdig und suchte nach einer mathematischen Lösung des Problems, speziell für die Form der österreichischen Weinfässer. Er teilte dieses Fass in einen bauchigen Zylinder und in zwei Kegelstümpfe. Damit konnte er folgenden Lehrsätze aufstellen:

> Unter allen Zylindern mit gleichen Diagonalen ist derjenige der größte, dessen Basisdurchmesser sich zur Höhe wie 2 : 1 verhält.

Die Ergebnisse seiner Überlegungen veröffentlichte Kepler in seiner Schrift *Nova stereometria doliorum vinariorum*. Gleich zu Beginn beschrieb er, wie er auf das Problem stieß:

> Als ich im vergangenen November eine neue Gattin in mein Haus eingeführt hatte, gerade zu der Zeit, da nach einer reichen und ebenso vorzüglichen Weinernte viele Lastschiffe die Donau herauffuhren und Österreich die Fülle seiner Schätze an unser Norikum [Provinz von Österreich] verteilte, sodass das ganze Ufer in Linz mit Weinfässern, die zu erträglichem Preis ausgeboten wurden, belagert war, da verlangte es meine Pflicht als Gatte und guter Familienvater, mein Haus mit dem notwendigen Trunk zu versorgen. Ich ließ daher etliche

Fässer in mein Haus schaffen und daselbst einlegen. Vier Tage hernach kam nun der Verkäufer mit einer Messrute, die er als einziges Instrument benutzte, um ohne Unterschied alle Fässer auszumessen, ohne Rücksicht auf ihre Form zu nehmen oder irgendwelche Berechnung anzustellen.

Er steckte nämlich die Spitze des Eisenstabes in die Einfüllöffnung des vollen Fasses schief hinein bis zum unteren Rand der beiden kreisförmigen Holzdeckel, die wir in der heimischen Sprache die Böden nennen. Wenn dann beiderseits diese Länge vom obersten Punkt des Fassrunds bis zum untersten Punkt der beiden kreisförmigen Bretter gleich erschien, dann gab er nach der Marke, die an der Stelle, wo diese Länge aufhörte, in den Stab eingezeichnet war, die Zahl der Eimer an, die das Fass hielt, und stellte dieser Zahl entsprechend den Preis fest. Mir schien es verwunderlich, ob es möglich sei, aus der durch den Körper des halben Fasses quer gezogenen Linie, den Inhalt zu bestimmen und ich zweifelte an der Zuverlässigkeit dieser Messung.

Die sog. Kepler'sche Fassregel

Gesucht ist die Fläche unter der Parabel zwischen den Abszissen a, b. Das Parabelsegment GEC wird einem Parallelogramm GCDF einbeschrieben. Nach Archimedes gilt: Die Fläche des Segments ist genau $\frac{2}{3}$ der umbeschriebenen Parallelogramms (Abb. 9.13).

Die gesuchte Fläche setzt sich zusammen aus dem Trapez ABCG und dem Parabelabschnitt. Für die Trapezfläche folgt $A_{trap} = \frac{y_0 + y_2}{2}(b - a)$, für die Parallelogrammfläche

$$A_{par} = (b - a)\left[y_1 - \frac{y_0 + y_2}{2}\right] = (b - a)\left[-y_0 + 2y_1 - y_2\right]$$

Die Fläche unterhalb der Parabel ist somit

$$A = A_{trap} + \frac{2}{3}A_{par} = \frac{1}{6}(b - a)\left[y_0 + 4y_1 + y_2\right]$$

Abb. 9.13 Zur Kepler'schen Fassregel

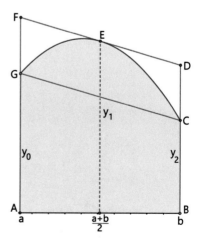

Diese Regel wird oft *Kepler'sche Fassregel* genannt. Die eigentliche Fassregel erhält man, wenn man die Ordinaten auf Flächen verallgemeinert:

$$V = \frac{1}{6}h[A_0 + 4A_1 + A_2]$$

Dabei ist $h = (b - a)$ die Fasshöhe, A_0, A_1, A_2 sind jeweils die Fläche am Boden, in mittlerer Höhe bzw. Deckfläche des Fasses. Die oben angegebene Formel wird auch *Simpson*-Formel nach Thomas Simpson (1710–1761) genannt:

$$\int_a^b f(x)dx = \frac{b-a}{6}\left[f(a) + 4f\left(\frac{a+b}{2}\right) + f(b)\right]$$

Zur Fehlerabschätzung des Verfahrens verwendet man heute das sog. Restglied; dieses enthält hier als Faktor die vierte Ableitung des Integranden. Daraus folgt, dass die Simpson-Formel für Polynome höchstens dritten Grades exakt ist.

9.1.2 Volumenbestimmung bei parabolischer Randkurve

Die symmetrisch zur Mittelebene liegende Parabel sei (Abb. 9.14):

$$f(x) = r_2 + a\left(x - \frac{h}{2}\right)^2$$

Der Formfaktor a wird so bestimmt, dass gilt $f(0) = r_1$:

$$r_2 + a\left(x - \frac{h}{2}\right)^2 = r_1 \Rightarrow a = \frac{4(r_1 - r_2)}{h^2}$$

Einsetzen liefert:

$$f(x) = r_2 + \frac{(r_1 - r_2)}{h^2}(h - 2x)^2$$

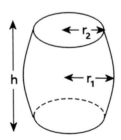

Abb. 9.14 Volumenbestimmung bei parabolischer Randkurve

Abb. 9.15 Zur
Volumenberechnung mittels
Zylinder

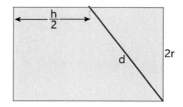

Das Volumen ergibt sich aus der Formel von V. Viviani (1622–1763) zu:

$$V = \pi \int_0^h f^2(x)\,dx$$

Das Quadrat der Funktion ist:

$$f^2(x) = \frac{16r_1^2 x^4}{h^4} + \frac{16r_2^2 x^4}{h^4} - \frac{32r_1 r_2 x^4}{h^4} - \frac{32r_1^2 x^3}{h^3} - \frac{32r_2^2 x^3}{h^3} + \frac{64r_1 r_2 x^3}{h^3} + \frac{24r_1^2 x^2}{h^2} + \frac{32r_2^2 x^2}{h^2}$$
$$- \frac{56r_1 r_2 x^2}{h^2} - \frac{8r_1^2 x}{h} - \frac{16r_2^2 x}{h} + \frac{24r_1 r_2 x}{h} + r_1^2 + 4r_2^2 - 4r_1 r_2$$

Integration und Vereinfachen liefert das Resultat:

$$V = \pi \int_0^h f^2(x)\,dx = \frac{\pi}{15}h\left(3r_1^2 + 4r_1 r_2 + 8r_2^2\right)$$

9.1.3   Die kubische Skala der Visierrute

Da die genaue Fassform nicht bekannt ist, soll hier näherungsweise mit einer Zylinder-form (Grundkreisradius r, Höhe h) gerechnet werden (Abb. 9.15). Es wird bestimmt, bei welchem Verhältnis $\frac{h}{r}$ das Volumen maximal ist, wenn die konstante Länge d der Visier-rute vorgegeben ist.

Nach Pythagoras ergibt sich die geometrische Nebenbedingung:

$$4r^2 + \frac{h^2}{4} = d^2 \Rightarrow r^2 = \frac{d^2}{4} - \frac{h^2}{16}$$

Einsetzen in die Volumenformel liefert:

$$V = \pi r^2 h = \pi\left(\frac{hd^2}{4} - \frac{h^3}{16}\right) \rightarrow Maximum$$

Notwendig für ein Extremum ist das Verschwinden der Ableitung:

$$\frac{dV}{dh} = \pi\left(\frac{d^2}{4} - \frac{3h^2}{16}\right) = 0 \Rightarrow d = \frac{\sqrt{3}}{2}h$$

Kepler konnte natürlich nicht differenzieren; er stellte aber ausdrücklich fest, dass sich eine Funktion in der Nähe eines Extremwerts nur wenig ändert. Einsetzen der Neben-bedingung zeigt das gesuchte Verhältnis:

$$r^2 = \frac{3}{16}h^2 - \frac{1}{16}h^2 \Rightarrow r = \frac{h}{2\sqrt{2}} \Rightarrow \frac{h}{r} = 2\sqrt{2}$$

Prüfen mit der zweiten Ableitung zeigt, dass ein Maximum erreicht ist:

$$\frac{d^2V}{dh^2} = -\frac{3}{8}\pi h < 0$$

Das maximale Volumen ist somit:

$$V_{max} = \pi \left(\frac{d}{\sqrt{6}}\right)^2 \frac{2}{\sqrt{3}}d = \pi \frac{\sqrt{3}}{9}d^3 \Rightarrow V_{max} = 0{,}046d^3$$

Die Skala auf dem Messstab zur Volumenmessung ist tatsächlich kubisch; die damalige Volumeneinheit betrug 1 Eimer, wobei 1 (österr.) Eimer $\approx 56{,}5\,l$ ausmachte.

Nachleben: Alexander von Humboldt[5] in seinem Werk *Kosmos:*

> Wenn ich in diesen Betrachtungen über den Einfluss der unmittelbaren Sinnesanschauung besonders *Kepler* genannt habe, so war es, um daran zu erinnern, wie sich in diesem großen, herrlich begabten und wundersamen Mann jener Hang zu phantasiereichen Kombinationen mit einem ausgezeichneten Beobachtungstalente und einer ernsten, strengen Induktionsmethode, mit einer mutigen, fast beispiellosen Beharrlichkeit im Rechnen, mit einem mathematischen Tiefsinn vereinigt fand, der in der *Stereometrica doliorum* offenbart, auf Fermat und durch diesen auf die Erfindung des Unendlichen einen glücklichen Einfluss ausgeübt hat.

9.1.4   Rotationskörper bei Kepler

In Teil I *Supplementum ad Archimedem* seiner Schrift *Nova sterometrica doliorum vinariorum* (1615) untersucht Kepler alle möglichen Lagen, die ein Kegelschnitt bezüglich einer Rotationsachse haben kann und die daraus entstehenden Rotationskörper. Kepler findet für alle Kegelschnitte insgesamt 92 Lagemöglichkeiten. Wir beschränken uns auf den Kreis und erhalten 4 Fälle (s. Abb. 9.16).

Fall a) Durch Rotation eines Kreises um eine Achse durch den Mittelpunkt entsteht eine Kugel. Kepler setzt dabei die Kenntnis des Satzes von Archimedes[6] voraus, dass die Kugeloberfläche gleich ist der vierfachen Fläche eines Großkreises. Kepler denkt

---

[5] Humboldt von A.: Kosmos-Entwurf einer physische Weltbeschreibung, Band II, Cotta Tübingen 1847, S. 364

[6] Archimedes, Czwalina A.(Hrsg.): Archimedes Werke, Wissenschaftl. Buchgesellschaft, Darmstadt 1983, § 33, S. 114

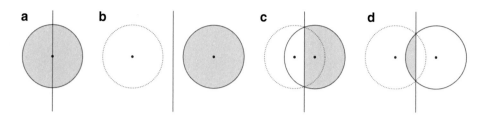

Abb. 9.16 Rotationskörper bei Kepler

sich die Kugel in *indivisible* Kegel zerlegt, deren Spitze im Mittelpunkt liegen und deren Summe aller Grundflächen die Kugeloberfläche bilden. Dann gilt:

$$V_{kugel} = \frac{1}{3} r O_{Kugel} = \frac{4}{3} \pi r^3$$

Fall b) Durch Rotation eines Kreises um eine Achse außerhalb entsteht ein Torus. Kepler denkt sich den Kreisring verformt in einen Zylinder, den er in infinitesimale Scheiben der Dicke Δx zerlegt. Hat der Torus den Radius r und seine Mittellinie den Abstand a vom Zentrum, so entsteht ein Zylinder der Höhe $2\pi a$. Das Zylindervolumen ist damit die Summe aller Scheibenvolumina:

$$V = \pi r^2 \cdot 2\pi a = 2\pi^2 r^2 a$$

Dies muss übereinstimmen mit dem Volumen nach der ersten Regel von Paul Guldin (1577–1643), die sich schon bei Pappos (*Collectio* VII, 41) findet. Die Figur ist ein Kreis vom Radius r, der Weg des Schwerpunkts ein Kreis vom Radius a, ergibt das Volumen $2\pi^2 r^2 a$.

Fall c). Den durch Rotation entstehenden Körper nennt Kepler einen *Apfel*. Der „Apfel" wird in infinitesimale konzentrische Zylinderschichten zerlegt, die aufgeschnitten und geebnet übereinandergelegt einen Zylinderhuf ergeben, da in jedem Punkt die Höhe proportional zum Abstand von der Achse ist (s. Abb. 9.17). Für die umfangreiche Beschreibung wird auf die Literatur verwiesen: Baron[7] (S. 112–114).

Nach einem Vorschlag von F. Schoberleitner[8] soll hier die Zerlegung des „Apfels" in zylindrische Röhren von infinitesimaler Dicke mittels Integralrechnung simuliert werden.

Als **Zahlenbeispiel** wird ein Kreis vom Radius $r = 5$ mit dem Mittelpunkt $M(m; 0)$ und $m = 3$ gewählt. Die Kreisgleichung ist damit

$$(x - m)^2 + y^2 = r^2 \Rightarrow y = \sqrt{r^2 - (x - m)^2}$$

[7] Baron M. E.: The Origins of the Infinitesimal Calculus, Pergamon Press Oxford 1969

[8] Schoberleitner F.: Geschichte der Mathematik, Manuskript Johann-Kepler-Universität Linz 11.2.2019, [www.jku.at/forschung/forschungs-dokumentation/vortrag/30884]

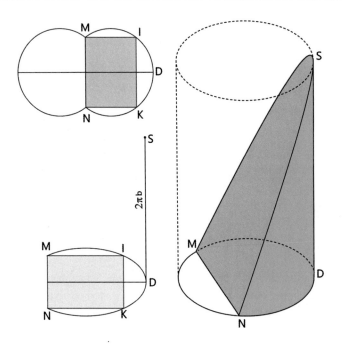

Abb. 9.17 Zur Apfelfigur Keplers

Das Volumenelement der Zylinderschicht ergibt sich zu:

$$dV = 2\pi x \cdot 2y\,dy$$

Integration liefert mit der Substitution $u \mapsto x - 3$

$$V = 4\pi \int_0^{m+r} xy\,dx = 4\pi \int_0^8 x\sqrt{25 - (x-3)^2}\,dx = 4\pi \int_{-3}^5 (u+3)\sqrt{25 - u^2}\,du$$

Die Summe der beiden letzten Integrale liefert das Volumen:

$$V = \frac{\pi}{3}\left[472 + 225\pi + 450\arcsin\frac{3}{5}\right] \approx 1537.7403$$

Zur Kontrolle soll das Volumen des Zylinderhufs geometrisch berechnet werden. Nach Ilja N. Bronstein[9] (Formel 3.146) gilt:

$$V = \frac{h}{3b}\left[a\left(3r^2 - a^2\right) + 3r^2(b - a)\alpha\right]$$

Mit $a = |MN| = 4; b = 8, h = |DS| = 2\pi b, \alpha = \pi - \arctan\frac{4}{3}$ folgt: $V = 1537.7403$.

---

[9]Bronstein I. N., Semendjaev K. A.: Taschenbuch der Mathematik, Harri Deutsch, 5.Auflage 2001, S. 160

Fall d) Rotiert das farbig markierte Kreissegment um die Achse, entsteht ein Körper, den Kepler *Zitrone* nennt. Die Volumenbestimmung der Zitrone gelingt nicht; Kepler findet nur eine Abschätzung (Baron S. 114–115).

In der erwähnten Schrift findet sich auch ein Vergleich zwischen einem Zylinder und einem gleich hohen Kegelstumpf. Kepler formuliert in Lehrsatz XI:

Die Grundfläche eines Zylinders, der mit einem gleich hohen Kegelstumpf inhaltsgleich ist, setzt sich zusammen aus den Dritteln der beiden Grundflächen des Stumpfes und dem dritten Teil ihrer mittleren geometrischen Proportionalen.

Das Produkt der Grundfläche mit der Höhe liefert das Volumen des Kegelstumpfes:

$$V = h\left[\frac{1}{3}\pi r^3 + \frac{1}{3}\pi R^3 + \frac{1}{3}\sqrt{\pi r^2 \cdot \pi R^2}\right] = \frac{1}{3}\pi h\left(r^2 + rR + R^2\right)$$

In seiner Schrift *Astronomia nova* (1609) zeigt er weitere infinitesimale Methoden. Für die Fläche einer Ellipse mit den Halbachsen a, b findet er näherungsweise *(proxime)*:

$$A \approx \pi(a + b)$$

9.1.5 Die Kepler-Gleichung

Da die Sonne in einem Brennpunkt, jedoch nicht im Mittelpunkt der Bahnellipse steht, entstand für Kepler das Problem, die Abstände vom Ellipsenmittelpunkt auf den entsprechenden Brennpunkt umzurechnen.

Gesucht wird, die Position eines Planeten P zum Zeitpunkt t nach dem Periheldurchgang (A) zu berechnen. Das *Perihel* ist der Ellipsenpunkt mit der kleinsten Entfernung zur Sonne (Abb. 9.18).

Der Winkel, den der Radiusvektor $r = |SP|$ (Sonne-Planet) mit der großen Bahnachse a einschließt, heißt *wahre* Anomalie v. Der Winkel, den ein Planet auf einer gleichförmigen Kreisbewegung um das Zentrum mit der Bahnachse einschließt, heißt *mittlere* Anomalie M. Wird die Planetenposition P senkrecht auf den zugehörigen Hilfskreis (Radius a) projiziert, so erhält man den Punkt P'. Der Winkel, den die Strecke $|ZP'|$ mit der Bahnachse einschließt, heißt *exzentrische* Anomalie E. Die Bezeichnung aller dieser Winkel mit *Anomalie* geht auf Kepler zurück. Nach Definition gilt für die mittlere Anomalie bei der Umlaufzeit T

$$\frac{t}{T} = \frac{M}{2\pi} \Rightarrow M = \frac{2\pi t}{T}$$

Das Dreieck ZSP' hat die lineare Exzentrizität $|ZS| = a\varepsilon$ als Grundlinie. Mit der Höhe des Dreiecks $|FP'| = a\sin E$ ergibt sich die Dreiecksfläche zu:

$$Fl\ddot{a}che\left(ZSP'\right) = \frac{1}{2}a^2\varepsilon\sin E$$

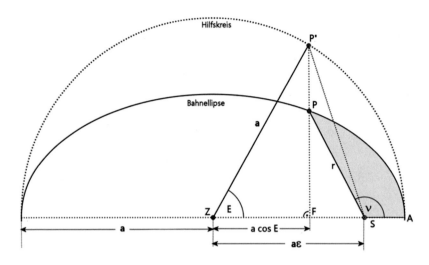

Abb. 9.18 Zur Kepler'schen Formel

Für den Kreissektor ZAP' gilt folgendes Verhältnis:

$$\frac{E}{2\pi} = \frac{Fläche(ZAP')}{\pi a^2} \Rightarrow Fläche(ZAP') = \frac{1}{2}Ea^2$$

Die Fläche SAP' lässt sich berechnen als Differenz der Kreissektor- und Dreiecksfläche:

$$Fläche(SAP') = \frac{1}{2}Ea^2 - \frac{1}{2}a^2\varepsilon\cos E = \frac{1}{2}a^2(E - \varepsilon\sin E) \tag{9.1}$$

Nach dem ebenfalls von Kepler gefundenen Flächensatz folgt:

$$\frac{M}{2\pi} = \frac{Fläche(SAP')}{\pi a^2} \tag{9.2}$$

Einsetzen von (1) in (2) liefert nach Vereinfachen:

$$\frac{M}{2\pi} = \frac{1}{\pi a^2}\frac{1}{2}a^2(E - \varepsilon\sin E) = \frac{(E - \varepsilon\sin E)}{2\pi} \Rightarrow M = E - \varepsilon\sin E$$

Damit erhalten wir die gesuchte *Kepler-Gleichung:*

$$E = M + \varepsilon\sin E$$

Da die Kepler-Gleichung nicht explizit nach der exzentrischen Anomalie E aufgelöst werden kann, benötigt man hier ein numerisches Verfahren. Die wahre Anomalie ergibt sich damit zu:

$$v = \arctan\frac{\sqrt{1 - \varepsilon^2}\sin E}{\cos E - \varepsilon}$$

Die Sonnenentfernung ist dann

$$r = \frac{a\left(1 - \varepsilon^2\right)}{1 + e \cos v}$$

Beispiel Ein Himmelskörper auf einer elliptischen Bahn hat die numerische Exzentrizität $\varepsilon = 0{,}6$ und die große Bahnhalbachse $a = 1$ *AE* (astronomische Einheit). Die Umlaufzeit beträgt damit $T = 1$ *Jahr*. Gesucht ist die Position $t = 100$ Tage nach dem Periheldurchgang A. Die mittlere Anomalie ist (im Bogenmaß)

$$M = \frac{2\pi t}{T} = \frac{2\pi \cdot 100d}{365.257d} = 1.718736$$

Die Lösung der nichtlinearen Kepler-Gleichung $E = 1.718736 + 0.6 \sin E$ kann mithilfe der Newton-Iteration erfolgen. Mit dem Startwert $E = M$ liefert die Iteration im Bogenmaß

```
2.26396211972935
2.20346566140597
2.20283201062407
2.20283193889477
```

Es ergibt sich (im Winkelmaß) $E = 126.275°$.

9.2 Bonaventura Cavalieri (1598–1647)

Francesco Cavalieri (Abb. 9.19) wurde 1598 in Mailand geboren, wie sein Schüler und späterer Biograf Urbano d'Aviso mitteilt. 1616 trat er dort in den Jesuaten-Orden ein; der Orden der Jesuaten war im 14. Jahrhundert gegründet worden, um sich dem Pflegedienst und Werken der Nächstenliebe zu widmen. Er änderte seinen Namen und nannte sich nach seinem Vater Bonaventura. Nach Aufenthalten in den Ordensklöstern in Mailand und Florenz kam er in die Niederlassung in Pisa. Hier lebte der Benediktinermönch B. Castelli, der Cavalieris Interesse an Mathematik anregte und den er bald bei Geometrievorlesungen vertrat.

1619 wurden Cavalieris Bewerbungen für Lehrstühle in Bologna und Pisa mit Hinweis auf seine Jugend zunächst abgelehnt. So wurde er 1621 Diakon und Assistent des Kardinals Borromeo in Mailand, der auch den Kontakt mit Galilei vermittelte. Dort lehrte er Theologie, bis er 1623 Prior des Jesuatenhauses in Lodi wurde. Auch 1626 bewarb Cavalieri vergeblich um einen Mathematiklehrstuhl in Parma; dies wurde vereitelt durch den Jesuitenpater Mario Bettini. Enttäuscht schrieb er am 7. August des Jahres an Galilei:

Abb. 9.19 Bild von
Bonaventura F. Cavalieri
(Wikimedia Commons,
gemeinfrei)

> Was den Lehrstuhl für Mathematik betrifft, hatte ich große Hoffnung [...] weil Monsignore
> Kardinal Alexander Aldobrandini mich zu begünstigte [...] da aber [die Universität] unter
> der Herrschaft der Jesuitenpatres steht, kann ich nicht länger hoffen.

Mit der ausdrücklichen Empfehlung Galileis konnte Calvalieri 1629 eine Berufung auf
den Lehrstuhl für Mathematik an der Universität von Bologna erlangen, obwohl Bettini
selbst aus Bologna stammte. Galilei schrieb über Cavalieri:

> … nur wenige, wenn überhaupt jemand, haben sich seit Archimedes so intensiv in die
> Wissenschaft der Geometrie vertieft.

Die Reaktion der Jesuiten blieb nicht aus; sie schmiedeten Pläne, ihre gesamte Fakultät von Parma in ein neues Jesuitenkolleg in Bologna zu verlegen. Der Umzug wurde
aber schließlich vom Senat der Stadt verhindert. Kurze Zeit später erhielt Cavalieri die
Ernennung zum Prior des dortigen Klosters, sodass er ideale Arbeitsbedingungen für
weitere Forschungen vorfand. Zu seinen bekanntesten Werken zählen die Schriften
Geometria indivisibilibus (1635) und *Exercitationes Geometricae* (1647). Seine Ideen
der Indivisibeln (*lateinisch indivisibilis* = unteilbar) stießen jedoch auf Ablehnung von
kirchlicher Seite; sein schärfster Kritiker war der Jesuit Paul Guldin (1577–1643).

Exkurs zu Guldin

Guldin wurde als Habakkuk Guldin von protestantischen Eltern (ursprünglich jüdischer
Abstammung) in St. Gallen (Schweiz) geboren. Er wurde zum Goldschmied ausgebildet,
zweifelte später an seiner Konfession. Er konvertierte er zum Katholizismus und trat den
Jesuiten bei, wobei er seinen Namen vom alttestamentarischen Propheten Habakkuk in
Paulus umwandelte, der den Heiden den christlichen Glauben verkündete. Zur weiteren
Fortbildung wurde er an das *Collegio Romano* geschickt, um bei Christopher Clavius
(1538–1612) Mathematik zu studieren, der bekannt geworden war durch seine Mitarbeit bei der Einführung des gregorianischen Kalenders. Fünf Jahre später wurde Guldin

als Mathematiklehrer nach Österreich (Habsburger Land) geschickt und verbrachte den Rest seines Lebens am Jesuitenkolleg in Graz und an der Universität von Wien. Durch das Beharren auf dem klassischen euklidischen Beweisführung wurde er zum Kritiker der Methode der Indivisibeln. Guldins Kritik an Cavalieris „Unteilbarkeiten" ist im vierten Buch seiner Schrift *Centrobaryca* von 1641 enthalten. Unter anderem kritisierte er, dass die Methodik von Johannes Kepler stammt, den er persönlich in Prag getroffen habe.

Neben den erwähnten Schriften gab Cavalieri auch eine eigene Logarithmentafel für trigonometrische Funktionen heraus. Weitere Arbeiten befassten sich mit Kegelschnitten, Trigonometrie, Optik, Astronomie und Astrologie. Ferner untersuchte er Eigenschaften optischer Linsen und beschrieb ein Spiegelteleskop. Cavalieri starb 1647 in Bologna.

Die Indivisibeln einer Gerade sind anschaulich gesprochen die Punkte der Geraden, die Indivisibeln einer Fläche ist eine Schar von parallelen Sehnen innerhalb der Fläche.

Beispiel Betrachtet wird ein Kreis vom Radius r und eine einbeschriebene Ellipse mit den Achsen $(a = r, b)$. Als Indivisibeln betrachtet werden alle Sehnen innerhalb des Kreises, die senkrecht zur großen Achse a sind. Diese Indivisibeln werden in der Ellipse um den Faktor $\frac{b}{a}$ verkürzt. Mit diesem Maß verkleinert sich auch die Fläche der Ellipse. Es gilt daher für die Ellipsenfläche:

$$A_{ellip} = A_{Kreis}\frac{b}{a} = \pi a^2\frac{b}{a} = \pi ab$$

1) Das Prinzip von Cavalieri
Liegen zwei Körper zwischen parallelen Ebenen E_1, E_2 und werden sie von jeder zu diesen parallelen Ebene E_3 so geschnitten, dass gleich große Schnittflächen entstehen, so haben die Körper das gleiche Volumen.

Diesen Satz verwendet Cavalieri mehrfach in seinen Schriften *Geometria indivisibilibus* (1635) und *Exercitationes Geometricae* (1647), ohne einen Beweis zu liefern.

Ein Standardbeispiel ist die Volumengleichheit einer Halbkugel und des Restkörpers, der entsteht, wenn man aus einem Zylinder (mit Grundkreisradius = Höhe) einen Kegel ausbohrt (vgl. Abb. 9.20).

Die Schnittfläche A in der Höhe h der Halbkugel ist ein Kreis mit Radius $r = \sqrt{R^2 - h^2}$. Somit gilt

$$A = \pi r^2 = \pi\left(R^2 - h^2\right)$$

Abb. 9.20 Zum Prinzip von Cavalieri

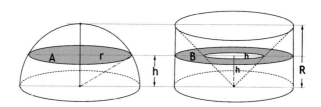

Die Schnittfläche B des ausgebohrten Zylinders ist ein Kreisring mit Innenradius h, seine Fläche ist

$$B = \pi \left(R^2 - h^2 \right)$$

Somit sind beide Körper volumengleich.

2) Erste Integrale nach Cavalieri

Bestimmung von $\int x\,dx$

Cavalieri zerlegt das Quadrat ABCD in senkrechte Streifen (Indivisibeln) der Länge a, wobei stets gilt: $a = (x + y)$ ist (s. Abb. 9.21). Die Gesamtfläche ist damit:

$$\sum_A^B a = \sum_A^B (x + y) = \sum_A^B x + \sum_A^B y = 2 \sum_A^B x$$

Damit ergibt sich:

$$\sum_A^B x = \frac{1}{2} \sum_A^B a = \frac{1}{2} a^2$$

Da $\sum_A^B a$ dem Flächeninhalt des Quadrats entspricht, folgt in moderner Schreibweise:

$$\int_0^a x\,dx = \frac{1}{2} a^2$$

Bestimmung von $\int x^2 dx$

Analog ergibt sich:

$$\sum_A^B a^2 = \sum_A^B (x + y)^2 = \sum_A^B x^2 + 2 \sum_A^B xy + \sum_A^B y^2 = 2 \sum_A^B x^2 + 2 \sum_A^B xy$$

Abb. 9.21 Zum Integral nach Cavalieri

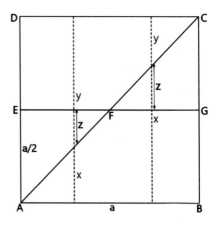

Mit $x = \frac{a}{2} - z$; $y = \frac{a}{2} + z$ folgt:

$$\sum_A^B xy = \sum_A^B \left(\frac{a}{2} - z\right)\left(\frac{a}{2} + z\right) = \sum_A^B \left(\frac{a^2}{4} - z^2\right)$$

Insgesamt resultiert:

$$\sum_A^B a^2 = 4\sum_A^B x^2 - 4\sum_A^B z^2$$

Hier ist $\sum_A^B z^2$ die Quadratsumme der Indivisibeln von Dreiecken AEF und CFG. Aber die Summe z^2 eines Dreiecks stellt das Volumen einer Pyramide dar, deren Abmessungen jeweils die Hälfte der Pyramide sind, die durch $\sum_A^B z^2$ repräsentiert wird. Daher gilt:

$$\sum_A^B z^2 = 2 \cdot \frac{1}{8}\sum_A^B x^2 = \frac{1}{4}\sum_A^B x^2$$

Oben eingesetzt liefert dies:

$$\sum_A^B x^2 = \frac{1}{3}\sum_A^B a^2 = \frac{1}{3}a^3$$

Die Summe $\sum_A^B a^2$ stellt hier das Volumen eines Würfels der Kantenlänge a dar. Das Verfahren lässt sich fortsetzen, Cavalieri schaffte es bis zu Fall ($n = 9$) :

$$\sum_A^B x^n = \frac{a^{n+1}}{n+1}$$

Lässt man die Kurve $y = x^n$ im Intervall $[0; 1]$ um die x-Achse rotieren, so erhält die Fläche und das Volumen

$$A = \sum_0^1 x^n = \frac{1}{n+1} \;\therefore\; V = \pi\sum_0^1 x^{2n} = \frac{\pi}{2n+1}$$

9.3   Evangelista Torricelli (1608–1647)

Der Toskaner E. Torricelli (Abb. 9.22) wurde 1608 in Faenza geboren. Da der Vater vorzeitig verstarb, wurde er von seinem Onkel, dem Benediktinermönch Fra Giapoco, aufgenommen, der ihn als Schüler an das Jesuiten-Kolleg zu Faenza schickte. Da seine schulischen Leistungen Anlass zu großen Hoffnungen gaben, sandte der Onkel seinen

Abb. 9.22 Bild von E.
Torricelli (Wikimedia
Commons, public domain)

Neffen an die Universität in Rom, wo ihn der Leiter des Kollegs, der Abt Castelli, in seine Obhut nahm. Castelli war ein Schüler und begeisterter Anhänger von Galilei, der ihn mit den Hauptwerken der griechischen und neueren Mathematik bekannt machte. 1613 siedelte Castelli nach Pisa über, wo er auch seinen Schüler Cavalieri vorfand. Castelli war auch Berater des Papstes Urban VIII. in Sachen Hydraulik; Letzterer verschaffte ihm einen Lehrstuhl an der Universität Rom.

Torricelli blieb bis 1632 als Student und Sekretär bei Castelli, wie aus einem Brief Castellis an Galilei hervorgeht:

> Oft erfreue ich über die Diskussion mit den Herren Signori R. Magiotti und E. Torricelli. Beide Herren sind hochgelehrt (*eruditissimi*) in der Geometrie und auch in der Astronomie sind sie schon von mir auf den rechten Weg geschickt worden.

Von der Zeit 1632 bis 1640 liegt keine Information über Torricelli vor. 1641 kehrte er kurzzeitig nach Rom zurück, zog aber im selben Jahr nach Arceteri, um die Endredaktion der *Discorsi* des bereits erblindeten Galilei zu übernehmen. Nach dem Tode Galileis 1642 wurde er dessen Nachfolger als Hofmathematiker des Großherzogs von Toskana, wie auch als Professor für Mathematik an der Florentiner Akademie.

Seinen Forschungen zur Hydraulik fanden ihren Niederschlag in seiner Schrift *Opera geometrica* (1644), die in ganz Europa Interesse fand. Bekannt wurde insbesondere das von ihm gefundene *Torricellische Ausflussgesetz;* es besagt, dass die Ausflussgeschwindigkeit einer (idealen) Flüssigkeit nur von der durchlaufenen Höhe, aber nicht von der Dichte abhängt:

$$v = \sqrt{2gh}$$

So konnte er mit Quecksilber (statt mit Wasser) experimentieren und erfand so das Barometer. Er erkannte den Luftdruck als Schweredruck der uns umgebenden Lufthülle;

begeistert schrieb er an Kardinal Ricci: *Noi viviamo sommersi nel fondo d'un pelago d'aria.* (Wir leben untergetaucht am Boden eines Ozeans von Luft.) Bei seinen Arbeiten zur Optik konnte er das Fernrohr von Galilei verbessern und auch ein Mikroskop bauen.

Seit 1644 hatte sich Torricelli intensiv mit der Zykloide beschäftigt, die Galilei schon vor 40 Jahren entdeckt hatte, wie aus einem Brief von 1639 an ihn hervorgeht. Torricelli bestimmte mehrere Eigenschaften der Zykloide, die auch vom zänkischen Roberval behandelt wurden. Dieser beanspruchte, alle Probleme zuerst gelöst zu haben, und brachte Torricelli mit seinen Prioritätsansprüchen an den Rand der Verzweiflung, sodass er 1647 starb.

In der italienischen Literatur wird ihm auch die Formel für die Geschwindigkeit v nach einer Beschleunigung a auf der Strecke s zugeschrieben: $v^2 = v_0^2 + 2as$.

1) Einhüllende beim schiefen Wurf
Sein erstes mathematisches Werk beschäftigte sich mit Galileis Werk *De Motu gravium naturaliter descendentium*. Hier untersucht er die von Galilei gefundenen Wurfparabeln und ermittelte die Scheitelpunkte und die Einhüllende (Abb. 9.23). Hier die Herleitung in moderner Form:

Wird ein Massenpunkt unter dem Winkel α (gegen die Horizontale) mit der Anfangsgeschwindigkeit v_0 geworfen, so ist seine Geschwindigkeit (bei Vernachlässigung des Luftwiderstands) unter dem Einfluss der Erdbeschleunigung g:

$$v = \begin{pmatrix} v_0 \cos \alpha \\ v_0 \sin \alpha - gt \end{pmatrix}$$

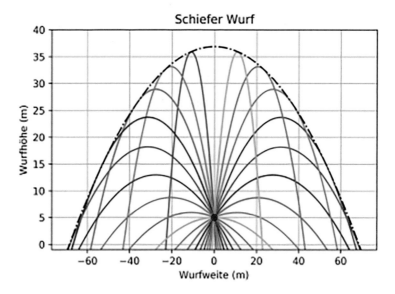

Abb. 9.23 Einhüllende beim schiefen Wurf. Höhe der Abwurfstelle 5 *m*.

Integration nach der Zeit liefert (bei verschwindenden Anfangsbedingungen):

$$\begin{pmatrix} x \\ y \end{pmatrix} = \begin{pmatrix} v_0 \cos \alpha \cdot t \\ v_0 \sin \alpha \cdot t - \frac{1}{2} g t^2 \end{pmatrix}$$

Auflösen nach der Zeit ergibt:

$$t = \frac{x}{v_0 \cos \alpha}$$

Einsetzen zeigt die Schar der Bahnkurven:

$$F(x, y, \tan \alpha) = y - x \tan \alpha + \frac{g}{2v_0^2 \cos^2 \alpha} x^2 = y - x \tan \alpha + \frac{g}{2v_0^2} \left(1 + \tan^2 \alpha\right) x^2$$

Für die Einhüllende aller Wurfparabeln muss der Parameter $\tan \alpha$ eliminiert werden. Die Ableitung liefert:

$$\frac{\partial F}{\partial (\tan \alpha)} = -x + \frac{g}{v_0^2} \cdot \tan \alpha \cdot x^2$$

Setzt man für ein Extremum $\frac{\partial F}{\partial (\tan \alpha)} = 0$, so ergibt sich:

$$\tan \alpha = \frac{v_0^2}{gx}$$

Einsetzen in Kurvenschar bringt:

$$F(x, y) = y - \frac{v_0^2}{2g} + \frac{g}{2v_0^2} x^2 = 0$$

Die gesuchte Einhüllende ist somit:

$$y = \frac{v_0^2}{2g} - \frac{g}{2v_0^2} x^2$$

Dies ist eine nach unten geöffnete Parabel mit dem Scheitelpunkt $\left(0; \frac{v_0^2}{2g}\right)$.

2) Torricellis „Trompete"

In einem Brief an Mersenne teilte Evangelista Torricelli (1643) mit, dass er einen Rotationskörper gefunden habe, der ein endliches Volumen, aber eine unendliche Ausdehnung und Oberfläche habe. Er schrieb:

> Es mag unglaublich erscheinen, dass dieser Körper zwar von unendlicher Länge ist, aber dennoch keine der von uns betrachteten zylindrischen Flächen eine unendliche Länge hat, sondern alle diese Flächen endlich sind.

Abb. 9.24 Trompete des Torricelli (Wikimedia Commons, gemeinfrei)

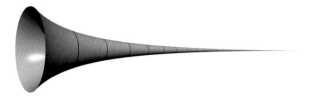

Die Berechnung erscheint später im ersten Kapitel seines Werks *Opere*, das zu seinen Lebzeiten nicht gedruckt wurde. Noch 30 Jahre später war das Erstaunen unter den Mathematikern groß. Thomas Hobbes[10] schrieb darüber:

> Um den Sinn dessen zu verstehen, muss ein Mensch kein Geometer oder Logiker sein, sondern er muss verrückt sein.

Der angesprochene Körper heißt Torricellis Trompete (Abb. 9.24). Zur Vereinfachung wird hier die x-Achse als Rotationsachse gewählt. Somit muss die gleichseitige Hyperbel $\frac{1}{x}$ im Intervall $[1; \infty]$ integriert werden. Hier zeigt sich, dass schon die Fläche A zwischen Hyperbel und der x-Achse nicht beschränkt ist (in moderner Schreibweise):

$$A = \lim_{b \to \infty} \int_1^b \frac{dx}{x} = \lim_{b \to \infty} [\ln b] = \infty$$

Dagegen beträgt das Volumen des zugehörigen Rotationskörpers:

$$V = \pi \int_1^\infty y^2 dx = \pi \lim_{b \to \infty} \int_1^b \frac{dx}{x^2} = \pi \lim_{b \to \infty} \left[-\frac{1}{b} + \frac{1}{1} \right] = \pi$$

Die Oberfläche dieses Rotationskörpers ergibt sich zu:

$$O = 2\pi \int_1^\infty \frac{1}{x} \sqrt{1 + \frac{1}{x^4}} dx > 2\pi \int_1^\infty \frac{dx}{x} = 2\pi \lim_{b \to \infty} \int_1^b \frac{dx}{x} = 2\pi \lim_{b \to \infty} [\ln b] = \infty$$

Hier wurde zur Vereinfachung die Ungleichung $\sqrt{1 + \frac{1}{x^4}} > 1$ verwendet. Dieser Trick wird genannt: *Lo! It is a clever integral.* Clevere Studierende haben herausgefunden, dass dies ein Anagramm von *Evangelista Torricelli* ist.

Im Englischen heißt der Rotationskörper nach der Posaune des Erzengels auch Gabriels Horn. Wallis' Kommentar zur „Trompete" ist etwas verwirrend. Er bemerkt, dass

> … eine Fläche oder ein Körper so beschaffen sein kann, dass er unendlich lang, aber endlich groß ist (wobei die Breite stetig in größerer Proportion abnimmt als die Länge zunimmt)

---

[10] Molesworth W. (Hrsg.): The English Works of Thomas Hobbes of Malmesbury, J. Bohn 1845

und somit keinen Schwerpunkt hat. Von solcher Beschaffenheit ist Torricellis *Solidum Hyperbolicum acutum.*

Tatsächlich liegt der Schwerpunkt x_s im Unendlichen. Dies sieht man an folgendem Ansatz:

$$\left(\pi \int_1^\infty y^2 \, dx \right) x_s = \pi \int_1^\infty xy^2 \, dx$$

Mit dem obigen Volumenwert folgt:

$$\pi x_s = \pi \lim_{b \to \infty} \int_1^b xy^2 \, dx = \pi \lim_{b \to \infty} \int_1^b \frac{1}{x} dx = \pi \lim_{b \to \infty} [\ln x]_1^b = \pi \cdot \infty \Rightarrow x_s = \infty$$

9.4 Gilles Personne de Roberval (1602–1675)

Im Sommer 1628 tauchte in Paris ein junger Mann auf namens Gilles Personne, der zuvor ganz Frankreich bereist und auch an der Belagerung von La Rochelle 1627 teilgenommen hatte. Nach zehnjähriger Betätigung als Wanderlehrer ließ er sich in Paris nieder; es glückte ihm, einen frei gewordenen Lehrstuhl für Philosophie am *Collège Gervais Crétien* zu erhalten. Um sein Ansehen in der Pariser Gesellschaft durch ein Adelsprädikat zu erhöhen, ergänzte er seinen Namen (nach seinem Geburtsort) um de Roberval (Abb. 9.25).

Sein Ehrgeiz und sein mathematisches Talent führten ihn zu aktuellen Themen der Mathematik. Es waren dies zum einen die Quadraturmethoden, wie sie von Fermat, Torricelli und Cavalieri angestrebt wurden, wie auch die Tangentenbestimmung nach Fermat und Torricelli. Er kam dadurch in Kontakt mit Marin Mersenne, der den Mittelpunkt eines Kreises von Wissenschaftlern bildete, aus dem später die Akademie der Wissenschaften hervorging. Mit einer Professur waren seine Ambitionen noch nicht erschöpft; sein Ziel war der Lehrstuhl am *Collège de France,* den zuvor Pierre de la Ramée (lateinisch: Petrus Ramus, 1515–1572) innegehabt hatte. Mit diesem Lehrstuhl, den er 1634 erhielt, hatte es eine besondere Bewandtnis; er wurde nämlich alle drei Jahre neu ausgeschrieben. Um diesen Wettbewerb zu gewinnen, wandte er folgenden Trick an. Er publizierte seine neuen mathematischen Erkenntnisse nicht, sondern verwendete sie bei den Probevorlesungen zur Überraschung seiner Mitbewerber. Auf diese Weise behielt er die Professur bis zu seinem Tod.

Seine Vorgehensweise brachte es mit sich, dass er die Erfindung der Indivisibelnmethode des Cavalieri für sich beanspruchte. Als Torricelli die Volumina berechnete, die bei der Rotation der Zykloide um die Basis bzw. Symmetrieachse entstehen, behauptete Roberval, die Ergebnisse schon viel früher hergeleitet zu haben. Dasselbe Vorgehen zeigte Roberval, als Torricelli den Schwerpunkt der Zykloide (Abb. 9.26) ermittelte. Auch war er ein erbitterter Gegner von Descartes; der jahrelange Streit ist gut dokumentiert, da der Briefverkehr über Mersenne erfolgte.

Abb. 9.25 Bild von G. P.
de Roberval (Ausschnitt aus
Abb. 11.2)

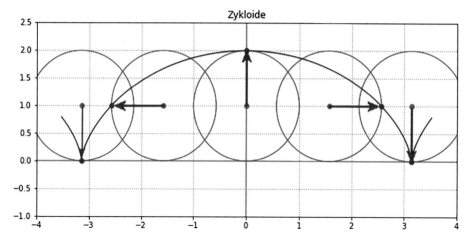

Abb. 9.26 Darstellung der Zykloide als Rollkurve

1) Die Flächenbestimmung der Zykloide nach Roberval

Betrachtet wird die Figur nach Abb. 9.27. Es sei AFC der halbe Bogen einer Zykloide, die beim Abrollen des Kreises (Mittelpunkt M, Radius r) erzeugt wird. Daher gilt $|AB| = \pi r$ und $|BC| = 2r$. Die Kurve AEC nennt Roberval die Begleitkurve *(compagnon)* der Zykloide; sie ist zusammengesetzt aus zwei Hälften des Bogens AC. Sie verläuft daher punktsymmetrisch zu E und schließt somit die halbe Fläche des Rechtecks ABCD ein. Es lässt sich zeigen, dass die roten, waagrechten Streifen im Halbkreis und in der Figur AECF jeweils kongruent sind. Nach dem Prinzip von Cavalieri sind die beiden Flächen gleich dem Halbkreis $\frac{1}{2}\pi r^2$. Für die Fläche der halben Zykloide ABC gilt damit:

$$\frac{1}{2}\pi r^2 + \frac{1}{2}\pi r \cdot 2r = \frac{3}{2}\pi r^2$$

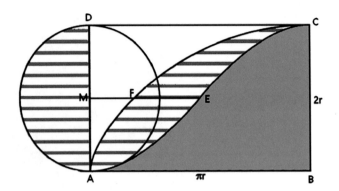

Abb. 9.27 Flächenbestimmung der Zykloide nach Roberval

Die Gesamtfläche unter der Zykloide beträgt daher $3\pi r^2$, also das Dreifache der Fläche des abrollenden Kreises. Eine genaue Herleitung findet man bei Thomas Sonar[11] (S. 275–277) oder Margaret Baron[12] (S. 157–160).

Nach der Bestimmung der Fläche der Zykloide fehlte noch die Ermittlung der Bogenlänge. Dafür wurde 1658 ein anonymer, internationaler Wettbewerb im Wert von 60 Dublonen ausgeschrieben. Bis zum 1. Oktober ging keine exakte Lösung ein; es entstand ein lebhafter Disput unter den Mathematikern. Dem Beweisziel am nächsten kamen die englischen Mathematiker J. Wallis und C. Wren. Auch Pascal mischte sich in die Diskussionen ein; dies war seine letzte mathematische Aktivität.

2) Integration der Parabel
Die Fläche unter der Standardparabel ermittelte Roberval mithilfe von Indivisibeln. Für die Parabel (Abb.9.28) gilt:

$$\frac{|RB|}{|QC|} = \frac{|AB|^2}{|AC|^2} usw.$$

Für das Verhältnis der Flächen folgt:

$$\frac{Fläche\ (AJK)}{Fläche\ (AJKS)} = \frac{|AE|(|RB| + |QC| + |PD| + |OE| + |NF| + |MG| + |LH| + |KJ|)}{|AJ||KJ|}$$

$$= \frac{|AE|\big(|AB|^2 + |AC|^2 + |AD|^2 + |AE|^2 + |AF|^2 + |AG|^2 + |AH|^2 + |AJ|^2\big)}{|AJ||AJ|^2}$$

$$= \frac{1^2 + 2^2 + 3^2 + \cdots + |AJ|^2}{|AJ||AJ|^2} = \frac{1}{6}\frac{|AJ|(|AJ| + 1)(2|AJ| + 1)}{|AJ|^3} \rightarrow \frac{1}{3}$$

[11] Sonar T.: 3000 Jahre Analysis, Springer 2011

[12] Baron M.: The Origins of the Infinitesimal Calculus, Pergamon Press Oxford 2014

Abb. 9.28 Waage von
Roberval

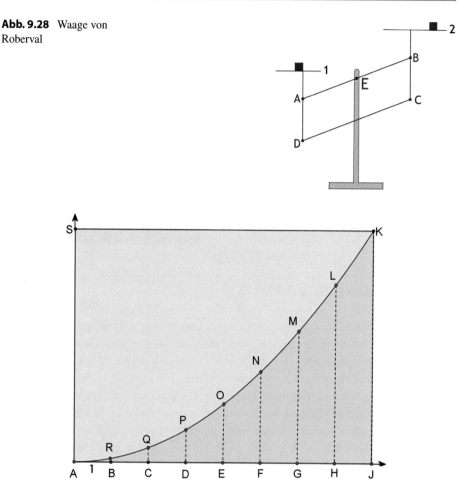

Abb. 9.29 Zur Integration der Parabel nach Roberval

3) Die Waage von Roberval

Roberval war auch ein erfahrener Praktiker; so erfand er unter anderem ein Aräo-
meter, einen Pulverisator und eine Waage. Letztere präsentierte er im August 1669 der
Akademie der Wissenschaften. Die Waage (Abb. 9.29) besteht aus einem beweglichen
Parallelogramm ABCD, das sich um Punkt E drehen kann. Dadurch bleiben die beiden
Schenkel *AD* bzw. *BC* stets senkrecht, sodass die Hebelarme gleich bleiben, unabhängig
von der Position der Gewichte auf den Waagschalen.

Eine ausführliche Besprechung der Roberval'schen Waage findet sich bei Norbert
Treitz[13].

---

[13] www.spektrum.de/raetsel/roberval-waage/1336696.

Abb. 9.30 Gemälde von John
Wallis (Wikimedia Commons,
gemeinfrei)

9.5   John Wallis (1616–1703)

John Wallis (Abb. 9.30) wurde als Sohn eines Geistlichen in Ashford geboren. Obwohl
sein Vater starb, als er sechs Jahre alt war, und noch vier weitere Geschwister hatte,
wurde er mit 14 Jahren an die Felsted-Schule in Essex geschickt. Dort erkannte man
seine Begabung und ließ ihn antike Sprachen erlernen. 1632 ging er nach Cambridge, wo
er 1640 *Master of Arts* und 1644 Mitglied des Queens College (Cambridge) wurde.

Nach Abschluss des Studiums wirkte er als Kaplan in mehreren Städten, schließlich
auch in London. Nach dem Tod seiner Mutter wurde er 1643 durch sein Erbe finanziell
unabhängig und hätte in den Ruhestand gehen können. 1645 heiratete er und zog nach
London. Dort wurde er Teilnehmer an einer Runde von Naturwissenschaftlern, aus der
1663 die *Royal Society for Improving Natural Knowledge,* die spätere Royal Society,
hervorging. Wallis zählte die folgende Themen auf, die während den Sitzungen diskutiert
wurden (zitiert nach Wussing, Isaac Newton, S.39–40):

> Physik, Anatomie, Geometrie, Astronomie, Navigation, Statik, Magnetik, Chemie,
> Mechanik ... die Zirkulation des Blutes, die Ventile in den Venen, die kopernikanische
> Hypothese, die Natur der Kometen und der neuen Sterne, die Satelliten des Jupiters, die
> ovale Form des Saturns, die Flecken in der Sonne, und ihre Drehung um ihre eigene Achse,
> die Ungleichheiten und die Selenographie des Mondes, die verschiedenen Phasen von Venus
> und Merkur, die Verbesserung der Fernrohre und das Schleifen der Gläser zu diesem Zweck,
> das Gewicht der Luft, die Möglichkeit oder Unmöglichkeit von Vakua und deren Abscheu
> durch die Natur; die Experimente von Torricelli mit Quecksilber, das Fallen von schweren
> Körpern und die Art der Beschleunigung dabei.

1642 begann der englische Bürgerkrieg *(Civil War)*, in dem die Parlamentsparteien
(England, Schottland, Irland) mehrfach über die Königstruppen von Charles I. siegten.
Der Bürgerkrieg endete mit der Niederlage bei Worcester von 1651. Der König hatte

sich bereits 1646 ergeben und wurde später hingerichtet. Obwohl er Royalist war, erhielt Wallis 1649 wegen seiner kryptologischen Verdienste von Lordprotektor Oliver Cromwell den *Savile*-Lehrstuhl in Oxford, sein Vorgänger war als Royalist entlassen worden. Im Jahr 1653 wurde er in den theologischen Rang eines *doctor of divinity* gehoben. Auch später war Wallis als Kryptologe tätig, indem er eine Geheimbotschaft von Ludwig XIV. entzifferte, die Polen zu einem Angriff auf Preußen drängen sollte. 1657 wurde Wallis Verwalter der Universitätsarchive in Oxford. Da er sich öffentlich gegen die Hinrichtung Charles I. ausgesprochen hatte, behielt er seinen Lehrstuhl nach der Rückkehr von König Charles II. (1660) und wurde sogar königlicher Kaplan.

Gemäß seiner Autobiografie von 1696 lernte er Mathematik im Eigenstudium; eines der Lehrbücher, die ihn am meisten beeindruckt haben, war das Werk *Clavis mathematica* von W. Oughtred; mit diesem Autor begann er einen lebenslangen Briefverkehr. In der Autobiografie[14] schreibt er unbescheiden:

> Mathematik wurde zu dieser Zeit nicht als akademisches Fach betrachtet, sondern als Tagesgeschäft von Kaufleuten, Seemännern, Zimmerleuten, Landvermesser und ähnlichen; vielleicht noch von Kalendermachern in London. Und unter den damaligen mehr als 200 Studenten kenne ich keine zwei, die mehr von Mathematik wussten als ich; was aber wenig war, hatte ich doch noch keine ernsthaften Studien betrieben (anders als eine angenehme Abwechslung) bis kurz vor der Zeitpunkt, zu dem ich zum Professor ernannt worden bin.

In seiner Schrift *De sectionibus conicis* (1656) publizierte er die algebraischen Formeln für alle Kegelschnitte; dies war ein Fortschritt gegenüber der *Géométrie* von Descartes (1637). Im selben Jahr veröffentlichte er sein wichtigstes Werk *Arithmetica Infinitorum*, das auf Vorarbeiten von Cavalieri basierend, infinitesimale Methoden zur späteren Integralrechnung bereitstellt. Bekannt wurde die Schrift durch die Produktdarstellung von $\frac{4}{\pi}$. Newton führte das Werk 1665 fort und entwickelte dabei die binomischen Formel mit gebrochenem Exponenten.

Im Jahr 1668 hatte die *Royal Society* einen Wettbewerb ausgeschrieben über die mathematische Behandlung des elastischen Stoßvorgangs zweier Körper. Drei Einsender lösten das Problem korrekt mithilfe der Impulserhaltung: C. Huygens, C. Wren und Wallis.

Seine Schrift *A treatise of algebra* (1676) basiert auf den Arbeiten von Harriot und Oughtred. In dieser Schrift behauptet er, dass insbesondere Descartes die Werke beider ohne Quellenangabe verwendet habe, insbesondere erwähnt er die Vorzeichenregel für Polynome, ohne auf Descartes hinzuweisen. Eine detaillierte Besprechung des Werks erfolgte erst 1686 durch Leibniz in den *acta eruditorum*. Spätere Leser des Werks waren van Schooten und Huygens; sie brachten zunächst Bedenken gegen seine Methode bei

---

[14] Wallis J.: Autobiography, Notes and Records, Royal Society London, Reprint 1970, S. 27

der Produktdarstellung von π. Roger Cotes äußerte sich (um 1699) über das Buch in einem Brief an seinen Onkel (nach Stedall[15]):

> I have Dr Wallis's Algebra I think I bought it very cheape I am very well pleased wth ye Book. The Drs Buisness therein is to shew ye Original, Progress & Advancement of Algebra from time to time, and by what steps it hath attained to y^t height at which it now is he give[s] a full Account of ye Methods used by Vieta Harriot Oughtred De-Chartes and Pell & others … (Ich habe Dr. Wallis' Algebra [gekauft] und denke es sehr billig erworben zu haben; ich bin sehr zufrieden mit dem Buch. Des Doktors Bestreben ist es, den Ursprung, Fortschritt & Entwicklung der Algebra von Zeit zu Zeit zu zeigen und durch welche Schritte sie zu der Höhe gelangt ist, auf der sie sich jetzt befindet; er gibt einen vollständigen Bericht über die Methoden von Vieta, Harriot, Oughtred, De-Chartes [=Descartes] und Pell & anderen.)

Wallis spricht er von *französischer Überheblichkeit,* als Pascal seine Lösung zum Zykloiden-Problem nicht würdigt. Zuvor hatte schon Fermat, dem Wallis' Schrift *Arithmetica infinitorum* zur Begutachtung vorgelegt wurde, Einwände gegen dessen Behandlung der Induktion erhoben. Als sein Kollege aus Oxford T. Hobbes (1588–1679) behauptete, den Kreis rektifiziert zu haben, begann ein erbitterter Streit, der erst mit dem Tod von Hobbes endete.

So entwickelte Wallis sich zum patriotischen Fürsprecher aller englischen Mathematiker. Ein weiterer Streit entstand mit Fermat, als es um das Problem ging, eine Zahl zu finden, die sowohl als Summe wie auch als Differenz zweier Kuben geschrieben werden kann. Hier bestand Wallis darauf, dass die folgende Formel eine Summe sei:

$$9 = 2^3 + 1^3 = \left(\frac{20}{7}\right)^3 + \left(-\frac{17}{7}\right)^3$$

Wallis entfachte insbesondere den Prioritätsstreit zwischen Leibniz und Newton, als er von einem niederländischen Mathematiker hörte, in dessen Heimat gelte Leibniz als Urheber des Calculus. Als Leibniz ihn 1699 darum bat, Kryptologen für das Haus Hannover auszubilden, lehnte Wallis dies ab. Wallis publizierte zwar einige Schriften Leibniz', aber nur in der Absicht, ihm eine Prioritätsverletzung nachzuweisen. Wallis starb 1703 im Alter von 86 Jahren in Oxford.

Das Sammeln Wallis' von mathematischen Beiträgen sieht man besonders gut an einem Band wie „The Doctrine of Permutations and Combinations", der posthum 1795 in London erschienen ist. Der Band umfasst nicht nur seine eigene *Algebra von 1685,* sondern auch die *Ars Conjectandi* von Jakob Bernoulli sowie die *Investigation and Demonstration of Sir Newton' Binomial Theorem,* die *Method of Approximation* von de Lagny, der u. a. die Kubikwurzel von 696 536 483 318 640 035 073 641 037 berechnet. Ferner findet sich in dem Werk eine Primzahltabelle von Lord Brouncker, ein Brief von

---

[15] Stedall J.: A Discourse Concerning Algebra – English Algebra to 1685, Oxford University 2002, Kap. 8

Leibniz an Oldenburg, der Briefverkehr von John Collins, Tabellen von J. Dodson *(The Calculator)* und C. Hutton *(Miscellanea Mathematica)* und schließlich *Mr. Raphson's Method of resolving Affected Equations of all degrees by Approximation;* hier wird die Gleichung $x^5 + 7x^4 + 20x^3 + 155x^2 = 10\,000$ näherungsweise gelöst.

9.5.1   Wallis imaginäre Zahlen

Wallis versuchte in seiner Schrift *A treatise of algebra* auf verschiedene Arten „unmögliche" Zahlen darzustellen. Das Kap. 67 ist überschrieben mit „Von negativen Quadraten" (Abb. 9.31).

a) Wenn wir am Ufer 26 [Flächen-]Einheiten Land aus dem Meer gewinnen, aber dann wieder 10 Einheiten verlieren, so hat man 16 Einheiten dazugewonnen, das macht bei einem Quadrat die Seite 4. Wenn wir stattdessen 26 Einheiten verlieren und 10 zurückgewinnen, haben wir -16 Einheiten gewonnen. Die in Frage kommende Fläche (als Quadrat angenommen) hat dann die Seite $\sqrt{-16}$.

b) Geometrische Darstellung der mittleren Proportionalen (Abb. 9.32a, b).

c) Gegeben sei $|AP| = 15$, $|PC| = 12$, $|PB| = 20$. Damit folgt $|AC| = \sqrt{225 - 144} = 9$ bzw. $|BC| = \sqrt{400 - 144} = \pm16$. Dann ist $|AB| = 9 \pm 16 = \begin{cases} 25 \\ -7 \end{cases}$. Dasselbe folgt beim Vertauschen der Vorzeichen. Aus $|AC| = -9$ folgt $|AB| = -9 \pm 16 = \begin{cases} -25 \\ 7 \end{cases}$ (Abb. 9.32c).

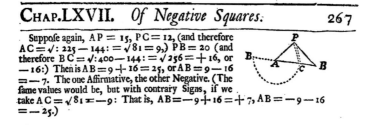

CHAP. LXVII.   *Of Negative Squares.*   267

Suppose again, AP = 15, PC = 12, (and therefore
AC = √: 225 — 144: = √81 = 9,) PB = 20 (and
therefore BC = √: 400 — 144: = √256 = +16, or
— 16:) Then is AB = 9 + 16 = 25, or AB = 9 — 16
= — 7. The one Affirmative, the other Negative. (The
fame values would be, but with contrary Signs, if we
take AC = √81 = —9: That is, AB = —9 + 16 = +7, AB = —9 — 16
= — 25.)

⋮

Which gives indeed (as before) a double value of AB, √ 175, + √ — 81,
and √ 175, — √ —81: But fuch as requires a new Impoſſibility in Algebra,
(which in Lateral Equations doth not happen;) not that of a Negative Root,
or a Quantity leſs than nothing; (as before,) but the Root of a Negative
Square. Which in ſtrictneſs of ſpeech, cannot be: ſince that no Real Root
(Affirmative or Negative,) being Multiplied into itſelf, will make a Negative
Square.

Abb. 9.31 Kap. 67 aus Wallis' Algebra (John Wallis: A treatise of algebra, 1676)

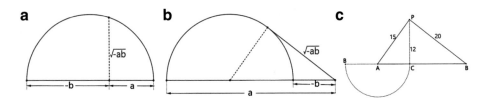

Abb. 9.32 Mittlere Proportionalen bei Wallis

Etwas später schreibt er:

> Wertzuweisungen, wie $\sqrt{175} \pm \sqrt{-81}$, stellen eine neue „Unmöglichkeit" in der Algebra dar, dies nicht die einer negativen Wurzel oder einer Größe, weniger als Nichts, sondern die Wurzel eines negativen Quadrats. Was streng genommen nicht sein kann: Denn keine reelle Wurzel (positiv oder negativ), ergibt mit sich selbst multipliziert, ein negatives Quadrat.

9.5.2   Erste Schritte mittels Indivisibelnmethode

Torricelli hatte mithilfe der Indivisibelnmethode die Fläche A_D eines Dreiecks mit der Fläche A_P eines Parallelogramms gleicher Höhe und Basis verglichen (Abb. 9.33). Er fand für das Verhältnis

$$\frac{A_D}{A_P} = \frac{0 + 1 + 2 + \cdots + n}{n + n + n + \cdots + n} = \frac{1}{2} \frac{n^2 + n}{n^2} \xrightarrow[n \to \infty]{} \frac{1}{2}$$

Wallis betrachtet die Quadrate der Indivisibeln im Dreieck und Parallelogramm. Wenn die Figuren nur zwei Invisiblen haben, gilt:

$$\frac{0^2 + 1^2}{1^2 + 1^2} = \frac{1}{2} = \frac{1}{3} + \frac{1}{6}$$

Für drei Indivisibeln folgt:

$$\frac{0^2 + 1^2 + 2^2}{2^2 + 2^2 + 2^2} = \frac{5}{12} = \frac{1}{3} + \frac{1}{12}$$

Für vier Indivisibeln ergibt sich:

$$\frac{0^2 + 1^2 + 2^2 + 3^2}{3^2 + 3^2 + 3^2 + 3^2} = \frac{14}{36} = \frac{1}{3} + \frac{1}{18}$$

Analog zeigt sich für $(n + 1)$ Indivisibeln:

$$\frac{0^2 + 1^2 + 2^2 + \cdots + n^2}{n^2 + n^2 + n^2 + \cdots + n^2} = \frac{1}{3} + \frac{1}{6n} \xrightarrow[n \to \infty]{} \frac{1}{3}$$

Abb. 9.33 Zur
Indivisibelnmethode bei Wallis

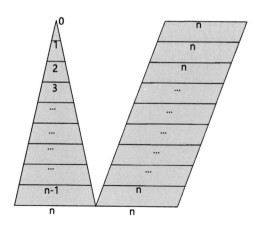

Wallis interpretierte diesen Grenzwert als Integral

$$\int_0^1 x^2 \, dx = \frac{1}{3}$$

Verallgemeinerung lieferte ihm (siehe Abb. 9.34):

$$\int_0^1 x^q \, dx = \frac{1}{q+1} \Rightarrow \int_0^1 x^{1/q} \, dx = 1 - \frac{1}{q+1} = \frac{q}{q+1}$$

Fermat kritisierte diese Art der unvollständigen Induktion heftig.

9.5.3   Die Wallis-Integrale

Aber Wallis ging noch einen Schritt weiter und verallgemeinerte den Exponenten auf rationale Zahlen und Wurzeln:

$$\int_0^1 x^{p/q} \, dx = \frac{q}{p+q} \underset{p=1}{\Rightarrow} \int_0^1 \sqrt[q]{x} \, dx = \frac{q}{q+1}$$

Als Nächstes untersuchte er die Integrale folgender Art:

$$\int_0^1 \left(1 - x^{\frac{1}{p}}\right)^q dx$$

Für kleinere Werte von q lassen sich die Integrale von Hand bestimmen. Ein Beispiel ist:

$$\int_0^1 \left(1 - x^{1/3}\right)^2 dx = \int_0^1 \left(1 - 2x^{1/3} + x^{2/3}\right) dx = 1 - 2\frac{3}{1+3} + \frac{3}{2+3} = \frac{1}{10}$$

Abb. 9.34 Zum Wallis-
Integral

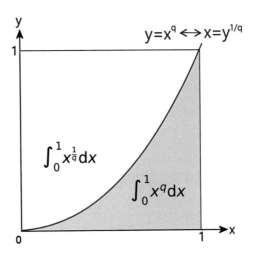

Dabei fiel ihm auf, dass die Integralwerte stets Stammbrüche sind. Daher bestimmte er systematisch die Nenner der Integralfunktion:

$$f(p,q) = \left[\int_0^1 \left(1 - x^{\frac{1}{p}} \right)^q dx \right]^{-1}$$

Er fand folgende Tabelle der Nenner von $f(p,q)$ für die Zeilen $p = \{1, \ldots, 10\}$ bzw. Spalten $q = \{0, \ldots, 10\}$.

p\q	0	1	2	3	4	5	6	7	8	9	10
1	1	2	3	4	5	6	7	8	9	10	11
2	1	3	6	10	15	21	28	36	45	55	66
3	1	4	10	20	35	56	84	120	165	220	286
4	1	5	15	35	70	126	210	330	495	715	1001
5	1	6	21	56	126	252	462	792	1287	2002	3003
6	1	7	28	84	210	462	924	1716	3003	5005	8008
7	1	8	36	120	330	792	1716	3432	6435	11.440	19.448
8	1	9	45	165	495	1287	3003	6435	12.870	24.310	43.758
9	1	10	55	220	715	2002	5005	11.440	24.310	48.620	92.378
10	1	11	66	286	1001	3003	8008	19.448	43.758	92.378	184.756

Ein Ablesebeispiel für $(p = 4; q = 7)$ ist:

$$\int_0^1 \left(1 - \sqrt[4]{x} \right)^7 dx = \frac{1}{330}$$

Die zweite Zeile der Tabelle ($p = 2$) enthält die sog. Dreieckszahlen, die dritte Zeile die Pyramidenzahlen. Wallis erkannte, dass jede Zahl (außer den am Rand stehenden) die Summe aus der darüber und der links stehenden Zahl bildet. Die Nenner lassen sich daher als Binomialkoeffizienten schreiben

$$f(p, q) = \binom{p + q}{p}$$

Ferner gelten die Rekursionen:

$$f(p, q) = f(p - 1, q) + f(q, q - 1) \quad \therefore \quad \frac{f(p, q)}{f(p, q - 1)} = \frac{p + q}{q}$$

Nicht einordnen konnte er das Kreisintegral:

$$\int_0^1 \left(1 - x^2\right)^{1/2} dx = \frac{\pi}{4}$$

Für gebrochene Hochzahlen, wie beim Kreisintegral $\frac{1}{f(\frac{1}{2}, \frac{1}{2})}$, musste er obige Tabelle erweitern und erfand dazu eine neue Methode, die Interpolation. Dieses Verfahren wurde von Newton übernommen bei seiner Erweiterung der Binomialreihe auf gebrochene Exponenten (s. Abschn. 12.5).

Dabei erzielte Wallis sein berühmtestes Resultat, das Wallis-Produkt. Er betrachtete die Folge

$$b_n = \left[\int_0^1 \left(1 - x^2\right)^{\frac{n}{2}} dx \right]^{-1}$$

Die ersten Reihenterme sind:

$$b_1 = \frac{4}{\pi}; \, b_2 = \frac{3}{2}$$

$$b_3 = \frac{16}{3\pi}; \, b_4 = \frac{15}{8}$$

$$b_5 = \frac{32}{5\pi}; \, b_6 = \frac{35}{16}$$

$$b_7 = \frac{256}{35\pi}; \, b_8 = \frac{315}{128}$$

$$b_9 = \frac{512}{63\pi}; \, b_{10} = \frac{693}{256}$$

Offensichtlich ist die Folge streng monoton steigend. Mittels Rekursion lässt sich zeigen:

$$b_n = \begin{cases} \frac{3}{2} \cdot \frac{5}{4} \cdot \frac{7}{6} \cdot \ldots \cdot \frac{n+1}{n}; \, n \text{ gerade} \\ \frac{2}{\pi} \cdot \frac{2}{1} \cdot \frac{4}{3} \cdot \frac{6}{5} \cdot \ldots \cdot \frac{n+1}{n}; \, n \text{ ungerade} \end{cases}$$

Mithilfe der Monotonie $b_{2n-1} < b_{2n} < b_{2n+1}$ lässt das bekannte Wallis-Produkt schreiben als

$$\frac{\pi}{2} = \frac{2}{1} \cdot \frac{2}{3} \cdot \frac{4}{3} \cdot \frac{4}{5} \cdot \frac{6}{5} \cdot \frac{6}{7} \cdot \frac{8}{7} \cdot \frac{8}{9} \cdots = \prod_{k=1}^{\infty} \frac{(2k)^2}{(2k-1)(2k+1)}$$

Ergänzung

Zu erwähnen ist noch Wallis' Beschäftigung mit Kettenbrüchen. Er hatte von Lord Brouncker (ohne Beweis) eine Kettenbruchentwicklung erhalten; sein Interesse wurde damit geweckt. In seiner *A Treatise of Algebra* (1685) stellte er folgende Proportion auf:

Wir sagen daher, dass sich der Kreis zum Quadrat des Durchmessers verhält, wie 1 zu

$$1 \times \frac{9}{8} \times \frac{25}{42} \times \frac{49}{48} \times \frac{81}{80} \times \&c, \; unendlich \ldots$$

oder 1 zu

$$1 + \cfrac{1}{2 + \cfrac{9}{2 + \cfrac{25}{2 + \cfrac{49}{2 + \cfrac{81}{2 + \&c, unendlich}}}}}$$

Wie man diese Annäherungen erhält … ist zu langwierig um hier eingefügt zu werden; kann aber von denen eingesehen werden, die Freude daran haben diese Abhandlung zu lesen.

9.6   Nikolaus Mercator (1620–1687)

N. Mercator, geboren als Niklas Kauffmann, ist nicht zu verwechseln mit dem gleichnamigen, über 100 Jahre zuvor geborenen Gerhard Mercator, dem Erfinder der bekannten Mercator-Projektion der Erdoberfläche. Es ist kein Bild von ihm überliefert. Er wurde in Oldenburg in Holstein (damals zu Dänemark gehörig) geboren und studierte an der Universität von Rostock von 1632 bis 1641. 1642 kehrt er als Dozent nach Rostock zurück, bis er schließlich 1648 an die Universität in Kopenhagen ging. Dort publizierte er mehrere Werke über Trigonometrie und Astronomie. Ferner beschäftigte er sich ebenfalls mit der Planetentheorie Keplers und mit der Kalenderreform.

Als die Universität Kopenhagen wegen der Pest 1654 geschlossen wurde, reiste er nach Paris, wo er bis 1657 blieb. Ab 1660 ging er nach England, vermutlich um sich dort weiter zu bilden. Es kam zwischen ihm und J. Pell, J. Collins und W. Oughtred zu einem regen Gedankenaustausch. Gemeinsam mit Huygens beobachtete er im Mai 1661 den Merkur-Transit. Um das Problem der Längengradbestimmung auf See zu lösen, erfand er ein Marinechronometer für Charles II. Dafür wurde er 1666 zum *Fellow* der *Royal Society* ernannt, wo er mit Robert Hooke zusammenarbeitete. 1668 publizierte er die Schrift *Logarithmotechnia,* die die nach ihm benannte Reihe enthält.

1669 übersetzte er auf Verlangen von Collins und Lord Brouncker die Schrift *Algebra ofte Stel-konst* des dänischen Mathematiker Gerard Kinckhuysen ins Lateinische. Dadurch kam er auch in Kontakt mit Newton, der sein Exemplar mit zahlreichen Notizen ergänzte; der Versuch, das so entstandene Manuskript zu publizieren, scheiterte. Mit Newton tauschte er sich über astronomische Probleme aus; möglicherweise erfuhr dieser über Mercator von der Ellipsen-Theorie Keplers. 1676 publizierte er das Werk *Institutiones astronomiae*. Obwohl Hooke ihn im selben Jahr für die Stelle als *Mathematical Master* des *Christ Hospital* vorschlug, gelang es ihm nicht, in England eine feste Anstellung zu finden.

Enttäuscht von England nahm er 1682 eine Einladung vom Finanzminister und Gründer der *Académie des Sciences* Colbert an, die Wasserspiele von Versailles zu gestalten. Aber die Zusammenarbeit mit Colbert gestaltete sich schwierig, sodass das Projekt scheiterte. Für seine Planungsarbeit wurde er nicht bezahlt, da er nicht katholisch war; so verstarb er 1687 völlig verarmt in Versailles.

N. Mercator hatte mehrere Konkurrenten, die auf der Suche nach der logarithmischen Reihe waren; diese waren P. Mengoli und J. Gregory. Auch Lord W. Brouncker, der Begründer und erster Präsident der *Royal Society*, beschäftigte sich mit der Reihe. Er hatte die Fläche unter der Hyperbel $(x + 1)y = 1$ zwischen 0 und 1 ermittelt und erhielt die Reihen mit fehlender Integrationskonstante:

$$\ln 2 - \frac{1}{2} = \frac{1}{3 \cdot 4} + \frac{1}{5 \cdot 6} + \frac{1}{7 \cdot 8} + \frac{1}{9 \cdot 10} + \frac{1}{11 \cdot 12} + \cdots$$

$$1 - \ln 2 = \frac{1}{2 \cdot 3} + \frac{1}{4 \cdot 5} + \frac{1}{6 \cdot 7} + \frac{1}{8 \cdot 9} + \frac{1}{10 \cdot 11} + \cdots$$

Daher konnte er keine numerische Berechnung von Logarithmen durchführen. Mercator konnte im ersten Teil seiner *Logarithmotechnia* die Differenzenmethode von Briggs so verfeinern, dass es ihm gelang, die dekadischen Logarithmen einer großen Anzahl von Primzahlen zu berechnen.

Berechnung von $\log_{10} 2$ nach Mercator

Mercator wählt zunächst die Hilfszahl 1.005, steigert solange den Exponenten, bis die Potenz den Wert 10 überschreitet:

K	1.005^k
459	9.867846
460	9.917185
461	9.966771
462	10.016605
463	10.066688

Durch inverse Interpolation findet er $1.005^k = 10 \Rightarrow k = 461.6868$ (exakt 461.667354). Daraus folgt

$$k \, \log_{10} 1.005 = 1 \Rightarrow \log_{10} 1.005 = \frac{1}{461.6868} = 0.00216597 \, (\text{exakt} \, 0.00216606)$$

Mithilfe dieser Zahl berechnet er die Logarithmen der ersten Primzahlen. Hier der Rechengang für $\log_{10} 2$. Die Exponentensuche (wie oben) liefert dafür:

k	1.005^k
136	1.970536115
137	1.980388796
138	1.990290740
139	2.000242194
140	2.010243405

Durch inverse Interpolation findet er $1.005^k = 2 \Rightarrow k = 138.9756$ (exakt 138.975722). Daraus folgt mit dem exakten Wert von log 1.005:

$$\log_{10} 2 = 138.9756 \cdot \log_{10} 1.005 = 0.301030$$

Die Entwicklung der Mercator-Reihe

Im zweiten Teil seiner Schrift geht er von der Reihenentwicklung aus, die er durch Polynomdivision aus $\frac{1}{1+x}$ gewinnt:

$$\frac{1}{1+x} = 1 - x + x^2 - x^3 + x^4 - \cdots$$

Die geometrische Reihe konvergiert für $|x| < 1$. Mercator integriert die Reihe durch explizite Summation der einbeschriebenen Rechtecke. Integration liefert

$$\int_0^x \frac{dt}{1+t} = \ln(1+x) = x - \frac{1}{2}x^2 + \frac{1}{3}x^3 - \frac{1}{4}x^4 + \frac{1}{5}x^5 - \cdots$$

Eine weitere Integration zeigt für $x > -1$:

$$\int_0^x \ln(1+t) = \frac{1}{2}x^2 - \frac{1}{2 \cdot 3}x^3 + \frac{1}{3 \cdot 4}x^4 - \frac{1}{4 \cdot 5}x^5 + \cdots$$

$$\Rightarrow (x+1)\ln(1+x) - x = \sum_{k=0}^{\infty} (-1)^k \frac{x^{k+2}}{(k+1)(k+2)}$$

Die Bezeichnung *Logarithmus naturalis* übernimmt Mercator von Mengoli aus dessen Werk *Geometria speciosa* (1659). Er fügt hinzu, dass das Verhältnis eines Briggs'schen Logarithmus (den er Logarithmus *tabulares* nennt) zum jeweiligen natürlichen Logarithmus konstant ist:

$$\log_e x = \frac{\log_{Brig} x}{\log_{Brig} e} \Rightarrow \frac{\log_{Brig} x}{\log_e x} = \log_{Brig} e = 0{,}43429448$$

James Gregory gibt in seinem Werk *Exercitationes geometricae* (1668) einen strengen geometrischen Beweis für die Mercator-Reihe und ergänzt sie durch

$$\int_{-x}^{x} \frac{dt}{1+t} = \ln \frac{1+x}{1-x} = 2\left(x + \frac{1}{3}x^3 + \frac{1}{5}x^5 + \frac{1}{7}x^7 + \cdots \right)$$

9.7 Pietro Mengoli (1626–1686)

Pietro Mengoli (Abb. 9.35) war Schüler von Cavalieri an der Universität von Bologna, obwohl er eigentlich Philosophie studierte (Abschluss 1650) und später Zivil- und Kirchenrecht (Abschluss 1653). Nach dem Tod von Cavalieri (1647) wurde er dessen Nachfolger; die Professur behielt er Zeit seines Lebens. Gleichzeitig war er geweihter Priester und erhielt ab 1660 eine eigene Pfarrgemeinde Santa Maria Maddelena in Bologna auf Dauer. Seine mathematische Aktivität zerfiel in zwei Phasen. In seiner frühen Phase beschäftigte er sich mit Themen wie unendlichen Reihen und Indivisibeln; später insbesondere mit diophantischen Gleichungen. Er war der erste Mathematiker, der

Abb. 9.35 Gemälde von Pietro Mengoli (Wikimedia Commons, gemeinfrei)

Abb. 9.36 *Neile'sche* Parabel

Neile'sche Parabel

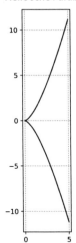

systematisch Reihen auf ihre Konvergenz untersuchte und viele Ergebnisse etwa 20 Jahre vor Leibniz und Newton vorwegnahm. Leibniz selbst kannte Mengolis Schriften, Newton erfuhr davon auf dem Umweg über Gregory.

In seiner Schrift *Novae quatraturae arithmeticae, sue de additione fractionum* (1650) untersuchte er Reihen mit positiven Gliedern und stellte folgende Sätze auf:

- Ist der Reihenwert unendlich, so gibt es eine Partialsumme, die jeden vorgegebenen positiven Wert überschreitet.
- Ist der Reihenwert endlich, so liefert jede Umordnung der Reihe dieselbe Summe.

1) Die Ungleichung von Mengoli
Für alle $a > 1 (a \in \mathbb{R})$ gilt:

$$\frac{1}{a-1} + \frac{1}{a} + \frac{1}{a+1} > \frac{3}{a}$$

Es gilt: $2a^3 > 2a^3 - 2a = 2a(a^2 - 1)$. Division der Ungleichung durch $a^2(a^2 - 1) > 0$ ergibt:

$$\frac{2a^3}{a^2(a^2 - 1)} > \frac{2a(a^2 - 1)}{a^2(a^2 - 1)} \Rightarrow \frac{2a}{a^2 - 1} > \frac{2}{a}(*)$$

Damit lässt sich zeigen:

$$\frac{1}{a-1}+\frac{1}{a}+\frac{1}{a+1}=\frac{1}{a-1}+\left(\frac{1}{a}+\frac{1}{a+1}\right)$$

$$=\frac{1}{a}+\frac{2a}{a^2-1}$$

$$>\frac{1}{a}+\frac{2}{a}\text{nach}(*)$$

$$=\frac{3}{a}$$

2) Die harmonische Reihe

Die Divergenz der harmonischen Reihe war bereits von Nicole Oresme in seiner Schrift *Quaestiones super Geometriam Euclidis* (ca. 1350) bewiesen worden [vgl. „Mathematik im Mittelalter" S. 337]. Mengoli gelang dieser Nachweis erneut. Seine Ungleichung wendet Mengoli mehrfach auf die harmonische Reihe an:

$$H=1+\left(\frac{1}{2}+\frac{1}{3}+\frac{1}{4}\right)+\left(\frac{1}{5}+\frac{1}{6}+\frac{1}{7}\right)+\left(\frac{1}{8}+\frac{1}{9}+\frac{1}{10}\right)+\left(\frac{1}{11}+\frac{1}{12}+\frac{1}{13}\right)+\cdots$$

$$>1+\left(\frac{3}{3}\right)+\left(\frac{3}{6}\right)+\left(\frac{3}{9}\right)+\left(\frac{3}{12}\right)+\cdots$$

$$=1+1+\frac{1}{2}+\frac{1}{3}+\frac{1}{4}+\frac{1}{5}+\frac{1}{6}+\frac{1}{7}+\frac{1}{8}+\frac{1}{9}+\frac{1}{10}+\frac{1}{11}+\frac{1}{12}+\frac{1}{13}+\cdots$$

$$=2+\left(\frac{1}{2}+\frac{1}{3}+\frac{1}{4}\right)+\left(\frac{1}{5}+\frac{1}{6}+\frac{1}{7}\right)+\left(\frac{1}{8}+\frac{1}{9}+\frac{1}{10}\right)+\left(\frac{1}{11}+\frac{1}{12}+\frac{1}{13}\right)+\cdots$$

$$>2+\left(\frac{3}{3}\right)+\left(\frac{3}{6}\right)+\left(\frac{3}{9}\right)+\left(\frac{3}{12}\right)+\cdots$$

$$=2+1+\frac{1}{2}+\frac{1}{3}+\frac{1}{4}+\frac{1}{5}+\frac{1}{6}+\frac{1}{7}+\frac{1}{8}+\frac{1}{9}+\frac{1}{10}+\frac{1}{11}+\frac{1}{12}+\frac{1}{13}+\cdots$$

$$=3+\left(\frac{1}{2}+\frac{1}{3}+\frac{1}{4}\right)+\left(\frac{1}{5}+\frac{1}{6}+\frac{1}{7}\right)+\left(\frac{1}{8}+\frac{1}{9}+\frac{1}{10}\right)+\left(\frac{1}{11}+\frac{1}{12}+\frac{1}{13}\right)+\cdots$$

Wie ersichtlich, kann die Abschätzung nach unten beliebig fortgesetzt werden, wobei der erste Summand beliebig groß wird. Damit ist die Divergenz der harmonischen Reihe bewiesen.

Einfacher ist hier, einen Widerspruchsbeweis zu führen. Man nimmt an, dass der Summenwert der harmonischen Reihe endlich ist. Setzt man in der Ungleichung von Mengoli $a \mapsto 3n$, so erhält man folgende Form:

$$\frac{1}{3n-1}+\frac{1}{3n}+\frac{1}{3n+1}=\frac{27n^2-1}{27n^3-3n}>\frac{1}{n};\ (n\geq1)$$

Damit ergibt sich die Abschätzung:

$$H = 1 + \left(\frac{1}{2} + \frac{1}{3} + \frac{1}{4}\right) + \left(\frac{1}{5} + \frac{1}{6} + \frac{1}{7}\right) + \left(\frac{1}{8} + \frac{1}{9} + \frac{1}{10}\right) + \left(\frac{1}{11} + \frac{1}{12} + \frac{1}{13}\right) + \cdots$$

$$= 1 + 1 + \frac{1}{2} + \frac{1}{3} + \frac{1}{4} + \frac{1}{5} + \frac{1}{6} + \cdots$$

$$= 1 + H$$

Die Gleichung $H = 1 + H$ stellt für endliche Werte von H einen Widerspruch dar! Auch die Konvergenz der alternierenden harmonischen Reihe konnte er nachweisen:

$$\sum_{k=0}^{\infty} (-1)^k \frac{1}{k+1} = \ln 2$$

3) Die Reihe der inversen Dreieckszahlen

In seiner Schrift *Novae quadraturae arithmeticae* (1650) nahm Mengoli den Kunstgriff Leibniz' (Partialbruchzerlegung) bei der Summation der inversen Dreieckszahlen um 20 Jahre vorweg:

$$\frac{1}{k(k+1)} = \frac{1}{k} - \frac{1}{k+1}$$

Er erhielt die Partialsumme und ihren Grenzwert:

$$\sum_{k=1}^{n} \frac{1}{k(k+1)} = \frac{n-1}{n+1} \Rightarrow \sum_{k=1}^{\infty} \frac{1}{k(k+1)} = 1$$

4) Bestimmung weiterer Reihen

In dem angegebenen Werk finden sich weitere untersuchte Reihen:

$$\sum_{k=1}^{\infty} \frac{1}{k(k+2)}$$

Hier verwendet Mengoli die Partialbruchzerlegung:

$$\frac{1}{k(k+2)} = \frac{1}{2}\left(\frac{1}{k} - \frac{1}{k+2}\right)$$

Damit gilt:

$$\sum_{k=1}^{\infty} \frac{1}{k(k+2)} = \frac{1}{1\cdot 3} + \frac{1}{2\cdot 4} + \frac{1}{3\cdot 5} + \frac{1}{4\cdot 6} + \cdots + \frac{1}{(k-1)(k+1)} + \frac{1}{k(k+2)} + \cdots$$

$$= \frac{1}{2}\left[\left(1 - \frac{1}{3}\right) + \left(\frac{1}{2} - \frac{1}{4}\right) + \left(\frac{1}{3} - \frac{1}{5}\right) + \left(\frac{1}{4} - \frac{1}{6}\right) + \cdots + \left(\frac{1}{k-1} - \frac{1}{k+1}\right) + \left(\frac{1}{k} - \frac{1}{k+2}\right) + \cdots\right]$$

$$= \frac{1}{2}\left[1 + \frac{1}{2} + \cdots - \frac{1}{k+1} - \frac{1}{k+2} \cdots\right]$$

Im Grenzwert folgt für $k \to \infty$:

$$\sum_{k=1}^{\infty} \frac{1}{k(k+2)} = \frac{3}{4}$$

In gleicher Weise ermittelte er folgende Reihen:

$$\sum_{k=1}^{\infty} \frac{1}{k(k+3)} = \frac{11}{18}$$

$$\sum_{k=1}^{\infty} \frac{1}{k(k+1)(k+2)} = \frac{1}{4}$$

$$\sum_{k=1}^{\infty} \frac{1}{(2k-1)(2k+1)(2k+3)} = \frac{1}{12}$$

Nicht erfolgreich war er bei seinem Versuch, die Reihe der inversen Quadrate zu summieren.

5) Eine Reihe von Integralen

Bereits früher in seiner Schrift *Geometriae Speciosae Elementa* (1648, gedruckt 1659) hatte er mithilfe der Indivisibelnmethode eine Reihe von Integralen berechnet (nach M. Esteve[16]):

$$6 \int_0^t x(t-x)dx = \int_0^t t^2 \, dx \therefore 12 \int_0^t x(t-x)^2 dx = \int_0^t t^3 \, dx$$

$$20 \int_0^t x(t-x)^3 \, dx = \int_0^t t^4 \, dx \therefore 30 \int_0^t x(t-x)^4 dx = \int_0^t t^5 \, dx \; usw.$$

Für $(t = 1)$ addierte er alle diese Integrale und erhielt:

$$\int_0^1 x \, dx + \int_0^1 x(1-x)dx + \int_0^1 x(1-x)^2 \, dx + \int_0^1 x(1-x)^3 \, dx + \cdots$$

$$= \frac{1}{2} + \frac{1}{6} + \frac{1}{12} + \frac{1}{20} + \frac{1}{30} + \cdots$$

---

[16]Esteve M.: Algebra and geometry in Pietro Mongali (1625–1686), Historia Mathematica 33 (2002) S. 82–117

Diese Reihe kannte er bereits, denn er hatte sie zuvor hergeleitet:

$$\sum_{k=0}^{\infty} \frac{1}{(k+1)(k+2)} = \frac{1}{2} + \frac{1}{6} + \frac{1}{12} + \frac{1}{20} + \frac{1}{30} + \cdots = 1$$

6) Beschäftigung mit Zahlentheorie

Als er sich mit den diophantischen Problemen von Jacques Ozanam (1640–1717) auseinandersetzte, erkannte er, dass er seine Algebrakenntnisse noch verbessern musste. Einen Überblick über die Probleme von Ozanam geben Nastasi/Scimone[17]. Eine der damals populären Aufgaben war das sog. 6-Quadrate-Problem, das von Mengoli als typisch „französisch" angesehen wurde:

Gesucht sind 3 ganze Zahlen, deren paarweise Summe und Differenz je wieder ein Quadrat ergibt.

Mengoli fand jedoch keine Lösung und versuchte daher in seiner Abhandlung *Theorema arithmeticum* (1674), die Unlösbarkeit zu beweisen. Ozanam druckte diese Schrift und gab zum Ärger von Mengoli im Anhang eine Lösung bekannt, jedoch nicht die Methode: $x = 2288168;\ y = 1873432;\ z = 2399057$. Hier gilt:

$$x + y = 2040^2 \ \therefore x - y = 644^2$$

$$z + x = 2165^2 \ \therefore z - x = 333^2$$

$$z + y = 2067^2 \ \therefore z - y = 725^2$$

Dies spornte Mengoli an, eine eigene, von Ozanam unabhängige Lösung in der Schrift *Problema arithmeticum* (ebenfalls 1674) vorzulegen.

Ebenfalls populär war die Aufgabe Ozanams, 3 Quadrate zu suchen, deren paarweise Summe wieder Quadrate sind. Sie wurde ebenfalls von Euler behandelt in seiner Algebra (II, Abs. 2, § 238). Euler findet die Lösung: $x = 117;\ y = 240;\ z = 44$, mit den Summen

$$x^2 + y^2 = 267^2$$

$$x^2 + z^2 = 125^2$$

$$y^2 + z^2 = 244^2$$

Die weiteres Problem von Ozanam war, drei Zahlen zu finden, deren Summe ein Quadrat und deren Summe der Quadrate wieder ein Quadrat eines Quadrates ist. Das Problem weckte auch das Interesse von Leibniz, der folgende Lösung angab: $x = 64;\ y = 152;\ z = 409$. Es gelten die Summen:

---

[17] Nastasi P., Scimone A.: Pietro Mengoli and the six-square problem, Historia Mathematica 21 (1) 1994, S. 10–27

$$x + y + z = 25^2$$

$$x^2 + y^2 + z^2 = 21^4$$

9.8   William Neile (1637–1670)

Lange Zeit galt der Engländer W. Neil(e) als der Erste, dem mit *euklidischen Mitteln* die erste Rektifikation einer Kurve gelang. Damit war das seit der Altertum geltende Dogma von Aristoteles widerlegt, dass eine Längenmessung einer gekrümmten Kurve prinzipiell unmöglich ist. Dieses Zitat fand sich noch 1635 im Buch II von Descartes' *Géométrie*.

Als das Spätwerk Harriots aufgefunden wurde, erkannte man, dass dieser bereits 1614 die Loxodrome auf der Kugel rektifiziert hatte. Bei der von Neile behandelten Kurve handelte es sich um die Funktion $y^2 = x^3$, die später *Neiles Parabel* genannt wurde (Abb. 3.36). Die Abhandlung Neiles *Tractatus duo, prior de cycloide, posterior de cissoide* wurde 1659 von J. Wallis in dessen Werk *De Cycloide* veröffentlicht; Wallis tat sich stets als Propagator seiner Landsleute hervor.

Ausgehend von der Bogenlänge $ds = \sqrt{dx^2 + dy^2}$ zerlegte Neile (wie zuvor schon Wallis) das Intervall $[0; a]$ in Teilintervalle, sodass der Kurvenbogen näherungsweise als Summe kleiner Streckenzüge s_i dargestellt wird:

$$s_i \approx \sqrt{(x_i - x_{i-1})^2 + (y_i - y_{i-1})^2}$$

Die Gesamtlänge der Streckenzüge ist damit

$$s = \sum_{i=1}^{n} s_i = \sum_{i=1}^{n} \sqrt{(x_i - x_{i-1})^2 + (y_i - y_{i-1})^2}$$

Zur Berechnung dieser Summe verwendete Neile die Wurzelfunktion $z = \sqrt{x}$ als Hilfsfunktion. Das Integral der Wurzelfunktion im Intervall $[0; x_i]$ ist:

$$A_i = \int_0^{x_i} \sqrt{x}\, dx = \frac{3}{2} x_i^{3/2} = \frac{2}{3} y_i$$

Für die Differenzen der Ordinaten von Neiles Parabel folgt:

$$y_i - y_{i-1} = \frac{3}{2} x_i^{3/2} - \frac{3}{2} x_{i-1}^{3/2} = \frac{3}{2}(A_i - A_{i-1})$$

Ersetzt man die Fläche $A_i - A_{i-1}$ näherungsweise durch ein Rechteck, so gilt:

$$y_i - y_{i-1} \approx \frac{3}{2} z_i(x_i - x_{i-1}) \Rightarrow \frac{y_i - y_{i-1}}{x_i - x_{i-1}} \approx \frac{3}{2} z_i$$

Einsetzen liefert:

$$s \approx \sum\nolimits_{i=1}^{n} \sqrt{1 + \frac{(y_i - y_{i-1})^2}{(x_i - x_{i-1})^2}} (x_i - x_{i-1}) \approx \sum\nolimits_{i=1}^{n} \sqrt{1 + \left(\frac{3}{2} z_i\right)^2} (x_i - x_{i-1})$$

Mit der Umformung $1 + \frac{9}{4}x = \frac{9}{4}\left(x + \frac{4}{9}\right)$ folgt:

$$s \approx \frac{3}{2} \sum\nolimits_{i=1}^{n} \sqrt{x_i + \frac{4}{9}} (x_i - x_{i-1})$$

Im Grenzwert $n \to \infty$ stellt dies genau die Fläche unter der Funktion $y = \frac{3}{2}\sqrt{x + \frac{4}{9}}$ dar. Eine Verschiebung des Graphen um $\frac{4}{9}$ nach rechts lässt den Flächeninhalt konstant und kann als Fläche unter der Funktion $y = \frac{3}{2}\sqrt{x}$ im Intervall $\left[\frac{4}{9}; a + \frac{4}{9}\right]$ aufgefasst werden. Dies zeigt schließlich die gesuchte Bogenlänge

$$s = \frac{3}{2}\left[\frac{2}{3}\left(a + \frac{4}{9}\right)^{3/2} - \frac{2}{3}\left(\frac{4}{9}\right)^{3/2}\right] = \frac{1}{27}\left[(9a + 4)^{3/2} - 8\right]$$

In moderner Schreibweise ergibt sich der Rechenweg:

$$s = \int_0^a \sqrt{1 + y'^2}\, dx = \int_0^a \sqrt{1 + \frac{9}{4}x}\, dx = \frac{8}{27}\left[\left(1 + \frac{9}{4}a\right)^{3/2} - 1\right] = \frac{1}{27}\left[(9a + 4)^{3/2} - 8\right]$$

Dabei wurde das Integral benutzt:

$$\int \sqrt{1 + bx}\, dx = \frac{2}{3b}(1 + bx)^{3/2} + C$$

9.9 James Gregory (1638–1675)

James Gregory (Abb. 9.37) wurde 1638 als Sohn eines anglikanischen Priesters in Drumoack (bei Aberdeen) geboren und zunächst von der Mutter unterrichtet; er hatte keine Probleme die *Elemente* von Euklid zu verstehen. Zeit seines Lebens legte er Wert auf die schottische Schreibweise seines Namens *Gregorie*. Nach dem Tod des Vaters wurde er nach Aberdeen (Schottland) gesandt, wo er nach dem Schulbesuch am Marischal College graduierte (1659). Nach dem Abschluss ging er nach London, wo er sich mit Optik des Fernrohrs (*Optica Promota*, 1663) beschäftigte und den Konstruktionsplan eines Spiegelteleskops entwarf. Dieses Teleskop wurde 10 Jahre später von R. Hooke gebaut und von Newton kopiert.

In London nahm er Kontakt mit John Collins auf, der *fellow* der *Royal Society* war und ähnlich wie Marin Mersenne als Briefpartner für zahlreiche Gelehrte fungierte. Um Huygens persönlich anzutreffen, fuhr er vergeblich erst nach Den Haag und dann nach

Abb. 9.37 Gemälde von
James Gregory (Wikimedia
Commons, gemeinfrei)

Paris. Seine Europa-Reise setzte er fort über Flandern, Rom nach Pisa, wo er vier Jahre
(1664/1668) verblieb.

Dort nahm er Unterricht bei Stefano *degli Angeli*, einem Schüler von Cavalieri; es ist
anzunehmen, dass er einen Großteil des italienischen Wissens in Mathematik aneignen
konnte. Als Resultat seiner Studien publizierte er zwei Schriften. In *Vera Circuli et
hyperbolae quadratura* entwickelte er ein Verfahren zur Integration der Segmente eines
zentralen Kegelschnitts. Von Michelangelo Ricci, der schon während der Romreise von
Mersenne (1644) als Vermittler aufgetreten ist, übernahm er den Tangentenansatz:

$$\frac{f(x)}{t} \approx \frac{f(x+h)}{t+h}$$

Innerhalb kurzer Zeit eignete er sich die Grundlagen der Differenzialrechnung an. In
London zurückgekommen, fand er die Reihenentwicklung von Mercator (1668) vor. Er
entwickelte die Reihe weiter zu:

$$\int_{-x}^{x} \frac{dt}{1+t} = \ln\frac{1+x}{1-x} = 2\left(x + \frac{1}{3}x^3 + \frac{1}{5}x^5 + \frac{1}{7}x^7 + \frac{1}{9}x^9 + \cdots\right)$$

Diese Ergänzung ist für numerische Zwecke gut geeignet. Einsetzen von $x = \frac{1}{3}$ liefert die
schnell konvergierende Reihe:

$$\ln 2 = 2\left(\frac{1}{3} + \frac{1}{3\cdot 3^3} + \frac{1}{5\cdot 3^5} + \frac{1}{7\cdot 3^7} + \frac{1}{9\cdot 3^9} + \cdots\right)$$

Die Konvergenz gegen ln 2 ist mit steigender Termzahl ersichtlich:

```
1   0.667
2   0.6914
```

3   0.69300
4   0.693135
5   0.6931460
6   0.69314707
7   0.693147170
8   0.6931471795
9   0.693147180459
10   0.6931471805498
11   0.6931471805589
12   0.69314718055984

Damit kann die Berechnung von Primzahl-Logarithmen verbessert werden. Es gilt mit
$48 = 2^4 \cdot 3$

$$7 = \sqrt{48} \cdot \sqrt{\frac{49}{48}} \Rightarrow \ln 7 = 2\ln 2 + \frac{1}{2}\ln 3 + \frac{1}{2}\ln \frac{1 + \frac{1}{97}}{1 - \frac{1}{97}}$$

Einsetzen des letzten Terms in die Gregory-Reihe bringt:

$$\ln \frac{1 + \frac{1}{97}}{1 - \frac{1}{97}} = \ln \frac{49}{48} = 2\left(\frac{1}{97} + \frac{1}{3 \cdot 97^3} + \frac{1}{5 \cdot 97^5} + \frac{1}{7 \cdot 97^7} + \cdots\right) = 0.0206192\ldots$$

Bei genauer Kenntnis von $\ln 2, \ln 3$ ergibt sich:

$$\ln 7 = 1.945910149055313\ldots$$

Alle angegebenen Stellen sind korrekt. Ebenfalls stieß Gregory auf die *arctan*-Reihe
(1671) und ihre Umkehrung:

$$\arctan x = x - \frac{1}{3}x^3 + \frac{1}{5}x^5 - \frac{1}{7}x^7 \pm \ldots; |x| \leq 1$$

Für $x = 1$ ergibt sich hier die Leibniz-Reihe.

Von ihm stammt auch die Methode der Reihenentwicklung, die heute nach Brook
Taylor (1685–1731) benannt wird und ihm 40 Jahre zuvorkommt. In dem Werk
Exercitationes geometriae (1668) gab er eine Zusammenfassung seines Wissens; dabei
lieferte er strenge Herleitungen für die Summation von trigonometrischen Funktionen.
Ferner bestimmte er mehrere wichtige Integrale, die auf den Logarithmus führen:

$$\int_0^\varphi \frac{dt}{\cos t} = \log \tan \left(\frac{\varphi}{2} + \frac{\pi}{4}\right) \therefore \int_0^\varphi \tan t = \log \frac{1}{\cos \varphi}$$

Aufgrund seiner in Italien gefertigten Schriften wurde Gregory 1668 in die *Royal Society* aufgenommen und von der *St. Andrews*-Universität als Professor angestellt. Dort geriet er in Auseinandersetzungen mit Kollegen, sodass ihm zeitweise kein Gehalt gezahlt wurde. Nach Errichtung der Universität von Edinburgh wechselte er 1674 als erster Mathematikprofessor dorthin. Wegen eines heftigen Streits mit Huygens, der die Originalität seiner π-Berechnung in Zweifel zog, publizierte er nach 1672 keine Schriften mehr, insbesondere blieb seine Interpolationstheorie unveröffentlicht.

Er beschäftigte sich nur noch mit Astronomie. Durch genaue Messungen bei einer Mondfinsternis konnte er die Koordinaten der Universitätssternwarte bestimmen. Er entwickelte auch die Idee, wie man mithilfe eines Venusdurchgangs vor der Sonne den Abstand der Erde-Sonne bestimmen könne, eine Idee, die später Halley übernahm. 1675 starb er in Edinburgh bei einer astronomischen Beobachtung der Jupitermonde mit seinen Studenten. Nachfolger wurde später sein Neffe David Gregory (1661–1708).

Viele seiner Schriften und späten Briefe wurden erst posthum[18] entdeckt durch die Arbeiten von W. H. Turnbull. Umfassend stellte sich die Beschäftigung mit der Algebra dar; insbesondere versuchte er (mit Mitteln von Euklid), den Fundamentalsatz der Algebra zu beweisen.

Als Beispiel aus der Gleichungslehre[19] sei herausgegriffen die biquadratische Gleichung

$$z^4 - 2ayz^2 - b^2y^2 = 0$$

Durch die Substitutionen $v = c - a; t = c + a; c = \sqrt{a^2 + b^2}$ findet er die Zerlegung $\left(z^2 - ty\right)\left(z^2 + vy\right)$. Lösung der quartischen Gleichung liefert das Paar quadratischer Gleichungen:

$$y^2 \pm (c - a)y + a^2 = 0$$

Die Entdeckung, dass Gregory bereits 1670 die Interpolationsformel für äquidistante Stellen einer Funktion gekannt hat, geht aus einem Brief an Collins hervor, den E. T. Whittaker gefunden hat. Kennt man von einer Funktion $f(x)$ die Werte an den Stellen $\{0, c, 2c, 3c, \ldots\}$, so erfüllt die Funktion die bekannte Formel (in heutiger Schreibweise)

$$f(x) = f(0) + \frac{x}{c} \cdot f(0) + \frac{x(x - c)}{c \cdot 2c}\Delta^2 f(0) + \frac{x(x - c)(x - 2c)}{c \cdot 2c \cdot 3c}\Delta^3 f(0) + \cdots$$

Zur Interpolation von Werten $\log(1 + d)$ wandte Gregory die Interpolationsformel auf die Funktion $(1 + d)^x$ an. Hier folgt für die ersten Differenzen:

$$\Delta f(x) = f(x + 1) - f(x) = (1 + d)^{x+1} - (1 + d)^x = df(x)$$

---

[18] Turnbull W. H.: James Gregory, Tercentenary Memorial Volume, Royal Society of Edinburgh, 1939

[19] //mathshistory.st-andrews.ac.uk/Extras/Gregory_manuscripts [03.05.2021]

Dies zeigt:

$$f(0) = 1 \therefore \Delta f(0) = d \therefore \Delta^2 f(0) = d^2 \therefore \Delta^3 f(0) = d^3 \dots$$

Damit ergibt sich die binomische Reihe:

$$(1 + d)^x = 1 + xd + \frac{x(x - 1)}{1 \cdot 2} d^2 + \frac{x(x - 1)(x - 2)}{1 \cdot 2 \cdot 3} d^3 + \cdots$$

9.10   Abraham de Moivre (1667–1754)

Obwohl die Eltern Protestanten waren, besuchte Abraham de Moivre (Abb. 9.38) die katholische Schule in Vitry. Nach dem Schulbesuch besuchte er im Alter von 11 Jahren die protestantische Akademie von Sedan. Als die Akademie auf katholischen Druck hin 1682 geschlossen wurde, studierte er zwei weitere Jahre in Saumur. Obwohl er in Mathematik nicht unterrichtet wurde, interessierte er sich für Huygens' *De Ratiociniis in Ludo Aleae*.

Nach dem Abschluss ging de Moivre 1684 nach Paris, um Physik zu studieren. Dort erhielt er private Mathematiklektionen von Jacques Ozanam. 1685 erging das Edikt von Fontainbleau, das das frühere Edikt von Nantes aufhob. Das Edikt bestimmte, dass alle Kinder nur noch von katholischen Geistlichen getauft werden durften. De Moivre unterrichtete an der Schule *Prieure de Saint-Martin,* eine Einrichtung, die protestantische Schüler zum Katholizismus bekehren sollte. Im selben Jahr wurde er als Protestant verhaftet und erst 1687 freigelassen. Eine Unstimmigkeit ergibt sich bei den Schuldaten. Während Saint-Martin ihn noch bis 1688 als Schüler führte, gab die Gemeinde Savoy Church (London) den August 1687 als Aufnahmedatum an. Seinem Namen fügte er unberechtigterweise ein „de" ein, um nobler zu erscheinen.

Abb. 9.38 Gemälde von Abraham de Moivre (Wikimedia Commons, gemeinfrei)

In London bestritt er seinen Lebensunterhalt durch Privatunterricht, Nicolas Fatio (de Duillier) war einer seiner Schüler. Es wird berichtet, dass er Seiten aus Newtons *Principia* herausgerissen habe, um sie einzeln auf den Fahrten zwischen den Unterrichtsorten zu studieren. 1692 kam er in Kontakt mit Edmond Halley und über ihn auch mit Newton. Newton soll, wenn ihm eine mathematische Fragestellung lästig fiel, den Fragenden zu de Moivre geschickt haben: *Ask Mr. Demoivre, he knows all that better than I do* (Er weiß all diese Dinge besser als ich).

Halley war es auch, der später 1695 de Moivres erste Schrift über die *Principia* in den *Philosophical Transactions* publizieren ließ. Durch das zweite Werk *Approximatio ad Summam Terminorum Binomii*, in dem er Newtons Binomialtheorem für Multinomiale verallgemeinerte, wurde die *Royal Society* auf ihn aufmerksam und machte ihn 1697 zum Mitglied. Zuvor hatte er die Formel für die Fibonacci-Zahlen als Potenz der goldenen Schnittzahl gefunden, die heute nach J. P. Binet (1843) genannt wird:

$$F_n = \frac{1}{\sqrt{5}}\left[\left(\frac{1+\sqrt{5}}{2}\right)^n - \left(\frac{1-\sqrt{5}}{2}\right)^n\right]$$

Halley war es auch, der de Moivre die weiteren Arbeitsgebiete vorschlug. So forderte Halley ihn auf, sich der Astronomie zuzuwenden, und ermöglichte ihm den Zugang zu seinen Sterbetafeln. So fand er 1705 eine Formel für die Zentripetalkraft eines Planeten, die 1710 von Johann Bernoulli bestätigt wurde. In seiner Schrift *Miscellanea Analytica* (1707) leitete er die nach ihm benannte Formel her:

$$\cos x = \frac{1}{2}[\cos(nx) + i\sin(nx)]^{1/n} + \frac{1}{2}[\cos(nx) - i\sin(nx)]^{1/n}$$

1722 gab er ihr die besser bekannte Form, in der sie auch Euler 1749 fand.

$$(\cos x + i\sin x)^n = \cos(nx) + i\sin(nx)$$

Der Beweis von de Moivre findet sich im Sammelband Smith[20] (S. 440–454).

In seinem Werk *Miscellanea analytica* (1730) behandelte de Moivre Polynome mit symmetrischen Koeffizienten und benannte sie: *multinomium ita affectum, ut coëfficientes terminorem ab extremis aequaliter distantium sint inter se aequales*. Euler nannte diese „reziproke" Polynome. De Moivre erkannte dabei, das reziproke Polynome von ungeradem Grad stets die Wurzel (-1) haben.

Beispiel $x^3 - 2x^2 - 2x + 1 = 0 \Rightarrow x_1 = -1$

---

[20] Smith D. E.: A Source Book in Mathematics, Dover New York 1959

Ferner fand er heraus, dass man reziproke Polynome von geradem Grad durch die Substitution $x^2 - xy + 1 = 0$ in solche vom halben Grad transformieren kann ohne Änderung der Nullstellen. Diese Substitution wird später von Euler und Lagrange geschrieben als:

$$x^2 + 1 = xy \Leftrightarrow x + \frac{1}{x} = y$$

Obwohl er der anglikanischen Kirche beigetreten war und zahlreiche Erfolge aufweisen konnte, gelang es ihm nicht, eine Anstellung als Professor zu finden; einige Autoren vermuten, dass es Vorbehalte gegen seine französische Herkunft gab. 1697 war er sogar zum *fellow* der *Royal Society* ernannt worden; 1712 wählte ihn Newton für die Kommission aus, die über den Prioritätsstreit zwischen Newton und Leibniz entscheiden sollte. De Moivre hatte sich damit als überzeugter Newtonianer gezeigt; der Briefkontakt mit Jakob Bernoulli brach ab.

Das Resultat seiner Studien über Wahrscheinlichkeitsrechnung war die Schrift *The Doctrine of Chances;* ein Werk, das einige Ergebnisse von Johann Bernoullis *De ars conjectandi* vorausnimmt, das erst acht Jahre nach dessen Tod erschien. De Moivres Schrift erschien 1711 in lateinischer Sprache und 1718, 1738 und 1756 auf Englisch.

Aufgabe 1 seiner Schrift lautete: A wettet mit B, dass er bei 8 Würfen mindestens zweimal die „1" erhält. Wie stehen die Chancen für A? Für die Gewinnwahrscheinlichkeit verwendete de Moivre die Formel

$$p(A) = \frac{(a + b)^n - b^n - nab^{n-1}}{(a + b)^n}$$

Dabei sind die Chancen beim Würfel 1 : 5, d. h., er setzt hier $a = 1, b = 5, n = 8$. Damit folgt:

$$p(A) = \frac{6^8 - 5^8 - 8 \cdot 5^7}{6^8} = \frac{1679616 - 390625 - 625000}{1679616} = \frac{663991}{1679616}$$

Die Gewinnchancen für A sind somit 663991 : 1015625.

Beim Betrachten der Wahrscheinlichkeiten für k-mal Zahl beim n-fachen Münzwurf war ihm die Symmetrie der Wahrscheinlichkeiten bzgl. $k = \frac{n}{2}$ aufgefallen (Abb. 9.39):

$$p_k = \binom{n}{k} \frac{1}{2^n}$$

So fügte er in der zweiten Auflage die Erkenntnis ein, dass die Binomialverteilung $B\left(n, \frac{1}{2}\right)$ im Grenzfall durch eine symmetrische Exponentialfunktion approximiert werden

Abb. 9.39 Histogramm zum
30-fachen Münzwurf

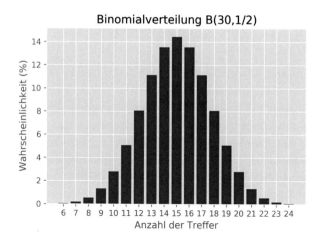

Binomialverteilung B(30,1/2)

kann. Die Approximation wurde später von Laplace verallgemeinert; sie wird nach *Moivre-Laplace* benannt:

$$\binom{n}{k} p^k q^{n-k} \cong \frac{1}{\sqrt{2\pi npq}} \exp\left[-\frac{(k-np)^2}{2npq}\right]$$

Pierre-Simon de Laplace publizierte sein Werk *Théorie Analytique des Probabilites* 1812. De Moivre konnte die Varianz der Binomialverteilung bestimmen und damit erste Fehlerschranken angeben. Nach Ivo Schneider[21] gelang ihm die Wahrscheinlichkeit P für die Differenz aus relativer Häufigkeit h_n und der Wahrscheinlichkeit p wie folgt abzuschätzen, in moderner Schreibweise:

$$P\left(|h_n - p| \le s\sqrt{\frac{pq}{n}}\right) \approx \sqrt{\frac{2}{\pi}} \int_0^s e^{-x^2/2}\, dx$$

De Moivre formuliert dies logarithmisch; der Begriff der Varianz wurde später von K. Pearson geprägt. Für den 3600-fachen Münzwurf $\left(n = 3600;\ p = q = \frac{1}{2}\right)$ berechnete er:

$$P\left(\left|h_{3600} - \frac{1}{2}\right| \le \frac{1}{120}\right) \approx 0{,}682688$$

Nach F. Barth/R. Haller[22] gilt exakt:

---

[21] Schneider I.: Der Mathematiker Abraham de Moivre, *Archive for History of Exact Sciences*, 5 (1968), S. 177-317

[22] Barth F., Haller R.: Stochastik Leistungskurs, Ehrenwirth München 1983, S. 277

$$P\left(\left|h_{3600} - \frac{1}{2}\right| \le \frac{1}{120}\right) = P(|X - 1800| \le 30) = \frac{1}{2^{3600}} \sum_{k=1770}^{1830} \binom{3600}{k} = 0.690688344\ldots$$

In seiner Schrift *De Mensura Sortis seu* fand er Teilergebnisse der Verteilung, die später nach *Poisson* benannt wurde.

Angeregt durch Halleys Mortalitätstheorie (1693), die auf einer Statistik der Stadt Breslau beruhte, beschäftigte er sich mit Sterbetafeln und publizierte 1725 sein *Treatise of Annuities on Lives.* 1733 fand er in der Schrift *Miscellanea Analytica de Seriebus et Quadraturis* eine Näherung für große Fakultäten mit einer Konstanten C. Er beauftragte seinen Kollegen James Stirling (1692–1770) von der *Royal Society* diese Konstante zu bestimmen:

$$n! \cong C\, n^{n+\frac{1}{2}}\, e^{-n} \Rightarrow C = \sqrt{2\pi}$$

Mithilfe der Stirling'schen Formel lassen sich die Berechnungen der oben genannten Wahrscheinlichkeiten stark vereinfachen (vgl. Abschn. 14.8).

1740 erschien von Thomas Simpson (1710–1761) das Werk *The Nature and Laws of Nature,* ein Plagiat seiner *Annuities;* dies traf ihn hart, da er ja von dem Ertrag seiner Bücher leben musste. In Pierre R. de Montfort (1678–1719) war ihm ein Konkurrent erwachsen, der ihn nach Erscheinen des *Doctrine of Chances* des Plagiats beschuldigte. De Moivre diente später de Montfort als Dolmetscher, als Letzterer nach London kam, um *mehr die Gelehrten zu sehen, als die Sonnenfinsternis vom 03.05.1715.* Noch im Alter von 87 Jahren nahm ihn die Pariser Akademie als Mitglied auf. Laplace wurde so auf seine Schriften aufmerksam und übersetzte sie in die Leibniz'sche Symbolik. Durch die Fortentwicklung von dessen Werk wurde Laplace zum führenden Wahrscheinlichkeitstheoretiker im damaligen Europa.

In späteren Jahren konnte de Moivre kaum mehr unterrichten und verarmte Zusehens. Sein Ende ist mit einer skurrilen Geschichte verbunden, wie Cajori[23] berichtet:

> Da er im Alter mehr Schlaf benötigte, schlief er täglich eine Viertelstunde länger. Damit konnte er ausrechnen, wann seine Schlafenszeit 24 Stunden betragen würde. Er erhielt das Datum 27. November 1754. Tatsächlich war dies sein Todestag.

9.11   Guillaume de L'Hôpital (1661–1704)

> Je suis tres persuadé qu'il n'y a gueres de geometre au monde qui vous puisse être comparé. (Ich bin fest davon überzeugt, dass es keinen Mathematiker auf der Welt gibt, der mit Ihnen verglichen werden kann), Brief von L'Hôpital an Johann Bernoulli (1695)

---

[23] Cajori F.: History of Mathematics[5], American Mathematical Society 1991, S. 229

Abb. 9.40 Bild von G. F. A. de L'Hôpital (Wikimedia Commons, gemeinfrei)

Der Adlige Guillaume François Antoine de l'Hôpital (Abb. 9.40), Marquis de St. Mesme, war schon in früher Jugend interessiert an Mathematik. Aus dem Militärdienst entlassen wegen seiner Kurzsichtigkeit, konnte er seinen wissenschaftlichen Neigungen nachgehen, indem er den philosophisch-mathematischen Gesprächskreis um den Mathematiker N. Malebranche regelmäßig besuchte. Als 1691 der 24-jährige Johann Bernoulli nach Paris kommt, hat L'Hôpital endlich einen Kenner der neuen Infinitesimalrechnung gefunden. Johann B. erklärt sich bereit, den Mitgliedern des Malebranche-Kreises wöchentlich vier Vorlesungen zu geben. Später unterrichtet er L'Hôpital persönlich gegen Bezahlung in dessen Landhaus in Oucques. Auch nach seiner Rückkehr nach Basel sendet Johann B. regelmäßig Briefe mit weiteren Lektionen. L'Hôpital macht Johann B. das Angebot, dass er gegen Bezahlung von 300 *Livres* im Jahr die Kenntnis von mathematischen Neuerungen exklusiv erhalte. Er schrieb im März 1694:

> Ich werde Ihnen mit Vergnügen eine Rente von 300 *Livres* zahlen, die am 1. Januar dieses Jahres startet, und ich werde ihnen weitere 200 *Livres* für das erste Halbjahr geben wegen der von Ihnen bereits gesendeten Zeitschriften, in der anderen Jahreshälfte werden es 150 *Livres* sein, und das auch in Zukunft. Ich verspreche Ihnen, diese Rente bald zu erhöhen, da ich weiß, dass sie sehr moderat ist, und ich werde dies tun, sobald meine Geldangelegenheiten etwas weniger kompliziert sind.
>
> Ich bin nicht so unvernünftig, Sie die ganze Zeit in Beschlag zu nehmen zu wollen, aber ich werde Sie bitten, mir gelegentlich einige Stunden Ihrer Zeit zu gewähren, um auf meine Fragen einzugehen – ferner bitte ich Sie mir auch Ihre Entdeckungen mitzuteilen, ohne diese anderen gegenüber zu erwähnen. Ich ersuche Sie auch, weder an Mr. Varignon noch an andere Kopien der Notizen zu senden, die Sie mir überlassen haben, denn es würde mir nicht gefallen, wenn diese publik würden. Senden Sie mir Ihre Antwort auf all das und glauben Sie mir, Monsieur, tout à vous (alles für Sie).

L'Hôpital publizierte mit den gesammelten Erkenntnissen 1696 das erste Lehrbuch *Analyse des infiniments petits* über die Differenzialrechnung nach Leibniz. Im Vorwort dankte er Leibniz und Bernoulli, nahm aber für sich in Anspruch, große Teile des Buchs eigenständig verfasst zu haben:

> Schließlich bin ich den Herren Bernoulli wegen ihrer großartigen Einsichten zu Dank verpflichtet, insbesondere dem jüngeren Herrn Bernoulli [Johann], der jetzt Professor in Groningen ist. Ich habe mich frei ihrer Entdeckungen bedient, ebenso wie derer des Herrn Leibniz. Daher bin ich mit allem einverstanden, was sie als ihre Idee beanspruchen mögen, und bin zufrieden mit dem, was sie mir lassen.

Das Antwortschreiben von Johann B. ist nicht erhalten; seine Zustimmung ging aus einem späteren Brief hervor. Das erwähnte erste Lehrbuch des Calculus wurde erfolgreich und erfuhr mehrere Auflagen bis 1781. Seine Popularität wurde bestätigt durch die zahlreichen Kommentare zum Buch durch M. Varignon (1725). Er wurde auch Ehrenmitglied der *Académie des Sciences* und korrespondierte mit C. Huygens.

Posthum erschien von L'Hôpital ein weiteres Buch über Integralrechnung und Kegelschnitte *Traité analytique des sections coniques et de leur usage etc.* Nach dem Tod L'Hôpitals hielt sich Johann B. zunächst an sein Versprechen, seine Mitarbeit am Buch zu verschweigen. Später jedoch beharrte er darauf, für seinen Anteil am Werk nicht genügend Anerkennung gefunden zu haben. Erst 1922, als Johanns Manuskript zur Differenzialrechnung (*Lectiones de calculo differentialium*, 1694) gedruckt wurde, erkannte man den großen Anteil Johanns am Buch. Das Buch zur Integralrechnung (*Lectiones mathematicae de methodo integralium*, Manuskript 1742) war schon zur Lebenszeit erschienen. Die näheren Umstände des Vertrags zwischen Bernoulli und L'Hôpital wurden erst 1955 bekannt, als die frühe Korrespondenz[24] von Johann B. veröffentlicht wurde.

Die Grenzwertregel

Die Grenzwertregel ist eine der Zusatzfragen an Bernoulli vom Juli 1694. Im letzten Kap. 9 seines Buchs erklärte L'Hôpital die nach ihm benannte Grenzwertregel:

> Um den Wert der Ordinate der gegebenen Kurve $y = \frac{f(x)}{g(x)}$ zu erhalten, ist es notwendig, die Ableitung des Zählers zu dividieren durch die Ableitung des Nenners.

Die Herleitung wurde jedoch geometrisch motiviert. Hier zwei Beispiele, die er von Bernoulli übernommen hat:

Beispiel 1 Gesucht ist der Grenzwert der Kurvenschar an der Stelle $x = a$:

$$f_a(x) = \frac{\sqrt{2a^3 x - x^4} - a\sqrt[3]{a^2\,x}}{a - \sqrt[4]{ax^3}}$$

---

[24] Spiess O. (Hrsg.): Der Briefwechsel von Johann Bernoulli, Basel 1955, Band I, Sektion B, S.121–383.

Die Ableitung des Zählers $Z(x)$ ist:

$$\frac{dZ}{dx} = \frac{2a^3 - 4x^3}{2\sqrt{2a^3x - x^4}} - \frac{a^3}{3\sqrt[3]{a^4x^2}} \Rightarrow \frac{dZ}{dx}(x = a) = -\frac{4a}{3}$$

Ableitung des Nenners liefert:

$$\frac{dN}{dx} = -\frac{3\sqrt[4]{a\,x^3}}{4x} \Rightarrow \frac{dN}{dx}(x = a) = -\frac{3}{4}$$

Der gesuchte Grenzwert ist damit:

$$\lim_{x \to a} f_a(x) = \frac{16}{9}a$$

Beispiel 2 Gesucht ist der Grenzwert der Kurvenschar an der Stelle $x = a$:

$$f_a(x) = \frac{a\sqrt{ax} - x^2}{a - \sqrt{ax}} \Rightarrow \lim_{x \to a} f_a(x) = 3a$$

Beispiel mit mehrfacher Anwendung der l'Hôpital'schen Regel:

$$\lim_{x \to 0} \frac{\sin x - x}{x^3} = \lim_{x \to 0} \frac{\cos x - 1}{3x^2} = \lim_{x \to 0} \frac{-\sin x}{6x} = \lim_{x \to 0} \frac{-\cos x}{6} = -\frac{1}{6}$$

Literatur

Barth F., Haller R.: Stochastik Leistungskurs, Ehrenwirth München (1983), S. 277

Bellhouse D. R.: Abraham de Moivre – Setting the Stage for Classical Probability and its Applications. CRC Press (2011)

Caspar M.: Johannes Kepler – Die Biografie, aequis edition. (2020) (ohne Verlagsort)

Caspar M.: Kepler, Collier Books 1959, Reprint Dover (1993)

Doebel G.: Johannes Kepler – Er veränderte das Weltbild, Styria Reprint, Graz (1996)

Gerlach W.: Johannes Kepler, Exempla historica, Epochen der Weltgeschichte in Biographien, Bd. 27. Fischer (1975)

Esteve M. R. M: Algebra and Geometry in Pietro Mengoli (1625–1686), Historia Mathematica 33 (2006)

Gronau D.: Johannes Kepler und die Logarithmen. Ber. der Math.- statist. Sektion in der Forschungsgesellschaft Joanneum. Ber. Nr.284 (1987), Graz 1987

Hales T. C., Ferguson S. P., Lagarias J. C. (Hrsg.): The Kepler Conjecture – The Hales-Ferguson Proof. Springer (2010)

Haller, R., Barth, F.: Berühmte Aufgaben der Stochastik – Von den Anfängen bis heute[2]. de Gruyter, Berlin (2016)

Hammer F.: Die mathematischen Schriften Keplers (Band 9), Nachbericht zu den Tabulae Rudolphinae (Bd. 10), Beck, München, (1937–2017)

Hoppe, J.: Johannes Kepler. Teubner, Leipzig (1987)

Nikiforowski W. A., Freimann L. F.: Wegbereiter der modernen Mathematik. VEB Fachbuchverlag Leipzig (1978)

Padova de, T.: Das Weltgeheimnis: Kepler, Galilei und die Vermessung des Himmels. Piper, München (2010)

Schneider I.: Abraham der Moivre, im Sammelband: Die Großen Band VI/1, Fassmann K. (Hrsg.), Kindler/Coron (1977) S. 334–345

Schneider, I.: Der Mathematiker Abraham de Moivre. Arch. Hist. Exact Sci. **5**, 177–317 (1968)

Schoberleitner F.: Geschichte der Mathematik, Manuskript Johann-Kepler-Universität Linz 11.2.2019, [www.jku.at/forschung/forschungs-dokumentation/vortrag/30884]

Scriba C.J.: Gregory's converging double sequence: a new look at the controversy between Huygens and Gregory over the 'analytical' quadrature of the circle, Historia Math. 10 (3) (1983)

Stedall J.(Hrsg): The Greate Invention of Algebra: Thomas Harriot's Treatise on Equations, Oxford University (2003)

Stedall J.: A Discourse Concerning Algebra – English Algebra to 1685, Oxford University (2002)

Stedall, J.: From Cardano's Great Art to Lagrange's Reflections: Filling a Gap in the History of Algebra. European Mathematical Society, Zürich (2011)

Stedall J.: John Wallis and the French: his quarrels with Fermat, Pascal, Dulaurens, and Descartes, Historia Mathematica 39 (2012)

Wallis J., Beeley P., Scriba C. (Hrsg.): Correspondence, Volume IV (1672–1675), Oxford University (2014)

Wallis J., Stedall J. (Hrsg.): The Arithmetic of Infinitesimals 1756, Springer (2004)

www.landesstelle.de/ulmer-eichmass-keplerkessel

www.regensburg.de/kultur/museen/alle-museen/document-keplerhaus

Die Bernoulli-Familie

10

Keine Gelehrtenfamilie kommt in wissenschaftlicher Berühmtheit der Familie Bernoulli gleich: Acht Mitglieder der Familie in drei Generationen haben sich durch ihre Leistungen in der Mathematik ausgezeichnet, drei darunter sind Mathematiker von erstem Rang. Abb. 10.1 zeigt den Stammbaum der Familie, der nur die für die Naturwissenschaften wichtigen Mitglieder anzeigt; die drei blau markierten Mathematiker werden in den folgenden Abschnitten besprochen. Zusammen mit Newton, Leibniz, Euler und Lagrange dominierte die Familie Bernoulli die Mathematik und Physik des 17. und 18. Jahrhunderts und lieferte entscheidende Beiträge zur Differenzialrechnung, Geometrie, Mechanik, Ballistik, Thermodynamik, Hydrodynamik, Optik, Elastizität, zum Magnetismus, zur Astronomie und Wahrscheinlichkeitstheorie.

Der mathematische Lehrstuhl an der Universität Basel war während eines Zeitraums von 105 Jahren von einem Mitglied der Familie Bernoulli besetzt. Die berühmtesten gelehrten Akademien des Auslandes nahmen die Bernoullis als Mitglieder auf. So die französische Akademie der Wissenschaften, die seit der Gründung (1699) stets zwei von acht Stellen für auswärtige Mitglieder einem Bernoulli freihielt; dies geschah ohne Unterbrechung bis 1790.

Die Familie stammte ursprünglich aus Antwerpen. Der Urahn Leon Bernoulli starb 1561 dort, sein Sohn Jakob B. flüchtete aus Glaubensgründen 1583 aus den Niederlanden, die unter spanischer Verwaltung standen. Don Fernando Álvarez de Toledo, Herzog von Alba (1507–1582) war Feldherr des spanischen Königs Karl V.; er wurde in die Niederlande geschickt, um die Aufstände gegen die spanische Besatzung niederzuschlagen. Als Generalstatthalter führte er von 1567 bis 1573 ein Schreckensregiment, das zu einer blutigen Verfolgung der protestantischen Hugenotten führte. Ein prominentes Opfer war der Graf Egmont von Gavre (1522–1568), dessen Schicksal durch das Trauerspiel *Egmont* von Goethe (Uraufführung 1789) bekannt geworden ist. Das Drama

D. Herrmann, *Mathematik der Neuzeit*, https://doi.org/10.1007/978-3-662-65417-0_10

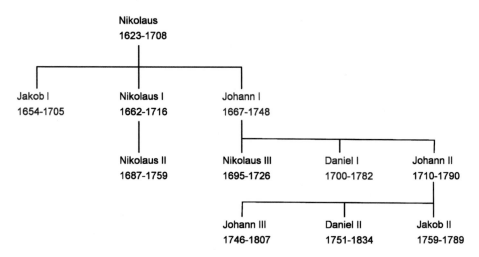

Abb. 10.1 Ausschnitt aus dem Stammbaum der Familie Bernoulli

wiederum regte Beethoven zur Komposition der Schauspielmusik *Egmont* Op. 84 (1810) an.

Um den Verfolgungen zu entgehen, siedelte Jakob B. nach Frankfurt a. M. um, wo er einen erfolgreichen Gewürzhandel gründete, den später einer seiner Söhne übernahm. Um den Kriegswirren des Dreißigjährigen Kriegs (1618–1648) zu entgehen, zog Nikolaus' Sohn Jakob in die Schweiz nach Basel um, wo er 1622 das Bürgerrecht erhielt.

Wiederum dessen Sohn Nikolaus (1623–1708) wurde der Stammvater der Basler Linie. Unter seinen vier Söhnen befanden sich die bedeutenden Mathematiker Jakob I (1654–1705) und Johann I (1667–1748). Abb. 10.2 zeigt die Stadtansicht von Basel von 1761 aus der Serie „Topographie der Eidgenossenschaft, Blatt 255".

10.1   Jakob I Bernoulli (1654–1705)

Jakob Bernoulli (Abb. 10.3), der älteste der vier Söhne Nikolaus', geboren 1654, durchlief problemlos die Schulen von Basel und absolvierte sein Studium 1671 mit dem *Magister Artium*. Auf ausdrücklichen Wunsch des Vaters studierte er Theologie. Im Laufe seines Studiums erwachte sein Interesse für Mathematik, die er im Selbststudium von Elementarbüchern erlernte.

Im Sommer 1676 trat er eine Reise nach Genf zu Pferd an, wo er etwa anderthalb Jahre Privatunterricht erteilte; dort traf er auch seinen Landsmann Nicolaus Fatio de Duillier (1664–1753), der später eine üble Rolle im Prioritätsstreit Newton-Leibniz spielen sollte. Seine Reise setzte er fort mit Ziel Frankreich; in Bordeaux wirkte er für sechs Monate als Hauslehrer. Anschließend reiste er über Royan, La Rochelle, Nantes,

Abb. 10.2 Stich der Stadt Basel 1761, „Topographie der Eidgenossenschaft, Blatt 255",
(Wikimedia Commons, gemeinfrei)

Abb. 10.3 Gemälde von
Jakob Bernoulli (Wikimedia
Commons, gemeinfrei)

Orleans nach Paris, wo er zahlreiche Kontakte knüpfen konnte. Einer der Kontakte war
Nikolas Malebranche (1638–1715), der den Nachlass von Vieta verwaltete. Die Heimreise führte ihn über Metz und Straßburg nach knapp vier Jahren wieder nach Basel.

Das Jahr 1680 verbrachte er zu Hause und beobachtete das Erscheinen eines
Kometen; seine Aufzeichnungen zum Kometen war das erste Werk, das in Druck ging
(1681). Ende April des Jahres trat er eine zweite Reise an, zunächst in die Niederlande.
Er hörte in Amsterdam die mathematischen Vorträge des Marine-Professors Alexander
de Brie und erweiterte bei einem zehnmonatigen Aufenthalt in Leiden seine Kenntnisse in der höheren Mathematik. Über Calais kam er nach London, wo er im August

1682 einige Wochen zubrachte. Er machte dort Bekanntschaft mit einer Anzahl aus-
gezeichneter Gelehrter. Von dem Astronomen Flamsteed der Sternwarte Greenwich
wurde er freundlich empfangen und als Gast zu einer Sitzung der *Royal Society* ein-
geladen, bei der Robert Boyle seine Experimente zeigte. Der Londoner Aufenthalt
war für Jakob ein motivierendes Erlebnis. Er kehrte dann über Hamburg, Bremen und
Frankfurt nach Basel zurück, wo er im Oktober 1682 wieder eintraf.

Zurück in Basel beschloss Jakob sich bevorzugt mit Mathematik zu befassen; einen
an ihn ergangenen Ruf für eine Theologie-Professur in Straßburg lehnte er ab. Als Privat-
mann bot er gegen geringe Bezahlung Vorlesungen über Experimentalphysik an und
sammelte Schüler um sich, darunter auch seinen 13 Jahre jüngeren Bruder Johann. Einer
der Schüler war Paul Euler, der künftige Vater des später berühmten Leonhard Euler.
Einen Ruf als Theologe nach Heidelberg 1684 lehnte Jakob ab, da er erst kurz zuvor
geheiratet hatte. Im Oktober 1686 starb sein Mathematikprofessor Megerlin, dessen
Nachfolger er wurde; diese Position hatte Jakob bis zu seinem Ende inne. Als Professor
verhinderte er, dass sein Bruder eine Anstellung in Basel erhielt. Johann musste daher
ein Angebot der Universität Groningen annehmen.

Eine erste Notiz über ein neues Kalkül fand Jakob im Oktoberheft 1684 der *Acta
Eruditorum*. Der nur wenige Seiten umfassende Aufsatz von Leibniz bestand mehr in
einer kurzen Andeutung als in einer Anleitung zur neuen Rechnungsart. Jakob Bernoulli
wandte sich daher im Dezember 1987 an Leibniz mit der Bitte um Erläuterungen. Es
erfolgte keine Antwort, da sich Leibniz auf einer langen Österreich-Italien-Fahrt befand.
Inzwischen hatten sich die Brüder Jakob und Johann selbst einen Reim darauf gemacht.
So konnten sie im Maiheft der *Acta* ihre neuen Kenntnisse zur Lösung des Isochronen-
Problems demonstrieren. Eine weitere Aufgabe zur Kettenlinie wurde von ihnen vorgeschlagen. Das gemeinsame Ringen um eine Problemlösung löste bei den Brüdern eine
für Außenstehende unverständliche Zwietracht aus.

Leibniz, der nach seiner Rückkehr im September 1690 Bernoullis Zuschrift
beantwortete, kam zur Überzeugung, dass

> um ihn [=Jakob] in die Geheimnisse der neuen Rechnungsarten einzuweihen, Weisungen
> von seiner Seite in der Zwischenzeit vollkommen unnötig geworden sind, und dass dieser
> durch eigene Kraft, mit größerer innerer Befriedigung eine weit vollständigere Einsicht in
> das Wesen der Infinitesimalrechnung erlangt habe, als wenn dieser durch äußere Mithilfe
> dazu geführt worden wäre.

Leibniz, der durch eine Vielzahl von Aufgaben in Beschlag genommen war, konnte sich
in jener Zeit nur zeitweise mit mathematischen Studien befassen. Er sah es daher mit
Genugtuung, dass die Brüder Bernoulli die Fortbildung seiner Infinitesimalrechnung sich
zur Lebensaufgabe gemacht hatten. Mehrfach sprach er seine Anerkennung aus, dass die
neuen Methoden den Brüdern Bernoulli eben so viel verdankten als ihm selbst.

In der Folgezeit erschienen verschiedene Arbeiten von Jakob Bernoulli über spezielle
Kurven, wie die Lemniskate und Epizykloide (1694) und Spiralen. Die logarithmische
Spirale begeisterte ihn 1692 so sehr, dass er sich diese Kurve als Motiv auf seinem

Abb. 10.4 Gemälde von Johann Bernoulli (Wikimedia Commons, public domain)

Grabstein wünschte. Bei seinen Herleitungen setzte er als Erster erfolgreich Polarkoordinaten ein (*Specimen calculi differentialis,* Acta Eruditorum 1691). Zuvor hatte er 1690 die nach ihm benannte Differenzialgleichung entdeckt, die mithilfe einer Substitution nach Leibniz (1696) gelöst wird.

Unter seinen hinterlassenen Manuskripten befand sich eine umfangreiche Arbeit zur Wahrscheinlichkeitsrechnung *Ars conjectandi.* Der erste Teil enthält die Abhandlung von Huygens *De ratiociniis in ludo alae* mit Jakobs Lösungen zu den gestellten Aufgaben. Im Teil 2 werden die allgemeinen Formeln der Kombinatorik hergeleitet, dabei werden auch die Bernoulli-Zahlen definiert. Im dritten Teil wird die Kombinatorik auf Fragen der Wahrscheinlichkeitsrechnung angewandt. Teil 4 schließlich enthält fünf Akademievorträge, an denen Jakob in irgendeiner Form beteiligt war.

Eine für die spätere Entwicklung wichtige Erkenntnis ist das *Gesetz der großen Zahl,* nach dem bei einer Folge von Zufallsversuchen die relative Häufigkeit h_n eines Ausgangs mit wachsender Versuchszahl gegen einen bestimmten Wert p strebt:

$$\forall \varepsilon > 0 : \lim_{n \to \infty} \left[P(|h_n - p| > \varepsilon) \right] = 0$$

Dieser Wert kann als Maß für die Wahrscheinlichkeit des Ausgangs verwendet werden. Eine Grafik dazu enthält die Briefmarke von Abb. 10.4. In Jakobs eigenen Worten lautet das Gesetz so:

> Durch Vermehrung der Beobachtungen wächst beständig auch die Wahrscheinlichkeit dafür, dass die Zahl der günstigen zu der Zahl der ungünstigen Beobachtungen das wahre Verhältnis erreicht, und zwar in dem Maß, dass diese Wahrscheinlichkeit schließlich jeden beliebigen Grad der Gewissheit übertrifft.

Das Gesetz der großen Zahl ermöglichte erstmals eine gesicherte mathematische Berechnung unbekannter Wahrscheinlichkeiten aus den beobachteten relativen Häufigkeiten und wurde damit zur Grundlage der Statistik. Jakob selbst war sich der Bedeutung seiner Entdeckung voll bewusst. Am Ende des Beweises seines Hauptsatzes in den *Meditationes* schreibt er:

> Diese Entdeckung schätze ich höher, als wenn ich die Quadratur des Kreises angegeben hätte, welche, wenn sie allenfalls gefunden würde, doch von geringem Nutzen wäre.

Besonders zu erwähnen ist der Vorschlag von Jakob, Wahrscheinlichkeiten auch als *a posteriori,* d. h. durch Zählung der Erfolge zu definieren. *Beispiel:* Ist die Sonne bereits 100.000 Mal aufgegangen, so ist die Wahrscheinlichkeit, am nächsten Tag wieder aufzugehen, gleich $\frac{100.000}{100.001}$. Diese Idee hat später Pierre-Simon Laplace in seiner *Théorie analytique* (1812) als große Entdeckung gewürdigt. Man beachte, dass die Bezeichnungsweise nicht konform geht mit der bekannten Formel von Thomas Bayes, die posthum (1763) in der Schrift *An Essay towards solving a problem in the doctrin of chances* erschienen ist, deren moderne Schreibweise aber von Laplace stammt.

Da das Manuskript der *Ars conjectandi* unvollendet war, wandten sich die Verleger an seinen Bruder Johann in der Hoffnung auf Fertigstellung. Dieser lehnte kategorisch ab; erst nach langem Zögern ließ der Neffe Nikolaus II. das Manuskript 1713 drucken. Die Verzögerung der Publikation hatte zur Folge, dass Teile des Werks durch die Schriften von Pierre de Montmort (1708) und Abraham de Moivre (1711) bereits überholt waren. Jakob verstarb 1705 in Basel. Auch die posthume Herausgabe der *Ars Conjectandi* seines Bruders kommentierte Johann B. unfreundlich: *Dies ist ein monströses Werk, das den Namen meines Bruders trägt.*

Nachwort Aus der Biografie von J. E. Hofmann im Dictionary of Scientific Biography (New York 1970–1990):

> [Jakob] Bernoulli hat die Algebra, Infinitesimalrechnung, Variationsrechnung und Mechanik stark weiterentwickelt, ebenso die Mechanik, die Theorie der Reihen und Wahrscheinlichkeitsrechnung. Er war eigensinnig, starrköpfig, aggressiv, rachsüchtig, von Minderwertigkeitsgefühlen geplagt und doch fest überzeugt von seinen eigenen Fähigkeiten. Mit diesen Eigenschaften musste er zwangsläufig mit seinem ähnlich veranlagten Bruder in Konflikt geraten. Dennoch übte er auf letzteren den nachhaltigsten Einfluss aus.
>
> Bernoulli war einer der bedeutendsten Förderer der formalen Methoden der höheren Analysis. Scharfsinn und Eleganz sind in seiner Darstellungs- und Ausdrucksweise selten zu finden, dafür aber ein Höchstmaß an Integrität.

10.2 Johann I Bernoulli (1667–1748)

> 1667. D. 27. iuly st.v. Samstags 1/4 nach 11 uhren vor mittag in dem zeichen der Fischen, bin ich Johannes Bernoulli allhier zu Basel an das liecht dieser welt gebohren und allso die zahl der sünder, denen Gott gnädig seyn wolle, vermehrt.

Abb. 10.5 Schweizer
Briefmarke von Jakob
Bernoulli mit Darstellung
seines Gesetzes der großen
Zahlen (mathshistory.
st-andrews.ac.uk/miler/stamps)

So beschreibt Johann Bernoulli (Abb. 10.5) in seiner deutschsprachigen Autobiografie seine Geburt. Als vierter Sohn seiner Eltern war er vom Vater für den Kaufmannsberuf ausersehen, doch er erkannte bald: *Ich ware aber von Gott dem Herrn zu etwas anders destinirt*. Er gab daher nach kurzer Zeit seine Lehrstelle in einem Handelshaus von Neuchâtel auf und begann in Basel ein Medizinstudium, das er 1690 mit dem Lizenziat abschloss.

Johann verschweigt bei diesem Bericht über den Beginn seiner mathematischen Studien allerdings, dass es nicht nur der göttliche Beistand, sondern auch derjenige seines älteren Bruders Jakob war, der ihn während seiner Medizinstudien zur Mathematik führte. Er erfasste diese Wissenschaft mit solchem Eifer, dass er innerhalb von zwei Jahren sich die wichtigsten Werke, u. a. die *Géométrie* des Descartes, angeeignet hatte. Er fühlte sich nunmehr imstande, aktiv an den Neuerungen in der Mathematik mitzuarbeiten. Dies gilt insbesondere für das Verstehen des neuen Leibniz'schen Kalküls einer Zeit, in der diese neue Theorie für die meisten Mathematiker undurchschaubar war.

Jakob hatte ihm nahe gelegt, ein Studium der Medizin aufzunehmen, in der Ansicht, dass sich ähnliche Fortschritte in der Medizin ergeben wie in der Mathematik. 1690 erhielt Johann seinen Abschluss in Medizin; 1694 erwarb er den Doktortitel:

Inzwischen hab ich mich auf die mathesin geleget, dazu ich eine sonderbahre lust bey mir verspühret, welches mir nicht übel gelungen, zumahlen ich darin durch göttlichen beystand zimlich fundamenta geleget.

Im Jahr 1690 startete er eine Reise zunächst nach Genf, wo er acht Monate verweilte. Von Genf reiste er über Lyon nach Paris. Dort fand er Kontakt zu Nicolas Malebranche, in dessen Hause viele angesehene Wissenschaftler verkehrten.

Einer dieser Gelehrten war der Marquis François Antoine de l'Hôpital, der sich brennend für die neue Infinitesimalrechnung interessierte. Dessen Begeisterung war so groß, dass sich Johann verpflichtete, ihm regelmäßig Unterricht gegen Bezahlung zu erteilen. Dieser Unterricht wurde während der darauf folgenden Sommermonate auf dem Landsitz l'Hôpitals zu Ougues fortgesetzt. L'Hôpital publizierte 1696 das Werk

Analyse des infiniment petits. Die Schrift war die klare und umfassende Darstellung der neuen Differenzialrechnung und basierte auf den Erkenntnissen, die er bei Johann gewonnen hatte. Dieser zeigte sich später ungehalten darüber, dass L'Hôpital seine Mitwirkung nicht hinreichend gewürdigt habe. Johanns Lektionen für l'Hôpital *(Lectiones mathematicae de methodo integralium)* erschienen erst 48 Jahre später (innerhalb seines Gesamtwerks); seine Schrift *Lectiones de calculo differentialium* wurde gar erst 1922(!) gedruckt.

Das von Leibniz geplante Werk über das neue Kalkül *Scientia infiniti* wurde niemals fertiggestellt. So kam es, dass die wichtigsten Urheber des Leibniz'schen Kalküls keine umfassende Darstellung zu Lebzeiten veröffentlicht haben.

Neben l'Hôpital kam Johann nur mit wenigen französischen Mathematikern in Kontakt. Wie er in einem Brief an Leibniz schrieb, waren diese nicht geneigt, von einem jungen Schweizer Belehrungen über Mathematik anzunehmen. Nur Pierre Varignon (1654–1722), einen der Herausgeber des *Journals des Savans,* weihte er in die neue Art des Calculus ein und blieb mit ihm in Briefkontakt. Johann kehrte im November 1692 nach Basel zurück.

Herzog Anton Ulrich beabsichtigte 1693 eine Akademie zu gründen und bot Johann auf Empfehlung von Leibniz eine Professorenstelle an. Dieser lehnte ab, da er gerade frisch verheiratet war. Daraufhin begann der Briefwechsel zwischen Johann und Leibniz, der bis zum Tode des Älteren (1716) währte. In diesem Briefverkehr wurden Begriffe, wie *Integral* und *Funktion* vereinbart und über die Rechenregeln für Logarithmen negativer Zahlen diskutiert. Der Briefwechsel mit Leibniz war so umfangreich, dass er später (1745) in zwei Bänden gedruckt werden musste.

1695 wurde Johann zum Professor für Mathematik an der Universität Groningen (Niederlande) ernannt, diesmal auf Empfehlung von Huygens. Leibniz hatte ihn für eine Stellung an der Universität Halle empfohlen, jedoch erreichte ihn die Nachricht zu spät, Johann war mit Familie bereits abgereist. Neben seinen mathematischen Pflichten übernahm er auch die Physikvorlesung. Ihm stand ein großes Labor zur Verfügung, in dem er ein aufsehenerregendes Experiment ausführte: Das Aufleuchten von Quecksilber beim Kontakt mit Glas im Vakuum, *Phosphorus mercurialis* genannt. Für diese Entdeckung wurde er mit der Mitgliedschaft an der Berliner Akademie belohnt; seine Publikation trug den Namen *De mercurio lucente in vacuo*.

Seit der Groninger Zeit kam es zu der schon erwähnten unerquicklichen Auseinandersetzungen mit seinem Bruder Jakob über das Brachistochronen- und isoperimetrische Problem (Abb. 10.6). Im Jahr 1703 erhielt er einen Ruf an die Universität Utrecht, der 1705 unter verbesserten Konditionen erneuert wurde und den er nach einer Pause in der Heimat annehmen wollte. Bei der Rückreise über Amsterdam erfuhr er vom Tod seines älteren Bruders Jakob. Zu Hause in Basel angekommen erhielt er Besuch vom gesamten Universitätssenat, der ihn dringend aufforderte, die freigewordene Professur seines Bruders zu übernehmen.

Im November 1705 begann er seine Vorlesungstätigkeit in Basel, die er 42 Jahre lang ausübte, obwohl er zahlreiche Angebote von den Universitäten Leiden, Padua

Abb. 10.6 Streitgespräch zwischen den Bernoulli-Brüdern (SciencePhoto 11555027)

und Groningen erhielt. Noch 1741 erhielt er das Angebot der Universität Berlin zu einer Anstellung für ihn und seine beiden Söhne Daniel I und Johann II; aber er lehnte aus Altersgründen ab. Johann befasste sich zunehmend mit astronomischen und mechanischen Problemen. In seinem nautischen Buch *Théorie de la manoeuvre des vaisseaux* (1714) verwies er auf die Probleme, die durch die cartesische Verwechslung von Kraft und kinetischer Energie entstanden waren. In der Kontroverse um den Kraftbegriff stellte er sich auf die Seite von Leibniz.

Er behandelte die Pendelbewegung starrer Körper sowie die Bewegung in einem Medium mit Reibungswiderstand (z. B. in Luft). Bei der Untersuchung der Keplerbewegungen der Gestirne wies er eine Lücke in Newtons Principia nach. Die Gravitationstheorie nach Newton lehnte er stets ab und ersetzte sie durch eine eigene Theorie, der Bewegung der Äthers.

Etwa um 1699 hatten die Streitereien mit den englischen Mathematikern begonnen. N. Fatio de Duillier war beleidigt, da er keine Aufforderung zur Lösung des Brachistochronen-Problems erhalten hatte. Verärgert beschuldigte er Leibniz des Plagiats an Newton. 1708 erneuerte John Keill (1671–1630) die Angriffe gegen Leibniz. Newton hatte in den *Principia* nur den Fall gelöst, dass der Widerstand in einem Medium proportional zur Geschwindigkeit ist. Keill versuchte Johann herauszufordern, indem er das Problem mit der Proportionalität zum Quadrat stellte. Johann gelang dies spielend und drehte den Spieß um. Er forderte seinerseits die englischen Mathematiker über Keill auf, den Fall mit einer kubischen Proportionalität zu lösen. Es kam kein Ergebnis, dies brachte Keill zum Schweigen.

Da Johann sehr daran interessiert war, den Unterricht an höheren Schulen zu verbessern, wurde er ab 1725 mit dem Amt eines Schulinspektors beauftragt, eine Tätigkeit, der er mit großem Eifer nachging.

Auch nach dem Tod von Leibniz kam der Prioritätsstreit nicht zur Ruhe. Diesmal war es Brook Taylor (1685–1731), der über eine anonyme Rezension seines Werkes *Methodus incrementorum directa* (1715) *et inversa* verärgert war. Darin wurde aufgedeckt, dass Taylors Schrift Material von Bernoulli enthielt. Wegen des Plagiatsvorwurfs startete Taylor wütende Angriffe gegen diesen. Johann schrieb ein Jahr später an Leibniz:

> Mein Gott, was hat dieser Schriftsteller mit dieser vorgetäuschten Dunkelheit vor, in die er die Dinge extrem verhüllt, die von Natur aus klar sind? Zweifellos, um seinen Eifer für das Stehlen zu verbergen; in dem Buch steht nichts außer dem, was er uns gestohlen hat.

Noch um 1900 wurde von englischer Seite Taylor als gleichbedeutend mit den Bernoulli-Brüdern angesehen; dies zeigt sich im Auszug aus dem *Dictionary of National Biography, 1885–1900, Volume 55* über Taylor:

> Als Mathematiker war er [Taylor] nach Newton und Cotes der einzige Engländer, der fähig war mit den Bernoullis zu konkurrieren; aber ein großer Teil der Wirkung seiner Darlegungen ging verloren durch sein Versagen, seine Ideen vollständig und klar auszudrücken.

Johann antwortete 1721 mit einer scharfen Replik an Taylor, die unter dem Namen seines Schülers J. Burckhardt publiziert wurde. Seine Abneigung gegen die englischen Mathematiker blieb ihm bis zum Schluss erhalten. Zu den englischen Anfeindungen schrieb er 1735:

> Welche Verachtung für die Nicht-Engländer! Dabei haben wir diese Methoden [des Calculus] völlig ohne jegliche Hilfe der Engländer gefunden.

Noch 1743 warnte er Euler vor Kontakten:

> *Habes inimicos, præsertim inter scurras Anglicanos qui omnes extraneos odio prosequuntur.* (Du wirst Dir Feinde machen, vor allem bei den englischen Hanswürsten, die alle Auswärtigen mit Hass verfolgen.)

Kein gutes Licht auf Vater Johann warf die Auseinandersetzung mit seinem Sohn Daniel. Er war verstimmt, als beide an einem wissenschaftlichen Wettbewerb der Akademie der Wissenschaften in Paris teilnahmen und sich den ersten Platz teilen mussten. In seinem Zorn ließ er sich zu folgender Tat hinreißen: Daniel hatte 1733 das Manuskript zu seinem Hauptwerk *Hydrodynamica* bei der Akademie Petersburg eingereicht. Als sich der Druck jedoch bis 1738 verzögerte, veröffentlichte der Vater in der Zwischenzeit die darin enthaltenen Forschungsergebnisse unter seinem eigenen Namen. Hinzu kommt, dass er seine Aufzeichnungen fälschlicherweise um sieben Jahre zurückdatierte, sodass sein Sohn als Plagiator erscheinen musste.

Sein letztes Werk über schwimmende Körper sandte der 72-jährige Johann an den 40 Jahren jüngeren Euler zur Begutachtung und titulierte ihn als *Vir incomparabilis mathematicorum principi*. In einem Begleitschreiben verriet er, dass er Eulers Urteil

Abb. 10.7 Daniel Bernoulli (Wikimedia Commons, gemeinfrei)

mehr vertraue als seinem eigenen; ferner dass *seine Werke die höhere Mathematik im Jugendzustand darstellen, während sie durch Eulers Beiträge zum Mannesalter vorgeschritten seien.* Johann verstarb 1748 und überlebte seinen Sohn Nikolaus III um 22 Jahre.

10.3 Daniel Bernoulli (1700–1782)

Daniel Bernoulli (Abb. 10.7) wurde 1700 in Groningen (Niederlande) geboren, wo sein Vater Johann I eine Professorenstelle innehatte. Im Oktober 1705 kam er mit seinen Eltern nach Basel, absolvierte das Gymnasium und besuchte zunächst die philosophische Fakultät der Universität. Zur Erlernung der französischen Sprache brachte ihn der Vater im Pfarrhaus Courtlary des Bistums Basel unter. Ebenfalls wurde er schon früh durch seinen Vater und seinen älteren Bruder Nikolaus in Mathematik unterrichtet, wie es die Familientradition erforderte.

Johann B. hatte für seinen Sohn eine kaufmännische Karriere geplant; sein zweifacher Versuch, ihn als Lehrling bei einem Handelsgeschäft unterzubringen, scheiterte. Der Sohn jedoch neigte zu einem Studium der Mathematik. Als Kompromiss begann Daniel mit 15 Jahren ein Medizinstudium, das ihn an verschiedene Universitäten Europas führte: Heidelberg, Straßburg und Basel.

Im Alter von 21 Jahren schloss er 1721 sein Studium als Doktor der Medizin ab und bewarb sich um eine Dozentenstelle an der Universität Basel. Infolge eines seltsamen Auswahlverfahrens kam er nicht zum Zug und studierte weiterhin Mathematik. Im Jahr 1723 ging Daniel nach Venedig, um dort medizinische Praxis bei dem berühmten Arzt Pietro A. Michelotti zu erwerben. Daniel teilte die italienische Lebenslust, indem er Opern und Theater besuchte und an Kostümfesten teilnahm.

Seine Neigung zur angewandten Mathematik beibehaltend, führte er zahlreiche strömungsmechanische Experimente durch. Eine nützliche Erfindung für die Seefahrer Venedigs lieferte Daniel durch den Bau einer Sanduhr, die auch bei stürmischer See gleichmäßig lief. Seine gesammelten Erkenntnisse in Strömungsmechanik, Wahrscheinlichkeitstheorie, Differenzialgleichungen und Geometrie publizierte er 1724 in seinem Werk *Exercitationes quaedam mathematicae* unter Mithilfe des deutschen gelehrten Christian Goldbach (1690–1794), der von 1710 bis 1724 eine umfassende Studienreise durch ganz Europa machte. Dieser ging 1725 nach St. Petersburg, wo er Sekretär der Moskauer Akademie wurde und später mit Euler zusammenarbeitete.

Daniels Bekanntheit wuchs und so erhielt er – als gelernter Mediziner – einen Ruf der Universität Sankt Petersburg als Professor für Physiologie. Den Lehrstuhl für Mathematik erhielt gleichzeitig sein älterer Bruder Nikolaus, sodass beide 1725 gemeinsam dorthin reisten. Daniels erste Arbeiten in Petersburg betrafen Abhandlungen über physiologische Themen wie Sehnerven und Muskeln.

Doch der Aufenthalt Daniels verlief nicht wunschgemäß: Es kam zu heftigen Streitereien mit den Kollegen an der Akademie; hinzu kam, dass sein Bruder unglücklicherweise innerhalb eines Jahres am Fieber starb. Daniel war unglücklich und schrieb einen Brandbrief nach Hause; auch das russische Wetter setzte ihm stark zu. Sein Vater versuchte zu helfen und schickte seinen besten Mathematikstudenten, Leonhard Euler, nach St. Petersburg, der viele ersehnte Dinge aus der Heimat mitbrachte, wie Tee, Kaffee und Weinbrand. Mit Euler, der Petersburg 1727 erreichte, kam es zu einem regen Gedankenaustausch, bei dem sich beide Gelehrte gegenseitig inspirierten.

Im Jahr 1730 wurde Daniel endlich zum Professor für Mathematik an der Akademie ernannt, aber zu diesem Zeitpunkt war er bereits entschlossen, nicht auf Dauer in Petersburg zu verbleiben. Eine Schrift aus dieser Zeit ragte heraus, da sie sich nicht mit der üblichen Mechanik befasst. Die Arbeit beschrieb eine völlig neue Art der Risikobewertung bei wirtschaftlichen Unternehmungen und bewertete die Dinge nicht nach ihrem Preis, sondern nach dem erbrachten Nutzen. Nach seiner Auffassung ist der Preis für alle gleich; ein größerer Gewinn kann für einen Millionär unerheblich sein, für eine mittellose Person jedoch immensen Nutzen erbringen.

Um nach Basel zurückkehren zu können, bewarb sich Daniel dreimal an der dortigen Universität. So konnte er erst 1733 nach Basel zu seinem Bruder Johann II zurückkehren. Er verlängerte die Heimreise, indem er Umwege über Danzig, Hamburg, die Niederlande und Paris machte; in der französischen Hauptstadt genoss er einem mehrwöchigen Aufenthalt. In Basel trat er seine neue Stelle als Lehrstuhlinhaber für Anatomie und Botanik an. Im selben Jahr erhielt seine Arbeit über die Neigung der Planetenbahnen den Großen Preis der Pariser Akademie; den ersten Platz musste er sich jedoch mit seinem Vater teilen. Wie schon erwähnt, erregte dies den Zorn des Vaters, der daraufhin ein Plagiat der *Hydrodynamica* Daniels publizierte. Daniel war schockiert und schrieb:

Man hat mich meiner gesamten *Hydrodynamica* beraubt, von der ich nicht einen Bruchteil meinem Vater verdanke; man hat mich somit um die Früchte von 10 Jahren Arbeit gebracht.

Zum Glück für Daniel wurde er als der wahre Autor erkannt, sein Vater war vor aller Welt blamiert. Insgesamt gewann Daniel zehn Mal den Großen Preis der Pariser Akademie mit nautischen Themen wie die Theorie der Gezeiten, die Meeresströmungen und die Stabilität von Schiffen auf hoher See.

Die 1738 erschienene *Hydrodynamica* war Daniels Hauptwerk, in dem er zwei neue Gesetze über die Bewegung von Flüssigkeiten aufstellte. Zum einen erklärte er das Gesetz von Boyle-Mariotte mittels mikroskopischer Bewegung seiner Moleküle, womit er die kinetische Gastheorie begründete. Zum anderen formulierte Daniel die Bernoulli'sche Strömungsgleichung, mit der u. a. der Auftrieb von Tragflächen berechnet werden kann.

1750 wurde Daniel B. im Alter von 50 Jahren auf den Lehrstuhl für Physik an der Universität Basel berufen. Er blieb in dieser Position bis zu seiner Pensionierung im Alter von 76 Jahren. Zwar erhielt er weitere Angebote für Lehrstühle an anderen Universitäten, verließ Basel aber nie wieder. Den Briefkontakt mit anderen Wissenschaftlern, wie Maupertuis und seinem alten Freund Euler und dessen Sohn Johann, hielt er jedoch aufrecht. Daniel Bernoulli starb im Alter von 82 Jahren in seiner Heimatstadt Basel.

Nachruf H. Straub verfasste folgende Biografie im *Dictionary of Scientific Biography* (New York 1970–1990):

Bernoullis aktiver und einfallsreicher Geist beschäftigte sich mit den unterschiedlichsten wissenschaftlichen Gebieten. Diese breit gefächerten Interessen hinderten ihn jedoch oft daran, einige Projekte zu Ende zu führen. Es ist besonders bedauerlich ist, dass er die rasante Entwicklung der Mathematik nicht mitverfolgen konnte, die mit der Einführung der partiellen Differentialgleichungen in der mathematischen Physik einherging. Dennoch hat er sich durch seine Entdeckungen auf dem Gebiet der Hydrophysik einen festen Platz in der Wissenschaftsgeschichte gesichert, ebenso durch seine Arbeiten in der Hydrodynamik, seine Vorwegnahme der kinetischen Theorie der Gase, seiner neuartigen Bewertung von Vermögensvermehrung und dem Nachweis, dass die Bewegung einer Saite eines Musikinstruments aus der Überlagerung von zahllosen harmonischen Schwingungen besteht.

10.4 Die Bernoulli-Ungleichung

Die von Jakob B. gefundene und oft benötigte Bernoulli-Ungleichung findet sich in jedem Analysis-Buch:

$$(1+x)^n > 1 + nx; \; x > 0; \; n \geq 2$$

Hier der Beweis mittels Induktion:

Induktionsanfang $(n = 2)$: $(1 + x)^2 = 1 + 2x + x^2 > 1 + 2x$

Indktionsvoraussetzung : $(1 + x)^n > 1 + nx$

Induktionsschluss: $(1 + x)^{n+1} > (1 + nx)(1 + x) = 1 + (n + 1)x + nx^2 > 1 + (n + 1)x$

Wie man sieht, ist die Ungleichung die Beschränkung der binomischen Reihe auf die ersten beiden Terme:

$$(1 + x)^n = 1 + \frac{nx}{1!} + \frac{n(n - 1)x^2}{2!} + \ldots$$

10.5   Divergenz der harmonische Reihe

Johanns Beweis über die Divergenz der harmonischen Reihe H_n erschien in der Schrift *Tractatus de seriebus infinitis* (1713) seines Bruders Jakob, wobei dieser den Autor ohne Brudertwist nannte. Johann betrachtete die harmonische Reihe ohne die führende Eins:

$$A = \frac{1}{2} + \frac{1}{3} + \frac{1}{4} + \frac{1}{5} + \frac{1}{6} + \ldots + \frac{1}{k} + \ldots$$

Die Brüche werden so erweitert, dass die Zähler die natürlichen Zahlen werden:

$$A = \frac{1}{2} + \frac{2}{6} + \frac{3}{12} + \frac{4}{20} + \frac{5}{30} + \ldots$$

Unter Verwendung der von Leibniz gefundenen Reihe der inversen Dreieckszahlen kann Johann schreiben:

$$C = \frac{1}{2} + \frac{1}{6} + \frac{1}{12} + \frac{1}{20} + \frac{1}{30} + \ldots = 1$$

Von dieser Summe wird sukzessive der jeweils erste Summand subtrahiert:

$$D = \frac{1}{6} + \frac{1}{12} + \frac{1}{20} + \frac{1}{30} + \frac{1}{42} + \ldots = C - \frac{1}{2} = \frac{1}{2}$$

$$E = \frac{1}{12} + \frac{1}{20} + \frac{1}{30} + \frac{1}{42} + \frac{1}{56} + \ldots = D - \frac{1}{6} = \frac{1}{3}$$

$$F = \frac{1}{20} + \frac{1}{30} + \frac{1}{42} + \frac{1}{56} + \frac{1}{72} + \ldots = E - \frac{1}{12} = \frac{1}{4}$$

$$G = \frac{1}{30} + \frac{1}{42} + \frac{1}{56} + \frac{1}{72} + \frac{1}{90} + \ldots = F - \frac{1}{20} = \frac{1}{5} \text{ usw.}$$

Addieren der ersten und zweiten linken Spalte des Systems liefert:

$$C + D + E + F + G + \ldots = \frac{1}{2} + \left(\frac{1}{6} + \frac{1}{6}\right) + \left(\frac{1}{12} + \frac{1}{12} + \frac{1}{12}\right) + \left(\frac{1}{20} + \frac{1}{20} + \frac{1}{20} + \frac{1}{20}\right) + \ldots$$

$$= \frac{1}{2} + \frac{2}{6} + \frac{3}{12} + \frac{4}{20} + \ldots = A$$

Addiert man dagegen die linke und die ganz rechte Spalte, so erhält man:

$$C + D + E + F + G + \ldots = 1 + \frac{1}{2} + \frac{1}{3} + \frac{1}{4} + \frac{1}{5} + \ldots = 1 + A$$

Dies liefert einen Widerspruch bei der Annahme, A sei endlich. Somit gilt: A ist unendlich und die harmonische Reihe divergiert. Die Annäherung der harmonischen Reihe an Unendlich erfolgt extrem langsam, so liefern eine Milliarde Summanden den Wert:

$$H_{10^9} = 21.30048\,15023\,47944\,01668\,51018$$

10.6 Anfänge der Differenzialgeometrie

1) Die logarithmische Spirale

Von den zahlreichen Kurven dritter oder vierter Ordnung, die ab Mitte des 17. Jahrhunderts gefunden wurden, haben drei das besondere Interesse von Jakob Bernoulli gefunden: die Lemniskate, die Zykloide und die logarithmische Spirale. Letztere Kurve sollte sein Epitaph schmücken, jedoch der Steinmetz versagte und gravierte eine Archimedes-Spirale. Die logarithmische Spirale hat die Eigenschaft, dass jede Gerade durch den Ursprung alle Windungen unter dem gleichen Winkel schneidet. Da die Spirale bei jeder Windung ähnlich bleibt, formulierte Jakob B. das Motto für seine Grabplatte: *Eadem mutata resurgo* (Obwohl geändert, erscheine ich wieder in gleicher Gestalt).

Jakob B. war einer der ersten Geometer, die die Polarform zur Kurvendarstellung einsetzten. Die logarithmische Spirale hat die Polarform $\ln r = a\varphi \Rightarrow r = e^{a\varphi}$. An der Exponentialdarstellung sieht man, dass die Abstände der Windungen vom Ursprung sich wie eine geometrische Folge verhalten:

$$r_1 = e^{a(\varphi+\theta)} = e^{a\varphi} e^{a\theta} \Rightarrow \frac{r_1}{r} = e^{a\theta}$$

Die logarithmische Spirale (Abb. 10.8) hat noch eine weitere Eigenschaft: Sie geht bei der *Kreisinversion* $r \mapsto \frac{1}{r}$ in ihr Spiegelbild über: $\frac{1}{r} = e^{a\varphi} \Rightarrow r = e^{-a\varphi}$. Hinzu kommt eine dritte Eigenschaft: Der Winkel ψ zwischen Radiusvektor und Tangente ist stets konstant; es gilt $\tan \psi = 1/a$. So erstaunt es nicht, dass J. Bernoulli die Spirale *wundersam* nannte: *Spira mirabilis*. Er schrieb (zitiert nach Moritz[1]):

> Da diese wunderbare Spirale von solcher singulärer und staunenswerter Einzigkeit sich stets selbstähnlich reproduziert, wie sie auch entwickelt, reflektiert und gebrochen wird [...] Sie kann als Symbol entweder für Stärke und Beständigkeit in Widrigkeiten oder für den menschlichen Körper verwendet werden, der nach all seinen Veränderungen, auch nach dem Tod, zu seinem exakten und perfekten Selbst zurückgeführt wird.

---

[1] Moritz R. E.: On Mathematics and Mathematicians, Mason Press 2007, S. 144–145.

Abb. 10.8 Logarithmische
Spirale

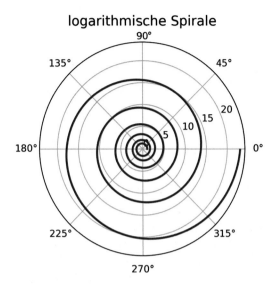

Die Bogenlänge in Polarkoordinaten ist definiert als:

$$s = \int_{\varphi_1}^{\varphi_2} \sqrt{r^2 + \left(\frac{dr}{d\varphi}\right)^2} \, d\varphi$$

Es gilt: $r = e^{a\varphi} \Rightarrow \frac{dr}{d\varphi} = ae^{a\varphi}$. Die Bogenlänge der ersten 3 Windungen ergibt wie folgt:

$$s = \int_0^{6\pi} \sqrt{e^{2a\varphi} + \left(a^2 e^{a\varphi}\right)^2} \, d\varphi = \sqrt{1 + a^2} \int_0^{6\pi} e^{a\varphi} \, d\varphi$$

$$= \frac{1}{a}\sqrt{1 + a^2} \left[e^{a\varphi}\right]_0^{6\pi} = \frac{1}{a}\sqrt{1 + a^2} \left(e^{6a\pi} - 1\right)$$

2) Die Lemniskate von Bernoulli

Jakob B. beschrieb in einem Artikel für Acta Eruditorum (1694) die Kurve, die er *Lemniskate* (lateinisch: *lemniscus* = Zierband) nannte (Abb. 10.9); er gab dafür die Gleichung $x^2 + y^2 = a\sqrt{x^2 - y^2}$ an. Führt man Polarkoordinaten ein, so ergibt sich mit $x = r\cos\varphi; y = r\sin\varphi$:

$$r^2 = ar\sqrt{(\cos\varphi)^2 - (\sin\varphi)^2} = ar\sqrt{\cos 2\varphi} \Rightarrow r = a\sqrt{\cos 2\varphi}$$

Jakob entdeckte die Kurve im Zusammenhang mit einem elliptischen Integral. Die Berechnung der Bogenlänge s führt nach der Substitution $\cos 2\varphi \mapsto (\cos\theta)^2$ auf das elliptische Integral 1. Gattung $K(\theta)$:

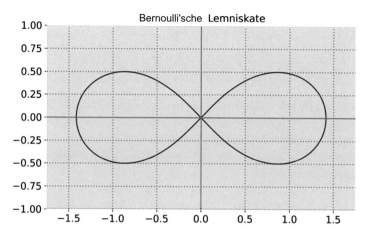

Abb. 10.9 Lemniskate

$$s = \frac{4a}{\sqrt{2}} \int_0^{\pi/2} \frac{d\theta}{\sqrt{1 - 0.5(\sin\theta)^2}} = \frac{4a}{\sqrt{2}} K\left(\frac{1}{2}\right) = \frac{a}{\sqrt{2\pi}} \Gamma\left(\frac{1}{4}\right)^2$$

Für die Fläche in Polarkoordinaten gilt nach Leibniz: $A = \frac{1}{2}\int_{\varphi_1}^{\varphi_1} r^2 d\varphi$. Da die Lemniskate punktsymmetrisch (zum Ursprung) ist, ergibt sich die Fläche durch Integration im ersten Quadranten:

$$A = 2\int_0^{\pi/4} r^2 d\varphi = 2a^2 \int_0^{\pi/4} \cos 2\varphi\, d\varphi = a^2 [\sin 2\varphi]_0^{\pi/4} = a^2$$

Jakob wusste nicht, dass die Kurve ein Spezialfall der bekannten Ovale darstellt, die Cassini bereits 1680 beschrieben hatte. Die allgemeinen Eigenschaften der Lemniskate wurden von dem adligen Mathematiker Giulio Carlo Fagnano (dei Toschi, 1682–1766) in seiner Schrift *Produzioni matematiche* (1750) ermittelt[2]. Ihm gefiel die Kurve so gut, dass er sie als Titelbild bestimmte mit dem Untertitel *Deo veritas gloria*. In seinem Werk über elliptische Funktionen leitete er für den Umfang der Lemniskate das nach ihm benannte Integral

$$U = 4\int_0^1 \frac{dt}{\sqrt{1 - t^4}}$$

her (vgl. Abschn. 14.11). Die Untersuchungen von Euler und Gauß zum Lemniskaten-Umfang führten schließlich zur allgemeinen Theorie der elliptischen Funktionen.

---

[2]Ayoub R.: The Lemniscate and Fagnano's Contributions to Elliptic Integrals, Arch. Hist. Exact Sci. 29 (1984), S. 131–149.

3) Die Zykloide
Die Zykloide wurde 1599 von Galileo Galilei erfunden; ihre Parameterdarstellung ist:

$$x = a(t - \sin t); \quad y = a(1 - \cos t)$$

Dabei ist a der Radius des abrollenden Kreises. Galilei berichtete Torricelli über die Kurve, der wiederum M. Mersenne informierte. Mersenne stellte 1628 Roberval die Aufgabe, die Fläche unter dem Zykloidenbogen zu bestimmen (Ergebnis $A = 3\pi a^2$). Stolz über seinen Erfolg teilte Roberval das Ergebnis Descartes mit; dieser spielte den Erfolg herunter mit der Bemerkung:

> Dies sei ein hübsches Problem, das er noch nicht gekannt habe, das aber keine Schwierigkeit für einen mittelmäßig begabten Geometer darstelle.

Descartes wiederum forderte Roberval auf, die Tangentengleichung aufzustellen; Roberval versagte, jedoch Fermat hatte damit Erfolg. Torricelli glückte, unabhängig von Roberval, die Flächenbestimmung; Viviani gelang die Tangentenkonstruktion. Die Kurve erregte auch das Interesse Pascals, der sich lange Zeit nur mit Theologie befasst hatte. Ihm gelang es, den Schwerpunkt der Zykloidenfläche und das Volumen des zugehörigen Rotationskörpers zu bestimmen und forderte – unter dem Pseudonym Dettonville – die Mathematikkollegen mit diesen Problemen heraus. C. Wren ermittelte die Bogenlänge der Zykloide korrekt zu $8a$:

Es gilt: $\dot{x} = a(1 - \cos t); \quad \dot{y} = a \sin t \Rightarrow \dot{x}^2 + \dot{y}^2 = 2a^2(1 - \cos t)$. Wegen der Symmetrie gilt für die Bogenlänge:

$$s = 2 \int_0^\pi \sqrt{\dot{x}^2 + \dot{y}^2}\, dt = 2\sqrt{2}a \int_0^\pi \sqrt{1 - \cos t}\, dt$$

Die Substitution ergibt:

$$z = \cos t \Rightarrow \frac{dz}{dt} = -\sin t = -\sqrt{1 - \cos^2 t} = -\sqrt{1 - z^2} \Rightarrow dt = -\frac{dz}{\sqrt{1 - z^2}}$$

Damit folgt:

$$s = -2\sqrt{2}a \int_{-1}^1 \sqrt{1 - z}\frac{dz}{\sqrt{1 - z^2}} = 2\sqrt{2}a \int_{-1}^1 \frac{dz}{\sqrt{1 + z}} = 2\sqrt{2}a \cdot 2\left[\sqrt{1 + z}\,\right]_{-1}^1 = 8a$$

Huygens erkannte, dass ein Teilchen auf einer Zykloide gleitend eine harmonische Schwingung vollführt, und machte dies zur Grundlage der Konstruktion seiner Pendeluhr (*Horologium oscillatorium* 1673).

10.7 Das Basler Problem

Das Basler Problem (in der englischen Literatur *Basel Problem* genannt) wurde 1644 von Pietro Mengoli aufgeworfen. Gesucht wird, die Reihensumme der Kehrwerte der Quadrate:

$$Q = 1 + \frac{1}{2^2} + \frac{1}{3^2} + \frac{1}{4^2} + \frac{1}{5^2} + \ldots + \frac{1}{k^2} + \ldots$$

Die Aufgabe erregte das Interesse vieler Mathematiker. Wallis fand 1655 die Summe auf drei geltende Stellen, Daniel B. (1721) ungefähr den Wert $\frac{8}{5}$ und Goldbach (1721) die Schranken $\frac{41}{35} < Q < \frac{5}{3}$.

Johann Bernoulli versuchte in seinem Werk *Tractatus de seriebus infinitis* (1689) den Reihenwert zu ermitteln. Er konnte jedoch nur eine konvergente Majorante bestimmen mithilfe der Ungleichung für $k > 1$:

$$\frac{1}{k^2} < \frac{2}{k(k+1)}$$

Die Ungleichung auf jeden Summanden angewandt, ergibt:

$$Q_n = 1 + \frac{1}{4} + \frac{1}{9} + \frac{1}{16} + \frac{1}{25} + \frac{1}{36} + \ldots + \frac{1}{k^2} + \ldots$$
$$< 1 + \frac{1}{3} + \frac{1}{6} + \frac{1}{10} + \frac{1}{15} + \frac{1}{21} + \ldots + \frac{2}{k(k+1)} + \ldots$$

In der letzten Zeile erkannte Jakob B. die Reihe der inversen Dreieckszahlen, deren Summe nach Leibniz den Wert 2 besitzt. Somit wurde die Konvergenz dieser Reihe zu einem Wert kleiner 2 nachgewiesen. Die Summation der ersten 25 Terme liefert einen Wert um 1.606... Auch seinem Bruder Jakob B. oder anderen Mathematikern an der Universität Basel gelang die Summation von Q zunächst nicht. Jakob schrieb 1689 an alle Mathematikerkollegen:

> Groß wird unsere Dankbarkeit sein, wenn jemand das findet und uns mitteilt, was sich bisher allen Anstrengungen entzogen hat!

Berühmte Kollegen wie Leibniz, Stirling und de Moivre scheitern an der Lösung. Euler in St. Petersburg fand die Lösung und publizierte sie in seiner Schrift *De Summis Serierum Reciprocarum* (1736). Das Ergebnis war (s. Abschn. 14.8):

$$\lim_{n \to \infty} Q_n = \frac{\pi^2}{6}$$

Als Johann B. von der Eulers Lösung hörte, sagte er: *Utinam frater superstes effet!* (Wenn mein Bruder das noch erlebt hätte!)

10.8   Die Entdeckung der Zahl „e"

Jakob Bernoulli formulierte 1689 das Problem der stetigen Verzinsung in einem Aufsatz[3]:

> Eine Summe Geldes sei auf Zinsen angelegt, dass in den einzelnen Augenblicken ein proportionaler Teil der Jahreszinsen zum Kapital geschlagen wird.

Als Beispiel wählt Jakob B. das Kapital 1 und den (unrealistischen) Zinsfuß 100%. Dann erhält man bei unterjähriger Verzinsung:

- jährlich $K_1 = (1 + 1)^1 = 2$
- halbjährlich $K_2 = \left(1 + \frac{1}{2}\right)^2 = 2.25$
- vierteljährlich $K_4 = \left(1 + \frac{1}{4}\right) = 2.44141$
- monatlich $K_{12} = \left(1 + \frac{1}{12}\right)^{12} = 2.61303$
- wöchentlich $K_{52} = \left(1 + \frac{1}{52}\right)^{52} = 2.69260$
- täglich $K_{360} = \left(1 + \frac{1}{360}\right)^{360} = 2.71451$

Eine Frage stellt sich: Wächst das Kapital bei immer kleiner werdenden Zeitschritten beliebig an? Was ergibt sich bei stetiger Verzinsung?

Jakob B. konnte die Schranken $2 < K_n < 3$ bestimmen; die Konvergenz der Folge ergibt sich aus der Monotonie und der Beschränktheit nach oben. Mit der Ungleichung $n! \geq 2^{n-1}$; $n \varepsilon \mathbb{N}$ gilt:

$$2 < \left(1 + \frac{1}{n}\right)^n < 1 + 1 + \frac{1}{2!} + \frac{1}{3!} + \ldots + \frac{1}{n!} < 1 + 1 + \frac{1}{2} + \frac{1}{2^2} + \ldots + \frac{1}{2^{n-1}} < 3$$

So unterblieb eine Veröffentlichung. 1993 fand man in dem privaten Notizbuch *Meditatio*[4] (Nr. 150 und 177) Aufzeichnungen, die zeigen, dass Jakob der Übergang von $\lim_{n \to \infty} \left(1 + \frac{1}{n}\right)^n$ zur Reihe $\left(1 + 1 + \frac{1}{2!} + \frac{1}{3!} + \frac{1}{4!} + \ldots\right)$ geglückt war; er nannte die zugehörige Funktion *Curva Logarithmica*. Erst 1704 publizierte Jakob B. seine Herleitung in *Meditatio* 177; er hat damit den Rechengang Eulers in der *Introductio* (1748) vorweggenommen:

$$\left(1 + \frac{x}{n}\right)^n = \sum_{k=0}^n \binom{n}{k} \frac{x^k}{n^k} = \sum_{k=0}^n r_k \frac{x^k}{k!} \to e^x$$

Dabei wurde folgende Umformung gemacht:

$$r_k = \frac{n}{n} \frac{n-1}{n} \frac{n-1}{n} \ldots \frac{n-k+1}{n} \leq 1$$

---

[3] Bernoulli Jakob: Quaestiones Nonnullae de Usuris, Acta Eruditorum, Mai 1690, S. 219–223.
[4] Bernoulli Jakob, Weil A. (Hrsg.): Die Werke Jakob Bernoullis, Band IV, Basel Birkhäuser 1956.

Nach Definition der r_k ist jeder Faktor ≤ 1, also auch das Produkt. Im Grenzwert gilt $\lim_{n \to \infty} r_k = 1$. Damit ist die Konvergenz der Reihe gegen eine reelle Zahl aus $[2; 3]$ gesichert; die Zahl wurde später zu Ehren Eulers „e" genannt.

Für die obengenannte Verzinsung gilt damit:

$$\lim_{n \to \infty} \left(1 + \frac{1}{n}\right)^n = \sum_{k=0}^{\infty} \frac{1}{k!} = e$$

Neben den angesprochenen Fragen stellte Jakob B. zahlreiche kaufmännische Überlegungen an, die nicht unser Thema sind. Hier wird auf die Literatur[5] verwiesen.

10.9   Die Bernoulli-Zahlen

In seinem Werk *Ars Conjectandi,* posthum 1713 veröffentlicht, leitete Jakob Bernoulli die Reihenentwicklung von Σn^k für $k \leq 10$ her. Er schrieb:

Wer aber diese Reihe in Bezug auf ihre Gesetzmäßigkeit genauer betrachtet, kann auch ohne umständliche Rechnung die Tafel fortsetzen. Bezeichnet c den ganzzahligen Exponenten irgend einer Potenz, so ist in der Schreibweise von Jakob:

$$\int n^c \propto \frac{1}{c+1}n^{c+1} + \frac{1}{2}n^c + \frac{1}{2}cAn^{c-1} + \frac{c.c - 1.c - 2}{2 \cdot 3 \cdot 4}Bn^{c-3} +$$
$$+ \frac{c.c - 1.c - 2.c - 3.c - 4}{2 \cdot 3 \cdot 4 \cdot 5 \cdot 6}Cn^{c-5} + \frac{c.c - 1.c - 2.c - 3.c - 4.c - 5.c - 6}{2 \cdot 3 \cdot 4 \cdot 5 \cdot 6 \cdot 7 \cdot 8}Dn^{c-7} + \dots$$

Wobei die Exponenten der Potenzen von *n* regelmäßig fort um 2 abnehmen bis herab zu n oder nm. Die Buchstaben *A, B, C, D* bezeichnen der Reihe nach die Coeffizienten von *n* in den Ausdrücken für $\int nn, \int n^4, \int n^6, \dots$, nämlich

$$A = \frac{1}{6}, B = -\frac{1}{30}, C = \frac{1}{42}, D = -\frac{1}{30}, \dots$$

Diese Coeffizienten aber haben die Eigenschaften, dass sie die übrigen Coeffizienten, welche in dem Ausdrucke der betreffenden Potenzsumme auftreten, zur Einheit ergänzen; so haben wie z. B. den Werth von D gleich $-\frac{1}{30}$ angegeben, weil

$$\frac{1}{9} + \frac{1}{2} + \frac{1}{3} - \frac{7}{15} + \frac{2}{9} + (+D) - \frac{1}{30} = 1 \; oder \; \frac{1}{30} + D = 1$$

sein muss. Mit Hülfe der obigen Tafel habe ich innerhalb einer halben Viertelstunde gefunden, dass die 10ten Potenzen der ersten tausend Zahlen die Summe liefern:

91 409 924 241 424 243 424 241 924 242 500

[5]Sternemann W.: Die stetige Verzinsung bei Jakob Bernoulli, Math. Semesterberichte 62(2), 159–172 (2015).

Bernoulli verwendet hier noch das Integralzeichen für die Summation. Die angegebene Summe $\sum_{k=1}^{1000} k^{10}$ ist korrekt; die Berechnung muss äußert aufwendig gewesen sein. Die ersten, später von de Moivre nach Bernoulli benannten, Zahlen B_i mit geraden Indizes sind:

```
1     -1/2
2     1/6
4     -1/30
6     1/42
8     -1/30
10    5/66
12    -691/2730
14    7/6
16    -3617/510
18    43867/798
20    -174611/330
22    854513/138
24    -236364091/2730
26    8553103/6
```

Die Zahlen mit den ungeraden Indizes (>2) sind allesamt Null. Wie ersichtlich können die Bernoulli-Zahlen beliebig groß werden. Sie stehen im Zusammenhang mit der Zetafunktion:

$$|B_{2k}| = \frac{2(2k)!}{(2\pi)^{2k}} \zeta(2k)$$

Die folgenden Rechnungen verwenden aus Gründen der besseren Lesbarkeit die moderne Schreibweise. Das Fakultätssymbol $n!$ wurde erst 1808 von Chr. Kramp (Köln) erfunden, das Symbol für Binomialkoeffizienten $\binom{n}{k}$ erst 1826 von A. von Ettinghausen (Wien).

Mithilfe seiner Zahlen konnte er alle Potenzsummen bestimmen. Für den Exponenten 4 erhielt er:

$$1^4 + 2^4 + 3^4 + \ldots + n^4 = \frac{1}{5}\left[\binom{5}{0}B_0 n^5 + \binom{5}{1}B_1 n^4 + \binom{5}{2}B_2 n^3 + \binom{5}{3}B_3 n^2 + \binom{5}{4}B_4 n \right]$$

$$= \frac{1}{5}n^5 + \frac{1}{2}n^4 + \frac{1}{3}n^3 - \frac{1}{30}n$$

Analog für die Exponenten 8 bzw. 10:

$$\sum_{k=1}^{n} k^8 = \frac{1}{9}n^9 + \frac{1}{2}n^8 + \frac{2}{3}n^7 - \frac{7}{15}n^5 + \frac{2}{9}n^3 - \frac{1}{30}n$$

$$\sum_{k=1}^{n} k^{10} = \frac{1}{11}n^{11} + \frac{1}{2}n^{10} + \frac{5}{6}n^9 - n^7 + n^5 + \frac{5}{66}n$$

Wie man aus dem oben angegebenen Zitat ersieht, setzte er jeweils $n = 1$, und konnte so seine Zahlen rekursiv ermitteln.

Euler ermittelte die Bernoulli-Zahlen mithilfe der erzeugenden Funktion:

$$f(x) = \frac{x}{e^x - 1} = \sum_{n=0}^{\infty} \frac{B_n}{n!} x^n$$

Die Taylor-Reihe konvergiert für $|x| < 2\pi \cdot f(x)$ kann im Nullpunkt stetig mit $f(0) = 1$ ergänzt werden. Auffällig ist der Wert $B_{12} = -\frac{691}{2730}$. Bei seiner Reihenentwicklung dachte Euler zunächst nicht an die Bernoulli-Zahlen, erst die bekannte Primzahl 691 brachte ihn auf die Spur. Die Reihe lautet:

$$f(x) = 1 - \frac{x}{2} + \frac{x^2}{12} - \frac{x^4}{720} + \frac{x^6}{30240} - \frac{x^8}{1209600} + \frac{x^{10}}{47900160} - \frac{691 x^{12}}{1307674368000} + \cdots$$

Durch Entwicklung der im Nenner stehenden e-Funktion erhält man die Darstellung:

$$f(x) = \left[\sum_{k=0}^{\infty} \frac{x^k}{(k+1)!} \right]^{-1}$$

Gleichsetzen zeigt:

$$\sum_{n=0}^{\infty} \frac{B_n}{n!} x^n \cdot \left[\sum_{k=0}^{\infty} \frac{x^k}{(k+1)!} \right] = \sum_{k=0}^{\infty} \left[\sum_{n=0}^{k} \binom{k+1}{n} B_n \right] \frac{x^k}{(k+1)!} = 1$$

Der Vergleich der Konstanten zeigt $B_0 = 1$. Die Gleichung kann nur erfüllt sein, wenn die eckige Klammer für $k \geq 1$ verschwindet; d. h., es muss gelten:

$$\sum_{n=0}^{k} \binom{k+1}{n} B_n = 0$$

Diese Form erlaubt das rekursive Berechnen der Bernoulli-Zahlen mit dem Startwert $B_0 = 1$:

$$B_n = -\frac{1}{n+1} \sum_{k=0}^{n-1} \binom{n+1}{k} B_k$$

Es gibt zahlreiche Funktionen, deren Reihenentwicklung Bernoulli-Zahlen enthalten:[6]

$$\tan x = \sum_{k=1}^{\infty} (-1)^k \left(1 - 4^k\right) \frac{B_{2k}}{(2k)!} x^{2k-1}; \quad |x| < \frac{\pi}{2} 119$$

$$\tanh x = \sum_{k=1}^{\infty} \left(4^k - 1\right) \frac{B_{2k}}{(2k)!} x^{2k-1}; \quad |x| < \frac{\pi}{2}$$

$$\cot x = \sum_{k=0}^{\infty} (-1)^k 4^k \frac{B_{2k}}{(2k)!} x^{2k-1}; \quad |x| < \pi$$

$$x \coth x = 1 + \sum_{k=1}^{\infty} (-1)^{k+1} \frac{4^k B_k}{(2k)!} x^{2k}; \quad |x| < \pi$$

---

[6] Kummer E.E.: Allgemeiner Beweis des Fermatschen Satzes …, J. Reine Angew. Math. 40 (1850), S. 131–138.

Ergänzung Mithilfe der letzten Formel erhält man die Reihenentwicklung:

$$\frac{\pi}{x}\coth x\pi = \frac{1}{x^2} + \frac{\pi^2}{3} - \frac{\pi^4 x^2}{45} + \frac{2\pi^6 x^4}{945} - \frac{\pi^8 x^6}{4725} + \frac{2\pi^{10} x^8}{93555} - \dots$$

Die Funktionentheorie liefert für die Funktion die Laurent-Entwicklung:

$$\frac{\pi}{x}\coth x\pi = \sum_{k=-\infty}^{\infty} \frac{1}{x^2 + k^2}$$

Aus Symmetriegründen folgt:

$$\sum_{k=1}^{\infty} \frac{1}{x^2 + k^2} = \frac{1}{2}\left(\frac{\pi}{x}\coth x\pi - \frac{1}{x^2}\right)$$

Damit wird das Ergebnis des Basler Problems bestätigt:

$$\sum_{k=1}^{\infty} \frac{1}{k^2} = \lim_{x\to 0}\sum_{k=1}^{\infty} \frac{1}{x^2 + k^2} = \lim_{x\to 0}\frac{1}{2}\left[\frac{1}{x^2} + \frac{\pi^2}{3} - \frac{\pi^4 x^2}{45} + \dots - \frac{1}{x^2}\right] = \frac{\pi^2}{6}$$

Eine wichtige Rolle spielen die Bernoulli-Zahlen auch in der Zahlentheorie. Von Staudt stellte fest, dass für alle Primzahlen p mit $p-1|2k$ gilt:

$$pB_{2k} \equiv -1 \, mod \, p$$

Kummer definierte eine ungerade Primzahl p als *regulär*, wenn sie keinen der Zähler von $\{B_2, B_4, B_6, \dots, B_{p-3}\}$ teilt. Damit konnte er 1850 zeigen, dass die Vermutung von Fermat $x^p + y^p = z^p$ für alle Potenzen p von 2 bis 100 gilt, mit Ausnahme von $\{37, 59, 67, 74\}$.

Ausblick auf moderne Herleitung:

Jakob Bernoulli war ausgegangen von folgender Darstellung:

$$n = n$$

$$n^2 = n + 2\sum(n-1)$$

$$n^3 = n + 3\sum(n-1) + 3\sum(n-1)^2$$

$$n^4 = n + 4\sum(n-1) + 6\sum(n-1)^2 + 4\sum(n-1)^3$$

Dieses Gleichungssystem lautet in moderner Matrix-Schreibweise:

$$\begin{pmatrix} n \\ n^2 \\ n^3 \\ n^4 \\ \dots \end{pmatrix} = \begin{pmatrix} 1 & 0 & 0 & 0 & \cdots \\ 1 & 2 & 0 & 0 & \cdots \\ 1 & 3 & 3 & 0 & \cdots \\ 1 & 4 & 6 & 4 & \cdots \\ \dots & \dots & \dots & \dots & \dots \end{pmatrix} \begin{pmatrix} n \\ \Sigma(n-1) \\ \Sigma(n-1)^2 \\ \Sigma(n-1)^3 \\ \dots \end{pmatrix}$$

Die Determinante der unteren Dreiecksmatrix ist das Produkt der Hauptdiagonal-
elemente und somit positiv. Es existiert also die inversen Matrix; für sie gilt:

$$
\begin{pmatrix} n \\ \Sigma(n-1) \\ \Sigma(n-1)^2 \\ \Sigma(n-1)^3 \\ \ldots \end{pmatrix} = \begin{pmatrix} 1 & 0 & & 0 & 0 & \cdots \\ -1/2 & 1/2 & & 0 & 0 & \cdots \\ 1/6 & -1/2 & 1/3 & 0 & & \cdots \\ 0 & 1/4 & -1/2 & 1/4 & & \cdots \\ \ldots & \ldots & \ldots & \ldots & \ldots \end{pmatrix} \begin{pmatrix} n \\ n^2 \\ n^3 \\ n^4 \\ \ldots \end{pmatrix}
$$

Die Elemente der ersten Spalte der Matrix nannte de Moivre die *Bernoulli*-Zahlen. Bei
der Substitution $n \mapsto n+1$ werden die Summen umgeformt zu:

$$
\sum\nolimits_{n=2}^{r} (n-1)^k = \sum\nolimits_{n=1}^{r} n^k - n^r
$$

Alle Elemente der Subdiagonale werden dabei um eins erhöht:

$$
\begin{pmatrix} \Sigma 1 \\ \Sigma n \\ \Sigma n^2 \\ \Sigma n^3 \\ \ldots \end{pmatrix} = \begin{pmatrix} 1 & 0 & & 0 & 0 & \cdots \\ 1/2 & 1/2 & & 0 & 0 & \cdots \\ 1/6 & 1/2 & 1/3 & 0 & & \cdots \\ 0 & 1/4 & 1/2 & 1/4 & & \cdots \\ \ldots & \ldots & \ldots & \ldots & \ldots \end{pmatrix} \begin{pmatrix} n \\ n^2 \\ n^3 \\ n^4 \\ \ldots \end{pmatrix}
$$

Ebenso entfällt die Eins am Rand, da die Zeilensumme jeweils Eins betragen muss.

Jakob B. war sehr stolz auf seine Potenzsummenformel. Wie das oben gegebene Zitat
zeigt, bestimmte er *in weniger als der Hälfte einer Viertelstunde* die Summe der ersten
1000 Zehnerpotenzen.

Aus dem Anhang von Jakobs Schrift *Ars Conjectandi* stammt die Herleitung der
folgenden Reihe:

$$
\frac{1}{1 \cdot 2} + \frac{1}{2 \cdot 3} + \frac{1}{3 \cdot 4} + \frac{1}{4 \cdot 5} + \ldots + \frac{1}{n(n+1)}
$$

Jakobs Trick bestand darin, die harmonische Reihe zweifach hinzuschreiben und von
sich selbst zu subtrahieren:

$$
S = 1 + \frac{1}{2} + \frac{1}{3} + \frac{1}{4} + \frac{1}{5} + \ldots + \frac{1}{n+1}
$$

$$
S = \quad 1 + \frac{1}{2} + \frac{1}{3} + \frac{1}{4} + \frac{1}{5} + \ldots + \frac{1}{n} + \frac{1}{n+1}
$$

Es ergibt sich die Differenz:

$$
0 = -1 + \frac{1}{1 \cdot 2} + \frac{1}{2 \cdot 3} + \frac{1}{3 \cdot 4} + \frac{1}{4 \cdot 5} + \ldots + \frac{1}{n(n+1)} + \frac{1}{n+1}
$$

Abb. 10.10 Die Funktion von
Johann Bernoulli

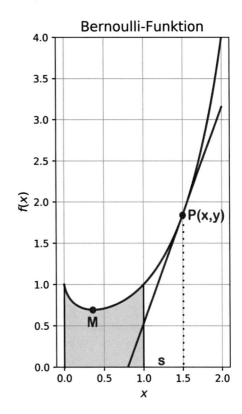

Umformen zeigt:

$$\frac{1}{1\cdot 2}+\frac{1}{2\cdot 3}+\frac{1}{3\cdot 4}+\frac{1}{4\cdot 5}+\dots+\frac{1}{n(n+1)}=1-\frac{1}{n+1}=\frac{n}{n+1}$$

Im Grenzwert $n\to\infty$ erhält man die Reihe

$$\sum_{k=1}^{\infty}\frac{1}{k(k+1)}=1$$

10.10 Eine Kurvendiskussion von Johann Bernoulli

In einer Schrift[7] von 1697 publizierte Johann B. seine Erkenntnisse über die Logarithmus-Funktion. So fand er beispielsweise das totale Differenzial der Funktion $z=\ln\sqrt{x^2+y^2}$ in moderner Schreibweise):

$$dz=\frac{\partial z}{\partial x}dx+\frac{\partial z}{\partial y}dy=\frac{x}{x^2+y^2}dx+\frac{y}{x^2+y^2}dy$$

---

[7] Bernoulli Johannis, Opera omnia, Vol. I, Georg Olms Hildesheim 1968, S. 183.

Voller Stolz schreibt er[8]:

> Mit der von mir gefundenen Methode werde ich eine reiche Ernte einfahren und den neuen
> infinitesimalen Calculus erweitern um bisher nicht oder kaum bekannte Resultate.

Die Funktion $y = x^x (x \geq 0)$ erregte sein besonderes Interesse. Zunächst bestimmte er
das Differenzial:

$$\ln y = \ln x^x = x \ln x \Rightarrow \frac{1}{y} dy = x \frac{dx}{x} + \ln x \, dx = (1 + \ln x) dx$$

Damit konnte er die Steigung der Tangente im Punkt P ermitteln:

$$\frac{dy}{dx} = y' = (1 + \ln x) y$$

Im Steigungsdreieck (Abb. 10.10) ist die Steigung $\frac{y}{s}$. Damit war auch die Subtangente
gefunden: $s = \frac{1}{1 + \ln x}$. Als Nächstes suchte er das Minimum, dazu musste er die nichtlineare Gleichung $1 + \ln x = 0 \Rightarrow x = \frac{1}{e}$ lösen. Da die Formeln für die Umkehrfunktion
noch nicht bekannt waren, musste er die Gleichung numerisch vorgehen. Das Minimum
nimmt die Funktion im Punkt $M\left(\frac{1}{e}; \frac{1}{\sqrt[e]{e}}\right)$ an; die Ordinate beträgt 0.6922. Als weiteren
Schritt wollte er die Fläche unter der Kurve im Bereich [0; 1] bestimmen. Bekannt war
ihm die Reihe der Exponentialfunktion:

$$e^x = 1 + x + \frac{x^2}{2!} + \frac{x^3}{3!} + \ldots + \frac{x^n}{n!} + \ldots$$

Wegen $x^x = \exp(\ln x^x) = \exp(x \ln x)$ substituierte $x \mapsto x \ln x$:

$$x^x = 1 + x \ln x + \frac{x^2 (\ln x)^2}{2!} + \frac{x^3 (\ln x)^3}{3!} + \ldots + \frac{x^n (\ln x)^n}{n!} + \ldots$$

Um die Reihe gliedweise integrieren zu können, erstellte er eine Liste der zugehörigen
Integrale $\int x^k (\ln x)^k$, die man heute mittels partieller Integration ermitteln kann:

$$\int x^k (\ln x)^n dx = \frac{1}{k+1} x^{k+1} (\ln x)^n - \frac{n}{k+1} \int x^k (\ln x)^{n-1} dx$$

Für $k = n = 1$ erhält man

$$\int x \ln x \, dx = \frac{1}{2} x^2 \ln x - \frac{1}{2} \int x \, dx = \frac{1}{2} x^2 \ln x - \frac{1}{4} x^2$$

Für $k = 2; n = 1$ ergibt sich:

$$\int x^2 \ln x \, dx = \frac{1}{3} x^3 (\ln x)^2 - \frac{2}{9} x^3 \ln x + \frac{2}{27} x^3$$

---

[8] Bernoulli Johannis, Opera omnia, Vol. III, Georg Olms Hildesheim 1968, S. 376.

Alle diese Terme $x^k(\ln x)^n$ integrierte er einzeln im Intervall [0; 1] und setzte sie in die Reihenentwicklung ein. Ein Problem ergab sich beim Einsetzen der unteren Integralgrenze:

$$\text{Was ist} \lim_{x\downarrow 0} x^k(\ln x)^n?$$

Der gesuchte Grenzwert lässt sich auf folgenden Limes zurückführen:

$$\lim_{x\downarrow 0} x \cdot \ln x = \lim_{x\downarrow 0} \frac{\ln x}{\frac{1}{x}} = \lim_{x\downarrow 0} \frac{\frac{1}{x}}{-\frac{1}{x^2}} = \lim_{x\downarrow 0} (-x) = 0$$

Diese Grenzwertregel wird später nach L'Hôpital benannt. Damit erhält Johann B. die Reihe:

$$\begin{aligned}
\int_0^1 x^x dx &= 1 - \frac{1}{4} + \frac{1}{2!}\frac{2}{27} - \frac{1}{3!}\frac{6}{256} + \frac{1}{4!}\frac{24}{3125} - \\
&= 1 - \frac{1}{4} + \frac{1}{27} - \frac{1}{256} + \frac{1}{3125} - \cdots \\
&= 1 - \frac{1}{2^2} + \frac{1}{3^3} - \frac{1}{4^4} + \frac{1}{5^5} - \cdots
\end{aligned}$$

Was für ein überraschendes und schönes Ergebnis! Voller Stolz schreibt er[9]:

> Diese wundervolle Reihe konvergiert so schnell, dass der zehnte Term nur noch ein Tausendstel von einem Millionstel der Einheit zur Summe beiträgt.

Er erhält korrekt auf 10 Dezimalen:

$$\int_0^1 x^x dx = 0.7834305107\ldots$$

10.11 Integrationsmethoden der Bernoullis

Jakob B.[10] hatte in einem Aufsatz 1699 die Substitution als Integrationsmethode eingeführt. Er bestimmte als Beispiel das Integral mit der angegebenen Substitution:

$$\int \frac{a^2}{a^2 - x^2} dx; \quad x \mapsto a\frac{b^2 - t^2}{b^2 + t^2}$$

---

[9] Bernoulli Johannis, Opera omnia, Vol. III, Georg Olms Hildesheim 1968, S. 377.
[10] Bernoulli Jakob: Acta Eruditorum 1699, Opera Omnia, Band II, S. 868–870.

Sie führt nach einiger Rechnung zur Form $\int \frac{a}{t} dt$, die sich leicht integrieren lässt. Sein Bruder Johann B.[11] führte zur Vereinfachung die Methode der Partialbrüche ein, die er gleichzeitig mit Leibniz[12] (1702) gefunden hat:

$$\frac{a^2}{a^2 - x^2} = \frac{a}{2}\left(\frac{1}{a+x} + \frac{1}{a-x}\right)$$

In ihrer Korrespondenz kamen sie überein, das alle Integranden wie $\frac{1}{ax^2+bx+c}$ mittels Partialbruch gelöst werden können, gegebenenfalls im Komplexen. Ein Standardbeispiel ist:

$$\int_0^\infty \frac{dx}{x^2 + 1}$$

Mit der Partialbruchzerlegung ergibt sich:

$$\int_0^\infty \frac{dx}{x^2 + 1} = \frac{1}{2i}\int_0^\infty \left(\frac{1}{x-i} + \frac{1}{x+i}\right)dx = \frac{1}{2i}[\ln(x-i) - \ln(x+i)]\Big|_0^\infty$$

$$= \frac{1}{2i}\left[\ln\frac{x-i}{x+i}\right]_0^\infty = -\frac{1}{2i}\ln\left(\frac{-i}{i}\right) = \frac{i}{2}[\ln(-i) - \ln i]$$

$$= \frac{i}{2}[\ln(-i) - \ln i] = \frac{i}{2}\left[\ln\left(\frac{1}{i}\right) - \ln i\right] = -i\ln i$$

Ist der Integralwert gleich A, so folgt durch Exponentiation:

$$e^{-A} = i^i \Rightarrow A = \int_0^\infty \frac{dx}{x^2 + 1} = \frac{\pi}{2}$$

Diese Methode fand das spezielle Interesse von C. T. Fagnano.

Ein weiteres Beispiel für eine geschickte Partialbruchzerlegung lieferte der Neffe Nikolaus von Johann und Jakob. Leibniz war der Meinung, dass die Funktion $x^4 + a^4 = (x^2 + ia^2)(x^2 - ia^2)$ nur im Komplexen zerlegbar sei. Nikolaus fand jedoch in den *Acta Eruditorum* (1719) die Zerlegung:

$$x^4 + a^4 = \left(x^2 + a^2\right)^2 - 2a^2x^2 = \left(x^2 + a^2 + ax\sqrt{2}\right)\left(x^2 + a^2 - ax\sqrt{2}\right)$$

Die Integration ließ nicht lange auf sich warten:

---

[11] Bernoulli Johann: Acta Eruditorum 1702, Opera Omnia, Band I, S. 393–400.

[12] Leibniz J. G.: Mathematischen Schriften, Band V, S. 350–366.

Abb. 10.11 Zum
Brachistochronen-Problem

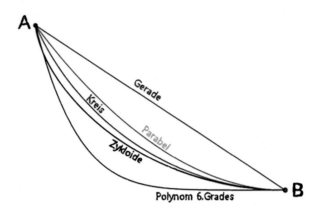

$$\int \left(x^4 + a^4\right)dx = \frac{1}{4\sqrt{2}a^3}\left[\ln\left(x^2 + a^2 + ax\sqrt{2}\right) - \ln\left(x^2 + a^2 - ax\sqrt{2}\right)\right.$$

$$\left. + 2\arctan\left(1 + \frac{x\sqrt{2}}{a}\right) - 2\arctan\left(1 - \frac{x\sqrt{2}}{a}\right)\right] + C$$

$$= \frac{\sqrt{2}}{4a^3}\left[\arctan\left(\frac{ax\sqrt{2}}{a^2 - x^2}\right) + \operatorname{artanh}\left(\frac{ax\sqrt{2}}{a^2 + x^2}\right)\right] + C$$

10.12 Das Brachistochronen-Problem

Johann B. forderte in dem Artikel *Problema novum ad cujus solutionem Mathematici invitantur* der *Acta Eruditorum* (Juni 1696) seine Kollegen heraus:

> Die scharfsinnigsten Mathematiker, die auf dem ganzen Erdkreis leben, grüßt Johann Bernoulli!
> Wir sind sicher, dass es kaum etwas gibt, das edle Geister mehr anspornt […] als die Lösung von Problemen, die zugleich schwierig und nützlich sind, durch deren Lösung sie gleichsam auf besonders einzigartige Weise zu persönlichem Ruhm gelangen können und sich bei der Nachwelt bleibende Denkmäler setzen. Aus diesem Grunde schlage ich den bedeutendsten Analytikern dieses Zeitalters ein Problem vor, an dem sie, wie an einem Prüfstein, ihre eigenen Methoden prüfen, ihre Fähigkeiten anwenden und mir alles mitteilen könnten, was sie entdeckt haben, damit jeder von ihnen daraufhin sein gebührendes Maß an Anerkennung erhält.
> Ein Punkt A soll mit einem in derselben Vertikalebene befindlichen Punkt B derart durch eine Kurve verbunden werden, dass ein längs dieser Kurve [reibungsfrei] herabgleitender Punkt [im Schwerfeld] in möglichst kurzer Zeit von A nach B gelangt?

Er fügt noch hinzu, dass die Lösung: *nicht etwa die Gerade AB sei, wohl aber eine dem Geometer wohlbekannte Kurve* und *verheiße keinen goldenen Lohn, aber unsterblichen Ruhm!*

Die Fragestellung wurde das Brachistochronen-Problem (Abb. 10.11) genannt, nach den griechischen Wörtern: βράχιστος = kürzest, χρόνος = Zeit. Bernoulli gab eine Bedenkzeit von sechs Monaten, erhielt aber keine Lösung; auf Wunsch von Leibniz wurde die Zeit um ein Jahr verlängert. Schließlich fanden sich Lösungen von fünf Kollegen: Newton, Jakob B., Leibniz und von Tschirnhaus. L'Hôpital war begeistert; in einem Brief an Johann äußert er:

Dieses Problem scheint mir als das wundersamste und schönste, das je gestellt wurde, und ich würde gerne meine mathematischen Fähigkeiten darauf verwenden; dazu aber wird es notwendig sein, es auf reine Mathematik zu reduzieren, da mir die Physik lästig geworden ist.

Die Ergebnisse der vier erstgenannten wurden in der Zeitschrift veröffentlicht. Newton hatte seine Lösung anonym über Oldenburg eingereicht; Johann B. erkannte aber sofort den Urheber: *Er erkenne den Löwen an seinen Pranken (tamquam ex ungue leonem).* Newton kommentierte das Problem unwillig:

I do not love to be dunned and teased by foreigners about mathematical things. (Ich mag es nicht, von Ausländern mit mathematischen Fragen bedrängt und belästigt zu werden.)

Die gesuchte Kurve ist eine Zykloide, wie sie auch Lösung des von Huygens gestellten Tautochronen-Problems ist. Huygens nannte das Ergebnis, *die glücklichste Erfindung, die er je im Leben gemacht habe.* Johann B. schrieb darüber (1679):

Du wirst starr sein vor Erstaunen, wenn ich dir sage, dass diese Zykloide [von Huygens] genau die von uns gesuchte Brachistochrone ist und so dient diese Kurve für zwei verschiedene Zwecke.

Hier eine Lösung von Jakob B., die die Variationsrechnung nach Euler verwendet (vgl. Abschn. 14.12). Für die Fallzeit bei konstantem Weg gilt wegen $v \sim \frac{1}{t}$:

$$T = \int_{P_1}^{P_2} \frac{ds}{v}$$

Der Energiesatz (kinetische = potentielle Energie) liefert:

$$\frac{1}{2}mv^2 = mgy \Rightarrow v = \sqrt{2gy}$$

Mit dem Differenzial der Bogenlänge $ds = \sqrt{1 + y'^2}dx$ folgt das Funktional

$$T = \int_{P_1}^{P_2} \frac{\sqrt{1 + y'^2}}{\sqrt{2gy}}dx \Rightarrow F\left[x, y, y'\right] = \frac{\sqrt{1 + y'^2}}{\sqrt{2gy}} \rightarrow Extremum$$

Es gilt:

$$\frac{\partial F}{\partial y} = 0 \quad \therefore \quad \frac{d}{dx}\frac{\partial F}{\partial y'} = \frac{y'}{\sqrt{2gy}\sqrt{1+y'^2}}$$

Einsetzen in die Euler'sche Differenzialgleichung zeigt:

$$\frac{\sqrt{1+y'^2}}{\sqrt{2gy}} - \frac{y'^2}{\sqrt{2gy(1+y'^2)}} = C_1$$

Vereinfachen und Quadrieren liefert die Differenzialgleichung der Brachistochrone:

$$\frac{1}{\sqrt{2gy(1+y'^2)}} = C_1 \Rightarrow y(1+y'^2) = C$$

Auflösen nach dx zeigt:

$$dx = \sqrt{\frac{y}{C-y}}dy \Rightarrow x = \int \sqrt{\frac{y}{C-y}}\ dy$$

Gewählt wird die erste Substitution:

$$y = \frac{Cu^2}{1+u^2} \Rightarrow dy = \frac{2Cu}{(1+u^2)^2}du$$

Die zweite Substitution liefert:

$$u = \tan\varphi \Rightarrow du = \frac{1}{\cos^2\varphi} = \sec^2\varphi\ d\varphi$$

Eingesetzt ergibt für den Weg in x-Richtung:

$$x = \int \frac{2C\tan^2\varphi \cdot \sec^2\varphi}{(1+\tan^2\varphi)^2}d\varphi = 2C\int \frac{\tan^2\varphi}{\sec^2\varphi}d\varphi = 2C int\sin^2\varphi\ d\varphi$$

$$= C\int(1-\cos2\varphi)d\varphi = \frac{1}{2}C(2\varphi - \sin2\varphi)$$

Wegen des Anfangswerts folgt: $\varphi = 0 \Rightarrow x = 0$; somit verschwindet die Integrationskonstante. Analog gilt für den Weg in y-Richtung:

$$y = \frac{C\tan^2\varphi}{\sec^2\varphi} = C\sin^2\varphi = \frac{1}{2}C(1-\cos2\varphi)$$

Auch hier gilt für die Integrationskonstante: $\varphi = 0 \Rightarrow y = 0$. Setzt man noch $R = \frac{1}{2}C; \theta = 2\varphi$, so erhält man die Parameterdarstellung einer Zykloide:

$$x = R(\theta - \sin\theta) \; \therefore \; y = R(1 - \cos\theta)$$

10.13 Gewöhnliche Differenzialgleichungen

Die Anwendbarkeit des neuen Calculus wurde insbesondere durch physikalische Frage-stellungen gefordert. Ab dem Jahr 1692 lösten die Brüder Johann und Jakob Bernoulli Differenzialgleichungen insbesondere im Zusammenhang mit mechanischen Problemen. Es war aber Johann B., der in seinen Vorlesungen (1691/1692) das Leibniz-Kalkül hier zur Anwendung brachte. Die Differenzialgleichungen wurden zunächst von Jakob B. als *aequationes differentiales,* von Johann als *inverse Tangentenprobleme* bezeichnet. Johann B. berichtet Leibniz im Mai 1694 über seine Erfolge (zitiert nach Archibald[13]):

> Ich glaube nicht, dass eine allgemeine Methode für inverse Tangentenprobleme je gefunden werden wird. Indessen habe ich viele Regeln [gefunden], mit denen ich eine große Anzahl von Einzelbeispielen löse.

Johann B. löst die nach ihm benannte Differenzialgleichung; ferner führte er Begriffe wie homogene und inhomogene Differenzialgleichung ein und entdeckte die Lösungs-methoden wie die Trennung der Variablen (etwa gleichzeitig mit Leibniz) und die Substitution $\frac{y}{x} = t$ für homogene Differenzialgleichungen. Johann B. zeigt auch Ansätze für einen integrierenden Faktor, Euler führte 1734 dessen Behandlung fort; eine Publikation erfolgte erst durch Chr. Reyneau in seiner Schrift *Analyse démontrée.*

Nikolaus B. entdeckte 1719 das Übereinstimmen der zweiten gemischten partiellen Ableitungen; in derselben Schrift erscheint auch der Begriff des vollständigen Differenzials. Daniel B. behandelte auch die Differenzialgleichung, die später nach J. Riccati benannt wurde. Die Lösungsmethode *Variation der Konstanten* stammt erst von Lagrange[14].

Als Anwendung sollen hier zwei Beispiele mit physikalischem Hintergrund behandelt werden.

10.13.1 Freier Fall in einem gasförmigen Medium

Bewegt sich ein Körper der Masse m in einem gasförmigen Medium, so erfährt er eine Widerstandskraft, die proportional zum Quadrat der Geschwindigkeit v ist:

$$F_w = \frac{1}{2}c_w A \rho v^2$$

---

[13] Archibald T.: Differentialgleichungen: Ein historischer Überblick, S. 411–448, im Sammelband Jahnke.

[14] Lagrange J.-L.: Solution de différens problèmes du calcul integral, Mélanges de philosophie et de mathématique de la Société royale de Turin, Vol. III (1766), S. 179–380.

Dabei bedeutet c_w den Widerstandsbeiwert, A die Querschnittsfläche des Körpers und ρ die Dichte des Gases. Für die resultierende Kraft gilt:

$$m\frac{dv}{dt} = mg - F_w \Rightarrow \frac{dv}{dt} = g - \frac{1}{2m}c_wA\rho v^2 = \frac{c_wA\rho}{2m}\left[\frac{2mg}{c_wA\rho} - v^2\right]$$

Die Anfangsgeschwindigkeit sei $v(0) = 0$. Mit den Abkürzungen $\frac{c_wA\rho}{2m} = \alpha$; $\frac{2mg}{c_wA\rho} = \beta^2$ erhält man:

$$\frac{dv}{dt} = \alpha\left[\beta^2 - v^2\right] \Rightarrow \frac{dv}{\beta^2 - v^2} = \alpha$$

Der Trick ist hier die Einführung der Konstanten β^2, sodass eine Zerlegung in Partialbrüche möglich wird. Integration nach der Zeit zeigt:

$$\frac{1}{2\beta}\int_0^t\left[\frac{1}{\beta + v} - \frac{1}{\beta - v}\right]dv = \int_0^t \alpha\,dt$$

Aufgrund des Anfangswerts verschwindet die Integrationskonstante:

$$\frac{1}{2\beta}[\ln|\beta + v| - \ln|\beta - v|] = \frac{1}{2\beta}\ln\left|\frac{\beta + v}{\beta - v}\right| = \alpha\,t \Rightarrow \left|\frac{\beta + v}{\beta - v}\right| = e^{2\alpha\beta t}$$

Auflösen nach der Geschwindigkeit ergibt:

$$v(t) = \beta\frac{e^{2\alpha\beta t} - 1}{e^{2\alpha\beta t} + 1} = \beta\frac{e^{\alpha\beta t} - e^{-\alpha\beta t}}{e^{\alpha\beta t} + e^{-\alpha\beta t}} = \beta\tanh(\alpha\beta t) = \sqrt{\frac{2mg}{c_wA\rho}}\tanh\left(\sqrt{\frac{c_wA\rho}{2m}}t\right)$$

Die stationäre Geschwindigkeit ist damit:

$$\lim_{t\to\infty} v(t) = v_\infty = \beta = \sqrt{\frac{2mg}{c_wA\rho}}$$

Nochmalige Integration nach der Zeit liefert den zurückgelegten Weg $s(t)$:

$$s(t) = \frac{1}{\alpha}\ln[\cosh(\alpha\beta t)] = \frac{2mg}{c_wA\rho}\ln\left[\cosh\left(\sqrt{\frac{c_wA\rho}{2m}}t\right)\right] + C$$

10.13.2   Freier Fall in viskoser Flüssigkeit

Bewegt sich eine Kugel in einer viskosen Flüssigkeit, so erfährt sie eine Widerstandskraft, die proportional zur Geschwindigkeit v ist. Nach der Formel von Stokes gilt:

$$F_w = 6\pi\mu rv$$

Dabei ist μ die dynamische Viskosität der Flüssigkeit, r der Kugelradius. Für die resultierende Kraft beim freien Fall gilt:

$$m\frac{dv}{dt} = mg - F_w \Rightarrow \frac{dv}{dt} = g - \frac{6\pi\mu r}{m}v$$

Mit der Abkürzung $k = \frac{6\pi\mu r}{m}$ ergibt die Trennung der Variablen:

$$\frac{dv}{g - kv} = dt \Rightarrow -\frac{1}{k}\int\frac{-kdv}{g - kv} = \int dt$$

Integration liefert:

$$-\frac{1}{k}\ln|g - kv| = t + C$$

Mit der Anfangsbedingung $t = 0 \Rightarrow v = 0$ folgt:

$$-\frac{1}{k}\ln|g| = C \Rightarrow t = -\frac{1}{k}\ln|g - kv| + \frac{1}{k}\ln|g| = -\frac{1}{k}\ln\left|1 - \frac{k}{g}v\right|$$

Vereinfachen zeigt:

$$-kt = \ln\left|1 - \frac{k}{g}v\right| \Rightarrow e^{-kt} = \left(1 - \frac{k}{g}v\right)$$

$$\Rightarrow \frac{k}{g}v = 1 - e^{-kt} \Rightarrow v(t) = \frac{g}{k}\left(1 - e^{-kt}\right)$$

Dies ist die gesuchte Fallgeschwindigkeit. Im Grenzfall $t \rightarrow \infty$ erhält man die stationäre Geschwindigkeit:

$$v_\infty = \frac{g}{k} = \frac{mg}{6\pi\mu r}$$

Die stationäre Geschwindigkeit ergibt sich auch aus dem schließlich sich einstellenden Kräftegleichgewicht:

$$F_g = F_w \Rightarrow mg = 6\pi\mu rv \Rightarrow v_\infty = \frac{mg}{6\pi\mu r}$$

10.13.3 Die Bernoulli-Differenzialgleichung

Die von Johann B. gefundene Differenzialgleichung hat die Form:

$$y'(x) + f(x)y(x) = g(x)y(x)^\alpha; \alpha \neq 0,1$$

Sie erschien zuerst in den *Acta Eruditorum* von 1697. Durch einen Trick kann sie auf eine nichtlineare inhomogene Differenzialgleichung zurückgeführt werden; der Trick besteht in der Substitution $z = y^{1/(1-\alpha)}$. Dies soll an einem Beispiel demonstriert werden.

Beispiel $y' + y = y^3$; $y(0) = \frac{1}{2}$

Hier ist $\alpha = 3$; die Substitution lautet daher $y \mapsto z^{\frac{1}{1-3}} = z^{-\frac{1}{2}}$, die Ableitung ist $y'(x) = -\frac{1}{2}z(x)^{-\frac{3}{2}} \cdot z'(x)$. Die Differenzialgleichung nimmt daher die Form an:

$$-\frac{1}{2}z(x)^{-\frac{3}{2}} \cdot z'(x) + z(x)^{-\frac{1}{2}} - z(x)^{-\frac{3}{2}} = 0$$

Ausklammern zeigt $-z(x)^{-\frac{3}{2}}\left[\frac{1}{2}z'(x) + 1\right] = z(x)^{-\frac{1}{2}}$. Erweitern mit $\left(-2z(x)^{-\frac{3}{2}}\right)$ gibt die gesuchte inhomogene Differenzialgleichung:

$$z'(x) = 2z(x) - 2 \qquad (1)$$

Die homogene Differenzialgleichung ist nun separabel: $z'(x) = 2z(x)$ und kann durch Trennung der Variablen integriert werden:

$$\int \frac{z'(x)}{z(x)}dx = \int 2\,dx \Rightarrow \ln|z(x)| = 2x + C \Rightarrow z(x) = Ke^{2x}$$

Variation der Konstanten K ergibt:

$$z(x) = K(x)e^{2x} \Rightarrow z'(x) = K'(x)e^{2x} + 2K(x)e^{2x}$$

Mit dem Einsetzen in (1) folgt:

$$K'(x)e^{2x} + 2K(x)e^{2x} = 2K(x)e^{2x} - 2$$

Erweitern mit $\left(e^{-2x}\right)$ liefert:

$$K'(x) = -2e^{-2x} \Rightarrow K(x) = e^{-2x} + C$$

Die Lösung der inhomogenen Differenzialgleichung ist damit:

$$z(x) = K(x)e^{2x} = \left(e^{-2x} + C\right)e^{2x} = 1 + Ce^{-2x}$$

Die Rücksubstitution liefert die allgemeine Lösung:

$$y(x) = z(x)^{-\frac{1}{2}} = \pm\frac{1}{\sqrt{1 + Ce^{2x}}}$$

Einsetzen der Anfangsbedingung $y(0) = \frac{1}{2}$ zeigt:

$$\frac{1}{2} = \pm\frac{1}{\sqrt{1 + C}} \Rightarrow \frac{1}{4} = \frac{1}{1 + C} \Rightarrow C = 3$$

Die spezielle Lösung zum gegebenen Anfangswert ist somit $y(x) = \frac{1}{\sqrt{1 + 3e^{2x}}}$.

10.13.4 Die Riccati-Differenzialgleichung

Neben der Bernoulli-Differenzialgleichung beschäftigte sich Johann B. und später Daniel B. mit der Differenzialgleichung, die später nach Jacopo F. Riccati (1676–1754) benannt wurde:

$$y' = p(x)y + q(x)y^2 + r(x)$$

Riccati stand u. a. im Briefverkehr mit Daniel B. und Maria Gaëtana Agnesi (1718–1799). Die Dame ist bekannt durch die nach ihr benannten Kurve *Versiera de Agnesi* (1748). Nach ihrer mathematischen Beschäftigung hat sie ihr restliches Leben ausschließlich mit Wohltätigkeit verbracht. Daniel B. hat seine Erkenntnisse über die Differenzialgleichung im Teil III seiner ersten Publikation[15] veröffentlicht; er wurde dabei von Goldbach unterstützt.

Eine bestimmte Riccati-Gleichung konnte Johann B. (1694) nicht lösen: $y' = y^2 + x^2$. Acht Jahre danach konnte Jakob B. wenigstens eine Reihenentwicklung angeben; geklärt wurde das Problem durch J. Liouville (1841), der nachwies, dass die Lösung kann nicht durch eine Kombination elementarer Funktionen dargestellt werden.

Beispiel einer Riccati-Gleichung ist:

$$y' = -y + y^2 - 2$$

Zunächst wird eine spezielle Lösung gesucht. Geht man mit dem konstanten Ansatz $y_1 = C$ in die Differenzialgleichung hinein, so ergibt sich:

$$0 = -C + C^2 - 2 \Rightarrow C = \frac{1}{2}\left(1 + \sqrt{1+8}\right) = 2$$

$y_1 = 2$ ist somit eine partikuläre Lösung. Mithilfe der Substitution $z \mapsto \frac{1}{y-y_1}$ versucht man, eine lineare Differenzialgleichung zu finden. Die Substitution liefert hier:

$$z \mapsto \frac{1}{y-2} \Rightarrow y = 2 + \frac{1}{z} \Rightarrow y' = -\frac{z'}{z^2}$$

Einsetzen in die Differenzialgleichung ergibt:

$$-\frac{z'}{z^2} = -\left(2 + \frac{1}{z}\right) + \left(2 + \frac{1}{z}\right)^2 - 2 \Rightarrow z' = -3z - 1$$

Dies ist, wie angestrebt, eine lineare Differenzialgleichung. Trennung der Variablen bringt:

$$\frac{dz}{3z+1} = -dx \Rightarrow \frac{1}{3}\int \frac{3dz}{3z+1} = -\int dx \Rightarrow \frac{1}{3}\ln|3z+1| = -x + C_1$$

---

[15] Danielis Bernoulli Basilensis Joh. Fil. Exercitationes Quaedam Mathematicae, Venedig 1724.

Vereinfachen zeigt die Lösung für $z(x)$:

$$3z + 1 = e^{-x+C} \Rightarrow z = Ce^{-3x} - \frac{1}{3}$$

Rücksubstitution führt zur gesuchten Lösung:

$$y = 2 + \frac{1}{Ce^{-3x} - \frac{1}{3}}$$

10.14 Eine erste partielle Differenzialgleichung

Von den partiellen Differenzialgleichungen kann im Rahmen des Buchs nur die historisch erste besprochen werden. Dies ist die Wellengleichung, die die Mathematiker Mitte des 18. Jahrhunderts mehr als 25 Jahre lang beschäftigte. Sie spielt eine entscheidende Rolle in der Theorie der elektromagnetischen Wellen nach Maxwell und in der Relativitätstheorie wegen ihrer Invarianz gegenüber den Lorentz-Transformationen. Die Wellengleichung wurde 1746 von d'Alembert hergeleitet und regte Euler (1748), Daniel Bernoulli (1753) und Lagrange (1759) zu eigenen Forschungen an.

$$\frac{\partial^2 y}{\partial x^2} = \frac{1}{c^2} \frac{\partial^2 y}{\partial t^2}$$

Dies ist die eindimensionale Form; die Erweiterung auf drei Dimensionen erfolgte 10 Jahre später durch Euler. Die Differenzialgleichung hat nach d'Alembert eine Lösung der Form

$$y(x, t) = f(x + ct) + g(x - ct)$$

Beide Funktionen werden als zweifach differenzierbar vorausgesetzt; $f(x + ct)$ stellt eine nach rechts laufende Welle mit unveränderter Form dar, $g(x - ct)$ entsprechend nach links. Die Anfangswerte werden gesetzt als

$$\phi(x) = y(0, x) = f(x) + g(x) \therefore \psi(x) = \frac{1}{c} \frac{\partial y}{\partial t}(0, x) = f'(x) - g'(x)$$

Durch Integration erhält man daraus:

$$f(x) - g(x) = \int_{x_0}^{x} \psi(\xi) d\xi \Rightarrow f(x) = \frac{1}{2}\left[\phi(x) + \int_{x_0}^{x} \psi(\xi) d\xi\right] \therefore g(x) = \frac{1}{2}\left[\phi(x) - \int_{x_0}^{x} \psi(\xi) d\xi\right]$$

Mit den gegebenen Anfangswerten ergibt dies die Lösung der Wellengleichung nach d'Alembert:

$$y(x, t) = \frac{1}{2}\left[\phi(x + ct) + \phi(x - ct) + \int_{x-ct}^{x+ct} \psi(\xi) d\xi\right]$$

Euler brachte hier den Einwand, dass dies nicht die allgemeine Lösung sein könne, da hier $f(x), g(x)$ als zweifach differenzierbar vorausgesetzt werden; es müsse eine Lösung geben, wenn die Welle durch eine (nicht differenzierbare) zackenförmige Auslenkung angeregt werde.

Eine ganz andere Lösung entwickelte Daniel B. Er entwickelt das Prinzip der Trennung der Variablen: $y(x,t) = X(x)T(t)$. Einsetzen in die partielle Differenzialgleichung liefert:

$$\frac{1}{X}\frac{d^2y}{dx^2} = \frac{1}{c^2}\frac{1}{T}\frac{d^2y}{dt^2}$$

Die linke Seite ist eine Funktion des (eindimensionalen) Raums, die rechte eine der Zeit. Beide Seiten können nur gleich sein, wenn sie konstant gleich einer reellen Zahl k sind. Dies ergibt:

$$\frac{d^2X}{dx^2} - kX = 0 \ \therefore \ \frac{d^2T}{dt^2} - kt^2T = 0$$

Die allgemeinen Lösungen dieser gewöhnlichen Differenzialgleichungen 2. Ordnung sind für $k > 0$

$$X(x) = A_1 e^{x\sqrt{k}} + B_1 e^{-x\sqrt{k}} \ \therefore \ T(t) = A_2 e^{ct\sqrt{k}} + B_2 e^{-ct\sqrt{k}}$$

Entsprechend für $k < 0$:

$$X(x) = A_1 e^{ix\sqrt{k}} + B_1 e^{-ix\sqrt{k}} \ \therefore \ T(t) = A_2 e^{ict\sqrt{k}} + B_2 e^{-ict\sqrt{k}}$$

Die Funktion $X(x)$ kann nach Euler als (komplexe) Sinusfunktion geschrieben werden. Für die Randbedingung $y(l,t) = 0$ ergibt sich die allgemeine Lösung:

$$y(x,t) = 2iA \sin\left(l\sqrt{k}\right)\left[A_2 e^{ict\sqrt{k}} + B_2 e^{-ict\sqrt{k}}\right]$$

Setzt man speziell $k = \frac{n^2\pi^2}{l^2}; n \neq 0$, so erhält man:

$$y(x,t) = 2iA \sin\left(\frac{n\pi}{l}x\right)\left[A_2 e^{ict(n\pi/l)} + B_2 e^{-ict(n\pi/l)}\right]$$

Gilt auch noch $A_2 = B_2$, so zeigt sich nach dem Zusammenfassen der Konstanten:

$$y(x,t) = c \sin\left(\frac{n\pi}{l}\right)\left[e^{ict(n\pi/l)} + e^{-ict(n\pi/l)}\right] = c \sin\left(\frac{n\pi}{l}x\right)\cos\left(\frac{nc\pi}{l}t\right)$$

Da die Differenzialgleichung linear ist, ist mit zwei Lösungen auch deren Summe eine Lösung; dies wird das Überlagerungsprinzip der Wellen genannt. Damit erhält man die allgemeine Lösung der Wellengleichung nach Daniel Bernoulli:

$$y(x,t) = \sum_{n=1}^{\infty} c_n \sin\left(\frac{n\pi}{l}x\right)\cos\left(\frac{nc\pi}{l}t\right)$$

Auch diese Lösung könne nicht die allgemeine sein, kritisierte Euler; d'Alembert schloss sich seiner Meinung an. Für $y(x,0) = f(x)$ folge:

$$y(x) = \sum_{n=1}^{\infty} c_n \sin\left(\frac{n\pi}{l}x\right)$$

Dies sei eine Summe von unendlich vielen ungeraden, periodischen Funktionen, die Funktion $y(x)$ selbst sei weder ungerade noch periodisch. Das Konzept der Fourier-Entwicklung war noch nicht bekannt. Es ist bezeichnend, dass es genau Euler war, der 1744 in einem Brief nach Goldbach die erste Fourier-Entwicklung lieferte:

$$\frac{\pi - x}{2} = \sum_{k=1}^{\infty} \frac{\sin kx}{k}$$

Auch bei Daniel Bernoullis Untersuchungen zur Schwingungsgleichung findet sich bereits eine trigonometrische Reihe.

Zur Lösung des Variationsproblems, das beim Brachistochronen-Problem auftritt, entwickelte Euler 1754 nach Anregung von J.-L. Lagrange die Differenzialgleichung, die im englischen Sprachraum nach Euler-Lagrange benannt ist. Das Problem publizierte Euler in seiner Schrift *Methodus inveniendi* (1744). Lagrange, der Nachfolger Eulers an der Berliner Akademie wurde, baute die Methode zu einem neuen Kalkül aus, Stichwort: Lagrange-Multiplikator. Historisch erscheint als nächste partielle Differenzialgleichung die Wärmeleitgleichung; sie wird von Fourier in seinem Werk *Théorie analytique de la chaleur* (1822) behandelt.

Zitat zum Schluss Die Anstrengungen der Mathematiker bei der Entwicklung der Differenzialgleichungen würdigt Einstein mit den Worten:

> Am Anfang (wenn es einen solchen gab) schuf Gott Newtons Bewegungsgesetze samt den zugehörigen Massen und Kräften. Dies ist alles; das weitere gibt die Ausbildung geeigneter mathematischer Methoden durch Deduktion. Das, was auf dieser Basis geleistet wurde, insbesondere durch Anwendung partieller Differenzialgleichungen, muss die Bewunderung jedes empfänglichen Menschen erwecken.

Literatur

Bernoulli, J., Haussner, R. (Hrsg.): Wahrscheinlichkeitsrechnung (Ars Conjectandi), hansebooks (ohne Verlagsort) (2016)

Bernoulli, J., Weil, A. (Hrsg.): Die Werke Jakob Bernoullis, Bd. I–IV. Birkhäuser, Basel (1956)

Bernoulli, J.: Quaestiones Nonnullae de Usuris. Acta Erud. (1690)

Bernoulli, J.: Lettres astronomiques. Berlin (1774)

Bernoulli, J.: Opera omnia, Bd. I–III. Georg Olms, Hildesheim (1968)

Bernoulli, D.: Basilensis Joh. Fil. Exercitationes Quaedam Mathematicae. Venedig (1724)

Fleckenstein, J.O.: Johann und Jakob Bernoulli. Birkhäuser, Basel (1949)

Heß, H.-J., Nagel, F. (Hrsg.): Der Ausbau des Calculus durch Leibniz und die Brüder Bernoulli: Studia Leibnitiana, Sonderheft Bd. 17. Steiner, München (1989)

Merian, P.: Die Mathematiker Bernoulli. Inktank Publishing, ohne Verlagsort (2020)

Christian Huygens (1629–1695)

> Prinzipien pflegt man nicht zu begründen; aber in der Mathematik müssen sie klar zu Tage liegen, und in der Physik müssen sie mit der Erfahrung übereinstimmen (C. Huygens).
> Die Welt ist mein Heimatland und die Wissenschaft ist meine Religion (C. Huygens).

Christia(a)n Huygens (lateinisch *Christianus Hugenius*) war ein niederländischer Astronom, Mathematiker und Physiker (Abb. 11.1). Er wurde in eine Familie geboren, die regen Anteil am kulturellen Leben der niederländischen Provinzen hatte.

Der Vater Konstantin (Constantijn) Huygens (1596–1687) war Diplomat, Dichter, Komponist und Amateurwissenschaftler; er beherrschte sieben europäische Sprachen. Er war ein Freund von Francis Bacon, Descartes und Mersenne, Freund und Übersetzer des englischen Dichters John Donne und wurde in England von James I. zum Ritter geschlagen. Descartes sagte nach den ersten Treffen mit Konstantin, *er könne nicht glauben, dass sich ein einzelner Geist so gut mit so vielen Dingen beschäftigen kann.*

Abb. 11.1 Gemälde von Christian Huygens (Wikimedia Commons, gemeinfrei)

1556 gerieten die Niederlande aufgrund der Erbfolge im Hause Habsburg (Teilung in einen spanischen bzw. österreichischen Zweig) unter spanische Herrschaft. Der spanische König Karl V. dankte zugunsten seines Sohnes Philipp II. ab. Dieser sah sich als Vertreter des Katholizismus und unterdrückte die calvinistische Bevölkerung; so kam es 1566 zum Aufstand. Unter der Führung von Wilhelm von Oranien bzw. seines Sohn Moritz konnten sich sieben Provinzen von der spanischen Besetzung befreien und sich 1581 zur „Utrechter Union" zusammenschließen. Nach jahrzehntelangen Auseinandersetzungen wurden diese Provinzen 1648 im Westfälischen Frieden als souveräner Staat anerkannt.

Konstantin diente als Diplomat und Sekretär den genannten Prinzen, die als Statthalter der sieben Provinzen fungierten. So konnte er auf vielen Reisen seine Sprachfertigkeit in mehreren europäischen Sprachen demonstrieren. Er verfasste Gedichte, komponierte Musik für Laute und Orgel und baute als Architekt das Sommerhaus der Familie in Hofwijck, in dem Christian nach seiner Rückkehr aus Paris wohnte und das heute als Huygens-Museum dient. Konstantin hatte auch enge Kontakte zur Gilde der Maler; er wurde mehrfach porträtiert u. a. auch von Rembrandt. Seinen Söhnen ließ er eine sorgfältige Erziehung zuteilwerden.

Christian Huygens gilt, obwohl er sich niemals der noch zu seinen Lebzeiten entwickelten Infinitesimalrechnung bediente, als einer der führenden Mathematiker und Physiker des 17. Jahrhunderts. Er zeigte früh eine starke mathematische Begabung, studierte an der Universität von Leiden jedoch zunächst Jura, ehe er sich endgültig für mathematisch-naturwissenschaftliche Studien (1645–1647) entschied. In Franz van Schooten d. J. fand er einen fähigen Mathematiker als Lehrer, der ihn mit den Schriften von Fermat und Descartes bekannt machte. Descartes war aus Furcht vor der Inquisition in die Niederlande gezogen, wo er sich großer Beliebtheit erfreute. Nach weiteren Studien beendete Huygens seine Ausbildung am Oranier-Kolleg in Breda; Breda war erst vor einigen Jahren (1635) von den Spaniern zurückerobert worden.

Bereits 1651 erregte Huygens' Schrift *Theoremata de quatratura hyperboles, ellipsis et circuli* Aufmerksamkeit in mathematischen Kreisen. Zusammen mit seinem Bruder Ludwig (Lodewijk) verbesserte Huygens 1654 die Methode zum Schleifen und Polieren von Teleskoplinsen; mit dieser technischen Errungenschaft machte er später eine ganze Reihe von neuen astronomischen Beobachtungen. 1655 promovierte er im Fach Jura.

Im folgenden Jahr traten beide Brüder ihre erste Parisreise an; sie brachte ihnen eine Fülle von Anerkennungen und neue Bekanntschaften ein. Insbesondere erfuhr Huygens vom Briefwechsel zwischen Fermat und Pascal. Davon angeregt entwickelte er eine vollständige Theorie des Würfelspiels, die von van Schooten unter dem Titel *De ratiociniis in ludo aleae* veröffentlicht wurde. Seine Abhandlung *Traité sur le calcul dans les jeux de hasard* lieferte die Grundlagen der gesamten Wahrscheinlichkeitsrechnung. Darin definierte er den Begriff des Erwartungswertes und stellte die entsprechenden Regeln auf. Erwartet eine Person die Gewinne A, B mit den Wahrscheinlichkeiten p bzw. q, so beträgt der Erwartungswert seines Gewinns $E = pA + qB$. Die Schrift, ins Nieder-

Abb. 11.2 Ölgemälde „Colbert präsentiert Ludwig XIV. die Mitglieder der königlichen Akademie" (Wikimedia Commons, public domain)

ländische[1] übertragen, wurde der Standardtext der Wahrscheinlichkeitstheorie, bis 1713 das Werk *Ars Conjectandi* von Jakob Bernoulli erschien. Aus dem erwähnten Band stammen die bekannten Aufgaben von Huygens, die von keinem Geringeren als Jakob Bernoulli gelöst wurden (s. Abschnitt 5.4).

Eine zweite Paris-Reise Huygens' beendete er mit einem zweimonatigen London-Aufenthalt. Seine Anwesenheit benützte er, um mit Heinrich (Henry) Oldenburg, dem Sekretär der *Royal Society* in Kontakt zu treten. Bei der dritten London-Reise 1663/1664 wurde er sogar zum Mitglied ernannt; 1665 zog Huygens ganz nach Paris um. Auf Vorschlag von Finanzminister Jean-Baptist Colbert (1619–1683) wurde Huygens 1666 vom „Sonnenkönig" Ludwig XIV. zum Sekretär der neu gegründeten Akademie der Wissenschaften berufen. In dieser Position, der er bis 1682 innehatte, stand er im direkten Kontakt mit den führenden Köpfen Frankreichs und korrespondierte mit Gelehrten in ganz Europa.

Abb. 11.2 zeigt ein Gemälde von H. Testelin (um 1670). In der Mitte erkennt man den Finanzminister Colbert (schwarz gekleidet stehend mit Orden), der dem rechts von ihm an einem runden Tisch sitzenden Monarchen die Mitglieder der *Académie française* (gegründet 1635) vorstellt. Die Person im blauen Ornat ist der Abbé du Hamel, diejenige im gemusterten braunen Mantel links ist Huygens, rechts daneben Cassini. Am linken Rand hinter dem Erdglobus, der von einem Diener gehalten wird, befindet sich vermutlich Roberval. Es ist unklar[2], ob auch Olaf Rømer oder Denis Papin auf dem Gemälde dargestellt sind.

---

[1] Huygens C.: Oeuvres Complètes, Société Hollandaise des Science, La Haye Nijhoff, 1888–1950.

[2] www.leidenuniv.nl/fsw/verduin/stathist/huygens/acad1666 [01.05.2021].

Huygens Vater kam auf einer diplomatischen Mission in Kontakt mit Ludwig XIV. und überreichte ihm die neu entwickelte Uhr seines Sohnes (Abb. 11.3); dieser erhielt dafür eine kleine Rente.

Von 1672 bis 1676 lebte auch Leibniz in Paris in diplomatischen Diensten des kurmainzischen Bischofs. In zahlreichen Gesprächen führte Huygens seinen „Schüler" Leibniz in die Mathematik ein und vervollkommnete so dessen mathematische Ausbildung; Leibniz berichtete ganz offen darüber (vgl. Abschn. 13.6).

Das Edikt von Nantes, das seit 1598 den Hugenotten die Ausübung ihrer Religion garantierte, wurde schrittweise zurückgenommen. Da der „Sonnenkönig" zur Sicherung seiner Macht auf die katholische Kirche setzte, mussten Andersgläubige fliehen. Die Erinnerung an die Bartholomäusnacht 1572 (Fest des Hl. Bartholomäus 23./24.August), in der Tausende von Hugenotten ermordet wurden, war noch wach.

Im Jahr 1673 erschien Huygens' wichtigstes Werk *Horologium oscillatorium*. 1682 wurde Huygens beurlaubt und kehrte 1681 nach Den Haag zurück; nach der Aufhebung des Edikts von Nantes 1685 war eine Rückkehr nach Frankreich nicht mehr möglich. Bei seinem letzten Aufenthalt in London (Sommer 1689) hielt Huygens ein Referat vor der *Royal Society* über die Schwerkraft, ein anderer Referent sprach über die Doppelbrechung. Letzterer war Newton; so kam es zur einzigen persönlichen Begegnung zwischen Huygens und Newton.

Die letzten Lebensjahre beschäftigte Huygens sich wiederum mit der Optik. Antonie van Leeuwenhoek (1632–1723) hatte mit seinen mikroskopischen Bildern 1674 die Welt erstaunt; die Priorität gebührt hier jedoch Robert Hooke, dessen *Micrographia* schon 1665 erschienen war. Huygens verbesserte die Optik des Mikroskops und legte seine Beobachtungen in seinem Manuskript *Traité de la Lumiere* (1678) nieder; dieses wurde erst 1890 in Leiden publiziert. Huygens starb 1695 in Leiden, unverheiratet und kinderlos.

Abb. 11.3 Vater Huygens präsentiert Ludwig XIV. die Uhr seines Sohnes (PictureAlliance 9930029)

Mit seinen Werken nimmt Huygens eine Mittelstellung ein zwischen der älteren Naturauffassung Galileis und Descartes' auf der einen Seite bzw. Newtons und Leibniz' auf der anderen Seite. Seine ersten mathematischen Arbeiten widerlegten irrtümliche Ansichten seiner Vorgänger, wie die Meinung Galileis, eine an den Enden aufgehängte Kette habe die Gestalt einer Parabel.

Sein Hauptwerk *Horologium oscillatorium* behandelt fünf Kapitel. Der erste Teil enthielt eine Beschreibung der Pendeluhr (Abb. 11.4 links, Slingerklok = Pendeluhr). Der zweite Teil setzte die Untersuchungen Galileis beim freien Fall und auf der schiefen Ebene fort. Der dritte Teil thematisierte die Abwicklung und Vermessung von Kurven. Hier entwickelte Huygens die Theorie der Evoluten und fand den Zusammenhang zwischen Evolute und Evolvente. Er bestimmte insbesondere die Evolute einer Zykloide und stellt fest, dass diese wieder eine Zykloide ist (vgl. Abschn. 11.3). Die Geometrie der Zykloide war Gegenstand eines von Pascal angeregten Wettbewerbs (1658) und führte zu heftigen Auseinandersetzungen unter den beteiligten Wissenschaftlern, insbesondere mit Roberval.

Im vierten Teil befasst sich Huygens mit der Theorie des physikalischen Pendels; hier geht es um die Bestimmung des Schwerpunkts. Im fünften Kapitel beschrieb Huygens die Konstruktion seiner Uhr und lieferte die dreizehn Lehrsätze über die „Zentrifugalkraft". Die Funktionalität der Zentripetalkraft wurde von Newton erneut hergeleitet; dieser war verärgert zu erfahren, dass ihm Huygens zuvorgekommen war.

Heute noch in jedem Physiklehrbuch zu finden ist das Huygens'sche Prinzip der Wellenlehre. Sie trat in den Hintergrund, als Newton die Korpuskulartheorie des Lichts etablierte, wurde aber wieder aktuell, als Augustin Jean Fresnel (1788–1827) die Welleneigenschaft des Lichts nachwies. Ferner entdeckte Huygens die Doppelbrechung an einem Feldspatkristall aus Island.

Abb. 11.4 Briefmarken der Niederlande und Comoren zur Huygens-Uhr und Raumsonde „Huygens" (mathshistory.st-andrews.ac.uk/miller/stamps)

Ein besonderes Kennzeichen von Huygens' Schaffen ist die enge Verbindung zwischen Theorie und Praxis in Physik, Astronomie und Technik. Die Verbesserung des Fernrohrs führte schnell zu einer Flut neuer Erkenntnisse. Er entdeckte die Ringe des Saturns (1655/1656) und seinen Mond Titan. Seinen Fund teilte er allerdings nur verschlüsselt mit mittels Anagramm:

$a^7c^5d^1e^5g^1\ h^1i^7l^4m^2n^9o^4p^2q^1r^2s^1t^5u^5$ *(Annulo cingitur teniu, plano, nusquam cohærente ad eclipticam inclinator.)*

Das wechselhafte Aussehen des Saturns konnte er erklären durch die verschiedenen Neigungen des Ringsystems. Anhand eines Oberflächenmerkmals des Mars gelang es ihm, die Rotationsdauer des Planeten zu bestimmen. Huygens war auch der Erste, der versuchte, aus den Messungen der Verfinsterungszeiten (1675) der Saturnmonde durch Rømer die Lichtgeschwindigkeit abzuschätzen.

Ein weiteres Beispiel seiner Erfindungsgabe lieferte der Bau der (oben erwähnten) Pendeluhr (1656), die ein Jahr später, am 16. Juni 1657, patentiert wurde. Angeregt wurde er durch Mersenne, der ihm von Galileis Ergebnissen über das Fadenpendel berichtet hatte. Die Schwingungsdauer des Fadenpendels ist nur bei kleinen Auslenkungen von der Größe der Schwingung unabhängig. Für gesteigerte Genauigkeiten bei Chronometern ersetzte er das Pendel durch eine Spiralfeder (Unruhe). Mithilfe des Zykloidenpendels wird der Gang seiner Uhr geregelt (Abb. 11.5). Auch hier kam es zu einem Prioritätsstreit zwischen Huygens und Robert Hooke, denn Wallis behauptete, Huygens habe über Oldenburg von der Erkenntnis Hookes erfahren. Der Streit artete so weit aus, dass Huygens den Briefverkehr mit Wallis einstellte.

Huygens erkannte als erster Gleichwertigkeit von Ruhe und gleichförmiger Bewegung als Folge der Trägheit. Mit diesem *Prinzip der Relativität* entwickelte er 1669 in seiner Schrift *Regulae de Motu Corporum ex mutuo impulsu* den Begriff des Impulses und konnte damit die Stoßgesetze für den elastischen Stoß formulieren.

Huygens' letztes und beliebtestes Werk wurde posthum als *Cosmotheoros* veröffentlicht, in dem er das Wissen des Menschen über das Universum zu dieser Zeit zusammenfasste und offen und frei über die Natur der Lebewesen auf anderen Planeten spekulierte. Er lehnte es ab, die Veröffentlichung seines Buches zu Lebzeiten zuzulassen, um nicht wegen seiner unorthodoxen religiösen Ideen angegriffen zu werden. Wie er zu seiner Schwägerin sagte:

> Wenn die Leute meine Meinungen und Gefühle zur Religion kennen würden, würden sie mich in der Luft zerreißen.

Gegen Ende dieses Buches fand man seinen brillantesten Beitrag zur Astronomie: die erste vernünftige Schätzung der Entfernung zu einem Fixstern. Er verglich die Helligkeit des Sterns Sirius mit der beobachteten Helligkeit eines gleichgroßen Ausschnitts der Sonnenoberfläche, der durch eine Blende erzeugt wurde. Seine Berechnung führten zu dem Ergebnis, dass Sirius die 27.664-fache Sonnenentfernung habe. Dieses Ergebnis zeigte zwar nur die richtige Größenordnung; aber Huygens hatte die geniale Idee dazu und seine Schätzung war die beste für ein ganzes Jahrhundert.

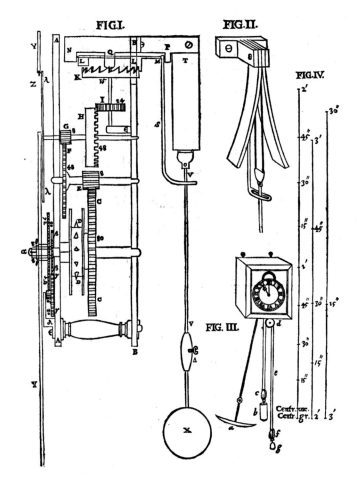

Abb. 11.5 Aufbau der von Huygens entwickelten Pendeluhr (Wikimedia Commons, gemeinfrei)

11.1   Sterbetafeln bei Huygens und Bernoulli

Huygens definiert am Beispiel des Roulettes den Begriff der *Erwartung* oder des *erwarteten Gewinns:*

> Der erwartete Gewinn wird im Allgemeinen als das richtige objektive Maß für den Wert einer bestimmten Wette für die wettende Person. Um diesen Wert zu berechnen, multiplizieren Sie die Wahrscheinlichkeit jedes Ergebnisses mit dem Betrag, der wird gewonnen (oder verloren, was Sie als negativer Gewinn zählen), und addieren alle Ergebnisse. Zum Beispiel Casinos bieten gleichmäßige Quoten für Wetten auf Rot oder Schwarz beim Roulette. Angenommen, Sie setzen 100 $ auf „Rot". Das Roulette-Rad enthält 38 Slots. 36 dieser Felder, nummeriert von 1 bis 36, sind zur Hälfte rot bzw. schwarz. Die Wahrscheinlichkeit für „Rot" ist daher 18/38, das heißt 9/19. Ihre Erwartung lautet also:

$$\frac{9}{19} \cdot 100\$ + \frac{10}{19} \cdot (-100\$) = -\frac{100}{19}\$ \approx -5.26\$$$

Dies bedeutet, dass Sie, wenn Sie wiederholt spielen und jedes Mal 100 auf „Rot" setzen, durchschnittlich 5,26 $ verlieren.

Fermat war der Erste, der Überlegungen anstellte, ob sich Gerichtsurteile auf Bestimmung von Chancen stützen könnten. Auch Huygens erkannte die Möglichkeit, die Methoden der Wahrscheinlichkeitsrechnung auf andere Probleme (außerhalb der Spielsäle) anzuwenden:

> Ich glaube gerne, dass jemand, der diese Dinge etwas genauer studiert, fast sicher zu dem Schluss kommen wird, dass es nicht nur ein Spiel ist, das hier behandelt wurde, sondern dass die Prinzipien als Grundlage für weitergehende Spekulationen geeignet sind.

Ein Anlass für eine solche „Spekulation" bot Huygens die Lebenserwartungstabelle, die sein jüngerer Bruder Ludwig erstellt hatte; diese stützte sich auf eine Tabelle von John Graunt (1620–1674). Graunts Buch *Natural and Political Observations Made upon the Bills of Mortality* (1663) beruhte auf den Sterberegistern, die von Londoner Pfarreien geliefert wurden. Durch statistische Analysen konnte er die Sterbehäufigkeit im Vergleich zwischen den Geschlechtern bzw. zwischen Stadt- und Landleben bestimmen. Ludwig Huygens hatte aus den Daten von Graunt folgende Tabelle erstellt:

Alter x									
0	6	16	26	36	46	56	66	76	86
Überlebende l_x im Alter									
100	64	40	25	16	10	6	3	1	0

Christian Huygens interpretierte die Tafel der Lebenserwartungen als eine Lotterie mit 100 Losen von verschiedenen Werten, entsprechend den Tabellenwerten. Wenn jemand darauf wetten will, dass ein Neugeborenes mit 16 Jahren noch lebt, oder auch ein 16-Jähriger mit 36 Jahren, müssen sich die Einsätze verhalten fairerweise wie 4 : 3. Ludwig konnte Christians Überlegung nicht nachvollziehen, Christian korrigierte sich und gab in einem Brief von 1669 die richtige Lösung an:

Da von den 100 Neugeborenen $l_{16} = 40$ das 16. Lebensjahr erreichen, stehen die Chancen für einen Neugeborenen, 16 Jahre alt zu werden, wie

$$\frac{l_{16}}{l_0 - l_{16}} = \frac{40}{100 - 40} = \frac{2}{3}$$

Analog gilt: Von den 40 16-Jährigen erreichen 16 das Alter 36. Die Chancen für einen 16-Jährigen 36 Jahre alt zu werden, verhalten sich wie

$$\frac{l_{36}}{l_{16} - l_{36}} = \frac{16}{40 - 16} = \frac{2}{3}$$

Der (französische) Briefwechsel der beiden Huygens-Brüder wurde erst 1895 publiziert im Gesamtwerk Huygens Bd. VI. Eine Beschreibung des Briefverkehrs findet sich bei Haller-Barth[3] (S. 131–136).

Auch Nikolaus Bernoulli beschäftigte sich in seiner Schrift *Dissertatio de Usu Artis Conjectandi in jure* (1709) mit den Themen „Leibrenten" und „Sterbetafeln". Leibrenten kennt man bereits seit der Römerzeit; sie dienten meist zur Finanzierung des Staates. Dieser erhält eine Einmalzahlung oder regelmäßige Zahlungen bis zu einem bestimmten Alter des Rentennehmers; überlebt dieser das angegebene Alter, so erhält er die entsprechende Leibrente. In seiner Schrift *De usu artis conjectandi in jure* zitiert Nikolaus die Rententabelle des römischen Rechtsgelehrten Ulpianus[4], der sie um 220 n. Chr. erstellt hat.

Alter des Empfängers						
0–19	20–24	25 -29	30–34	40–49	50–54	60 +
Laufzeit in Jahren						
30	28	25	22	20	19–10	9

Domitius Ulpianus (?–228 n. Chr.) war ein hoher Staatsbeamter unter Kaiser Caracalla, dessen Schriften später unter dem oströmischen Kaiser Justinian (527–565 n. Chr.) zu einem wesentlichen Teil des *Codex Justinianus* gemacht wurden. Dieser Codex, *Digesta* genannt, stellte etwa ein Viertel des *Corpus Iuris Civilis* dar. Aufgrund welcher Daten Ulpianus diese Tabelle erstellt hat, ist nicht bekannt. Die Tabellenwerte sind vermutlich keine empirischen Daten. So soll eine 20-jährige Person noch 28 Jahre eine Rente beziehen.

Nikolaus B. berechnete anhand (der schon erwähnten) Graunts Sterbetafel *Bills of Mortality* (mit Daten aus dem Jahr 1622) für dieses Schlussalter eine Laufzeit von 21 Jahren. Er kannte auch die englischen Gepflogenheiten und zitierte in seinem Buch eine Bekanntmachung von Königin Anne (1704):

> Gestern erließ die Königin eine Anordnung zum Verkauf von Leibrenten; innerhalb von zwei Stunden wurden 10.000 bis 100.000 gezeichnet. Dies sind die Konditionen für Leibrenten: Wenn jemand ein jährliches Einkommen von 10 Pfund mit einer Ausweitung auf zwei nachfolgende Personen [meist Kinder] wünscht, muss er 90 Pfund für ein Leben, 100 Pfund für zwei und 120 Pfund für drei aufeinanderfolgende Leben bezahlen. Und wenn einer jährlich 14 Pfund für 99 Jahre haben möchte, bezahlt er dafür 210 Pfund.

---

[3] Haller R., Barth F.: Berühmte Aufgaben der Stochastik – Von den Anfängen bis heute, de Gruyter Berlin 2017.

[4] Corpus Iuris Civilis, Digesta, 35, 2, pr. 68.

Nikolaus B. untersuchte auch das Rentensystem, das der Magistrat von Amsterdam 1673 anbot, und stellte zufrieden fest, dass die Konditionen etwa seinen Berechnungen entsprachen.

Auch Euler lieferte Beiträge zum Thema „Leibrente". In der Schriftenreihe *Memoirs* (1751) der Berliner Akademie berechnete er, dass für eine Leibrente von 100 Kronen ab dem 20. Lebensjahr eine Einmalzahlung für ein Neugeborenes 350 Kronen betragen sollte.

11.2   Kubische Gleichung bei Huygens

Huygens wird folgende Methode zur Lösung einer kubischen Gleichung $x^3 + ax = b$ zugeschrieben. Eine ähnliche Lösung findet sich bei J. Hudde, einem Schüler van Schootens; Hudde stand seit 1665 im Briefverkehr mit Huygens.

Die Unbekannte wird als Summe substituiert: $x \mapsto y + z$. Einsetzen in die kubische Gleichung liefert:

$$\left(y^3 - z^3\right) - (3yz - a)(y - z) = b$$

Diese Beziehung wird vereinfacht, indem man den Faktor $(3yz - a)$ null setzt; dies liefert die Bedingung $z = \frac{a}{3y}$ (1). Es verbleibt: $y^3 - z^3 = b\,(2)$. Einsetzen von z und Multiplikation mit y^3 ergibt:

$$y^6 - by^3 - \frac{a^3}{27} = 0$$

Dies ist eine biquadratische Gleichung in y^3 mit der Lösung:

$$y^3 = \frac{b}{2} + \sqrt{\frac{b^2}{4} + \frac{a^3}{27}}$$

Die oben genannte Substitution liefert mit (1) die gesuchte Lösung:

$$x = \sqrt[3]{\frac{b}{2} + \sqrt{\frac{b^2}{4} + \frac{a^3}{27}}} - \frac{a}{3}\left(\frac{b}{2} + \sqrt{\frac{b^2}{4} + \frac{a^3}{27}}\right)^{-1}$$

Eine andere Umformung liefert (2). Mit $z^3 = y^3 - b \Rightarrow z = \sqrt[3]{y^3 - b}$ folgt:

$$x = \sqrt[3]{\frac{b}{2} + \sqrt{\frac{b^2}{4} + \frac{a^3}{27}}} - \sqrt[3]{-\frac{b}{2} + \sqrt{\frac{b^2}{4} + \frac{a^3}{27}}}$$

Diese Form ist zur Formel von Cardano äquivalent.

11.3 Krümmung und Evolute einer Kurve

In Abschn. 3 (Lehrsatz 11) seiner *Horologium oscillatorium* begründete Huygens seine Theorie der Evoluten. Er zeigte dort den (eindeutigen) Zusammenhang zwischen Evolute und Evolvente, indem er bewies, dass die Tangenten an die Evolute zugleich die Normalen der Evolventen sind.

Die Theorie von Huygens wurde mit großem Eifer von den Brüdern Bernoulli fortgeführt; sie erkannten hier den Zusammenhang mit der Menge der Krümmungsmittelpunkte. Die Krümmung κ einer Kurve in einem Punkt wurde definiert als Betrag des inversen Radius R des jeweiligen Berührkreises:

$$|\kappa| = \frac{1}{R}$$

Das Vorzeichen von κ entscheidet über Rechts- bzw. Linkskrümmung. Ein Extremwert der Krümmung tritt an einem Scheitelpunkt der Kurve auf. Den Scheitelkreis einer Parabel zeigt Abb. 11.6.

In kartesischen Koordinaten hatte Jakob B. folgende Krümmungsformel hergeleitet, die er als *theorema aureum* bezeichnete:

$$\kappa = \frac{y''}{\left(1 + y'^2\right)^{3/2}}$$

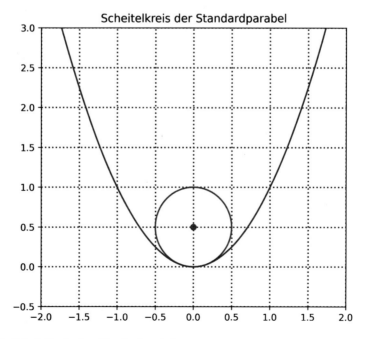

Abb. 11.6 Scheitelkreis einer Standardparabel

Johann B. hatte mit dieser Formel den Marquis de l'Hôpital bei ihrem ersten Treffen beeindruckt. In Polarkoordinaten bzw. Parameterdarstellung ist die Krümmung definiert als:

$$\kappa = \frac{r^2 + 2r'^2 - rr''}{\left(r^2 + r'^2\right)^{3/2}}; \quad \kappa = \frac{\dot{x}\ddot{y} - \dot{y}\ddot{x}}{\left(\dot{x}^2 + \dot{y}^2\right)^{3/2}}$$

Auch Newton hatte sich 1671 in seinem Werk *Curvae alicujus ad datum punctum curvatorum invenire* mit der Krümmung von Kurven beschäftigt, dieses jedoch nicht publiziert. Es ist im Rahmen des Buchs nicht möglich, alle Phasen der Auseinandersetzung zwischen Huygens, Leibniz und Newton darzustellen, wobei hier auch Rektifikationsprobleme eine Rolle spielen. Es wird hier auf die Literatur, z. B. auf das Buch von Joella Gerstmayer-Yoder[5], verwiesen. Erwähnt sei, dass Newton noch relativ gelassen sich über die Konkurrenz eines kontinentalen Mathematikers gibt. Als er über Oldenburg ein Exemplar des *Horologium* erhielt, sagte er:

> The rectifying curve lines by y[t] [the] way w[ch] [which] M. Hugens calls Evolution, I haue [have] been sometimes considering also, and haue met w[th] [with] a way of resolving it wch seemes more ready and free from ye trouble of calculation than y[t] of M. Hugens (Die rektifizierenden Kurven von der Art, die Mr. Huygens Evolution nennt, habe ich gelegentlich betrachtet und habe einen Weg gefunden, es [Problem der Evolute] zu lösen, der einfacher erscheint und frei ist von der mühevollen Berechnung Mr. Huygens').

Beispiel Die Krümmung der logarithmischen Spirale $r = ce^{k\varphi}$ ergibt sich in Polarkoordinaten zu:

$$\kappa = \frac{c^2 e^{2k\varphi} + 2c^2 k^2 e^{2k\varphi} - c^2 k^2 e^{2k\varphi}}{\left(c^2 e^{2k\varphi} + c^2 k^2 e^{2k\varphi}\right)^{3/2}} = \frac{1}{ce^{k\varphi}\sqrt{1+k^2}} = \frac{1}{r\sqrt{1+k^2}}$$

Für den Krümmungsradius der Spirale gilt somit:

$$R = r\sqrt{1+k^2}$$

Dies ist ein Ergebnis, das Jakob Bernoulli gut gefallen hat: Die Krümmung der logarithmischen Spirale ist proportional zum jeweiligen Radiusvektor!

Hier ergibt sich die Frage: Auf welcher Kurve liegen die Mittelpunkte aller dieser Krümmungskreise? Nach Huygens heißt diese Kurve eine *Evolute*. Ist K die Evolute von K', so ist K' die *Evolvente* (lat. *evolvere* = herausrollen] von K. Die Gleichung der Evolute (ξ, ζ) in kartesischen Koordinaten ist:

$$\xi = x - y'\frac{1+y'^2}{y''}; \quad \zeta = y + y'\frac{1+y'^2}{y''}$$

---

[5]Yoder J.: Unrolling Time: Christiaan Huygens and the Mathematization of Nature, Cambridge 2004, S. 97–115.

Für die Normalparabel $y = cx^2$ folgt mit $\frac{1+y'^2}{y''} = \frac{1+4c^2x^2}{2c}$:

$$\xi = x - 2cx\frac{1+4c^2x^2}{2c} = -4c^2x^3; \quad \zeta = cx^2 + 2cx\frac{1+4c^2x^2}{2c} = 3cx^2 + \frac{1}{2c}$$

Hier gelingt es den Parameter x zu eliminieren; man erhält die explizite Form der Evolute:

$$\zeta = \frac{3}{2\sqrt[3]{2c}}|\xi|^{2/3} + \frac{1}{2c}$$

Dies ist eine Neile'sche Parabel!

Wie schon erwähnt, konnte Huygens die Evolute einer **Zykloide** selbst berechnen. Die Gleichung der Evolute einer Funktion in Parameterdarstellung $(x(t), y(t))$ ist:

$$\xi = x - \dot{y}\frac{\dot{x}^2 + \dot{y}^2}{\dot{x}\ddot{y} - \dot{y}\ddot{x}}; \quad \zeta = y - \dot{x}\frac{\dot{x}^2 + \dot{y}^2}{\dot{x}\ddot{y} - \dot{y}\ddot{x}}$$

Für die Zykloide $\{x = r(\varphi - \sin\varphi); y = r(1 - \cos\varphi)\}$ ergibt der gemeinsame Bruchterm:

$$\frac{\dot{x}^2 + \dot{y}^2}{\dot{x}\ddot{y} - \dot{y}\ddot{x}} = \frac{r^2(1-\cos\varphi)^2 + r^2\sin^2\varphi}{r^2(1-\cos\varphi)\cos\varphi - r^2\sin^2\varphi} = \frac{2 - 2\cos\varphi}{\cos\varphi - 1} = -2$$

Für die Evolute der Zykloide folgt:

$$\xi = r(\varphi - \sin\varphi) + 2r\sin\varphi = r(\varphi + \sin\varphi)$$
$$\zeta = r(1 - \cos\varphi) - 2r(1 - \cos\varphi) = -r(1 - \cos\varphi)$$

Dies ist wieder eine Zykloide, die sogar kongruent ist!

Weitere Beispiele zeigt Abb. 11.7:

a) Parabel, Evolute = Neile'sche Parabel
b) Kettenlinie, Evolute = Traktrix
c) Zykloide, Evolute = Zykloide
d) Ellipse, Evolute = schiefe Astroide

Wie schon erwähnt, ist auch die Evolute einer logarithmische Spirale wieder eine solche. Beim letzten Beispiel liefern die Spitzen der Evolute die Mittelpunkte der vier Scheitelkreise, mit deren Hilfe man die Ellipse näherungsweise zeichnen kann.

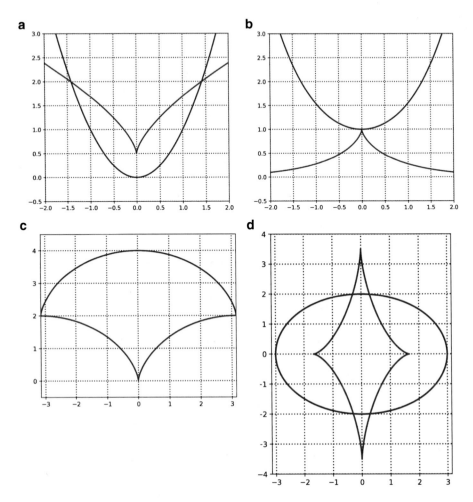

Abb. 11.7 Verschiedene Kurven und ihre Evoluten

Literatur (weiterführend):

Aldersey-Williams, H.: Dutch Light – Christian Huygens and the Making of Science in Europe. Picador, London (2020)

Aldersey-Williams, H.: Die Wellen des Lichts: Christian Huygens und die Erfindung der modernen Naturwissenschaft. Hanser, München (2021)

Andriesse, C.D.: Huygens: The Man Behind the Principle. Cambridge University (2005)

Bell, A.E.: Christian Huygens. Bell Press, ohne Verlagsort,(2012)

Bell, A.E.: Christian Huygens and the Development of Science in the Seventeenth Century. Edward Arnold, London (1950)

Cantor, M.: Huygens, Christian. Allg. Dtsch. Biogr. **13**, 480–486 (1881)

Franke, G.: Christian Huygens, Exempla Historica, Epochen der Weltgeschichte in Biographien, Bd. 27, S. 257–275. Fischer, Frankfurt (1975)

Huygens, C.: Œuvres Complètes, Société Hollandaise des Science. La Haye Nijhoff (1888–1950). www.leidenuniv.nl/fsw/verduin/stathist/huygens/acad1666. Zugegriffen: 10. Mai 2021

Yoder, J.: Unrolling Time: Christiaan Huygens and the Mathematization of Nature. Cambridge (2004)

Isaac Newton (1643–1727)

12

12.1 Das Umfeld von Newton

12.1.1 Henry Oldenburg (ca. 1618–1677)

Heinrich Oldenburg wurde in Bremen als Sohn eines Gymnasiallehrers und späteren Professors an der Universität Dorpat geboren. Sein genaues Geburtsdatum ist unbekannt; es lässt sich abschätzen durch das Datum seines Abiturs 1639. Nach Schulabschluss (mit Latein- und Griechischkenntnissen) machte er mehrere Reisen mit unbekannten Zielen. Ein Aufenthalt in England während der Zeit des Interregnums ist bestätigt, wo er Kontakte mit John Milton, Thomas Hobbes und vor allem Robert Boyle aufnahm. Er verließ England 1648 und reiste in die Niederlande, wo er bei Aufenthalten in Leiden und Utrecht niederländische Sprachkenntnisse erwarb.

Nach Bremen zurückgekehrt, wurde er 1653 in diplomatischer Mission nach London entsandt, um ein von den Engländern beschlagnahmtes Schiff freizubekommen und gleichzeitig Lord Protektor Cromwell die Neutralität Bremens im Englisch-Niederländischen Krieges zu versichern. In London nahm er den Kontakt zunächst mit Robert Boyle wieder auf, der ihn zum Lehrer seines Neffen machte. Mit dem Neffen, den späteren Politiker R. Jones, unternahm er eine lange Frankreich-Reise (1657–1660), wobei er die französische Sprache vollendet erlernte und sich für die Idee eines wissenschaftlichen Gelehrtenkreises – nach dem Vorbild von Pater Mersenne – begeisterte.

Oldenburg, der Gefallen daran gefunden hatte, mit externen Wissenschaftlern zu korrespondieren, gründete 1665 eine eigene Zeitschrift *Philosophical Transactions*, deren Druck und Vertrieb er lebenslang betrieb. Er erhielt Nachrichten über Entdeckungen und Kuriositäten aus aller Welt zum Abdruck, da die Briefschreiber hofften, durch einen Bericht in den *Transactions* bekannt zu werden. Einer der regelmäßigen Leser war Newton. Newton nutzte diese Zeitschrift, die später von der *Royal Society* übernommen wurde, um seinen berühmten optischen Versuch (*experimentum crucis* genannt) über die Zerlegung des Lichts mittels eines Prismas zu publizieren.

Aufgrund seiner niederländischen Kontakte geriet Oldenburg in Verdacht, während des zweiten Englisch-Niederländischen Krieges als Spion gedient zu haben, und wurde 1667 im *Tower* eingesperrt. Hooke bemerkte bei dessen Freilassung: *Er wird doch hoffentlich nicht seine philosophische Intelligenz aufgegeben haben* (zitiert nach Hall[1]). Das gute Einvernehmen zwischen Hooke und Oldenburg wurde 1675 gestört, als Oldenburg die Priorität Huygens bei der Pendeluhrsteuerung gegenüber Hooke verteidigte.

Nach der Wiederherstellung des Königtums wurde Oldenburg Mitglied der *Royal Society,* die 1660 gegründet worden war; gleichzeitig wurde er zum Sekretär für ausländische Korrespondenz gewählt. Berühmte Korrespondenten waren de Sluse (Flandern), Leibniz, von Tschirnhaus (Deutschland), G. D. Cassini (Italien) und Christian und Konstantin Huygens, van Leeuwenhoek (Niederlande). Er wurde so zu einer zentralen Figur im Wissenschaftsbetrieb des 17. Jahrhunderts in Europa. Einer der Mitglieder urteilte über ihn (zitiert nach Hall, S. 52)

> Dieser kuriose Deutsche, der sich auf seinen Reisen wohl bewährt hat, bot allen anderen die Stirn, wurde auf Grund seiner Verdienste geschätzt und so als Sekretär der *Royal Society* eingestellt.

Oldenburg war auch der Erfinder des *Peer Review;* er sandte wissenschaftliche Artikel vor der Publikation an Fachleute mit der Bitte um Beurteilung.

12.1.2 Roger Cotes (1682–1716)

Cotes immatrikulierte 1699 am Trinity College und graduierte 1706 mit dem *Master.* Im selben Jahr erhielt er als Erster den *Plumian*-Lehrstuhl für Astronomie und Physik, der von Thomas Plume gestiftet worden war, vermutlich auf Empfehlung seines Kollegen Newton. 1714 erschien sein einziges publiziertes Werk *Logometria,* in dem er die logarithmische Kurve rektifizierte; ebenfalls diskutierte er die Spirale $r = \frac{a}{\varphi}$.

Bekannt geworden ist Cotes durch die Newton-Cotes genannten Formeln zur numerischen Integration, die auf der Polynominterpolation von Newton beruhen. Für eine größere Zahl von Interpolationsstellen ergeben sich teilweise negative Koeffizienten, womit die Regeln numerisch unbrauchbar werden.

Cotes war auch direkt daran beteiligt, dass für die *Principia* eine zweite Auflage notwendig wurde. Vier Jahre (1709–1713) hatte Cotes die Erstausgabe Zeile für Zeile durchgearbeitet und dabei viele Irrtümer und Ungenauigkeiten gefunden. Der zwischen Cotes und Newton geführte Briefwechsel zeigt, wie mühselig sich die Zusammenarbeit gestaltete. Als Resultat war eine völlig neue Version der *Principia* von großer Qualität

---

[1] Hall M. B.: Henry Oldenburg: Shaping the Royal Society, Oxford University 2002, S.127.

entstanden. Die Zweitauflage erschien erst 1713; Newton versagte Cotes dafür die gebührende Anerkennung. Das vielbeachtete Vorwort, dessen physikalische Aussagen weit über Newton hinausgehen, stammt von Cotes selbst.

Zum Tode von Cotes sagte Newton herzlos: *If he had lived we might have known something.*

12.1.3 John Collins (1625–1683)

Collins war der Sohn eines nonkonformistischen Geistlichen, der Vater starb, als er 13 Jahre alt war. Collins musste deshalb die Schule verlassen und selbst für seinen Lebensunterhalt sorgen. Er schrieb später darüber:

> Als Sohn eines armen Ministers, der nur drei Meilen von Oxford entfernt geboren wurde und eine Weile in der Grammar School unterrichtet wurde, ging ich – nach dem Tod meiner Eltern – in die Lehre bei einem Buchhändler. Ohne dort Erfolg gehabt zu haben, lebte ich drei Jahre am [Königs-]Hof und vergaß dort alle meine Lateinkenntnisse.

Als Buchhalter am Hof des Königs Charles I. musste er sich mit Mathematik befassen. Beim Ausbruch des *Civil War* (1642) siedelte der Königshof in das *Christ College* Oxford um. Nach der Niederlage der königstreuen Truppen wurde Charles I. 1647 entmachtet; er konnte zwar seinen Bewachern zunächst entfliehen, wurde aber zwei Jahre später hingerichtet. Nach dem Verlust seiner Stellung heuerte Collins für sieben Jahre als Seemann der *Signoria* (Rat der Republik Venedig) an und nahm Teil am Krieg um Kreta; die Insel war die letzte verbleibende Bastion im Mittelmeer im Kampf gegen das Osmanische Reich. In seiner Freizeit frischte er seine Lateinkenntnisse auf und übersetzte 1646 einige Bücher ins Englische.

Nach dem Ende des Bürgerkriegs kehrte Collins nach England zurück, wo er bis zum Ende der Regierungszeit Cromwells in London als Mathematiklehrer arbeitete und später als Buchhalter für verschiedene Handelsorganisationen tätig war. 1652 veröffentliche er ein Werk zur Buchhaltung *An Introduction to Merchants' Accounts*, dessen Neuauflage 1665 im großen Brand von London vernichtet wurde. Zuvor 1658/59 hatte er zwei Bücher zur Navigation zur See publiziert, die von der Handelsmarine im Ostindien-Handel verwendet wurden. Er plante, einen eigenen Verlag zu gründen und Bücher über den modernen Fortschritt der mathematischen Wissenschaften zu publizieren.

1667 wurde er Bibliothekar der *Royal Society*. Für seinen Eifer beim Sammeln und Verbreiten wissenschaftlicher Informationen und beim Drängen auf die Durchführung notwendiger Untersuchungen wurde Collins nicht zu Unrecht als der „englische Mersenne" bezeichnet. Seine Korrespondenz mit bedeutenden Mathematikern aus dem In- und Ausland war ergiebig, eine Auswahl wurde 1712 nach seinem Tod veröffentlicht. Er scheute keine Kosten, um neue und seltene Bücher zu beschaffen, und trug zu vielen wichtigen Publikationen bei, wie Barrows „Optische und geometrischen Lektionen" oder Wallis' „Geschichte der Algebra".

Bei seinem zweiten Besuch in London traf Leibniz nur Collins in der Akademie an; dieser ließ ihn die aufliegenden Manuskripte lesen und vermerkte das Treffen in seinen Akten. Im Auftrag der *Royal Society* gab Collins das *Commercium Epistolicum* heraus, das die Priorität Newtons gegenüber Leibniz sichern sollte. Die Aufzeichnungen Collins' über den Besuch Leibniz' wurden als entscheidendes Beweismittel gegen Leibniz verwendet.

12.1.4 Edmond Halley (1656–1742)

Halley studierte in Oxford Mathematik und Astronomie. Er reiste 1677 per Schiff nach St. Helena, um den Merkurdurchgang vor der Sonne vollständig beobachten zu können. In den Jahren von 1680 bis 1681 bereiste er Frankreich und Italien und stellte Kontakte zwischen den Sternwarten her. Von 1685 bis 1692 war Halley als Sekretär der *Royal Society* tätig, wo er in Kontakt kam mit Newton. Halley wurde ein wichtiger Förderer von Newtons Werk. Mehrfach forderte er diesen auf, die *Principia* zu veröffentlichen, und sorgte schließlich für deren Herausgabe und die Finanzierung des Drucks. Newton würdigt im Vorwort der *Principia* die Verdienste Halleys (zitiert nach Wussing[2]):

> Bei der Herausgabe dieses Werkes hat Edmond Halley, dieser höchst scharfsinnige und vielseitig gelehrte Mann, vielfache Mühe verwandt. Er hat nicht nur die Korrektur und die Holzschnitte besorgt, sondern war überhaupt auch derjenige, welcher mich zur Abfassung dieses Werkes veranlasst hat. Da er nämlich von mir einen Beweis der Gestalt, welche die Bahnen der Himmelskörper haben, verlangt hatte; so bat er mich, ich möchte denselben der Königlichen Gesellschaft mitteilen. Diese bewirkte hierauf durch ihre Aufforderung und Oberleitung, dass ich anfing, an die Herausgabe des Werkes zu denken.

Berühmt geworden ist Halley durch die (Wieder-)Entdeckung des nach ihm benannten Kometen. Er hatte anhand seiner Beobachtungsdaten des hellen Kometen von 1682 erkannt, dass dieser mit dem von Kepler und Regiomontanus im Jahr 1607 beobachteten und dem von Apian beschriebenen Kometen von 1531 identisch war. So konnte er für Ende 1758 bzw. Anfang 1759 das Wiedererscheinen des Kometen vorhersagen. Tatsächlich erschien der Komet am Weihnachtstag 1758 erneut (16 Jahre nach Halleys Tod).

Seine Beschäftigung mit den Geburts- und Sterbetabellen der Stadt Breslau führte 1693 zu einer Berechnung von Leibrenten in seiner Schrift: *An estimate of the degrees of the mortality of mankind; drawn from curious tables of the births and funerals at the city of Breslaw.*

Im Jahr 1701 hatte er die erste Karte des Erdmagnetismus publiziert: *A general chart, showing the ... variation of compass.* Von 1702 bis 1703 hielt er sich in Wien und in Istrien auf, um dort als Fachmann für die Geometrie im Festungsbau als Gutachter tätig zu sein; bei einigen Schiffsreise wirkte er auch als Kapitän. 1703 wurde er Nachfolger von Wallis an dessen Lehrstuhl für Geometrie in Oxford. Die *Royal Society* ernannte

---

[2]Wussing H.: Isaac Newton, Teubner Leipzig 1977, S. 82.

Halley 1719 zum Astronomen der Akademie; er wurde damit auch Nachfolger von John Flamsteed, dem Begründer der Sternwarte Greenwich.

Von den acht Büchern der *Conica* von Apollonios (ca. 260–190 v. Chr.), sind nur die Bücher I bis IV in griechischer Sprache überliefert, die Bücher V bis VII sind auf Arabisch erhalten. Halley leistete hier Pionierarbeit bei der Übersetzung vom Griechischen ins Lateinische. Zusätzlich konnte er das fehlende Buch VIII mithilfe der Bemerkungen von Pappos weitgehend rekonstruieren. Der Historiograf Michel Chasles kommentierte dies:

> Halley, der sich durch vielseitige Bildung und genaue Bekanntschaft mit der Geometrie der griechischen Schule auszeichnete, erwarb sich durch seine treuen Übersetzungen mehrerer Hauptwerke der alten Geometer ein herrliches Denkmal. Man zeichnet besonders seine vortreffliche Ausgabe des Werks über die Kegelschnitte des Apollonios aus, worin das achte Buch mit großem Talent restituiert enthalten ist. Angehängt sind die beiden Bücher von Serenus über die Schnitte des Kegels und Zylinders. Eine Ausgabe der *Sphaerica* des Menelaos wurde von Halley vorbereitet.

Halley entwickelte auch ein numerisches Verfahren zur Lösung von nichtlinearen Gleichungen. Das Verfahren hat eine höhere Konvergenzordnung als die Newton-Iteration, benötigt dafür aber die zweite Ableitung:

$$x_{n+1} = x_n - \frac{f(x_n)f'(x_n)}{2[f'(x_n)]^2 - f(x_n)f''(x_n)}$$

Für die von Newton verwendete Funktion $f(x) = x^3 - 2x - 5$ erhält man beim Startwert $x_0 = 1$:

```
1.3157894736842106
1.861491413050636
2.090884650815686
2.0945514702911003
2.0945514815423265
```

Für den Juni 1761 war einer der seltenen Venusdurchgänge vor der Sonne vorhergesagt. Halley hatte schon bei seiner Beobachtung des Merkur-Transits die Idee entwickelt, aus den Messungen von zwei weit entfernten Orten der Erde die Astronomische Einheit (= mittlere Erdentfernung von der Sonne) genauer zu bestimmen. Da Halley damit rechnete, dass er den Venus-Transit von 1761 eventuell nicht mehr erleben würde, rief er die wissenschaftlichen Akademien Europas auf, nach seiner Idee den Transit auszuwerten. Seine Nachfolger nutzten jedoch den nächsten stattfindenden Transit im Juni 1769. Bereits Monate vor diesem Termin segelten zahlreiche Schiffe um die Welt, um weit entfernte Beobachtungsposten einzunehmen. Eines dieser Schiffe war die *Endeavour* des Captain Cook, der bereits im August 1768 die Forschungsreise in das von ihm entdeckte Tahiti startete. Halley wusste, dass im Fall eines Misserfolgs sich erst wieder 1874 Gelegenheit zu einer neuen Beobachtung eines Venus-Transits ergeben würde.

12.1.5 Robert Hooke (1635–1703)

Hooke wurde geboren in Freshwater auf der *Isle of Wight*. Nach dem Tod des Vaters kam Hooke im Alter von 13 Jahren nach London, wo er seine Ausbildung an der Westminster School in London weiterführte. Hooke zeigte praktische Begabung, insbesondere als Zeichner und Konstrukteur. Er lebte im Haushalt des Lehrers Richard Busby, der ihn in den alten Sprachen unterrichtete. 1653 verließ Hooke die Schule, um auf Vermittlung seines Lehrers eine Anstellung an der *Christ Church* in Oxford anzutreten. In Oxford stand Hooke in den Diensten einer Gruppe von Naturforschern um John Wilkins; aus diesem Personenkreis, der sukzessive nach London übersiedelte, gründete sich später die *Royal Society*.

Der Chemiker Robert Boyle, bekannt durch das Gesetz von Boyle-Mariotte, holte 1658 Hooke als Assistent in sein Labor. Auf Boyles Empfehlung hin wurde Hooke 1662 als Experimentator der *Royal Society* angestellt, ein Amt, das er 41 Jahre lang bis zu seinem Tod ausübte. Er war verpflichtet, während der Sitzungsperioden wöchentlich die Versuche zu den aktuellen Themen vorzubereiten. Er hatte dafür das Privileg, in *Gresham College* zu wohnen; dies war der Versammlungsort der Akademie, bis Newton ihr Präsident wurde.

1664 wurde er mit Vorlesungen über Mechanik (*Cutlerian Lectures*) beauftragt, jedoch bei geringer Besoldung. Im folgenden Jahr wurde er auf den Lehrstuhl für Geometrie am Gresham College berufen. Im selben Jahr publizierte er die *Micrographia*, das erste Werk, das mikroskopische Bilder von Zellstrukturen und Insekten zeigt. Auf Hookes Arbeit aufbauend konnte Antonie van Leeuwenhoek (1632–1723) das Mikroskop verbessern und spektakuläre Bilder von Bakterien und Protozoen liefern.

Nach dem Großbrand von London 1666 (Abb. 12.1) diente Hooke als Assistent des Architekten Christopher Wren beim Wiederaufbau von Londons Zentrum. Der Anteil

Abb. 12.1 Gemälde des Großbrands von London 1666. (Wikimedia Commons, public domain)

Hookes an den Projekten Wrens wird meist unterschätzt; er wirkte auch mit bei der
Planung der *St Paul's* Kathedrale und des *Monument to the Great Fire.* Wren betrachtete
übrigens *St. Paul's* als seine persönliches Grabstätte; auf seinem Grab in der Krypta von
St Paul's steht: *Lector, si monumentum requiris, circumspe* (Lesender, wenn du dieses
Bauwerk erkundest, betrachte alles um dich herum!). Von Hooke stammt auch der Entwurf zum *Royal Observatory* (1675) in Greenwich, insbesondere die Planung des Zenit-
instruments. Später (1690) wurde er *Surveyor* (Bauinspektor) für den Dekan und Bezirk
von Westminster.

1672 kam es zum ersten heftigen Eklat mit Newton, als Hooke dessen Theorie der
Farben beim Versuch mit einem Linsenspektrum kritisierte; Newton drohte mit Aus-
tritt, konnte aber von Oldenburg besänftigt werden. Ein berühmter Kritiker von Newtons
Farbenlehre war Johann W. von Goethe (1749–1832). In seiner *Farbenlehre* (1810)
notiert er:

> Newton behauptet, in dem weißen farblosen Lichte überall, besonders aber in dem Sonnen-
> licht, seien mehrere verschiedenfarbige Lichter wirklich enthalten, deren Zusammensetzung
> das weiße Licht hervorbringe. Damit nun diese bunten Lichter zum Vorschein kommen
> sollen, setzt er dem weißen Licht gar mancherlei Bedingungen entgegen: vorzüglich
> brechende Mittel, welche das Licht von seiner Bahn ablenken; aber diese nicht in einfacher
> Vorrichtung. Er […] beschränkt das Licht durch kleine Öffnungen, durch winzige Spalten,
> und […] behauptet: alle diese Bedingungen hätten keinen andern Einfluss, als die Eigen-
> schaften, die Fertigkeiten des Lichts rege zu machen.

Auch nach der Belehrung durch den Physiker Georg C. Lichtenberg bleibt Goethe bei
seiner Meinung:

> Hierdurch regte sich die ganze Schule gegen mich auf, wie jemand ohne höhere Ein-
> sicht in die Mathematik wagen könne, Newton zu widersprechen. […] Newton steht als
> Mathematiker in so hohem Ruf, dass sich der ungeschickteste Irrtum, nämlich das klare,
> reine, ewig ungetrübte Licht sei aus dunklen Lichtern zusammengesetzt, bis auf den
> heutigen Tag erhalten hat. Und sind es nicht Mathematiker, die dieses Absurde noch immer
> verteidigen?

1675 kam es zum Streit mit Huygens über die Erfindung des Springfederantriebs von
Uhren. Nach dem Tod Oldenburgs (1677) übernahm Hooke auch noch dessen Amts-
geschäfte und wurde Sekretär bis 1683. Bei der Publikation der *Principia* 1684 kam es
zu einem Streit über den von Hooke geleisteten Anteil an der Herausgabe des Werks.
Newton hatte jede Erwähnung Hookes verweigert und war besonders verärgert über
das Ansinnen Hookes, er habe als Erster die Funktionalität des Gravitationsgesetzes
(indirekte Proportionalität des Abstandquadrats) erkannt. Newton schrieb über ihn
(Wussing S. 82):

> Hooke hat nichts getan und dennoch so geschrieben, als ob er alles gewusst und aus-
> reichend angedeutet hätte bis auf das, was durch die Schufterei von Berechnungen und
> Beobachtungen noch zu bestimmen blieb; von dieser Mühe entschuldigte er sich auf Grund

seiner andern Tätigkeit, während er sich lieber auf Grund seiner Unfähigkeit hätte entschuldigen sollen. Denn aus seinen Worten geht klar hervor, dass er nicht wusste, wie er dabei zuwege gehen sollte.

Newton hat einem Bekannten erzählt, er habe absichtlich Buch III der *Principia* so abstrus formuliert, um zu verhindern, dass er von kleinen Schmalspurmathematikern gepiesackt wird *(to avoid being baited by little smatterers in Mathematicks).* Einige Autoren sind der Meinung, dass dieses Newton-Zitat auf Hooke gemünzt sei. Hooke beklagte sich bei seinem Vortrag am 26. Juni 1689 vor der *Royal Society* über die Missverständnisse zu seiner Person (zitiert nach Inwood[3]):

Ich hatte das Pech, entweder von einigen nicht verstanden zu werden, die behaupteten, ich hätte nichts getan, oder von anderen missverstanden oder missdeutet zu werden (aus welchem Grund auch immer), die insgeheim andeuteten, dass ihre Erwartungen nicht erfüllt wurden, wie unvernünftig sie auch immer waren … Und obwohl viele der Dinge, die ich zuerst entdeckt habe, nicht akzeptiert wurden, gibt es Leute, die auch noch stolz darauf sind, sie [meine Entdeckungen] für sich selbst zu beanspruchen – aber ich lasse das momentan geschehen.

Es kam zum endgültigen Bruch zwischen Newton und Hooke; Newton betrachtete Hooke nunmehr als Feind und behinderte dessen Mitarbeit an der Akademie. Obwohl das Gebäude des *Gresham College* beim Bürgerkrieg beschädigt worden war, kam der Umzug der Akademie aus Geldmangel erst 1710 zustande; dabei verschwanden *alle* Manuskripte und Bilder Hookes. Dies ist der Grund, warum es derzeitig kein anerkanntes Porträt von Hooke gibt. Eine ausführliche Diskussion über die zur Diskussion stehenden Bilder findet sich bei einem Blog[4] der *Royal Society*. Nach einem Bericht des deutschen Antiquars und Buchsammlers Zacharias C. von Uffenbach, der 1710 die *Royal Society* besuchte, existierten angeblich damals noch zwei ähnliche Gemälde von Hooke und Boyle. Von Uffenbachs Bericht (aus seinem Buch *Merkwürdige Reisen durch Niedersachsen, Holland und Engelland, Band 3, Seiten 545–551*) über die Räumlichkeiten der *Society* ist kurios:

… Am allermeisten aber erstaunet man, wenn man das Museum siehet. Es sind eher zwey lange schmale Rauch=Kammern, da die schönsten Instrumenten und andere Dinge, (welche Grew beschreibet) nicht nur in keiner guten Ordnung und Zierlichkeit, sondern auch mit Staub, Koth und Kohlen=Dampf überzogen, auch zum Theil zerbrochen und ganz verdorben da liegen. Wenn man nach etwas fragt, sagt der Operator, welcher die Fremde herum führet gemeiniglich: *a Rogue had it stolen away,* d.i. ein Schelm hat es weggestohlen, oder er weiset nur Stücke davon, und spricht: *it is corrupted or broken,* d.i. es ist verdorben oder zerbrochen, so wohl wird darauf Achtung gegeben. Man kan(n) fast nichts mehr erkennen, so elend siehet alles aus.... Der Präses Newton ist ein alter Mann, und wegen seines Amts,

---

[3] Inwood S.: The Man who knew too much – the strange and inventive Life of Robert Hooke, Pan Books London 2003.

[4] //royalsociety.org/blog/2010/12/hooke-newton-and-the-missing-portrait [10.08.2021]

dem Directoris des Münzwesens, auch mit Verrichtung seiner eigenen Geschäffte allzu sehr gehindert, sich um die Societät viel zu bekümmern... Zuletzt wiese man uns das Zimmer, darinnen die Societät zusammen zu kommen pfleget. Es ist sehr klein und schlecht, und das beste darinnen die vielen Portraits von denen Mitgliedern, darunter wohl die merkwürdigste sind, das von Boyle und Hoock.

Die Zuordnung des Namen „Hoock" zur Person Hookes ist gesichert, da von Uffenbach dessen Experimente in seinem Buch genau beschrieben hat. Das Britische Museum verfügt nur über Hookes umfangreiches Tagebuch, das u. a. seine Versuche zu dem nach ihm benannten Gesetz (Elastizität von metallischen Federn) zeigt.

Hooke starb 1703 blind, pflegebedürftig und verarmt. Newton verhinderte ein Begräbnis Hookes in der Westminster Abbey. Erst im Jahre 2004 wurde sein Name und Sterbejahr auf einer schwarzen Bodenkachel(!) von Westminster Abbey eingraviert, die sich in der Nähe des Grabes von Dr. Busby befindet, der sein früherer Schuldirektor war.

12.2   Das Leben Newtons

> Newton ist der Glücklichste, das System der Welt
> kann man nur einmal entdecken! (J.-L. Lagrange).

Nach dem in England geltenden julianischen Kalender kam Isaac Newton (Abb. 12.2) am Weihnachtstag 1642 in Woolsthorpe (bei Colsterworth, Lincolnshire) als Frühgeburt zur Welt. Abb. 12.3 zeigt das Geburtshaus und spätere Wohnhaus Newtons bis zu seinem Umzug nach London. Sein Vater Isaac war bereits drei Monate zuvor gestorben, die Mutter Hannah verließ ihn im Alter von drei Jahren, um eine neue Ehe einzugehen. Newton wurde daher von der Großmutter mütterlicherseits großgezogen. Wegen seines eigenbrötlerischen Charakters war er ein Außenseiter unter den Grundschülern, der sich auf die Lektüre von Büchern konzentrierte. Seine Mutter brachte ihn daraufhin bei einer Apothekerfamilie unter, wo Newton ein besseres Umfeld vorfand.

Abb. 12.2 Gemälde von Isaac Newton. (Wikimedia Commons, gemeinfrei)

Abb. 12.3 Geburts- und Wohnhaus Newtons in Woolsthorpe. (GetArchive LLC)

Von 1655 bis 1659 lernte er Latein und Griechisch in der *King's School,* Grantham. Der Biograf R. Westfall berichtet, er sei ganz erschüttert gewesen, als er bei seinen Nachforschungen herausfand, Newton sei der Erste in seiner Familie gewesen, der richtig schreiben und lesen gelernt habe. Als seine Mutter 1659 erneut Witwe wurde, nahm sie Newton von der Schule, um ihn, wie seine Vorfahren, Landwirt werden zu lassen. Der Schuldirektor jedoch konnte sie überreden, Newtons Schulkarriere fortzusetzen. Obwohl der Junge nicht durch besondere schulische Leistungen auffiel, erkannte ein Pfarrer sein mathematisches Talent und sorgte dafür, dass er ein Stipendium erhielt, um am *Trinity College* in Cambridge studieren zu können. Damit konnte es Newton vermeiden, die Landwirtschaft seines Vaters übernehmen zu müssen.

Im Jahr 1661 erhielt er die Zulassung zum *Trinity College* Cambridge (Abb. 12.4). Sein Studium begann als *subsizar;* d. h., er verdiente seinen Lebensunterhalt durch die Erledigung von Dienstpflichten für *fellows* und höhere Semester. Dies endete 1664, als er ein Stipendium erhielt, das ihm ermöglichte, den *Master of Arts* (1668) erlangen.

Cambridge erhielt 1664 den ersten Lehrstuhl für Mathematik, der 1663 gestiftet wurde von Henry Lucas (1640–1648), dem Vertreter der Cambridge Universität im *Parliament.* In seinem Testament verfügte Lucas:

> To provide a yearly stipend and salarie for a professor [...] of mathematicall sciences in the said Universitie to honor that greate body and assist that parte of learning which hitherto hath not bin provided for.

Nach seinem Stifter wird der Lehrstuhl *Lucasian Chair* genannt. Der erste Inhaber war Isaac Barrow (1630–1677), der zuvor Professor für Griechisch in Cambridge und später

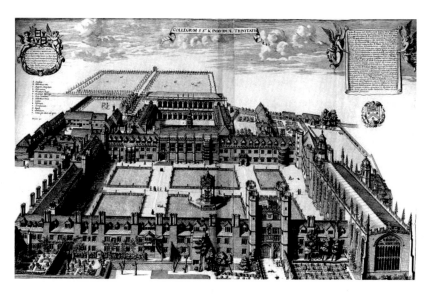

Abb. 12.4 Trinity College um 1700. (David Loggan, Cantabrigia Illustrata, Cambridge 1690, Plate XXIX)

Professor für Geometrie am *Gresham College* in London gewesen war. Zwischen beiden Ämtern hatte er noch Medizin, Theologie und Kirchengeschichte studiert.

Unter den ersten Studenten Barrows befand sich auch Newton, der später bei ihm die Prüfung zum Scholaren ablegen sollte. Prüfungsthemen waren die *Elemente* von Euklid, die Newton aber nicht kannte. Eine Aufzeichnung Newtons von 1699, die von de Moivre bewahrt und posthum publiziert wurde, beschreibt seinen Lesestoff zur Prüfungsvorbereitung:

> Auf dem Marktplatz von Stourbridge kaufte ich [16]63 ein Astrologiebuch. Ich las es, bis ich auf eine Himmelskarte stieß, die trigonometrische Kenntnisse verlangte, die das Wissen eines normalen Cambridge-Studenten überstieg. So erwarb ich ein Trigonometrie-Buch, dessen Übungen ich nicht verstand. Ich kaufte den Euklid, um die Basis der Trigonometrie zu verstehen. Schon beim Lesen der Überschriften der Lehrsätze fand ich diese so leicht zu verstehen, dass ich mich wunderte, wie jemand Freude daran haben könnte, entsprechenden Übungen zu entwickeln. [...] Ich kaufte und lieh mir weitere Bücher, wie van Schootens *Exercitationum Mathematicarum*, Descartes' lateinische *Géométrie*, Oughtreds *Clavis Mathematicae* und Wallis' *Arithmetica Infinitorum*.

Der Biograf D. T. Whiteside[5] bemerkt dazu,

> er verstehe nicht, warum Newton so wenig zeitgenössische Standard-Literatur gelesen habe. Nirgends in seinen autobiografischen Aufzeichnungen finde man einen Hinweis auf Napier, Briggs, Desargues, Fermat, Pascal, Kepler, Torricelli oder auch Archimedes und Barrow.

---

[5]Whiteside D. T.: Isaac Newton: Birth of a Mathematician, Notes and Records of the Royal Society 19 (1964), S. 53–62.

Barrow, der die Begabung Newtons erkannt hatte, trat 1669 vom Lucasischen Lehrstuhl zurück, um ihn seinem Schüler zu überlassen. Barrow wandte sich von der Mathematik ab und machte eine kirchliche Karriere. Er wurde laut königlichem Dekret 1670 *Doctor of Divinity* und 1669 königlicher Kaplan in London. Chasles schrieb über Barrow:

> Seine Kenntnisse in der griechischen und arabischen Sprache setzten Barrow in den Stand, dass er der Wissenschaft dadurch einen wesentlichen Dienst leisten konnte, dass er sehr geschätzte Übertragungen ins Lateinische lieferte von den Elementen und den Daten des Euklid, von den vier ersten Büchern des Apollonios, von den Werken des Archimedes und von der Sphärik des Theodosius. In allen diesen Werken finden sich die Beweise größtenteils umgearbeitet und außerordentlich vereinfacht.

Newton hatte diesen Lehrstuhl formal bis 1701 inne, als er erneut als Abgeordneter der Universität ins *Parliament* gewählt wurde. De facto hatte er sich für die Dauer 1696 bis 1701 von William Whiston vertreten lassen. Die Resonanz auf seine Vorlesungen blieb gering, gemessen an der Anzahl seiner Hörer. Er war nur verpflichtet, mindestens eine Vorlesung pro Woche im Semester zu halten, ferner musste er im Jahr zehn ausgearbeitete Vorlesungen in der Bibliothek hinterlegen.

Zur Wintersonnenwende 1664 erschien ein heller Komet über England und wurde schnell als Unglücksbringer eingestuft. Das erwartete Unglück folgte prompt am Anfang des Jahres 1665 in Gestalt einer Pestepidemie. Die Universität Cambridge wurde im Juni geschlossen und Newton kehrte im Alter von 23 Jahren für circa 20 Monate nach Woolsthorpe zurück.

Über seine Erfolge während der Pestzeit erinnert sich Newton in einem Briefentwurf (1718) an seinen Verleger Des Maizeaux (zitiert nach Westfall[6]):

> Zu Beginn des Jahres 1665 fand ich die Methode zur Reihenentwicklung & die Regel, um jede Potenz eines Binoms in eine solche Reihe überzuführen. Im Mai desselben Jahres fand ich die Tangentenmethode nach Gregory und Slusius & verfügte im November desselben Jahres über die direkte Fluxionsmethode & im Januar des nächsten Jahres über die Theorie der Farben & im darauffolgenden Mai über den Zugang zur Umkehrung der Fluxionsmethode. Im selben Jahr begann ich auch über die Gravitation nachzudenken, die ich auf die Mondbahn ausdehnte & nachdem ich herausgefunden hatte, wie die Kraft, mit der ein im Innern einer Kugel rollendes Kügelchen auf die Oberfläche der Kugel drückt, zu bestimmen ist, leitete ich aus der *Keplerschen Regel* über die periodischen Umlaufzeiten der Planeten, die in anderthalbfacher Proportion zu ihren Abständen vom Zentrum ihrer Bahnen stehen, ab, dass die Kräfte, die die Planeten auf ihren Bahnen halten, umgekehrt proportional zu den Quadraten ihrer Abstände von den Mittelpunkten sein müssen, die sie umlaufen & damit verglich ich die Kraft, die erforderlich ist den Mond auf seiner Bahn zu halten & fand die Antwort ziemlich übereinstimmend. All dies trug sich in den beiden Pestjahren 1665 & 1666 zu. Denn zu dieser Zeit befand ich mich auf dem Höhepunkt meiner Erfindungskraft & beschäftigte mich mit Mathematik und Naturphilosophie mehr als zu irgendeiner Zeit seither.

---

[6] Westfall R. S.: Newton's Marvellous Years of Discovery and their Aftermath: Myth versus Manuscript, Isis 71 (1980), S. 109–121.

Newtons Erinnerungen bezüglich der Physik sind nicht korrekt. Es dauerte noch Jahre, bis Newton alle benötigten astronomischen Daten zusammen hatte. Viele Werte der Erdabplattung, Mondbewegung und Höhe der Gezeiten waren nicht genau genug bekannt. Insbesondere drangsalierte Newton später den Astronomen Flamsteed, um von ihm genaue astronomische Daten über die Mondbewegung zu erfahren, die dieser für eine eigenen Publikation vorbereitet hatte. Die Arroganz Newtons zeigte folgender Brief an Flamsteed:

> Ich halte diese Theorie und die Theorie der Gravitation so notwendig für ihr Verständnis, dass ich davon überzeugt bin, dass niemals sie von jemandem verbessert wird, der die Theorie der Gravitation nicht so gut versteht wie ich oder besser als ich.

König Charles II., der 1660 nach dem Interregnum an die Regierung gekommen war, stiftete der 1662 gegründeten *Royal Society* einen Zeremonienstab. Newton wurde 1672 Mitglied; seine Mitgliedschaft als *fellow* verschaffte ihm mehrfach die Gelegenheit, nach London zu fahren, wo die Mitglieder der Gesellschaft ein Umfeld von Newton bildeten:

> Die Sekretäre Henry Oldenburg und Collins, der Chemiker Robert Boyle, der Experimentator der Akademie Robert Hooke, die Astronomen Flamsteed und Halley, die Mathematiker John Wallis, William Brouncker, James und David Gregory und der Architekt Christopher Wren.

Externe Korrespondenten bildeten u. a. Huygens und Leibniz. In den Jahren 1672 bis 1676 entwickelt Leibniz die Grundlagen seines Infinitesimalkalküls. 1676 begann Leibniz eine durch Henry Oldenburg vermittelte Korrespondenz mit Newton, die anfangs von beiden durch Hochachtung geprägt war.

Die Aufgaben der *Royal Society* waren in einem Statut festgelegt (zitiert nach Wussing[7]):

> Aufgabe und Absicht ist es, das Wissen von den natürlichen Dingen und alle nützlichen Künste, Fabrikationszweige, mechanischen Verfahrungsweisen, Maschinen und Erfindungen durch Experimente zu verbessern (sich nicht mit Theologie, Metaphysik, Sittenlehre, Politik, Grammatik, Rhetorik oder Logik abzugeben). Die Wiedergewinnung solcher zweckmäßiger Künste und Erfindungen zu betreiben, die verloren gegangen sind. Alle Systeme, Theorien, Prinzipien, Hypothesen, Elemente, Historien und Experimente von natürlichen, mathematischen und mechanischen, erfundenen, aufgezeichneten oder praktizierten Dingen von allen bedeutenden Autoren, antiken und modernen, zu prüfen, mit dem Ziel, ein umfassendes und zuverlässiges philosophisches System zur Erklärung aller Erscheinungen zusammenzutragen, die auf natürliche oder künstliche Weise hervorgerufen werden, und eine Darstellung der vernünftigen Ursachen aller Dinge erzielen.

Abb. 12.5 zeigt die englische Briefmarke zum 350-jährigen Bestehen der *Royal Society*.

---

[7] Wussing H., Isaac Newton, Teubner Leipzig 1977, S. 39–40.

Newton zog 1696 nach London, um den Posten des Aufsehers *Warden of the Royal Mint* zu übernehmen, eine Position, die er durch die Schirmherrschaft von Charles Montague, dem ersten *Earl of Halifax,* erhielt; dieser fungierte damals als Schatzkanzler oder Finanzminister. Im Jahr 1699 wurde Newton Präsident der königlichen Münze, zwei Jahre später beendete er sein Amt in Cambridge. Montague wusste von Newton Amtsmüdigkeit als Professor und traute ihm zu, durch Erneuerung des Münzwesens auch die Staatsfinanzen zu sanieren.

1699 wurde Newton ebenfalls *counsil* der *Royal Society,* 1703 ihr Präsident (nach dem Tod von Hooke), eine Position, die er zeitlebens innehatte. Bei der Amtsübernahme verfügte Newton, dass der Zeremonienstab nur bei den Sitzungen präsentiert werden durfte, bei denen er persönlich anwesend war. Abb. 12.6 zeigt Newton als Vorsitzenden mit dem vor ihm liegendem Zeremonienstab; die *Royal Society* residierte damals noch im Gebäude des Gresham College (Abb. 12.7). Ebenfalls 1699 wurde Newton als *associé étranger* Mitglied der Pariser *Académie des Sciences* aufgenommen.

In seiner Position bei der *Royal Society* machte sich Newton John Flamsteed, den königlichen Astronomen, zum Feind, indem er vorzeitig dessen Werk *Historia Coelestis Britannica* ohne Erlaubnis veröffentlichte; Newton benötigte die Monddaten für seine *Principia.* Im April 1705 schlug Königin Anne Newton während eines königlichen Besuchs am *Trinity College* in Cambridge zum Ritter. Die Ritterschaft dürfte eher durch politische Erwägungen im Zusammenhang mit den Parlamentswahlen im Mai 1705 motiviert gewesen sein als durch eine Anerkennung von Newtons wissenschaftlicher Arbeit oder den Verdiensten als *Master of the Mint.*

Newton, nunmehr *Sir Isaac,* baute mit den Einkünften aus dem Münzamt ein neues, komfortabel ausgestattetes Haus in der *Jermyn Street* und stellte Catherine Barton, die Tochter seiner Halbschwester, als Haushälterin ein. Sie wurde in der Londoner Gesellschaft berühmt wegen ihrer Schönheit und ihres Charmes. Jonathan Swift wurde ein Verehrer und häufiger Besucher von Newtons Heim. An Verehrern mangelte es Catherine

Abb. 12.6 Sitzung der Royal Society unter dem Vorsitz von Newton. (Wellcome Collection)

Abb. 12.7 Gresham-College
London (Sitz der Royal
Society von 1660–1710).
(Wikimedia Commons, public
domain)

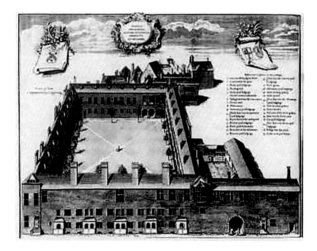

nicht, bald wurde sie die Geliebte von Newtons Förderer Charles Montague. Als der *Earl*
1715 starb, hinterließ er Catherine eine Summe von mehr als 20.000 Pfund, was zu zahllosen Gerüchten Anlass gab:

> Die Liaison mit Newtons Nichte hätte seine Ernennung zum Präsidentenamt bewirkt.

Flamsteed spottete, Catherine hätte wohl geerbt *wegen ihrer geschickten Konversation.*
Voltaire formulierte süffisant in den *Lettres Philosophiques* Nr. 21:

Das Infinitesimal-Kalkül und die Gravitation wären wohl ohne Nutzen [für ihn] gewesen ohne die hübsche Nichte.

Zu Lebzeiten sind von Newton nur drei Mathematikarbeiten publiziert worden:

- *De analysi per aequationes numero terminorum infinitas* (1669, erschienen 1711). Große Teile davon übernahm Wallis in seiner *Algebra* (1685)
- *Tractatus de quadratura curvarum* (1676), erschienen im Anhang von *Opticks* (1704)
- *Arithmetica Universalis* (1707)

Die Schrift *Methodus fluxionum et serierum infinitarum* (1671) ist verloren gegangen.

Newton hat niemals seine Priorität durch eine Publikation bewiesen; seine Manuskripte lagerten in der Bibliothek der *Royal Society*. Obwohl Oldenburg und Collins ihn zur Veröffentlichung drängten, durchforstete Newton lieber alte Quellen nach dem geheimen Wissen der Alten. Auch Wallis hatte ihm zuvor vorgeworfen:

> Ihr tut weniger für Euren Ruf (und den der Nation) als Ihr könntet, wenn Ihr Dinge von Wert so lange in Eurem Schreibtisch verschließt, bis andere die Ehre für sich in Anspruch nehmen, die Euch zusteht!

Collins hatte schon 1675 bei Gregory in einem Brief beklagt, dass

> Newton gegenwärtig seine chemischen Untersuchungen und Experimente verfolge und keine Absicht habe irgendetwas von seinen mathematischen Arbeiten zu veröffentlichen, da nach seiner und Barrows Ansicht, mathematische Betrachtungen ziemlich trocken, ja etwas steril werden.

Man staunt zu erfahren, dass Newton sich mehr als 20 Jahre intensiv mit Alchemie und Bibelforschung beschäftigt hat; dies zeigt sich auch an seiner hinterlassenen Bibliothek. Die 1752 Bücher aus seinem Nachlass, die man identifizieren konnte, verteilen sich auf folgende Fächer: Theologie (477), Alchemie (169), Mathematik (126), Physik (52) und Astronomie (33). Sein letztes Werk *The Chronology of Ancient Kingdoms Amended*, an dem er bis zu seinem Tod gearbeitet hat, war der Versuch, antike Ereignisse mit der christlichen Chronologie in Einklang zu bringen. Ein Ergebnis dieser theologischen Forschungen war die Vorhersage des *Armageddon* für das Jahr 2060; dies beweist ein kürzlich aufgefundener Brief Newtons in der Universitätsbibliothek von Jerusalem. Sein Manuskript[8] zur Rekonstruktion des Tempels *Salomons* ist 2011 veröffentlich worden.

Wenige Tage vor seinem Tod soll er zum Ehemann Catherines gesagt haben:

> Ich weiß nicht, wie ich der Welt erscheinen mag, aber mir selbst kommt es so vor, als ob ich ein kleiner Junge gewesen sei, der am Meeresstrand spielte und sich damit vergnügte, ab und zu einen glatteren Kiesel oder eine schönere Muschel zu finden als sonst, während der große Ozean der Wahrheit ganz unentdeckt vor mir lag.

---

[8] Morrison T. (Hrsg.): Isaac Newton's Temple of Solomon and his Reconstruction of Sacred Architecture, Birkhäuser 2011.

Seine letzte Sitzung der Akademie leitete Newton am 28. Februar, am 20. März 1727 verstarb er. Als erster Naturwissenschaftler erhielt er ein Staatsbegräbnis in *Westminster Abbey.*

12.3 Der Prioritätsstreit

Im März 1675 hatte Leibniz einen Brief Oldenburgs beantwortet:

> Ihr schreibt, dass euer bedeutender Newton eine Methode für alle Quadraturen und die Maßzahlen aller Kurven, Oberflächen und Volumina von Drehkörpern, sowie zum Auffinden der Schwerpunkte gefunden hat; sicher durch ein Verfahren der Approximation, denn das habe ich daraus gefolgert. Solch' eine Methode, wenn sie denn universell und praktisch ist, verdient die höchste Wertschätzung, und ich habe keine Zweifel, dass sie sich ihrem brillantesten Entdecker würdig erweisen wird. Ihr fügt hinzu, dass eine solche Entdeckung auch Gregory bekannt war. Aber da Gregory in seinem Buch *Geometriae Pars Universalis* eingeräumt hat, er wüsste keine Methode, um hyperbolische und elliptische Kurven zu messen, bitte ich Euch mir zu sagen, ob er oder Newton sie bis heute gefunden haben, und falls das der Fall ist, ob sie sie absolut haben [d. h. in Form einer geschlossenen Formel], was ich kaum glauben kann, oder durch eine angenommene Quadratur des Kreises oder der Hyperbel.

Erst als Oldenburg Teile des Leibniz-Briefes nach Cambridge schickte, bequemte sich Newton widerwillig zur einer Antwort auf den Deutschen. Der erste Brief (*Epistola prior*) Newtons umfasst 11 Seiten voller Formeln, darunter Newtons Stolz: die Entwicklung der binomischen Reihe. Oldenburg sandte den Brief nicht mit der Post, sondern gab den Brief am 5. August dem Schweizer Mathematiker Samuel König mit, der gerade nach Paris reiste. Dieser fand Leibniz nicht und hinterlegte den Brief bei einem deutschen Apotheker, den Leibniz zufällig am 24. August aufsucht. Leibniz war begeistert, nach seiner Ansicht enthalte der Brief, *mehr und Bemerkenswertes zur Analysis als viele dicke Bücher.*

In seiner Antwort bat Leibniz um genauere Informationen und teilte Newton die Entdeckung der Reihe mit, die heute nach ihm benannt ist: *Er glaube nicht, dass man eine einfachere Darstellung der Kreiszahl π finden könne als seine eigene.* Newton, der die Reihe bereits von Gregory kannte, bemängelte an der Leibniz-Reihe: *Man müsse 5 Mrd. Terme addieren um auf 20 geltende Stellen zu kommen und brauche dafür 1000 Jahre.*

Auch der zweite Brief Newtons (*Epistola posterior*) vom Oktober 1676 war mit 9 Seiten umfangreich und schilderte die Umwege, die er machen musste, um die binomische Reihe zu finden. Ferner wies Newton auf ein Verfahren hin, Tangenten an Kurven zu legen, Maxima und Minima zu bestimmen. Der Hinweis bezog sich auf Newtons Fluxionsrechnung, deren Methode er aber nicht preisgibt:

> Weil ich aber an dieser Stelle nicht mit einer Erklärung dieser Operationen fortfahren kann, habe ich es vorgezogen, sie auf folgende Weise zu verschlüsseln:
>   7a, 2c, 2d, 14e, 2f, 7i, 3l, m, 8n, 4o, 3q, 2r, 4s, 8t, 12v, x

Auf dieser Basis habe ich versucht, Theorien zu vereinfachen, die die Quadratur von Kurven betreffen, und bin zu gewissen allgemeinen Sätzen gelangt.

Welche Informationen sollte Leibniz den Anagrammen des zweiten Briefs entnehmen?

Das Anagramm bedeutet: *Data aequatione quodcumque fluentes quantitates involvente, fluxiones invenire et vice versa* (Aus einer beliebig viele Fluenten enthaltenden Gleichung die Fluxionen zu finden und umgekehrt). Die Auflösung aller Anagramme erschien erst 1712 im Abschlussbericht des Plagiatsprozesses! In den *Principia* (erste Auflage 1687) schrieb Newton unvermittelt in einem Scholion:

> In Briefen, die ich vor etwa zehn Jahren [1676] mit dem sehr gelehrten Mathematiker G. W. Leibniz wechselte, zeigte ich demselben an, dass ich mich im Besitze einer Methode befände, nach der man Maxima und Minima bestimmen, Tangenten ziehen und ähnliche Aufgaben lösen könne, und zwar lassen sie sich dieselbe ebenso gut auf irrationale, als auf rationale Größen anwenden. *Indem ich die Worte versetzte, welche meine Meinung aussprachen, verbarg ich dieselbe.* Der berühmte Mann antwortete mir darauf, er sei auf eine Methode derselben Art verfallen und teilte mir die seinige mit, welche von der meinen kaum weiter abwich, als in der Form der Worte und Zeichen, den Formeln und der Idee der Erzeugung der Größen.

Newton genierte sich nicht, seine Geheimniskrämerei zuzugeben; Leibniz hat dagegen in seiner Antwort sein Verfahren offen dargelegt. Auch die Aussage, *dass Leibniz' Methode in der Form der Worte, Zeichen und Formeln kaum abweichend sei,* ist nicht haltbar. Das erwähnte Scholion wurde in der dritten Auflage, also nach Leibniz' Tod, gestrichen.

Man wundert sich zu lesen, dass die englische Seite später im Prioritätsstreit mit Berufung auf den zweiten Brief behauptete, sie hätte damit die Methode der Fluxionen offenbart. Der Briefwechsel zwischen Newton und Leibniz endete damit, vermutlich weil Oldenburg inzwischen gestorben war. Leibniz versuchte später noch, einen Briefaustausch anzuregen; er hatte keinen Erfolg, da Newton zu dieser Zeit offensichtlich verwirrt war.

Der **erste** Plagiatsvorwurf erfolgte durch den Schweizer Mathematiker Niklas Fatio (de Duillier) in einem Schreiben vom Dezember 1691 an Huygens:

> Von allem, was mir bisher zu sehen möglich war, darunter ich Papiere rechne, die vor vielen Jahren geschrieben wurden, scheint mir, dass Herr Newton ohne Frage der erste Autor des Differenzialkalküls war und dass er es genauso gut oder besser wusste als Herr Leibniz es nun weiß, bevor der letztere auch nur eine Idee davon hatte. Diese Idee kam zu ihm, so scheint es, nur auf Grund der Tatsache, dass Herr Newton ihm davon schrieb.

Den **zweiten** Plagiatsvorwurf erhob Wallis 1695 im zweiten Band seiner *Opera:*

> Er habe Newtons Methode aus den beiden *Epistolae* des Jahres 1676 entnommen, die dann Leibniz in fast gleichen Worten mitgeteilt wurden, in denen er [Newton] diese Methode Leibniz erklärt, die er vor mehr als zehn Jahren ausgearbeitet hatte.

1705 verfasste Leibniz (anonym) in den *Acta Eruditorum* eine Kritik zu Newtons *Opticke* und ging dabei (undiplomatisch) auch auf *De quadratura* ein:

> Dementsprechend verwendet Herr Newton statt der Leibniz'schen Differenzen, und hat das immer getan, Fluxionen, die beinahe dasselbe sind wie die Inkremente der Fluenten, die in den geringsten Teilen der Zeit erzeugt werden. Er hat eleganten Gebrauch dieser beiden in seinen *Principia Mathematica* und seither in anderen Veröffentlichungen gemacht, gerade so wie Honoré Fabri in seiner *Synopsis Geometrica* durch das Fortschreiten von Bewegungen die Methode des Cavalieri ersetzt hat.

Obwohl anonym verfasst, erkannte die englische Seite sofort Leibniz als Autor und war verärgert.

Der **dritte** Plagiatsvorwurf kam drei Jahre später. Der Newtonianer John Keill (1671–1721) schrieb in der der Nummer 317 der *Philosophical Transactions* (1708) über Zentrifugalkräfte:

> All diese [Sätze] folgen aus der jetzt sehr berühmten Arithmetik der Fluxionen, die Herr Newton ohne Zweifel zuerst erfand, wovon sich jeder, der seine von Wallis veröffentlichten Briefe liest, leicht überzeugen kann; dieselbe Arithmetik unter einem anderen Namen und eine andere Bezeichnung verwendend, wurde jedoch später in den *Acta Eruditorum* von Herrn Leibniz veröffentlicht.

Aufgrund dieses Artikels bezeichnete Johann Bernoulli erbost Keill als „Newtons Affe", „Speichellecker" und „bestochenen Schreiberling". Johann schrieb später in einem Brief an Nikolaus (nach Leibniz' Tod):

> Ich glaub, wie Hamilcar seinen Sohn Hannibal in Eyd genommen [hat] die Römer zu bekriegen, und nie keinen Frieden mit ihnen zu machen, ohne sich zu erkundigen, ob es auf seiner Seyten ein rechtmässiger oder leichtfertiger Krieg seye, also haben auch die Engelländer vielleicht vor dem Altar schwören müssen, den Newton wider alle Fremde mit Haut und Haar zu verfechten, ohne sich zu bekümmern, ob er recht habe oder unrecht.

Leibniz zögerte etwas, protestierte aber bei der *Royal Society*, der beide angehörten, über Keills Artikel. Dies war ein taktischer Fehler; er hatte nicht bedacht, dass die Mitglieder für Newton eingestellt waren. So gab er der Gesellschaft einen Anlass, den Vorgang zu untersuchen: Es wurde ein Ausschuss gegründet, der die Prioritätsfrage klären sollte.

Nun kommt es zum **Eklat:** Scheinheilig verkündete Newton, er würde für eine unparteiische Besetzung des Gremiums sorgen; in Wirklichkeit wurden ausschließlich Parteigänger Newtons berufen. Um das zu vertuschen, verzichtete man darauf, die Namen der Mitglieder einzeln im Abschlussbericht zu nennen. Beteiligt waren Halley, Taylor, de Moivre, Arbuthnot, Hill und andere. Entscheidend war wohl der Bericht von Collins über Leibniz, der ihn bei dessen zweiten Londonreise aufgesucht habe. Der Vorgang wurde vom Ausschuss einseitig so interpretiert, dass Leibniz genügend Zeit gehabt habe, die Manuskripte Newtons in Ruhe zu studieren, insbesondere die Schrift *De analysi* (Abb. 12.8).

Abb. 12.8 Titelblatt von
Newtons Schrift *De Analysi.*
(Newton 1669)

DE ANALYSI

Per Æquationes Numero Terminorum

INFINITAS.

Ethodum generalem, quam de Curvarum quanti-
tate per Infinitam terminorum Seriem menfuran-
da, olim excogitaveram, in fequentibus breviter explica-
tam potius quam accuratè demonftratam habes.

ASI *AB* Curvæ alicujus *AD*, fit
Applicata *BD* perpendicularis : Et
vocetur *AB* = *x*, *BD* = *y*, & fint
a, b, c, &c. Quantitates datæ, &
m, n, Numeri Integri. Deinde,

Curvarum Simplicium Quadratura.

REGULA I.

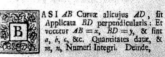

Res Exemplo patebit.

1. Si *x²* (= 1*x²*) =*y*, hoc eft, *a* = 1 =*n*, & *m* = 2 ; Erit ⅓*x³* = ABD.
A   2. Si

Da man inzwischen weiß, dass Newton den Bericht selbst verfasst hat, wundert es nicht, dass Leibniz dabei als Plagiator verurteilt wurde. Der Bericht (*Commercium Epistolicum*) wurde kostenlos in mehreren Auflagen in ganz England verteilt. Ein foto-mechanischer Abdruck des *Commercium* findet sich bei Hall[9] .

Als Gerüchte aufkamen, dass es nicht seriös zugegangen sei, verschärfte Newton die Angelegenheit noch. Er beschuldigte Leibniz, er habe die Gesellschaft zur Verurteilung Keills zwingen wollen. Damit habe Leibniz das Statut der Gesellschaft verletzt, *die auf eine derartige Verleumdung eines Mitglieds nur mit einem Ausschluss reagieren kann.* Nach diesem Coup äußerte Newton befriedigt, *er habe Leibniz mit dieser Antwort das Herz gebrochen.* Tatsächlich erhielt Leibniz Hausverbot; das Umfeld von Newton ver-hinderte später, dass Leibniz in England einreisen konnte, obwohl sein Dienstherr König von England geworden war.

---

[9] Hall R.: Philosophers at War: The Quarrel Between Newton and Leibniz, Cambridge University 1980, S. 263–314.

Dass die Stimmung gegen Leibniz zugleich antideutsch war, zeigt das Zitat des Autors A.C. Hathaway, der in seinen Schriften[10] ,[11] zur Geschichte des Calculus noch 1919/1920 schrieb:

> Es finde ein Komplott statt, um Newton allen Kredit [an seinem Werk] zu entziehen [...], nach typisch deutscher Art der Propaganda. [...] Und es würde ein System geschaffen zum Ausspionieren der wissenschaftlichen Arbeit in fremden Ländern, um so viel wie möglich an Nutzen und Ruhm dieser Arbeit nach Deutschland zu bringen.

Neben dem Prioritätsstreit in Sachen Mathematik gingen die Newton-Anhänger in Opposition gegen Leibniz wegen dessen massiver Kritik an Newtons Naturphilosophie. Da die Astronomen inzwischen die säkularen Störungen des Sonnensystems erkannt hatten, ließ Newton die Möglichkeit offen, dass Gott noch ins Naturgeschehen eingreifen könne, unter Umständen auch gegen das Prinzip der Energieerhaltung.

Die Auseinandersetzung über die *Metaphysik* (so Newtons Ausdruck) überließ er seinem eifrigen Akademiemitglied Samuel Clarke, der 1715/16 mit Leibniz einen Briefwechsel begann, der allerdings abrupt 1716 mit dem Tod Leibniz' endete. Leibniz spottete in seinem ersten Brief an Clarke[12] :

> Herr Newton und seine Anhänger haben noch eine spaßige Ansicht über das Werk Gottes. Nach ihnen hat Gott es nötig, seine Uhr von Zeit zu Zeit aufziehen. Andernfalls würde sie aufhören zu gehen. Er hat nicht genug Weitsicht besessen, um ihr eine dauernde Bewegung zu verleihen. Diese Maschine Gottes ist nach ihnen so unvollkommen, dass dieser gezwungen ist, sie von Zeit zu Zeit zu reinigen, ja auszubessern.

Ferner kritisierte Leibniz, dass Newtons Gott *körperlich* sein müsse, denn er benötige ein *sensorium,* um über den Status seiner Schöpfung zu wachen:

> Nachdem mir erzählt worden war, Newton hätte in der lateinischen Ausgabe seiner *Opticks* etwas Außergewöhnliches über Gott gesagt, habe ich es mir angesehen und lachen müssen über die Idee, der Raum sei das *sensorium* Gottes – als ob Gott, der Ursprung aller Dinge, ein *sensorium* nötig habe.

In Leibniz' Vorstellung von der *Besten aller Welten* ist Gott ein Uhrmachergott, der seine Schöpfung optimal geplant und in Gang gesetzt hat. Newton dagegen spricht von *einem freien göttlichen Willen*, der Gottes Handlungen auszeichnet:

> Die Schwerkraft mag also die Planeten in Bewegung setzen, aber ohne die göttliche Macht könnte sie diese niemals in eine solche kreisende Bewegung versetzen, wie sie diese um die Sonne herum ausführen.

---

[10] Hathaway A. C.: The discovery of the Calculus, Science,N.S.L (1919), S. 41–43.

[11] Hathaway A. C.: Further History of Calculus, Science,N.S.LI (1920), S. 166–167.

[12] Leibniz G. W., Gebhardt C. I. (Hrsg.): Erster Brief an Clarke, aus: Die philosophischen Schriften von G.W. Leibniz II/7, Berlin-Halle 1875–1890, II/7, S. 352.

Abb. 12.9 Englische Briefmarkenserie zu Ehren Newtons (mathshistory.st-andrews.ac.uk/miller/stamps)

Ergänzung In diesem Zusammenhang ist auch die bekannte Anekdote zu sehen, die der Astronom Hervé Faye (1884) erzählt hat. Pierre-Simon Laplace stellte Napoleon Bonaparte (damals Erster Konsul) sein neues Buch *Exposition du Système du monde* vor, in dem er die Stabilität des Sonnensystems nachwiesen hatte. Napoleon bemerkte: *Newton sprach in seinem Buch von Gott. Ich habe mir sagen lassen, Sie hätten in Ihrem Buch nirgends Gott erwähnt.* Laplace entgegnete: *Sire, je n'ai pas eu besoin cette hypothèse – là.* (Sire, ich brauchte da diese Hypothese gar nicht.)

Abb. 12.9 zeigt eine Serie von englischen Briefmarken, die den Werken Newtons gewidmet ist.

Resümee

J. E. Hofmann[13] kam 1948 zu dem Schluss:

> Der ganze Prioritätsstreit hat sich als gegenstandslos erwiesen, da nunmehr außer Frage steht, dass die Grundprobleme der höheren Analysis sowohl von Gregory wie auch von Newton und Leibniz völlig unabhängig voneinander und jedes Mal ein wenig anders erfasst und behandelt worden sind.

Später (1966) ergänzte er sein Urteil:

> Nur Leibniz hat einen zweckmäßigen Symbolismus ersonnen, und dies im vollen Bewusstsein von der Bedeutung einer kennzeichnenden Zeichensprache.

Rebekah Higgitt (Imperial College London) aus dem Nachwort zu J. Gleicks[14] Biografie 2004:

---

[13] Hofmann J. E.: Leibniz' mathematische Studien in Paris, Berlin 1948, S. 4

[14] Gleick J.: Isaac Newton, Harper Perennial London 2004, Anhang S. 10.

Newtons Unterstützer halfen ihm dabei, die Geschichte der Wissenschaft auf verschiedene Weise zu schreiben. Zu denjenigen, deren Ruf darunter litt, gehörten der Astronom John Flamsteed und Gottfried Leibniz, der Philosoph und Mathematiker, der heute dafür bekannt ist, die Differenzial- und Integralrechnung unabhängig von Newton erfunden zu haben. Im Verlauf des 19. Jahrhunderts [...] änderte sich die Rezeption dieser Geschichten. Es war das Ergebnis neuer Forschungen und Wahrnehmungen über Newtons Genie, aber auch wegen des Grolls über die Art und Weise, wie es dazu kam, dass Newtons Ruf, alles was zuvor war, weggefegt hat.

12.4 Aus der Geometrie

Newton fand folgenden Satz aus der Elementargeometrie:

Die Mittelpunkte der Diagonalen im Tangentenviereck liegen auf einer Geraden gemeinsam mit dem Mittelpunkt des einbeschriebenen Kreises (Abb. 12.10). Die Gerade wird nach Newton benannt.

Im ersten Buch der *Principia* finden sich zahlreiche Sätze zur Geometrie, insbesondere solche, die zur Bestimmung eines Kegelschnitts dienen können, wie die Vorgabe von fünf Punkten bzw. vier Punkte und eine Tangente usw.

Zu erwähnen ist auch die Klassifikation der Kurven dritter Ordnung. In seiner Publikation *Enumeratio linearum tertii ordinis* (1706) beweist er, dass diese Kurven nach geeigneter Koordinatentransformation in folgender Form geschrieben werden können:

$$ax^3 + bx^2 + cx + d = f(x, y)$$

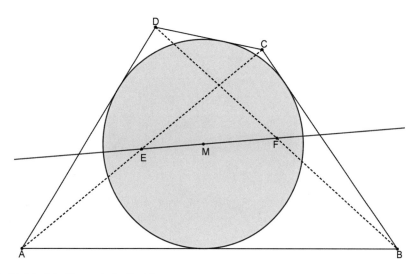

Abb. 12.10 Die Newton'sche Gerade

Dabei ist $f(x, y)$ eine der Funktionen $\{y, xy, y^2, xy^2 + ey\}$. Der vierte Funktionstyp liefert hier die größte Auswahl an Kurvenformen; für $(e = 0)$ sind alle symmetrisch zur x-Achse. Aus Umfangsgründen können diese hier nicht dargestellt werden (vgl. B. Rouse[15]).

12.5   Die Entwicklung der binomischen Reihe

Dass die Binomialkoeffizienten die Koeffizienten der binomischen Reihe $(a + b)^n$; $n \in \mathbb{N}$ sind, war schon lange bekannt:

$$(a + b)^n = \sum_{k=0}^{n} \binom{n}{k} a^{n-k} b^k$$

Newton versuchte nun, das Schema für negative Exponenten zu verallgemeinern, indem er jeden Koeffizienten als Differenz aus dem darunter stehenden und dem linksstehenden Element erklärt. Damit erhält man die Tabelle:

$\binom{n}{k}$	0	1	2	3	4	5	6	7	8	9	10	11	12	13
-5	1	-5	15	-35	70	-126	210	-330	495	-715	1001	-1365	1820	-2380
-4	1	-4	10	-20	35	-56	84	-120	165	-220	286	-364	455	-560
-3	1	-3	6	-10	15	-21	28	-36	45	-55	66	-78	91	-105
-2	1	-2	3	-4	5	-6	7	-8	9	-10	11	-12	13	-14
-1	1	-1	1	-1	1	-1	1	-1	1	-1	1	-1	1	-1
0	1	0	0	0	0	0	0	0	0	0	0	0	0	0
1	1	1	0	0	0	0	0	0	0	0	0	0	0	0
2	1	2	1	0	0	0	0	0	0	0	0	0	0	0
3	1	3	3	1	0	0	0	0	0	0	0	0	0	0
4	1	4	6	4	1	0	0	0	0	0	0	0	0	0
5	1	5	10	10	5	1	0	0	0	0	0	0	0	0
6	1	6	15	20	15	6	1	0	0	0	0	0	0	0
7	1	7	21	35	35	21	7	1	0	0	0	0	0	0
8	1	8	28	56	70	56	28	8	1	0	0	0	0	0
9	1	9	36	84	126	126	84	36	9	1	0	0	0	0
10	1	10	45	120	210	252	210	120	45	10	1	0	0	0

---

[15] Rouse E. W. Ball: On Newton's Classification of Cubic Curves, Proceedings of the London Math. Society, 22, 1890/91, S. 1404–143.

Überraschend ergeben sich hier für negative Exponenten unendliche Reihen. Für $n = -5$ erhält man allgemein für $|a| < |b|$:

$$(a + b)^{-5} = b^{-5} - 5\frac{a}{b^6} + 15\frac{a^2}{b^7} - 35\frac{a^3}{b^8} + 70\frac{a^4}{b^9} - 126\frac{a^5}{b^{10}} + 210\frac{a^6}{b^{11}} - 330\frac{a^7}{b^{12}} + \cdots$$

Speziell für $a = x$; $b = 1$:

$$(1 + x)^{-5} = 1 - 5x + 15x^2 - 35x^3 + 70x^4 - 126x^5 + 210x^6 - 330x^7 + 495x^8 - 715x^9 + \cdots$$

Für $n = -2$ ergibt sich analog für $|a| < |b|$:

$$(a + b)^{-2} = \frac{1}{b^2} - \frac{2a}{b^3} + \frac{3a^2}{b^4} - \frac{4a^3}{b^5} + \frac{5a^4}{b^6} - \frac{6a^5}{b^7} + \frac{7a^6}{b^8} - \frac{8a^7}{b^9} + \frac{9a^8}{b^{10}} - \frac{10a^9}{b^{11}} + \cdots$$

Speziell wieder für $a = x$; $b = 1$:

$$(1 + x)^{-2} = 1 - 2x + 3x^2 - 4x^3 + 5x^4 - 6x^5 + 7x^6 - \cdots$$

Damit konnte Newton die Funktion $\frac{1}{1+x}$ integrieren für $|x| < 1$. Das Integral liefert die Reihendarstellung des natürlichen Logarithmus:

$$\int_0^t \frac{1}{1 + x} dx = t - \frac{1}{2}t^2 + \frac{1}{3}t^3 - \frac{1}{4}t^4 - \frac{1}{5}t^5 + \frac{1}{6}t^6 - \cdots = \ln(1 + t)$$

Da diese Reihe alternierend und ihre Terme eine Nullfolge bilden, konvergiert die Reihe auf $-1 < t \leq 1$. Die gelungene Reihenentwicklung bereitete Newton große Freude; er berechnete nämlich ln 1.2 auf 57 Dezimalen!

Newton publizierte seine Entdeckung nicht und war verärgert, als er erfuhr, dass Nikolaus Mercator mit seinem Werk *Logarithmotechnia* (1668) mit der Herleitung der Reihe zuvorgekommen war. Neben Mercator hatte auch William Brouncker, der Begründer und erste Präsident der *Royal Society,* eine logarithmische Reihe angegeben. Er hatte die Fläche unter der Hyperbel $(x + 1)y = 1$ zwischen den Abszissen 0 und 1 berechnet und erhielt:

$$1 - \frac{1}{2} + \frac{1}{3} - \frac{1}{4} + \frac{1}{5} - \frac{1}{6} + \cdots + = 0.69314709$$

Brouncker wusste nur, dass diese Summe proportional zum Wert ln (2) war. Dass dies der exakte Wert ist, entnimmt man der Mercator-Reihe speziell für $t = 1$.

Erweiterung auf gebrochene Exponenten

Aber Newton war damit nicht zufrieden; er suchte die binomische Reihe für gebrochene Exponenten, etwa $\sqrt{1 + x}$, $\sqrt[3]{1 + x}$ und $\frac{1}{\sqrt{1+x}}$. Newton „interpolierte" die obige Tabelle wie folgt:

$\binom{n}{k}$	0	1	2	3	4	5	6	7	8	9
-5	1	-5	15	-35	70	-126	210	-330	495	-715
$-\frac{9}{2}$	1	$-\frac{9}{2}$	$\frac{99}{8}$	$-\frac{429}{16}$	$\frac{6435}{128}$	$-\frac{21879}{256}$	$\frac{138567}{1024}$	$-\frac{415701}{2048}$	$\frac{9561123}{32768}$	$-\frac{26558675}{65536}$
-4	1	-4	10	-20	35	-56	84	-120	165	-220
$-\frac{7}{2}$	1	$-\frac{7}{2}$	$\frac{63}{8}$	$-\frac{231}{16}$	$\frac{3003}{128}$	$-\frac{9009}{256}$	$\frac{51051}{1024}$	$-\frac{138567}{2048}$	$\frac{2909907}{32768}$	$-\frac{7436429}{65536}$
-3	1	-3	6	-10	15	-21	28	-36	45	-55
$-\frac{5}{2}$	1	$-\frac{5}{2}$	$\frac{35}{8}$	$-\frac{105}{16}$	$\frac{1155}{128}$	$-\frac{3003}{256}$	$\frac{15015}{1024}$	$-\frac{36465}{2048}$	$\frac{692835}{32768}$	$-\frac{1616615}{65536}$
-2	1	-2	3	-4	5	-6	7	-8	9	-10
$-\frac{3}{2}$	1	$-\frac{3}{2}$	$\frac{15}{8}$	$-\frac{35}{16}$	$\frac{315}{128}$	$-\frac{693}{256}$	$\frac{3003}{1024}$	$-\frac{6435}{2048}$	$\frac{109395}{32768}$	$-\frac{230945}{65536}$
-1	1	-1	1	-1	1	-1	1	-1	1	-1
$-\frac{1}{2}$	1	$-\frac{1}{2}$	$\frac{3}{8}$	$-\frac{5}{16}$	$\frac{35}{128}$	$-\frac{63}{256}$	$\frac{231}{1024}$	$-\frac{429}{2048}$	$\frac{6435}{32768}$	$-\frac{12155}{65536}$
0	1	0	0	0	0	0	0	0	0	0

Hier wurde der Binomialkoeffizient $\binom{n}{k}$; $n \in \mathbb{Q}, k \in \mathbb{N}$ verallgemeinert zu:

$$\binom{n}{k} = \begin{cases} \frac{n(n-1)(n-2)\cdots[n-(k-1)]}{k!} & f\ddot{u}r \ k > 0 \\ 1 & f\ddot{u}r \ k = 0 \\ 0 & f\ddot{u}r \ k < 0 \end{cases}$$

Für das Beispiel $\left(n = -\frac{1}{2}\right)$ aus der Tabelle gilt:

$$\binom{-1/2}{3} = \frac{-\frac{1}{2}\left(-\frac{1}{2}-1\right)\left(-\frac{1}{2}-2\right)}{1 \cdot 2 \cdot 3} = \frac{-\frac{1}{2} \cdot \left(-\frac{3}{2}\right) \cdot \left(-\frac{5}{2}\right)}{6} = -\frac{15}{48} = -\frac{5}{16}$$

Damit erhält man eine Reihenentwicklung wie:

$$\left(1 - x^2\right)^{-\frac{1}{2}} = 1 + \frac{1}{2}x^2 + \frac{3}{8}x^4 + \frac{5}{16}x^6 + \frac{35}{128}x^8 + \frac{63}{256}x^{10} + \dots$$

Integration liefert:

$$\int_0^t \frac{dx}{\sqrt{1-x^2}} = t + \frac{1}{2}\left(\frac{1}{3}t^3\right) + \frac{3}{8}\left(\frac{1}{5}t^5\right) + \frac{5}{16}\left(\frac{1}{7}t^7\right) + \frac{35}{128}\left(\frac{1}{9}t^9\right) + \frac{63}{256}\left(\frac{1}{11}t^{11}\right) \dots$$

Für das spezielle Integral folgt:

$$\int_0^1 \frac{dx}{\sqrt{1-x^2}} = 1 + \frac{1}{6} + \frac{3}{40} + \frac{5}{112} + \frac{35}{1152} + \frac{63}{2816} + \dots = \frac{\pi}{2}$$

Hier existiert auch eine Stammfunktion in geschlossener Form:

$$\int \sqrt{1-x^2}\,dx = \arcsin x + C$$

Für viele Funktionen kann man keine Stammfunktion als endliche Kombination von Standardfunktionen angeben, wie bei $f(x) = e^{-x^2}$ oder $f(x) = \frac{\sin x}{x}$; hier ist eine Reihenentwicklung von Nutzen.

Die Publikation von Newtons binomischer Reihe erfolgte erst 1685 in Wallis' *Treatise of Algebra* gemeinsam mit einer Zusammenfassung der berühmten zwei Briefe von 1676, die Newton an Leibniz auf dem Umweg über Oldenburg zukommen ließ. In seinem ersten Brief teilt Newton seine binomische Reihenentwicklung in folgender Form mit:

$$(P + PQ)^{\frac{m}{n}} = P^{\frac{m}{n}} + \frac{m}{n}AQ + \frac{m-n}{2n}BQ + \frac{m-2n}{3n}CQ + \frac{m-3n}{4n}DQ + \cdots$$

Die Konstanten $A, B, C, ..$ stehen hier jeweils für den vorhergehenden Term. In moderner Schreibweise würde man schreiben:

$$(1 + x)^{\frac{m}{n}} = 1 + \frac{m}{n}x + \frac{1}{2}\frac{m}{n}\left(\frac{m}{n} - 1\right)x^2 + \frac{1}{6}\frac{m}{n}\left(\frac{m}{n} - 1\right)\left(\frac{m}{n} - 2\right)x^3 + \cdots$$

Für negative x und $\frac{m}{n} = \frac{1}{2}$ erhält man

$$\sqrt{1-x} = 1 - \frac{1}{2}x - \frac{1}{8}x^2 - \frac{1}{16}x^3 - \frac{5}{128}x^4 - \frac{7}{256}x^5 - \cdots$$

Um diese Form zu prüfen, multiplizierte er die Reihe mit sich selbst und erhielt:

$$\left(1 - \frac{1}{2}x - \frac{1}{8}x^2 - \frac{1}{16}x^3 - \frac{5}{128}x^4 - \frac{7}{256}x^5 - \cdots\right)^2 = 1 - x^2$$

Dies bestätigte sein Ergebnis. Ferner erläuterte Newton, wie die binomische Reihe zur Wurzelberechnung geeignet ist. Mit $7 = 9 \cdot \frac{7}{9} = 9\left(1 - \frac{2}{9}\right)$ fand er:

$$\sqrt{7} = 3\sqrt{1 - \frac{2}{9}} = 3\left(1 - \frac{1}{9} - \frac{1}{162} - \frac{1}{1458} - \frac{5}{52488} - \frac{7}{472392}\right) = 2.64576$$

Der absolute Fehler dieser Näherung mit 6 Termen ist nur 10^{-5}.

12.6 Arbeiten zur Reihenlehre

12.6.1 Die Sinusreihe

Ausgangspunkt für Newton war die Reihenentwicklung von $\sqrt{1 - x^2}$, die er mithilfe der binomischen Formel gefunden hatte:

$$\sqrt{1 - x^2} = \left(1 - x^2\right)^{\frac{1}{2}} = 1 - \frac{1}{2}x^2 - \frac{1}{8}x^4 - \frac{1}{16}x^6 - \frac{5}{128}x^8 + \cdots$$

Abb. 12.11 Zur Sinusreihe

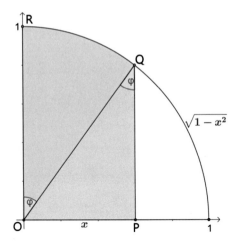

Das Flächenstück OPQR (Abb. 12.11) hat den Inhalt:

$$\int_0^x \sqrt{1-t^2}\,dt = \left[t - \frac{1}{6}t^3 - \frac{1}{40}t^5 - \frac{1}{112}t^7 - \frac{5}{1152}t^9 + \cdots\right]_0^x$$

$$= x - \frac{1}{6}x^3 - \frac{1}{40}x^5 - \frac{1}{96}x^7 - \frac{5}{1152}x^9 + \cdots$$

Der Kreissektor OQR hat den Flächeninhalt $\frac{\varphi}{2}$, das Dreieck OPR die Fläche $\frac{1}{2}x\sqrt{1-x^2}$. Somit gilt:

$$\left(x - \frac{1}{6}x^3 - \frac{1}{40}x^5 - \frac{1}{96}x^7 - \frac{5}{1152}x^9 + \cdots\right) = \frac{\varphi}{2} + \frac{1}{2}x\sqrt{1-x^2}$$

Auflösen nach φ ergibt:

$$\varphi = 2\left(x - \frac{1}{6}x^3 - \frac{1}{40}x^5 - \frac{1}{96}x^7 - \frac{5}{1152}x^9 + \cdots\right) - x\sqrt{1-x^2}$$

Einsetzen der Reihe bringt:

$$\varphi = 2\left(x - \frac{1}{6}x^3 - \frac{1}{40}x^5 - \frac{1}{96}x^7 - \cdots\right) - x\left(1 - \frac{1}{2}x^2 - \frac{1}{8}x^4 - \frac{1}{16}x^6 - \cdots\right)$$

$$= 2\left(x - \frac{1}{6}x^3 - \frac{1}{40}x^5 - \frac{1}{96}x^7 - \cdots\right) - \left(x - \frac{1}{2}x^3 - \frac{1}{8}x^5 - \frac{1}{16}x^7 - \cdots\right)$$

$$= x + \frac{1}{6}x^3 + \frac{3}{40}x^5 + \frac{5}{112}x^7 + \cdots$$

Wegen $\sin\varphi = x \Rightarrow \varphi = \arcsin x$ erhält Newton hier die *arcsin*-Reihe:

$$\arcsin x = x + \frac{1}{6}x^3 + \frac{3}{40}x^5 + \frac{5}{112}x^7 + \frac{35}{1152}x^9 + \cdots + = \sum_{k=0}^{\infty} \frac{(2k)!}{4^k(n!)^2(2k+1)}x^{2k+1}$$

Mithilfe der Reiheninversion gelang es ihm 1665[16], die Sinusreihe herzuleiten. Er verwendete folgendes Verfahren:

Ist die Potenzreihe $y = f(x) = ax + bx^2 + cx^3 + dx^4 + ex^5 + fx^6 + \cdots$; $(a \neq 0)$ gegeben, so lautet die Umkehrung der Reihe:

$$x = f(y) = Ay + By^2 + Cy^3 + Dy^4 + Ey^5 + Fy^6 + \cdots$$

Die Koeffizienten ergeben sich aus dem Schema:

$$A = \frac{1}{a} \;\therefore B = -\frac{b}{a^3} \;\therefore C = \frac{1}{a^5}\left(2b^2 - ac\right) \;\therefore D = \frac{1}{a^7}\left(5abc - a^2d - 5b^3\right)$$

$$E = \frac{1}{a^9}\left(6a^2bd + 3a^2c^2 + 14b^4 - a^3e - 21ab^2c\right)$$

$$F = \frac{1}{a^{11}}\left(7a^3be + 7a^3cd + 84ab^3c - a^4f - 28a^2b^2d - 28a^2b^2d - 28a^2bc^2 - 42b^5\right)$$

Damit erhielt er die gesuchte Sinusreihe:

$$\sin x = x - \frac{1}{3!}x^3 + \frac{1}{5!}x^5 - \frac{1}{7!}x^7 + \cdots = \sum_{k=0}^{\infty} (-1)^k \frac{1}{(2k+1)!} x^{2k+1}$$

Welchen Aufwand Newton hier betrieben hat, sieht man daran, dass er die Reihe bis zum Term x^{21} bestimmte! Die Sinusreihe erschien auch in seiner Schrift *De Analysi*, die eine wichtige Rolle im Prioritätsstreit mit Leibniz spielte. Ähnliche Methoden verwendete Newton bei der Berechnung von Bogenlängen und Flächen der Zykloide und Quadratrix.

Newton kann auch Reihen entwickeln „für großes x"; dies zeigt er am Beispiel der Gleichung

$$y^3 + axy + x^2y - a^3 - 2x^3 = 0$$

Er findet die Lösung:

$$y = x - \frac{a}{4} + \frac{a^2}{64x} + \frac{131a^3}{512x^2} + \cdots$$

12.6.2 Eine Variation der Leibniz-Reihe

Newton würdigte (anfangs) den Erfolg Leibniz' bei der Herleitung der Leibniz'schen Reihe, die allerdings zuvor schon in England durch Gregory bekannt war.

$$\frac{\pi}{4} = 1 - \frac{1}{3} + \frac{1}{5} - \frac{1}{7} + \frac{1}{9} - \frac{1}{11} + \frac{1}{13} - \frac{1}{15} \pm \cdots$$

Im Brief von 1676 sandte Newton eine Variation der Reihe an Leibniz:

---

[16]Whiteside D. T. (Hrsg.): The Mathematical Papers of Isaac Newton, Cambridge Press 1967; Band I, S. 110.

$$\frac{\pi}{2\sqrt{2}} = 1 + \frac{1}{3} - \frac{1}{5} - \frac{1}{7} + \frac{1}{9} + \frac{1}{11} - \frac{1}{13} - \frac{1}{15} \pm \cdots$$

Die Herleitung von Newton ist nicht bekannt; man kann aber vermuten, dass das folgende Integral verwandt wurde:

$$\int_0^1 \frac{x^2 + 1}{x^4 + 1} \, dx = \frac{\pi}{2\sqrt{2}}$$

Die Partialbruchzerlegung des Integranden ist:

$$\frac{x^2 + 1}{x^4 + 1} = \frac{1}{2} \frac{1}{x^2 + \sqrt{2}x + 1} + \frac{1}{2} \frac{1}{x^2 - \sqrt{2}x + 1}$$

Beide Partialbrüche können durch die Substitution $\left(\sqrt{2}x \pm 1\right) \mapsto t$ integriert werden:

$$\int_0^1 \frac{1}{x^2 \pm \sqrt{2}x + 1} \, dx = \pm\sqrt{2} \arctan\left(1 \pm \sqrt{2}\right)$$

Das gesuchte Integral wird damit zu:

$$\int_0^1 \frac{x^2 + 1}{x^4 + 1} \, dx = \frac{1}{\sqrt{2}} \left[\arctan\left(\sqrt{2} + 1\right) + \arctan\left(\sqrt{2} - 1\right)\right]$$

Nach dem Additionstheorem der *arctan*-Funktion folgt mit $\left(\sqrt{2} + 1\right)\left(\sqrt{2} - 1\right) = 1$:

$$\arctan\left(\sqrt{2} + 1\right) + \arctan\left(\sqrt{2} - 1\right) = \arctan \frac{2\sqrt{2}}{1 - \left(\sqrt{2} + 1\right)\left(\sqrt{2} - 1\right)} = \lim_{x \to \infty} \arctan x = \frac{\pi}{2}$$

Dies liefert schließlich:

$$\int_0^1 \frac{x^2 + 1}{x^4 + 1} \, dx = \frac{\pi}{2\sqrt{2}}$$

Die Entwicklung des Nenners wird durch die geometrische Reihe geliefert:

$$\frac{1}{x^4 + 1} = 1 - x^4 + x^8 - x^{12} + x^{16} \pm \cdots$$

Multiplikation mit dem Zähler $\left(x^2 + 1\right)$ ergibt:

$$\frac{x^2 + 1}{x^4 + 1} = 1 + x^2 - x^4 - x^6 + x^8 + x^{10} - x^{12} - x^{14} \pm \cdots$$

Integration der Reihe bestätigt Newtons Resultat:

$$\frac{\pi}{2\sqrt{2}} = 1 + \frac{1}{3} - \frac{1}{5} - \frac{1}{7} + \frac{1}{9} + \frac{1}{11} \mp \cdots$$

12.6.3 Integration mittels Reihenansatz

In seiner Schrift *Methodus Fluxionem et Sererum Infinitarium* (1671) löste er eine Differenzialgleichung durch eine Reihenentwicklung. Er wählte das Beispiel (hier in Leibniz-Schreibweise):

$$y' = 1 - 3x + y + x^2 + xy; \ y(0) = 0$$

Der Reihenansatz lautet:

$$y = a_0 + a_1 x + a_2 x^2 + a_3 x^3 + a_4 x^4 + \cdots$$

Der Anfangswert $y(0) = 0$ liefert $a_0 = 0$. Einsetzen der Reihe in die Differenzialgleichung zeigt:

$$y' = 1 - 3x + a_1 x + a_2 x^2 + \cdots + x^2 + a_1 x^2 + a_2 x^3 + \cdots$$
$$= 1 + (a_1 - 3)x + (a_2 + a_1 + 1)x^2 + \cdots$$

Integrieren liefert:

$$y = x + \frac{1}{2}(a_1 - 3)x^2 + \frac{1}{3}(a_2 + a_1 + 1)x^3 + \cdots$$

Die Reihe beginnt also mit x, somit folgt $a_1 = 1$. Die Reihe wird damit zu:

$$y = x - x^2 + \frac{1}{3}(a_2 + 2)x^3 + \cdots$$

Erneutes Einsetzen in die Differenzialgleichung bringt:

$$y' = 1 - 2x + x^2 + \frac{1}{3}(a_2 + 2)x^3 + \ldots$$

Erneute Integration führt zu $a_2 = 1$

$$y = x - x^2 + \frac{1}{3}x^3 + \cdots$$

Führt man das Verfahren in der angegebenen Weise fort, so erhält man die gesuchte Lösung der Differenzialgleichung in Form einer Reihe:

$$y = x - x^2 + \frac{1}{3}x^3 - \frac{1}{6}x^4 + \frac{1}{30}x^5 - \frac{1}{45}x^5 + \cdots$$

12.7 Newtons Näherung für π

In seiner Schrift *Methodus Fluxionum et Serierum Infinitarum* (1671) versuchte Newton mithilfe der von ihm entwickelten Reihenlehre, die Berechnung der Kreiszahl zu verbessern. Posthum war 1615 das Werk *De arithmetische en geometrische fondamenten* von Ludolph von Ceulen (1540–1610) erschienen, der das Verfahren von Archimedes bis zum 2^{62}-Eck ausgedehnt hat und dabei 35 Dezimalen gefunden hatte.

Newton versuchte mithilfe der von ihm entwickelten Reihenlehre, die Kreiszahl näher zu bestimmen. Er wählte als Ausgangsfigur den Halbkreis über der Strecke [0; 1] (s. Abb. 12.12). Er formte die Kreisgleichung um in:

$$\left(x - \frac{1}{2}\right)^2 + y^2 = \left(\frac{1}{2}\right)^2 \Rightarrow y = \sqrt{x - x^2} = x^{\frac{1}{2}}(1 - x)^{\frac{1}{2}}$$

Die Reihenentwicklung liefert:

$$y = x^{\frac{1}{2}} - \frac{1}{2}x^{\frac{3}{2}} - \frac{1}{8}x^{\frac{5}{2}} - \frac{1}{16}x^{\frac{7}{2}} - \frac{5}{128}x^{\frac{9}{2}} - \frac{7}{256}x^{\frac{11}{2}} - \frac{21}{1024}x^{\frac{13}{2}} - \frac{33}{2048}x^{\frac{15}{2}} - \frac{429}{3276}x^{\frac{17}{2}} - \cdots$$

Newton versuchte nun, die Fläche ADC des Kreissektors zu ermitteln. Integration der Reihe liefert:

$$\frac{2}{3}x^{\frac{3}{2}} - \frac{1}{5}x^{\frac{5}{2}} - \frac{1}{28}x^{\frac{7}{2}} - \frac{1}{72}x^{\frac{9}{2}} - \frac{5}{704}x^{\frac{11}{2}} - \frac{33}{17408}x^{\frac{13}{2}} - \frac{7}{2560}x^{\frac{15}{2}} - \frac{429}{311296}x^{\frac{17}{2}} - \cdots$$

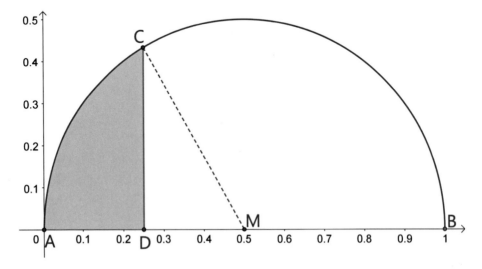

Abb. 12.12 Zur Pi-Berechnung

Einsetzen von $x = \frac{1}{4}$ zeigt:

$$S = \frac{1}{12} - \frac{1}{160} - \frac{1}{3584} - \frac{1}{36864} - \frac{5}{1441792} - \frac{33}{142606336} - \frac{7}{83886080} - \frac{429}{40802189312} \cdots$$

$$= \frac{1}{3}\frac{1}{2^2} - \frac{1}{5}\frac{1}{2^5} - \frac{1}{9}\frac{1}{2^9} - \frac{1}{12}\frac{1}{2^{12}} - \sum_{k=4}^{\infty} \frac{2k-3}{(2k+1)2^{3k+5}}$$

Die Sektorfläche ADC des Halbkreises berechnete Newton auch geometrisch. Das Dreieck $\triangle$ CDM ist rechtwinklig mit der Kathete $|DM| = \frac{1}{4}$ und der Hypotenuse $|CM| = \frac{1}{2}$. Da eine Kathete die Hälfte der Hypotenuse ist, handelt es sich hier um ein $(30°; 60°; 90°)$ Dreieck, somit gilt Winkel $\sphericalangle DMC = 60°$. Nach Pythagoras beträgt die zweite Kathete $|CD| = \frac{1}{4}\sqrt{3}$, das Dreieck $\triangle$ CDM hat somit die Fläche:

$$\frac{1}{2}\frac{1}{4}\frac{1}{4}\sqrt{3} = \frac{1}{32}\sqrt{3}$$

Die Sektorfläche F ergibt sich aus einem Drittel der Halbkreisfläche vermindert um die Dreiecksfläche $\triangle$ CDM:

$$F = \frac{1}{6}\pi\left(\frac{1}{2}\right)^2 - \frac{1}{32}\sqrt{3} = \frac{1}{96}\left(4\pi - 3\sqrt{3}\right)$$

Einsetzen des Reihenwertes S liefert den gesuchten Wert:

$$\pi = 24\left[S + \frac{1}{32}\sqrt{3}\right]$$

Mithilfe der Reihe S und einer genauen Berechnung von $\sqrt{3}$ erhielt Newton das Ergebnis 3.1415926589798(*Fluxionen* p. 131). Über den Rechenaufwand, den er betrieben hat, schrieb er später:

> *I am ashamed to tell you to how many figures I carried these computations, having no other business at the time.* (Ich schäme mich mitzuteilen, bis zu welcher Stellenzahl ich diese Berechnungen getrieben habe, als ich gerade nichts Besseres zu tun hatte.)

Das Resultat war kein Fortschritt gegenüber dem oben erwähnten Resultat von van Ceulen; allerdings war dieser mehrere Jahrzehnte seines Lebens damit beschäftigt.

In seiner Schrift *Methodus differentialis* (1779) verwendete Newton 20 Terme der binomischen Reihe von $\sqrt{1-x^2}$ zur π-Berechnung:

$$\sqrt{1-x^2} = 1 - \frac{x^2}{2} - \frac{x^4}{8} - \frac{x^6}{16} - \frac{5x^8}{128} - \frac{7x^{10}}{256} - \frac{21x^{12}}{1024} - \frac{33x^{14}}{2048} - \frac{429x^{16}}{32768} \cdots$$

Die Integration über einem Viertel des Einheitskreises liefert:

$$\pi = 4\int_0^1 \sqrt{1-x^2}\,dx = 4\left[1 - \frac{1}{6} - \frac{1}{40} - \frac{1}{112} - \frac{5}{1152} - \frac{7}{2816} - \frac{21}{13312} - \frac{11}{10240} - \frac{429}{557056} \cdots\right]$$

Allerdings konnte Newton damit die zuvor erreichte Genauigkeit nicht steigern.

12.8   Die Newton'schen Identitäten

Zwischen den Koeffizienten $\{a_i\}$ eines Polynoms und den symmetrischen Funktionen seiner Nullstellen $\{x_i\}$ besteht folgender Zusammenhang[17] :

Für das (normierte) Polynom $p(X) = X^n + a_1 X^{n-1} + a_2 X^{n-2} + \cdots + a_{n-1} X + a_n$ gilt das System:

$$a_1 = -(x_1 + x_2 + x_3 + \cdots + x_n)$$
$$a_2 = x_1 x_2 + x_1 x_3 + \cdots + x_{n-1} x_n$$
$$a_3 = -(x_1 x_2 x_3 + x_1 x_2 x_4 + \cdots + x_{n-2} x_{n-1} x_n)$$
$$\vdots$$
$$a_n = \pm(x_1 x_2 x_3 \cdots x_n)$$

Diese Formeln werden nach Vieta benannt, der jedoch die Formeln nur bis $(n = 5)$ bestimmt hat; der allgemeine Beweis stammt von Newton (1666).

Die elementar-symmetrischen Polynome der Variablen $x_1, x_2, x_3, .., x_n$ definiert man entsprechend (vorzeichenlos):

$$\sigma_0 = 1$$
$$\sigma_1 = x_1 + x_2 + x_3 + \cdots + x_n$$
$$\sigma_2 = x_1 x_2 + x_1 x_3 + \cdots + x_{n-1} x_n$$
$$\sigma_3 = x_1 x_2 x_3 + x_1 x_2 x_4 + \cdots + x_{n-2} x_{n-1} x_n$$
$$\vdots$$
$$\sigma_n = x_1 x_2 x_3 \cdots x_n$$
$$\sigma_k = 0; \quad f \ddot{u} r \ k > n$$

In seiner Schrift *Arithmetica universalis sive de compositione et resolutione arithmetica* (1707) untersuchte Newton die Darstellung der Potenzsummen von Nullstellen:

$$P_k(x_1, x_2, .., x_n) = \sum_{i=1}^{n} x_i^k = x_1^k + x_2^k + x_3^k + \cdots + x_n^k$$

Er fand folgende rekursive Beziehung:

$$k\sigma_k(x_1, x_2, .., x_n) = \sum_{i=1}^{k} (-1)^{i-1} \sigma_{k-i}(x_1, x_2, .., x_n) P_i(x_1, x_2, .., x_n)$$

Die ersten Werte der elementarsymmetrischen Polynome sind:

---

[17] Whiteside D. (Hrsg.): The Mathematical Papers of Isaac Newton, Vol. V, p. 359.

$$\sigma_0 = 1$$

$$-\sigma_1 = -P_1$$

$$\sigma_2 = \frac{1}{2}(\sigma_1 P_1 - P_2)$$

$$-\sigma_3 = -\frac{1}{3}(\sigma_2 P_1 - \sigma_1 P_2 + P_3)$$

$$\sigma_4 = \frac{1}{4}(\sigma_3 P_1 - \sigma_2 P_2 + \sigma_1 P_3 - P_4)$$

$$\vdots$$

Auflösen der Rekursion nach den Potenzsummen p_i ergibt:

$$P_k(x_1, x_2, .., x_n) = \sum_{i=k-n}^{k-1} (-1)^{k+i-1}\, \sigma_{k-i}(x_1, x_2, .., x_n) P_i(x_1, x_2, .., x_n)$$

Diese Formeln werden die *Identitäten* von Newton genannt, manchmal auch von Albert Girard (1595–1632), der sich bereits 1629 damit befasst hat.

A) Fall eines quadratischen Polynoms.
Gegeben sei eine quadratische Gleichung $f(x) = ax^2 + bx + c$. Die Potenzsummen ergeben sich aus:

$$P_0 = x_1^0 + x_2^0 = 2$$

$$P_1 = -\frac{b}{a}$$

$$P_2 = -\frac{b}{a}P_1 - 2\frac{c}{a}$$

$$\vdots$$

$$P_i = -\frac{b}{a}P_{i-1} - \frac{c}{a}P_{i-2}$$

Beispiel: $f(x) = x^2 - 2x + 6$; gesucht wird die Summe der 10. Potenzen der Wurzeln. Nach Vieta gilt hier $\frac{b}{a} = -2$; $\frac{c}{a} = 6$. Die Iterationsschritte sind:

2	-8
3	-28
4	-8
5	152
6	352
7	-208

```
8     -2528
9     -3808
10     7552
```

Die gesuchte Potenzsumme der Wurzeln ist damit:

$$P_{10} = x_1^{10} + x_2^{10} = 7552$$

B) Fall eines kubischen Polynoms

Im Fall eines kubischen Polynoms $f(x) = ax^3 + bx^2 + cx + d$ gilt nach Vieta:

$$x_1 + x_2 + x_3 = -\frac{b}{a} \therefore x_1x_2 + x_2x_3 + x_3x_1 = \frac{c}{a} \therefore x_1x_2x_3 = -\frac{d}{a}$$

Die Potenzsummen der Wurzeln ergeben sich aus:

$$P_0 = x_1^0 + x_2^0 + x_3^0 = 3$$

$$P_1 = -\frac{b}{a}$$

$$P_2 = -\frac{b}{a}P_1 - 2\frac{c}{a}$$

$$P_3 = -\frac{b}{a}P_2 - \frac{c}{a}P_1 - 3\frac{d}{a}$$

$$\vdots$$

$$P_i = -\frac{b}{a}P_{i-1} - \frac{c}{a}P_{i-2} - \frac{d}{a}P_{i-3}$$

Beispiel: $f(x) = x^3 - 3x^2 + 6x + 9$. Gesucht ist die Summe der 8. Potenzen der Wurzeln. Einsetzen der Koeffizienten ergibt die Iteration:

```
3     -54
4    -171
5    -162
6    1026
7    5589
8   12069
```

Die Summe der achten Potenzen der Wurzeln ist:

$$P_8 = x_1^8 + x_2^8 + x_3^8 = 12\,069$$

C) Eine Umkehrung.

Von einem kubischen Polynom sind die Potenzsummen bekannt:

$$x_1 + x_2 + x_3 = 1 \therefore x_1^2 + x_2^2 + x_3^2 = 2 \therefore x_1^3 + x_2^3 + x_3^3 = 3$$

Nach den Newton'schen Identitäten gilt:

$$P_1 = \sigma_1$$

$$P_2 = \sigma_1 \cdot P_1 - \sigma_2 \cdot 2$$

$$P_3 = \sigma_1 \cdot P_2 - \sigma_2 \cdot P_1 + \sigma_3 \cdot 3$$

Dieses System hat Dreiecksform und kann daher leicht aufgelöst werden.

$$\sigma_1 = P_1 = 1$$

$$\sigma_2 = -\frac{1}{2}(P_2 - \sigma_1 P_1) = -\frac{1}{2}$$

$$\sigma_3 = \frac{1}{3}(P_3 - \sigma_1 P_2 + \sigma_2 P_1) = \frac{1}{6}$$

Wie oben gilt: $\sigma_1 = -\frac{b}{a}$; $\sigma_2 = \frac{c}{a}$; $\sigma_3 = -\frac{d}{a}$; das gesuchte Polynom ist somit:

$$f(x) = x^3 - x^2 - \frac{1}{2}x - \frac{1}{6}$$

Die ersten elementarsymmetrischen Funktionen sind damit:

$$\sigma_1 = x_1 + x_2 + x_3 \therefore \sigma_2 = x_1x_2 + x_1x_3 + x_2x_3 = -\frac{1}{2} \therefore \sigma_3 = x_1x_2x_3 = \frac{1}{6}$$

Euler[18] hat die Newton'schen Formeln in anderer Form hergeleitet; er geht von der Faktorisierung des Polynoms aus:

$$p(x) = x^n - Ax^{n-1} + Bx^{n-2} - Cx^{n-3} + \cdots \pm N = (x - x_1)(x - x_2)(x - x_3) \cdots (x - x_n)$$

---

[18] Euler L.: Opera Omnia, Ser. 1, Vol. 6, S. 20–25.

Die Potenzsummen der Wurzeln erfüllen nach Euler folgende Rekursion:

$$\sum_{k=1}^{n} x_k = A$$

$$\sum_{k=1}^{n} x_k^2 = A \sum_{k=1}^{n} x_k - 2B$$

$$\sum_{k=1}^{n} x_k^3 = A \sum_{k=1}^{n} x_k^2 - B \sum_{k=1}^{n} x_k + 3C$$

$$\sum_{k=1}^{n} x_k^4 = A \sum_{k=1}^{n} x_k^3 - B \sum_{k=1}^{n} x_k^2 + C \sum_{k=1}^{n} x_k - 4D \; usw.$$

12.9 Numerik bei Newton

12.9.1 Näherungsverfahren nach Vieta

Um 1665 hatte Newton die lateinische Übersetzung von Vietas *De numerose potestatum ad exegesin resolutione* (1600) gelesen, die ein Näherungsverfahren für höhere Polynome behandelte. In seinem Werk *De Analysi* (1665) beschrieb er eine verbesserte Methode, die er zur Lösung der Kepler-Gleichung entwickelt hatte.

Beispiel von Newton: $f(x) = x^3 - 2x - 5$. Wegen $f(2) \cdot f(3) < 0$ liegt ein Vorzeichenwechsel im Intervall [2; 3] vor. Newton vermutete eine Nullstelle in der Nähe von $x = 2$ und setzt daher $x = p + 2$. Er erhält:

$$p^3 + 6p^2 + 10p - 1 = 0$$

Da p als klein vorausgesetzt wird, können die Potenzen p^3, p^2 vernachlässigt werden. Es verbleibt: $10p - 1 = 0 \Rightarrow p_1 = 0.1$. Damit setzt er: $x = q + 2.1$; dies liefert

$$q^3 + 6.3q^2 + 11.23q + 0.061 = 0$$

Linearisierung zeigt $q = -\frac{0.061}{11.23} = -0.0054$. Nach zwei weiteren Schritten erhielt Newton den Näherungswert 2.09455147. Der Fehler beträgt hier 10^{-8}.

Speziell für kubische Polynome $f(x) = a_3 x^3 + a_2 x^2 + a_1 x + a_0$ kann das Verfahren formalisiert werden. Soll der Startwert x korrigiert werden zu $(x + h)$, gilt für den Funktionswert:

$$f(x + h) = a_3(x + h)^3 + a_2(x + h)^2 + a_1(x + h) + a_0$$
$$= a_3 x^3 + a_2 x^2 + a_1 x + a_0 + \left(3a_3 x^2 + 2a_2 x + a_1\right)h + (3a_3 x + a_2)h^2 + a_3 h^3$$

Zur Vereinfachung wählen wie die Abkürzungen:

$$f_1(x) = 3a_3 x^2 + 2a_2 x + a_1 \therefore f_2(x) = 3a_3 x + a_2 \therefore f_3(x) = a_3$$

Damit gilt für die Nullstellensuche:

$$f(x) + f_1(x)h + f_2(x)h^2 + f_3(x)h^3 = 0$$

Startet die Iteration an der Stelle x_0, folgt bei Vernachlässigung von h^2; h^3 der Korrekturterm:

$$h = -\frac{f(x_0)}{f_1(x_0)}$$

Dies liefert den Näherungswert $x_1 = x_0 + h$. Ist die gewünschte Genauigkeit noch nicht erreicht, kann das Verfahren iteriert werden. Soll nur die Potenz h^3 vernachlässigt werden, muss der Korrekturterm aus der quadratischen Gleichung ermittelt werden:

$$f(x) + f_1(x)h + f_2(x)h^2 = 0$$

12.9.2 Die sog. Newton-Raphson-Methode

Newton publizierte die Methode in den *Principia* (Buch I, Prop.31 + Scholium), um die Kepler'sche Gleichung zu lösen; er schrieb darüber: *Es sei eine verbesserte Version des Verfahrens, das von Vieta angeregt und von Oughtred vereinfacht wurde.* Das Iterationsverfahren wurde später von J. Raphson (1668?–1725?), einem Mitglied der *Royal Society*, in seiner Schrift *Analysis aequationum universalis* (1690) ausgearbeitet und begründet. Newton verwendete das Verfahren ebenfalls in seinem Werk *Method of Fluxions* (1671), um die oben gezeigte kubische Gleichung zu lösen; gedruckt wurde die Schrift erst 1736. Das Verfahren findet sich auch schon, wie F. Cajori[19] gefunden hat, in Wallis' *Algebra* von 1685. Festzustellen ist, dass Newton die Methode niemals allgemein formuliert hat. Wie Kollerstrom[20] 1992 entdeckt hat, stammt die moderne Version des Algorithmus von T. Simpson: *Essays on Several Curious and useful Subjects* (1740).

Das Verfahren setzt die Differenzierbarkeit der Funktion voraus. An den Graphen wird in einem Näherungspunkt (x_0, y_0) mit $y_0 = f(x_0)$ die Tangente gelegt; die Steigung ist $\frac{\dot{y}_0}{\dot{x}_0}$, wobei $\dot{x}_0, \dot{y}_0$ die Fluxionen von x, y sind. Die Tangentengleichung liefert die nächste Näherung $x_1 = x_0 - y_0 \frac{\dot{x}_0}{\dot{y}_0}$ (Existenz vorausgesetzt). Das Verfahren kann wiederholt werden, bis die gewünschte Genauigkeit erreicht ist (s. Abb. 12.13).

Es wird das von Newton gegebene Beispiel behandelt:

$$y = x^3 - 2x - 5 \Rightarrow \dot{y} = \left(3x^2 - 2\right)\dot{x}$$

---

[19] Cajori F.: Historical Notes on the Newton–Raphson Method of Approximation, American Mathematical Monthly 18 (1911), S. 29–33.

[20] Kollerstrom N.: Thomas Simpson and "Newton's Method of Approximation", British Journal for the History of Science 1992, S. 347–354.

Abb. 12.13 Zum Newton-
Verfahren

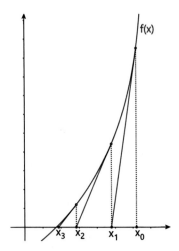

Mit dem Startwert $x_0 = 2$ folgt $f(x_0) = y_0 = -1$; $\frac{\dot{y}_0}{\dot{x}_0} = 10$. Damit ergibt sich der Näherungswert:

$$x_1 = x_0 - y_0 \frac{\dot{x}_0}{\dot{y}_0} = 2 - (-1)\frac{1}{10} = 2.1$$

Der nächste Schritt liefert mit $x_1 = 2.1 \Rightarrow y_1 = 0.061$; $\frac{\dot{y}_1}{\dot{x}_1} = 11.23$ den Wert:

$$x_2 = x_1 - y_1 \frac{\dot{x}_1}{\dot{y}_1} = 2.1 - 0.061\frac{1}{11.23} = 2.0945\ldots$$

Die Iteration zeigt die Konvergenz:

```
2.1
2.094568121104185
2.094551481698199
2.0945514815423265
```

In moderner Schreibweise lautet das Iterationsverfahren mit dem Startwert x_0 :

$$x_{n+1} = x_n - \frac{f(x_n)}{f'(x_n)}$$

Die Iteration wird solange fortgesetzt, bis die gewünschte Genauigkeit $f(x_n) \approx 0$ erreicht ist. Das Verfahren ist numerisch nicht stabil, da die Ableitung im Nenner Null werden kann. Hinreichend für die Konvergenz ist:

$$\left| \frac{f(x)f''(x)}{\left[f'(x) \right]^2} \right| < 1$$

Die Methode von Newton-Raphson funktioniert auch Im Komplexen:

$$z_{n+1} = z_n - \frac{f(z_n)}{f'(z_n)}$$

Iteriert man obige Gleichung mit Startwert $z_0 = (-1 - i)$, so ergeben sich die Schritte:

```
-1.05000000000 -1.15000000000*i
-1.04726404701 -1.13606316563*i
-1.04727573497 -1.13593989644*i
-1.04727574077 -1.13593988909*i
```

Die konjugiert komplexen Nullstellen des kubischen Polynoms sind daher $\{-1.04727574077 \pm i*1.13593988909\}$.

In einem Brief an Collins erwähnte Newton den Spezialfall der Wurzeliteration

$$A^{1/n} = \frac{1}{n}\left[(n-1)B + \frac{A}{B^{n-1}}\right]; \quad n = 2, 3, 4, \ldots$$

Als Startwert B empfiehlt er, eine Näherung mithilfe von Logarithmen zu nehmen. Wählt man zur Berechnung der Wurzel $\sqrt[n]{A}$ die Funktion $f(x) = x^n - A$, so erhält man mit dem angegebenen Iterationsschema die oben angegebene Form:

$$x_{i+1} = x_i - \frac{x_i^n - A}{nx_i^{n-1}} = \frac{1}{n}\left[(n-1)x_i + \frac{A}{x_i^{n-1}}\right]$$

12.9.3 Die mehrdimensionale Newton-Methode

Das Newton-Raphson-Verfahren hat große Bedeutung in der Numerik, da es *vektorisierbar* ist. Die Multiplikation mit dem Kehrwert der Ableitung wird ersetzt durch das Produkt mit der inversen Jacobi-Matrix J_f. Es gilt dann mit der Vektorfunktion $f(x)$:

$$x_{n+1} = x_n - J_f^{-1}f(x_n)$$

Die *Jacobi-Matrix J_f* der partiellen Ableitungen stellt sich dar als:

$$J_f = \begin{pmatrix} \frac{\partial f_1}{\partial x_1} & \cdots & \frac{\partial f_1}{\partial x_n} \\ \ldots & \ldots & \ldots \\ \frac{\partial f_n}{\partial x_1} & \cdots & \frac{\partial f_n}{\partial x_n} \end{pmatrix}$$

Sucht man komplexe Nullstellen, will aber einen komplexen Rechengang vermeiden, so muss die nichtlineare Funktion in den Real- bzw. Imaginärteil zerlegt und simultan iteriert werden.

Beispiel: $f(z) = z^3 + 8z + 10$. Die Zerlegung der komplexen Funktion in Real- bzw. Imaginärteil liefert:

$$f_1(x, y) = x^3 - 3xy^2 + 8x + 10$$
$$f_2(x, y) = 3x^2 y - y^3 + 8y$$

Die Jacobi-Matrix ergibt sich als:

$$J_f = \begin{pmatrix} \frac{\partial f_1}{\partial x} & \frac{\partial f_1}{\partial y} \\ \frac{\partial f_2}{\partial x} & \frac{\partial f_2}{\partial y} \end{pmatrix} = \begin{pmatrix} 3x^2 - 3y^2 + 8 & -6xy \\ 6xy & 3x^2 - 3y^2 + 8 \end{pmatrix}$$

Die Jacobi-Matrix muss noch invertiert werden; dies ist einfach für zweireihige Matrizen:

$$A = \begin{pmatrix} a & b \\ c & d \end{pmatrix} \Rightarrow A^{-1} = \frac{1}{\det(A)} \begin{pmatrix} d & -b \\ -c & a \end{pmatrix}$$

Startet man mit dem Vektor $x_0 = \begin{pmatrix} 1 \\ 3 \end{pmatrix}$, so erhält man mit $\mathbf{f}(x_0) = \begin{pmatrix} -8 \\ 6 \end{pmatrix}$

$$\mathbf{J_f}(x_0) = \begin{pmatrix} -16 & -18 \\ 18 & -16 \end{pmatrix} \Rightarrow \mathbf{J_f^{-1}}(x_0) = \frac{1}{580} \begin{pmatrix} -16 & 18 \\ -18 & -16 \end{pmatrix}$$

$$x_1 = x_0 - \frac{1}{580} \begin{pmatrix} -16 & 18 \\ -18 & -16 \end{pmatrix} \begin{pmatrix} -8 \\ 6 \end{pmatrix} = \begin{pmatrix} 1 \\ 3 \end{pmatrix} - \begin{pmatrix} 0.40689655 \\ 0.08275862 \end{pmatrix} = \begin{pmatrix} 0.59310345 \\ 2.91724138 \end{pmatrix}$$

Die weiteren Schritte zeigen die Konvergenz:

```
0.59310345    2.91724138
0.54136626    2.98114485
0.54435194    2.98143081
0.54434996    2.98143433
```

Mit dem Startwert $x_0 = \begin{pmatrix} 1 \\ 1 \end{pmatrix}$ erhält man die Iteration:

```
-0.88000000    1.16000000
-0.52783051   -0.15347804
-1.16392394    0.03609882
-1.08993345    0.00153884
-1.08869968    0.00000107
-1.08869992    0.00000000
```

Die gesuchten Nullstellen von $f(z)$ sind somit $\{0.544350 \pm i \cdot 2.981434; -1.088700\}$.

Bemerkung Um die Inversion einer umfangreichen Matrix zu vermeiden, kann man das mehrdimensionale Newton-Verfahren als Gleichungssystem schreiben und lösen:

$$x_{n+1} = x_n - J_f^{-1} f(x_n) \Rightarrow J_f \cdot (x_{n+1} - x_n) = f(x_n)$$

12.9.4 Interpolation mit Vorwärtsdifferenzen

Eine grundlegende numerische Methode sind die von Gregory und Newton entwickelten Differenzenverfahren. Mit ihrer Hilfe können wichtige Formeln für Interpolation, Differenziation und Integration hergeleitet werden.

Aus den Differenzen der Funktionswerte werden zunächst die Vorwärtsdifferenzen 1. Ordnung berechnet: $\Delta y_i = y_{i+1} - y_i$. Durch das rekursive Schema werden die höheren Differenzen ermittelt:

$$\Delta^2 y_i = \Delta y_{i+1} - \Delta y_i \therefore \Delta^3 y_i = \Delta^2 y_{i+1} - \Delta^2 y_i \dots .$$

Die Differenzen werden in folgendes Schema eingeordnet:

x_0	y_0				
		Δy_0			
x_1	y_1		$\Delta^2 y_0$		
		Δy_1		$\Delta^3 y_0$	
x_2	y_2		$\Delta^2 y_1$		$\Delta^4 y_0$
		Δy_2		$\Delta^3 y_1$	
x_3	y_3		$\Delta^2 y_2$		
		Δy_3			
x_4	y_4				

Hat ein Polynom n-ten Grades an den Stellen $\{x_0, x_1, x_2, \dots, x_{n-1}\}$ die Funktionswerte $y_n = f(x_n)$, so ist das Interpolationspolynom gegeben durch

$$y = y_0 + \frac{x - x_0}{h} \Delta y_0 + \frac{(x - x_0)(x - x_1)}{2!h^2} \Delta^2 y_0 + \frac{(x - x_0)(x - x_1)(x - x_2)}{3!h^3} \Delta^3 y_0 + \cdots$$

$$+ \frac{(x - x_0)(x - x_1)(x - x_2) \cdots (x - x_{n-1})}{n!h^n} \Delta^n y_0$$

Für die Form $F(s) = f(x_0 + sh)$ benötigt man die dimensionslose Form

$$y = y_0 + s\Delta y_0 + \frac{s(s - 1)}{2!} \Delta^2 y_0 + \frac{s(s - 1)(s - 2)}{3!} \Delta^3 y_0 + \cdots +$$

$$+ \frac{s(s - 1)(s - 2) \cdots (s - n + 1)}{n!} \Delta^n y_0$$

Beispiel Gesucht ist das Differenzenschema der Funktion $x^3 + 2x^2 + 3x + 4$ im Bereich $[-2; 3]$. Mit den zugehörigen Funktionswerten ergibt sich:

-2	**−2**			
		4		
-1	2		-2	
		2		6
0	4		4	
		6		6
1	10		10	
		16		6
2	26		16	
		32		
3	58			

Das Verschwinden der vierten Differenzen zeigt, dass das Polynom dritten Grades ist. Aus der obersten Schrägzeile ergibt sich das Polynom zu:

$$
\begin{aligned}
f(x) &= f(x_0) + \frac{x - x_0}{h} \Delta y_0 + \frac{(x - x_0)(x - x_1)}{2! h^2} \Delta^2 y_0 + \frac{(x - x_0)(x - x_1)(x - x_2)}{3! h^3} \Delta^3 y_0 \\
&= -2 + \frac{x + 2}{1!} 4 + \frac{(x + 2)(x + 1)}{2!}(-2) + \frac{(x + 2)(x + 1)x}{3!} 6 \\
&= -2 + 4(x + 2) + \frac{-2}{2}\left(x^2 + 3x + 2\right) + \frac{6}{6}\left(x^3 + 3x^2 + 2x\right) = x^3 + 2x^2 + 3x + 4
\end{aligned}
$$

12.9.5 Interpolation mit dividierten Differenzen

Aus den Differenzen der Funktionswerte $f(x_i) = f[x_i]$ werden zunächst die dividierten Differenzen 1. Ordnung berechnet:

$$
f[x_0, x_1] = \frac{f[x_1] - f[x_0]}{x_1 - x_0} \therefore f[x_1, x_2] = \frac{f[x_2] - f[x_1]}{x_2 - x_1} \dots f[x_i, x_j] = \frac{f[x_j] - f[x_i]}{x_j - x_i}
$$

Aus den Differenzenquotienten 1.Ordnung lassen sich die der 2. Ordnung ermitteln:

$$
f[x_0, x_1, x_2] = \frac{f[x_1, x_2] - f[x_0, x_1]}{x_2 - x_0} \therefore f[x_1, x_2, x_3] = \frac{f[x_2, x_3] - f[x_1, x_2]}{x_3 - x_1} \dots
$$

Durch das rekursive Schema werden die höheren Differenzen ermittelt:

$$
f[x_{i-1}, x_i, x_{i+1}, \dots, x_{i+k}] = \frac{f[x_i, x_{i+1}, \dots, x_{i+k}] - f[x_{i-1}, x_i, x_{i+1}, \dots, x_{i+k-1}]}{x_{i+k} - x_{i-1}}
$$

Die dividierten Differenzen werden in ein Schema einbeschrieben:

x_0	$f[x_0]$				
		$f[x_0, x_1]$			
x_1	$f[x_1]$		$f[x_0, x_1, x_2]$		
		$f[x_1, x_2]$		$f[x_0, x_1, x_2, x_3]$	
x_2	$f[x_2]$		$f[x_1, x_2, x_3]$		$f[x_0, x_1, x_2, x_3, x_4]$
		$f[x_2, x_3]$		$f[x_1, x_2, x_3, x_4]$	
x_3	$f[x_3]$		$f[x_2, x_3, x_4]$		
		$f[x_3, x_4]$			
x_4	$f[x_4]$				

Für eine lineare Interpolation durch zwei Punkte $\{x_0, x_1\}$ erhält man hier die Gerade:

$$p_1(x) = f[x_0] + (x - x_0)f[x_0, x_1]$$

Analog für eine quadratische Interpolation durch drei Punkte $\{x_0, x_1, x_2\}$ erhält man hier die Parabel:

$$p_2(x) = f[x_0] + (x - x_0)f[x_0, x_1] + (x - x_0)(x - x_1)f[x_0, x_1, x_2]$$

Beispiel: Gegeben sei die Tabelle:

x	-2	1	2	4
$f(x)$	4	2	-1	10

Gesucht ist der Wert im Nullpunkt. Das Schema der dividierten Differenzen ergibt sich zu:

-2	**4**			
		$-2/3$		
1	2		**$-7/12$**	
		-3		**41/72**
2	-1		17/6	
		11/2		
4	10			

Aus der obersten Schrägzeile liest man die Koeffizienten des Interpolationspolynoms ab:

$$p(x) = 4 - \frac{2}{3}(x + 2) - \frac{7}{12}(x + 2)(x - 1) + \frac{41}{72}(x + 2)(x - 1)(x - 2)$$

$$= \frac{1}{72}\left(41x^3 - 83x^2 - 254x + 440\right)$$

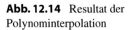

Abb. 12.14 Resultat der
Polynominterpolation

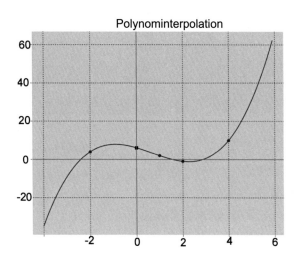

Abb. 12.14 zeigt das resultierende Polynom. Die Interpolation im Nullpunkt liefert:
$p(0) = \frac{55}{9}$.

Newton hat, bis auf einer kurzen Erwähnung in den *Principia,* keine seiner Interpolationsformeln publiziert. Erst 1710 konnte William Jones, der einige seiner Schriften zum Druck vorbereitete, ihn zur Veröffentlichung überreden; diese erfolgte ein Jahr später in der oben erwähnten Schrift *Methodus differentialis.*

12.9.6 Numerische Integration

In dem oben erwähnten Werk *Methodus differentialis* (1671) schrieb Newton:

> Wenn 4 Ordinaten im gleichen Abstand gegeben sind, sei A die Summe aus dem ersten und vierten, B die Summe aus dem zweiten und dritten und R das Intervall zwischen dem ersten und vierten, dann wird die Fläche zwischen der ersten und vierten Ordinate gleich sein $\frac{1}{8}R(A + 3B)$.

Diese Integrationsformel wird heute die *3/8*-Regel von Newton-Cotes genannt:

$$\int_{x_0}^{x_3} f(x)\,dx = \frac{3}{8}\Delta x(y_0 + 3y_1 + 3y_2 + y_3)$$

Die Formel wird hergeleitet aus der oben gegebenen Interpolationsformel:

$$\int_{x_0}^{x_3} f(x)dx = \Delta x \int_0^3 f(x_0 + s\Delta x)\, ds$$

$$= \Delta x \int_0^3 \left[y_0 + \frac{s}{1}\Delta y_0 + \frac{s(s-1)}{2!}\Delta^2 y_0 + \frac{s(s-1)(s-2)}{3!}\Delta^3 y_0 \right] ds$$

$$= \Delta x \left[3y_0 + \frac{9}{2}\Delta y_0 + \frac{9}{4}\Delta^2 y_0 + \frac{3}{8}\Delta^3 y_0 \right]$$

$$= \Delta x \left[3y_0 + \frac{9}{2}(y_1 - y_0) + \frac{9}{4}(y_2 - 2y_1 + y_0) + \frac{3}{8}(y_3 - 3y_2 + 3y_1 - y_0) \right]$$

$$= \frac{3}{8}\Delta x \left[y_0 + 3y_1 + 3y_2 + y_3 \right]$$

Beispiel:

$$\int_0^1 \frac{dx}{x^2 + 1} = \frac{\pi}{4}$$

Nach der 3/8-Regel von Newton-Cotes ergibt sich mit $\Delta x = \frac{1}{3}$ die Näherung mit dem Fehler $9 \cdot 10^{-4}$

$$\frac{3}{8}\frac{1}{3}6.277 \approx 0.7846$$

y_0	1.0
$3y_1$	2.7
$3y_2$	2.077
y_3	0.5
Summe	6.277

Die 3/8-Regel wurde von Roger Cotes 1711 verallgemeinert auf Formeln mit bis zu 10 Stützstellen. Hier die 2/45-Regel:

$$\int_{x_0}^{x_0 + 4h} f(x)\, dx = \frac{2}{45}h(7y_0 + 32y_1 + 12y_2 + 32y_3 + 7y_4)$$

Ebenfalls zur Familie der Newton-Cotes-Formeln gehört die nach Simpson (1743) benannte; sie heißt auch die *Kepler'sche Fassregel*.

$$\int_{x_0}^{x_0 + 2h} f(x)\, dx = \frac{1}{3}h(y_0 + 4y_1 + y_2)$$

Für höhere Genauigkeit kann die Simpson-Formel iteriert werden:

$$\int_{x_0}^{x_n} f(x)\, dx = \frac{1}{3}h\left[y_0 + 4y_1 + 2y_2 + 4y_3 + 2y_4 + \cdots + 4y_{n-1} + y_n \right]$$

Für die Schrittweite h gilt : $x_n = x_0 + nh \Rightarrow h = \frac{x_n - x_0}{n}$, wobei n eine gerade Zahl sein muss.

Beispiel $\int_1^{10} \frac{dx}{x} = \ln 10$, mittels Simpson-Regel und Stützstellenverdopplung

```
  10   2.3
  20   2.30
  40   2.302
  80   2.3025
 160   2.302585
 320   2.3025851
 640   2.30258509
1280   2.302585093
2560   2.30258509299
5120   2.302585092994
```

12.10 Der Calculus von Newton

Newton sah die Variablen $x, y, z, v, \ldots$ als Funktionen einer stetig fließenden Größe t an (als Zeit gesehen) und bezeichnete ihre *Fluxionen* (*fluxio* = lat. Fluss) durch einen darüber gesetzten Punkt: $\dot{x}, \dot{y}, \dot{z}, \dot{v}, \ldots$; diese stellen also Geschwindigkeiten dar. Von diesen Fluxionen können wieder Fluxionen gebildet werden usw. Diese werden gekennzeichnet mit $\ddot{x}, \ddot{y}, \ddot{z}, \ddot{v}, \ldots, \dddot{x}\,\dddot{y}, \dddot{z}, \dddot{v}, \ldots$ Andererseits können Variablen selbst als Fluxionen von *Fluenten* (*fluere* = lat. fließen) angesehen werden, die Newton durch einen darüber gesetzten senkrechten Strich bezeichnete: x', y', z', w' (aus drucktechnischen Gründen ist der Strich daneben gesetzt). $\frac{\dot{y}}{\dot{x}}$ ist die Tangentensteigung der Funktion $y(x)$ im Punkt x.

Es ist bezeichnend für Newton, dass er seine Fluxionsrechnung im ganzen Werk der *Principia nicht* eingesetzt hat (außer bei einer kleinen Nebenrechnung). Er schrieb vordergründig von sich in der dritten Person, diese habe Rücksicht auf den potenziellen Leser genommen[21]:

> Mit Hilfe dieser neuen Analyse entdeckte Herr Newton die meisten Sätze in seiner *Principia*. Weil aber die Alten, um die Dinge sicher zu machen, nichts in der Geometrie zuließen, bevor es nicht synthetisch begründet war, bewies er die Lehrsätze [ebenso] synthetisch, damit das System des Himmels auf guter Geometrie basiere. Und das mache es jetzt schwierig für den Unkundigen, die Analyse zu sehen, durch die diese Thesen entdeckt wurden. [...] Um daraus entstehende Debatten zu vermeiden, habe dieser entschieden, den Inhalt des Buches auf die mathematischen Theoreme zu reduzieren, die von denen gelesen werden sollen, die sich schon ausreichend mit den Grundlagen beschäftigt haben.

---

[21] Newton I., Wolfers J. (Hrsg.): Mathematische Prinzipien der Naturlehre, Wissenschaftl. Buchgesellschaft Darmstadt (1963), S. 379.

Zur Bildung der Fluxion einer algebraischen Gleichung schrieb Newton in seiner Schrift *Tractatus de quadratura curvarum* (Manuskript 1676, 1704 gedruckt als Anhang im Werk *Opticks*):

> Man multipliziere jedes Glied der Gleichung mit dem Exponenten je einer Fluente, die es enthält, und bei den einzelnen Produkten verwandle man einen Faktor der Potenz in seine Fluxion. Dann wird das Aggregat aller Resultate mit ihren eigenen Vorzeichen die neue Gleichung sein.

Beispiel 1: Newton wählt: $z^3 - zy^2 + a^2 x - b^3 = 0$ (∗). Gliedweises Differenzieren zeigt:

1. Term: $z^3 - zy^2 \rightarrow 3z^2\dot{z} - \dot{z}y^2$
2. Term: $-zy^2 \rightarrow -2zy\dot{y}$
3. Term: $a^2 x \rightarrow a^2\dot{x}$
4. Term: $-b^3 \rightarrow 0$

Zusammengefasst ergibt sich die gesuchte Fluxion zu: $3z^2\dot{z} - \dot{z}y^2 - 2zy\dot{y} + a^2\dot{x}$. Das Vorgehen kann wie folgt erklärt werden: Wächst t um o zu $(t + o)$ an, so werden die Fluenten um ihre Inkremente vermehrt, also:

$$x + o\dot{x};\, y + o\dot{y};\, z + o\dot{z}$$

Einsetzen in (*) ergibt:

$$(z + o\dot{z})^3 - (z + o\dot{z})(y + o\dot{y})^2 + a^2(x + o\dot{x}) - b^3 = 0$$

Ausmultiplizieren, subtrahieren von (*) und dividieren von $o \neq 0$ zeigt:

$$3z^2\dot{z} + 3oz\dot{z}^2 + o^2\dot{z}^3 - \dot{z}y^2 - 2zy\dot{y} - 2o\dot{z}y\dot{y} - oz\dot{y}^2 - o^2\dot{z}\dot{y}^2 + a^2\dot{x} = 0$$

Lässt man nun o gegen Null gehen, ergibt sich schließlich:

$$3z^2\dot{z} - \dot{z}y^2 - 2zy\dot{y} + a^2\dot{x} = 0$$

Beispiel 2: Newton suchte das Maximum der Funktion: $x^3 - ax^2 + axy - y^3$. Er erläuterte in seinem Werk *Methodus fluxionum et serierum infinitarum* (1671):

Trenne die Terme nach x, y, multipliziere jeden Term mit seiner Fluxion und bilde die Summe dieser Produkte:

1. Term: $x^3 \rightarrow \frac{3\dot{x}}{x} \rightarrow 3\dot{x}x^2$
2. Term: $-ax^2 \rightarrow -\frac{2a\dot{x}}{x} \rightarrow 2a\dot{x}x$
3. Term: $axy \rightarrow \frac{a\dot{x}}{x} \rightarrow a\dot{x}y$
4. Term: $-y^3 \rightarrow -\frac{3\dot{y}}{y} \rightarrow -3\dot{y}y^2$
5. Term: $axy \rightarrow \frac{a\dot{y}}{y} \rightarrow a\dot{y}x$

Die Summe der Produkte liefert die gesuchte Relation der Fluxionen $\dot{x}, \dot{y}$:

$$3\dot{x}x^2 - 2a\dot{x}x + a\dot{x}y + a\dot{y}x - 3\dot{y}y^2$$

Notwendig für ein (lokales) Extremum ist:

$$\dot{x} = 0 \Rightarrow a\dot{y}x - 3\dot{y}y^2 = \dot{y}(ax - 3y^2) = 0 \Rightarrow 3y^2 = ax$$

Newton endet mit dem Hinweis, dass x oder y in die gegebene Gleichung eingesetzt werden soll.

Fortsetzung: Das Problem ist damit keineswegs gelöst. Die moderne Lösung sei gezeigt an der Funktion $f(x, y) = x^3 - x^2 + xy - y^3$; speziell für $a = 1$. Der Gradient der Funktion ist:

$$f(x, y) = \begin{pmatrix} 3x^2 - 2x + y \\ x - 3y^2 \end{pmatrix}$$

Nullsetzen des Gradienten liefert eine der vier Lösungen:

$$\left\{ x_0 = \frac{1}{6}\left(3 + \sqrt{5}\right); y_0 = -\frac{1}{6}\left(1 + \sqrt{5}\right) \right\}$$

Die Hesse-Matrix der Funktion an dieser Stelle ist positiv-definit:

$$\mathbf{H}_f(x, y) = \begin{pmatrix} \frac{\partial^2 f}{\partial x^2} & \frac{\partial^2 f}{\partial x \partial y} \\ \frac{\partial^2 f}{\partial x \partial y} & \frac{\partial^2 f}{\partial y^2} \end{pmatrix} \Rightarrow \mathbf{H}_f(x_0, y_0) = \begin{pmatrix} 6x_0 - 2 & 1 \\ 1 & -6y_0 \end{pmatrix} = \begin{pmatrix} 1 + \sqrt{5} & 1 \\ 1 & 1 + \sqrt{5} \end{pmatrix}$$

Somit stellt (x_0, y_0) ein Minimum dar mit dem Funktionswert:

$$f(x_0, y_0) = \frac{1}{54}\left(-11 - 5\sqrt{5}\right) = -0.410747$$

Das Minimum ist lokal, da gilt: $\lim\limits_{y \to \infty} f(0, y) = -\infty$.

Beispiel 3: Fluxion einer Wurzelfunktion: $\sqrt{az - y^2}$. Newton substituiert hier: $x \mapsto \sqrt{az - y^2} \Rightarrow az - y^2 = x^2$. Die Fluxion ergibt:

$$a\dot{z} - 2y\dot{y} = 2\dot{x}x \Rightarrow \dot{x} = \frac{a\dot{z} - 2y\dot{y}}{2\sqrt{az - y^2}}$$

Beispiel 4: Um einen Fluenten zu bestimmen, stellte Newton folgende Differenzial-gleichung als Aufgabe:

$$\dot{y}^2 = \dot{x}\dot{y} + \dot{x}^2 x^2$$

Auflösen liefert:

$$\left(\frac{\dot{y}}{\dot{x}}\right)^2 = \frac{\dot{y}}{\dot{x}} + x^2 \Rightarrow \frac{\dot{y}}{\dot{x}} = \frac{1}{2} \pm \sqrt{\frac{1}{4} + x^2}$$

Die Reihenentwicklung der Wurzel zeigt:

$$\frac{1}{2} + \sqrt{\frac{1}{4} + x^2} = 1 + x^2 - x^4 + 2x^6 - 5x^8 + 14x^{10} - 42x^{12} \pm \cdots$$

Newton integrierte durch Multiplikation von $\frac{\dot{y}}{\dot{x}}$ mit x und anschließender Division durch die zugehörige Potenz:

$$y = x + \frac{1}{3}x^3 - \frac{1}{5}x^5 + \frac{2}{7}x^7 - \frac{5}{9}x^9 + \frac{14}{11}x^{11} - \frac{42}{13}x^{13} \pm \cdots$$

Beispiel 5: Potenzfunktion mit gebrochenen Exponenten $y = x^{p/q}$; sie erfüllt die Gleichung $f(x, y) = y^q - x^p$. Die Fluxion ergibt $-q\dot{y}y^{q-1} - p\dot{x}x^{p-1}$. Damit folgt die Steigung:

$$\frac{\dot{y}}{\dot{x}} = \frac{px^{p-1}}{qy^{q-1}} = \frac{px^{p-1}}{qx^{p/q(q-1)}} = \frac{p}{q}x^{\frac{p}{q}-1}$$

Beispiel 6: Kettenregel bei $y = \sqrt{(1 + x^n)^3}$. Newton substituiert:

$$z \mapsto 1 + x^n \Rightarrow \dot{z} = nx^{n-1}\dot{x}$$

Wegen $y^2 = z^3$ folgt $2y\dot{y} = 3z^2\dot{z}$. Insgesamt ergibt sich die Steigung:

$$\frac{\dot{y}}{\dot{x}} = \frac{\dot{y}}{\dot{z}}\frac{\dot{z}}{\dot{x}} = \frac{3z^2}{2y}nx^{n-1} = \frac{3nx^{n-1}(1 + x^n)^2}{2(1 + x^n)^{3/2}} = \frac{3}{2}nx^{n-1}\sqrt{1 + x^n}$$

Beispiel 7: Große Probleme machte die Interpretation der von Newton angegebenen Differenzialgleichung:

$$2\dot{x} - \dot{z} + \dot{y}x = 0$$

Die Gleichung wurde von verschiedenen Autoren entweder als partielle Differenzialgleichung oder als totales Differenzial betrachtet, so von H. Suter[22] und H. G. Zeuthen[23]. Newton[24] schrieb dazu:

> Eine Lösung des Problems soll hier gegeben werden für den Fall, dass die Gleichung drei oder mehr Variablen umfasst. Für je zwei der Variablen kann eine irgendeine Beziehung angenommen werden, die nicht durch die Gleichung bestimmt wird. [...] Die gewählte Gleichung sei $2\dot{x} - \dot{z} + \dot{y}x = 0$. Hieraus erhalte ich eine Beziehung zwischen den Größen x, y, z und deren Fluxionen $\dot{x}, \dot{y}, \dot{z}$. Ich wähle eine Beziehung nach Belieben zwischen zwei von ihnen, wie x, y, unter einer Annahme wie $x = y, 2y = a + z$ oder $x = y^2$. Hier sei gewählt $x = y^2$, damit gilt $\dot{x} = 2y\dot{y}$. Schreibt man nun $2\dot{y}y$ für $\dot{x}$ und y^2 für x, so wird die gegebene Gleichung transformiert zu $4\dot{y}y - \dot{z} + \dot{y}y^2 = 0$. Somit entsteht ein neuer Zusammenhang zwischen y, z, nämlich $2y^2 + \frac{1}{3}y^3 = z$. Schreibt man darin x für y^2 bzw. $x^{\frac{3}{2}}$ für y^3, so folgt

[22] Suter H.: Geschichte der Mathematischen Wissenschaften, Zürich, Vol. II (1875), S. 74.

[23] Zeuthen H. G.: Geschichte der Mathematik im XVI. und XVII. Jahrhundert, Leipzig (1903), S. 379.

[24] Newton I., Colson J. (Hrsg.): The Method of Fluxions, London 1736, S. 41.

Abb. 12.15 Zum
Rechenbeispiel 8)

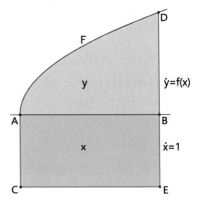

schließlich $2x + \frac{1}{3}x^{\frac{3}{2}} = z$. So haben wir unter den unendlich vielen Möglichkeiten, in denen die Größen x, y, z in Beziehung stehen können, eine gefunden, die durch folgende Gleichungen dargestellt wird:

$$x = y^2; \; 2y^2 + \frac{1}{3}y^3 = z; \; 2x + \frac{1}{3}x^{\frac{3}{2}} = z.$$

H. Weissenborn[25] betrachtete die Gleichung als partielle Differenzialgleichung, die nicht erfolgreich gelöst wurde, *da wie man leicht sieht, die Lösung nicht korrekt ist*. Wie ersichtlich, mogelt Newton hier, indem er willkürlich $x = y^2$ setzt und so das Problem auf zwei unabhängige Variablen reduziert. Die Aufgabe ist somit nicht korrekt gestellt.

Beispiel 8: Wie man die Fläche einer Kurve bestimmt! Newton notierte:

> Die Lösung des Problems hängt davon ab, dass man von der Beziehung der Fluxionen, die gegeben sind, die Beziehung der Fluenten finden kann. Zunächst, wenn sich die Gerade BD, durch deren Bewegung die Fläche AFDB beschrieben wird, auf der Abszisse AB senkrecht bewegt, denke man sich in der Zwischenzeit ein Parallelogramm ABEC auf der anderen Seite $|BE|$ durch eine Gerade gleich 1 erzeugt, ferner sei $|BE|$ gleich der Fluxion des Parallelogramms angenommen. Dann wird $|BD|$ gleich der Fluxion der gesuchten Fläche sein.

Setzt man $|AB| = x$, dann ist $ABEC = x \cdot 1 = x$ und $|BE| = \dot{x}$. Nennt man $AFDB = z$, so wird $|BD| = \dot{z} = \frac{\dot{z}}{\dot{x}}$, da $\dot{x} = 1$. Daher ist durch die Gleichung von $|BD| = \dot{z}$ auch $\frac{\dot{z}}{\dot{x}}$ bestimmt; man kann somit die Beziehung der fließenden Größen x, z finden (Abb. 12.15).

Gegeben sei $\frac{1}{a}x^2 = \dot{z} = \frac{\dot{z}}{\dot{x}}$ die Gleichung einer Parabel. Man erhält $\frac{1}{3a}x^3 = z$. Daher ist $\frac{1}{3a}x^3$ oder $\frac{1}{3}|AB||BD|$ gleich der Fläche der Parabel ABD. Ist $\frac{1}{a^2}x^3 = \dot{z}$ die Gleichung einer Parabel zweiter Art gegeben, so erhält man $\frac{1}{4a^2}x^4 = z$. Damit ist $\frac{1}{4}|AB||BD|$ gleich der Fläche ABD.

---

[25] Weissenborn H.: Die Prinzipien der höheren Analysis, Band II, Zürich 1875, S. 74.

Beispiel 9: Eines der Integrale, die Newton in den beiden Briefen an Leibniz mitteilte, um seine Erfolge zu demonstrieren:

$$\int \frac{x^5 + x^4 - 8x^3}{x^5 + x^4 - 5x^3 - x^2 + 8x - 4} \, dx$$

Der Integrand kann faktorisiert werden zu:

$$\frac{x^3 \left(x^2 + x - 8 \right)}{(x-1)^3 (x+2)^2}$$

Die Partialbruchzerlegung ist gegeben durch:

$$1 - \frac{2}{3(x-1)^3} - \frac{11}{9(x-1)^2} - \frac{16}{9(x+2)^2}$$

Die Integration liefert:

$$x + \frac{1}{3}\frac{1}{(x-1)^2} + \frac{11}{9}\frac{1}{x-1} - \frac{16}{9}\left(-\frac{1}{x+2} \right)$$

Vereinfachen zeigt:

$$\frac{1}{(x-1)^2(x+2)}\left[x(x-1)^2(x+2) + \frac{1}{3}(x+2) + \frac{11}{9}(x-1)(x+2) + \frac{16}{9}(x-1)^2 \right]$$

$$= \frac{x^4}{(x-1)^2(x+2)} = \frac{x^4}{x^3 - 3x + 2}$$

Dies ist eine Stammfunktionen auf $\mathbb{R}\backslash\{1; -2\}$.

12.11 Das Nachleben Newtons

Voltaire (1694–1778)
Voltaires Interesse an Naturwissenschaften wurde angeregt durch seine Geliebte Émile du Châtelet, die – naturwissenschaftlich gebildet – später die *Principia* Newtons ins Französische übersetzte; die Fertigstellung erfolgte durch Alexis C. Clairault (Amsterdam 1738). Zuvor hatte Voltaire, ebenfalls zusammen mit Madame du Châtelet, die Schrift *Éléments de la philosophie de Newton* (1736/37) verfasst, womit er das in Frankreich noch wenig bekannte Werk Newtons populär machte. *Ganz Paris hallt von Newton wider, ganz Paris studiert und lernt Newton,* schreibt die August-Ausgabe der Zeitung „Mémoires de Trévoux" von 1738.

Abb. 12.16 zeigt das Frontispiz der *Éléments:* die Apotheose Newtons, eine allegorische Darstellung, die illustriert, wie die Menschheit (*in persona* Voltaires) mithilfe der von Engeln getragenen Madame du Châtelet vom Genie Newtons erleuchtet wird.

Abb. 12.16 Grabmal
Newtons in der Westminster-
Abbey London. (Wikimedia
Commons, public domain,
Urheber: Klaus-Dieter Keller)

In seinen *Lettres Philosophiques* (1733), auch *Lettres Anglaises* genannt, die er ohne Genehmigung hatte drucken lassen, setzte er sich mit den philosophischen Weltbildern von Descartes und Newton auseinander (zitiert nach Voltaire und von Bittner[26]):

> Ein Franzose, der in London ankommt, findet in der Philosophie wie auch sonst andere Ver-hältnisse vor. Er hat eine volle Welt verlassen, hier ist sie leer. In Paris sieht man die Welt zusammengesetzt aus Wirbeln feinster Materie; nichts davon in London. Bei uns ist es der Druck des Mondes, der die Gezeiten des Meeres verursacht, bei den Engländern ist es das Meer, das zum Mond strebt, dergestalt, dass, wenn Sie annehmen würden, der Mond müsste uns Flut bescheren, diese Herren meinen, jetzt müsste Ebbe sein …

> Sie werden darüber hinaus bemerken, dass die Sonne, die in Frankreich nichts damit [Gezeiten] zu tun hat, hier zu ungefähr einem Viertel dazu beiträgt. Bei den Cartesianern entsteht alles mit einem Impuls, den man kaum versteht, bei Newton ist es eine Anziehungs-kraft, deren Ursache man auch nicht besser kennt. In Paris stellt man sich die Erde als eine Melone vor; in London ist sie an zwei Seiten flach. Das Licht ist für einen Cartesianer in der Luft; für einen Newtonianer kommt es in sechseinhalb Minuten von der Sonne. Die französische Chemie vollzieht alle ihre Vorgänge mit Säuren, Salzen und feiner Materie; bei den Engländern mischt die Anziehungskraft auch da noch mit.

> *Non nostrum inter vos tantas componere lites.* (Es ist nicht unsere Aufgabe, einen so gewaltigen Streit zwischen Euch beizulegen) (Vergil Ekloge III, Vers 108).

---

[26]Voltaire, von Bittner R. (Hrsg.): Stürmischer als das Meer – Briefe aus England, Diogenes Zürich 2017, S. 111–112.

Mit der Aufhebung der Vorzensur (*Licensing Act* 1695) besaß die englische Presse mehr Freiheiten als die französische. Der *Toleranzbrief* (1689) des Philosophen John Locke förderte eine breite Diskussion um das Verhältnis von Vernunft und Religion. Voltaire konnte nach seinem London-Aufenthalt nicht umhin, die größere Meinungsfreiheit in England zu loben, was am französische Hof Empörung auslöste; Voltaire musste nach Lothringen fliehen. Voltaire hatte in seinen *Lettres Anglaises* geschrieben (S. 59):

> Das englische Volk ist das einzige der Erde, dem es gelungen ist, die Macht der Könige durch Widerstand einzuschränken, und das schließlich unter immer neuen Anstrengungen diese kluge Regierungsform errichtet hat, bei der der Herrscher allmächtig ist, Gutes zu tun, ihm zum Übelwollen aber die Hände gebunden sind […] Oberhaus und Unterhaus sind die Schiedsrichter des Volkes, der König ist der Oberrichter.

Während seines Aufenthalts in England (1726/28) hatte Voltaire versucht, im März 1727 Newton seine Aufwartung zu machen. Aber er kam einige Tage zu spät, *Mr. Newton ist vor wenigen Tagen verschieden*, wurde ihm beschieden. Aber es gelang ihm Catherine Barton, die Lieblingsnichte Newtons, anzutreffen. Bei dieser Gelegenheit erzählte sie ihm die berühmte Anekdote, *wie Newton – im Garten sitzend – beim Fall eines Apfels die Idee zum Gravitationsgesetz gekommen sei.* In seinen *Éléments* schildert Voltaire den Vorgang so:

> Nach seinem Rückzug [wegen der Pest] von Cambridge (1666) ging Newton in seinem heimischen Garten umher und sah einige Früchte vom Baum fallen. Dies versetzte ihn in tiefes Nachdenken über das Gewicht, die Ursache von dem, das all die Wissenschaftler solange vergeblich gesucht hatten und das gewöhnliche Leute niemals als etwas Geheimnisvolles angesehen haben.

Dadurch wurde diese Geschichte populär in aller Welt. Catherine war lange Zeit die Haushälterin von Lord Halifax gewesen, dem Newton seine Berufung zum Direktor der englischen Münzanstalt verdankte. Ihre Familie hatte den alleinstehenden Newton im hohen Alter aufgenommen. Catherine muss Voltaire stark beeindruckt haben, denn er äußerte sich spöttisch:

> Newton verdanke seinen Ruhm nicht der Infinitesimalrechnung oder der Gravitation, sondern nur der Schönheit seiner Nichte.

Voltaire, der bei der Beisetzung Newtons in der Westminster Abbey (Grabmal Abb. 12.17) vor Ort war, staunte über den Pomp des Staatsbegräbnisses:

> Dieser berühmte Newton, der Zerstörer des cartesianischen Systems, starb im Monat März des vergangenen Jahres 1727. Er wurde geehrt im Leben von seinen Zeitgenossen und begraben wie ein König, der seinen Untertanen nur Wohltaten verrichtet hat.

Abb. 12.17 Frontispiz der
Éléments de la philosophie.
(Voltaire 1738)

Abb. 12.18 a Aquarell von William Blake (Wikimedia Commons, public domain, The William
Blake Archive) **b**: Aquarell von William Blake (Wikimedia Commons, public Domain, //www.
britishmuseum.org/collection/object/P_1859-0625-72)

Alexander Pope (1688–1744).

Der Dichter A. Pope verfasste zum Tode Newtons einen Zweizeiler (*Epitaphs* 1730), der aber nicht am Grabmal Newtons in der Westminster Abbey verwendet wurde:

Nature and nature's laws lay hid in night;

God said "Let Newton be!" and all was light.

(Die Natur und ihre Gesetze lagen verborgen in dunkler Nacht;

Gott sprach: Es werde Newton! Und alles strahlte voller Pracht.)

William Blake (1757–1827)

Der exzentrische W. Blake war Dichter, Maler und Buchdrucker. Er malte Newton 1795 in junger, muskulöser Gestalt auf einem mit Algen bewachsenen Felsen sitzend, wie er mithilfe eines Zirkels ein mathematisches Problem löst (Abb. 12.18a). Das Motiv des Zirkels als Werkzeug der Schöpfung findet sich bei ihm auch als Illustration (Abb. 12.18b) im Gedichtband *Europe – a Prophecy* von 1794. Das Motiv ist der King James Bibel (*Proverbs* 8:27) entnommen:

When he established the heavens, I was there, when he set a compass upon the face of the depth. (Bei Luther: Als er die Himmel bereitete, war ich da, als er den *Kreis* zog über der Tiefe …)

Im erwähnten Gedichtband *Europe* erscheint der Zirkel als Werkzeug des *Urizen,* der in der Mythologie Blakes die Personifizierung von (schöpferischer) Vernunft und Ordnung darstellt.

Stephen Hawking (1942–2018)

Hawking, einer der Nachfolger Newtons auf dem Lucasischen Lehrstuhl in Cambridge urteilt in seinem bekannten Buch *A Brief History of Time* (1988):

Isaac Newton war kein angenehmer Mensch. Seine Beziehungen zu anderen Akademikern waren berüchtigt (*notorious*), mit dem Großteil seines späteren Lebens verstrickt in heftige Dispute … Ein ernster Disput entstand mit dem deutschen Philosophen Gottfried Leibniz. Leibniz und Newton hatten beide unabhängig einen Zweig der Mathematik entwickelt – Calculus genannt –, dem fast die ganze moderne Physik zugrunde liegt. […] Nach dem Tod von Leibniz wird von Newton berichtet, er habe große Genugtuung darin gefunden, *Leibniz das Herz zu brechen.*

Literatur

Bell A. E.: Christian Huygens and the Development of Science in the seventeenth Century. Edward Arnold, London (1950)

Cajori, F.: Historical notes on the Newton-Raphson method of approximation. Am. Math. Mon. **18** (1911)

Cooper, M., Hunter, M. (Hrsg.): Robert Hooke – Tercentennial Studies. Routledge, London (2006)

Cooper, M.: Robert Hooke and the Rebuilding of London. History Press, London (2005)

Dunham W.: Journey through Genius – the Great Theorems of Mathematics. Penguin, New York (1991)

Fleckenstein J. O.: Der Prioritätsstreits zwischen Leibniz und Newton. Birkhäuser, Basel (1956)

Gleick J.: Isaac Newton. Harper Perennial, London (2004)

Gleick J.: Isaac Newton – Die Biografie. Patmos/Albatros Verlag, Düsseldorf (2009)

Hall A. R.: From Galileo to Newton 1630–1720. Collins, London (1963)

Hall A. R.: Philosophers at War: The Quarrel Between Newton and Leibniz. Cambridge University (1980)

Hall M. B.: Henry Oldenburg: Shaping the Royal Society. Oxford University (2002)

Inwood M.: The Man who knew too much – The strange and inventive Life of Robert Hooke. Pan MacMillan, Basingstoke (2012)

Jardine L.: The Curious Life of Robert Hooke – The Man who measured London. HarperCollins, London (2003)

Kollerstrom N.: Thomas Simpson and "Newton's Method of Approximation". British Journal for the History of Science (1992)

Newton I., Colson J. (Hrsg.): The Method of Fluxions. London (1736)

Padova de, T.: Leibniz, Newton und die Erfindung der Zeit. Piper, München (2013)

Schneider I.: Isaac Newton – Beck'sche Reihe großer Denker. C. H. Beck, München (1988)

Sonar, T.: Die Geschichte des Prioritätsstreits zwischen Leibniz und Newton. Springer, Berlin (2016)

Waller R. (Hrsg.): The Posthumous Works of Robert Hooke – Containing his Cutlerian Lectures, London (1705)

Westfall, R.: Isaac Newton. Spektrum Akademischer, Heidelberg (1996)

Westfall R.: The Life of Isaac Newton. Cambridge University (2015)

Whiteside D. T. (Hrsg.): The Mathematical Papers of Isaac Newton. Cambridge Press (1967)

Whiteside D. T.: Isaac Newton: Birth of a Mathematician. Notes and Records of the Royal Society 19 (1964)

Wickert J.: Isaac Newton. Rowohlts Monographie, Hamburg (1995)

Wußing H.: 6000 Jahre Mathematik – Eine Zeitreise, Band I: Von den Anfängen bis Leibniz und Newton. Springer (2008)

Wußing H.: Isaac Newton. Teubner, Leipzig (1977)

www.royalsociety.org/blog/2010/12/hooke-newton-and-the-missing-portrait

Yoder J.: Unrolling Time: Christiaan Huygens and the Mathematization of Nature, Cambridge University 2004

Gottfried Wilhelm Leibniz (1646–1716)

Wenn Gott rechnet und den Gedanken ausführt, entsteht die Welt (G. W. Leibniz).

Leibniz (Abb. 13.1) wurde im Juli 1646 in Leipzig als Sohn eines Professors für Moralphilosophie (Ethik) geboren. Seine Begabung zeigte sich schon im Schulalter, als er sich selbst Latein und Griechisch beibrachte. Sein Vater hatte in zweiter Ehe die Tochter eines Buchhändlers geheiratet, sodass sich eine ganze Bibliothek im Haus befand. Er besuchte 1655 bis 1661 die bekannte Nicolai-Schule, die bis heute existiert. 1661 begann er das Studium der Rechtswissenschaft in Leipzig, hörte aber Vorlesungen in Philosophie, Theologie und auch in Mathematik, die damals aus der Lehre von Pythagoras und Euklid bestand. Nach seinem Abschluss wurde ihm wegen seiner Jugend das Doktorat verweigert. So ging er zum Wintersemester 1666/1667 an die Universität Altdorf bei Nürnberg, wo er glanzvoll promovierte. Die Universität bot ihm daraufhin eine Professur an; Leibniz wollte aber keine akademische Karriere machen.

1667 lernte Leibniz den Freiherrn J. Ch. von Boineburg kennen, der ihn zu einer Schrift über moderne Rechtsmethoden anregte. Von Boineburg, der Oberhofmarschall beim Kurfürsten und Erzbischof von Mainz J. P. von Schönborn gewesen war, vermittelte ihn an den Kurfürsten, der zugleich Vorsitzender des Kurfürsten-Kollegiums und Kanzler des Heiligen Römischen Reichs Deutscher Nation war. Von Schönborn machte 1670 Leibniz zum Revisionsrat am Oberappellationsgericht in Mainz, das damals Kompetenz im gesamten Reichsgebiet hatte. Er erhielt den Auftrag, ein überkonfessionelles Gesetzwerk zu erarbeiten, das eine Wiedervereinigung der christlichen Konfessionen ermöglichen sollte.

Der Kurfürst sandte ihn im Frühjahr 1672 in geheimer diplomatischer Mission nach Paris. Leibniz sollte Ludwig XIV. auf die Möglichkeit eines Feldzugs nach Ägypten hinweisen, um Frieden in Europa herzustellen; Frankreich hatte 1670 Lothringen annektiert. Es kam jedoch nicht zu einem Treffen; Ludwig XIV. hatte schon die Invasion der Niederlande gestartet. In Paris erfuhr er von der Pascal'schen Rechenmaschine und machte sich

D. Herrmann, *Mathematik der Neuzeit*, https://doi.org/10.1007/978-3-662-65417-0_13

Abb. 13.1 Gemälde von
G. W. Leibniz. (Wikimedia
Commons, public domain,
Christoph Bernhard Francke –
Herzog Anton Ulrich-Museum)

ans Werk, die Maschine zu verbessern. Einige Autoren vermuten, dass Leibniz sich mit seinen Plänen für eine Rechenmaschine an den Präsident der *Académie* Colbert wandte, der ihn wiederum an den Sekretär Christian Huygens verwies. Die Bekanntschaft mit Huygens wurde bedeutsam für Leibniz' weiteres Leben, da dieser sein Mentor in Sachen Mathematik wurde. Unter seiner Anleitung studiert Leibniz Schriften von Descartes, Mersenne, Roberval und Pascal. Die *Académie française* versammelte die bedeutendsten Gelehrten Europas, unter ihnen Mariotte, Boyle, Deschales, Ozanam, Roberval und die Astronomen Cassini und Rømer.

Während der langen Wartezeit hatte Leibniz die Gelegenheit, mit Boineburgs Sohn nach London zu fahren, wo er 1673 vor der *Royal Society* seine Rechenmaschine vorführte. Dabei lernte er Henry Oldenburg und John Collins kennen; 1673 wurde er selbst Mitglied der Gesellschaft.

Nach dem Tode Boineburgs 1672 entfiel dessen Unterstützung und so musste er schließlich 1676 aus Geldgründen in deutsche Lande zurückkehren. Herzog Johann Friedrich von Braunschweig-Lüneburg-Hannover hatte ihm eine Stelle als Hofbibliothekar in der Residenzstadt Hannover angeboten. Auf der Rückfahrt im Oktober 1676 machte er einen Riesenumweg über London, wo er mit Billigung von Collins Einsicht in einige Papiere der *Royal Society* bekam, über Amsterdam, wo er den Bürgermeister und Mathematiker Jan Hudde traf und schließlich über Den Haag, wo er mit dem Philosophen Spinoza diskutierte. Collins äußerte sich später in einem Brief[1] recht positiv über Leibniz:

---

[1] Turnbull H. W. (Hrsg.): The Correspondence of Isaac Newton Band II (1676–1687), Cambridge University 1960, S. 109.

Der exzellente Herr Leibniz, ein Deutscher, ebenfalls Mitglied der Royal Society, kaum mittleren Alters, war letzte Woche hier auf seiner Rückreise von Paris zum Hof nach Hannover. [...] Aber während seines Aufenthaltes hier, der nur eine Woche dauerte, war ich nicht in der Verfassung, mit ihm auch nur kurz zusammen zu kommen. [...] Dennoch bin ich durch seine Briefe und anderen Informationsaustausch der Meinung, dass er unsere Mathematik übertrifft *quantum inter Lenta* etc.; seine kombinatorischen Tafeln sind offenkundig überzeugend und nicht numerisch ...

Die Worte „quantum inter Lenta" sind ein verfälschtes Zitat von Vergil, *Bukolia* Buch I, Vers 24: ... *tantum alias inter caput extulit urbes* (So hoch hob jene [=Stadt Rom] das Haupt vor anderen Städten). Collins versucht offensichtlich hier, Leibniz mit Rom zu vergleichen.

In Hannover wurde Leibniz später zum Hofrat befördert. Mit der Kurfürstin Sofie von der Pfalz stand er am Hof in regem Gedankenaustausch. In den Jahren 1682 bis 1686 entwickelte er eine Vielzahl von technischen Vorhaben, wie die Verbesserung des Harzer Bergbaus oder die Entwässerung mithilfe von Windmühlen, die alle erfolglos blieben.

Als Johann Friedrich 1680 starb und dessen Bruder Ernst August in Hannover das Regiment übernahm, verschlechterte sich seine Position am Hof. Der neue Fürst erteilte ihm den Auftrag, eine umfassende Geschichte des Welfenhauses zu erstellen, ein Projekt, das Leibniz niemals fertigstellen konnte. Immerhin durfte er für dieses Projekt eine von 1687 bis 1690 dauernde Forschungsreise unternehmen. So besuchte er Süddeutschland und Österreich, durchquerte Italien bis nach Rom und Neapel. In Wien verweilte er sogar 10 Monate. Während seines Aufenthaltes gelang es ihm, eine Audienz bei Kaiser Leopold I. zu erhalten, dabei legte er dem Kaiser Pläne für eine Münzreform, zur Finanzierung der Türkenkriege und zum Aufbau eines Reicharchivs vor.

Zuvor hatte Leibniz 1684 sein Werk *Nova Methodus pro Maximis ...* (Neue Methode für Maxima, Minima und Tangenten, die sich weder an gebrochenen noch an irrationalen Größen stößt, und ein besonderer Kalkül für jene Probleme) publiziert. Darin legt er die Grundlagen seines *calculus differentialis* (Abb. 13.2). Bereits 1686 kann er das Werk *De geometria recondita et analysi indivisiblium atque infinitorum* drucken lassen. Darin behandelt er seine neue Integralrechnung, die er *calculus summatorius* bezeichnete; später auf Wunsch der Brüder Bernoulli wurde sie in *calculus integralis* umbenannt. Damit steht Leibniz in der Geschichte einzigartig dar; Newton hatte zu diesem Zeitpunkt noch kein einzige Mathematikschrift veröffentlicht!

Eine Beschreibung des häuslichen Daseins Leibniz' verdanken wir dem Reisetagebuch des Antiquars Z. von Uffenbach, der im selben Jahr auch die Räume der *Royal Society* besichtigte. Er und sein Bruder machten am 10. Januar 1709 Leibniz in Hannover ihre Aufwartung; ihr Wunsch, die herzogliche Bibliothek zu besuchen, wurde ihnen verwehrt. Sie berichten (Band 1 ihres Reisetagesbuch, S. 409):

Nachmittags liessen wir billig unser erstes seyn, bey dem Weltberühmten und Grundgelehrten Herrn geheimden Rath von Leibnitz uns zu melden, der uns auch sogleich erlaubte, zu ihm zu kommen. Obwohl er wohl über sechzig Jahr alt ist, und mit seinen Pelz- Stümpfen und Nachtrock mit Pelz gefüttert, wie auch mit seinen grossen Socken von

MENSIS OCTOBRIS A. MDCLXXXIV. 467

NOVA METHODVS PRO MAXIMIS ET MI-
nimis, itemque tangentibus, quæ nec fractas, nec irrati-
onales quantitates moratur, & singulare pro
illis calculi genus, per G.G. L.

SIt axis AX, & curvæ plures, ut VV, WW, YY, ZZ, quarum ordi- TAB. XII.
natæ, ad axem normales, VX, WX, YX, ZX, quæ vocentur respective, v, vv, y, z; & ipsa AX abscissa ab axe, vocetur x. Tangentes sint
VB, WC, YD, ZE axi occurrentes respective in punctis B, C, D, E.
Jam recta aliqua pro arbitrio assumta vocetur dx, & recta quæ sit ad
dx, ut v (vel vv, vel y, vel z) est ad VB (vel WC, vel YD, vel ZE) vocetur dv (vel dvv, vel dy vel dz) sive differentia ipsarum v (vel ipsarum vv, aut y, aut z) His positis calculi regulæ erunt tales:

Sit a quantitas data constans, erit da æqualis o, & d ax erit æqu-
a dx: si fit y æqu. v (seu ordinata quævis curvæ YY, æqualis cuivis ordinatæ respondenti curvæ VV) erit dy æqu. dv. Jam *Additio & Sub-*
tractio: si sit z -y + vv + x æqu. v, erit d z̄-y + vv + x seu dv, æqu.
dz--dy + dvv + dx. *Multiplicatio*, d̄x v æqu. x d v + v dx, seu posito
y æqu. xv, fiet dy æqu. x d v + v dx. In arbitrio enim est vel formulam,
ut xv, vel compendio pro ea literam, ut y, adhibere. Notandum & x
& dx eodem modo in hoc calculo tractari, ut y & dy, vel aliam literam
indeterminatam cum sua differentiali. Notandum etiam non dari
semper regressum a differentiali Æquatione, nisi cum quadam cautio-

ne, de quo alibi. Porro *Divisio*, d $\frac{v}{y}$ vel (posito z æqu. $\frac{v}{y}$) dz æqu.

$\frac{\pm v\,dy \mp y\,dv}{yy}$

Quoad Signa hoc probe notandum, cum in calculo pro litera
substituitur simpliciter ejus differentialis, servari quidem eadem signa,
& pro + z scribi + dz; pro--z scribi--dz, ut ex additione & subtra-
ctione paulo ante posita apparet; sed quando ad exegesin valorum
venitur, seu cum consideratur ipsius z relatio ad x, tunc apparere, an
valor ipsius dz sit quantitas affirmativa, an nihilo minor seu negativa:
quod posterius cum sit, tunc tangens ZE ducitur a puncto Z non versus A, sed in partes contrarias seu infra X, id est tunc cum ipsæ ordinatæ
N n n 3   z decre-

grauem Filze, anstatt der Pantoffeln, und einer sonderbaren langen Perücke ein wunderliches Aussehen hat, so ist er dennoch ein sehr leutseliger Mann: wie er uns dann mit der größten Höflichkeit empfienge, und von allerhand politischen und andern gelehrten Dingen uns unterhielte.

Zusätzlich wird Leibniz 1691 zum Bibliothekar der berühmten Wolfenbütteler Bibliothek ernannt, ein Amt, das er bis zu seinem Tode ausübt. Als Lohn für den juristischen Beistand, den Leibniz bei der Erringung der Kurwürde für Braunschweig-Lüneburg ausübte, wurde er zum Geheimen Justizrat befördert. Diesen Titel erhielt er auch von

Friedrich von Brandenburg (1700) und vom Zaren Peter d. Gr. (1712); Leibniz traf den Zaren dreimal persönlich in Torgau (1711), Karlsbad (1712) und Bad Pyrmont (1716). Letzterer setzte die von Leibniz gemachten Baupläne für die Akademie in St. Petersburg erst im Jahre 1723 in die Tat um.

Doch während sich Leibniz noch im Glanz seines wachsenden Ruhms sonnte, pochte der Hannover'sche Fürst Georg Ludwig immer wieder auf die Erfüllung der Dienstpflichten, u. a. die Fertigstellung der Welfengeschichte. Der Herrscher argwöhnte, Leibniz habe *entweder kein Talent oder keine Lust,* eine Aufgabe *zusammenzubringen oder zu beenden.* Leibniz schrieb 1695 verzweifelt:

> Ich bin hin- und hergerissen, dass ich es gar nicht beschreiben kann. Ich grabe verschiedene Sachen aus Archiven aus, prüfe alte Dokumente und sammle nicht-publizierte Manuskripte. Mit diesen Dingen versuche ich Licht in die Geschichte des Hauses Braunschweig zu bringen. Ich empfange und versende zahllose Briefe. Ich habe so viele neue Gedanken in der Mathematik und so viele Ideen in der Philosophie. So viele andere literarische Beobachtungen, von denen ich will, dass sie nicht verloren gehen; das alles macht mich oft so bestürzt, dass ich gar weiß, wo ich anfangen soll.

Beschäftigt war er immer, wie ein frühes Zitat von ihm zeigt:

> Beim Erwachen hatte ich schon so viele Einfälle, dass der Tag nicht ausreichte, um sie niederzuschreiben.

1698 konnte er ein eigenes Haus, das sog. Leibniz-Haus, beziehen, dessen Fassade nach dem Zweiten Weltkrieg wieder rekonstruiert wurde (Abb. 13.3, linkes Haus). Während eines 20-monatigen Aufenthalts in Wien hatte ihm Kaiser Leopold 1713 den Titel eines Reichshofrats verliehen, der mit einer kleinen Rente verbunden war. Erfreulich

Abb. 13.3 Leibniz-Haus in Hannover. (Wikimedia Commons, gemeinfrei, Urheber: Axel Hindemith)

waren seine Verbindungen zum brandenburgisch-preußischen Hof. Mit Königin Sophie Charlotte, Schwester seines Hannoveraner Dienstherrn, pflegte Leibniz einen engen intellektuellen Austausch (Abb. 13.4).

Sie unterstützte sein Vorhaben zum Bau einer Königlich Preußische Akademie der Wissenschaften beim König. Nach langem Zögern bewilligte Friedrich III. 1700 tatsächlich die Akademie (Abb. 13.5), geplant nach englischem und französischem Vorbild mit Leibniz als Präsidenten. Allerdings versagte der König der Akademie ein Budget; ohne

Abb. 13.4 Leibniz hält einen Vortrag bei Königin Sophie-Charlotte. (PictureAlliance 91.217.709)

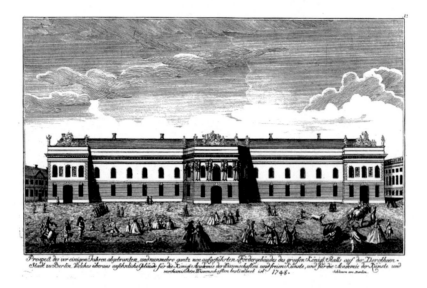

Abb. 13.5 Königlich Preußische Akademie der Wissenschaften 1748. (Wikimedia Commons, gemeinfrei)

Finanzierung konnten jedoch keine hochrangigen Mitglieder gefunden werden. Seine Missachtung für die Institution zeigte sich später, als er die leerstehenden Gebäude als Viehstall(!) vermieten ließ.

Leibniz' Pädagogik galt allen Schichten und war umfassend (zitiert nach E. H. Fischer[2]):

> Armen Studenten Unterhalt zu schaffen, ihre Studien fortzusetzen. Ein Waisenhaus, darin alle zur Arbeit, zu Studien oder Mechanik und Handel erzogen würden, aufzurichten. [Ebenso] Hospitäler, Gemeingüter, Landschulen. Die Jugend nicht sowohl auf die Poetik, Logik und scholastische Philosophie als auf *Realia* zu leiten: Geschichte, Mathematik, Geographie, Physik, Staatsstudien. Ganze Reisegesellschaften seien miteinander auszuschicken mit bewährten Führern: [In] vollständige medizinische Gärten, Tiergärten, ein Theater der Natur und der Kunst, um von allen Dingen lebendige Eindrücke und Kenntnisse zu bekommen. Mit solchen unschädlichen, ja höchst nützlichen Beschäftigungen nicht allein Brutalität, Schwelgerei und Sünde zu verhüten, sondern auch zu verhindern, dass mancher aus Geiz oder Faulheit sein Talent und Mittel nicht vergrabe.

Kurz vor seinem Tode war Leibniz offenbar des Prioritätsstreits müde:

> Ich denke, es wäre ein lächerliches Schauspiel, wenn Gelehrte, die höhere Grundsätze vertreten als andere, sich wie Fischweiber gegenseitig beschimpften.

Schon 1715 wollte er sich nicht mehr gegen *bäurische* Angriffe wehren. Am 25. Februar 1716 hielt er sogar in einem Brief an die Prinzessin Caroline von Wales – eine kluge deutsche Fürstentochter aus Ansbach – eine Versöhnung für möglich. Newton jedoch wies jeden Vermittlungsversuch schroff zurück. Die Prinzessin schrieb Leibniz daher am 24. April, sie sei darüber betrübt, dass sich gelehrte Männer der Wissenschaft nicht versöhnen ließen. Sie fügte hinzu:

> Große Männer sind jedoch wie Frauen, die ihre Geliebten niemals aufgeben, es sei denn mit äußerstem Kummer und tödlichem Zorn. Und eben dahin haben Ihre Meinungen Sie gebracht, meine Herren!

Als Herzog Georg Ludwig zur Königskrönung als *George I.* 1714 mit seinem Hofstaat nach London umsiedelte, wurde sein Mitkommen abgelehnt. Nach dem Tod der englischen Königin Anne, die ohne Erbe verblieben war, musste gemäß des *Act of Settlement* eine Nachfolge unter den protestantischen Verwandten gesucht werden. Es ist eine Ironie des Schicksals, dass es Leibniz war, dessen Gutachten die Erbfolge auf das Haus Hannover lenkten. Leibniz war von der fürstlichen Abweisung tief gekränkt, sodass er in seiner Verzweiflung sogar ein Asylgesuch an den französischen König richtete.

---

[2] Fischer E. Hugo: Gottfried Wilhelm Leibniz, im Sammelband: Die Großen Band VI/1, Hrsg. K. Fassmann, Coron/Kindler 1977, S. 228.

Abb. 13.6 Deutsche
Briefmarke zum
350. Geburtstag von
Leibniz (mathshistory.
st-andrews.ac.uk/miller/
stamps)

Leibniz verbrachte seine beiden letzten Lebensjahre vereinsamt und verbittert
in Hannover; jegliche Unterstützung von Seiten des Hofs war entfallen. Zu seiner
Beerdigung kam kein offizieller Vertreter des Londoner Hofes, es erschien nur ein einziger Beamter von Rang: Hofrat von Eckhart. Einer seiner wenigen noch verbliebenen
Freunde meinte dazu, Leibniz sei

> eher wie ein Dieb verscharrt worden, denn als das bestattet worden, was er war: eine Zierde
> seines Landes.

In Leibniz' Wohnung fanden sich Zehntausende beschriebener Blätter und Zettel,
darunter viele fast fertiggestellte, doch unveröffentlichte Manuskripte, die der
hannoveranische Herrscher eilig konfiszieren ließ, um darin womöglich enthaltene Hof-
geheimnisse zu schützen. Im Leibniz-Archiv in Hannover, das seit 2007 zum UNESCO-
Weltdokumentationserbe zählt, finden sich noch ca. 15.000 Brief von 1063 Adressaten.
Abb. 13.6 zeigt Leibniz und zwei Handschriften auf einer deutschen Briefmarke anlässlich seines 350. Geburtstages.

Das Nachleben

Am 13. November 1717 fand in Paris eine Feier in der *Academie des Sciences* statt zum
Gedenken an den im Jahr zuvor verstorbenen Leibniz. Der Sekretär der Akademie, Graf
de Fontenelle[3], sprach:

> Im Jahre 1684 gab der Herr von Leibnitz die Regeln des *Calculi differentialis* in die
> Leipziger Akten. […] Es ist dieses eine neue, sich sehr weit erstreckende, sehr subtile und
> sehr schwere Wissenschaft [...] Die berühmten Brüder Bernoulli [...] übten sich in dieser
> Rechnung mit erstaunendem Fortgange. Wo sie nur hinsahen, fanden sie die erhabensten,
> kühnsten und unverhofftesten Auflösungen der schwersten Aufgaben.

---

[3] Éloge de M. Leibnitz: Histoire de l'Académie Royale des sciences (1716), Paris: Impr. Royale,
Paris 1718, p. 94–128

In dieser berühmten Lob- und Gedenkrede würdigte de Fontenelle den großen Toten und seine unsterblichen Leistungen, der in Frankreich sehr geschätzt wurde. Voltaire äußerte sich, trotz aller später geäußerten Spottlust, über Leibniz:

> Er lehrte die Könige und erleuchtete die Weisen, weiser als sie, kannte er den Zweifel.

Voltaire Lange nach dessen Tod machte sich Voltaire 1759 lustig über die philosophische Theorie Leibniz' von der „besten aller möglichen Welten". Voltaire ergänzte: „Wenn dies die beste aller möglichen Welten ist, wie sind denn dann die anderen?" In der satirischen Novelle *Candide ou l'Optimisme* lässt Voltaire den unglücklichen Helden Kandid im Laufe seines Lebens alle denkbaren Katastrophen und Grausamkeiten miterleben, u. a. das Erdbeben von Lissabon (1754). Leibniz wird karikiert als Dr. Pangloss im Schloss des Barons Thundertentronckh, irgendwo in Westfalen:

> Der Hauslehrer Pangloss war das Orakel des Hauses, und der kleine Kandid hörte auf seinen Unterricht mit der treuherzigen Leichtgläubigkeit, die sein Alter und seine Gemütsart mit sich brachte. Pangloss lehrte die Metaphysikotheologokosmonarrologie. Er bewies auf unübertreffliche Weise, dass es keine Wirkung ohne Ursache gebe und dass in dieser besten aller möglichen Welten das Schloss des gnädigen Herrn das beste aller möglichen Schlösser […] sei.

Die Novelle regte auch Leonard Bernstein zur Komposition seiner Operette *Candide* an, Premiere war 1956, die finale Version folgte 1989.

Denis Diderot, Herausgeber der berühmten *Encyclopédie* (1765):

> Wenn man in sich geht und die Talente, die man empfing, mit denen von Leibniz vergleicht, wird man versucht, die Bücher von sich zu werfen und sich im Dunkel eines versteckten Winkels zu verstecken.

> Dieser Mann hat allein Deutschland so viel Ruhm gebracht wie Platon, Aristoteles und Archimedes zusammen für Griechenland.

George Simmons: Eine treffende Würdigung Leibniz' gibt der Lehrbuchautor in seinem Buch „Calculus" (1996):

> Leibniz wird manchmal dafür kritisiert, dass er keine umfassende Schrift verfasst hat, die man zitieren oder die man bewundern kann, wie Newtons Principia. Aber er hat ein Werk erschaffen, das *nicht* in einem Buch steht. Die Abstammungslinie für alle großen Mathematiker der Neuzeit beginnt bei ihm – nicht bei Newton – und erstreckt sich in ununterbrochener Folge bis ins 20. Jahrhundert. Er war der intellektuelle Vater der Bernoullis, Johann Bernoulli war Eulers Lehrer, Euler adoptierte Lagrange als seinen wissenschaftlichen Schützling. Dann kamen Gauß, Riemann und der Rest – alles direkte intellektuelle Nachkommen von Leibniz. Er hatte natürlich Vorgänger, wie jeder große Denker. Abgesehen davon war er der wahre Begründer der modernen europäischen Mathematik.

Bertrand Russell: In seiner Schrift *A Critical Exposition of the Philosophy of Leibniz* (p. IX) bemerkt er:

> Leibniz war einer der überragendsten Köpfe aller Zeiten [...], seine Größe ist heute offensichtlicher als zu irgendeinem früheren Zeitpunkt.

John Stuart Mill:

> Es wäre schwierig, einen Mann zu nennen, der durch die Größe und Universalität seines Intellekts bemerkenswerter ist als Leibniz.

13.1   Wie Deutschland seine Gelehrten ehrt

Im Jahr 1986 erschien in einer populären amerikanischen Mathematikzeitschrift (für *undergraduates*) eine Glosse einer jungen amerikanischen Mathematikerin, die bei einem Besuch in Hannover vergeblich versucht hatte, Leibniz zu „besuchen". Sie fand keine Ausstellung vor, weder an einer Hochschule noch in einem Museum, nur eine Büste, die in der Niedersächsischen Landesbibliothek ausgestellt war. Das im Zweiten Weltkrieg zerstörte Leibniz-Haus war erst 1983 wieder neu aufgebaut worden, damals jedoch geschlossen. So saß die Studentin unverrichteter Dinge in einem kleinen Rundtempel (Abb. 13.7) des Georgen-Gartens und aß Leibniz-Kekse!

So ehrte Deutschland einen seiner größten Genies!

Aber dann ging es Schlag auf Schlag. Im Jahr 2000 gab es die erste Leibniz-Ausstellung. Die Niedersächsische Landesbibliothek erhielt 2005 den Namen „Leibniz". Erst 290(!) Jahre nach seinem Tod wurde 2006 die Universität Hannover nach Leibniz benannt und eine permanente Gedächtnisausstellung errichtet. Seit 2008 existiert ein (modernes) Leibniz-Denkmal im Zentrum. *Difficile est satiram non scribere!*

Abb. 13.7 Leibniz-Rundtempel in Hannover (Wikimedia Commons, gemeinfrei, Urheber: Axel Hindemith), Ausschnitt

13.2   Arbeiten zur Reihenlehre

13.2.1 Die Leibniz-Reihe

Die Darstellung folgt Mahnke[4]. Leibniz will 1673 den Flächeninhalt des Kreisquadranten (Radius 1) bestimmen und zerlegt ihn in ein rechtwinkliges, gleich-
schenkliges Dreieck $\triangle AOB$ und ein Segment mit dem Bogen AB (s. Abb. 13.8). Die
Flächenbestimmung des Kreissegments geschieht durch Zerlegung in *infinitesimale*
Dreiecke $\triangle ADE$, wobei die benachbarten Punkte D, E auf dem Kreisumfang liegen.
Die Fußpunkte der Lote von D, E auf die x-Achse seien K, L. Die Tangente im Punkt D
schneidet die y-Achse im Punkt H. Das Lot von A auf die Tangente hat den Fußpunkt G.
Die Punkt D, E, J bilden das *charakteristische Dreieck* (ds; dx; dy).

Da die Dreiecke $\triangle DEJ$ und $\triangle AHG$ ähnlich sind, gilt:

$$\frac{ds}{dx} = \frac{|AH|}{|AG|} \Rightarrow |AG|ds = |AH|dx$$

Der Inhalt dF des infinitesimalen Dreiecks $\triangle ADE$ ist somit:

$$dF = \frac{1}{2}|AG|ds = \frac{1}{2}|AH|dx = \frac{1}{2}ydx$$

Abb. 13.8 Zur Leibniz-Reihe

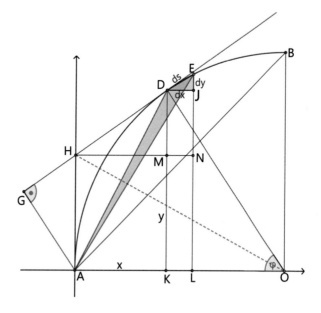

---

[4]Mahnke D.: Zur Keimesgeschichte der Leibnizschen Differentialrechnung, Sitzungsb. d. Gesell.
z. Förd. der ges. Naturwissenschaften, Marburg, Berlin 1932, S. 31–36.

Läuft x von 0 bis 1, so durchläuft das infinitesimale Dreieck das gesamte Kreissegment über AB; diese Methode nennt Leibniz *Transmutation*. Es gilt somit:

$$F = \int dF = \frac{1}{2} \int_0^1 y \, dx$$

Um die Integrationsvariable zu vertauschen, wählt Leibniz die partielle Integration:

$$F = \frac{1}{2} [xy] \Big|_0^1 - \frac{1}{2} \int_0^1 x \, dy = \frac{1}{2} - \frac{1}{2} \int_0^1 x \, dy \quad (*)$$

Der Zusammenhang zwischen x, y wird nun trigonometrisch ermittelt. Es gilt:

$$y = |AH| = \tan \frac{\varphi}{2}; x = 1 - \cos \varphi \Rightarrow \frac{x}{2} = \sin^2 \frac{\varphi}{2}$$

Mit der Formel $\sin^2 \alpha = \frac{\tan^2 \alpha}{1 + \tan^2 \alpha}$ ergibt sich:

$$\frac{x}{2} = \frac{\tan^2 \frac{\varphi}{2}}{1 + \tan^2 \frac{\varphi}{2}} = \frac{y^2}{1 + y^2} \Rightarrow x(1 + y^2) = 2y^2$$

Auf dieser Kurve 3. Grades bewegt sich der Punkt $M(x, y)$ bei der Integration. Mithilfe der geometrischen Reihe erhält man:

$$\frac{x}{2} = \frac{y^2}{1 + y^2} = y^2 (1 - y^2 + y^4 - y^6 + y^8 - \cdots) = y^2 - y^4 + y^6 - y^8 + \cdots$$

In das Flächenintegral (*) eingesetzt, folgt:

$$\begin{aligned}
F &= \frac{1}{2} - \frac{1}{2} \int_0^1 (y^2 - y^4 + y^6 - y^8 + \cdots) dy \\
&= \frac{1}{2} - \left[\frac{1}{3} y^3 - \frac{1}{5} y^5 + \frac{1}{7} y^7 - \frac{1}{9} y^9 + \cdots \right]_0^1 \\
&= \frac{1}{2} - \left(\frac{1}{3} - \frac{1}{5} + \frac{1}{7} - \frac{1}{9} + \frac{1}{11} \cdots \right) \\
&= \frac{1}{2} - \frac{1}{3} + \frac{1}{5} - \frac{1}{7} + \frac{1}{9} - \frac{1}{11} + \cdots
\end{aligned}$$

Addiert man zur Fläche F des Kreissegments das untere Dreieck AOB, so erhält man den Inhalt des Viertelkreises AOB:

$$\frac{\pi}{4} = 1 - \frac{1}{3} + \frac{1}{5} - \frac{1}{7} + \frac{1}{9} - \frac{1}{11} + \cdots = \sum_{k=0}^{\infty} (-1)^k \frac{1}{2k + 1}$$

Zu den Nennern der Reihe bemerkte Leibniz: *Numero deus impari gaudet* (Gott erfreut sich der ungeraden Zahlen). Auf die Entdeckung der *Leibniz*-Reihe (in der englischen Literatur nach *Leibniz-Gregory* benannt) war er besonders stolz. Er schrieb dazu (zitiert nach Child[5]):

> Der Kreis verhält sich zum umgeschriebenen Quadrat oder der Bogen eines Quadranten zu seinem Durchmesser wie $\sum_{k=0}^{\infty} (-1)^k \frac{1}{2k+1}$ zur Einheit. Damit ist zum ersten Mal bewiesen, dass die Kreisfläche *exakt* durch eine Reihe rationaler Größe bestimmt wurde.

Er glaubte damit das Problem der Quadratur des Kreises gelöst zu haben, da er den Reihenwert als rationale Zahl ansieht, wie aus dem Titel *De vera proportione circuli ad quadratum circumscriptum in numeris rationalibus expressa* hervorgeht. Allerdings versuchte Leibniz vergebens daraus einen Näherungswert für π zu bestimmen. Als er Huygens seine Schrift zur Publikation im *Journal des Sçavans* übersandte, war dieser begeistert und antwortete, *diese Entdeckung werde unter Mathematikern niemals vergessen werden* (Child S. 46).

Weniger begeistert zeigte sich Oldenburg, denn er wusste von Gregorys Versuch zu beweisen, dass eine exakte Kreisquadratur nicht möglich sei. Er teilte Huygens mit,

> er wisse von einem in dieser Sache gelehrten Mann, der in einer seiner Schriften den Unmöglichkeitsbeweis führen werde.

Auch Newton zeigte sich später (1676) wenig beeindruckt von der Leibniz-Reihe. Er bemängelte die schlechte Konvergenz und empfahl zur Berechnung von π die Identität:

$$\frac{\pi}{4} = \arctan \frac{1}{2} + \frac{1}{2} \arctan \frac{1}{8} + \frac{1}{2} \arctan \frac{4}{7}$$

Überraschend war der Anhang von Leibniz' Manuskript. Er dividierte seine Reihe durch 2 und fasste die Terme paarweise zusammen. Er erhielt dabei eine ungewöhnliche Reihe:

$$\begin{aligned}
\frac{\pi}{8} &= \frac{1}{2} - \frac{1}{6} + \frac{1}{10} - \frac{1}{14} + \frac{1}{18} - \frac{1}{22} + \cdots \\
&= \left(\frac{1}{2} - \frac{1}{6}\right) + \left(\frac{1}{10} - \frac{1}{14}\right) + \left(\frac{1}{18} - \frac{1}{22}\right) + \cdots \\
&= \frac{1}{3} + \frac{1}{35} + \frac{1}{99} + \frac{1}{195} + \cdots \\
&= \frac{1}{2^2 - 1} + \frac{1}{6^2 - 1} + \frac{1}{10^2 - 1} + \frac{1}{14^2 - 1} + \cdots
\end{aligned}$$

[5] Child J.M. (Hrsg.): The Early Mathematical Manuscripts of Leibniz, Open Court Publishing, 1920, S. 42.

13.2.2 Schellbach und die Leibniz-Reihe

K.-H. Schellbach fand 1832 eine kurze Herleitung der Leibniz-Reihe. Er verwendete die Euler'sche Formel:

$$e^{i\pi/2} = \cos\frac{\pi}{2} + i\,\sin\frac{\pi}{2} = i \Rightarrow \ln i = \frac{\pi}{2}i$$

Ebenso benützte er die *Mercator*-Reihe für komplexes z:

$$\ln(1+z) = z - \frac{1}{2}z^2 + \frac{1}{3}z^3 - \frac{1}{4}z^4 + \frac{1}{5}z^5 - \cdots$$

Einsetzen von $z = \pm i$ liefert:

$$\ln(1+i) = i + \frac{1}{2} - \frac{1}{3}i - \frac{1}{4} + \frac{1}{5}i + \frac{1}{6} - \cdots$$

$$\ln(1-i) = -i + \frac{1}{2} + \frac{1}{3}i - \frac{1}{4} - \frac{1}{5}i + \frac{1}{6} - \cdots$$

Subtraktion beider Reihen zeigt:

$$\frac{\ln(1+i)}{\ln(1-i)} = \ln i = \frac{\pi}{2}i = 2i - \frac{2}{3}i + \frac{2}{5}i - \cdots$$

Division durch $(2i)$ ergibt die gesuchte Leibniz-Reihe von 1674:

$$\frac{\pi}{4} = 1 - \frac{1}{3} + \frac{1}{5} - \frac{1}{7} + \frac{1}{9} - \cdots$$

Unabhängig von Leibniz war die Reihe bereits 1671 von J. Gregory gefunden worden. Da die Konvergenz der Leibniz-Reihe schlecht ist, versuchte Schellbach eine Konvergenzverbesserung. Er suchte einen zu i identischen Term und fand:

$$i = \frac{(5+i)^4(-239+i)}{(5-i)^4(-239-i)}$$

Damit der Trick mittels der Differenz zweier *log*-Reihen funktioniert, musste er logarithmieren:

$$\frac{\pi i}{2} = \ln\left[\frac{(5+i)^4(-239+i)}{(5-i)^4(-239-i)}\right] = \ln\left[\frac{\left(1+\frac{1}{5}i\right)^4\left(1-\frac{1}{239}i\right)}{\left(1+\frac{1}{5}i\right)^4\left(1+\frac{1}{239}i\right)}\right]$$

$$= 4\left[\ln\left(1+\frac{1}{5}i\right) - \ln\left(1-\frac{1}{5}i\right)\right] + \left[\ln\left(1-\frac{1}{239}i\right) - \ln\left(1+\frac{1}{239}i\right)\right]$$

Die erste eckige Klammer ergibt:

$$\ln\left(1+\frac{1}{5}i\right) - \ln\left(1-\frac{1}{5}i\right) = -\sum_{k=1}^{\infty}\left(-\frac{1}{5}\right)^k\frac{i^k}{k} + \sum_{k=1}^{\infty}\left(-\frac{1}{5}\right)^k\frac{(-i)^k}{k}$$

Analog die zweite Klammer:

$$\ln\left(1 - \frac{1}{239}i\right) - \ln\left(1 + \frac{1}{239}i\right) = -\sum_{k=1}^{\infty}\left(-\frac{1}{239}\right)^k\frac{(-i)^k}{k} + \sum_{k=1}^{\infty}\left(-\frac{1}{239}\right)^k\frac{i^k}{k}$$

Vereinfachen zeigt:

$$\frac{\pi}{4} = 4\left[\frac{1}{5} - \frac{1}{3\cdot 5^3} + \frac{1}{5\cdot 5^5} - \frac{1}{7\cdot 5^7} + ..\right] - \left[\frac{1}{239} - \frac{1}{3\cdot 239^3} + \frac{1}{5\cdot 239^5} - \frac{1}{7\cdot 239^7} + ..\right]$$

Schellbach hat hier eine bekannte Formel wiederentdeckt, die bereits 1706 von John Machin gefunden wurde.:

$$\frac{\pi}{4} = 4\arctan\frac{1}{5} - \arctan\frac{1}{239}$$

Die ersten 5 Reihenglieder liefern für π den Wert 3.14159268 mit einem relativen Fehler von 10^{-8}.

13.2.3 Die Reihe der inversen Dreieckszahlen

Huygens, der während der Herrschaft von Ludwig XIV in Paris lebte, hatte die Mathematikkenntnisse Leibniz' auf den neuesten Stand gebracht. Zur Übung forderte Huygens nun seinen „Schüler" Leibniz heraus, den Reihenwert der inversen Dreieckszahlen zu bestimmen:

$$S = 1 + \frac{1}{3} + \frac{1}{6} + \frac{1}{10} + \frac{1}{15} + \frac{1}{21} + \cdots + \frac{2}{k(k+1)} + \cdots$$

Die *Dreieckszahlen* sind von der Form $\frac{1}{2}k(k+1) = \binom{k+1}{2}$ und waren schon den Pythagoreern bekannt. Sie finden sich in der dritten Schrägreihe des Pascal'schen Dreiecks (Abb. 13.9).

Leibniz benötigte einige Tricks, um ans Ziel zu gelangen. Er dividierte zunächst durch zwei und ersetzte jeden Term durch seinen Partialbruch:

Abb. 13.9 Das Pascal'sche Dreieck

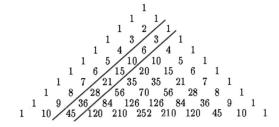

$$\frac{1}{k(k+1)} = \frac{1}{k} - \frac{1}{k+1}$$

Damit erhält er:

$$\frac{1}{2}S = \frac{1}{2} + \frac{1}{6} + \frac{1}{12} + \frac{1}{20} + \frac{1}{30} + \frac{1}{42} + \cdots + \frac{1}{k(k+1)} + \cdots$$

$$= \left(1 - \frac{1}{2}\right) + \left(\frac{1}{2} - \frac{1}{3}\right) + \left(\frac{1}{3} - \frac{1}{4}\right) + \left(\frac{1}{4} - \frac{1}{5}\right) + \left(\frac{1}{5} - \frac{1}{6}\right) + \left(\frac{1}{6} - \frac{1}{7}\right)$$

$$+ \cdots + \left(\frac{1}{k} - \frac{1}{k+1}\right)$$

$$= 1 - \frac{1}{k+1} + \cdots$$

Im Grenzwert $k \to \infty$ folgt: $\frac{1}{2}S = 1 \Rightarrow S = 2$.

Als Leibniz (während seines Paris-Aufenthalts) 1673 nach London kam, wollte er voller Stolz seine Methode zur Summation der inversen Dreieckszahlen vorführen. Dort erfuhr er, dass Pietro Mengoli ihm um zwei Jahrzehnte zuvor gekommen war.

13.2.4 Die Sinusreihe bei Leibniz

In dem Artikel (Math. Schriften Band V, S. 285–288) von 1693 suchte Leibniz nach dem Zusammenhang von Bogenlänge y und dem zugehörigen Sinus im Einheitskreis. Er fand dabei die Ähnlichkeit des charakteristischen Dreiecks (dx, dy, dt) mit dem Dreieck $\left(1, x, \sqrt{1-x^2}\right)$ (Abb. 13.10).

Aus der Ähnlichkeit und dem Satz des Pythagoras folgt:

$$dy = \frac{dt}{x} \therefore dx^2 + dt^2 = dy^2 \Rightarrow dx^2 + x^2 dy^2 = dy^2$$

Abb. 13.10 Zur Sinusreihe

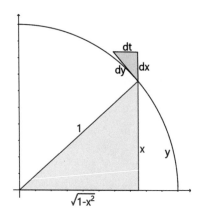

Setzt man die rechte Seite konstant, so folgt durch Anwendung des Differenzialoperators d und nach der Produktregel:

$$dx^2 + x^2 dy^2 = C \Rightarrow \frac{d}{dx}\left[(dx)^2 + x^2(dy)^2\right] = 0 \Rightarrow 2\,dx\left(d^2x\right) + 2x\,dx\,dy^2 = 0$$

Leibniz vereinfachte dies zu:

$$d^2x + x\,dy^2 = 0 \Rightarrow \frac{d^2y}{dx^2} = -x$$

Ausgehend von der Differenzialgleichung entwickelte er x in eine Reihe von y:

$$x = by + cy^3 + dy^5 + ey^7 + gy^9 + \cdots$$

Er setzte dabei $x(0) = 0$ voraus, ebenso das Verschwinden der geraden Exponenten. Zweifaches Differenzieren zeigt:

$$\frac{d^2x}{dy^2} = 6cy + 20ey^3 + 42fy^5 + 72gy^7 + \cdots$$

Gleichsetzen liefert den Koeffizientenvergleich:

$$6c = -b;\ 20e = -c;\ 42f = -d;\ 72g = -f;\ \ldots$$

Hier setzte er $x'(0) = 1$ voraus, womit folgt $b = 1 \Rightarrow c = -\frac{1}{3!}$. Sukzessive erhält man:

$$e = \frac{1}{5!};\ f = -\frac{1}{7!};\ g = \frac{1}{9!};\ h = -\frac{1}{11!};\ usw.$$

Damit bestätigte er die Sinusreihe, die er schon 1676 (Math. Schriften Band V, S. 294–301) gefunden hatte.

$$x = \sin y = y - \frac{1}{3}y^3 + \frac{1}{5!}y^5 - \frac{1}{7!}y^7 + \frac{1}{9!}y^9 - \frac{1}{11!}y^{11} \pm \cdots$$

13.3   Das harmonische Dreieck von Leibniz

Bei seiner Untersuchung der inversen Dreieckszahlen erfand Leibniz – in Analogie zum Pascal'schen Dreieck, auf das er bei seinen Pascal-Studien gestoßen war – das *harmonische* Dreieck (Abb. 13.11). Er publizierte es in seiner späteren Fassung von *Historia et Origo* (nach Hofmann, Wieleitner und Mahnke[6]).

---

[6]Hofmann J. E., Wieleitner H., Mahnke D.: Die Differenzenrechnung bei Leibniz. Sitzungsberichte d. Preuss. Akademie d. Wissenschaften, Phys.-Math. Klasse 1931, S. 566–572.

Abb. 13.11 Das harmonische Dreieck

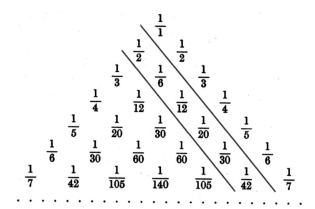

Drei Eigenschaften erkennt man leicht:

- Die n-te Zeile beginnt und endet mit $\frac{1}{n}$
- Das Dreieck ist symmetrisch
- Jede Zahl ist die Summe der beiden unter ihr stehenden Zahlen.

Die Elemente des Dreiecks werden mit dem Symbol $\begin{bmatrix} n \\ k \end{bmatrix}$ bezeichnet, das früher für Binomialkoeffizienten verwendet wurde. Dabei ist n der Zeilenindex, k die laufende Nummer in der Zeile (beginnend mit Null). Die drei genannten Eigenschaften lassen sich schreiben als:

$$\begin{bmatrix} n \\ 0 \end{bmatrix} = \frac{1}{n+1} \quad \therefore \quad \begin{bmatrix} n \\ k \end{bmatrix} = \begin{bmatrix} n \\ n-k \end{bmatrix} \quad \therefore \quad \begin{bmatrix} n \\ k \end{bmatrix} = \begin{bmatrix} n+1 \\ k \end{bmatrix} + \begin{bmatrix} n+1 \\ k+1 \end{bmatrix}$$

Als Binomialkoeffizienten ausgedrückt, ergeben sich die Stammbrüche:

$$\begin{bmatrix} n \\ k \end{bmatrix} = \frac{1}{(n+1)\begin{pmatrix} n \\ k \end{pmatrix}} = \frac{k!(n-k)!}{(n+1)!}$$

Diese Definition gilt auch für die Elemente am linken Rand:

$$\begin{bmatrix} n \\ 0 \end{bmatrix} = \frac{0!\,n!}{(n+1)!} = \frac{1}{n+1}$$

Denkt man sich das harmonische Dreieck beliebig erweitert, so kann man aus Schrägreihen neue Reihenentwicklungen herauslesen; diese Schrägreihen bilden eine Nullfolge:

$$\lim_{n\to\infty} \begin{bmatrix} n \\ k \end{bmatrix} = 0$$

Die Teilsummen $S_k(N)$ werden definiert durch:

$$S_k(N) = \sum_{n=k}^{N} \begin{bmatrix} n \\ k \end{bmatrix}$$

Für die (teleskopische) Summe einer Schrägreihe lässt sich zeigen:

$$\begin{bmatrix} n \\ k \end{bmatrix} = \begin{bmatrix} n-1 \\ k-1 \end{bmatrix} - \begin{bmatrix} n \\ k-1 \end{bmatrix}$$

Damit kann die Teilsumme umgeformt werden:

$$S_k(N) = \sum_{n=k}^{N} \begin{bmatrix} n \\ k \end{bmatrix} = \sum_{n=k}^{N} \left(\begin{bmatrix} n-1 \\ k-1 \end{bmatrix} - \begin{bmatrix} n \\ k-1 \end{bmatrix} \right) = \begin{bmatrix} k-1 \\ k-1 \end{bmatrix} - \begin{bmatrix} N \\ k-1 \end{bmatrix}$$

Im Grenzwert ergibt sich wegen der Nullfolge:

$$\lim_{n \to \infty} S_k(N) = S_k = \sum_{n=k}^{\infty} \begin{bmatrix} n \\ k \end{bmatrix} = \begin{bmatrix} k-1 \\ k-1 \end{bmatrix} = \frac{1}{k}$$

Leibniz konnte aus dem harmonischen Dreieck verschiedene Reihen herauslesen:

$$2S_1 = 2 \begin{bmatrix} 0 \\ 0 \end{bmatrix} = \frac{2}{1} = 1 + \frac{1}{3} + \frac{1}{6} + \frac{1}{10} + \frac{1}{15} + \frac{1}{21} + \frac{1}{28} \cdots \cdots$$

$$3S_2 = 3 \begin{bmatrix} 1 \\ 1 \end{bmatrix} = \frac{3}{2} = 1 + \frac{1}{4} + \frac{1}{10} + \frac{1}{20} + \frac{1}{35} + \frac{1}{56} + \frac{1}{84} + \cdots$$

$$4S_3 = 4 \begin{bmatrix} 2 \\ 2 \end{bmatrix} = \frac{4}{3} = 1 + \frac{1}{5} + \frac{1}{15} + \frac{1}{35} + \frac{1}{70} + \frac{1}{126} + \frac{1}{210} + \cdots$$

Die Reihe $2S_1$ ist wieder die Summe der inversen Dreieckszahlen, $3S_2$ der inversen Pyramidalzahlen, $4S_3$ der inversen Binomialkoeffizienten $\binom{n}{4}$. Bei Leibniz findet sich auch noch die äußere „Reihe":

$$\frac{1}{0} = 1 + \frac{1}{2} + \frac{1}{3} + \frac{1}{4} + \frac{1}{5} + \cdots (!)$$

Dies lässt sich interpretieren als Divergenz der harmonischen Reihe.

13.4 Leibniz und die Determinante

Erste Hinweise auf Determinanten (in Europa) finden sich bei Leibniz. Ein schöner Bericht stammt von E. Knobloch[7].

Gleichungssysteme mit zwei Unbekannten waren leicht zu berechnen. Aber was war, wenn man ein *überbestimmtes* lineares System vor sich hatte? Diesen Fall schilderte Leibniz in einem Brief von 1693 an L'Hôpital. Leibniz schrieb ein System von zwei Unbekannten in der Form:

---

[7] Knobloch E.: Erste europäische Determinantentheorie, im Sammelband Stein, S. 32–41.

$$a + bx + cy = 0$$
$$f + gx + hy = 0$$
$$l + mx + ny = 0$$

Er teilte mit, dass dieses System genau dann die Lösung (x, y) hat, wenn gilt:

$$agn + bhl + cfm = ahm + bfn + cgl$$

Schreibt man dies in der Form

$$agn + bhl + cfm - ahm - bfn - cgl = 0$$

so stellt die linke Seite genau den Wert der Determinante dar:

$$\begin{vmatrix} a & b & c \\ f & g & h \\ l & m & n \end{vmatrix}$$

Sie kann auch als Lösung des bestimmten Systems $(x, y, z = 1)$ aufgefasst werden:

$$a \cdot 1 + bx + cy = 0$$
$$f \cdot 1 + gx + hy = 0$$
$$l \cdot 1 + mx + ny = 0$$

In dem oben erwähnten Brief schrieb er, *dass er Buchstaben statt Zahlen verwende, seine Methode aber damit wie mit Zahlen rechne.* L'Hôpital war erstaunt und antwortete:

> Ich finde es schwer zu glauben, dass [ihre Methode] allgemein genug und geeignet ist, Zahlen statt Buchstaben zur gewöhnlichen Analyse zu verwenden.

Leibniz führte die allgemeine Schreibweise mittels Doppelindizes ein. Der Koeffizient a_{ij} ist das Vielfache der Variablen j in der Zeile i. Er gab auch ein konkretes Beispiel in seiner Schreibweise:

$$10 + 11x + 12y = 0$$
$$20 + 21x + 22y = 0$$
$$30 + 31x + 32y = 0$$

Eliminieren von y zeigt:

$$(10 \cdot 22 - 12 \cdot 20) + (11 \cdot 22 - 12 \cdot 21)x = 0$$

Eliminieren von x liefert die Berechnung der zugehörigen 3×3-Determinante

$$10 \cdot 21 \cdot 32 + 11 \cdot 22 \cdot 30 + 12 \cdot 20 \cdot 31 - 10 \cdot 22 \cdot 31 - 11 \cdot 20 \cdot 32 - 12 \cdot 21 \cdot 30 = 0$$

Leibniz schrieb dies allerdings in der Form:

$$
\begin{array}{c}
10 \cdot 21 \cdot 32 \qquad 10 \cdot 22 \cdot 31 \\
11 \cdot 22 \cdot 30 = 11 \cdot 20 \cdot 32 \\
12 \cdot 20 \cdot 31 \qquad 12 \cdot 21 \cdot 30
\end{array}
$$

Permutationen

Schreibt man die Permutation der Zahlenmenge $\{1, 2, 3, .., n\}$ als

$$
\begin{pmatrix}
1 & 2 & 3 \dots n \\
\pi(1) & \pi(2) & \pi(3) \ \dots \ \pi(n)
\end{pmatrix}
$$

so heißt

$$
inv(\pi) = \left\{ (i,j) \in \{1, 2, 3, .., n\}^2; \ i < j; \ \pi(i) > \pi(j) \right\}
$$

die Menge der Inversionen (auch Fehlstände genannt) der Permutation. Die Anzahl der Inversionen bestimmt das Signum der Permutation:

$$
\mathrm{sgn}(\pi) = (-1)^{|inv(\pi)|}
$$

Eine Permutation mit den Signum $(+1)$ heißt gerade.

Beispiel Gegeben sei die Permutation:

$$
\pi = \begin{pmatrix} 1 & 2 & 3 & 4 \\ 3 & 2 & 4 & 1 \end{pmatrix}
$$

Für alle Paare $(i, j) \in \{1, 2, 3, 4\}^2$ prüft man, ob es eine Fehlstellung gibt: $i < j \Rightarrow \pi(i) > \pi(j)$. Die Fehlstellungen betreffen hier die Paare $(1, 2)$; $(1; 4)$, $(2, 4)$; $(3, 4)$. Wegen $|inv(\pi)| = 4$ gilt hier $\mathrm{sgn}(\pi) = +1$. Die Anzahl der Fehlstellungen ergibt sich grafisch auch aus der Anzahl der Schnittpunkte in Abb. 13.12:

Abb. 13.12 Grafische Darstellung einer Permutation

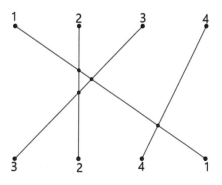

Bemerkung Der Begriff der Permutation spielt eine wichtige Rolle in der Mathematik. Die Theorie der Gruppen entwickelte sich beim Rechnen mit Permutationen. Die Menge aller Permutationen einer n-elementigen Menge bildet die *symmetrische* Gruppe S_n der Ordnung $|S_n| = n!$ Die Menge aller geraden Permutationen bildet eine Untergruppe, *alternierende* Gruppe A_n genannt, mit der Ordnung $|A_n| = \frac{1}{2}n!$

Der Determinanten-Satz von Leibniz Ist $\mathbf{A} = (a_{ij})$ eine reelle quadratische Matrix aus $\mathbb{R}^{n \times n}$, so gilt für die Determinante:

$$\det(\mathbf{A}) = \sum_{\pi} \operatorname{sgn}(\pi) \prod_{i=1}^{n} a_{i\pi(i)}$$

Eine Determinante ist also eine Polynomfunktion seiner Elemente und somit stetig und differenzierbar!

Da es $(n!)$ Permutationen gibt, beschränken wir uns hier auf 3-reihige Matrizen mit 6 Permutationen:

$$\det(\mathbf{A}) = a_{11}a_{22}a_{33} + a_{12}a_{23}a_{31} + a_{13}a_{21}a_{32} - a_{31}a_{22}a_{13} - a_{32}a_{23}a_{11} - a_{33}a_{21}a_{12}$$

Die Indizes des Terms $a_{12}a_{23}a_{31}$ entsprechen der Permutation $\begin{pmatrix} 1 & 2 & 3 \\ 2 & 3 & 1 \end{pmatrix}$ und haben 2 Inversionen, das Vorzeichen ist somit positiv. Die Indizes des Terms $a_{33}a_{21}a_{12}$ entsprechen der Permutation $\begin{pmatrix} 1 & 2 & 3 \\ 2 & 1 & 3 \end{pmatrix}$ und ergeben eine Inversion, das Vorzeichen ist somit negativ. Die Schreibweise mittels Indizes stammt ebenfalls von Leibniz. Gibt man allen Termen $a_{i\pi(i)}$ ein positives Vorzeichen, so erhält man die *Permanente*, die ebenfalls wichtige Anwendungen in der Graphentheorie hat.

In der Literatur werden oft Maclaurin und Cramer als die Erfinder der Determinanten dargestellt. So schreiben Ostermann und Wanner[8]:

> The first motivations came from Algebra (Maclaurin (1748), G. Cramer (1750)).

Festzustellen ist, dass sich Leibniz bereits um 1693 mit Determinantentheorie beschäftigte. Bekannt wurde dies erst bei Veröffentlichung seines Gesamtwerks (1849). Colin Maclaurin (*Treatise of Algebra*, 1748) und Gabriel Cramer (*Introduction à l'analyse des lignes courbes algébriques*, 1750) haben vermutlich unabhängig voneinander die Anwendung von Determinanten bei linearen Gleichungssystemen wiederentdeckt. Nicht zu vergessen ist hier der Japaner Takakazu Seki, (1642–1708), ein Samurai im Dienste eines Shoguns, der mit seiner Determinantentheorie[9] um 1683 Leibniz etwa 10 Jahre vorausging.

---

[8] Ostermann A., Wanner G.: Geometry by its History, Springer Berlin 2012, S. 265.

[9] Mikami Y.: The Development of Mathematics in China and Japan, Chelsea Publishing New York 1974, S. 191–199.

Die heutige Schreibweise wurde im Wesentlichen von Vandermonde (1776) und Cayley (1841) eingeführt; Letzterer führte auch 1857 den Begriff der Matrix ein. Der Name „Determinante" wurde von Gauß in seinem *Disquisitiones* (1801) für die Diskriminante einer quadratischen Funktion eingeführt, seit Jacobi wird der Name in der heutigen Bedeutung verwendet. Wichtige Fortschritte in der Determinantentheorie sind mit den Namen Laplace (Entwicklungssatz), Cauchy, Jacobi (Funktionaldeterminante 1841), Hesse (1844), Sylvester (1851) und Wroński. Józef Maria Wroński (1776–1853) wurde als Joseph Höhne geboren in Wollstein, heute Wolsztyn (Polen); die Namensgebung seiner Determinante erfolgte erst 1882 posthum durch Thomas Muir.

13.5 Die Erfindung des Dualsystems

Die Erfindung des dualen Zahlensystems wird G. W. Leibniz zugeschrieben. In einem Brief vom Januar 1697 an Herzog Rudolph August von Braunschweig-Wolfenbüttel erläuterte Leibniz die Vorteile seines System und – bescheiden wie er war – entwarf er zugleich eine Gedenkmedaille (Abb. 13.13) dafür.

Zwar weiß man, dass zuvor schon Thomas Harriot damit befasst war, dessen Aufzeichnungen blieben jedoch unveröffentlicht. Die erste Publikation zum binären System stammt 1670 vom Zisterziensermönch und späteren Bischof Juan Caramuel (y Lobkowitz), der die binären Zeichen $(x, 0)$ verwendete, wobei x irgendein Buchstabe war. Im Dualsystem, also für $a = 1$ schrieb er (vgl. R. Ineichen[10]):

$$2 = 2 + 0 = a0$$
$$3 = 2 + 1 = aa$$
$$31 = 16 + 8 + 4 + 2 + 1 = aaaaa$$
$$32 = a00000$$

Leibniz entwickelte nicht nur das binäre System, sondern erkannte auch seine universelle Bedeutung und Tragweite. Bei seinem ersten Vortrag an der Pariser Akademie wählte er deshalb dieses Thema seiner Referats und verfasste dazu den Artikel *Explication de L'Arithmetique Binaire,* der im Mai 1703 erschien.

Es soll hier von einem Dualsystem gesprochen wird, da viele Autoren die Bezeichnung „binär" auch für andere Signale verwenden. Auch fand Leibniz eine philosophische Interpretation dazu:

---

[10] Ineichen R.: Leibniz, Caramuel, Harriot und das Dualsystem, Zeitschrift d. Deutschen Mathematiker-Vereinigung 16 (2008), S. 12–15.

Abb. 13.13 Gedenkmünze
zur Erfindung des dualen
Zahlensystems (Titelblatt
J. C. Schulenburg: Vorschlag
zur Vereinigung der Westzeit,
Endters seel. Erben, Frankfurt
1724)

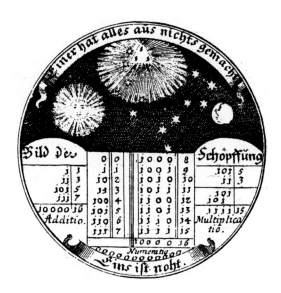

Die „1" bezeichnet die Einheit oder das Eine, die „0" (*nullum*) bezeichnet das Nichts oder noch nicht Existierende. Das duale Zahlensystem, in dem alle Zahlen aus „0" und „1" aufgebaut werden, wird als ein Sinnbild der göttlichen Schöpfung verstanden: *Gott oder die absolute Einheit erzeugt alles aus dem Nichts.*

Seine Begeisterung für das Dualsystem wird gesteigert, als ihm im November 1701 der Jesuit Joachim Bouvet aus China eine Tabelle des *I Ging* (= Buch der Wandlungen; neue Schreibweise: Yìjīng) zusandte (Abb. 13.14). Das I Ging diente zur Weissagung mithilfe von 64 Hexagrammen, die jeweils aus einer Kombination von zwei Trigrammen (Leibniz nennt sie Cova-Zeichen) bestehen, wie Abb. 13.15 zeigt.

Die Analogie zwischen den beiden „Stricharten" der Trigramme und den Dualziffern ist augenscheinlich.

Die Rechenoperationen

Die Rechenarten der Dualziffern werden in Abb. 13.16 dargestellt.

Bei der Addition $1 + 1 = 10$ ergibt sich hier ein Übertrag (englisch *carry*) für die nächste Stelle. Bei der Subtraktion $0 - 1$ zeigt sich ebenfalls ein Übertrag (englisch *borrow*), da sich dezimal (-1) ergibt, also 1 addiert werden muss, um wieder auf Null zukommen.

Das Dualsystem ist nur ein spezieller Fall eines Stellenwertsystem zur Basis $b > 1$. Jede Ganzzahl ist in diesem System darstellbar als Polynom; die zugehörigen Koeffizienten sind die Ziffern zu dieser Basis:

$$z = a_n b^n + a_{n-1} b^{n-1} + \cdots + a_1 b^1 + a_0 b^0$$

Abb. 13.14 Tabelle des
I Ging mit Ergänzungen
Leibniz'. (Wikimedia
Commons, public domain)

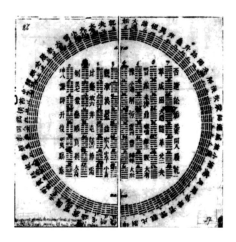

Abb. 13.15 Darstellung der
ersten acht Dualziffern

0	1	2	3	4	5	6	7
000	001	010	011	100	101	110	111

Abb. 13.16 Die
Grundrechenarten im
Dualsystem

Addition	Subtraktion	Multiplikation	Division
$0 + 0 = 0$	$1 - 0 = 1$	$0 \times 0 = 0$	$1 \div 1 = 1$
$0 + 1 = 1$	$1 - 1 = 0$	$0 \times 1 = 0$	$0 \div 1 = 0$
$1 + 0 = 1$	$0 - 0 = 0$	$1 \times 0 = 0$	
$1 + 1 = 10$	$0 - 1 = 11$	$1 \times 1 = 1$	

carry   borrow

So gilt beispielsweise im Dual- bzw. Ternärsystem:

$$(107)_{10} = \mathbf{1} \cdot 2^6 + \mathbf{1} \cdot 2^5 + \mathbf{0} \cdot 2^4 + \mathbf{1} \cdot 2^3 + \mathbf{0} \cdot 2^2 + \mathbf{1} \cdot 2^1 + \mathbf{1} \cdot 2^0 = (1101011)_2$$
$$(107)_{10} = \mathbf{1} \cdot 3^4 + \mathbf{0} \cdot 3^3 + \mathbf{2} \cdot 3^2 + \mathbf{2} \cdot 3^1 + \mathbf{2} \cdot 3^0 = (10222)_3$$

Umrechnung zwischen Dual- und Dezimalsystem
Der Wert einer Dualzahl im Dezimalsystem kann daher mithilfe des Schemas von W. G.
Horner (1786–1837) ermittelt werden. Man schreibt die Ziffern der Dualzahl zunächst in
die erste Zeile. Die erste Ziffer wird in die Kellerzeile geschrieben. Der Wert der Keller-
zeile wird jeweils verdoppelt, vermehrt um die darüberstehende Dualziffer wieder
notiert. Die letzte Summe liefert den gesuchten Dezimalwert (Abb. 13.17a):
   Zur Umrechnung einer Dezimalzahl ins Dualsystem dient die Umkehrung des
Algorithmus: Es wird sukzessive ganzzahlig durch 2 dividiert und der Rest notiert bis

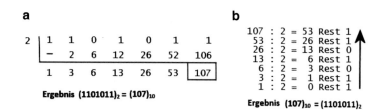

Ergebnis $(1101011)_2 = (107)_{10}$

Ergebnis $(107)_{10} = (1101011)_2$

Abb. 13.17   Umwandlung Dual- und Dezimalsystem

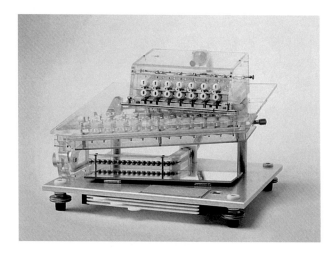

Abb. 13.18 *Machina Arithmetica Dyadica.* (Leibniz-Ausstellung, Referat für Kommunikation und Marketing, Gottfried Wilhelm Leibniz Universität Hannover)

der Quotient 0 ergibt. Die notierten Reste ergeben, von unten nach oben gelesen, die gesuchten Dualziffern (Abb. 13.17b).

Die von ihm erfundene Vier-Spezies-Rechenmaschine (s. Abschn. 4.3) arbeitet im Dezimalsystem und realisierte schon Bauteile von modernen Rechnern. So wird die Multiplikation als wiederholte Addition ausgeführt, ein separates Zählwerk arbeitete dazu selbstständig. Leibniz entwickelte 1679 auch Skizzen für einen Rechner mit Dualsystem, den er *Machina Arithmetica Dyadica* (Abb. 13.18) nannte.

Er schrieb:

> Eine Büchse soll so mit Löchern versehen sein, dass diese geöffnet und geschlossen werden können. Sie sei offen an den Stellen, die jeweils „1" entsprechen, und bleibe geschlossen an denen, die „0" entsprechen. Durch die offenen Stellen lasse sie kleine Würfel oder Kugeln in Rinnen fallen, durch die anderen nichts.

Dieser prinzipielle Vorläufer der heutigen binären Computer ermöglicht die Addition und Multiplikation mithilfe abrollender Kugeln aus dem Eingabeschlitten in das Rechen-

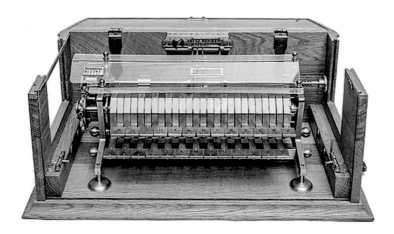

Abb. 13.19 *Machina Deciphratoria.* (Leibniz-Ausstellung, Referat für Kommunikation und Marketing, Gottfried Wilhelm Leibniz Universität Hannover)

werk mit den Zweierüberträgen. Leibniz kann als Ideengeber für einen solchen Rechner als „erster Informatiker"[11] betrachtet werden. Ein entsprechender Prototyp wurde nachgebaut und findet sich in der Dauerausstellung der Gottfried Wilhelm Leibniz Universität Hannover[12].

Eine weitere Erfindung Leibniz' ist eine Verschlüsselungsmaschine, die er *Machina Deciphratoria* (Abb. 13.19) nannte. Die Idee hatte er Kaiser Leopold I. 1688 in Wien vorgeschlagen, damit könne

> … ein potentat mit vielen ministris, in unterschiedlichen ziphern gleich correspondiren.

Das Bewahren von *secreta domus,* von höchsten Staatsgeheimnissen, war für einen Politikberater und geschätzten Diplomaten vom Schlage eines Leibniz ein alltägliches Problem. Das Abfangen von Korrespondenzen wie auch das gegenseitige Bespitzeln, um an brisante Informationen zu gelangen, gehörte ebenso dazu wie Ideenraub von Erfindungen, vor dem sich Leibniz auch privat häufig schützen musste. Der Prototyp der Dechiffriermaschine ist ebenfalls Teil der genannten Dauerausstellung.

Die Pläne für eine Rechenmaschine waren aber nur ein kleiner Teil der von ihm geplanten *Characteristica universalis.* In dieser Theorie würde es für jeden Begriff einer Disziplin ein bestimmtes Zeichen oder Symbol geben; diese Symbole würden mithilfe eines an der Mathematik orientierten logischen Kalküls verarbeitet werden, das alle Regeln von zulässigen Zeichenkombinationen beherrscht. Leibniz vertrat die Meinung:

---

[11] Schmidhuber J.: m.faz.net/aktuell/wirtschaft/digitec/gottfried-wilhelm-leibniz-war-derersteinfor-matiker-17.344.093.html [01.03.21].

[12] www.uni-hannover.de/de/universitaet/profil/leibniz/leibnizausstellung/

Wenn wir Symbole oder Zeichen finden könnten, die geeignet sind, alle unsere Gedanken so klar und so präzise auszudrücken, wie die Arithmetik Zahlen darstellt oder die Geometrie Geraden, dann ist offenkundig, dass wir auf allen Gebieten, soweit sie Gegenstand des rationalen Denkens sind, alles vollbringen könnten, was wir auch in Arithmetik oder in Geometrie vollbringen können.

Das durch die *Characteristica universalis* gefundene Gedanken- bzw. Zeichenalphabet wäre, wie Leibniz in einem Brief an Ernst August schrieb:

… eine Art von allgemeiner Algebra und gäbe die Mittel an der Hand zu denken, indem man rechnet. So könne man anstatt zu diskutieren sagen: *Calculemus! Rechnen wir!*

An anderer Stelle ergänzt er:

Käme es zwischen Philosophen zur Kontroverse, so bräuchten sie nicht mehr zu streiten wie Buchhalter. Sie müssten sich nur mit ihren Stiften und Tafeln hinsetzen und zueinander sagen: *Lasst uns rechnen!"*

Den ersten funktionierenden, voll programmierbaren Rechner Z3 stellte Konrad Zuse (1910–1995) am 12. Mai 1941 in Berlin der Öffentlichkeit vor, basierend auf seiner Patentanmeldung von 1936. Die Maschine arbeitete in elektromechanischer Relaistechnik mit 600 Relais für das Rechenwerk und 1400 Relais für das Speicherwerk. Das Original der Z3-Rechenmaschine wurde im Zweiten Weltkrieg durch Bombenangriffe auf Berlin 1944 zerstört. Für Zuse war das ein tragischer Moment, da er keinen Beweis mehr hatte, dass es wirklich eine funktionsfähige Z3 gegeben hatte. Ein funktionsfähiger Nachbau, der 1962 von der Zuse KG zu Ausstellungszwecken angefertigt wurde, befindet sich heute im Deutschen Museum in München. Deutschland war es von den Alliierten verboten, bis 1960 eigene Computer zu bauen; so erhielten die USA einen ungeheuren technischen Vorsprung.

Die Erklärung zweier bekannter Algorithmen
Überraschend ist, dass das Dualsystem bereits in Alt-Ägypten zwar nicht explizit als Zahldarstellung, sondern implizit als Rechenmethode angewandt wurde.

a) Die russische Bauern-Multiplikation
Die Herkunft des Namens ist unbekannt. Der Algorithmus liefert ein möglichst einfaches Produkt zweier natürlichen Zahlen. Der erste Faktor wird fortgesetzt ganzzahlig halbiert, der zweite Faktor entsprechend verdoppelt. Mit dem Motto „Gerade Zahlen bringen Unglück" werden alle Zeilen gestrichen, in denen die erste Spalte gerade ist. Das gesuchte Produkt ist dann die Summe der nicht gestrichenen Zahlen der zweiten Spalte (Abb. 13.20a).

b) Die ägyptische Multiplikation ist gut dokumentiert in den altägyptischen Papyri, wie dem bekannten *Papyrus Rhind* (ca. 1550 v. Chr.). In der ersten Zeile schreibt man

Abb. 13.20 Algorithmen, die auf dem Dualsystem beruhen

a Russische Bauern-Multiplikation   **b** Ägyptische Multiplikation

107 × 31 = ?				107 × 31 = ?	
107	31 ✓			✓ 1	31
53	62 ✓			✓ 2	62
~~26~~	~~124~~			~~4~~	~~124~~
13	248 ✓			✓ 8	248
~~6~~	~~496~~			~~16~~	~~496~~
3	992 ✓			✓32	992
1	1984 ✓			✓64	1984
Summe	**3317**			**Summe** 107	3317

die Eins und den zweiten Faktor. Beide Zahlen werden fortlaufend verdoppelt bis die höchste Zweierpotenz erreicht ist, die kleiner oder gleich dem ersten Faktor ist. In der ersten Spalte entstehen daher lauter Zweierpotenzen. Man wählt diejenigen die Potenzen aus, deren Summe den ersten Faktor ergibt; alle anderen Zeilen werden gestrichen. Die Summe der nicht gestrichenen Zahlen der zweiten Spalte ist das gesuchte Produkt (Abb. 13.20b). Die ägyptische Multiplikation funktioniert auch für Stammbrüche [Mathematik im Vorderen Orient S. 76–77].

Beide Verfahren beruhen auf der Dualdarstellung des ersten Faktors. Dies sieht man am oben gewählten Beispiel:

$$107 \cdot 31 = \left(1 \cdot 2^6 + 1 \cdot 2^5 + 0 \cdot 2^4 + 1 \cdot 2^3 + 0 \cdot 2^2 + 1 \cdot 2^1 + 1 \cdot 2^0\right) \cdot 31$$
$$= 64 \cdot 31 + 32 \cdot 31 + 8 \cdot 31 + 2 \cdot 31 + 1 \cdot 31$$
$$= 1984 + 992 + 248 + 62 + 31$$
$$= 3317$$

Der Unterschied zwischen den Algorithmen besteht darin, dass beim ägyptischen Verfahren die Zweierpotenzen direkt erzeugt werden.

Entwicklung der Schaltalgebra

Claude Shannon hatte 1937 in seiner Masterabschlussarbeit *A Symbolic Analysis of Relay and Switching Circuits* die Idee, die beiden Binärzustände (*Bit* genannt, englisch: *Binary digit*) elektromechanisch darzustellen und damit eine Rechenmaschine zu bauen, wenn man die Steuerbefehle ebenfalls binär codiert. Die beiden Bits wurden entweder durch mechanische Relais oder durch Hoch-niedrig(High-low)-Spannungen realisiert.

Ein Schaltteil, der zwei Bits addiert, heißt ein *Halbaddierer*. Er verwendet die beiden Schaltfunktionen {⊕; &}. Wie man in der Tabelle (Abb. 13.21) sieht, ist die Summe S zweier Bits (A, B) genau dann „1", wenn beide Bits verschieden sind. Der Übertrag *Carry* (C) ist genau dann „1", wenn beide Bits gleich „1" sind.

In ähnlicher Weise lassen sich Schaltungen für die anderen Rechenarten bauen.

Abb. 13.21 Der Halbaddierer

A	B	C	S	$A+B$
0	0	0	0	00
0	1	0	1	01
1	0	0	1	01
1	1	1	0	10

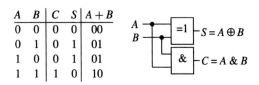

Ausblick: Die Digitalisierung

Neben Zahlen waren auch Texte maschinell zu verarbeiten. Daher legte man für Buchstaben und Sonderzeichen anfangs eine Codierung mit 8 Bits (genannt ein *Byte*) fest. Damit konnte man $2^8 = 256$ Zeichen darstellen; dies reichte aus, um Groß- und Kleinbuchstaben und Steuerzeichen für Drucker darzustellen; jedoch keine Umlaute. Die Codierung wurde ASCII (*American Standard Code* for *Information Interchange*) genannt. Um Speicherplatz zu sparen, werden die Zeichen in 2 Halbbyte dargestellt. Ein Halbbyte umfasst 4 Binärstellen und kann somit $2^4 = 16$ Zeichen (0 bis 15) darstellen; dies geschieht mithilfe der Hexadezimalziffern $\{0, 1, 2, \ldots, 9, A, B, \ldots F\}$.

Um alle Schriftzeichen der Welt zu codieren, benötigt man 4 Byte. Die internationale Behörde *Unicode* legt dafür die Codierung UTF-32 fest, sie genügt dem international vereinbarten Standard ISO/IEC 10.646. Damit lassen sich $2^{32} = 4.3 \cdot 10^9$ Zeichen darstellen, davon sind zurzeit etwa 135.000 Zeichen belegt. Moderne Programmiersprachen verwenden meist den UTF-8 Code, der größtenteils mit dem ASCII-Code übereinstimmt.

Als es auch noch gelang, eine internationale Codierung für Bilder, Dokumente und Filme zu finden, waren die Grundlagen der Digitalisierung, geschaffen. Maßgeblich beteiligt war die Gruppe MPEG (*Moving Picture Experts Group*), eine Unterorganisation der Institute für internationale Normen ISO und IEC.

13.6   Die Entdeckung des charakteristischen Dreiecks

In einem Brief an Tschirnhaus (1680) erinnerte sich Leibniz an die Unterweisung, die er 1673 als mathematischer Neuling von Huygens erhalten hat:

> Die erste Gelegenheit, bei der ich die Methode des charakteristischen Dreiecks und andere Dinge der gleichen Art entdeckte, geschah zu der Zeit, als ich kaum länger als sechs Monate Geometrie studiert hatte. Huygens gab mir, sobald er sein Buch über das Pendel veröffentlicht hatte, eine Kopie davon; und zu dieser Zeit wusste ich gar nichts über die kartesische Algebra und auch die Methode der Indivisibeln, ich kannte ich nicht einmal die korrekte Definition des Schwerpunkts. Denn, als ich mit Huygens zufällig davon sprach, ließ ich ihn wissen, dass meiner Meinung nach eine gerade Linie, die durch den Schwerpunkt gezogen wird, die Figur immer in zwei gleiche Teile schneidet. Da dies eindeutig bei einem Quadrat oder einem Kreis, einer Ellipse und anderen Figuren mit einem Schwerpunkt der Fall war, stellte ich mir vor, dass dies für alle anderen Figuren gleich sei.
>
> Huygens lachte, als er das hörte und sagte mir, dass nichts weiter von der Wahrheit entfernt sei. Also begann ich, aufgeregt von diesem Reiz, mich dem Studium der komplizierteren Geometrie zu widmen, obwohl ich die Elemente zu diesem Zeitpunkt

tatsächlich nicht wirklich studiert hatte. In der Praxis stellte ich jedoch fest, dass man ohne Kenntnis der Elemente [von Euklid] auskommen konnte, wenn man nur einige Sätze beherrschte. Huygens, der mich für einen besseren Geometer hielt als ich, ermöglichte mir, die Briefe von Pascal zu lesen, die unter dem Namen *Dettonville* veröffentlicht wurden; und aus diesen lernte ich die Methode der Indivisibeln und des Schwerpunkts, d. h. die bekannten Methoden von Cavalieri und Guldin.

Im Juni 1658 hatte Pascal zu einem Wettbewerb aufgerufen, die noch fehlenden Größen der Zykloide zu bestimmen; Roberval hatte bereits 1643 den Flächeninhalt der Zykloide bestimmt als dreifache Fläche des erzeugenden Kreises; ebenso das Volumen, das entsteht, wenn die Zykloide um ihre Basis rotiert; es ergibt sich $\frac{5}{8}$ des Volumens des umbeschriebenen Zylinders.

Das charakteristische Dreieck bei Pascal
In seiner Schrift *Traité des sinus du quart de cercle* verwendete Pascal folgende Skizze (Abb. 13.22). Im Kreisquadranten ABC steht der Tangentenabschnitt GH senkrecht auf dem Kreisradius *r*. Ergänzt man GH zu einem rechtwinkligen Dreieck FGH, so entstehen ähnliche Dreiecke: $\triangle\,AED \sim \triangle\,HGF$. Daraus folgt:

$$\frac{|AD|}{|DE|} = \frac{|HG|}{|GF|} \Rightarrow \frac{ds}{dx} = \frac{r}{y} \Rightarrow y\,ds = r\,dx$$

Somit sind die Rechtecke $|DE| \times |HG|$ bzw. $|AD| \times |GF|$ flächengleich. Die Integration zeigt:

$$\int_0^{s_0} y\,ds = \int_0^{x_0} r\,dx$$

Durch Rotation des Kreisquadranten um die Achse AB gewinnt Pascal die Oberfläche des Kugeloktanten und anderer Körper.

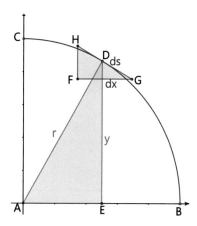

Abb. 13.22 Charakteristisches Dreieck bei Pascal

Die Erkenntnis Leibniz'

Beim Betrachten der Pascal'schen Skizze ging Leibniz „ein Licht auf". Ersetzt man den Kreisradius durch die Kurvennormale, so überträgt sich das Schema auf eine beliebige Kurve. In seiner Schrift *Historia et origo* berichtete Leibniz, wie er das *charakteristischen Dreiecks* fand und es zum Ausgangspunkt des Leibniz' schen Kalküls machte. Kurioserweise sprach er von sich in der dritten Person.

> Nach einem Beispiel von Dettonville ging ihm plötzlich ein Licht auf; seltsamerweise scheint Pascal selbst dies nicht wahrgenommen zu haben. Denn als er den Satz von Archimedes zur Messung der Oberfläche einer Kugel oder von Teilen davon beweist, verwendete er eine Methode, bei der die gesamte Oberfläche des durch eine Drehung um eine beliebige Achse gebildeten Körpers auf eine äquivalente ebene Figur reduziert werden kann. Daraus formulierte *unser junger Freund* den folgenden allgemeinen Satz. Abschnitte einer geraden Linie senkrecht zu einer Kurve, die zwischen der Kurve und einer Achse gegeben sind, liefern, wenn sie entsprechend gewählt und rechtwinklig zur Achse angewandt, eine Figur, die gleichwertig dem Moment der Kurve um die Achse ist.

„Amos Dettonville" ist ein Anagramm von „Lou(v)is de Montalte" und Pseudonym von Pascal, das er schon bei der Veröffentlichung seinen *Lettres provinciales* verwendet hat.

Zum Vergleich: Der Ansatz von Barrow

Es sei PQ ein infinitesimales Tangentenstück (Abb. 13.23). Der Punkt P der Kurve habe die Koordinaten (x, y), der Punkt $Q(x - e, y - a)$. Damit bestimmte Barrow die Steigung der kubischen Kurve $x^3 + y^3 = r^3$. Unter der Annahme, dass auch Q auf der Kurve liegt, folgt durch Einsetzen:

$$(x - e)^3 + (y - a)^3 = r^3$$

Ausrechnen liefert:

$$x^3 - 3x^2 e + 2xe^2 - e^3 + y^3 - 3y^2 a + 3ya^2 - a^3 = r^3$$

Barrow setzte alle Quadrate und Kuben der Parameter e, a gleich null. Es bleibt nach Kürzen der Kurvengleichung:

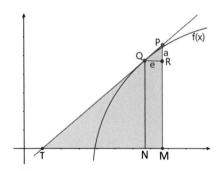

Abb. 13.23 Charakteristisches Dreieck bei Leibniz

$$x^3 - 3x^2 e + y^3 - 3y^2 a = r^3 \Rightarrow 3ex^2 + 3ay^2 = 0$$

Auflösen ergibt die Steigung:

$$\frac{a}{e} = -\frac{x^2}{y^2}$$

13.7 Integration von rationalen Funktionen

In den Jahren 1702 und 1703 beschäftigte sich Leibniz mit der Integration von rationalen Funktionen.

Fall A) Für Funktionen der Form $\frac{1}{f(x)}$ mit einer kubischen Funktion im Nenner und 3 getrennten reellen Nullstellen $\{a; b; c\}$ erhält man nach Leibniz die Partialbruchzerlegung mittels:

$$\frac{1}{f(x)} = \frac{1}{f'(-a)(x+a)} + \frac{1}{f'(-b)(x+b)} + \frac{1}{f'(-c)(x+c)}$$

Ausrechnen zeigt:

$$\frac{1}{(x+a)(x+b)(x+c)} = \frac{1}{(a-b)(a-c)(a+x)} - \frac{1}{(a-b)(b-c)(b+x)} - \frac{1}{(a-c)(c-b)(x+c)}$$

Beispiel Gegeben sei der Integrand:

$$\frac{1}{x^3 - 2x^2 - 5x + 6}$$

Die Nullstellen des Nenners sind $\{1; -2; 3\}$. Damit folgt:

$$f'(x) = 3x^2 + 12x + 11 \Rightarrow f'(-1) = -6; f'(2) = 15; f'(-3) = 10$$

Die Partialbruchzerlegung ergibt sich zu:

$$\frac{1}{x^3 - 2x^2 - 5x + 6} = -\frac{1}{6}\frac{1}{x-1} + \frac{1}{15}\frac{1}{x+2} + \frac{1}{10}\frac{1}{x-3}$$

Jeder Bruch wird integriert nach der Regel $\int \frac{dx}{x+a} = \ln|x+a| + C$. Das unbestimmte Integral liefert somit:

$$\int \frac{dx}{x^3 - 2x^2 - 5x + 6} = -\frac{1}{6}\ln|x-1| + \frac{1}{15}\ln|x+2| + \frac{1}{10}\ln|x-3| + C$$

Fall B) Für Funktionen der Form $\frac{1}{f(x)}$ mit einer quartischen Funktion im Nenner und 4 getrennten reellen Nullstellen $\{a; b; c; d\}$ folgt nach Leibniz die Partialbruchzerlegung:

$$\frac{1}{f(x)} = \frac{1}{f'(-a)(x+a)} + \frac{1}{f'(-b)(x+b)} + \frac{1}{f'(-c)(x+c)} + + \frac{1}{f'(-d)(x+d)}$$

Ausrechnen ergibt:

$$\frac{1}{(x+a)(x+b)(x+c)(x+d)} = \frac{1}{(b-a)(c-a)(d-a)(a+x)} + \frac{1}{(a-b)(c-b)(d-b)(b+x)}$$
$$+ \frac{1}{(a-c)(b-c)(d-c)(x+c)} + \frac{1}{(a-d)(b-d)(c-d)(x+d)}$$

Das Vorgehen für mehr als 4 getrennte Nullstellen ist analog.

Fall C) Falls eine reelle Nullstelle des Nenners zweifach ist, erscheint der zugehörige Partialbruch zweifach, der Nenner erscheint einmal linear und einmal quadratisch.

Beispiel Gegeben sei:

$$\frac{1}{(x-1)(x+2)^2}$$

Für mehrfache Nullstellen im Nenner hat Leibniz eigene Regeln aufgestellt; ihre Behandlung führt über den Rahmen des Buchs hinaus. Wir machen hier den Ansatz mit unbestimmten Koeffizienten:

$$\frac{1}{(x-1)(x+2)^2} = \frac{a}{x-1} + \frac{b}{x+2} + \frac{c}{(x+2)^2}$$

Multipliziert man die Gleichung mit $(x-1)$, so folgt:

$$\frac{1}{(x+2)^2} = a + \frac{b(x-1)}{x+2} + \frac{c(x-1)}{(x+2)^2} \underset{x=1}{\Rightarrow} a = \frac{1}{9}$$

Multipliziert man die Gleichung mit $(x+2)^2$, so folgt:

$$\frac{1}{x-1} = \frac{a(x+2)^2}{x-1} + b(x+2) + c \underset{x=-2}{\Rightarrow} c = -\frac{1}{3}$$

Man multipliziert die Gleichung mit x und führt den Grenzwert $x \to \infty$ durch:

$$\frac{x}{(x-1)(x+2)^2} = a\frac{x}{x-1} + b\frac{x}{x+2} + \frac{cx}{(x+2)^2} \underset{x\to\infty}{\Rightarrow} a+b = 0 \Rightarrow b = -\frac{1}{9}$$

Es ergibt sich hier die Partialbruchzerlegung:

$$\frac{1}{(x-1)(x+2)^2} = \frac{1}{9}\frac{1}{x-1} - \frac{1}{9}\frac{1}{x+2} - \frac{1}{3}\frac{1}{(x+2)^2}$$

Der letzte Partialbruch wird integriert mittels:

$$\int \frac{dx}{(x+a)^n} = -\frac{1}{(n-1)(x+a)^{n-1}}; n \geq 2$$

Insgesamt folgt:

$$\int \frac{dx}{(x-1)(x+2)^2} = \frac{1}{9}\ln|x-1| - \frac{1}{9}\ln|x+2| + \frac{1}{3(x+2)} + C$$

Leibniz stellte fest, dass hier die Integration rationaler Funktionen wieder rationale und logarithmische Funktionen erzeugt; anders ist die Situation bei Nennern mit komplexen Nullstellen.

Fall D) Im Nenner tritt eine komplexe Nullstelle auf; im Falle von reellen Koeffizienten ist dann auch das Konjugiert-komplexe eine Nullstelle. Leibniz behandelt hier das Beispiel:

$$\frac{1}{x^4 - 1}$$

Die Nullstellen des Nenners sind $\{1; -1; i; -i\}$. Mit der Leibniz'schen Regel im Fall B) folgt für $f(x) = x^4 - 1$:

$$f'(x) = 4x^3 \Rightarrow f'(1) = 4; f'(-1) = -4; f'(i) = -4i; f'(-i) = 4i$$

Dies liefert die Partialbruchzerlegung:

$$\frac{1}{x^4-1} = \frac{1}{4}\frac{1}{x-1} - \frac{1}{4}\frac{1}{x+1} - \frac{1}{4i}\frac{1}{x-i} + \frac{1}{4i}\frac{1}{x+i}$$

Um eine komplexe Rechnung zu vermeiden, fasst er die beiden letzten Terme zusammen:

$$\frac{1}{x^4-1} = \frac{1}{4}\frac{1}{x-1} - \frac{1}{4}\frac{1}{x+1} - \frac{1}{2}\frac{1}{x^2+1}$$

Integrieren liefert:

$$\int \frac{dx}{x^4-1} = \frac{1}{4}\ln|x-1| - \frac{1}{4}\ln|x+1| - \frac{1}{2}\arctan x + C$$

Leibniz stellt fest, dass hier bei der Hyperbelquadratur – so nennt er die Integration von rationalen und logarithmischen Funktionen – die Klasse dieser Funktionen verlassen wird und die Klasse der Kreisfunktionen zusammen mit der imaginären Einheit auftritt. Ganz euphorisch schrieb er:

> Aber viel zu fest hält an ihrer schönen Mannigfaltigkeit die Natur, die Mutter ewiger Mannigfaltigkeit, oder besser, der göttliche Geist, als dass er gestattete, alles unter einer Gattung zusammen zuzufügen. Und so findet er einen feinen und wunderbaren Ausweg in

jenem Wunder der Analysis, einer Art Missgeburt der Ideenwelt, fast könnte man sagen einem Doppelwesen zwischen Sein und Nichtsein, was wir imaginäre Einheit nennen.

Hinweis: Zur Kontrolle der Ergebnisse ist oft der folgender Satz nützlich:

Hat ein reelles Polynom $p(x)$ vom Grad $n \geq 2$ die paarweise verschiedenen Wurzeln $\{x_k\}$; $k = 1; 2; \ldots; n$, dann gilt:

$$\sum_{k=1}^{n} \frac{1}{p'(x_k)} = 0$$

13.8   Zur Zerlegbarkeit von Polynomen

An späterer Stelle behauptete Leibniz, dass eine Funktion wie $x^4 + a^4$ nicht mittels einer reellen Partialbruchzerlegung integriert werden kann, da er die Zerlegung $x^4 + a^4 = \left(x^2 + ia^2\right)\left(x^2 - ia^2\right)$ für die einzig mögliche hielt. Im Fall $(a = 1)$ ergibt dies die Zerlegung

$$x^4 + 1 = \left(x^2 + i\right)\left(x^2 - i\right)$$
$$= \left[x + \frac{1}{2}(1+i)\sqrt{2}\right]\left[x + \frac{1}{2}(1-i)\sqrt{2}\right]\left[x + \frac{1}{2}(-1+i)\sqrt{2}\right]\left[x - \frac{1}{2}(1+i)\sqrt{2}\right]$$

Hier irrte sich Leibniz. Nikolaus Bernoulli fand 1719, dass durch eine geeignete Zusammenfassung eine Zerlegung in *reellen* Zahlen entsteht:

$$x^4 + 1 = \left(x^4 + 2x^2 + 1\right) - 2x^2 = \left(x^2 + 1\right)^2 - 2x^2 = \left(x^2 + 1 + x\sqrt{2}\right)\left(x^2 + 1 - x\sqrt{2}\right)$$

Leibniz war verärgert, da ihm der Spott der Mathematikerkollegen nachhing. Trotzdem blieb er bei seiner Überzeugung, dass nicht jedes Polynom in reelle lineare oder quadratische Faktoren zerlegbar sei.

Euler versicherte dagegen am Anfang seiner *Introductio,* dass jedes Polynom entweder in lineare oder in quadratische reelle Faktoren zerlegt werden kann; diese Behauptung ist gleichwertig mit dem Hauptsatz der Algebra. In seiner Schrift *Recherches sur les racines imaginaires des équations* (1746) gelang es ihm zu beweisen, dass Polynome vom Grad 4 in zwei quadratische Polynome zerfällt werden kann. Der Beweis ist umfangreich und findet sich bei W. Duham[13].

Auch Nikolaus Bernoulli behauptete, eine quartische Funktion zu kennen, die nicht in reelle quadratische Faktoren zerlegt werden kann, nämlich

---

[13] Dunham W.: Euler – The Master of Us All, Mathematical Association of America, 1999, S. 111–118.

$f(x) = x^4 - 4x^3 + 2x^2 + 4x + 4$. Dies ist nicht der Fall. Euler löste die Aufgabe in einem Brief an Goldbach:

$$f(x) = \left[x^2 - \left(2 + \sqrt{4 + 2\sqrt{7}}\right)x + \left(1 + \sqrt{4 + 2\sqrt{7}} + \sqrt{7}\right)\right]$$
$$\times \left[x^2 - \left(2 - \sqrt{4 + 2\sqrt{7}}\right)x + \left(1 - \sqrt{4 + 2\sqrt{7}} + \sqrt{7}\right)\right]$$

Man fragt sich nur, wie Euler auf eine solche Idee gekommen ist?

Für die Funktionen $z^n \pm a^n$ fand Euler[14] die irreduziblen quadratische Zerlegungen:

$$z^n - a^n = (z - a)\prod_{k=0}^{(n-1)/2}\left(a^2 - 2az\cos\frac{2kx}{n} + z^2\right)$$

$$z^n + a^n = (z - a)\prod_{k=0}^{n/2}\left(a^2 - 2az\cos\frac{(2k+1)x}{n} + z^2\right)$$

Zuvorgekommen war ihm Roger Cotes (1682–1716), der die Zerlegung von $x^{2n} + 1$ fand:

$$x^{2n} + 1 = \prod_{k=1}^{n}\left[x^2 - 2x\cos\frac{(2k-1)\pi}{2n} + 1\right]$$

Ein Beispiel dazu ist für $n = 3$:

$$x^6 + 1 = \left[x^2 - 2x\cos\left(\frac{\pi}{6}\right) + 1\right]\left[x^2 - 2x\cos\left(\frac{3\pi}{6}\right) + 1\right]\left[x^2 - 2x\cos\left(\frac{5\pi}{6}\right) + 1\right]$$
$$= \left(x^2 - \sqrt{3}x + 1\right)\left(x^2 + 1\right)\left(x^2 + \sqrt{3}x + 1\right)$$

1762 versuchte Euler auch Wurzeln eines Polynoms n-ten Grades darzustellen als Summe von $(n - 1)$ Wurzeln vom Grad n. Dies gelang ihm nur in Sonderfällen; einer dieser Fälle ist die Gleichung $x^5 - 40x^3 - 72x^2 + 50x + 98 = 0$ mit der Wurzel:

$$x = \sqrt[5]{-31 + 3\sqrt{-7}} + \sqrt[5]{-31 - 3\sqrt{-7}} + \sqrt[5]{-18 + 10\sqrt{-7}} + \sqrt[5]{-18 - 10\sqrt{-7}}$$

Auch G. Malfatti gab in seinem *Memoir* (1771) zwei quintische Polynome an, die er mittels Radikale lösen könne:

$$x^5 - 5x^3 + 10x^2 - \frac{35}{4}x + 3 = 0 \therefore x^5 + 20x^2 - 48 = 0$$

---

[14] Euler L., Blanton J. D. (Hrsg.): Introductio in analysin infinitorum (1748), Band 1, Springer 1988, S.119–122.

Im Jahr 1786 gelang dem Norweger Erland Bring der Nachweis, dass die allgemeine Gleichung 5. Grades mithilfe geeigneter Substitutionen auf ein Polynom mit zwei Parameter $p, q \in \mathbb{C}$ reduziert werden kann:

$$ax^5 + bx^4 + cx^3 + dx^2 + es + f = 0 \underset{red.}{\Rightarrow} px^5 + qx + 1 = 0$$

Aber auch diese Reduktion löste nicht das Problem der Auflösbarkeit durch Radikale.

Ergänzung Die später entwickelte Theorie von Évariste Galois (1811–1832) besagt, dass die *allgemeine* Gleichung 5. Grades nicht durch Radikale lösbar ist. Die Symmetrien der Nullstellen bilden eine Gruppe, die isomorph ist zur Gruppe der geraden Permutationen von 5 Elementen. In der Galois-Theorie wird daraus gefolgert, dass die allgemein quintische Gleichung nicht durch Radikale gelöst werden kann.

13.9   Die Sektorenformel von Leibniz

A)   Kurve in Parameterdarstellung: $C(t) = \begin{pmatrix} x(t) \\ y(t) \end{pmatrix}$.

Die Fläche der Kurve zwischen dem Bogenstück zu den Parameterwerten t_1, t_2 und dem Ursprung ist gegeben durch

$$A = \frac{1}{2} \int_{t_1}^{t_2} \left[x(t)\dot{y}(t) - y(t)\dot{x}(t) \right] dt$$

Zu beachten ist, dass – je nach Orientierung – sich ein negativer Wert ergeben kann.

Beispiel Ellipse mit den Halbachsen a, b. Es gilt:

$$x(t) = a \cos t \Rightarrow \dot{x}(t) = -a \sin t$$
$$y(t) = b \sin t \Rightarrow \dot{y}(t) = b \cos t$$

Für die Fläche erhält man bei einem vollen Umlauf $t \in [0; 2\pi]$

$$A = \frac{1}{2} \int_0^{2\pi} [a \cos t \cdot b \cos t + a \sin t \cdot b \cos t] \, dt = \frac{ab}{2} \int_0^{2\pi} \left(\underbrace{\cos^2 t + \sin^2 t}_{1} \right) dt = ab\pi$$

B)   Kurve in Polarform $C(\varphi) = r(\varphi)$.

$$A = \frac{1}{2} \int_{\varphi_1}^{\varphi_2} r^2(\varphi) d\varphi$$

Beispiel Logarithmische Spirale $r(\varphi) = ae^{k\varphi}$.

Die Fläche im 1. Quadrant $\varphi \in \left[0; \frac{\pi}{2}\right]$ beträgt:

$$A = \frac{1}{2} \int_0^{\pi/2} a^2 e^{2k\varphi} \, d\varphi = \frac{a^2}{2} \left[\frac{1}{2k} e^{2k\varphi}\right]_0^{\pi/2} = \frac{a^2}{4k} \left[e^{k\pi} - 1\right]$$

13.10   Differenziation eines Integrals nach einem Parameter

Im Zusammenhang mit dem Problem, wie eine Kurvenschar in Integraldarstellung zu differenzieren ist, gab Leibniz 1697 in einem Brief an Johann Bernoulli die nach ihm benannte Regel an:

$$\frac{d}{dt} \int_a^b f(x,t)dx = \int_a^b \frac{\partial f}{\partial t}(x,t) \, dx$$

Dabei ist $f(x,t)$ eine in allen Argumenten stetig differenzierbare Funktion.

Beispiel Gesucht ist das Integral

$$\int_0^\infty x^n e^{-x} \, dx$$

Einführen eines Parameters t in die Exponentialfunktion zeigt

$$F(t) = \int_0^\infty e^{-tx} \, dx = \left[-\frac{1}{t} e^{-tx}\right]_0^\infty = \frac{1}{t}; t > 0$$

Differenzieren nach dem Parameter liefert auf beiden Seiten

$$\frac{dF(t)}{dt} = \int_0^\infty \frac{\partial}{\partial t}\left(e^{-tx}\right) \, dx = \int_0^\infty (-x) \, e^{-tx} \, dx = -\frac{1}{t^2}$$

Wiederholtes Differenzieren führt zu

$$\frac{d^n F(t)}{dt^n} = \int_0^\infty x^n e^{-tx} \, dx = \frac{n!}{t^{n+1}}$$

Setzt man $t = 1$, so ergibt sich die bekannte Gammafunktion (vgl. 14.11)

$$\int_0^\infty x^n e^{-x} \, dx = n! = \Gamma(n+1)$$

Verallgemeinerung durch Richard Feynman

Die Methode wurde populär durch das Buch *Surely, you are joking, Mr. Feynman*, in dem der berühmte Physiker 1992 beschrieb, wie er die Leibniz'sche Regel neu erfunden hat für den Fall, dass auch die Integralgrenzen Funktionen des Parameters sind. Diese Form findet sich bereits bei Leibniz.

$$\frac{d}{dx}\left(\int_{a(x)}^{b(x)} f(x,t)dt\right) = \int_{a(x)}^{b(x)}\left[\frac{\partial}{\partial x}f(x,t)\right]dt + f(x,b)\frac{db}{dx} - f(x,a)\frac{da}{dx}$$

Ein **Beispiel** ist:

$$\frac{d}{dx}\left(\int_{2x}^{x^2}\left(x+t^2\right)dt\right) = \left(\int_{2x}^{x^2}dt\right) + \left(x+x^4\right)2x - \left(x+4x^2\right)2$$

$$= \left(x^2 - 2x\right) + 2x^2 + 2x^5 - 2x - 8x^2$$

$$= 2x^5 - 5x^2 - 4x$$

13.11 Methode der unbestimmten Koeffizienten

In seinem Werk *Supplementum geometriae practicae* (1693) zeigte Leibniz, wie eine Differenzialgleichung mittels Potenzreihenansatz gelöst werden kann. Er geht aus von dem Beispiel:

$$\frac{dy}{dx} = \frac{a}{a+x}; y(0) = 0$$

Die Gleichung lässt sich leicht integrieren, es folgt unter Berücksichtigung der Anfangs-bedingung:

$$y = a\ln(a+x) + C \Rightarrow C = -a\ln a \Rightarrow y = a\ln\left(1+\frac{x}{a}\right) \quad (*)$$

Der Ansatz mit unbestimmten Koeffizienten ist:

$$y = c_1 x + c_2 x^2 + c_3 x^3 + c_4 x^4 + \cdots$$

Differenzieren ergibt:

$$\frac{dy}{dx} = c_1 + 2c_2 x + 3c_3 x^2 + 4c_4 x^3 + 5c_5 x^4 \ldots$$

Schreibt man die Differenzialgleichung in der Form $a\frac{dy}{dx} + x\frac{dy}{dx} - a = 0$, so ergibt sich durch Einsetzen:

$$0 = ac_1 + 2ac_2 x + 3ac_3 x^2 + 4ac_4 x^3 + 5ac_5 x^4 + \cdots + c_1 x + 2c_2 x^2 + 3c_3 x^3 + 4c_4 x^4 + \cdots - a$$

Vereinfachen liefert:

$$0 = a(c_1 - 1) + (2ac_2 + c_1)x + (3ac_3 + 2c_2)x^2 + (4ac_4 + 3c_3)x^3 + (5ac_5 + 4c_4)x^4 + \cdots$$

Die Reihe ist nur dann null, wenn jeder Term verschwindet:

$$a(c_1 - 1) = 0 \Rightarrow c_1 = 1$$

$$2ac_2 + c_1 = 0 \Rightarrow c_2 = -\frac{1}{2a}$$

$$3ac_3 + 2c_2 = 0 \Rightarrow c_3 = \frac{1}{3a^2}$$

$$4ac_4 + 3c_3 = 0 \Rightarrow c_4 = -\frac{1}{4a^3}$$

$$5ac_5 + 4c_4 = 0 \Rightarrow c_5 = \frac{1}{5a^4} \; usw.$$

Damit ist folgende Reihe als Lösung gefunden:

$$y = x - \frac{x^2}{2a} + \frac{x^3}{3a^2} - \frac{x^4}{4a^3} + \frac{x^5}{5a^4} \pm \cdots$$

Einsetzen von (*) zeigt:

$$a \ln\left(1 + \frac{x}{a}\right) = x - \frac{x^2}{2a} + \frac{x^3}{3a^2} - \frac{x^4}{4a^3} + \frac{x^5}{5a^4} \pm \cdots$$

Dies ist eine andere Form der Mercator-Reihe.

13.12 Die Kettenlinie bei Leibniz

Im Jahr 1690 stellte Jakob Bernoulli die Aufgabe, eine Funktionsgleichung für die Form zu finden, die eine biegsame Kette annimmt, wenn sie im Schwerefeld an beiden Enden aufgehängt wird. Die Namensgebung Kettenlinie (lateinisch: *catena*) erfolgte durch Huygens. Galilei hatte 1638 vermutet, dass es sich um eine Parabel handle; der 16-jährige Huygens bemerkte den Irrtum Galileis und fand die Lösung. Er schrieb im Oktober 1690 an Leibniz, der ebenfalls das Problem löste:

> Um die Qualität Ihres Rechenverfahrens besser beurteilen zu können, warte ich ungeduldig darauf, die von Ihnen erzielten Resultate über die Form des hängende Seils oder einer Kette einzusehen. Wie mir Mr. [Johann] Bernoulli mitteilte, haben Sie das Problem untersucht, für diese Mitteilung bin ich ihm zu Dank verpflichtet, da diese Kurve über bemerkenswerte Eigenschaften verfügt. Ich beschäftigte mich in meiner Jugend, seitdem ich 15 Jahre alt war und Pater Mersenne den Nachweis schickte, dass sie keine Parabel ist.

Die Spannung T der Kettenlinie setzt sich vektoriell zusammen aus der (hier als konstant vorausgesetzten) waagrechten Komponente T_0 und der senkrecht wirkenden Gewichtskraft ws, wobei s die Bogenlänge und w die Gewichtskraft pro Länge ist (Abb. 13.24):

$$T_0 = T \cos\varphi; \quad ws = T \sin\varphi$$

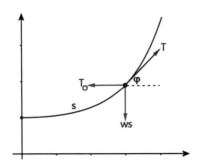

Abb. 13.24 Kräftegleichgewicht bei der Kettenkurve

Division ergibt mit der Konstanten $a = \frac{w}{T_0}$

$$\tan \varphi = \frac{w}{T_0} s = as \Rightarrow \frac{dy}{dx} = as$$

Die Ableitung der Bogenlänge ist damit gegeben durch:

$$\frac{ds}{dx} = \sqrt{1 + \left(\frac{dy}{dx}\right)^2} = \frac{1}{a}\sqrt{a^2 + s^2}$$

Die Ableitungen nach s ergeben sich aus der Kettenregel zu:

$$\frac{dx}{ds} = \frac{a}{\sqrt{a^2 + s^2}} \; \therefore \; \frac{dy}{ds} = \frac{s}{\sqrt{a^2 + s^2}}$$

Integration der ersten Gleichung zeigt:

$$\int dx = \int \frac{a}{\sqrt{a^2 + s^2}}\, ds \Rightarrow x = a \cdot \operatorname{arsinh}\left(\frac{s}{a}\right) + C_1$$

Integration der zweiten Gleichung liefert:

$$\int dy = \int \frac{s}{\sqrt{a^2 + s^2}}\, ds \Rightarrow y = \sqrt{a^2 + s^2} + C_2$$

Die Bogenlänge ergibt sich zu:

$$s = a \cdot \sinh\left(\frac{x - x_0}{a}\right)$$

Setzt man $C_2 = 0$, so liefert die Elimination von s:

$$y^2 = a^2 \left[\sinh\left(\frac{x - x_0}{a}\right)\right]^2 + a^2 \Rightarrow y = a \cdot \cosh\left(\frac{x - x_0}{a}\right)$$

Die allgemeine Lösung muss eine Verschiebung in y-Richtung enthalten, damit ist die allgemeine Lösung:

$$y = a \cdot \cosh \left(\frac{x - x_0}{a} \right) + C$$

Wird die Kette an zwei Punkte P, Q verschiedener Höhe aufgehängt, so kann die Berechnung der drei Parameter nur numerisch erfolgen; dies ist ein nichttriviales Problem.

Die Lösung des Kettenlinienproblems zeigte deutlich die Rivalität zwischen den Brüdern Jakob und Johann Bernoulli. Noch lange nach dem Tod Jakobs freute sich Johann über den Misserfolg Jakobs. Er schrieb 1718 an einen französischen Briefpartner:

> Die Anstrengungen meines Bruders waren ohne Erfolg; ich – für meinen Teil – war überglücklich den Trick herausgefunden zu haben (ich sage das ohne, mich zu brüsten, warum sollte ich die Wahrheit verschweigen?), die Aufgabe voll zu lösen und auf die Rektifikation der Parabel reduziert zu haben. Es ist wahr, dass mich das Studieren des Problems eine volle Nacht gekostet hat. Das war anstrengend für mich in jener Zeit, als ich noch in jungen Jahren war und wenig Praxis hatte. Aber am nächsten Tag lief ich, voller Freude, zu meinem Bruder, der noch verbissen mit diesem Gordischen Knoten kämpfte, ohne was zu finden, stets im Glauben, dass die Kettenlinie – wie Galilei dachte – eine Parabel sei. Stop! Stop! sagte ich zu ihm, quäle dich nicht mehr mit dem Nachweis einer Parabel, denn dies ist falsch.

13.13 Die Schleppkurve bei Leibniz

Leibniz[15] berichtet von einer Begegnung während seines Paris-Aufenthaltes (zwischen 1672–1676):

> Der vornehme Pariser Arzt Claude Perrault, der sowohl für seine Werke in Mechanik und Architektur berühmt, wie auch für die Edition des Vitruvius, war Zeit seines Lebens wichtiges Mitglied der französischen Akademie der Wissenschaften, stellte mir und vielen anderen vor mir, folgendes Problem, wobei er eingestand, es nicht lösen zu können. Er fügte hinzu, dass bisher kein Mathematiker aus Paris oder Toulouse [gemeint war Fermat] eine Kurvengleichung finden konnte.

Perrault führte vor, wie er seine (wertvolle) silberne Taschenuhr – Leibniz nennt sie *horologio portatili suae thecae argentae* – gleichmäßig an der Uhrenkette über den Tisch zog und stellte dabei die Frage: *Wie heißt die Kurve, auf der sich die Uhrenkette bewegt?*

Huygens gelang es als erstem die gesuchte Kurve, Schleppkurve oder Traktrix genannt, zu bestimmen. Leibniz legte ein Jahr später seine Lösung in den *Acta Eruditorum* nieder (Abb. 13.25).

---

[15] Leibniz G. W.: Supplementum Geometriae Dimensioriae seugeneralissima omnium tetra gonismorum cffcctio per motum, Acta Eruditorum Leipzig 1693, S. 385–392.

Abb. 13.25 Die
Schleppkurve

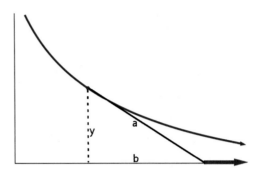

Leibniz erkannte, dass der Tangentenabschnitt a zwischen Berührpunkt und Schnitt-punkt mit der Ziehachse konstant ist. Für die Subtangente gilt nach Pythagoras $b = \sqrt{a^2 - y^2}$. Die Steigung im Punkt mit der Ordinate y ist damit:

$$\frac{y}{b} = -\frac{y}{\sqrt{a^2 - y^2}}$$

Die zugehörige Differenzialgleichung kann durch Trennung der Variablen integriert werden:

$$\frac{dy}{dx} = -\frac{y}{\sqrt{a^2 - y^2}} \Rightarrow dx = -\frac{\sqrt{a^2 - y^2}}{y} dy$$

Leibniz wählt die Substitution $z \mapsto \sqrt{a^2 - y^2}$. Es folgt $a^2 - y^2 = z^2 \Rightarrow -y\, dy = z\, dz$. Integration zeigt:

$$\int \frac{\sqrt{a^2 - y^2}}{y}\, dy = \int \frac{\sqrt{a^2 - y^2}}{y^2} y\, dy = -\int \frac{z^2}{a^2 - z^2}\, dz = \int \left(1 - \frac{a^2}{a^2 - z^2}\right) dz$$

Die Partialbruchzerlegung liefert:

$$\int \left(1 - \frac{a^2}{a^2 - z^2}\right) dz = z - \frac{a}{2} \int \left(\frac{1}{a + z} + \frac{1}{a - z}\right) dz = z - \frac{a}{2} \log \frac{a + z}{a - z} + C = z - a \log \frac{a + z}{\sqrt{a^2 - z^2}} + C_1$$

Die Rücksubstitution ergibt:

$$x = -\int \frac{\sqrt{a^2 - y^2}}{y}\, dy + C = -\sqrt{a^2 - y^2} + a \log \frac{a + \sqrt{a^2 - y^2}}{y} + C$$

Die Funktion kann auch geschrieben werden als:

$$x = -\sqrt{a^2 - y^2} + a \operatorname{arcosh} \frac{a}{y} + C$$

13.14 Hüllkurven bei Leibniz

Leibniz entwickelte in seiner Schrift *Nova calculi differentialis applicatio ...* (Acta Eruditorum 13, Juli 1694) die Idee der Hüllkurve (Enveloppe), die Idee war in der Diskussion mit Johann Bernoulli und L'Hôpital gereift. Vorausgegangen war die Behandlung der Brennstahlen *(Kaustik)* in einem Halbkreis durch Johann B. in seiner Schrift *Caustica circularis radiorum parallelum* (1691/1692) nach Art „per vulgarem Geometriam Cartesianam". Da die Evolute der geometrische Ort ist aller Krümmungsmittelpunkte, kann man sie auch als Enveloppe aller Normalen der betreffenden Kurve auffassen (vgl. Abschn. 11.3).

Leibniz führte aus:

> Eine Kurve zu finden, die unendlich viele in bestimmter Anordnung der Lage nach gegebene (gerade oder krumme) Linien berührt.

Gemeint ist hier die Enveloppe einer *Kurvenschar.* Erfüllt die Kurvenschar mit dem Parameter c die Gleichung $F(x, y, c) = 0$, dann ist die Enveloppe Lösung des Gleichungssystems

$$F(x, y, c) = 0 \wedge \frac{\partial}{\partial c} F(x, y, c) = 0$$

Beispiel von Leibniz:

$$F(x, y, c) = x^2 + y^2 + c^2 - 2cx - c$$

Es handelt sich dabei um eine Schar von Kreisen mit dem Mittelpunkt auf der x-Achse und dem Radius $r = \sqrt{c}(c \geq 0)$:

$$(x - c)^2 + y^2 = c$$

Partielles Differenzieren nach dem Parameter zeigt:

$$\frac{\partial F}{\partial c} = 2c - 2x - 1 = 0 \Rightarrow c = x + \frac{1}{2}$$

Einsetzen in die Scharfunktion liefert die Einhüllende, hier eine Parabel:

$$y^2 = x + \frac{1}{4}$$

Abb. 13.26 zeigt die Kurvenschar der Kreise für $c \in \{1; 2; \ldots; 6\}$ und die einhüllende Parabel. Ein weiteres bekanntes Beispiel einer Hüllkurve ist die von Torricelli gefundene Parabel, die alle Wurfparabeln des schiefen Wurfs umfasst (s. Abschn. 9.3).

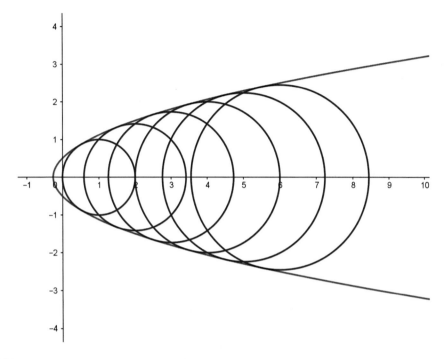

Abb. 13.26 Einhüllende (Enveloppe) einer Kurvenschar

Beispiel 2 Eine Leiter der Länge l lehnt anfangs senkrecht an einer Wand. Der Fuß der Leiter rutscht dann von der Wand weg bis die Leiter flach am Boden liegt. Welche Einhüllende hat die Bewegung der Leiter?

Schließt die Leiter mit dem Boden den Winkel α ein, so gilt:

$$\frac{x}{l\sin\alpha} + \frac{y}{l\cos\alpha} = 1 \Rightarrow F(x, y, \alpha) = x\cos\alpha + y\sin\alpha - l\sin\alpha\cos\alpha$$

Nullsetzen der partiellen Ableitung nach dem Parameter liefert:

$$\frac{\partial F}{\partial \alpha} = -x\sin\alpha + y\cos\alpha - l\cos^2\alpha + l\sin^2\alpha = 0$$

Eliminieren des Parameters ergibt eine *Astroide* als Einhüllende der Kurvenschar F:

$$x^{2/3} + y^{2/3} = l^{2/3}$$

13.15 Der Calculus von Leibniz

> Andere gelehrte Männer haben mit vielen Umschweifen das zu erjagen gesucht, was einer, der
>> in diesem Kalkül erfahren ist, auf drei Zeilen ohne weiteres herausbringen kann (G. W. Leibniz).

Es war Leibniz' innerstes Bestreben, ein universales Zeichensystem (*characteristica universales*) für alle Menschen zu finden, sodass jedes Argumentieren und jede Auseinandersetzung in Form einer sachlichen Kalkulation mit diesen Zeichen oder Symbolen entschieden werden kann; gleichgültig, ob es sich um Moral, Politik oder Wissenschaft handelt. Er schrieb:

> Alle Forschungen, die von der Vernunft abhängen, würden über die Umformung solcher Zeichen und einen gewissen Kalkül laufen, was die Erfindung schöner Dinge ungemein vereinfachte. Man müsste sich nicht mehr den Kopf zerbrechen, wäre aber versichert, alles Machbare auch machen zu können. Und wenn jemand an dem, was ich vorgebracht haben würde, zweifelte, würde ich ihm sagen: *Lasst uns rechnen, mein Herr!*

Leibniz erkannte, dass das neue Kalkül eine geschickte, symbolische Bezeichnungsweise benötigt. Er schreibt in einem Brief an L'Hôpital und später an von Tschirnhaus:

> Bei den Bezeichnungen ist darauf zu achten, dass sie für das Erfinden bequem sind. Dies ist am meisten der Fall, so oft sie das innerste Wesen der Sache mit Wenigem ausdrücken und gleichsam abbilden. So wird nämlich auf wunderbare Weise die Denkarbeit vermindert. Von solcher Beschaffenheit sind aber die Bezeichnungen, die ich im Kalkül der Quadraturgleichungen angewandt habe und durch die ich oft die schwierigsten Probleme auf wenigen Zeilen löse.

Im Oktober 1675 verwendete er zunächst als Integralzeichen das Symbol *omn* als Abkürzung für *omnes lineae,* die Bezeichnung für Calvalieris Indivisiblen:

$$omn.yl = \overline{omn.\overline{omn.l}\frac{l}{a}} \Leftrightarrow \int \left\{\int dy\right\} \frac{dy}{dx} = \int y \frac{dy}{dx}$$

Er notierte dazu am 29. Oktober 1675:

> Es wird von Nutzen sein statt *omn* $\int y dy$ zu schreiben und statt *omn* 1 $\int 1 dy$, d. h. Summe aller solcher Einsen. Hier zeigt sich endlich die neue Gattung des Kalküls, die der Addition und Multiplikation entspricht. Ist dagegen $\int y dy = \frac{y^2}{2}$ gegeben, so bietet sich sogleich das zweite auflösende Kalkül, das aus $d\left(\frac{y^2}{2}\right)$ wieder *y* macht. Wie nämlich das Zeichen $\int$ die Dimension vermehrt, so vermindert sie das *d*. Das Zeichen $\int$ bedeutet eine Summe, *d* eine Differenz.

In einem Brief vom selben Monat an Huygens führte er dazu das Symbol „$\int$" ein, ein verlängertes „S" für lat. *summa,* das von den Bernoulli-Brüder als Summenzeichen verwendet worden war. Die offizielle Darstellung seiner Symbole erfolgte 1684 in einem siebenseitigen Artikel in den *Acta Eruditorum*. Von da an erschien in jeder Ausgabe von 1695 bis 1700 mindestens ein Artikel von Leibniz oder den Bernoulli-Brüdern mit der neuen Symbolik. Für die neue Rechentechnik wollte Leibniz 1696 den Namen *calculus summatorius* einführen, jedoch Johann Bernoulli überredete ihn zum Namen *calculus integralis*.

Hier einige Rechenregeln mit Differenzialen, die weitgehend selbsterklärende, suggestive Anleitungen sind, wie die Ketten- und Umkehrregel.

1) Summenregel: $d(f + g) = df + dg$
2) Produktformel bzw. partielle Integration:

$$d(uv) = vdu + udv = vu'dx + uv'dx \Rightarrow \int uv'dx = uv - \int vu'dx$$

3) n-te Ableitung eines Produkts

$$(uv)^{(n)} = \sum_{i=0}^{n} \binom{n}{i} u^{(n-i)} v^{(i)}$$

Beispiel: dritte Ableitung von $y(x) = e^x \cos x$:

$$y'''(x) = \sum_{i=0}^{3} \binom{3}{i} (\cos x)^{(3-i)} (e^x)^{(i)}$$

$$= \binom{3}{0} (\cos x)''' e^x + \binom{3}{1} (\cos x)'' (e^x)' + \binom{3}{2} (\cos x)' (e^x)'' + \binom{3}{3} (\cos x)(e^x)'''$$

$$= \sin x \cdot e^x - 3 \cos x \cdot e^x - 3 \sin x \cdot e^x + \cos x \cdot e^x = -2e^x (\sin x + \cos x)$$

4) Potenzregel: $d(x^n) = nx^{n-1}$
5) Quotientenregel: $d\left(\frac{u}{v}\right) = \frac{vu' - uv'}{v^2}$

$$du = d\left(v\frac{u}{v}\right) = \frac{u}{v}dv + vd\left(\frac{u}{v}\right) \Rightarrow d\left(\frac{u}{v}\right) = \frac{du}{v} - \frac{u}{v^2}dv = \frac{vdu - udv}{v^2}$$

Beispiel: $y = \tan x$

$$y' = \left(\frac{\sin x}{\cos x}\right)' = \frac{(\sin x)^2 + (\cos x)^2}{(\cos x)^2} = \frac{1}{(\cos x)^2} = 1 + (\tan x)^2$$

6) Umkehrregel: $\frac{dy}{dx} = \frac{1}{\frac{dx}{dy}}$

Beispiel: $y = e^x$

$$\frac{dx}{dy} = \frac{1}{y'} = \frac{1}{e^x} = \frac{1}{y} \Rightarrow (f^{-1})' = \frac{1}{x} \Rightarrow (f^{-1})(x) = \int \frac{dx}{x} = \ln x$$

7) Kettenregel: $\frac{dy}{dx} = \frac{dy}{dt} \cdot \frac{dt}{dx}$

Beispiel: $y = \sin t$; $t(x) = x^2$

$$\frac{dy}{dx} = \frac{dy}{dt} \cdot \frac{dt}{dx} = \cos t \cdot 2x = 2x \cdot \cos x^2$$

8) Bogenlänge: $ds^2 = dx^2 + dy^2 \Rightarrow ds = \sqrt{1 + \left(\frac{dy}{dx}\right)^2}\, dx$

Beispiel: Bogenlänge s des Einheitskreises $y = \sqrt{1 - x^2}$. Es gilt:

$$\frac{dy}{dx} = \frac{-x}{\sqrt{1 - x^2}} \Rightarrow 1 + \left(\frac{dy}{dx}\right)^2 = 1 + \frac{x^2}{1 - x^2} = \frac{1}{1 - x^2}$$

$$s = 4 \int_0^1 \sqrt{1 + \left(\frac{dy}{dx}\right)^2}\, dx = 4 \int_0^1 \frac{dx}{1 - x^2} = 4[\arcsin x]\,_0^1 = 2\pi$$

9) Integration ist die Umkehrung der Differentiation:

$$\int y' dx = \int \frac{dy}{dx}\, dx = \int dy = y + C$$

10) Implizites Differenzieren: $F(x, y) = x^3 - 3axy + y^3$. Es gilt:

$$\frac{dy}{dx} = -\frac{\frac{\partial F}{\partial x}}{\frac{\partial F}{\partial y}} = -\frac{3x^2 - 3ay}{3y^2 - 3ax} = \frac{ay - x^2}{y^2 - ax}$$

Naives Vorgehen brachte anfangs Schwierigkeiten. So beklagte sich der Niederländer B. Nieuwentijdt in einem Brief, dass die Ableitungsregel für die Funktion $z(x, y) = y^x$ nicht funktioniere:

$$dz = (y + dy)^{x+dx} - y^x(?)$$

Johann B. schlug hier die Anwendung des Logarithmus vor:

$$\log z = x \log y \Rightarrow \frac{dz}{z} = \log y\, dx + \frac{x}{y} dy$$

Umformen liefert hier:

$$dz = z \log y\, dx + \frac{xz}{y} dy \Rightarrow d(y^x) = y^x \log y\, dx + x y^{x-1}\, dy$$

Ist die Variable x konstant gleich r, ergibt sich die Potenzregel:

$$x = r \Rightarrow dx = 0 \Rightarrow d(y^r) = r y^{r-1}\, dy$$

13.15.1 Eulers Erklärungen zum Leibniz'schen Calculus

In seiner Schrift *Calculi Differentialis* verwendete Euler meist Reihenentwicklungen um den Leibniz'schen Calculus zu erklären. Er benützt den Ansatz

$$dy = \left[f(x + dx) - f(x)\right] dx$$

und lässt dabei höhere Differenziale wie $dx^n (n \geq 2)$ und deren Produkte gegen null gehen.

1) Potenzregel $y = x^n \Rightarrow dy = nx^{n-1}dx$. Mit der binomischen Reihe folgt:

$$dy = (x + dx)^n - x^n$$
$$= \left(x^n + nx^{n-1}dx + \frac{1}{2}n(n-1)dx^2 + \cdots\right) - x^n$$
$$= nx^{n-1}dx$$

2) Produktregel $y = pq \Rightarrow dy = p\,dq + qdp$

$$dy = (p + dp)(q + dq) - pq = p\,dq + q\,dp + dp\,dq = p\,dq + q\,dp$$

3) Quotientenregel $y = \frac{p}{q}$. Zunächst wird $\frac{1}{q+dq}$ in eine Reihe entwickelt und die Produktregel angewandt:

$$\frac{1}{q + dq} = \frac{1}{q}\frac{1}{1 + \frac{dq}{q}} = \frac{1}{q}\left(1 + \frac{dq}{q}\right)^{-1} = \frac{1}{q}\left(1 - \frac{dq}{q} + \frac{dq^2}{q^2} - \cdots\right)$$

$$= q - \frac{dq}{q^2} + \frac{dq^2}{q^3} - \cdots = q - \frac{dq}{q^2}$$

$$d\left(\frac{p}{q}\right) = \frac{p + dp}{q + dq} - \frac{p}{q} = (p + dp)\left(q - \frac{dq}{q^2}\right) - \frac{p}{q}$$

$$= \frac{dp}{q} - \frac{pdq}{q^2} - \frac{dp\,dq}{q^2} = \frac{q\,dp - p\,dq}{q^2}$$

4) Logarithmus $y = \log x$

$$d(\log x) = \log(x + dx) - \log x = \log\left(1 + \frac{dx}{x}\right)$$

$$= \frac{dx}{x} - \frac{dx^2}{2x^2} + \frac{dx^3}{3x^3} - \cdots = \frac{dx}{x}$$

In den früheren Schriften benützte Euler die Abkürzung i für eine unendlich große Zahl (*infinitus*). Erst ab 1777 verwendete er dies als Symbol für $\sqrt{-1}$. Die unendlich kleine Größe schrieb Euler als ε. Den Logarithmus konnte er damit als Grenzwert darstellen (in seiner Schreibweise):

$$\ln x = \frac{x^{\varepsilon} - 1}{\varepsilon}; \varepsilon \to 0$$

Mit dieser Form fand er eine weitere Herleitung für die Ableitung des Logarithmus:

$$\frac{d}{dx} \ln x = \frac{d}{dx}\left(\frac{x^{\varepsilon} - 1}{\varepsilon}\right) = \frac{1}{\varepsilon}\frac{d}{dx}(x^{\varepsilon}) = \frac{\varepsilon x^{\varepsilon-1}}{\varepsilon} = x^{\varepsilon-1} = \frac{1}{x}$$

5) Exponentialfunktion $y = e^x$

$$d(e^x) = e^{x+dx} - e^x = e^x\left(e^{dx} - 1\right)$$
$$= e^x\left(dx + \frac{dx^2}{2!} + \frac{dx^3}{3!} + \cdots\right) = e^x\, dx$$

6) Sinusfunktion $y = \sin x$

$$d(\sin x) = \sin(x + dx) - \sin x = \sin x \cos x\, dx + \cos x \sin dx - \sin x$$
$$= \sin x\left(-\frac{dx^2}{2!} + \frac{dx^4}{4!} - \cdots\right) + \cos x\left(dx - \frac{dx^3}{3!} + \cdots\right) = \cos x\, dx$$

Literatur

Child, J. M. (Hrsg.): The Early Mathematical Manuscripts of Leibniz. Open Court Publishing, Chicago (1920)

Finster, R., van den Heuvel, G.: Gottfried Wilhelm Leibniz. Rowohlt Monographien, Hamburg (1990)

Fleckenstein, J. O.: Der Prioritätsstreits zwischen Leibniz und Newton. Birkhäuser, Basel (1956)

Hall, A. R.: Philosophers at War: The Quarrel Between Newton and Leibniz. Cambridge University (1980)

Hirsch, E. C.: Der berühmte Herr Leibniz – Eine Biographie. C.H. Beck, München (2001)

Hochstetter, E. et. al. (Hrsg.): Herrn von Leibniz' Rechnung mit Null und Eins. Siemens AG (1966)

Hofmann, J. E., Wieleitner, H., Mahnke, D.: Die Differenzenrechnung bei Leibniz. Sitzungsberichte d. Preuss. Akademie d. Wissenschaften, Phys.-Math. Klasse (1931)

Hofmann, J. E.: Bombellis 'Algebra' – eine genialische Einzelleistung und ihre Einwirkung auf Leibniz. Studia Leibnitiana **4**, 3–4 (1972)

Hofmann, J. E.: Die Entwicklungsgeschichte der Leibniz'schen Mathematik während des Aufenthalts in Paris 1672–1676. Leibniz, München (1949)

Hofmann, J. E.: Geschichte der Mathematik Band I–III. Sammlung Göschen de Gruyter, Berlin (1957/1963)

Hofmann, J. E.: Leibniz in Paris (1672–1676), His Growth to Mathematical Maturity. Cambridge University (1974)

Holz, H. H.: Gottfried Wilhelm Leibniz. Reclam Leipzig (1983)

Ineichen, R.: Leibniz, Caramuel, Harriot und das Dualsystem, Zeitschrift d. Deutschen Mathematiker-Vereinigung 16 (2008)

Knobloch, E.: Leibniz und sein mathematisches Erbe, Mitteilungen der Math. Gesellschaft der DDR (1984)

Leibniz, G. W.: Supplementum Geometriae Dimensioriae seugeneralissima omnium tetra gonismorum effectio per motum, Acta Eruditorum Leipzig (1693)

Leibniz, J. G.: Mathematische Schriften, Band V

Liske, M.-T.: Gottfried Wilhelm Leibniz. C.H. Beck, München (2000)

Mahnke D.: Zur Keimesgeschichte der Leibnizschen Differentialrechnung, Sitzungsbericht der Gesellschaft zur Förderung der ges. Naturwissenschaften, Marburg, Berlin (1932)

Padova de, T.: Leibniz, Newton und die Erfindung der Zeit. Piper, München (2013)

Schneider, I.: Leibniz on the Probable S. 201–219, im Sammelband Dauben (1981)

Scholz, E.: G.W. Leibniz als Mathematiker: www2.math.uni-wuppertal.de/~scholz/preprints/Leibniz.pdf. Zugegriffen: 26. Juni 2021

Simmons, G.: Calculus with Analytic Geometry. McGraw-Hill (1996)

Sonar, T.: Die Geschichte des Prioritätsstreits zwischen Leibniz und Newton. Springer, Berlin (2016)

Stein, E.: Gottfried Wilhelm Leibniz seiner Zeit weit voraus als Philosoph, Mathematiker, Physiker, Techniker, Abhandlungen zur Braunschweigischen Wissenschaftlichen Gesellschaft, Band 54, J. Cramer Verlag Braunschweig (2005)

Vollrath, H.-J.: Gottfried Wilhelm Leibniz (1646–1716) als Mathematiker. Broschüre des Instituts für Mathematik Universität Würzburg (2016)

Leonhard Euler (1707–1783)

Leonhard Euler (Abb. 14.1) wurde als Sohn des Pfarrers Paul Euler geboren. Der Vater hatte neben seinem Studium auch Mathematikvorlesungen bei Jakob Bernoulli besucht. Sein Kontakt zur Bernoulli-Familie war eng, da er während seiner Studienzeit gemeinsam mit Johann B. im Haus von Jakob gelebt hatte. Euler wurde zunächst von seinem Vater unterrichtet, später besuchte er die Lateinschule und erhielt, als der Vater sein Talent erkannt hatte, von Johann B. mathematische Unterweisungen.

In seiner nicht publizierten Autobiografie schrieb er über diesen Unterricht (hier ein kurzer Ausschnitt, zitiert nach E. A. Fellmann[1])

Bald / hierauf begaben sich meine Eltern nach Riechen, / vo ich bey Zeiten von meinem Vater den ersten / Unterricht erhielt; und weil derselbe einer von den / Discipeln des welt-berühmten Jacobi Bernoulli ge / wesen, so trachtete er mir sogleich die erste / Gründe der Mathematic beizubringen, und / bediente sich zu diesem End des Christophs Rudolphs / Coss mit Michaels Stiefels Anmerckungen, wo / rinnen ich mich einige Jahr mit allem Fleiss übte. / Bey zunehmenden Jahren wurde ich in Basel / bey meiner Grossmutter an die Kost gegeben, / um theils in dem Gymnasio daselbst, theils durch / Privat Unterricht den Grund in den Humanioribus / zu legen und zugleich in der Mathematic weiter / zu kommen.

A[nno] 1720 wurde ich bei der Universität / zu den Lectionibus publicis promovirt: wo ich / bald Gelegenheit fand den berühmten Professors / Johanni Bernoulli bekannt zu werden. welcher sich / eilt besonderes Vergnügen daraus machte, mir / in den mathemalischen Wissenschaftler weiter / fortzuhelfen. Privat Lectionen schlug er mir zwar wegen / seiner Geschäfte gänzlich ab: er gab mir aber einen weit / heilsameren Rath, welcher darin bestund, dass ich selb / sten einige schwerere mathematische Bücher vor mich / nehmen, und mit allem Fleiss durchgehen sollte, und / wo ich einigen Anstoss oder Schwierig-keiten finden / möchte, gab er mir alle Sonnabend Nachmittag einen / freyen Zutritt bey sich, und hatte die Güte mir die / gesammelte Schwierigkeiten zu erläutern, welches / mit so erwünschten Vortheile geschahe. […]

---

[1] Fellman E. A.: Leonhard Euler, Rowohlts Monographien, Hamburg 1995, S. 11.

D. Herrmann, *Mathematik der Neuzeit*, https://doi.org/10.1007/978-3-662-65417-0_14

Abb. 14.1 L. Euler,
Gemälde von: Jakob Emanuel
Handmann. (Wikimedia
Commons, gemeinfrei)

1723 schloss Euler sein Magisterstudium in Philosophie ab und auf Wunsch seines
Vaters begann er sein Theologiestudium im Herbst desselben Jahres. Eulers Begeisterung
für das Fach ließ nach und so erhielt er die Zustimmung seines Vaters zur Mathematik
zu wechseln. 1726 beendete er sein Studium an der Universität Basel; während seiner
Zeit in Basel hatte er viele mathematische Werke studiert, u. a. von Varignon, Descartes,
Newton, Galileo, van Schooten, Jakob Bernoulli und anderen. Euler musste sich nun
einen akademischen Posten suchen und bewarb sich um einen freigewordenen Lehrstuhl
für Physik in Basel. Die Stelle wurde durch Losentscheid vergeben; er wurde aber – vermutlich wegen seiner Jugend – nicht am Ziehen der Lose zugelassen.

1703 gründete der Zar Peter d. Gr. (1672–1725) die Stadt St. Petersburg am
sumpfigen Ufer der Newa als neue Hauptstadt des russischen Reiches. Die Stadt-
gründung war Teil seiner Bestrebungen, Russland zu modernisieren. Wie der russische
Historiker Nicolas Riasanovsky[2] schrieb:

> Es war, als würden auf einmal die Zeitalter Scholastik, Renaissance und Reformation über-
> sprungen und Russland von einer bäuerlichen, kirchgläubigen, quasi-mittelalterlichen
> Kultur in das Zeitalter der Aufklärung geführt.

Die Gründung einer Akademie der Wissenschaften nach westlichen Vorbild hatte der Zar
mehrfach mit Leibniz persönlich diskutiert, realisiert wurde die Gründung erst im Jahre
1725 durch Katharina I., der Witwe des Zaren. Als Personal versuchte sie hochrangige
Gelehrte aus dem Westen zu verpflichten. Der eingeladene Johann Bernoulli blieb in
Basel, schickte jedoch seine Söhne Daniel und Nikolaus nach Petersburg. Nach dem Tod
von Nicolaus (II) Bernoulli im Juli 1726 bot Katharina I. dem jungen Euler den Posten
an. Er nahm die Stelle im November 1726 an, erklärte jedoch, dass er erst im Frühjahr

---

[2] Riasanovsky N. V.: A History of Russia, Oxford University[5] 1993, S. 285.

des folgenden Jahres nach Russland kommen wolle. Er reiste von Basel aus mit einem Rheinschiff nach Mainz, durchquerte die deutschen Lande mittels Postkutsche über Frankfurt, Kassel und Hamburg mit dem Ziel Lübeck und segelte von dort mit Unterbrechungen über die Ostsee. Die Reise nach St. Petersburg gestaltete sich mühsam und dauerte sechs Wochen (5.4.–17.5.1727), da der Segler unterwegs Schiffbruch erlitt!

Der Philosoph und Leibniz-Anhänger C. Wolff beglückwünschte Euler am 20. April 1727 in einem Brief (zitiert nach Thiele, S. 27):

> Sie reisen jetzt in das Paradis der Gelehrten, und ich wünsche nichts mehr, als dass der Höchste auf Ihrer Reise gesund erhalten und Sie lange Jahre in Petersburg Ihr Vergnügen wolle finden lassen.

In Petersburg angekommen, fand Euler jedoch eine völlig veränderte Situation vor: Die Zarin war am Tag seiner Ankunft gestorben, das Fortwirken der Akademie war daher in Frage gestellt. Die Situation der Akademie verbesserte sich, als die Zarin Anna Ivanovna 1730 an die Macht kam. Als Lehrpersonal wurden bevorzugt Deutsche gewählt; unter den anfänglich 16 Wissenschaftlern befanden sich 13 Deutsche, 2 Schweizer und ein Franzose; das Fehlen von Einheimischen führte später zu Unruhen in der Akademie.

Abb. 14.2 zeigt den Fluss Newa, am Ufer rechts das Gebäude der Akademie, am Ufer links den berühmten Winterpalast des Zaren.

Im Hintergrund der russischen Briefmarke mit Eulers Porträt (Abb. 14.3) findet sich ein Teil des Akademiebaus.

Euler diente daher zunächst von 1727 bis 1730 als medizinischer Leutnant in der russischen Marine. In St. Petersburg wohnte er mit Daniel Bernoulli zusammen, der starkes Heimweh verspürte. Auf Fürsprache von Daniel B. und Jakob Hermann erhielt Euler 1730 eine Physikprofessur und drei Jahre später eine Mathematikprofessur. Dies ermöglichte ihn, Vollmitglied der Akademie zu werden und seinen russischen Marineposten aufzugeben. Als Daniel B. 1733 die Akademie verließ, wurde Euler an diesen Lehrstuhl für Mathematik berufen. Die finanzielle Verbesserung ermöglichte es ihm,

Abb. 14.2 Kolorierter Druck von K. Makhayev: Panorama des Flusses Newa zwischen Winterpalast und Akademie der Wissenschaften, 1753. (Wikimedia Commons, gemeinfrei)

Abb. 14.3 Russische
Briefmarke zum
250. Geburtstag von
Euler (mathshistory.
st-andrews.ac.uk/miller/
stamps)

1734 Katharina Gsell zu heiraten; sie hatten insgesamt 13 Kinder, von denen nur fünf
ihre Kindheit überlebten. Im Zeitraum von 1727 bis 1741 entwickelte sich Leonhard
Eulers erste fruchtbare Schaffensperiode.

Während der Regierungszeit (1730–40) der Zarin Anna Iwanowna traten innen-
politische Probleme auf; diese veranlassten Euler, 1741 einen Ruf an die Berliner
Akademie anzunehmen. Der „Soldatenkönig" Friedrich Wilhelm I. war gestorben, der
für die von Leibniz gegründete Berliner Akademie nur Hohn und Spott übrig hatte.
Sein Nachfolger Friedrich II. von Preußen plante eine völlig neue Reorganisation der
Akademie; der Ausbau wurde jedoch verzögert durch den Siebenjährigen Krieg (1756–
1763). Diese Auseinandersetzung Preußens mit dem Hause Habsburg involvierte so viele
Völker (wie Russland und Frankreich), dass sie später von Winston Churchill als „erster
Weltkrieg" bezeichnet wurde.

Friedrich II. plante die Akademie freilich nicht als reinen Wissenschaftsbetrieb,
sondern als repräsentative Versammlung von Gelehrten der *Aufklärung,* die den Glanz
des preußischen Hofs in aller Welt widerspiegeln und den Charme des französischen
Esprits verbreiten sollte. Friedrich holte den Marquis Moreau de Maupertuis (1698–
1759), der auf einer Lappland-Expedition 1736 Ruhm erworben hatte, 1740 nach Berlin
und machte ihn 1745 zum Präsidenten der Berliner Akademie. Die Briefmarken von
Abb. 14.4 erinnern an diese Lappland-Expedition. Maupertuis hatte mit seinem Team
(A. Clairault, A. Celsius) die Erdabplattung an den Polen gemessen und damit Newtons
Theorie bestätigt. Maupertuis erhielt dafür den Spitznamen *le grand Aplatisseur.* Voltaire
hatte dem erfolgreichen Forscher gehuldigt mit dem Vers:

Helden der Physik, Argonauten von heute
Die die Berge besteigen und Meere überqueren,
Deren immense Arbeit und genaues Vermessen
Der erstaunten Erde ihre Krümmung fixiert.

Fünf Jahre später holte Friedrich II. auch Voltaire nach Berlin; die Auseinandersetzung
der beiden Franzosen wird später einen nie dagewesenen Skandal hervorrufen. Voltaire
sah in Maupertuis nun seinen Hauptkonkurrenten um die Gunst des preußischen Königs.
Abb. 14.5 zeigt die berühmte Tafelrunde im Schloss Sanssouci; das Gemälde von A.

Abb. 14.4 Finnländische und französische Briefmarke zur Expedition von Maupertuis (mathshistory. st-andrews.ac.uk/miller/stamps)

Abb. 14.5 Gemälde von A. von Menzel: Tafelrunde im Schloss Sanssouci, 1861 (Wikimedia Commons, gemeinfrei), 1945 in Berlin zerstört

Menzel ist 1945 zerstört worden. Friedrich II. (in Bildmitte in Uniform) wendet sich Voltaire zu, der auf dem zweiten Stuhl links vom König sitzt und über den Tisch hinweg ein Gespräch mit dem Grafen Algarotti führt. Zwischen den beiden sitzt General von Stille, ganz links Lordmarschall Georg Keith, rechts vom König Marquis d'Argens, Graf Algarotti, Feldmarschall James Keith, Graf Rothenburg und La Mettrie.

Exkurs zu Voltaire (1694–1778)

Voltaire wurde als Sohn eines angesehenen Advokaten in Paris unter dem Namen François Marie Arouet geboren. Sein Schulbesuch an einem Jesuiten-Gymnasium absolvierte er glänzend; das anschließende Studium der Rechte an der Sorbonne brach er ab. Um in der Gesellschaft adlig zu erscheinen, fügte er seinem Namen das Adelsprädikat „de Voltaire" hinzu, den Namen hatte er zuvor als Pseudonym benutzt. In Paris wurde er schon in jungen

Jahren als Artikelschreiber und Verfasser von Spottversen über höhergestellte Personen bekannt, dafür musste er für zwei Jahre in die Bastille (1717). Nachdem Ludwig XIV. das Toleranzedikt aufgehoben hatte, wurde der Katholizismus wieder zur Staatsreligion. Für Voltaire, der sein Leben lang sich für die *Aufklärung* eingesetzt hatte, wurde die Institution Kirche damit zum Hauptgegner: „Écrasez l'infâme" (Vernichtet die Schändliche).

1726 wurde er wegen Führung eines unerlaubten Adelstitels erneut verhaftet und wieder freigelassen unter der Auflage ins Ausland zu gehen. Er flüchtete ins freiheitliche England, wo er bis 1729 blieb. In London lernte er die Philosophien von John Locke, Francis Bacon, Thomas Hobbes und die Theorien Isaac Newtons kennen, die ihn nachhaltig beeinflussten. Seine Haltung zur Mathematik wird durch das folgende Zitat charakterisiert: *Im Kopf von Archimedes gab es mehr Vorstellungskraft (Imagination) als in dem von Homer.* Im englischen Exil schrieb er die *Lettres Anglaises*, die bei ihrem Erscheinen 1734 in Frankreich öffentlich verbrannt wurden. Um einer neuen Verhaftung zu entgehen, floh er nach Lothringen zur Marquise Emilie du Châtelet, die verheiratet war und mit der ein enges Verhältnis hatte. Lothringen gehörte damals noch (bis 1766) zum deutschen Reich. Seit 1746 beteiligte er sich an der Herausgabe der *Encyclopédie,* dem Standardlexikon der Aufklärung.

Nach dem Tod der Marquise nahm er 1750 eine Einladung von Friedrich II. nach Berlin an, mit dem er schon seit 1736 in Briefkontakt stand. Nach einem Skandal musste er Berlin 1753 verlassen und erwarb nach einem langen Wanderleben schließlich 1758 in der Nähe des Genfer Sees zwei Schlösser, die er bis kurz vor seinem Ende bewohnte. Die Schlösser wurden schnell zum Treffpunkt Gleichgesinnter; Voltaire sagte dazu: *Gott schütze mich vor meinen Freunden; für meine Feinde werde ich mir selbst sorgen.* 1778 konnte er ohne Probleme ins geliebte Paris zurückkehren, wo er auch verstarb.

Ausgangspunkt der Kontroverse war ein Artikel über das *Prinzip der kleinsten Aktion,* den Maupertuis 1744 in den Berliner *Mémoirs* publiziert hatte. Maupertuis hatte definiert:

Wann immer eine Veränderung in der Natur stattfindet, der Betrag der Aktion für diese Bewegung ist so klein wie möglich. Der Betrag der Aktion ist das Produkt aus der Masse des Körpers, der Geschwindigkeit und der Distanz, den der Körper zurückgelegt hat.

Formelmäßig ausgedrückt beinhaltet das Prinzip, dass bei allen infinitesimal benachbarten Wegen von A nach B die *Aktion S* am kleinsten ist:

$$S = \int\limits_A^B mv \, ds \to Min!$$

Maupertuis betonte, dass sein metaphysisches Prinzip für alle Vorgänge in der Natur gelte und interpretierte es in seinem *Essai de cosmologie* (1750) als Gottesbeweis. Anstoß daran nahm (neben Voltaire) der Schweizer Mathematiker Samuel König (1712–1757), ein Schüler von Johann Bernoulli, der als Privatgelehrter u. a. die Marquise du Châtelet unterrichtet hatte. König publizierte 1751 in den *acta eruditorum* den Aufsatz *Dissertatio de universali principio aequilibrii et motus* und führte darin verschiedene Einsichten auf Leibniz zurück, deren Priorität Maupertuis für sich in Anspruch nahm. König reiste im

Herbst persönlich nach Berlin, um Maupertuis zur Rede stellen. Dieser reagierte beleidigt und weigerte sich, seine Ausführungen zu korrigieren. Daraufhin machte König die Sache in der Akademie publik und veröffentlichte eine umfassende Kritik, die großes Aufsehen erregte: Das Prinzip sei falsch verstanden und die Beispiele unpassend. Er ergänzte die Kritik mit der brisanten Mitteilung, dass *Leibniz bereits in einem Brief dieses Prinzip ausgesprochen habe – und zwar in der korrekten Form!*

Es ist nicht ganz klar, warum Euler sich hier bedingungslos hinter Maupertuis stellte; er kritisierte den Artikel von König scharf. Auf Drängen Maupertuis' erklärte die Akademie den zitierten Leibniz-Brief als Fälschung. Empört sandte König seine Akademie-Mitgliedsurkunde zurück und wandte sich mit einer Publikation an die Öffentlichkeit. Eine Welle der Empörung brach über Maupertuis herein, dessen wissenschaftliches Ansehen verloren ging; insbesondere Voltaire ergriff Partei für König.

Friedrich II., gerade erst vom Krieg in Schlesien zurückgekehrt, stellte sich daraufhin mit einem „Brief eines Akademikers" mit scharfen Worten vor den Präsidenten seiner Akademie. In beleidigender Form wurde von einem *Macher eines geistlosen Werkchens, einem verachtenswerten Feind eines Mannes von seltenem Verdienst* gesprochen. Voltaire, der sich gleichfalls betroffen fühlte, schrieb:

> Wenn man mich angreift, verteidige ich mich wie ein Teufel. Ich weiche niemandem, aber ich bin ein guter Teufel, und ich ende mit Lachen. Ich habe zwar kein Zepter, aber eine Schreibfeder.

Offensichtlich im Zustand geistiger Verwirrung schrieb Maupertuis Briefe, in denen er abstruse Vorschläge machte, wie die Pyramiden zu sprengen, um zu sehen, was sich in Inneren verbirgt, oder an zum Tode Verurteilten Vivisektionen vorzunehmen. Als Anfang Oktober Maupertuis' Briefe in Buchform erschienen, fand Voltaire überreiches Material vor, um Maupertuis mit einer Reihe von Pamphleten lächerlich zu machen und ihn als nunmehr gemeingefährlichen, heilungsbedürftigen Irren anzuprangern. In einer Schmähschrift *Histoire du Docteur Akakia, médecin du Pape* machte er Maupertuis, dessen Berliner Spitzname *Akakia* (= Dr. Ohne-Sorge) war, vor aller Welt verächtlich.

Die Titelvignette der Schrift (Abb. 14.6) zeigt Maupertuis als Don Quichotte auf einem strauchelnden Pferd mit gebrochener Lanze gegen die Flügel einer Windmühle anreitend, ebenso Euler als Sancho Pansa mit erhobenen Händen auf einem Esel sitzend. Don Quichotte ruft „Tremblez! (Erzittert!)". Die Szenerie wird von einem Hofnarren auf der linken Seite beobachtet, ein Satyr am rechten Rand sagt „Sic itur ad astra (So gelangt man zu den Sternen)".

Friedrich II. nahm Voltaire das Versprechen ab, den *Akakia* nicht nochmals drucken zu lassen und nichts mehr über Maupertuis zu schreiben. Friedrich war empört, als er erfuhr, dass Voltaire in Leipzig – außerhalb von Preußen – eine Neuauflage in Auftrag gegeben hatte und ließ diese 1752 öffentlich durch den Henker von Berlin verbrennen. Voltaire flüchtete schließlich im März 1753 aus Berlin.

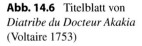
Abb. 14.6 Titelblatt von
Diatribe du Docteur Akakia
(Voltaire 1753)

Maupertuis hatte sich lange zurückgehalten, schrieb aber an Voltaire in Leipzig drohend: *Er werde ihn zu finden wissen und sich an ihm die vollständigste Rache verschaffen.* Mit Vergnügen publizierte Voltaire diesen Brief, quasi als Beweis, und ergänzte ihn perfide mit „Tremblez!". Maupertuis erholte sich von dieser Affäre nicht mehr, er kehrte zwar kurzzeitig nach Berlin zurück und starb 1759 in Basel, aufgenommen von der Familie von Johann III Bernoulli.

Auch Euler, tituliert als Generalleutnant, erhielt einige Seitenhiebe, Voltaire ließ ihn im *Akakia* (zitiert nach Spieß[3]) offen bekennen,

> … dass er nie Philosophie gelernt hat, und es aufrichtig bereut, von uns [Maupertuis] zu der Meinung verführt worden zu sein, man könne sie verstehen, ohne sie gelernt zu haben, und dass er sich künftig mit dem Ruhm begnügen will, unter den Mathematikern von Europa derjenige zu sein, der in einer gegebenen Zeit das Maximum an Rechnungen aufs Papier bringt.
> … dass er künftig nicht mehr 60 Seiten rechnen wird für ein Resultat, dass man mit ein wenig Überlegung auf 10 Zeilen herleiten kann; und wenn er wieder die Ärmel hochkrempelt, um drei Tage und drei Nächte durchzurechnen, dass er dann vorher eine Viertelstunde zum Nachdenken verwenden will, welche Prinzipien am besten zur Anwendung kommen.

Vergeblich versuchte Friedrich II. einen weiteren Franzosen nach Berlin zu holen; sein Wunschkandidat war Jean le Rond d'Alembert, der Herausgeber der berühmten *Encyclopédie* der Aufklärung. D'Alembert wollte Paris nicht verlassen und hatte bei seinem Besuch in Berlin die Berufung von Euler als Nachfolger Maupertuis' empfohlen. Die anfängliche Begeisterung Eulers für Friedrich war groß; er hatte nach Hause geschrieben:

---

[3] Spieß O.: Leonhard Euler, Frauenfeld Leipzig 1929, S. 136.

Der König nennt mich „seinen Professor", und ich bin der glücklichste Mensch auf der Welt!

Euler war sehr enttäuscht, dass ihn Friedrich II. nicht zum Präsidenten der Akademie machte. In der illustren Runde des Hofstaats war der bescheidene und durch sein Auge entstellte Euler nur Zielscheibe billigen Spotts. Euler hatte keine Lust, intellektuelle Konversationen in französischer Sprache zu führen und mit vornehmen Auftreten zu glänzen; Friedrichs Motto aber war:

Gute Sitten haben für die Gesellschaft mehr wert als alle Berechnungen Newtons.

Euler hatte 1735 durch ein Geschwür ein Auge verloren, Friedrich nannte ihn seinen *Polyphem* in Anspielung auf den Zyklopen[4] aus Homers *Odyssee* (9. Gesang, Z. 105–564):

J'ai ici un gros cyclope de géometrè .. il ne reste plus qu'un oeil à notre homme, et une courbe nouvelle, qu'il calcule à present, pourrait le rendre aveugle tout à fait. (Ich habe hier einen großen Zyklopen als Geometer … unser Mann hat nur noch ein Auge, und die neue Kurve, die er gerade berechnet, könnte ihn völlig blind machen.)

Der preußische König war mit Euler unzufrieden, da die von der Akademie herausgegebenen Schriften zu wenig Einnahmen generierten und auch das nach Eulers Plänen erbaute Wasserhebewerk der königlichen Sommerresidenz *Sanssouci* Probleme machte. Noch im Jahr 1778 beklagte sich Friedrich in einem Brief an Voltaire[5] über Eulers Versagen:

Ich wollte in meinem Garten einen Springbrunnen anlegen; Euler berechnete die Leistung des Räderwerks, damit das Wasser in ein Bassin hinaufgelänge, über Kanäle wieder abfließe, um in Sans-Souci wieder aufzusteigen. Meine Mühle wurde nach allen Regeln der Mathematik gebaut, und sie konnte keinen einzigen Wassertropfen weiter als fünfzig Schritt unter der Bassin hinaufpumpen. Eitelkeit der Eitelkeiten! Eitelkeit der Mathematik!

Nach Eulers Weggang nach St. Petersburg wurde Lagrange dessen Nachfolger. Friedrich „dankte" d'Alembert für dessen Empfehlung:

Für Ihre Sorge und Empfehlung bin ich dankbar, so konnte ich einen halbblinden Mathematiker ersetzen durch einen mit zwei Augen, dies wird zumindest die Anatomen an meiner Akademie erfreuen.

---

[4] Kyklopen, griech. „Rundauge", nach Hesiod einäugiger Riese, Der kleine Pauly Band III, dtv 1979, Spalte 393.

[5] Pleschinski H. (Hrsg.): Voltaire – Friedrich der Große – Briefwechsel, dtv München 2010, S. 624.

Exkurs zu Jean Baptiste le Rond d'Alembert

D'Alembert (Abb. 14.7 links) erhielt als Vornamen den Namen der Kapelle *St. Jean le Rond* von *Notre Dame*, an deren Stufen er als Findelkind im November 1717 ausgesetzt wurde. Auf Betreiben des Generals Destouches wurde er von der Familie des Glasermeisters Rousseau adoptiert, bei der er bis zum Alter von 48 Jahren verblieb. Sein biologischer Vater Duc d'Arenberg gewährte ihm Unterhalt, sodass seine Ausbildung gesichert war. Die Schule besuchte er unter dem Namen Daremberg, den er später willkürlich in d'Alembert änderte. 1730 trat er in das *Collège des Quatre Nations* ein, das er 1735 mit dem *Baccalauréat* abschloss. Er unternahm zwei Studiengänge, Jura und Medizin; weder die Zulassung zum Advokaten noch das Doktorat verwendete er zum Berufseinstieg. Viel mehr interessierte er sich für Mathematik und Physik, Fächer in denen er sich autodidaktisch weiterbildete.

1739 veröffentlichte er seine Abhandlung *Mémoire sur le Calcul Integral*, 1741 die Schrift *Mémoire sur la refraction des corps solide*. Mit der letztgenannten Arbeit wurde er berühmt, sodass er im selben Jahr in die französische Akademie der Wissenschaften aufgenommen wurde. Zwei Jahre später publizierte er sein Hauptwerk *Traité de Dynamique*, das das *Prinzip von d'Alembert* enthält. Dieses Prinzip der klassischen Mechanik erlaubt die Aufstellung der Bewegungsgleichungen eines mechanischen Systems unter Zwangsbedingungen. Als er 1746 einen Preis von der Berliner Akademie erhielt, trat er in Kontakt mit dem preußischen König Friedrich II., wozu ihm P. L. de Maupertuis geraten hatte.

Gemeinsam mit Denis Diderot (1713–1784) fungierte er als Mitherausgeber der *Encyclopédie* (33 Bände, 1751–1780), des berühmten Lexikonwerks der Aufklärung; beide wurden – zusammen mit Voltaire – so zu Wegbereitern der französischen Revolution (1789). Aus dem Vorwort des ersten Bandes:

Ziel der Enzyklopädie ist es, die auf der Erdoberfläche verstreuten Kenntnisse zu sammeln, das allgemeine System dieser Kenntnisse den Menschen darzulegen, mit denen wir zusammenleben, und es den nach uns kommenden Menschen zu überliefern.

Abb. 14.7 Gemälde von Baptist d'Alembert und J. L. Lagrange. (Beide Wikimedia Commons, gemeinfrei)

Das Werk wurde 1757 vom Papst auf den Index gesetzt, sodass d'Alembert im Geheimen arbeiten musste. Nach der Trennung von Diderot blieb er Briefpartner von Voltaire bis zu dessen Tod. D'Alembert lieferte für die *Encylopédie* über 1700 Beiträge, meist aus dem naturwissenschaftlichen Bereich. Weiterhin löste er die (eindimensionale) Wellengleichung und eröffnete damit das mathematische Gebiet der partiellen Differenzialgleichungen (*Recherches sur les cordes vibrantes,* 1747).

Auf Einladung Friedrich II. besuchte er 1763 für drei Monate Berlin, wo ihm die Direktorenstelle der Königlich Preußischen Akademie der Wissenschaften angeboten wurde, die er ablehnte. Er wurde jedoch Mitglied anderer Akademien: St. Petersburg (1746), der *American Academy of Arts & Sciences* (1781) und Generalsekretär der *Académie française* auf Lebenszeit (1772). Er starb 1783 in Paris.

Euler hatte bei Friedrich II. einen schweren Stand, da dieser die Mathematik gering-schätzte. Schon als junger Prinzregent (1738) hatte er Voltaire mitgeteilt:

Er plane wieder zu studieren: die Philosophie, Geschichte, Poetik und Musik. Was Mathematik betrifft, muss ich Ihnen zugeben, dass ich sie nicht mag; sie trocknet den Ver-stand aus.

Auch im Briefverkehr mit d'Alembert (1764) tat er seine Ablehnung kund. Auf den Siebenjährigen Krieg (um Schlesien) anspielend, äußerte sich D'Alembert ironisch:

Es ist das Schicksal Ihrer Majestät sich immer im Krieg zu befinden, im Sommer mit den Österreichern, im Winter mit Mathematik.

D'Alembert versucht weiterhin, Friedrich mit der Mathematik zu versöhnen:

La géométrie est une espèce de hochet que la nature nous a jeté pour nous consoler et nous amuser dans les ténèbres. (Die Mathematik ist eine Art Spielzeug, welches die Natur uns zuwarf zum Troste und zur Unterhaltung in der Finsternis.)

Dies konnte Friedrich nicht überzeugen:

Ich liebe es, mit Mathematikern zu streiten, um zu erfahren, ob es nicht möglich ist, bei ihnen Recht zu bekommen, auch wenn man $xx + y$ nicht versteht.

Um dem König zu gefallen, übersetzte Euler 1745 eine militärische Schrift von 1742 über Ballistik von Benjamin Robins (1707–1751) aus dem Englischen: *New principles of gunnery.* Für das Werk hatte Robins 1746 die Copley Medaille erhalten, die höchste Auszeichnung der *Royal Society.* Mithilfe von ballistischen Pendeln hatte dieser Geschwindigkeiten bis zu 600 *m/s* von Kanonenkugeln gemessen. Euler erweiterte das Werk durch zahllose Hinweise und Erläuterungen; er verwendete dabei neue Erkennt-nisse Daniel Bernoullis über den Luftwiderstand. Robins bezeichnete Euler geringschätzig als „seine Rechenmaschine". Das Buch wurde das Standardwerk für Ballistik, es wurde auch als Lehrbuch (in Übersetzung) an der französischen Militärakademie verwendet. Napoleon Bonaparte wird es bei seinem Studium an der *École Militaire* (1784–85) studiert haben.

Gern erinnerte Euler sich an die angenehme Situation, die er in St. Petersburg gehabt
hatte. In einem Brief an den (störrischen) Sekretär der Akademie J. D. Schumacher
räumte Euler 1749 ein:

> … Auch ich und alle übrigen, welche das Glück gehabt, einige Zeit bei der russischen
> Kaiserlichen Akademie zu stehen, müssen gestehen, dass wir alles, was wir sind, den vor-
> teilhaften Umständen, worin wir uns daselbst befanden, schuldig sind.

Die Treue der Zarenregierung für ihren ehemaligen Mitarbeiter zeigte sich an der
finanziellen Unterstützung, die Euler weiterhin in Berlin gewährt wurde; dieser über-
wachte von dort aus den Druck des russischen Landkartenprojekts. Euler hatte in
Zusammenarbeit mit dem Geografen und Astronomen J. N. Delisle einen Atlas für das
gesamte russische Imperium erstellt, der 30 Karten im Riesenformat umfasste. Während
seiner Berliner Zeit verfasste er 380 wissenschaftliche Aufsätze, davon wurden insgesamt 108 in Petersburg publiziert. Er beschaffte auch wichtige Bücher für die Bibliothek in Petersburg.

Zunehmende Differenzen mit dem König von Preußen bewogen Euler, seine Ent-
lassung zu betreiben, die jedoch von Friedrich dreimal abgewiesen wurde. So konnte
er erst 1766 mit seiner Familie wieder nach Petersburg zurückzukehren, die politischen
Verhältnisse in Russland hatten sich nach der Thronbesteigung der Zarin Katharina
II. gefestigt. Die Zarin stattete Euler mit einem ansehnlichen Gehalt von 3000 Rubel
aus, gewährte ihm 8000 Rubel für den Bau eines Hauses (Abb. 14.8) am Newa-Ufer und
sorgte auch für den Unterhalt seiner Familie.

Nachfolger Eulers in Berlin wurde 1766 Joseph-Louis de Lagrange (Abb. 14.7 rechts)
(1736–1813), der als *Giuseppe Lodovico Lagrangia* in Turin (Italien) geboren wurde und
dort auch studiert hat. Lagrange berichtete später:

Abb. 14.8 Euler-Haus in St. Petersburg. (Foto Rudolf Mumenthaler)

Der König behandelte mich mit Wohlwollen; ich glaube, dass er mich Euler vorzog, welcher ein wenig devot war, während ich mich von jeder Diskussion über Religion fern hielt und somit Niemandem darüber in Streit geriet.

Nach dem Tod Friedrichs II. (1787) ging Lagrange nach Paris, wo er sein Werk *Mécanique analytique* verfasste. Bei Beginn der französischen Revolution wurde er als Italiener in Frankreich geduldet und lehrte an der École Normale Supérieure. Die französischen Revolutionäre schreckten nicht davor zurück auch Naturwissenschaftler, wie den Chemiker Antoine L. Lavoisier, auf die Guillotine (1794) zu schicken. Unter Napoleon Bonaparte wurde Lagrange geadelt und zum Senator ernannt.

Im selben Jahr erhielt Euler vom britischen Parlament eine Prämie *for having furnished theorems,* eine in der Geschichte der Mathematik einmalige Episode. Tobias Mayer hatte unter Verwendung von Eulers Theorie ein Tabellenwerk der Mondbewegung erstellt, mit dessen Hilfe der Längengrad eines Schiffs bestimmt werden konnte. Die Witwe von T. Mayer erhielt dafür 3000 £ Sterling, Euler 300 £ für die theoretische Begründung. Noch im Jahr 1766 erblindete Euler fast vollends, eine Augenoperation 1771 verlief erfolglos.

Euler war aber bis zu seinem Tod schöpferisch tätig, unterstützt von seinen Söhnen Johann Albrecht und Christoph und von seinem Sekretär Nicolas Fuß, der später eine Enkelin Eulers heiratete. In dieser Zeit publizierte Euler fast die Hälfte aller seiner Werke, darunter die *Institutiones calculi differentialis,* die *Institutiones calculi integralis,* die Algebra und die berühmten *Lettres à une Princesse d'Allemagne* (3 Bände), die an die Prinzessin von Anhalt-Dessau, eine Großnichte von Friedrich, gerichtet waren und sogleich in alle Kultursprachen übersetzt wurden. 1773 verstarb seine Frau nach 40 Ehejahren. Zum Glück fand er in einer Halbschwester seiner ersten Frau eine neue treusorgende Gattin.

Man kann sagen, dass Euler der Mathematik ihre heutige Gestalt zu einem erheblichen Teil gegeben hat. In der Zahlentheorie, der Algebra, in großen Teilen der Analysis, in der Flächentheorie, in der Mechanik und der Technik hat er die Grundlagen gelegt, und in vielen Teilen ist er erstaunlich weit vorgedrungen.

Nachleben

Der langjährige Sekretär N. Fuß verfasste einen umfangreichen Nachruf[6] auf Euler, der am 23. Oktober, also fünf Tage nach Eulers Tod, in der Akademie vorgetragen wurde. Fuß schildert den Sterbetag wie folgt:

Euler habe an zwei Tafeln einen Ballonaufstieg berechnet, den kurz zuvor die Brüder Mongolfier in Frankreich erfolgreich gestartet hatten. Am Mittagstisch unterhielt er sich mit dem Astronomen A. J. Lexell über den zwei Jahre zuvor von Herschel entdeckten Planeten *Uranus.* Nach einer kurzen Mittagsruhe habe er beim Teetrinken mit einem Enkel gescherzt

---

[6]Fuß N.: Lobrede auf Herren Leonhard Euler, Basel, Johann Schweighäuser 1786.

und sich Pfeife rauchend auf dem Sofa niedergelassen. Die Pfeife entglitt ihm, als er einen Schlaganfall erlitt, von dem er sich nicht mehr erholen konnte.

Der Nachruf enthält auch ein umfassendes (aber unvollständiges) Werkverzeichnis. Auch sein Sohn Paul Heinrich Fuß, also ein Urenkel Eulers, versuchte zusammen mit C. G. J. Jacobi (1804–1851), eine Gesamtausgabe der Euler'schen Werke herauszugeben, was nicht gelang.

Der schwedische Mathematiker Gustaf Eneström (1852–1923) hat ein chronologisches Verzeichnis der Publikationen Eulers erstellt. Eulers Schriften werden üblicherweise durch ihre Eneström-Nummer (E001–E866) referenziert. Euler veröffentlichte zu Lebzeiten rund zwei Dutzend Bücher und 500 wissenschaftliche Aufsätze. Der deutsche Mathematiker Ferdinand Rudio initiierte die Herausgabe von Eulers sämtlichen Werken. Bis 2013 sind über 70 Einzelbände erschienen, außerdem vier Bände aus dem umfangreichen Briefwechsel. Die Arbeiten erscheinen in der Originalsprache, meist Französisch oder Latein. Die gesammelten Werke werden seit 1911 als *Opera Omnia* im Birkhäuser/Springer-Verlag herausgegeben. Nach einer Statistik von A. P. Juschkewitch verteilen sich Eulers mathematische Publikationen wie folgt auf die Gebiete:

Algebra, Kombinatorik, Wahrscheinlichkeitsrechnung	10 %
Zahlentheorie	13 %
Differenzialrechnung	7 %
Integralrechnung	20 %
Unendliche Reihen	13 %
Differenzialgleichungen	13 %
Variationsrechnung	7 %
Geometrie, Differenzialgeometrie	17 %

In dieser Aufzählung sind Hunderte von Briefen noch nicht erfasst.

14.1 Komplexe Zahlen bei Euler

Euler[7] war der erste, der die Abgeschlossenheit der komplexen Zahlen bei allen Rechenarten feststellte, insbesondere bei allen Arten von Wurzelziehen:

> Il paroit très vraisemblable que toute racine imaginaire, quelque compliquée quelle soit, est toujours réductible à la forme $M + N\sqrt{-1}$. (Es scheint sehr wahrscheinlich, dass jede Wurzel einer imaginären Zahl, wie kompliziert sie auch sei, stets auf die Form $M + N\sqrt{-1}$ gebracht werden kann.)

---

[7] Euler L.: Recherches sur les racines imaginaires des equations, Mémoires de l'Académie Royale des Sciences et Belles Lettres de Berlin, 5 (1749), § 64, § 76.

Nous verrons, qu'aucune opération ne nous sauroit écarter de cette forme. (Wir werden sehen, dass keine Rechenoperation uns von dieser Form abbringen kann.)

In seiner *Anleitung zur Algebra* (II, Abs. 2, § 117) schreibt Euler, *die folgende Regel* [für reelle Zahlen] *gelte auch für imaginäre oder unmögliche(!) Zahlen:*

$$\sqrt{a + \sqrt{b}} = \sqrt{\frac{a + \sqrt{a^2 - b}}{2}} + \sqrt{\frac{a - \sqrt{a^2 - b}}{2}}$$

Hier findet er eine Lösung der Gleichung $z^2 = 1 + 4\sqrt{-3}$:

$$\sqrt{1 + 4\sqrt{-3}} = \sqrt{\frac{1 + \sqrt{1 + 48}}{2}} + \sqrt{\frac{1 - \sqrt{1 + 48}}{2}} = \sqrt{\frac{1 + 7}{2}} + \sqrt{\frac{1 - 7}{2}} = 2 + \sqrt{-3}$$

Bei Euler existiert auch noch die Schreibweise $\sqrt{-2} \cdot \sqrt{-3} = \sqrt{6}$; er beachtete nicht, dass der Produktsatz für Wurzeln $\sqrt{ab} = \sqrt{a}\sqrt{b}$ nur für nichtnegative reelle Zahlen gilt.

Die Euler'sche Zahl

In seinem Werk *Introductio in Analysis Infinitorem* (1748) definieret Euler die Zahl e durch den Grenzwert, hier in moderner Schreibweise:

$$e = \lim_{n \to \infty} \left(1 + \frac{1}{n}\right)^n$$

Euler schrieb den Grenzwert in Form von:

$$e = \left(1 + \frac{1}{\omega}\right)^\omega$$

Hier stellt $\omega \to \infty$ eine unendliche große Größe dar. Interessant ist, dass die Idee des Rechnens mit unendlichen großen (kleinen) Zahlen erst 1960 von Abraham Robinson in seiner Nicht-Standard-Analysis wieder aufgenommen wurde.

Euler beweist, dass jede rationale Zahl als *endlicher* Kettenbruch geschrieben werden kann. Jede irrationale Zahl hat somit einen unendlichen Kettenbruch. Die Irrationalität von e zeigte er durch den nicht periodischen und nicht abbrechenden Kettenbruch:

$$e = 2 + \cfrac{1}{1 + \cfrac{1}{2 + \cfrac{2}{3 + \cfrac{3}{4 + \cfrac{4}{5 + \cfrac{5}{\cdots}}}}}}$$

Die Eulersche Identität

In derselben Schrift publizierte Euler die berühmte Formel

$$e^{\pm ix} = \cos x \pm i \sin x$$

Die Schreibweise ist ein kleiner Vorgriff, da Euler erst 1777 das Symbol i für $\sqrt{-1}$ eingeführt. Einsetzen von $x = \pi$ ergibt die berühmte Euler'sche Identität

$$e^{i\pi} = \cos\pi + i\sin\pi = -1 \;\Rightarrow\; e^{i\pi} + 1 = 0$$

Sie vereint die fünf wichtigsten Konstanten $\{e, \pi, i, 0, 1\}$. Einsetzen von $x = 2\pi$ liefert eine andere Form:

$$e^{2\pi i} = \cos(2\pi) + i\sin(2\pi) = 1 \;\Rightarrow\; e^{2\pi i} = 1$$

Die Exponentialreihe

Daniel Bernoulli hatte in einem Brief vom 30. Januar 1728 an C. Goldbach schon eine Exponentialreihe geschickt in der Form von:

$$\left(\frac{A+1}{A}\right)^A = 1 + 1 + \frac{1}{1 \cdot 2} + \frac{1}{1 \cdot 2 \cdot 3} + \frac{1}{1 \cdot 2 \cdot 3 \cdot 4} + etc\;(posito\;A = \infty)$$

Mithilfe der Binomialreihe findet Euler die Exponentialreihe:

$$\left(1 + \frac{1}{n}\right)^n = 1 + n\left(\frac{1}{n}\right) + \frac{n(n-1)}{2!}\left(\frac{1}{n}\right)^2 + \frac{n(n-1)(n-2)}{3!}\left(\frac{1}{n}\right)^3 + \cdots + \left(\frac{1}{n}\right)^n.$$

Vereinfachen führt zu:

$$\left(1 + \frac{1}{n}\right)^n = 1 + 1 + \frac{\left(1 - \frac{1}{n}\right)}{2!} + \frac{\left(1 - \frac{1}{n}\right)\left(1 - \frac{2}{n}\right)}{3!} + \cdots + \frac{1}{n^n}$$

Im Grenzwert $n \to \infty$ ergibt sich:

$$\lim_{n \to \infty}\left(1 + \frac{1}{n}\right)^n = 1 + 1 + \frac{1}{2!} + \frac{1}{3!} + \cdots + \frac{1}{n!} + \cdots$$

Es gilt in komplexer Form:

$$e^z = 1 + \frac{z}{1!} + \frac{z^2}{2!} + \frac{z^3}{3!} + \cdots + \frac{z^n}{n!} + \cdots$$

Einsetzen von $z = x + iy$ liefert:

$$e^{x+iy} = e^x e^{iy} = e^x\left[1 + \frac{iy}{1!} - \frac{y^2}{2!} - \frac{iy^3}{3!} + \frac{y^4}{4!} + \frac{iy^5}{5!} - \frac{y^6}{6!} \pm \cdots\right]$$

Trennen von Real- und Imaginärteil zeigt:

$$e^{iy} = \left[1 - \frac{y^2}{2!} + \frac{y^4}{4!} - \frac{y^6}{6!} \pm\right] + i\left[\frac{y}{1!} - \frac{y^3}{3!} + \frac{y^5}{5!} \pm \cdots\right]$$

In den eckigen Klammern erkennt man die Cosinus- bzw. die Sinusreihe. Dies zeigt:

$$e^z = e^x(\cos y + i\sin y)$$

Durch Addition und Subtraktion von $e^{\pm ix} = \cos x \pm i \sin x$ erhält man die Formeln:

$$\cos x = \frac{1}{2}\left(e^{ix} + e^{-ix}\right) \quad \therefore \quad \sin x = \frac{1}{2i}\left(e^{ix} - e^{-ix}\right) \quad \therefore \quad \tan x = \frac{1}{i}\frac{e^{ix} - e^{-ix}}{e^{ix} + e^{-ix}}$$

Die Identität für $\cos x$ bestätigte er anhand einer Differenzialgleichung:

$$\frac{d^2 y}{dx^2} + y = 0$$

Hier fand er zwei Lösungen: $y = 2\cos x$ und $y = e^{x\sqrt{-1}} + e^{-x\sqrt{-1}}$; beide hatten dieselbe Reihenentwicklung:

$$2\left(1 - \frac{x^2}{2!} + \frac{x^4}{4!} - \frac{x^6}{6!} + ..etc\right)$$

Gleichsetzen der Funktionen liefert ebenfalls:

$$\cos x = \frac{1}{2}\left(e^{ix} + e^{-ix}\right)$$

Die Abb. 14.9 zeigt die Konvergenz der komplexen geometrischen Reihe mit $z = 0.8 + i \cdot 0.45$:

$$1 + z + z^2 + z^3 + \cdots + z^n + \cdots = \frac{1}{1 - z}$$

Konvergenzpunkt ist $(0.824742;\, i \cdot 1.855670)$.

Anwendungen auf trigonometrische Funktionen
Mithilfe dieser Formeln lassen sich Integrale von trigonometrischen Funktion berechnen. Beispiel ist:

$$\int \cos^2 x\, dx = \frac{1}{4}\int \left(e^{ix} + e^{-ix}\right)^2 dx = \frac{1}{4}\int \left(e^{2ix} + 2 + e^{-2ix}\right) dx$$

$$= \frac{1}{4}\left[\frac{e^{2ix}}{2i} + 2x - \frac{e^{-2ix}}{2i}\right] = \frac{1}{4}(2x + \sin 2x) + C$$

Auch die Ableitungen der arcsin- und arctan-Funktion fand Euler[8] mittels komplexer Rechnung. Es sei $y = \arcsin x$. Dann gilt mit der Euler'schen Formel:

$$e^{iy} = \cos y + i \sin y = \sqrt{1 - x^2} + ix$$

---

[8] Euler L.: Institutiones Calculi Differentialis, Opera Omnia, Ser. I, Vol. 10, Leipzig 1913, S. 132–134.

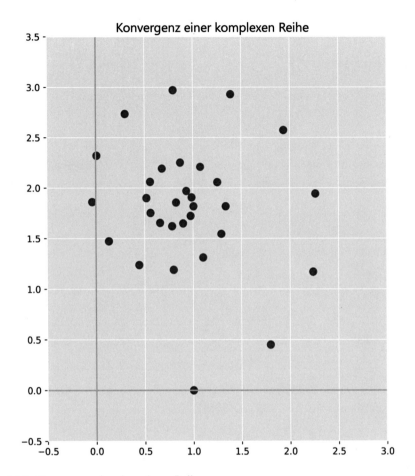

Abb. 14.9 Konvergenz einer komplexen Reihe

Logarithmieren zeigt:

$$y = \frac{1}{i} \ln \left(\sqrt{1 - x^2} + ix \right)$$

Differenzieren liefert:

$$dy = \frac{1}{i} \frac{-x\left(1 - x^2\right)^{-\frac{1}{2}} dx + i\, dx}{\sqrt{1 - x^2} + ix} = \frac{1}{i} \frac{i\sqrt{1 - x^2} - x}{\sqrt{1 - x^2} + ix} \frac{dx}{\sqrt{1 - x^2}}$$

$$\Rightarrow d(\arcsin x) = \frac{dx}{\sqrt{1 - x^2}}$$

In gleicher Weise folgt:

$$y = \arctan x = \frac{1}{2i} \ln \frac{1 + ix}{1 - ix}$$

Differenzieren liefert:

$$dy = \frac{1}{2i}\frac{1-ix}{1+ix}\frac{-2i}{(x+i)^2} = \frac{(1-ix)^2}{1+x^2}\frac{(-1)}{(x+i)^2}$$

$$\Rightarrow d(\arctan x) = \frac{dx}{1+x^2}$$

Komplexe Wurzeln und Logarithmen

Da die Sinus- und die Cosinusfunktion die Periode 2π haben, folgt, dass auch die komplexe Exponentialfunktion $e^z = e^x e^{iy}$ eine imaginäre Periode $2\pi i$ hat; es gilt also:

$$e^{iy} = e^{i(y+2\pi)} = e^{i(y+4\pi)} = \cdots = e^{i(y+2k\pi)}; \; k \in \mathbb{Z}$$

Damit lassen sich komplexe Wurzeln ziehen. Gesucht seien die Lösungen von $z^5 = 4 + 3i$. Die fünf Wurzeln ergeben sich mit $\left|z^5\right| = |4 + 3i| = 5; \; \varphi = \arctan\frac{3}{4}$ aus:

$$z = \sqrt[5]{5}\exp i(\varphi + 2k\pi)/5; \; k \in \{0; 1; 2; 3; 4\}$$

Es ergeben sich die 5 Wurzeln:

$$
\begin{aligned}
&1.36831868 + 0.17708171i\\
&0.25441901 + 1.35606965i\\
&-1.21107908 + 0.66101543i\\
&-1.00290705 - 0.94753965i\\
&0.59124844 - 1.24662714i
\end{aligned}
$$

Die Abb. 14.10 zeigt die Lösungen als Ecken eines regulären Fünfecks.

Da die komplexe Exponentialfunktion mehrdeutig ist, überträgt sich dies auch auf den Logarithmus.

$$z = re^{i(\varphi+2k\pi)} \quad \Rightarrow \quad \ln z = \ln r + i(\varphi + 2\pi k); \; k \in \mathbb{Z}$$

Der Wert für $k = 0$ wird *Hauptwert* genannt. Die Zahl $(1 + i)$ hat den Logarithmus:

$$\ln(1+i) = \ln\sqrt{2} + i\left(\frac{\pi}{4} + 2\pi k\right)$$

Bestimmte Regeln des logarithmischen Rechnens sind nicht auf alle komplexen Zahlen übertragbar; dies bereitete Schwierigkeiten. So gilt z. B. nicht allgemein:

$$\log x + \log y \overset{?}{=} \log xy \quad \therefore \quad \log x^y \overset{?}{=} y\log x$$

Gegenbeispiele sind:

$$\ln(-1+i) + \ln(-1+i) = \ln 2 + \frac{3}{4}\pi i \ddagger \ln[(-1+i)(-1+i)] = \ln 2 - \frac{1}{4}\pi i$$

$$\ln\left(e^{2\pi i}\right) = \ln 1 = 0 \ddagger 2\pi i \ln e = 2\pi i$$

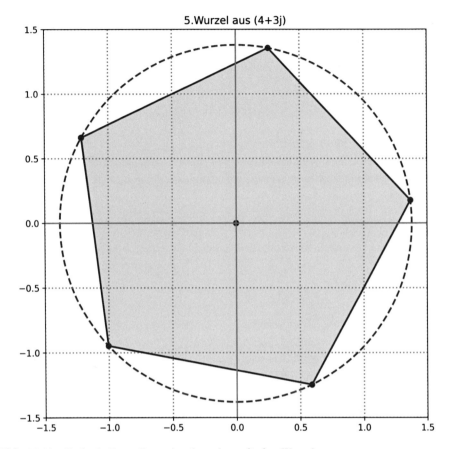

Abb. 14.10 Grafische Darstellung einer komplexen fünften Wurzel

Besondere Probleme bereiteten die Logarithmen von negativen, reellen Zahlen. In einem Brief an d'Alembert erkannte Euler 1747, *der Logarithmus einer negativen (reellen) Zahl habe unendlich viele verschiedene Werte*. So gilt:

$$\ln(x) = \ln|x| + \pi i(1 + 2\pi k); \ k \in \mathbb{Z}$$

Der Hauptwert von $\ln(-1)$ ist damit gleich πi, wie es auch durch Logarithmieren der Euler'schen Identität hervorgeht:

$$e^{\pi i} = -1 \ \Rightarrow \ \ln(-1) = \pi i$$

Der Hauptwert von $\ln(i)$ ist $i\frac{\pi}{2}$.

Ein lange diskutiertes Problem war die Bestimmung der Zahl i^i. Euler gelang dies 1749; aber d'Alembert behauptete, ihm zuvorgekommen zu sein. Hier gilt:

$$i^i = e^{i \ln i} = \exp\left[i\left(\frac{\pi}{2} + 2\pi k\right)i\right] = e^{-\left(\frac{\pi}{2} + 2\pi k\right)}$$

Der Hauptwert ist $i^i = e^{-\frac{\pi}{2}} = 0.2078795763$; eine imaginäre Potenz liefert hier eine reelle Zahl! Euler[9] schrieb dazu in einem Brief an Goldbach (1746):

> Letztens habe gefunden, dass diese expressio $\left(\sqrt{-1}\right)^{\sqrt{-1}}$ einem valorem realem habe, welcher in fractionibus decimalibus $= 0{,}2078795763$, welches mir merkwürdig zu seyn scheint.

Auch heute kann der Wert von 1^i noch zu Diskussionen führen. Es gilt $1^i = e^{-2\pi k}$ mit dem Hauptwert $1^i = 1$. Es ist *nicht* allgemeingültig, dass jede Potenz von 1 wieder 1 ist. Noch erstaunlicher ist, dass eine reelle Potenz mit reeller Basis komplex wird. Dies ist der Fall für:

$$1^\pi = \cos\left(2\pi^2 k\right) + i \sin\left(2\pi^2 k\right); k \in \mathbb{Z}$$

Nur der Hauptwert von $1^\pi = 1$ ist reell.

Für die Wurzel $i^{1/2}$ gilt zunächst die Periodizität:

$$i^{1/2} = \left[\exp i\left(\frac{\pi}{2} + 2k\pi\right)\right]^{1/2} = e^{i\pi/4} \cdot \underbrace{e^{ik\pi}}_{\pm 1} = \pm e^{i\pi/4}$$

$$\Rightarrow i^{1/2} = \pm\left(\cos\frac{\pi}{4} + i\sin\frac{\pi}{4}\right) = \pm\frac{1}{2}\sqrt{2}(1 + i)$$

Trotz der Periodizität gibt es hier genau zwei Wurzeln, wie es eine komplexe Quadratwurzel erfordert.

Eine **Anekdote:** Der bekannte Logiker Benjamin Pierce sah in der Euler'schen Identität eine Art von Offenbarung und schrieb sie während einer Vorlesung in folgender Form an die Tafel:

$$i^{-i} = \sqrt{e^\pi}$$

Er sagte dazu (zitiert nach Coolidge[10]):

> Gentlemen, sie ist wahr und doch paradox. Wir können sie nicht verstehen und haben keine Ahnung, was sie bedeutet. Aber wir haben sie bewiesen und wissen, dass es etwas Wahres ist.

14.2   Die Euler-Konstante

Euler ging aus von der Mercator-Reihe:

$$\ln(1 + x) = x - \frac{1}{2}x^2 + \frac{1}{3}x^3 - \frac{1}{4}x^4 + \cdots$$

---

[9]Fuss P. H.: Correspondance mathématique et physique de quelques célèbres géomètres du XVIIIième siècle, Tome I, 1843, S. 383.

[10]Coolidge J. L.: The Number e, American Mathematical Monthly 57 (1950), 591–602.

Setzt man der Reihe nach die Werte $\left\{1; \frac{1}{2}; \frac{1}{3}; \frac{1}{4}; \ldots; \frac{1}{n}\right\}$ ein und stellt die Gleichungen um, so erhält man:

$$1 = \ln(2) + \frac{1}{2} - \frac{1}{3} + \frac{1}{4} - \frac{1}{5} + \cdots$$

$$\frac{1}{2} = \ln\left(\frac{3}{2}\right) + \frac{1}{2}\frac{1}{2^2} - \frac{1}{3}\frac{1}{2^3} + \frac{1}{4}\frac{1}{2^4} - \frac{1}{5}\frac{1}{2^5} + \cdots$$

$$\frac{1}{3} = \ln\left(\frac{4}{3}\right) + \frac{1}{2}\frac{1}{3^2} - \frac{1}{3}\frac{1}{3^3} + \frac{1}{4}\frac{1}{3^4} - \frac{1}{5}\frac{1}{3^5} + \cdots$$

$$\cdots \quad \cdots$$

$$\frac{1}{n} = \ln\left(\frac{n+1}{n}\right) + \frac{1}{2}\frac{1}{n^2} - \frac{1}{3}\frac{1}{n^3} + \frac{1}{4}\frac{1}{n^4} - \frac{1}{5}\frac{1}{n^5} + \cdots$$

Addiert man alle diese Gleichungen, so entfallen die Logarithmen bis auf den Letzten und man erhält:

$$\left(1 + \frac{1}{2} + \frac{1}{3} + \frac{1}{4} + \frac{1}{5} + \cdots + \frac{1}{n}\right) - \ln(n+1) = \frac{1}{2}\left(1 + \frac{1}{2^2} + \frac{1}{3^2} + \frac{1}{4^2} + \frac{1}{5^2} + \cdots + \frac{1}{n^2}\right)$$
$$- \frac{1}{3}\left(1 + \frac{1}{2^3} + \frac{1}{3^3} + \frac{1}{4^3} + \frac{1}{5^3} + \cdots + \frac{1}{n^3}\right)$$
$$+ \frac{1}{4}\left(1 + \frac{1}{2^4} + \frac{1}{3^4} + \frac{1}{4^4} + \frac{1}{5^4} + \cdots + \frac{1}{n^4}\right) - \cdots$$

In Summenschreibweise ist dies:

$$H_n - \ln(n+1) = \frac{1}{2}\sum\nolimits_{k=1}^{n}\frac{1}{k^2} - \frac{1}{3}\sum\nolimits_{k=1}^{n}\frac{1}{k^3} + \frac{1}{4}\sum\nolimits_{k=1}^{n}\frac{1}{k^4} - \cdots$$
$$= \sum\nolimits_{k=2}^{\infty}\frac{(-1)^k}{k}\zeta(k)$$

Dabei ist $\zeta(k)$ die bekannte *Zetafunktion*, die ihren Namen erst später erhielt.

$$\zeta(k) = \sum\nolimits_{k=1}^{\infty}\frac{1}{n^k}$$

Die auf der rechten Seite stehende Folge konvergiert nur langsam, zeigt aber, dass der folgende Grenzwert existiert:

$$\gamma = \lim_{n\to\infty}[H_n - \ln(n+1)]$$

In der Schrift *De progressionibus harmonicis observationes*, publiziert 1743, schreibt Euler:

Die [obenstehende] Reihe wird, da konvergent, gegen eine Konstante C = 0.577218 konvergieren.

Die Konstante C ist nicht korrekt an der 6. Stelle. Euler nannte sie später γ und korrigierte zwei Jahre später ihren Wert auf 15 Dezimalen 0.577215664901532. Lorenzo *Mascheroni* (1750–1800) berechnete in seiner Schrift *Adnotationes ad calculum integrale Euleri* 1790 die Konstante auf 32 Dezimalen genau. Die Euler-Konstante γ wird daher – obwohl von Euler erfunden – auch nach Lorenzo Mascheroni (1750–1800) benannt. Sie tritt auch bei vielen Integralen auf, wie

$$\gamma = -\int_0^\infty e^{-t} \ln t \, dt$$

Eine einfache Abschätzung für $H_n - \ln n$ liefert der Vergleich der Riemann'schen Ober- bzw. Untersumme des Integrals $\int_1^n \frac{dx}{x}$:

$$\frac{1}{2} + \frac{1}{3} + \frac{1}{4} + \frac{1}{5} + \cdots + \frac{1}{n} < \ln n < 1 + \frac{1}{2} + \frac{1}{3} + \frac{1}{4} + \frac{1}{5} + \cdots + \frac{1}{n-1}$$

Umformen ergibt die Schranken Null und Eins im Grenzwert $n \to \infty$:

$$\frac{1}{n} < H_n - \ln n < 1$$

Eine weitere Umstellung zeigt die Konvergenz:

$$0 < \ln n - (H_n - 1) < 1 - \frac{1}{n} < 1$$

Aus der Euler-Maclaurinschen Formel lässt sich für die Partialsumme der harmonischen Reihe folgende Näherung herleiten:

$$H_n \approx \ln n + \gamma + \frac{1}{2n} - \frac{1}{12n^2} + \frac{1}{120n^4} - \cdots$$

Anwendung Diese Formel hilft das berühmte Sammlerproblem zu lösen: Wie viele Bilder muss man zufällig sammeln, um eine vollständige Serie von n Bilder zu komplettieren? Der Erwartungswert der zu sammelnden Bilder beträgt:

$$E(n) = nH_n \approx n(\ln n + \gamma) + \frac{1}{2}$$

Für die Fußball-Weltmeisterschaft der Männer 2018 produzierte ein italienischer Verlag $n = 682$ verschiedene Sammelbilder. Es gilt:

$$E(682) \approx 682(\ln 682 + 0.5772) + 0.5 \approx 4844$$

Somit müssen insgesamt 4844 verschiedene Bilder gesammelt werden, um diesen Satz zu komplettieren!

14.3   Eulers Beiträge zur Geometrie

1. Das Euler-Dreieck

Die Mittelpunkte der Verbindungsstrecken des Höhenschnittpunkts H mit den Eckpunkten heißen die Euler-Punkte (E_a, E_b, E_c). Diese Punkte bestimmen das Euler-Dreieck (Abb. 14.11). Es hat u. a. folgende Eigenschaften:

- Es ist das Bild des Dreiecks ABC bei der zentrischen Streckung mit Zentrum H und dem Streckfaktor $\frac{1}{2}$
- Es ist kongruent zum Mittendreieck (M_a, M_b, M_c)
- Sein Umkreis ist der Feuerbach- oder 9-Punkte-Kreis des Dreiecks.

Der 9-Punkte-Kreis enthält die 3 Höhenfußpunkte (H_a, H_b, H_c), die 3 Seitenmittelpunkte und die 3 Euler-Punkte. Euler kannte den 9-Punkte-Kreis seit 1765, lange vor K. Feuerbach (1822).

2. Die Euler-Gerade

Eine Aufgabenstellung der Berliner Akademie umfasste das Problem, wie ein Dreieck konstruiert werden kann, wenn Umkreismittelpunkt U, Höhenschnittpunkt H und Schwerpunkt S gegeben sind. Durch analytische Berechnung der drei Punkte entdeckte Euler, dass diese Punkte kollinear sind (Abb. 14.12). Wegen der genannten Eigenschaften des Euler-Dreiecks enthält die Euler-Gerade auch noch den Mittelpunkt N des 9-Punkte-Kreises; dieser wird oft nach Feuerbach benannt, ist aber bereits 1821 von Poncelet und Brianchon entdeckt worden. Euler publizierte das Ergebnis unter dem Titel *Solutio facilis problematum quorundam geometricorum difficillimorum* in den Berichten der Petersburger Akademie (1765). Es gilt das Verhältnis der Strecken:

$$|US| : |SN| : |NH| = 2 : 1 : 3$$

Abb. 14.11 Das Euler-Dreieck

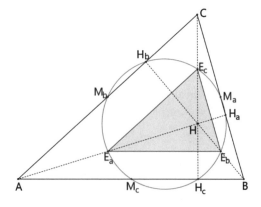

Abb. 14.12 Die Euler-Gerade

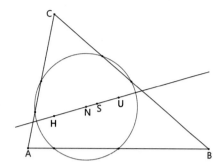

Die vollständigen Berechnungen Eulers wurden von H. T. Lutsdorf[11] rekonstruiert. Die Koordinaten der wichtigsten Punkte sind:

- Umkreismittelpunkt:

$$x_U = \frac{c}{2}; y_U = \frac{c}{8A}(a^2 + b^2 - c^2)$$

- Inkreismittelpunkt:

$$x_I = \frac{c + b - a}{2}; y_I = \frac{2A}{a + b + c}$$

- Schwerpunkt:

$$x_S = \frac{b^2 + 3c^2 - a^2}{6c}; y_S = \frac{2A}{3c}$$

- Höhenschnittpunkt:

$$x_H = \frac{b^2 + c^2 - a^2}{2c}; y_H = \frac{(b^2 + c^2 - a^2)(a^2 + c^2 - b^2)}{8Ac}$$

Der Flächeninhalt A kann über die Heron'sche Formel ermittelt werden.

3. Eine weitere Euler-Gerade

Ein Punkt P außerhalb (des Dreiecks) wird mit den Eckpunkten A, B, C des Dreiecks verbunden. Vom Mittelpunkt der jeweiligen Gegenseite werden die Parallelen zu diesen Verbindungsgeraden gezogen; diese schneiden sich in einem Punkt R (Abb. 14.13). Euler konnte zeigen, dass auch der Schwerpunkt S des Dreiecks auf dieser Geraden PR liegt, und es gilt:

---

[11]Lutsdorf H. T.: Die Euler-Gerade und ihre ursprüngliche Herleitung, eine Studie in klassischer Algebra, ETH Zürich 2012. https://doi.org/10.3929/ethz-a-007579209.

Abb. 14.13 Eine weitere
Euler-Gerade

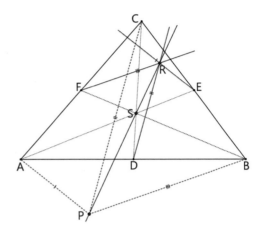

$$|PS| : |SR| = 2 : 1$$

4. Ein Satz ähnlich dem Satz von Ceva

Bei einem Vortrag im Mai 1780 an der Akademie in St. Petersburg bewies Euler den Satz
(gedruckt als *Geometria et spherica quaedam,* 1815):

Schneiden sich die 3 Transversalen (AA′, BB′, CC′) eines Dreiecks in einem Punkt P,
so gilt:

$$\frac{|PA'|}{|AA'|} + \frac{|PB'|}{|BB'|} + \frac{|PC'|}{|CC'|} = 1$$

5. Ein Satz von Euler

Euler bestimmte 1765 auch den Abstand d im Dreieck zwischen dem Umkreis- und
Inkreismittelpunkt. Sind R, r die entsprechenden Radien, so gilt der Satz von Euler:

$$d^2 = R(R - 2r) \Leftrightarrow \frac{1}{R-d} + \frac{1}{R+d} = \frac{1}{r}$$

Die Formel zeigt, dass der Radius des Umkreises mindestens doppelt so groß ist wie der
des Inkreises. Das Resultat war zuvor bereits von William Chapple (*Misc. Curiosa math.*
1746) entdeckt worden. Das Resultat seiner Dreieckstheorie ist die (einfach aussehende)
Formel:

$$abc = 4rRs$$

Hier ist s der halbe Dreiecksumfang. Speziell für rechtwinklige Dreiecke gilt mit
$A = \frac{1}{2}ab; R = \frac{c}{2}$:

$$A = rs$$

Auflösen dieser allgemein gültigen Formel liefert den Umkreisradius:

$$R = \frac{abc}{4rs} = \frac{abc}{4A}$$

6. Satz von Euler-Fuß

Ist ein Viereck zugleich Sehnen- und Tangenten-Viereck, so gilt für den Abstand d beider Kreismittelpunkte:

$$\frac{1}{(R+d)^2} + \frac{1}{(R-d)^2} = \frac{1}{r^2}$$

Dabei sind R, r die Radien des Umkreises bzw. Inkreises. Heinrich Dörrie[12] weist darauf hin, dass Nikolaus Fuß den Satz auf entsprechende Fünf-, Sechs-, Sieben- und Achtecke verallgemeinert hat (Nova Acta Petropol. XIII, 1798).

7. Eulers Beweis zum Heron-Satz

Euler kannte die Heron'sche Formel für die Dreiecksfläche und nannte sie *denkwürdig*. In seiner Schrift *Variae demonstrationes geometriae* (1748) kündigte er dennoch einen rein geometrischen Beweis an (Abb. 14.14).

Euler zeichnete zuerst den Inkreis (Mittelpunkt O) ein und verlängerte die Winkelhalbierende BO. Das Lot vom Punkt O auf die Seite AB hat den Fußpunkt S. Das Lot vom Inkreismittelpunkt auf die Seite AC hat den Fußpunkt U. Das Lot von A auf die Winkelhalbierende BO schneidet diese im Punkt V. Beide Lote bilden mit der Strecke AS das Dreieck $\triangle ASN$.

Der Winkel $\sphericalangle AOV$ ist Nebenwinkel im Dreieck $\triangle ABO$; es gilt nach Euklid (I, 33) somit:

$$\sphericalangle AOV = \sphericalangle OAB + \sphericalangle OBA = \frac{\alpha}{2} + \frac{\beta}{2}$$

Da das Dreieck $\triangle AOV$ rechtwinklig ist, sind die Winkel $\sphericalangle AOV$ und $\sphericalangle OAV$ Komplementärwinkel; damit gilt:

$$\frac{\alpha}{2} + \frac{\beta}{2} + \sphericalangle OAV = 90°$$

Da die halbe Winkelsumme $\frac{1}{2}(\alpha + \beta + \gamma)$ ebenfalls 90° umfasst, gilt $\sphericalangle OAV = \frac{\gamma}{2} = \sphericalangle OCU$. Die Dreiecke $\triangle AOV$ und $\triangle OCU$ stimmen in den Winkeln überein und sind somit ähnlich. Es gilt daher die Proportion der Seiten:

$$\frac{|AV|}{|VO|} = \frac{|CU|}{|OU|} = \frac{z}{r}$$

---

[12] Dörrie H.: Triumph der Mathematik, Verlag Hirt Breslau 1933, S. 191.

Abb. 14.14 Zum Beweis von
Euler

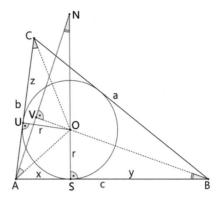

Es gibt noch weitere ähnliche Dreiecke wie $\triangle NOV \sim \triangle NAS \wedge \triangle NAS \sim \triangle BAV \Rightarrow \triangle NOV \sim \triangle BAV$. Dies liefert die Proportion:

$$\frac{|AV|}{|VO|} = \frac{|AB|}{|ON|}$$

Kombiniert man die Proportionen, so folgt mit dem halben Umfang s

$$\frac{z}{r} = \frac{|AB|}{|ON|} = \frac{x+y}{|SN|-r} \;\Rightarrow\; z \cdot |SN| = r(x+y+z) = rs \qquad (1)$$

Da $\sphericalangle BOS, \sphericalangle VON$ kongruente Scheitelwinkel sind, gilt:

$$\sphericalangle OBS = 90° - \sphericalangle BOS = 90° - \sphericalangle VON = \sphericalangle ANS$$

Somit sind auch die Dreiecke $\triangle NAS \sim \triangle BOS$ ähnlich, dies liefert die Proportion:

$$\frac{|SN|}{|AS|} = \frac{|BS|}{|OS|} \;\Rightarrow\; \frac{|SN|}{x} = \frac{y}{r} \;\Rightarrow\; |SN| = \frac{xy}{r} \qquad (2)$$

Zusammengefasst ergibt sich mit (1) und (2) für die Dreiecksfläche:

$$F(\triangle ABC) = rs = \sqrt{rs \cdot rs} = \sqrt{z|SN|rs} = \sqrt{z\frac{xy}{r}rs} = \sqrt{sxyz} = \sqrt{s(s-a)(s-b)(s-c)}$$

8. Ein Vierecksatz von Euler

In einem konvexen Viereck (eben oder räumlich) gilt (Abb. 14.15):

$$a^2 + b^2 + c^2 + d^2 = e^2 + f^2 + 4g^2$$

Dabei ist g der Abstand der beiden Diagonalmittelpunkte. Speziell für punktsymmetrische Vierecke gilt $g = 0$ und der Euler-Satz wird zum Parallelogrammsatz:

$$2a^2 + 2b^2 = e^2 + f^2$$

Abb. 14.15 Zum Vierecksatz
von Euler

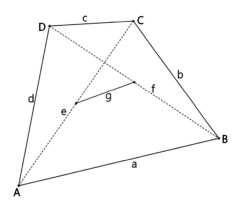

9. Die Euler'sche Polyederformel

In einem Brief vom November 1750 an Goldbach berichtet Euler von der Polyeder-formel, die er empirisch gefunden hat und für die er nun einen Beweis sucht:

Ist E die Anzahl der Ecken, K die Anzahl der Kanten und F die Anzahl der Flächen eines beschränkten konvexen Polyeders, dann gilt:

$$E + F = K + 2$$

Briefmarken der DDR und der Schweiz würdigen die Entdeckung der Polyederformel (Abb. 14.16). Wie man erst später entdeckt hat, findet sich eine frühe Form des Polyeder-satzes schon bei Descartes.

Betrachtet man die „Kirche" in Abb. 14.17 links, so zählt man $E = 15$ Ecken, $F = 13$ Flächen und $K = 26$ Kanten; die Polyederformel ist erfüllt. Projiziert man einen platonischen Körper in eine Ebene, so entsteht ein platonischer Graph. Die die Anzahl der „Flächen" vermindert sich dabei um Eins; sie bleibt aber gleich, wenn man das Äußere des Graphen mitzählt.

Für durchbohrte Körper gilt der erweiterte Euler'sche Polyedersatz:

$$E + F - K = \chi$$

Abb. 14.16 Briefmarken der DDR und Schweiz mit Darstellung der Euler'schen Polyederformel

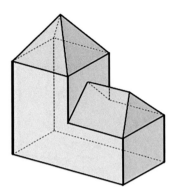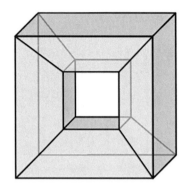

Abb. 14.17 Zwei Beispiele zur Polyederformel

χ heißt die Euler'sche Charakteristik und ist bestimmt durch den *Genus g* des Polyeders: $\chi = 2 - 2g$. Für den Körper der Abb. 14.17 rechts gilt $E = 16$; $F = 16$ und $K = 32$; es folgt:

$$E + F - K = \chi = 0 \;\Rightarrow\; g = 1$$

Ein einmal durchbohrter Polyeder hat also den *Genus* Eins. Die Formel $E + F - K = 0$ für diese Polyeder wird auch nach Simon A. J. l'Huilier (1750–1840) benannt.

14.4   Vollständige Anleitung zur Algebra

Lisez Euler, lisez Euler, c'est notre maître à tous (S.-P. de Laplace)

Eulers *Vollständige Anleitung zur Algebra* (Abb. 14.18) stellt einen wichtigen Prototyp eines Mathematiklehrbuchs dar, dessen Manuskript 1765 auf Deutsch verfasst wurde. Im Jahre 1767/68 ist es auf Russisch erschienen, vier Jahre, bevor Euler nach einer Operation nahezu erblindet war. Der Erstdruck in deutscher Sprache erfolgte 1770 in zwei Bänden. Johann Bernoulli III fertigte 1770 eine französische Übersetzung *Éléments d'algebre* (1774 in Paris/Lyon gedruckt). Dafür stellte später Joseph-Louis de Lagrange einen Anhang bereit; dies stellt die maßgebliche Standardausgabe dar. Die erste Übersetzung ins Englische erfolgte 1822 durch John Hewlett.

Die *Algebra* erlebte zahlreiche Auflagen und wurde in weitere Sprachen übersetzt. Das Buch ist in drei Teile geteilt:

- Teil I behandelt die verschiedenen Rechnungsarten und die Proportionen.
- Teil II zerfällt in zwei Abschnitte: „Von den algebraischen Gleichungen und ihrer Auflösung" bzw. „Von der unbestimmten Analytik".
- Teil III enthält die Ergänzungen von Lagrange, die 1796 von Hofrat C. F. Kaußler der Algebra beigefügt wurden.

Abb. 14.18 Titelblatt
zu Eulers Algebra (Euler,
Vollständige Anleitung zur
Algebra 1770)

Die Aufgaben werden zitiert nach der Ausgabe von J. E. Hofmann[13]. Da im zweiten Teil
des Buchs der Reclam-Ausgabe die Aufgaben nicht mehr durchnummeriert sind, wird
noch der jeweilige Abschnitt (Abs.) angegeben.

(I, § 298) Euler entwickelt hier $\frac{1}{1+a}$ in eine Reihe mittels der Polynomdivision:

```
1 : (1+a) = 1–a+a²–a³+a⁴–…
1+a
 –a
 –a–a²
   +a²
   +a²+a³
     –a³
     –a³–a⁴
       +a⁴
       +a⁴+a⁵  usw.
```

Die Reihe kann auch geometrisch hergeleitet werden:

$$\frac{1}{1+a} = 1 - a + a^2 - a^3 + a^4 - a^5 + \cdots$$

---

[13] Euler L., Hofmann J. E. (Hrsg.): Vollständige Anleitung zur Algebra, Reclam Stuttgart 1959.

Kurioserweise setzte er hier $a = 1$ ein und erhielt die „Reihe":

$$\frac{1}{1+1} = \frac{1}{2} = 1 - 1 + 1 - 1 + 1 - 1 + 1 - 1 + \cdots$$

Er schrieb: Hört man mit (-1) auf, so gibt die „Summe" Null, hört man mit $(+1)$ auf, so gibt die „Summe" Eins. Den Wert $\frac{1}{2}$ interpretiert er somit als Mittelwert.

(I, § 374) In dieser Aufgabe zeigte Euler die binomische Formel für negative Potenzen:

$$\frac{1}{(a+b)^m} = \frac{1}{a^m} - \frac{m}{1}\frac{b}{a^{m+1}} + \frac{m}{1}\frac{m+1}{2}\frac{b^2}{a^{m+2}} - \frac{m}{1}\frac{m+1}{2}\frac{m+2}{3}\frac{b^3}{a^{m+3}} + \cdots$$

(I, § 674) Hier bewies Euler die schon erwähnte Umformung:

$$\sqrt{a + \sqrt{b}} = \sqrt{\frac{a + \sqrt{a^2 - b}}{2}} + \sqrt{\frac{a - \sqrt{a^2 - b}}{2}}$$

(I, Abs. 1, § 235) Hier bestimmte Euler den Zehnerlogarithmus von zwei mithilfe einer Intervallschachtelung (s. Abschn. 4.4.5).

(II, Abs. 1, § 21) Ein Vater hinterlässt einige Kinder und ein Vermögen, das die Kinder in folgender Art aufteilen:

Das erste nimmt 100 Reichstaler und dazu den zehnten Teil des Restes. Das zweite nimmt 200 Reichstaler und dazu den zehnten Teil des nunmehr erhaltenen Restes. Das dritte nimmt 300 Reichstaler und dazu den zehnten Teil des folgenden Restes. Das dritte nimmt 400 Reichstaler und dazu den zehnten Teil des verbliebenen Restes, usw.

Es stellt sich heraus, dass das ganze Vermögen unter den Kindern gleichmäßig verteilt worden ist. Nun ist die Frage, wie groß das Vermögen war, wie viele Kinder der Vater hinterließ und wie viel jedes bekam.

Euler wählte die Variablen z für das Gesamterbe und x für den Anteil jedes Kindes. Damit erhielt er folgende Tabelle:

Kind	Zu verteilen	Anteil
1	z	$x = 100 + (z - 100)/10$
2	$z - x$	$x = 200 + (z - x - 200)/10$
3	$z - 2x$	$x = 300 + (z - 2x - 300)/10$
4	$z - 3x$	$x = 400 + (z - 3x - 400)/10$
5	$z - 4x$	$x = 500 + (z - 4x - 500)/10$
6	$z - 5x$	$x = 600 + (z - 5x - 600)/10$

Die Differenz aus dem zweiten und ersten Anteil ist:

$$\left[200 + \frac{z - x - 200}{10}\right] - \left[100 + \frac{z - 100}{10}\right] = 100 + \frac{x + 100}{10}$$

Nullsetzen ergibt: $x = 900$. Einsetzen in die letzte Zeile liefert:

$$900 = 600 + \frac{z - 900 - 200}{10} \Rightarrow z = 8100$$

Es sind also $\frac{z}{x} = 9$ Kinder.

(II, Abs. 1, § 54–55) Drei Personen spielen miteinander. Im ersten Spiel verliert der Erste an jeden der beiden anderen so viel Geld, wie jeder von diesen bei sich hat. Im zweiten Spiel verliert der Zweite an den Ersten und Dritten so viel, wie jeder von diesen bei sich hat. Im dritten Spiel verliert der Dritte an den Ersten und Zweiten so viel, wie jeder von diesen bei sich hat. Nach beendigtem Spiel stellen sie fest, dass jeder von ihnen gleich viele, nämlich 24 Gulden, hat. Nun ist die Frage, wie viele jeder anfänglich hatte.

Euler gab hier zwei Lösungen, hier die elegantere mittels *Rückwärtsrechnen:* Da jeder zum Schluss 24 Gulden und der Erste und Zweite ihr Geld verdoppelt haben, müssen sie vor dem dritten Spiel folgende Beträge gehabt haben:

(1) 12; (2) 12; (3) 48

Im zweiten Spiel hat der Erste und Dritte sein Geld verdoppelt, also müssen sie vor dem zweiten Spiel folgende Beträge gehabt haben:

(1) 6; (2) 42; (3) 24

Im ersten Spiel hat der Zweite und Dritte sein Geld verdoppelt, also müssen sie vor dem ersten Spiel folgende Beträge gehabt haben:

(1) 39; (2) 21; (3) 12

(II, Abs. 1, § 92) Dies ist das bekannte *Eierproblem:*

Zwei Bäuerinnen tragen zusammen 100 Eier auf den Markt, die eine mehr als die andere, und lösen doch beide gleichviel Geld. Nun sagt die eine zur anderen: *Hätte ich deine Eier gehabt, so hätte ich 15 Kreuzer gelöst.* Darauf antwortete die andere: *Hätte ich deine Eier gehabt, so hätte ich $6\frac{2}{3}$ Kreuzer gelöst.* Wie viele Eier hat jede zuvor gehabt?

Die erste Bäuerin habe x Eier, die zweite $100 - x$. Da die erste $100 - x$ Eier für 15 Kreuzer verkauft hätte, setzt man mithilfe des Dreisatzes für den Erlös von x Eiern:

$$\frac{100 - x}{15} = \frac{x}{\frac{15x}{100 - x}}$$

Die zweite hätte x Eier für $6\frac{2}{3}$ Kreuzer erlöst, mithilfe des Dreisatzes erhält man für den Erlös von $100 - x$ Eiern

$$\frac{x}{\frac{20}{3}} = \frac{100 - x}{\frac{20}{3} \cdot \frac{100-x}{x}}$$

Gleichsetzen der Erlöse und vereinfachen zeigt:

$$45x^2 = 200000 - 4000x + 20x^2 \ \Rightarrow\ x^2 + 160x - 8000 = 0$$

Lösung der quadratischen Gleichung ist $x = -80 \pm 120 \ \Rightarrow\ x = 40$. Die erste Bäuerin hat 40 Eier, die zweite 60; jede erlöst 10 Kreuzer.

(II, Abs. 1, § 125–126) Zwei Zahlen sind zu finden, deren Summe, Produkt und Summe der Quadrate einander gleich sind.

Euler gab zwei Lösungen an, hier die elegantere. Er setzte die beiden Zahlen gleich $p \pm q$. Dann ist die Summe $2p$, das Produkt $p^2 - q^2$ und die Quadratsumme $2p^2 + 2q^2$. Gleichsetzen der Summe mit dem Produkt zeigt:

$$2p = p^2 - q^2 \ \Rightarrow\ q^2 = p^2 - 2p$$

Einsetzen in den dritten Term zeigt: $2p^2 + 2\left(p^2 - 2p\right) = 4p^2 - 4p$. Gleichsetzen mit dem ersten Term ergibt:

$$4p^2 - 4p = 2p \ \Rightarrow\ p = \frac{3}{2}$$

Damit gilt: $q = \sqrt{p^2 - 2p} = \frac{1}{2}\sqrt{-3}$. Die beiden gesuchten Zahlen sind damit $\frac{1}{2}\left(3 \pm \sqrt{-3.}\right)$

(II, Abs. 1, § 162) Gegeben ist die kubische Gleichung $6x^3 - 11x^2 + 6x - 1 = 0$. Dividieren ergibt: $x^3 - \frac{11}{6}x^2 + x - \frac{1}{6} = 0$. Die Substitution $x \mapsto \frac{y}{6}$ ergibt:

$$\frac{1}{216}y^3 - \frac{11}{216}y^2 + \frac{1}{6}y - \frac{3}{4} = 0 \ \Rightarrow\ y^3 - 11y^2 + 36y - 36 = 0$$

Da 36 viele Teiler hat, formt Euler um. Die Substitution $x \mapsto \frac{1}{z}$ in der gegebenen Gleichung zeigt:

$$\frac{6}{z^3} - \frac{11}{z^2} + \frac{6}{z} - 1 = 0 \ \Rightarrow\ z^3 - 6z^2 + 11z - 6 = 0$$

Alle drei Teiler des konstanten Terms $\{z_1 = 1; z_2 = 2; z_3 = 3\}$ sind Wurzeln. Die gegebene Gleichung hat daher die Lösungen:

$$\left\{x_1 = 1; x_2 = \frac{1}{2}; x_3 = \frac{1}{3}\right\}$$

(**II, Abs. 1, § 186**) Hier löste Euler eine quartische Gleichung nach Cardano: $x^3 - 6x^2 + 13x - 12 = 0$. Die Reduktion $x \mapsto y + 2$ führte Euler wie folgt durch:

$$
\begin{aligned}
x^3 &= y^3 + 6y^2 + 12y + 8 \\
-6x^2 &= \qquad -6y^2 - 24y - 24 \\
+13x &= \qquad\qquad\quad +13y + 26 \\
-12 &= \qquad\qquad\qquad\qquad -12 \\
\hline
\Rightarrow \quad 0 &= y^3 + y - 2
\end{aligned}
$$

Nach Cardano erhielt er nach Umformungen

$$
y = \frac{1}{3}\sqrt[3]{27 + 6\sqrt{21}} + \frac{1}{3}\sqrt[3]{27 - 6\sqrt{21}}
$$

Euler schrieb dazu:

> Bei Auflösung dieses Beispiels sind wir auf eine doppelte Irrationalität geraten; gleichwohl lässt sich daraus nicht schließen, dass die Wurzel irrational sei, indem es sich glücklicherweise fügen könnte, dass die Binome $27 \pm 6\sqrt{21}$ wirkliche Kuben sind. Dies trifft auch hier zu.

Er berechnete die Kuben von $\frac{1}{2}\left(3 \pm \sqrt{21}\right)$ zu $27 \pm 6\sqrt{21}$ und erhielt als Lösung der reduzierten Gleichung:

$$
y = \frac{1}{6}\left(3 + \sqrt{21}\right) + \frac{1}{6}\left(3 - \sqrt{21}\right) = 1
$$

Dies liefert $(x = 3)$; die weiteren Lösungen folgen mittels Polynomdivision zu $x = \frac{1}{2}\left(3 \pm \sqrt{7}\right)$.

(**II, Abs. 1, § 200**) Polynome mit symmetrischen Koeffizienten vom Grad 4 löst Euler durch Zerlegung in quadratische Faktoren. Euler nennt solche Polynome *reziprok*. Er schrieb:[14] *Aequationes, quae posito $\frac{1}{y}$ loco y forman non mutant, voco reciprocas.* Die Methode geht von der Substitution $z = x + \frac{1}{x}$ aus; diese hat die schöne Eigenschaft, dass gilt:

$$
x^2 + \frac{1}{x^2} = z^2 - 2 \quad \therefore \quad x^3 + \frac{1}{x^3} = z^3 - 3z \quad \therefore \quad x^4 + \frac{1}{x^4} = z^4 - 4z^2 + 2
$$

Das Vorgehen sei hier allgemein an einem quartischen reziproken Polynom gezeigt:

$$
x^4 + ax^3 + bx^2 + ax + 1 = 0
$$

---

[14] Euler L.: De formis radicum aequationum cuiusque ordinis conjectio, Comm. Ac. Petropol. 1732/33, Band VI, S. 233.

Division durch x^2 und Ausklammern zeigt:

$$x^2 + ax + b + \frac{a}{x} + \frac{1}{x^2} = \left(x^2 + \frac{1}{x^2}\right) + a\left(x + \frac{1}{x}\right) + b = 0$$

Mit der angegebenen Substitution ergibt sich die quadratische Gleichung:

$$z^2 + az + (b - 2) = 0$$

Diese hat i. a. zwei Lösungen, die nach Rücksubstitution wieder jeweils eine quadratische Gleichung ergeben, also insgesamt 4 Lösungen.

Beispiel Unter dem zyklotomischen oder (Kreisteilungs-)Polynome n-ten Grades versteht man das normierte ganzzahlige Polynom $\Phi_n(x)$ mit $\Phi_n(x) | (x^n - 1)$, jedoch zu allen Polynomen $x^d - 1 (d < n)$ teilerfremd ist. Die (komplexen) Nullstellen sind

$$x_k = e^{\frac{2\pi ik}{n}}; 1 \le k \le n; ggT(k, n) = 1$$

Die Zerlegung in Linearfaktoren ist damit:

$$\Phi_n(x) = \prod_{\substack{1 \le k \le n \\ ggT(k, n) = 1}} \left(x - e^{2\pi ik/n}\right)$$

Der Polynomgrad von $\Phi_n(x)$ ist gegeben durch die Euler-Funktion $\varphi(n)$:

$$x^n - 1 = \prod_{1 \le k \le n} \left(x - e^{2\pi ik/n}\right) = \prod_{d | n} \Phi_d(x)$$

Die ersten Kreisteilungspolynome sind:

$$\Phi_1(x) = x - 1; \Phi_2(x) = x + 1; \Phi_3(x) = x^2 + x + 1; \Phi_4(x) = x^2 + 1$$

Für $\Phi_6(x)$ ergibt sich damit:

$$\Phi_6(x) = \frac{x^6 - 1}{\Phi_1(x)\Phi_2(x)\Phi_3(x)} = \frac{x^6 - 1}{(x - 1)(x + 1)\left(x^2 + x + 1\right)} = x^2 - x + 1$$

Für die Primzahl $(n = 7)$ lassen sich die Wurzeln von $\Phi_7(x)$ nach Euler explizit bestimmen:

$$\Phi_7(x) = x^6 + x^5 + x^4 + x^3 + x^2 + x + 1$$

Die rechte Seite ist eine reziproke Gleichung; Division durch x^3 zeigt:

$$x^3 + x^2 + x + 1 + \frac{1}{x} + \frac{1}{x^2} + \frac{1}{x^3}$$

Die Substitution $z \mapsto x + \frac{1}{x}$ führt hier zu:

$$z^3 + z^2 - 1 = 0$$

Diese kubische Gleichung hat drei Wurzeln ξ_1, ξ_2, ξ_3. Die Substitution $xz = x^2 + 1$ liefert für jede Wurzel ξ_i eine quadratische Gleichung:

$$x^2 - \xi_i x + 1 = 0; \ i \in \{1; 2; 3\}$$

Da jedes quadratischen Polynome zwei Nullstellen hat, erhält man insgesamt die sechs fehlenden Wurzeln x_k.

Eine weitere Methode Für das reziproke Polynom $x^4 + ax^3 + bx^2 + ax + 1 = 0$ machte Euler den Ansatz

$$x^4 + (p+q)x^3 + (pq - 2)x^2 + (p+q)x + 1 = 0$$

Aus der Zerlegung in quadratische Faktoren fand er

$$\left. \begin{array}{c} p \\ q \end{array} \right\} = \frac{1}{2}\left[a \pm \sqrt{a^2 - 4b + 8} \right]$$

Die gesuchten Wurzeln ergeben sich aus den Lösungen der quadratischen Gleichungen

$$x_{1,2} = -\frac{p}{2} \pm \frac{1}{2}\sqrt{p^2 - 4} \ \therefore \ x_{3,4} = -\frac{q}{2} \pm \frac{1}{2}\sqrt{q^2 - 4}$$

Beispiel von Euler (§ 201):

$$x^4 - 4x^3 - 3x^2 - 4x + 1 = 0$$

Hier gilt:

$$p = \frac{1}{2}\left[-4 + \sqrt{(-4)^2 - 4(-3) + 8} \right] = \frac{1}{2}[-4 + 6] = 1; q = \frac{1}{2}[-4 - 6] = -5$$

Die erste quadratische Gleichung liefert:

$$x_{1,2} = -\frac{1}{2} \pm \frac{1}{2}\sqrt{1 - 4} = \frac{1}{2}\left(-1 \pm i\sqrt{3} \right)$$

Analog ergibt sich:

$$x_{3,4} = \frac{5}{2} \pm \frac{1}{2}\sqrt{25 - 4} = \frac{1}{2}\left(5 \pm \sqrt{21} \right)$$

(II, Abs. 1, § 215–217) Euler ging von der reduzierten quartischen Gleichung aus:

$$x^4 - ax^2 - bx - c = 0$$

Die Methode Eulers soll hier am Beispiel $x^4 - 25x^2 + 60x - 36 = 0$ besprochen werden. Hier sind die Koeffizienten: $a = 25; b = -60; c = 36$. Für diese Koeffizienten definierte Euler drei weitere:

$$f = \frac{a}{2} \quad \therefore \quad g = \frac{1}{16}a^2 + \frac{c}{4} \quad \therefore \quad h = \frac{b^2}{64}$$

Diese bilden eine kubische Gleichung: $z^3 - fz^2 + gz - h = 0$. Eingesetzt ergeben sich die Werte:

$$f = \frac{25}{2} \quad \therefore \quad g = \frac{625}{16} + 9 = \frac{769}{16} \quad \therefore \quad h = \frac{225}{4}$$

Einsetzen in die kubische Gleichung liefert: $z^3 - \frac{25}{2}z^2 + \frac{769}{16}z - \frac{225}{4} = 0$. Die drei Wurzeln der kubischen Gleichung nannte Euler p, q, r. Die Substitution $u \mapsto \frac{x}{4}$ macht die Gleichung ganzzahlig; nach Multiplizieren mit 64 folgt:

$$u^3 - 50u^2 + 769u - 3600 = 0$$

Euler erkannte hier die erste Wurzel ($u_1 = 9$). Division durch diesen Linearfaktor zeigt:

$$u^2 - 41u + 400 = 0 \quad \Rightarrow \quad u_{2,3} = \frac{41 \pm 9}{2} = \begin{cases} 25 \\ 16 \end{cases}$$

Somit gilt nach Rücksubstitution: $p = \frac{9}{4}; q = 4; r = \frac{25}{4}$. Für die Lösung der quartischen Gleichung machte Euler den Ansatz, wobei er Wurzeln als vorzeichenbehaftet ansieht:

$$x = \left(\pm\sqrt{p}\right)\left(\pm\sqrt{q}\right)\left(\pm\sqrt{r}\right)$$

Nach Definition gilt: $\sqrt{p}\sqrt{q}\sqrt{r} = \sqrt{h} = \frac{b}{8}$. Hier gilt $\pm\sqrt{h} = -\frac{15}{2}$. Somit müssen die Vorzeichen so gewählt werden, dass das Produkt negativ wird:

$$x_1 = \sqrt{p} + \sqrt{q} - \sqrt{r} \quad \therefore \quad x_2 = \sqrt{p} - \sqrt{q} + \sqrt{r}$$
$$x_3 = -\sqrt{p} + \sqrt{q} + \sqrt{r} \quad \therefore \quad x_4 = -\sqrt{p} - \sqrt{q} - \sqrt{r}$$

Mit den oben gegebenen Werten erhält man die gesuchten Wurzeln der quartischen Gleichung:

$$x_1 = \frac{3}{2} + 2 - \frac{5}{2} = 1 \quad \therefore \quad x_2 = \frac{3}{2} - 2 + \frac{5}{2} = 2$$
$$x_3 = -\frac{3}{2} + 2 + \frac{5}{2} = 3 \quad \therefore \quad x_4 = -\frac{3}{2} - 2 - \frac{5}{2} = -6$$

Zu ergänzen ist noch die Vorzeichenwahl, falls $\frac{b}{8} > 0$. Hier folgt:

$$x_1 = \sqrt{p} + \sqrt{q} + \sqrt{r} \quad \therefore \quad x_2 = \sqrt{p} - \sqrt{q} - \sqrt{r}$$
$$x_3 = -\sqrt{p} + \sqrt{q} - \sqrt{r} \quad \therefore \quad x_4 = -\sqrt{p} - \sqrt{q} + \sqrt{r}$$

(II, Abs. 1, § 220–222) Hier untersuchte Euler ein quartisches Polynom mit irrationalen Wurzeln. Er verwendete das Beispiel:

$$y^4 - 8y^3 + 14y^2 + 4y - 8 = 0$$

Zur Reduktion führte er die Substitution $y - 2 = x$ durch und erhält:

$$x^4 - 10y^2 - 4x + 8 = 0$$

Hier sind die Koeffizienten: $a = 10; b = 4; c = -8$. Die Koeffizienten der kubischen Gleichung ergeben sich zu:

$$f = \frac{a}{2} = 5 \quad \therefore \quad g = \frac{1}{16}a^2 + \frac{c}{4} = \frac{17}{4} \quad \therefore \quad h = \frac{b^2}{64} = \frac{1}{4} \quad \Rightarrow \quad \frac{b}{8} > 0$$

Die kubische Gleichung zeigt:

$$z^3 - 5z^2 + \frac{17}{4}z - \frac{1}{4} = 0$$

Die Substitution $z \mapsto \frac{x}{2}$ macht die Gleichung ganzzahlig; nach Multiplizieren mit 8 folgt:

$$u^3 - 10u^2 + 17u - 2 = 0$$

Nach Vieta kann nur $\{\pm 1; \pm 2\}$ Lösung sein; hier gilt $u = 2$. Nach dem Dividieren durch $(u - 2)$ verbleibt die quadratische Gleichung:

$$u^2 - 8u + 1 = 0 \quad \Rightarrow \quad u_{2,3} = 4 \pm \sqrt{15}$$

Die Rücksubstitution ergibt: $p = 1; q = \frac{4+\sqrt{15}}{2}; r = \frac{4-\sqrt{15}}{2}$ mit den Wurzeln

$$\sqrt{p} = 1; \quad \sqrt{q} = \frac{1}{2}\sqrt{8 + 2\sqrt{15}}; \quad \sqrt{r} = \frac{1}{2}\sqrt{8 - 2\sqrt{15}}$$

Die in **(I, § 674)** gegebene Wurzelformel wird vereinfacht:

$$\sqrt{p} = 1; \quad \sqrt{q} = \frac{1}{2}\left(\sqrt{5} + \sqrt{3}\right); \quad \sqrt{r} = \frac{1}{2}\left(\sqrt{5} - \sqrt{3}\right)$$

Gemäß den Vorzeichenregeln für $\left(\frac{b}{8} > 0\right)$ ergeben sich die gesuchten Lösungen:

$$x_1 = \sqrt{p} + \sqrt{q} + \sqrt{r} = 1 + \sqrt{5} \quad \therefore \quad x_2 = \sqrt{p} - \sqrt{q} - \sqrt{r} = 1 - \sqrt{5}$$
$$x_3 = -\sqrt{p} + \sqrt{q} - \sqrt{r} = -1 + \sqrt{3} \quad \therefore \quad x_4 = -\sqrt{p} - \sqrt{q} + \sqrt{r} = -1 - \sqrt{3}$$

Für die gegebene Gleichung folgt schließlich:

$$y_1 = 3 + \sqrt{5}; y_2 = 3 - \sqrt{5}; y_3 = 1 + \sqrt{3}; y_4 = 1 - \sqrt{3}$$

(II, Abs. 1, § 231–238) In diesem Abschnitt löst Euler quadratische und kubische Gleichung numerisch (s. Abschn. 14.14).

(II, Abs. 2, § 9) Eine Gesellschaft von Männern und Frauen ist in einem Wirtshause. Jeder Mann gibt 25 Groschen, jede Frau aber 16 Groschen aus, und es stellt sich heraus, dass die Frauen einen Groschen mehr ausgegeben haben als die Männer; wie viele Männer und Frauen waren es?

Ist p, q die Zahl der Frauen bzw. Männer, so ergibt sich die diophantische Gleichung:

$$16p = 25q + 1 \;\Rightarrow\; p = \frac{25q + 1}{16} = q + r$$

Das Verfahren setzt sich in der angegebenen Weise fort. Es wird der ganzzahlige Anteil abgespalten und der Rest als neue Variable angesetzt:

$$r = \frac{9q + 1}{16} \;\Rightarrow\; q = \frac{16r - 1}{9} = r + s; s = \frac{7r - 1}{9}$$
$$s = \frac{7r - 1}{9} \;\Rightarrow\; r = \frac{9s + 1}{7} = s + t; t = \frac{2s + 1}{7}$$
$$t = \frac{2s + 1}{7} \;\Rightarrow\; s = \frac{7t - 1}{2} = 3t + u; u = \frac{t - 1}{2}$$
$$u = \frac{t - 1}{2} \;\Rightarrow\; t = 2u + 1$$

Die Methode endet, wenn kein Rest mehr auftritt. Dies ist sicher einmal der Fall, da die Nenner stets kleiner werden. Nun beginnt das Rückwärtsrechnen:

$$t = \qquad\quad 2u + 1$$
$$s = 3t + u = 7u + 3$$
$$r = s + t \;\; = 9u + 4$$
$$q = r + s \;\; = 16u + 4$$
$$p = q + r \;\; = 25u + 11.$$

Zuletzt kommt noch $q = p - r = (25u + 11) - (9u + 4) = 16u + 7$. Es ergibt sich eine einparametrische Lösung:

$$\begin{pmatrix} p \\ q \end{pmatrix} = \begin{pmatrix} 25 \\ 16 \end{pmatrix} u + \begin{pmatrix} 11 \\ 7 \end{pmatrix}; u \in \mathbb{N}_0$$

Die kleinste Lösung für $u = 0$ ist $(p, q) = (11, 7)$.

(II, Abs. 2, § 45) Der Ausdruck $1 + x^2$ soll zu einem Quadrat gemacht werden. Euler setzte $\sqrt{1 + x^2} = 1 + \frac{m}{n}x$, da eine ganzzahlige Lösung nicht zu erwarten ist. Quadrieren liefert:

$$1 + x^2 = 1 + \frac{2m}{n}x + \frac{m^2}{n^2}x^2 \;\Rightarrow\; x = \frac{2m}{n} + \frac{m^2}{n^2}x$$

Multiplizieren mit dem Hauptnenner ergibt:

$$n^2 x = 2mn + m^2 x \implies x = \frac{2mn}{n^2 - m^2}$$

Eingesetzt folgt:

$$1 + x^2 = 1 + \frac{4m^2 n^2}{n^4 - 2m^2 n^2 + m^4} = \frac{n^4 + 2m^2 n^2 + m^4}{n^4 - 2m^2 n^2 + m^4} = \left(\frac{n^2 + m^2}{n^2 - m^2}\right)^2$$

Somit ist der Radikand von $\sqrt{1 + x^2}$ ein Quadrat, wenn man $x = \frac{2mn}{n^2 - m^2}$ setzt; es gilt dann:

$$\sqrt{1 + \left(\frac{2mn}{n^2 - m^2}\right)^2} = \frac{n^2 + m^2}{n^2 - m^2}$$

Die Zahlenpaare (n, m) müssen die binomische Formel erfüllen:

$$\left(n^2 - m^2\right)^2 + (2mn)^2 = \left(n^2 + m^2\right)^2$$

Für das Zahlenbeispiel $(n, m) = (4; 3)$ ergibt sich das Quadrat:

$$1 + \left(\frac{24}{7}\right)^2 = \left(\frac{25}{7}\right)^2$$

(II, Abs. 2, § 102) Hier löste Euler nach eigenen Worten eine Gleichung, die er irrtümlich nach J. Pell (1611–1685) benannte:

$$7n^2 + 1 = m^2; \, n, m \in \mathbb{N}$$

Hier ist $m < 3n$, er setzte daher $m = 3n - p$. Einsetzen ergibt eine quadratische Gleichung:

$$7n^2 + 1 = 9n^2 - 6np + p^2 \implies n = \frac{1}{2}\left(3p - \sqrt{7p^2 + 2}\right)$$

Daraus folgt: $n < 3p$, man setzt daher $n = 3p - q$. Oben eingesetzt, folgt nach Vereinfachen:

$$3p - 2q = \sqrt{7p^2 + 2} \implies 9p^2 - 12pq + 4q^2 = 7p^2 + 2 \implies p^2 = 6pq - 2q^2 + 1$$

Lösen der quadratischen Gleichung zeigt:

$$p = 3q + \sqrt{7q^2 + 1}$$

$q = 0$ gesetzt, zeigt $p = 1$. Eine Lösung ist $(n = 3; m = 8)$.

Euler erkannte nicht, dass auch $\left(7q^2 + 1\right)$ ein Quadrat sein kann; für $q = 3$ folgt $p = 17$. Dies liefert eine weitere Lösung ist ($n = 48$; $m = 127$); das Verfahren setzt sich fort. Die allgemeine Lösung (n, m) lautet für $(k \geq 1)$:

$$n = -\frac{1}{2\sqrt{7}}\left[\left(8 - 3\sqrt{7}\right)^k - \left(8 + 3\sqrt{7}\right)^k\right] \quad \therefore \quad m = \frac{1}{2}\left[\left(8 - 3\sqrt{7}\right)^k + \left(8 + 3\sqrt{7}\right)^k\right]$$

(II, Abs. 2, § 214) Hier benutzte Euler eine Aufgabe von Diophantos (II, 11). Man suche eine Zahl x so, dass, wenn zwei vorgegebene Zahlen, wie 4 und 7 addiert werden, die Summe je ein Quadrat ergibt (Antike Mathematik, 2. Auflage, S. 370).

Euler verwandte hier eine eigene Lösungsmethode. Die Addition von 4 soll ein Quadrat ergeben: $x + 4 = p^2$. Damit folgt:

$$x = p^2 - 4 \Rightarrow x + 7 = p^2 + 3$$

Die letzte Summe soll ebenfalls ein Quadrat sein, so setzte er:

$$p^2 + 3 = (p + q)^2 \Rightarrow p = \frac{3 - q^2}{2p} \Rightarrow x = \frac{9 - 22q^2 + q^4}{4q^2}$$

Da q nicht notwendig ganzzahlig ist, machte Euler einen rationalen Ansatz: $q = \frac{r}{s}$. Einsetzen liefert:

$$x = \frac{9s^4 - 22r^2s^2 + r^4}{4r^2s^2}$$

Dies ist für alle Werte von r, s ersichtlich eine rationale Lösung. Hier einige Fälle:

$$(r, s) = (1; 1) \Rightarrow x = -3; x + 4 = 1^2; x + 7 = 2^2$$

$$(r, s) = (1; 2) \Rightarrow x = \frac{57}{16}; x + 4 = \left(\frac{11}{4}\right)^2; x + 7 = \left(\frac{13}{4}\right)^2$$

$$(r, s) = (2; 1) \Rightarrow x = -\frac{63}{16}; x + 4 = \left(\frac{1}{4}\right)^2; x + 7 = \left(\frac{7}{4}\right)^2$$

$$(r, s) = (5; 1) \Rightarrow x = \frac{21}{25}; x + 4 = \left(\frac{11}{5}\right)^2; x + 7 = \left(\frac{14}{5}\right)^2$$

14.5   Kombinatorik bei Euler

Nicht alles, was man zählen kann, zählt auch und
nicht alles, was zählt, kann man zählen (A. Einstein).

14.5.1 Das Rencontre-Problem

Aus dem Briefwechsel von Nikolaus und Johann Bernoulli (1710) stammt folgendes Problem, es findet sich aber bereits bei P. R. de Montmort (1708):

Jemand schreibt n Briefe und beschriftet separat n adressierte Umschläge. Wie viele Möglichkeiten gibt es, sämtliche Briefe in falsche Umschläge zu stecken? Lösung ist:

$$A_n = n! \left(\frac{1}{2!} - \frac{1}{3!} + \frac{1}{4!} - \frac{1}{5!} + \cdots + \frac{(-1)^n}{n!} \right)$$

Eine ausführliche Analyse findet sich bei Haller/Barth[15] (2017). Für $(n = 10)$ erhält man 1.334.961 Möglichkeiten. Die runde Klammer gibt die Wahrscheinlichkeit p an, dass *kein* Brief im richtigen Umschlag landet:

$$p_n = \frac{A_n}{n!} = \left(\frac{1}{2!} - \frac{1}{3!} + \frac{1}{4!} - \frac{1}{5!} + \cdots + \frac{(-1)^n}{n!} \right)$$

Die Anzahl der Möglichkeiten *genau* $m \leq n$ Briefe in die richtigen Umschläge zu stecken ist:

$$\frac{n!}{m!} \left(\frac{1}{2!} - \frac{1}{3!} + \frac{1}{4!} - \frac{1}{5!} + \cdots + \frac{(-1)^n}{(n-m)!} \right)$$

Es handelt sich hier um Permutationen einer n-elementigen Menge, die ohne Fixpunkt auch *Derangement* genannt werden. Zum Beispiel hat die folgende Fünfer-Permutation genau zwei Fixpunkte:

$$\begin{pmatrix} 1 & 2 & 3 & 4 & 5 \\ 5 & 2 & 1 & 4 & 3 \end{pmatrix}$$

Euler[16] entwickelte für die Derangements zunächst eine zweifach zurückgreifende Rekursionsformel:

$$A_n = (n-1) \left[A_{n-1} + A_{n-2} \right]$$

In derselben Schrift konnte er die Rekursion vereinfachen:

$$A_n = n A_{n-1} + (-1)^n; \, n \geq 2; A_1 = 0$$

Um auf die oben gegebene Formel zu gelangen, zerlegen wir die Rekursion schrittweise. Aufzählen der ersten Werte liefert:

[15] Haller R., Barth F.: Berühmte Aufgaben der Stochastik – Von den Anfängen bis heute[2], de Gruyter Berlin, S. 171–189.

[16] Euler L.: Opera Omnia, Ser. I, Vol. 7, S. 436–440.

$$A_1 = 0$$
$$A_2 = 2A_1 + 1$$
$$A_3 = 3A_2 - 1$$
$$A_4 = 4A_3 + 1$$
$$\vdots$$
$$A_n = nA_{n-1} + (-1)^n$$

Dividiert man die k-te Zeile durch $k!$, so folgt:

$$A_1 = 0$$
$$\frac{A_2}{2!} = \frac{A_1}{1!} + \frac{1}{0!}$$
$$\frac{A_3}{3!} = \frac{A_2}{2!} - \frac{1}{3!}$$
$$\frac{A_4}{4!} = \frac{A_3}{3!} + \frac{1}{4!}$$
$$\vdots$$
$$\frac{A_n}{n!} = \frac{A_{n-1}}{(n-1)!} + \frac{(-1)^n}{n!}$$

Die Summation aller Zeilen ergibt:

$$\frac{A_n}{n!} = \frac{1}{0!} - \frac{1}{1!} + \frac{1}{2!} - \frac{1}{3!} + \frac{1}{4!} \pm \cdots + \frac{(-1)^n}{n!}$$
$$\Rightarrow A_n = n! \left(\frac{1}{0!} - \frac{1}{1!} + \frac{1}{2!} - \frac{1}{3!} + \frac{1}{4!} \pm \cdots + \frac{(-1)^n}{n!} \right)$$

In der runden Klammer erkennt man die Reihenentwicklung der Funktion e^{-x} für $(x = 1)$; somit gilt:

$$\lim_{n \to \infty} \frac{A_n}{n!} = \frac{1}{e}$$

Die Wahrscheinlichkeit, dass bei einer zufälligen Permutation von beliebig vielen Elementen *mindestens* ein Fixpunkt auftritt, ist somit $\left(1 - \frac{1}{e}\right)$.

14.5.2 Triangulierungen von konvexen Polygonen

Eine Aufgabe von Christian Goldbach (1751): Wie viele Möglichkeiten gibt, es ein konvexes n-Eck durch Diagonalen in Dreiecke zu zerlegen?

Euler fand dazu die erzeugende Funktion

$$f(x) = \frac{x}{2}\left(1 - \sqrt{1-4x}\right) = \frac{1}{2}\left[\sum_{k=1}^{\infty} (-1)^{k+1} \binom{\frac{1}{2}}{k} 4^k x^{k+1}\right]$$

Die Koeffizienten a_n heißen die Catalan-Zahlen:

$$a_n = \frac{1}{2}(-1)^n \binom{\frac{1}{2}}{n-1} 4^{n-1} = \frac{1}{n}\binom{2n-4}{n-2} = \frac{2 \cdot 6 \cdot 10 \cdot \cdots \cdot (4n-10)}{(n-1)!}$$

Sie geben die Anzahl der Triangulierungen im n-Eck an:

n	3	4	5	6	7	8	9	10
a_n	1	2	5	14	42	132	429	1430

Euler schreibt dazu: *Die Induktion, die ich gebraucht habe, war ziemlich mühsam.*
Abb. 14.19 zeigt die 14 Triangulierungen des Sechsecks.

Exkurs: Christian Goldbach (1690–1764)

Goldbach, in Königsberg (heute Kaliningrad/Russland) als Sohn eines Pfarrers geboren, studierte dort hauptsächlich Jura. In ausgedehnten Studienreisen besuchte er 15 Jahre lang alle Länder Europas mit Ausnahmen von Spanien und Portugal und erkundete wissenschaftliche Institute, Bibliotheken, Museen und Observatorien. Bei seinen Reisen traf er bedeutende Mathematiker wie Leibniz oder Daniel Bernoulli. 1725 wurde er Sekretär der

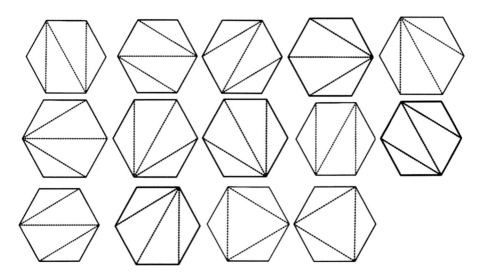

Abb. 14.19 Triangulierungen des Sechsecks

Petersburger Akademie und ab 1728 Erzieher des zukünftigen Zaren. 1742 wurde er in den diplomatischen Dienst berufen.

Er war geschätzter Gesprächs- oder Briefpartner von Daniel Bernoulli und Euler. Dieser Briefwechsel dauerte fast 20 Jahre und zählt mit fast 200 Briefen zu den wichtigsten Dokumenten der Wissenschaftsgeschichte im 18. Jahrhundert. Der Briefwechsel wurde posthum von P. H. Fuß, einem Urenkel Eulers, im Jahre 1843 publiziert. Goldbach ist auch die Berufung der Bernoullis nach Petersburg zu verdanken. Er hatte in Fragen der Zahlentheorie großen Einfluss auf Euler. In einem Brief vom 7. Juli 1742 an ihn ist die berühmte, bis heute unbewiesene Goldbach-Vermutung enthalten: *Jede gerade Zahl größer 2 ist Summe zweier Primzahlen.* Mithilfe von Computern wurde die Behauptung bis $4 \cdot 10^{18}$ verifiziert.

Eine umfassende Biografie stammt von Adolf Juskevič[17] und Judith Kopelevič.

14.5.3 Rösselsprünge

In den Schriften *(Mémoires)* der Berliner Akademie von 1759 findet sich eine 22-seitige Abhandlung Eulers über den Rösselsprung auf einem Schachbrett (Zitat nach Ahrens[18]):

Eines Tages befand ich mich in einer Gesellschaft, als bei Gelegenheit des Schachspiels jemand die Frage aufwarf, mit einem Springer bei gegebenem Anfangsfeld alle Felder des Schachbrettes nach, jedes nur einmal zu passieren … Hierauf gab derjenige, der die Frage aufgeworfen hatte, eine Route so an, dass eine vollständige Lösung entstand. Die Menge der Felder ließ indessen nicht zu, die gewählte Route dem Gedächtnis einzuprägen, und erst nach mehreren Versuchen gelang es mir, eine der Aufgabe genügende Route zu finden, sie galt auch nur für ein bestimmtes Anfangsfeld.

Unter einem Rösselsprung versteht man die Bewegung eines Springers (♞) gemäß den Schachregeln. Euler lieferte später ein praktikables Lösungsverfahren, aber keinen Nachweis, dass es stets zum Erfolg führt. Eine seiner Lösungen zeigt Abb. 14.20 links. Interessant ist seine Strategie, die später *Teile und herrsche* genannt wurde, den Problemumfang zu halbieren. Dabei wird ein Vorgehen für die obere Schachbretthälfte gesucht, das einen Übergang auf die untere Hälfte erlaubt. Abb. 14.20 rechts illustriert die Methode:

Bei diesem Vorgehen gibt es 31.054.144 Zugmöglichkeiten.

14.5.4 Magische Quadrate

Euler befasste sich auch mit magischen Quadraten in seiner Schrift *De quadratis magicis* 1776. Er fand sogar (fast-)magische Quadrate, die nach Art von Rösselsprüngen auf einem Schachbrett konstruiert werden können. Ein Beispiel von Euler liefert Abb. 14.21.

---

[17] Juskevič A., Kopelevič J.: Christian Goldbach, Birkhäuser, Basel 1994.

[18] Ahrens W.: Mathematische Unterhaltungen und Spiele, Band 1, Leipzig 1910, S. 319.

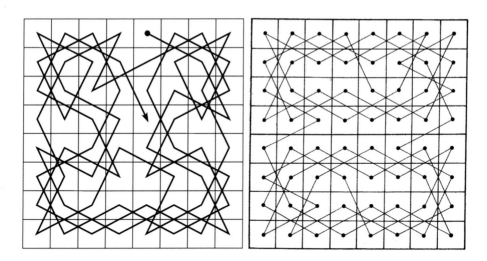

Abb. 14.20 Rösselsprung nach Euler (Euler, Mémoires de l'Académie de Berlin, Band XV, 1759)

Dieses Quadrat ist streng genommen nur *semimagisch,* da zwar die Zeilen- und Spaltensummen mit der magischen Zahl $\frac{1}{2}\left(8^3 + 8\right) = 260$ übereinstimmen, jedoch nicht die beiden Diagonalen. Kurios ist auch das 1770 von Euler an Lagrange geschickte Quadrat aus Quadratzahlen:

68^2	29^2	41^2	37^2
17^2	31^2	79^2	32^2
59^2	28^2	23^2	61^2
11^2	77^2	8^2	49^2

Abb. 14.21 Fast magisches Quadrat von Euler (Euler, *De quadratis magicis* 1776)

1	48	31	50	33	16	63	18
30	51	46	3	62	19	14	35
47	2	49	32	15	34	17	64
52	29	4	45	20	61	36	13
5	44	25	56	9	40	21	60
28	53	8	41	24	57	12	37
43	6	55	26	39	10	59	22
54	27	42	7	58	23	38	11

Hier stimmen immerhin die ersten 3 Zeilensummen überein, ebenso die vierte
Zeilen- bzw. Spaltensumme.

14.5.5 Euler'sche Quadrate

Eng verwandt mit den magischen sind die Euler'schen Quadrate. Diese wurden früher
auch griechisch-lateinische Quadrate genannt, da man jedes Feld mit entsprechenden
Buchstabenpaaren, wie $(a, \alpha), (b, \beta), (c, \gamma)$ usw., gefüllt hat. Unter einem *lateinischen*
Quadrat der Ordnung n versteht man heute eine Anordnung, wobei in jeder Zeile und
Spalte ein Element einer n-elementigen Menge, wie $\{1, 2, 3, .., n\}$, genau einmal vor-
kommt:

$$\begin{pmatrix} 1 & 2 & 3 & \cdots & n-1 & n \\ 2 & 3 & 4 & \cdots & n & 1 \\ 3 & 4 & 5 & \cdots & 1 & 2 \\ \ldots & \ldots & \ldots & \cdots & \ldots & \ldots \\ n & 1 & 2 & \cdots & n-2 & n-1 \end{pmatrix}$$

Exkurs zum Sudoku

Lateinische Quadrate der Ordnung 9 gab es in den USA seit 1979 als Rätsel zum Aus-
füllen. Der Japaner Maki Kaji hatte die Idee, neun solcher Quadrate zu einem großen
Quadrat (27×27) zusammenzusetzen; er nannte das Rätsel „Sudoku" (*eine Zahl muss
allein bleiben*) und machte es in Japan in einer Rätselzeitschrift bekannt. 1997 fand der
Neuseeländer Wayne Gould, der als Richter in Hongkong arbeitete, ein Sudoku in einer
japanischen Zeitung und brachte es nach England. Die Zeitung *The Times* druckte am 12.
November 2004 das erste Sudoku, von wo aus die Denksportaufgabe in der ganzen Welt
populär wurde. Interessant ist, dass die Mindestanzahl an vorzugebenen Zahlen nicht
bekannt ist. Es scheint, dass zur eindeutigen Lösbarkeit mindesten 17 Zahlen vorzugeben
sind. Die Anzahl der möglichen und lösbaren Sudokus beträgt $5.5 \cdot 10^9$, Spiegelungen oder
Drehungen der 81 Felder sind dabei nicht gezählt.

Ein Euler'sches Quadrat entsteht durch Übereinanderlegen zweier lateinischer Quadrate,
sodass alle Paare der insgesamt n^2 entstehenden verschieden sind. Ein Beispiel ist:

$$\begin{pmatrix} 1 & 2 & 3 \\ 2 & 3 & 1 \\ 3 & 1 & 2 \end{pmatrix} \oplus \begin{pmatrix} 1 & 2 & 3 \\ 3 & 1 & 2 \\ 2 & 3 & 1 \end{pmatrix} \Rightarrow \begin{pmatrix} 1,1 & 2,2 & 3,3 \\ 2,3 & 3,1 & 1,2 \\ 3,2 & 1,3 & 2,1 \end{pmatrix}$$

Ein beliebtes Spiel im 18. Jahrhundert war es, 16 Karten so in ein Quadrat zu legen, dass
in jeder Reihe und Spalte je eine Karte aus {As, König, Dame, Bube} von jeder Farbe
$\{\Diamond, \clubsuit, \spadesuit, \heartsuit\}$ auftritt:

D♡	B♣	A♣	K◇
K♣	A◇	B♡	D♣
B◇	D♣	K♣	A♡
A♣	K♡	D◇	B♣

Euler untersuchte den analogen Fall des Euler'schen Quadrats der Ordnung 6 (hier mit 6 Offiziersrängen aus 6 verschiedenen Regimentern) und fand keine Lösung[19]. Da er auch kein Euler'sches Quadrat der Ordnung 10 konstruieren konnte, vermutete er, dass solche Quadrate der Ordnung $(4n + 2)$ nicht existieren. Hier irrte sich Euler. Der Franzose G. Tarry[20] konnte 1900 die Vermutung Eulers für die Ordnung 6 bestätigen. Dagegen konnten 1959 die Amerikaner Parker[21], Bose und Shrikhande ein Euler'sches Quadrat der Ordnung 10 konstruieren; sie erhielten dafür den Spitznamen *The Euler Spoiler*. Parker & Co konnten auch nachweisen, dass Euler'sche Quadrate für alle Ordnungen $(n > 6)$ existieren.

14.5.6 Die Teilerfunktion

Euler definierte mehrere zahlentheoretische Funktionen; eine davon ist die *Teilerfunktion*, sie zählt die Anzahl aller Teiler d einer Zahl:

$$\tau(n) = \sum_{d|n} 1$$

Hat eine Zahl die Primfaktorisierung $n = p_1^{a_1} \cdot p_2^{a_2} \cdot p_3^{a_3} \cdot \ldots \cdot p_k^{a_k}$, so gibt es für jeden Teiler bei der Auswahl der Potenz $p_k^{a_k}$ je a_k Möglichkeiten, zuzüglich einer für die Nichtwahl. Nach einem Prinzip der Kombinatorik ist die Gesamtzahl aller Möglichkeiten das Produkt der einzelnen. Die Anzahl der Teiler ist damit

$$\tau(n) = (a_1 + 1)(a_2 + 1)(a_4 + 1) \ldots (a_k + 1) = \prod_{n=1}^{k} (a_i + 1)$$

Beispiel Die Zahl $75600 = 2^4 \cdot 3^3 \cdot 5^2 \cdot 7$ hat $(5 \cdot 4 \cdot 3 \cdot 2) = 120$ Teiler.

Die Teilerfunktion ermöglicht auch die Berechnung des Produkts aller Teiler. Es gilt:

$$\prod_{d|n} d = n^{\frac{\tau(n)}{2}}$$

---

[19] Euler L.: Recherches sur une nouvelle espece de Quarres Magiques, 1782.

[20] Tarry G.: „Le Probléme de 36 Officiers". Compte Rendu de l'Association Française pour l'Avancement des Sciences. Secrétariat de l'Association. 1, 1900, S. 122–123.

[21] Bose R. C., Shrikhande, S. S.: On the falsity of Euler's conjecture about the non-existence of two orthogonal Latin squares of order 4t+2, Proceedings of the National Academy of Sciences USA, 45, 1959, S. 734–737.

Beweis Ist die Zahl n ein Nichtquadrat, so hat sie eine gerade Anzahl von Teilern. Zu jedem Teiler d gehört der komplementäre Teiler $\frac{n}{d}$, sodass das Produkt $d \cdot \frac{n}{d} = n$ ergibt. Die Anzahl dieser Teilerpaare ist genau $\frac{\tau(n)}{2}$; das Produkt aller Teiler ist somit $n^{\frac{\tau(n)}{2}}$. Ist die Zahl n ein Quadrat, so gibt es genau einen Teiler, für den gilt $d = \frac{d}{n}$, dies ist die Zahl $\sqrt{n}$. Es verbleiben also $\left(\frac{\tau(n)-1}{2}\right)$ Teilerpaare und ein Teiler $\left(\sqrt{n}\right)$. Das Produkt aller Teiler ist damit:

$$n^{\frac{\tau(n)-1}{2}} \cdot n^{\frac{1}{2}} = n^{\frac{\tau(n)}{2}}$$

Beispiel Die Zahl $36 = 2^2 \cdot 3^2$ hat $(3 \cdot 3) = 9$ Teiler. Mit $\tau(36) = 9$ folgt für das Produkt der Teiler:

$$\prod_{d|36} d = 36^{\tau(60)/2} = 36^{9/2} = 6^9 = 10\,077\,696$$

Für die Funktion hat sich kein festes Symbol gefunden, da die Bezeichnung $\pi()$ schon für die Primzahlfunktion vergeben ist.

14.5.7 Partitionen nach Euler

Unter einer Partition versteht man die Zerlegung einer natürlichen Zahl in Summanden. Bei einer ungeordneten Partition kommt es nicht auf die Reihenfolge an und die Summanden dürfen sich wiederholen. Die Zahl 6 hat 11 Partitionen: $p(6) = 11$.

$$6 = 6$$
$$= 5 + 1$$
$$= 4 + 2$$
$$= 4 + 1 + 1$$
$$= 3 + 3$$
$$= 3 + 2 + 1$$
$$= 3 + 1 + 1 + 1$$
$$= 2 + 2 + 2$$
$$= 2 + 2 + 1 + 1$$
$$= 2 + 1 + 1 + 1 + 1$$
$$= 1 + 1 + 1 + 1 + 1 + 1$$

Auch Euler suchte eine Formel zur Berechnung der Anzahl von Partitionen. In seinem Werk *Introductio in Analysin Infinitorem* (1748, Kap. 16) konnte er – analog zur Teilersummenfunktion – eine mehrfach zurückgreifende Rekursion aufstellen:

$$p(n) = p(n-1) + p(n-2) - p(n-5) - p(n-7) + p(n-12) + p(n-15)$$
$$- p(n-22) - p(n-26) + \cdots$$

Die Reihe endet, wenn die Argumente negativ werden; die Differenzen werden mit den *verallgemeinerten Pentagonalzahlen* $\frac{1}{2}(3k^2 \pm k)$ gebildet. Für die Null wird $p(0) = 1$ gesetzt.

Beispiel für die Zahl 12:

$$p(12) = p(11) + p(10) - p(7) - p(5) + p(0) = 56 + 42 - 15 - 7 + 1 = 77$$

14.5.8 Die Methode der erzeugenden Funktionen

Eine weitere Methode zur Bestimmung der Partitionen ist die Anwendung der von Euler erdachten „erzeugenden Funktionen". Sie werden durch eine formale Reihe dargestellt, bei der keine Konvergenzbetrachtung stattfindet, möglich sind jedoch formale Integration und Differenziation. Die zur die Zahlenfolge $\{a_n\}$ gehörende erzeugende Funktion ist $f(x) = \Sigma a_n x^n$.

Beispiel Betrachtet wird die geometrische Reihe:

$$\frac{1}{1-x} = 1 + x + x^2 + x^3 + x^4 + x^5 + \cdots$$

Formales Differenzieren ergibt:

$$\frac{1}{(1-x)^2} = 1 + 2x + 3x^2 + 4x^3 + 5x^4 + 6x^5 + \cdots$$

Die Funktion $\frac{1}{(1-x)^2}$ ist somit Erzeugende für die natürlichen Zahlen. Die erzeugende Funktion der Binomialkoeffizienten ist die binomische Reihe:

$$\sum_{k=0}^{\infty} \binom{n}{k} x^k = (1+x)^n$$

Die reziproken natürliche Zahlen liefert die Erzeugende:

$$\sum_{k=0}^{\infty} \frac{1}{k} x^k = \ln \frac{1}{1-x}$$

Nach Euler ist die erzeugende Funktion der (ungeordneten) Partitionen[22]:

$$\sum_{k=0}^{\infty} p(k) x^k = \prod_{k=1}^{\infty} \frac{1}{1-x^k}$$

Die Reihe beginnt mit

---

[22] Euler L.: Evolutio producti infiniti $(1-x)(1-xx)(1-x^3)(1\text{-}x^4)(1-x^5)(1-x^6)$ etc. in seriem simplicem, 1775.

$$\prod\nolimits_{k=1}^{100} \frac{1}{1-x^k} =$$

$$1 + x + 2x^2 + 3x^3 + 5x^4 + 7x^5 + 11x^6 + 15x^7 + 22x^8 + 30x^9 + 42x^{10} + 56x^{11} + 77x^{12} + 101x^{13}$$

$$+ 135x^{14} + 176x^{15} + 231x^{16} + 297x^{17} + 385x^{18} + 490x^{19} + 627x^{20} + 792x^{21}$$

$$+ 1002x^{22} + 1255x^{23} + 1575x^{24} + 1958x^{25} + 2436x^{26} + 3010x^{27} + 3718x^{28}$$

$$+ 4565x^{29} + 5604x^{30} + 6842x^{31} + 8349x^{32} + \cdots$$

Der Koeffizient von x^{12} bestätigt $p(12) = 77$. Die oben angegebene Entwicklung ist umfangreicher als notwendig; das Produkt bzw. die Reihenentwicklung kann beim Exponenten $k = 12$ abgebrochen werden.

Weitere Methode Mithilfe eines Tricks gelangt Euler zu einer rekursive Beziehung; man zählt dabei nur spezielle Partitionen. Eine solche Auswahl liefert die Partitionen $p(n, k)$ der Zahl n, die genau k Summanden umfassen. Dann gilt:

$$p(n, k) = p(n - 1, k - 1) + p(n - k, k)$$

Anfangswerte sind hier $p(n, 0) = 0; p(n, n) = 1$.

Die Rekursionsformel kann man wie folgt verstehen: Alle Partitionen von n mit k Summanden werden zerlegt in zwei disjunkte Klassen: Klasse A enthält alle Partitionen mit *mindestens* einer Eins, Klasse B alle Partitionen, die *keine* Eins enthalten.

Streicht man in allen Zerlegungen von A genau eine Eins, so hat eine Partition der Zahl $(n - 1)$ mit $(k - 1)$ Summanden erhalten. Umgekehrt liefert jede Zerlegung von $(n - 1)$ in $(k - 1)$ Summanden durch Hinzufügen einer Eins die Partition von n in k Summanden. Die Klasse A hat daher genau $p(n - 1, k - 1)$ Elemente; dies erklärt den Term $p(n - 1, k - 1)$.

Subtrahiert man in allen Zerlegungen von B von jedem Summanden genau eine Eins, so hat man eine Partition der Zahl $(n - k)$ mit k Summanden erhalten. Umgekehrt liefert jede Zerlegung von $(n - k)$ in k Summanden durch Vergrößern jedes Summanden um Eins eine Partition von n in k Summanden. Die Klasse B hat genau $p(n - k, k)$ Elemente; dies erklärt den Term $p(n - k, k)$.

Da sich die Klassen A und B nicht überschneiden, dürfen die Elementzahlen addiert werden zu:

$$p(n, k) = p(n - 1, k - 1) + p(n - k, k)$$

Die Anzahl der Partitionen wächst stark an; es gilt die asymptotische Entwicklung von Hardy[23] und Ramanujan:

---

[23] Hardy G. H., Ramanujan S.: An Introduction to the Theory of Numbers, 5th Ed, Clarendon Press Oxford 1979.

$$p(n) \sim \frac{1}{4\sqrt{3}n} e^{\pi \sqrt{2n/3}}$$

In gleicher Weise können auch Zerlegungen in einzelne Summanden (wie bei Wechsel-problemen) gefunden werden.

Beispiel Auf wie viel Arten kann man den Betrag von einem Euro in Münzen bezahlen? Die erzeugende Funktion ist hier:

$$f(x) = \frac{1}{1-x} \frac{1}{1-x^2} \frac{1}{1-x^5} \frac{1}{1-x^{10}} \frac{1}{1-x^{20}} \frac{1}{1-x^{50}} \frac{1}{1-x^{100}}$$
$$= 1 + x + 2x^2 + 2x^3 + 3x^4 + 4x^5 + 5x^6 + 6x^7 + \cdots + 4563x^{100} + \ldots$$

Der Koeffizient von x^{100} ist 4563; es gibt also 4563 Möglichkeiten.

14.5.9 Ergänzung durch Jakob Bernoulli

Hier eine erzeugende Funktion für die Anzahl von Würfelmöglichkeiten aus *Ars Conjectandi*, Teil 1, 24. Jakob B. liefert dazu eine umfassende Tabelle. Für die Augen-zahl, die ein Wurf eines n-flächigen platonischen Körpers zeigt, gab er folgende erzeugende Funktion an:

$$f(x) = \frac{1}{n}\left(1x + 1x^2 + 1x^3 + \cdots + 1x^n\right)$$

Hier stehen die Exponenten für die Augenzahlen, die Koeffizienten für deren Häufigkeit; der Nenner des Vorfaktors liefert die Mächtigkeit der Grundgesamtheit. Für den Doppel-wurf eines Würfels betrachtet man das zugehörige Quadrat:

$$f^2(x) = \left[\frac{1}{6}\left(x + x^2 + x^3 + \cdots + x^6\right)\right]^2$$
$$= \frac{1}{36}\left(x^2 + 2x^3 + 3x^4 + 4x^5 + 5x^6 + 6x^7 + 5x^8 + 4x^9 + 3x^{10} + 2x^{11} + x^{12}\right)$$

Die Augensumme kann „7" tritt also in 6 Fällen auf: $\{(1;6),(2;5),(3;4),(4;3),(5,2);(6,1)\}$. Das Vorgehen kann fortgesetzt werden; hier der Fall des 4-fachen Würfelwurfs:

$$f^4(x) = \frac{1}{1296}(x^4 + 4x^5 + 10x^6 + 20x^7 + 35x^8 + 56x^9 + 80x^{10} + 104x^{11} + 125x^{12} + 140x^{13}$$
$$+ 146x^{14} + 140x^{15} + 125x^{16} + 104x^{17} + 80x^{18} + 56x^{19} + 35x^{20} + 20x^{21} + 10x^{22}$$
$$+ 4x^{23} + x^{24})$$

Abb. 14.22 Histogramm zum
4-fachen Würfelwurf

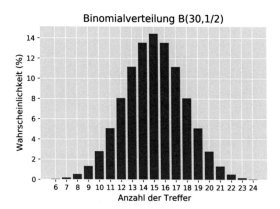

Die Augensumme „14" tritt also in 146 Fällen auf; alle Häufigkeiten zeigt die
Abb. 14.22. Gut zu sehen ist die symmetrische Form, die sich gemäß des zentralen
Grenzwertsatzes einer Gauß-Verteilung annähert.

Die erzeugenden Funktionen können multiplikativ kombiniert werden. So liefert
folgende Funktion die Augensumme eines Würfels und eines Oktaeders:

$$\frac{1}{6}\left(1x + 1x^2 + 1x^3 + \cdots + 1x^6\right) \cdot \frac{1}{8}\left(1x + 1x^2 + 1x^3 + \cdots + 1x^8\right) =$$

$$\frac{1}{48}\left(x^2 + 2x^3 + 3x^4 + 4x^5 + 5x^6 + 6x^7 + 6x^8 + 6x^9 + 5x^{10} + 4x^{11} + 3x^{12} + 2x^{13} + x^{14}\right)$$

Die Augensumme „10" tritt also in 5 Fällen auf: $\{(2;8),(3;7),(4;6),(5;5),(6,4)\}$, die
zugehörige Wahrscheinlichkeit dafür beträgt $p(\text{„10"}) = \frac{5}{48}$.

14.6   Zahlentheorie bei Euler

> Beweisen, dass etwas existiert ist einfach, wenn man *ein* Beispiel hat, aber
> beweisen, dass etwas *nicht* existiert, kann wirklich schwer werden (John Voight).

Eulers Begeisterung für die Zahlentheorie wurde durch einen Brief von Christian Goldbach vom 1. Dezember 1730 geweckt, in welchem dieser die Primzahlvermutung bezüglich der Fermat-Zahlen erwähnte:

> Ist Ihnen Fermats Bemerkung bekannt, dass alle Zahlen $2^{2^{n-1}} + 1$, wie 3, 5, 17 etc., Prim-
> zahlen seien? Er sagte, er könne es nicht beweisen; und auch sonst niemand hat es, soviel
> ich weiß, bewiesen.

Einige Beiträge Eulers zur Zahlentheorie wurden bereits bei Fermat erwähnt:

a) Nachweis, dass die Fermat-Zahl $F(5)$ keine Primzahl ist.
b) Beweis für die Unlösbarkeit der diophantischen Gleichung $x^4 + y^4 = z^4$.
c) Verallgemeinerung des kleinen Fermat-Satzes: $ggT(a,n) = 1 \Rightarrow a^{\varphi(n)} \equiv 1 \bmod n$

14.6.1 Der Vier-Quadrate Satz

Als Claude Gaspard Bachet (de Méziriac) (1581–1638) eine mustergültige Übersetzung der *Arithmetica* von Diophantos herausbrachte (1621), bemerkte er, dass Diophantos folgendes Theorem voraussetzt: Jede natürliche Zahl kann als Summe von 4 (rationalen) Quadraten geschrieben werden.

Beispiele

$$5 = 1^2 + 2^2 = \left(\frac{3}{5}\right)^2 + \left(\frac{4}{5}\right)^2 + \left(\frac{6}{5}\right)^2 + \left(\frac{8}{5}\right)^2$$

$$13 = 2^2 + 3^2 = \left(\frac{6}{5}\right)^2 + \left(\frac{8}{5}\right)^2 + \left(\frac{9}{5}\right)^2 + \left(\frac{12}{5}\right)^2$$

Bachet äußerte die Vermutung, dass diese Darstellung auch in Ganzzahlen möglich ist:

$$15 = 3^2 + 2^2 + 1^2 + 1^2$$
$$124 = 11^2 + 1^2 + 1^2 + 1^2 = 9^2 + 5^2 + 3^2 + 2^2$$

Euler beschäftigte sich mit der Vermutung Bachets seit 1730. Gefunden im Jahr 1748, konnte 1751 Euler vor der Berliner Akademie einen ersten Erfolg vortragen: Er fand die folgende Identität, die nun *Euler'scher Vier-Quadrate-Satz* heißt:

$$\left(a^2 + b^2 + c^2 + d^2\right)\left(e^2 + f^2 + g^2 + h^2\right) = x^2 + y^2 + z^2 + w^2 \Leftrightarrow$$
$$x = ae + bf + cg + dh \quad \therefore \quad y = af - be + ch - dg$$
$$z = ag - bh - ce + df \quad \therefore \quad w = ah + bg - cf - de$$

Aufgrund dieser Euler'schen Identität genügte es Lagrange (1770), den Vier-Quadrate-Satz nur für Primzahlen zu beweisen. 1798 konnte A.-M. Legendre sogar nachweisen, dass alle Zahlen höchstens als Summe von 3 Quadraten darstellbar sind, wenn sie nicht von der Form $4^k(8n + 7); k, n \in \mathbb{N}$ sind.

In diesem Zusammenhang vermutete Euler, dass keine vierte Potenz als Summe von nur drei vierten Potenzen geschrieben werden kann. Der 22-jährige Harvard-Absolvent Noam D. Elkies fand 1988 mithilfe von elliptischen Kurven das Gegenbeispiel:

$$20\,615\,673^4 = 2\,682\,440^4 + 15\,365\,639^4 + 18\,796\,760^4$$

Die von Elkies erdachte Parametrisierung führte zu weiteren Lösungen. Die kleinste dieser Lösungen war:

$$95\,800^4 + 217\,519^4 + 414\,560^4 = 422\,481^4$$

Die genaue Behauptung von Euler war: Gilt die folgende Darstellung, so muss folgen:

$$b^k = \sum_{i=1}^{n} a_i^k \Rightarrow n \geq k$$

Im Fall ($n = k$) fanden R. Norrie und später L. Lander und T. Parkin (1966):

$$353^4 = 30^4 + 120^4 + 135^4 + 272^4$$
$$144^5 = 27^5 + 84^5 + 110^5 + 135^5$$

Auch für die Fälle $x^k + y^k = u^k + v^k$ ($k = 3; 4$) konnte Euler sogar eine allgemeine Parameterlösung angeben. Für ($k = 4$) ergibt sich die kleinste Lösung:

$$133^4 + 134^4 = 158^4 + 59^4$$

Analog für ($k = 3$):

$$1729 = 9^3 + 10^3 = 1^3 + 12^3$$

Die Zahl 1729 ist bekannt geworden durch die „Taxi"-Anekdote: G. H. Hardy, der S. Ramanujan in einem Sanatorium besuchte, machte die Bemerkung, dass die Nummer seines Taxis eine „langweilige" Zahl sei. Ramanujan erwiderte: *Ganz im Gegenteil, dies sei die kleinste Zahl, die auf zwei Arten als Summe zweier Kuben darstellbar ist!*

14.6.2 Multigrade Identitäten

In einem Brief wies Goldbach Euler auf folgende Aufgabe hin: In ganzen Zahlen soll simultan gelten für mehrere Potenzen:

$$a^k + b^k + c^k + d^k + e^k = r^k + s^k + t^k + u^k + v^k$$

Erstaunlicherweise konnte Euler zeigen, dass für $k \in \{0; 1; 2; 3; 4\}$ gilt:

$$1^k + 5^k + 9^k + 17^k + 18^k = 2^k + 3^k + 11^k + 15^k + 19^k$$

14.6.3 Die Euler'sche Phi-Funktion

L. Euler führte die Funktion 1763 ein; zu diesem Zeitpunkt hatte er jedoch noch kein bestimmtes Symbol ausgewählt. Die jetzt übliche Notation φ stammt aus der Abhandlung *Disquisitiones Arithmeticae* von C. F. Gauß (1801). Daher wird sie oft als Eulers *Phi-Funktion* bezeichnet, J. J. Sylvester nannte sie Totientenfunktion (*Totient* = Indikator). Die Funktion $\varphi(n)$ ist definiert als die Anzahl der Zahlen, kleiner oder gleich n, die zu n teilerfremd sind:

$$\varphi(n) = \sum_{\substack{1 \leq k \leq n \\ ggT(k,n) = 1}} 1$$

Ein Beispiel ist $\varphi(10) = 4$, da genau die Zahlen $\{1, 3, 7, 9\}$ zu 10 teilerfremd sind. Es gilt trivialerweise $\varphi(1) = 1$. Da alle Zahlen kleiner als eine Primzahl p zu dieser teilerfremd sind, gilt:

$$\varphi(p) = p - 1;\, p \text{ prim}$$

Für Primzahlpotenzen p^a ist von den Zahlen $\{1, 2, 3, \ldots, p^a\}$ genau jede p-te Zahl Teiler, somit folgt:

$$\varphi(p^a) = p^a - p^{a-1} = p^a\left(1 - \frac{1}{p}\right) \tag{1}$$

Für beliebige Zahlen gilt somit die Darstellung:

$$\varphi(n) = n \prod_{p \mid n}\left(1 - \frac{1}{p}\right)$$

Für die Zahl $360 = 2^3 \cdot 3^2 \cdot 5$ ergibt dies:

$$\varphi(360) = 360\left(1 - \frac{1}{2}\right)\left(1 - \frac{1}{3}\right)\left(1 - \frac{1}{5}\right) = 96$$

Es lässt sich zeigen, dass die Funktion für teilerfremde Zahlen multiplikativ ist:

$$\varphi(n \cdot m) = \varphi(n)\varphi(m);\, ggT(n, m) = 1$$

Mit Formel (1) bestätigt man das obige Ergebnis:

$$\varphi(360) = \varphi\left(2^3\right)\varphi\left(3^2\right)\varphi(5) = 4 \cdot 6 \cdot 5 = 96$$

In seiner Schrift *Decouverte d'une loi tout extraordinaire des nombres par rapporta la somme de leurs diviseurs* (1751) konnte er eine erzeugende Funktion herleiten:

$$\varphi(x) = \prod_{k=1}^{\infty}\left(1 - x^k\right)$$

Ausmultiplizieren liefert:

$$\varphi(x) = 1 - x - x^2 + x^5 + x^7 - x^{12} - x^{15} + x^{22} + x^{26} - x^{35} - x^{40} + x^{51} + \cdots$$

Euler erkannte, dass die auftretenden Exponenten verallgemeinerten Pentagonalzahlen sind von der Form $\frac{1}{2}\left(3k^2 \pm k\right)$. Damit konnte er eine Summenformel angeben:

$$\varphi(x) = \sum_{k=1}^{\infty}(-1)^k\left[x^{(3k^2-k)/2} + x^{(3k^2+k)/2}\right]$$

Wie der Titel von 1751 angibt, war Euler auf der Suche nach einer Reihe für Partitionen (vgl. Abschn. 14.5.7). Der Vergleich der beiden erzeugenden Funktionen liefert das Ergebnis:

$$\varphi(x)p(x) = 1$$

Euler fand auch noch einen Zusammenhang mit der Teilersummenfunktion $\sigma(x)$:

$$\sigma(x) = -\frac{x\varphi'(x)}{\varphi(x)}$$

Dabei ist $\varphi'(x)$ die formale Ableitung der Euler-Funktion (vgl. Abschn. 14.6.5). Gauß konnte 70 Jahre später die Formel aufstellen:

$$\varphi(x)^3 = \sum_{k=1}^{\infty} (-1)^k (2k+1) x^{\frac{k^2+k}{2}}$$
$$= 1 - 3x + 5x^3 - 7x^6 + 9x^{10} - 11x^{15} + 13x^{21} \pm \cdots$$

Anwendung Wie oben erwähnt, sind die Elemente der Menge $\{1, 3, 7, 9\}$ zu 10 teiler-fremd und bilden daher eine Gruppe bezüglich der Multiplikation *mod* 10; dies ist eine Untergruppe der Restklasse $(\mathbb{Z}/10\mathbb{Z})^*$. Die abelsche Gruppe hat die Ordnung $\varphi(10) = 4$; ihre Verknüpfungstafel ist:

$\odot$ *mod* 10	1	3	7	9
1	1	3	7	9
3	3	9	1	7
7	7	1	9	3
9	9	7	3	1

Ein Element, wie „3" erzeugt die ganze Gruppe, die Gruppe ist daher isomorph zur zyklischen Gruppe C_4 der Ordnung 4:

$$3^1 = 3$$
$$3^2 = 9$$
$$3^3 \equiv 7 \ mod \ 10$$
$$3^4 \equiv 1 \ mod \ 10$$

Die letzte Gleichung zeigt einen Satz der Gruppentheorie: Für jedes Element a einer zyklischen Gruppe G der Ordnung $|G|$ gilt $a^{|G|} = e$(Einselement).

Ergänzung Mithilfe der Euler'schen Phi-Funktion konnte E. Kummer der Berliner Akademie 1878 einen kurzen Beweis für das Nichtabbrechen der Primzahlen präsentieren, wie Kummer sagte: *ohne Hilfsmittel der höheren Analysis.*

Beweis durch Widerspruch: Man nehme an, es existieren nur endlich viele Primzahlen. Das Produkt aller dieser Primzahlen sei: $P = 2 \cdot 3 \cdot 5 \cdot 7 \cdot \ldots \cdot p$. Da alle natürlichen Zahlen (außer der Eins) mindestens einen dieser Primfaktoren aus P haben, sind alle diese Zahlen größer 1 nicht teilerfremd. Somit gilt $\varphi(P) = 1$. Aus der Produktdarstellung von P folgt ein Widerspruch:

14.6.4 Euler-Kriterium zum quadratischen Reziprozitätsgesetz

Von Legendre wurde das nach ihm benannte Symbol $\left(\frac{a}{p}\right)$ geschaffen. Ist a eine natürliche Zahl und p eine ungerade Primzahl, so ergibt $\left(\frac{a}{p}\right) = 1$, wenn die folgende Gleichung eine Lösung hat, andernfalls -1.

$$x^2 \equiv a \bmod p$$

Eng mit der Erweiterung des kleinen Fermat-Satzes zusammenhängend ist das Euler'sche *Kriterium:*

$$\left(\frac{a}{p}\right) \equiv a^{(p-1)/2} \bmod p$$

Beispiel Für $a = 42; p = 61$ ergibt sich $\left(\frac{42}{61}\right) = 42^{30} \equiv 1 \bmod 61$. Die quadratische Gleichung $x^2 \equiv 42 \bmod 61$ hat somit mindesten eine Lösung; diese sind $\{15; 46\}$.

14.6.5 Die Teilersummenfunktion

Zur Ermittlung der Teilersumme einer Zahl erfand Euler die *Sigmafunktion;* sie ist definiert als die Summe *aller* Teiler, also auch der Zahl selbst:

$$\sigma(n) = \sum_{d\mid n} d$$

Euler konnte folgende Eigenschaften der Funktion nachweisen:

$$ggT(n, m) = 1 \;\Rightarrow\; \sigma(n \cdot m) = \sigma(n)\sigma(m)$$

$$\sigma(p^n) = 1 + p + p^2 + \cdots p^n = \frac{p^{n+1} - 1}{p - 1}; \; p \text{ prim}$$

Beispiel für $496 = 2^4 \cdot 31$:

$$\sigma(496) = \sigma\left(2^4\right)\sigma(31) = \left(2^5 - 1\right)(31 + 1) = 992$$

Analog für $360 = 2^3 \cdot 3^2 \cdot 5$

$$\sigma(360) = \sigma\left(2^3\right)\sigma\left(3^2\right)\sigma(5) = \left(2^4 - 1\right)\frac{3^3 - 1}{2}(5 + 1) = 1170$$

Euler konnte auch eine rekursive Definition der Teilersummenformel angeben:

$$\sigma(n) = \sigma(n - 1) + \sigma(n - 2) - \sigma(n - 5) - \sigma(n - 7) + \sigma(n - 12) + \sigma(n - 15)$$
$$- \sigma(n - 22) - \sigma(n - 26) + \cdots$$

Die Folge endet, wenn die Argumente negativ werden; die Differenzen werden mit den schon mehrfach erwähnten verallgemeinerten Pentagonalzahlen der Form $\frac{1}{2}(3k^2 \pm k)$ gebildet.

Beispiel für die Zahl 20:

$$\sigma(20) = \sigma(19) + \sigma(18) - \sigma(15) - \sigma(13) + \sigma(8) + \sigma(5)$$
$$= 20 + 39 - 24 - 14 + 15 + 6 = 42$$

Das Ergebnis wird bestätigt durch: $\sigma(20) = \sigma(2^2)\sigma(5) = (2^3 - 1)(5 + 1) = 42$. Euler konnte auch eine erzeugende Funktion bestimmen:

$$\sigma(x) = \sum_{k=1}^{\infty} \frac{kx^k}{1 - x^k} = x + 3x^2 + 4x^3 + 7x^4 + 6x^5 + 12x^6 + 8x^7 + 15x^8 + 13x^9 + 18x^{10} + \cdots$$

14.6.6 Problem der vollkommenen Zahlen

Nach Euklid IX, 36 heißt eine Zahl vollkommen, wenn sie gleich ist der Summe aller *echten* Teiler. Nach heutiger Definition heißt eine Zahl vollkommen, wenn gilt: $\sigma(n) = 2n$.

Beispiel Die Zahl 28 ist vollkommen, da die Summe der echten Teilern $\{1, 2, 4, 7, 14\}$ gleich 28 ist. Euklid hat bewiesen, dass jede vollkommene Zahl die Form $2^{n-1}(2^n - 1)$ hat. Ein Beispiel für eine vollkommene Zahl ist 496, wegen:

$$496 = 2^4 \cdot 31 = 2^4(2^5 - 1) \implies \sigma(496) = \sigma(2^4)\sigma(31) = (2^5 - 1)(31 + 1) = 2 \cdot 496$$

Unbekannt war, ob jede gerade vollkommene Zahl die von Euklid angegebene Form hat; dies konnte Euler beweisen. Ungelöst ist die Frage, ob es auch *ungerade* vollkommene Zahlen gibt.

Euler vermutete, dass eine ungerade, vollkommene Zahl stets die Form $p^{4k+1}Q^2$ mit $p \nmid Q$ hat. Einen Beweis dafür konnte er nicht erbringen. Es war deswegen scheinbar eine Sensation, als man eine von R. Descartes gefundene Zahl entdeckte, die nach seinen Angaben vollkommen sei[24]:

$$D = 198\,585\,576\,189 = 3^2 \cdot 7^2 \cdot 11^2 \cdot 13^2 \cdot 22021$$

Verblüffenderweise gilt:

$$\sigma(D) = 13 \cdot 57 \cdot 133 \cdot 183 \cdot 22022 = 397\,171\,152\,378 = 2D$$

Aber leider ist $\sigma(22021) = 22022$ falsch, da $22021 = 19^2 \cdot 61$ *keine* Primzahl ist! Damit ist die Frage nach einer ungeraden, vollkommenen Zahl wieder offen.

---

[24] www.quantamagazine.org/mathematicians-open-a-new-front-on-an-ancient-number-problem-20200910/

Die größte von Euler 1772 angegebene vollkommene Zahl hat 19 Stellen:

$$2\,305\,843\,008\,139\,952\,128$$

14.6.7 Problem der befreundeten Zahlen

Ein Paar (a, b) von natürlichen Zahl heißt befreundet, wenn die *echte* Teilersumme von a gleich b ist, und umgekehrt. Bei den Pythagoreern war das Paar $(220; 284)$ bekannt. Hier gilt

$$\sigma(220) - 220 = \left(2^3 - 1\right)(5 + 1)(11 + 1) - 220 = 504 - 220 = 284$$

$$\sigma(284) - 284 = \left(2^3 - 1\right)(71 + 1) - 284 = 504 - 284 = 220$$

Die Formeln von Thābit ibn Qurra hat Euler verallgemeinert. Für ein $n \in \mathbb{N}$ gelte:

$$x = f \cdot 2^n - 1 \ \therefore \ y = f \cdot 2^{n-k} - 1 \ \therefore \ x = f^2 \cdot 2^{2n-k} - 1; f = 2^k + 1; n > k$$

Dann sind die Zahlen $a = 2^n xy$; $b = 2^n z$ befreundet, wenn gilt: x, y, z sind prim. Für $k = 1$ erhält man die Formel von Thābit ibn Qurra.

In seiner Schrift *De numeris amicabilis* (1747) publizierte Euler 30 befreundete Paare, drei Jahre später weitere 34 Paare, davon 2 nicht korrekt. Das größte von Euler 1747 gefundene Paar ist:

$$(122\,265, 139\,815)$$

Beispiele Für $n = 4, k = 1$ folgt $x = 47$; $y = 23$; $z = 1151$. Da alle drei Zahlen prim sind, ergibt sich das befreundete Paar $(a, b) = (17296, 18416)$. Dieses Paar wurde 1636 von P. de Fermat gefunden. Für $n = 7, k = 1$ ergibt sich das Paar $(9\,363\,584, 9\,437\,056)$; es wurde 1638 von R. Descartes entdeckt.

14.6.8 Lösung der Bachet-Gleichung

Auch hier gelang Euler der Beweis zu einer Fermat-Vermutung. Dieser löste die diophantische Bachet-Gleichung $x^2 + k = y^3$ für $k = 2$ und fand die Lösung $\{x = 5; y = 3\}$. Bachet gab auch noch die rationale Lösung $\{x = \frac{129}{100}; y = \frac{383}{1000}\}$ an; Fermat betrachtete hier nur Ganzzahlen.

Euler erweiterte die Definitionsmenge der Gleichung zum ganzzahligen Ring $\mathbb{Z}\left[\sqrt{-2}\right]$ und konnte so zerlegen:

$$x^2 + 2 = \left(x - \sqrt{-2}\right)\left(x + \sqrt{-2}\right) = y^3$$

Ohne jeglichen Beweis setzte er voraus, dass sich die eindeutige Faktorisierung von $\mathbb{Z}$ auf den quadratischen Zahlenring $\mathbb{Z}\left[\sqrt{-2}\right]$ überträgt; tatsächlich ist $\mathbb{Z}\left[\sqrt{-2}\right]$ ein ZPE-

Ring; ein Begriff, der erst später geprägt wurde. Die Elemente des Rings haben die Form $\left(a + b\sqrt{-2}\right)$ mit $a, b \in \mathbb{Z}$; ihre Norm ist:

$$\| a + b\sqrt{-2} \| = \left(a + b\sqrt{-2}\right)\left(a - b\sqrt{-2}\right) = a^2 + 2b^2$$

Für den obigen Faktor $\left(x + \sqrt{-2}\right)$ von y^3 muss es daher eine Darstellung geben mit:

$$\left(x + \sqrt{-2}\right) = \left(a + b\sqrt{-2}\right)^3 = \left(a^3 - 6ab^2\right) + \sqrt{-2}\left(3a^2 b - 2b^3\right)$$

Gleichsetzen von Real- bzw. Imaginärteil liefert:

$$a(a^2 - 6b^2) = x$$
$$3a^2 b - 2b^3 = b\left(3a^2 - 2b^2\right) = 1$$

Da a, b, x ganzzahlig sind, folgt:

$$a = \pm 1; b = 1 \;\Rightarrow\; x = \pm 5; y = 3$$

Damit ist die Eindeutigkeit der Fermat'schen Lösung bewiesen. Ähnlich verläuft die Lösung von $x^2 + k = y^3$, s. A. Weil[25]. Ernst Kummer hat 1844 bewiesen, dass die eindeutige Faktorisierbarkeit in den Ringen $\mathbb{Z}\left[\sqrt{-d}\right]$ gilt, wenn $d \in \{1, 2, 3, 7, 11, 19, 43, 67, 163\}$ ist.

Ein von Richard Dedekind gefundenes Gegenbeispiel ist der ganzzahlige Ring $\mathbb{Z}\left[\sqrt{-5}\right]$ mit der Norm $\| a + b\sqrt{-5} \| = a^2 + 5b^2$. Hier kann die Zahl „6" zweifach faktorisiert werden:

$$6 = 2 \cdot 3 = \left(1 + \sqrt{-5}\right)\left(1 - \sqrt{-5}\right)$$

Ergänzung Euler führte auch den Beweis für die Unlösbarkeit der Fermat-Gleichung $x^3 + y^3 = z^3 (xyz \neq 0)$. Er rechnete dabei im Ring $\mathbb{Z}[\varepsilon]$, der aus $\mathbb{Z}$ durch Adjunktion der dritten Einheitswurzel $\varepsilon = e^{2\pi i/3} = \frac{1}{2}\left(-1 + \sqrt{-3}\right)$ erzeugt wird. Die konjugiert-komplexe Zahl ist:

$$\overline{\varepsilon} = e^{-2\pi i/3} = e^{4\pi i/3} = \varepsilon^2$$

Die Norm einer Zahl $(a + b\varepsilon)$ mit $a, b \in \mathbb{Z}$ ist definiert durch:

$$\| a + b\varepsilon \| = (a + b\varepsilon)(a + b\overline{\varepsilon}) = a^2 - ab + b^2 \geq 0$$

Speziell für $(1 - \varepsilon)$ gilt: $\| 1 - \varepsilon \| = (1 - \varepsilon)\left(1 - \varepsilon^2\right) = 3$; somit ist $(1 - \varepsilon)$ Primelement in $\mathbb{Z}[\varepsilon]$. Es gelten die Identitäten:

---

[25] Weil A.: Zahlentheorie, ein Gang von Hammurapi bis Legendre, Birkhäuser 1992, S. 120.

$$\varepsilon^2 + \varepsilon + 1 = 0 \quad \therefore \ a + b\varepsilon = a - b - b\varepsilon^2 \quad \therefore \ a + b\varepsilon^2 = a - b - b\varepsilon$$

Damit konnte Euler die Gleichung $x^3 + y^3 = z^3$ auf $\mathbb{Z}[\varepsilon]$ faktorisieren zu:

$$(x + y)(x + y\varepsilon)\left(x + y\varepsilon^2\right) = z^3$$

Eulers Nachweis der Unlösbarkeit findet sich in seiner *Vollständigen Anleitung zur Algebra* (II, Abs. 2, § 243–245), eine verbesserte Version bei Scheid[26]/Frommer.

14.6.9 Die Kettenbruchmethode

Aus Umfangsgründen kann hier nicht auf die Theorie der Kettenbrüche eingegangen werden; es wird daher auf die Literatur[27] verwiesen. Für rationale Zahlen sei hier die Kettenbruchentwicklung gezeigt am Beispiel von $\frac{13}{57}$. Es gilt:

$$\frac{13}{57} = \frac{1}{\frac{57}{13}} = \frac{1}{4 + \frac{5}{13}} = \frac{1}{4 + \frac{1}{\frac{13}{5}}} = \frac{1}{4 + \frac{1}{2 + \frac{3}{5}}} = \frac{1}{4 + \frac{1}{2 + \frac{1}{\frac{5}{3}}}} = \frac{1}{4 + \frac{1}{2 + \frac{1}{1 + \frac{2}{3}}}}$$

$$= \frac{1}{4 + \frac{1}{2 + \frac{1}{1 + \frac{1}{\frac{3}{2}}}}} = 0 + \frac{1}{4 + \frac{1}{2 + \frac{1}{1 + \frac{1}{1 + \frac{1}{2}}}}}$$

Die Entwicklung lässt sich auch aus dem euklidischen Algorithmus ablesen:

$$13 = 0 \cdot 57 + 13 \ \Rightarrow \ \frac{13}{57} = 0 + \frac{13}{57}$$

$$57 = 4 \cdot 13 + 5 \ \Rightarrow \ \frac{57}{13} = 4 + \frac{5}{13}$$

$$13 = 2 \cdot 5 + 3 \ \Rightarrow \ \frac{13}{5} = 2 + \frac{3}{5}$$

$$5 = 1 \cdot 3 + 2 \ \Rightarrow \ \frac{5}{3} = 1 + \frac{2}{3}$$

$$3 = 1 \cdot 2 + 1 \ \Rightarrow \ \frac{3}{2} = 1 + \frac{1}{2}$$

$$2 = 2 \cdot 1$$

Rückwärts Einsetzen der rechts stehenden Brüche liefert den oben gegebenen Kettenbruch.

---

[26] Scheid H., Frommer A.: Zahlentheorie[4], Springer Spektrum 2007, S. 206–208.

[27] Brezinski C.: History of Continued Fractions and Padé Approximants, Springer 1991.

Neben der in seiner Algebra (II, Abs. 2, § 102) verwendeten Methode entwickelte Euler auch die Kettenbruchmethode, zunächst zur Lösung der Pell'schen Gleichung $Dx^2 + 1 = y^2$; $\sqrt{D} \notin \mathbb{N}$. In mehreren Publikationen[28,29] verallgemeinerte er die Methode zur Berechnung spezieller Funktionen und Differenzialgleichungen. Die Lösung einer Pell'schen Gleichung wird hier am Beispiel gezeigt:

$$7x^2 + 1 = y^2$$

Der Kettenbruch für $\sqrt{7}$ ist periodisch; man erhält man sukzessive:

$$a_0 = \left[\sqrt{7}\right] = 2$$

$$\sqrt{7} = 2 + \frac{1}{a_1} \Rightarrow a_1 = \frac{1}{\sqrt{7} - 2} = \frac{\sqrt{7} + 2}{3} \Rightarrow [a_1] = 1$$

$$a_1 = 1 + \frac{1}{a_2} \Rightarrow a_2 = \frac{1}{a_1 - 1} = \frac{\sqrt{7} + 1}{2} \Rightarrow [a_2] = 1$$

$$a_2 = 1 + \frac{1}{a_3} \Rightarrow a_3 = \frac{1}{a_2 - 1} = \frac{\sqrt{7} + 1}{3} \Rightarrow [a_3] = 1$$

$$a_3 = 1 + \frac{1}{a_4} \Rightarrow a_4 = \frac{1}{a_3 - 1} = \sqrt{7} + 2 \Rightarrow [a_4] = 4$$

$$a_4 = 1 + \frac{1}{a_5} \Rightarrow a_5 = \frac{1}{a_4 - 1} = \frac{\sqrt{7} + 2}{3} = a_1$$

Wegen $a_4 = a_1$ erhält man eine Periode der Länge $n = 4$. Somit ist der periodische Kettenbruch $\sqrt{7} = [2; 1, 1, 1, 4, 1, 1, 1, 4, \ldots] = \left[2; \overline{1, 1, 1, 4}\right]$.

Zur Auswertung des Kettenbruchs $[a_0; a_1, a_2, \ldots, a_n]$ wird die Doppelfolge (p_n, q_n) gestartet mit den Rekursionsformeln:

$$p_0 = a_0; q_0 = 1; p_1 = a_0 a_1 + 1; q_1 = a_1;$$

$$p_n = a_n p_{n-1} + p_{n-2}; q_n = a_n q_{n-1} + q_{n-2} (n \geq 2)$$

Die Gleichung $Dx^2 + 1 = y^2$ hat damit die Lösung $(x, y) = (q_{n-1}, p_{n-1})$. Die Rekursion liefert die Tabelle.

n	0	1	2	3	4
a_n	2	1	1	1	4
p_n	2	3	5	**8**	37

---

[28] Euler, L.: De transformatione serierum in fractiones continuas, ubi simul haec theoria non mediocriter amplificatur, Opuscula Analytica 2, S. 138–177.

[29] Euler, L.: De fractionibus continuis observationes. Commentarii academiae scientiarum Petropolitanae 11, S. 32–81.

n	0	1	2	3	4
q_n	1	1	2	3	14

Die Gleichung $7x^2 + 1 = y^2$ hat gemäß oben stehender Tabelle die Lösung $(3; 8)$. Euler leitete zahlreiche andere Kettenbrüche her, wie:

$$\tan x = \cfrac{x^2}{1 - \cfrac{x^2}{3 - \cfrac{x^2}{5 - \cfrac{x^2}{7 - \cfrac{x^2}{9 - \cfrac{x^2}{\cdots}}}}}}$$

Dieses Beispiel wird oft Johann Heinrich Lambert (1728–1777) zugesprochen, da dieser den Kettenbruch 1761 für seinen Beweis der Irrationalität von $\tan x$; $x \notin \mathbb{Q}$ verwendet hat.

Historische Notiz Die Theorie der quadratischen diophantischen Gleichungen entstand in Indien. Brahmagupta (um 628 n. Chr.) und Bhaskara II (um 1150) entwickelten zur Lösung ganz eigene Methoden (Mathematik im Mittelalter, S. 128–138). Die älteste Aufgabe von diesem Typ ist das bekannte Rinderproblem des Archimedes, das der Dichter Gotthold Ephraim Lessing 1773 in der Bibliothek von Wolfenbüttel gefunden hat. Die sieben Gleichungen des Rinderproblems können reduziert auf:

$$x^2 - 4\,729\,494y^2 = 1$$

Berücksichtigt man noch die Nebenbedingungen, so erhält man eine Lösung mit 41 Stellen. Auch islamische Autoren haben zahlreiche Aufgaben von Diophantos übernommen; ein Autor ist hier besonders zu nennen: Al-Karajī (ca. 953–ca.1029).

Ergänzung Erwähnt sei noch die Suche Eulers nach einem Polynom, das möglichst viele Primzahlen liefern soll. Er fand ein Polynom, das für $n \in \{1; 2; 3; \ldots; 79\}$ Primzahlen liefert:

$$p(n) = n^2 - 79n + 1601$$

14.7 Anfänge der Graphentheorie

Königsberg (heute Kaliningrad/Russland) wird vom Fluss Pregel durchflossen; der Fluss teilte sich in zwei Arme und bildete dabei die Insel Kneiphof und die Halbinsel D. Bis zum Ende des Zweiten Weltkriegs waren die Stadtteile $\{A, B, C, D\}$ untereinander durch sieben Brücken $\{a, b, c, d, e, f, g\}$ verbunden (Abb. 14.23 nach Euler):

Abb. 14.23 Zum
Königsberger Problem
(Euler, Solutio problematis ad
geometriam situs pertinentis
1736, koloriert)

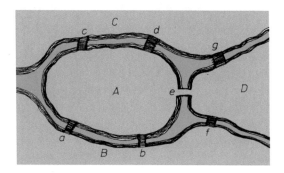

In einem Brief von 1735 stellte der Bürgermeister G. Ehler von Königsberg an den in
St. Petersburg wohnenden Euler die Frage:

> Gibt es einen Spaziergang, bei dem jede Brücke genau einmal betreten wird? Und wenn ja,
> gibt es einen Rundgang, bei dem man zum Ausgangspunkt zurückkehrt?

Euler wehrte zunächst ab:

> Wie Sie sehen, werter Herr, hat diese Art der Fragestellung wenig mit Mathematik zu tun,
> so verstehe er nicht, warum er sich an einen Mathematiker und nicht an einen anderen
> wendet, denn die Lösung basiere auf reinem Nachdenken und nicht auf irgendeinem
> mathematischen Prinzip. Deshalb wisse er nicht, wieso solche Fragen mit wenig Bezug auf
> Mathematik von einem Mathematiker schneller gelöst werden könnten als durch irgend-
> jemand anderem.

Aber Eulers Interesse war geweckt. Er publizierte seine Lösung in seiner Schrift[30]
Solutio problematis ad geometriam situs pertinentis (1736). Der Ausdruck *Situs
Geometriae* gilt diesem neuen Forschungsgebiet, das Euler begründet hat und das heute
Graphentheorie heißt. Dabei wird jeder Stadtteil als *Knoten* und jede Brücke als *Kanten*
eines (abstrakten) Graphen betrachtet. Der zugehörige Graph des Königsberger Problems
ist ein Multigraph (mit Mehrfachkanten) und ist in Abb. 14.24 dargestellt.

Die Anzahl der Kanten, die mit einem Knoten inzidieren, heißt der *Grad* des Knotens.
Dem „Spaziergang" über alle Brücken entspricht eine verkettete Liste von Kanten,
wobei jede Kante genau einmal vorkommt; eine solche Liste wird als *Euler'sche Linie*
bezeichnet. Euler bewies folgenden Satz (in moderner Formulierung):

> Jeder endliche Graph besitzt eine Euler'sche Linie, wenn er zusammenhängend ist und
> höchstens 2 Knoten mit ungeradem Grad hat.

---

[30] Euler L.: Solutio problematis ad geometriam situs pertinentis, Commentarii academiae
scientiarum Petropolitanae, 8, (1736) 1741, 128–140.

Abb. 14.24 Multigraph des
Königsberger Problems

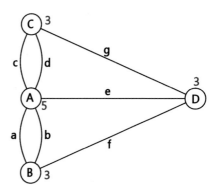

Abb. 14.25 Multigraph des
Haus des Nikolaus'

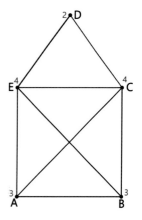

Später wurde auch die Umkehrung des Satzes bewiesen. Wie man dem Graphen entnimmt, haben alle Knoten einen ungeraden Grad. Es gibt somit keinen Spaziergang der gewünschten Art und auch keinen Rundgang. Eine Euler'sche Linie heißt *Euler'scher Kreis,* wenn beim Durchlaufen der Startpunkt zugleich Endpunkt ist. Ein Euler'scher Kreis existiert genau dann, wenn alle Knoten einen geraden Grad haben. Dies ist nicht der Fall beim Königsberger Brückenproblem.

Ein populäres **Beispiel** eines Multigraphen ist das Haus des Nikolaus (Abb. 14.25). Ist es möglich, den Graphen „in einem Zug", d. h. ohne Absetzen des Zeichenstifts, zu zeichnen?

Die Antwort ist positiv, es gibt eine Euler'sche Linie, da es zwei Knoten $\{A, B\}$ von ungeraden Grad gibt. Der Weg muss also bei A beginnen und bei B enden oder umgekehrt. Ein möglicher Weg ist das Durchlaufen von:

$$\{A, C, E, B, A, E, D, C, B\}$$

Hier wird jede Kante genau einmal durchlaufen; es gibt jedoch keinen Euler'schen Kreis.

14.8   Beiträge zur Reihenlehre

Die *Taylor-Reihen* waren seit 1715 bekannt aus der Schrift *Methodus Incrementorum Directa et Inversa* von Brook Taylor (1685–1731). Die Benennung nach Taylor erfolgt durch S. A. l'Huilier (1786), nachdem J.-L. Lagrange 1772 die Bedeutung des Satzes erkannt hatte und das bei Taylor fehlende Restglied ergänzt hat. Taylor war von 1714 bis 1718 Sekretär der *Royal Society* und Mitglied der Kommission, die den Prioritätsstreit zugunsten Newton entschied, und deshalb in einem heftigen Streit mit Johann Bernoulli verwickelt.

Erste Beispiele von Taylor-Reihen finden sich bereits bei James Gregory (1671), hier für den Entwicklungspunkt $x = a$:

$$f(x) = f(a) + f'(a)(x - a) + \frac{1}{2!}f''(a)(x - a)^2 + \frac{1}{3!}f'''(a)(x - a)^3 + \cdots$$

Verschwinden höhere Ableitungen, so spricht man von einem Taylor-Polynom. Speziell für $a = 0$ wird (unnötigerweise) der Name Maclaurin-Reihe verwendet; eine solche Reihe existiert nur, wenn die Funktion im Nullpunkt definiert ist:

$$f(x) = f(0) + xf'(0) + \frac{1}{2!}x^2 f''(0) + \frac{1}{3!}x^3 f'''(0) + \cdots$$

Funktionen wie $f(x) = e^{-1/x^2}$, $x \neq 0$ werden daher *nicht* durch ihre Taylor-Reihe dargestellt. Die Konvergenz einer Taylor-Reihe muss daher eigens geprüft werden. Für Funktionen, die im Nullpunkt eine hebbare Singularität haben, lassen sich Reihen bilden; ein Beispiel ist:

$$\frac{\ln(1 + x)}{x} = 1 - \frac{x}{2} + \frac{x^2}{3} - \frac{x^3}{4} + \frac{x^4}{5} - \cdots \; ; x \neq 0; |x| < 1$$

Euler[31] verwendete Taylor-Reihen zur Herleitung von Bedingungen für Extrema. Betrachtet wird eine Reihe mit nichtverschwindenden Ableitungen; die Variable h kann so klein gewählt werden, dass höhere Potenzen vernachlässigt werden können. Für ein lokales Maximum an der Stelle x muss gelten:

$$f(x - h) < f(x) \wedge f(x + h) < f(x)$$

Dies liefert das System von Ungleichungen:

$$f(x - h) = f(x) - h\frac{df(x)}{dx} + h^2 \frac{d^2 f(x)}{dx^2} < f(x)$$

$$f(x + h) = f(x) + h\frac{df(x)}{dx} + h^2 \frac{d^2 f(x)}{dx^2} < f(x)$$

---

[31] Euler L.: Institutiones calculi differentialis, Commentarii academiae scientiarum Petropolitanae 1755, § 274.

Euler vernachlässigte zunächst die Terme ab h^2; es folgt $h\frac{df(x)}{dx} = 0$ als Extremums-bedingung. Berücksichtig man nun den Term mit h^2, so ergibt sich (als notwendige Bedingung) für ein Maximum:

$$\frac{d^2f(x)}{dx^2} < 0$$

Neben der Taylor-Form verwendete Euler weitere Methoden zum Auffinden einer Reihe:

- Zurückführen auf eine geometrische Reihe, z. B.: $\frac{1}{1-x^2}$
- Differenziation einer bekannten Reihe: $\frac{1}{(1-x)^2} = \frac{d}{dx}\frac{1}{1-x}$
- Integration einer bekannten Reihe: $\ln(1+x) = \int \frac{dx}{1+x}$
- Ansatz mit unbestimmten Koeffizienten:

$$1+x = \left[a_0 + a_1x + a_2x^2 + \cdots\right]\left[a_0 + a_1x + a_2x^2 + \cdots\right] \Rightarrow \sqrt{1+x} = a_0 + a_1x + a_2x^2 + \cdots$$

14.8.1 Reihe der inversen Quadrate

Die Bestimmung der Reihe der inversen Quadrate war eine Aufgabe, die längere Zeit in der Bernoulli-Familie diskutiert wurde; sie wird daher das *Basler Problem* genannt. Euler fand schließlich die Lösung in seiner Schrift *De summis Serierum Reciprocarum* (1735).

1) Eulers Trick
Gegeben sei das Polynom $P(x)$ vom Grade n mit den einfachen Nullstellen $\{a, b, c, d, \ldots\}$ und dem Wert $P(0) = 1$. Euler wusste, dass das Polynom in Linearfaktoren zerfällt werden kann:

$$P(x) = \left(1 - \frac{x}{a}\right)\left(1 - \frac{x}{b}\right)\left(1 - \frac{x}{c}\right) \ldots \left(1 - \frac{x}{d}\right) \ldots$$

Für jeden Wert aus $\{a, b, c, d, \ldots\}$ verschwindet das Polynom. Zu prüfen ist, ob auch die zusätzliche Bedingung $P(0) = 1$ erfüllt ist. Dies gilt wegen:

$$P(0) = \left(1 - \frac{0}{a}\right)\left(1 - \frac{0}{b}\right)\left(1 - \frac{0}{c}\right) \ldots \left(1 - \frac{0}{d}\right) \ldots = 1$$

Durch Ausmultiplizieren der Linearfaktoren erhält man die gesuchte (abbrechende) Reihenentwicklung; hier beispielsweise für $a = 2$; $b = 3$; $c = 6$:

$$P(x) = \left(1 - \frac{x}{2}\right)\left(1 - \frac{x}{3}\right)\left(1 - \frac{x}{6}\right) = 1 - x + \frac{11}{36}x^2 - \frac{1}{36}x^3$$

2) Summation der Reihe
Euler definierte folgende Funktion:

$$f(x) = 1 - \frac{x^2}{3!} + \frac{x^4}{5!} - \frac{x^6}{7!} + \frac{x^8}{9!} - \cdots$$

Wie oben gilt $f(0) = 1$, somit ist $x = 0$ keine Nullstelle. Daher lässt sich umformen:

$$f(x) = x\left[\frac{1}{x}\left(1 - \frac{x^2}{3!} + \frac{x^4}{5!} - \frac{x^6}{7!} + \frac{x^8}{9!} - \cdots\right)\right] = \frac{1}{x}\left(x - \frac{x^3}{3!} + \frac{x^5}{5!} - \frac{x^7}{7!} + \frac{x^9}{9!} - \cdots\right)$$

Die runde Klammer enthält die Taylor-Reihe der Sinusfunktion, die Euler bekannt war. Somit lässt sich schreiben:

$$f(x) = \frac{\sin x}{x} = 1 - \frac{x^2}{3!} + \frac{x^4}{5!} - \frac{x^6}{7!} + \frac{x^8}{9!} - \cdots$$

Da die Nullstellen des Sinus bekannt sind, lässt sich nach (1) die Reihe faktorisieren:

$$f(x) = \left(1 - \frac{x}{\pi}\right)\left(1 - \frac{x}{-\pi}\right)\left(1 - \frac{x}{2\pi}\right)\left(1 - \frac{x}{-2\pi}\right)\left(1 - \frac{x}{3\pi}\right)\left(1 - \frac{x}{-3\pi}\right)\cdots$$

Die Faktoren werden nun paarweise zusammengefasst:

$$f(x) = \left[\left(1 - \frac{x}{\pi}\right)\left(1 - \frac{x}{-\pi}\right)\right]\left[\left(1 - \frac{x}{2\pi}\right)\left(1 - \frac{x}{-2\pi}\right)\right]\left[\left(1 - \frac{x}{3\pi}\right)\left(1 - \frac{x}{-3\pi}\right)\right]\cdots$$

Damit folgt:

$$f(x) = \left[1 - \frac{x^2}{\pi^2}\right]\left[1 - \frac{x^2}{4\pi^2}\right]\left[1 - \frac{x^2}{9\pi^2}\right]\left[1 - \frac{x^2}{16\pi^2}\right]\cdots(*)$$

$$= 1 - \left(\frac{1}{\pi^2} + \frac{1}{4\pi^2} + \frac{1}{9\pi^2} + \frac{1}{16\pi^2} + \cdots\right)x^2 + (\ldots)x^4 + \cdots$$

Der Koeffizientenvergleich mit der $\frac{\sin x}{x}$-Reihe zeigt:

$$-\frac{1}{3!} = -\left(\frac{1}{\pi^2} + \frac{1}{4\pi^2} + \frac{1}{9\pi^2} + \frac{1}{16\pi^2} + \cdots\right)$$

Ausklammern ergibt schließlich:

$$\frac{1}{6} = \frac{1}{\pi^2}\left(1 + \frac{1}{2^2} + \frac{1}{3^2} + \frac{1}{4^2} + \cdots\right)$$

$$\Rightarrow \sum_{k=1}^{\infty} \frac{1}{k^2} = \frac{\pi^2}{6} = \zeta(2)$$

Damit hatte Euler das Basler Problem gelöst; die Summe ist ein spezieller Wert der Zetafunktion $\zeta(x)$. Mithilfe der von ihm entwickelten Methode konnte er noch weitere Reihen der Form $\zeta(2k)$ summieren. Er konnte zeigen:

$$\zeta(2k) = (-1)^{k-1} \frac{(2\pi)^{2k}}{2(2k)!} B_{2k}$$

Die auftretenden Koeffizienten werden allerdings nach Bernoulli benannt; die ersten Bernoulli-Zahlen mit geraden Indizes sind:

$$B_0 = 1; B_2 = \frac{1}{6}; B_4 = -\frac{1}{30}; B_6 = \frac{1}{42}; B_8 = -\frac{1}{30}; B_{10} = \frac{5}{66}$$

(vgl. Abschn. 10.9). Für $2k = 6$ ergibt sich:

$$\zeta(6) = (-1)^2 \frac{(2\pi)^6}{2 \cdot 6!} \frac{1}{42} = \frac{\pi^6}{945}$$

3) Ein unendliches Produkt

Die Funktion $\frac{\sin x}{x}$ nimmt an der Stelle $x = \frac{\pi}{2}$ ihren maximalen Wert 1 ein. Setzt man diesen x-Wert in das Produkt (*) ein, so erhält man:

$$\frac{1}{\frac{\pi}{2}} = \left[1 - \frac{1}{4}\right]\left[1 - \frac{1}{16}\right]\left[1 - \frac{1}{36}\right]\left[1 - \frac{1}{64}\right]\cdots \Rightarrow \frac{2}{\pi} = \left(\frac{3}{4}\right)\left(\frac{15}{16}\right)\left(\frac{35}{36}\right)\left(\frac{63}{64}\right)\cdots$$

Zerlegung der runden Klammern in Faktoren zeigt das unendliche Produkt, das bereits von John Wallis 1650 gefunden wurde:

$$\frac{\pi}{2} = \frac{2}{1} \cdot \frac{2}{3} \cdot \frac{4}{3} \cdot \frac{4}{5} \cdot \frac{6}{5} \cdot \frac{6}{7} \cdot \frac{8}{7} \cdot \frac{8}{9} \cdots = \prod_{k=1}^{\infty} \frac{(2k)^2}{(2k-1)(2k+1)}$$

4) Weitere Reihen mit inversen Quadraten

Betrachtet wird die Reihe der inversen *geraden* Quadrate:

$$\sum_{k=1}^{\infty} \frac{1}{(2k)^2} = \frac{1}{4} + \frac{1}{16} + \frac{1}{36} + \frac{1}{64} + \frac{1}{100} + \cdots + \frac{1}{(2k)^2} + \cdots$$

Euler klammerte den Faktor $\frac{1}{4}$ aus und fand die schon bekannte Reihe der inversen Quadrate:

$$\sum_{k=1}^{\infty} \frac{1}{(2k)^2} = \frac{1}{4}\left(1 + \frac{1}{4} + \frac{1}{9} + \frac{1}{16} + \frac{1}{25} + \cdots\right) = \frac{1}{4}\frac{\pi^2}{6} = \frac{\pi^2}{24}$$

Die Reihe der inversen *ungeraden* Quadrate stellte er als Differenz der inversen Quadrate und der inversen geraden Quadrate dar:

$$\sum_{k=1}^{\infty} \frac{1}{(2k-1)^2} = 1 + \frac{1}{9} + \frac{1}{25} + \frac{1}{49} + \cdots + \frac{1}{(2k-1)^2} + \cdots$$

$$= \left(1 + \frac{1}{4} + \frac{1}{9} + \frac{1}{16} + \frac{1}{25} + \cdots\right) - \left(\frac{1}{4} + \frac{1}{16} + \frac{1}{36} + \frac{1}{64} + \frac{1}{100} + \cdots\right)$$

$$= \frac{\pi^2}{6} - \frac{\pi^2}{24} = \frac{\pi^2}{8}$$

Ergänzung Die alternierende Reihe der inversen ungeraden Quadrate konvergiert gegen die catalanische Konstante G:

$$G = \sum_{k=0}^{\infty} \frac{(-1)^k}{(2k+1)^2} = 1 - \frac{1}{3^2} + \frac{1}{5^2} - \frac{1}{7^2} + \cdots + \frac{1}{(2k+1)^2} + \cdots$$

Sie wird benannt nach Eugène Charles Catalan (1814–1894); es gilt $G = 0.915\,965\,594$ $177\,219\,015\ldots$

14.8.2 Reihe der inversen vierten Potenzen

Um an zwei Reihen einen Koeffizientenvergleich zu ermöglichen, stellte Euler die Produkte von zwei bzw. drei quadratischen Faktoren auf:

$$\left(1 - ax^2\right)\left(1 - bx^2\right) = 1 - (a+b)x^2 + abx^4$$

$$= 1 - (a+b)x^2 + \frac{1}{2}\left[(a+b)^2 - \left(a^2+b^2\right)\right]x^4$$

$$\left(1 - ax^2\right)\left(1 - bx^2\right)\left(1 - cx^2\right) = 1 - (a+b+c)x^2 + (ab+ac+bc)x^4 + abcx^6$$

$$= 1 - (a+b+c)x^2 + \frac{1}{2}\left[(a+b+c)^2 - \left(a^2+b^2+c^2\right)\right]x^4 + abcx^6$$

Für mehr als drei quadratische Faktoren können die Produkte entsprechend erweitert werden. Für die $\frac{\sin x}{x}$-Reihe haben wir gefunden:

$$1 - \frac{x^2}{3!} + \frac{x^4}{5!} - \frac{x^6}{7!} + \frac{x^8}{9!} - \cdots = \left[1 - \frac{x^2}{\pi^2}\right]\left[1 - \frac{x^2}{4\pi^2}\right]\left[1 - \frac{x^2}{9\pi^2}\right]\left[1 - \frac{x^2}{16\pi^2}\right]\cdots$$

Die Koeffizienten bis x^4 sind:

$$1 - \frac{x^2}{3!} + \frac{x^4}{5!} - \frac{x^6}{7!} + \frac{x^8}{9!} - \cdots = 1 - \left(\frac{1}{\pi^2} + \frac{1}{4\pi^2} + \frac{1}{9\pi^2} + \frac{1}{16\pi^2} + \cdots\right)x^2 + \cdots$$

$$= \frac{1}{2}\left[\left(\frac{1}{\pi^2} + \frac{1}{4\pi^2} + \frac{1}{9\pi^2} + \frac{1}{16\pi^2} + \cdots\right)^2 - \left(\frac{1}{\pi^4} + \frac{1}{16\pi^4} + \frac{1}{81\pi^4} + \frac{1}{256\pi^4} + \cdots\right)\right]x^4 + \cdots$$

Der Koeffizient von x^4 wird nun vereinfacht:

$$\frac{1}{2}\left[\frac{1}{\pi^4}\left(1 + \frac{1}{4} + \frac{1}{9} + \frac{1}{16}\cdots\right)^2 - \frac{1}{\pi^4}\left(1 + \frac{1}{16} + \frac{1}{81} + \frac{1}{256} + \cdots\right)\right]$$

Die erste Klammer stellt die Summe der inversen Quadrate dar, damit folgt:

$$\frac{1}{2\pi^4}\left[\left(\frac{\pi^2}{6}\right)^2 - \left(1 + \frac{1}{16} + \frac{1}{81} + \frac{1}{256} + \cdots\right)\right] = \frac{1}{72} - \frac{1}{2\pi^4}\left(1 + \frac{1}{16} + \frac{1}{81} + \frac{1}{256} + \cdots\right)$$

Gleichsetzen mit dem Koeffizienten $\frac{1}{5!}$ von x^4 zeigt:

$$\frac{1}{120} = \frac{1}{72} - \frac{1}{2\pi^4}\left(1 + \frac{1}{16} + \frac{1}{81} + \frac{1}{256} + \cdots\right)$$

Auflösen nach der Klammer ergibt die gesuchte Reihe der inversen vierten Potenzen:

$$1 + \frac{1}{16} + \frac{1}{81} + \frac{1}{256} + \cdots + \frac{1}{k^4} = \frac{2\pi^4}{180} = \frac{\pi^4}{90}$$

Mithilfe dieser Methode konnte Euler die Reihen $\sum \frac{1}{k^6}, \sum \frac{1}{k^8}, \sum \frac{1}{k^{10}}$ summieren bis $\sum \frac{1}{k^{26}}$.

14.8.3 Bestimmung von π

Euler war auch daran interessiert, die Kreiszahl genauer zu bestimmen. Er erachtete die Berechnung von π mithilfe der verschachtelten Wurzeln von Archimedes und Vieta als die „Arbeiten des Hercules". Er ging aus von der arctan-Reihe:

$$\arctan x = x - \frac{x^3}{3} + \frac{x^5}{5} - \frac{x^7}{7} + \frac{x^9}{9} - \cdots + (-1)^k \frac{x^{2k+1}}{2k+1} + \cdots \; ; \; |x| \le 1$$

Für $x = 1$ erhält man die extrem langsam konvergierende Leibniz-Reihe:

$$\frac{\pi}{4} = \arctan 1 = 1 - \frac{1}{3} + \frac{1}{5} - \frac{1}{7} + \frac{1}{9} - \cdots + \cdots$$

Eine bessere Konvergenz ergibt sich für $x = \frac{1}{\sqrt{3}}$:

$$\frac{\pi}{6} = \arctan \frac{1}{\sqrt{3}} = \frac{1}{\sqrt{3}} - \frac{1}{\left(3\sqrt{3}\right)3} + \frac{1}{\left(9\sqrt{3}\right)5} - \frac{1}{\left(27\sqrt{3}\right)7} + \cdots$$

Diese Reihe liefert die Darstellung für π :

$$\pi = \frac{6}{\sqrt{3}}\left(1 - \frac{1}{3 \cdot 3} + \frac{1}{9 \cdot 5} - \frac{1}{27 \cdot 7} + \cdots\right)$$

1779 hatte Euler eine weitere Idee[32], die schließlich auf die Identität führte:

$$\pi = 20 \arctan \frac{1}{7} + 8 \arctan \frac{3}{79}$$

Durch Umkehrung der Tangensformel für die Differenz zweier Winkel kann man herleiten:

---

[32] Euler L.: Opera Omnia, Ser. I, Vol. 16B, S. 3.

$$\arctan \frac{x}{y} = \arctan \frac{z}{w} + \arctan \frac{xw - yz}{yw + xz}$$

Für $x = y = z = 1; w = 2$ ergibt sich:

$$\frac{\pi}{4} = \arctan 1 = \arctan \frac{1}{2} + \arctan \frac{1}{3} \Rightarrow \pi = 4 \arctan \frac{1}{2} + 4 \arctan \frac{1}{3} \qquad (1)$$

Für $x = 1; y = 2; z = 1; w = 7$ ergibt sich zusammen mit (1):

$$\arctan \frac{1}{2} = \arctan \frac{1}{7} + \arctan \frac{1}{3} \Rightarrow$$

$$\pi = 4 \left[\arctan \frac{1}{7} + \arctan \frac{1}{3} \right] + 4 \arctan \frac{1}{3} = 4 \arctan \frac{1}{7} + 8 \arctan \frac{1}{3} \qquad (2)$$

Als Nächstes wählte er $x = 1; y = 3; z = 1; w = 7$; damit kommt zusammen mit (2):

$$\arctan \frac{1}{3} = \arctan \frac{1}{7} + \arctan \frac{2}{11} \Rightarrow \pi = 12 \arctan \frac{1}{7} + 8 \arctan \frac{2}{11} \qquad (3)$$

Schließlich setzte er $x = 2; y = 11; z = 1; w = 7$; hier zeigt sich zusammen mit (3):

$$\arctan \frac{2}{11} = \arctan \frac{1}{7} + \arctan \frac{3}{79} \Rightarrow$$

$$\pi = 12 \arctan \frac{1}{7} + 8 \left[\arctan \frac{1}{7} + \arctan \frac{3}{79} \right] = 20 \arctan \frac{1}{7} + 8 \arctan \frac{3}{79}$$

Diese Identität hatte die von Euler gewünschte Konvergenz. Mit den ersten 6 Termen erhielt er die Partialreihe:

$$\pi = 20 \left[\frac{1}{7} - \frac{\left(\frac{1}{7}\right)^3}{3} + \frac{\left(\frac{1}{7}\right)^5}{5} - \frac{\left(\frac{1}{7}\right)^7}{7} + \frac{\left(\frac{1}{7}\right)^9}{9} - \frac{\left(\frac{1}{7}\right)^{11}}{11} \right] +$$

$$+ 8 \left[\left(\frac{3}{79}\right) - \frac{\left(\frac{3}{79}\right)^3}{3} + \frac{\left(\frac{3}{79}\right)^5}{5} - \frac{\left(\frac{3}{79}\right)^7}{7} + \frac{\left(\frac{3}{79}\right)^9}{9} - \frac{\left(\frac{3}{79}\right)^{11}}{11} \right] = 3.14159265357$$

Euler war stolz auf sein Ergebnis und schrieb: *Alle diese Rechnungen habe er in einer Stunde gemacht.*

14.8.4 Umwandlung einer Reihe in einen Kettenbruch

Die Idee zur Entwicklung von Kettenbrüchen hat Euler von Lord Brouncker (1620–1684) übernommen, der Wallis 1657 ohne Beweis die bekannte Entwicklung mitgeteilt hatte:

$$\frac{4}{\pi} = 1 + \cfrac{1}{2 + \cfrac{3^2}{2 + \cfrac{5^2}{2 + \cfrac{7^2}{2 + \cfrac{9^2}{2 + \frac{11^2}{\cdots}}}}}}$$

Euler entwickelte eine eigene Theorie der Kettenbrüche und leitete Rekursionsformeln für die Teilbrüche (Konvergenten) her. Die umfangreichen Formeln finden sich bei Hairer und Wanner[33]. Euler verwendet die Kettenbrüche in seinem Werk *De usu novi algorithmi in problemate Pelliano solvendo* (1767) zur Lösung der sog. Pell'schen Gleichung (Abschn. 14.6.9).

Euler leitete in seinem Werk *Introductio in analysin infinitorum* § 369 (1748) folgende bemerkenswerte Umformung her:

$$\frac{1}{c_1} - \frac{1}{c_2} + \frac{1}{c_3} - \frac{1}{c_4} + \cdots = \cfrac{1}{c_1 + \cfrac{c_1^2}{c_2 - c_1 + \cfrac{c_2^2}{c_3 - c_2 + \cfrac{c_3^2}{c_4 - c_3 + \cdots}}}}$$

Angewandt auf die Mercator-Reihe für $(x = 1)$ ergibt sich:

$$\ln 2 = 1 - \frac{1}{2} + \frac{1}{3} - \frac{1}{4} + \frac{1}{5} - \cdots = \cfrac{1}{1 + \cfrac{1^2}{1 + \cfrac{2^2}{1 + \cfrac{3^2}{1 + \cfrac{4^2}{1 + \frac{5^2}{\cdots}}}}}}$$

Für die Leibniz-Reihe folgt damit:

$$\frac{\pi}{4} = 1 - \frac{1}{3} + \frac{1}{5} - \frac{1}{7} + \frac{1}{9} - \cdots = \cfrac{1}{1 + \cfrac{1^2}{1 + \cfrac{3^2}{1 + \cfrac{5^2}{1 + \cfrac{7^2}{1 + \frac{9^2}{\cdots}}}}}}$$

14.9   Die Euler-Maclaurin-Formel

In seiner Schrift *Methodus Generalis Summandi Progressiones* (1732/33) findet sich der erste Hinweis auf die später sogenannte Euler-MacLaurin-Formel. Er entwickelt die Idee zu seiner Summenformel, die eine Reihensumme mithilfe eines Integrals annähert. Einen Beweis dazu liefert er im Werk *Inventio summae cuiusque seriei ex dato Termino generali* (1736).

Betrachtet wird der Grenzwert, der die Euler'schen Konstante definiert:

$$\gamma = \lim_{n \to \infty} \left(\sum_{k=1}^{n} \frac{1}{k} - \ln n \right)$$

---

[33] Hairer E., Wanner G.: Analysis by its History, Springer 2008, S. 71–78.

Schreibt man den Logarithmus als Integral, so erhält man die Abschätzung einer Reihe mittels Integral:

$$\gamma \approx \sum_{k=1}^{n} \frac{1}{k} - \int_{1}^{n} \frac{dx}{x} \; \Rightarrow \; \sum_{k=1}^{n} \frac{1}{k} \approx \int_{1}^{n} \frac{dx}{x} + \gamma$$

Hier die genaue Formel von Colin Maclaurin (1698–1746), die in seinem Werk *Treatise of Fluxions* (1742) publiziert wurde:

$$\sum_{k=1}^{n} f(k) = \int_{1}^{n} f(x)dx + \frac{1}{2}\left[f(1) + f(n)\right] + \sum_{k=1}^{m} \frac{B_{2k}}{(2k)!} \left[f^{(2k-1)}(n) + f^{(2k-1)}(1)\right] + R$$

Dabei sind die Koeffizienten die Bernoulli-Zahlen B_{2k}, die im Abschn. 10.9 definiert wurden. Die Exponenten in Klammern geben jeweils den Grad der Ableitung an.

a) Als Beispiel wählen wir eine einfache Funktion $f(x) = x^3$, sodass die höheren Ableitungen und damit die Restglieder verschwinden. Die nichtverschwindenden Ableitungen sind:

$$f'(x) = 3x^2 \; \therefore \; f''(x) = 6x \; \therefore \; f'''(x) = 6$$

Damit folgt:

$$\sum_{k=1}^{n} k^3 = \int_{1}^{n} x^3 dx + \frac{1}{2}\left[1^3 + n^3\right] + \frac{B_2}{2!}\left(3n^2 - 3 \cdot 1^2\right) - \frac{B_4}{4!}(6 - 6)$$

$$= \frac{1}{4}n^4 - \frac{1}{4} + \frac{1}{2} + \frac{1}{2}n^3 + \frac{1}{12}\left(3n^2 - 3\right)$$

$$= \frac{1}{4}n^4 + \frac{1}{2}n^3 + \frac{1}{2}n^2 = \left[\frac{1}{2}n(n+1)\right]^2$$

b) Für die Funktion $f(x) = \frac{1}{x}$ verschwinden die höheren Ableitungen nicht:

$$f'(x) = -\frac{1}{x^2} \; \therefore \; f''(x) = \frac{2!}{x^3} \; \therefore \; f'''(x) = -\frac{3!}{x^4} \ldots \; \therefore \; f^{(n)}(x) = (-1)^n \frac{n!}{x^{n+1}}$$

Hier zeigt die Euler-Maclaurinschen Summe:

$$\sum_{k=1}^{n} \frac{1}{k} = \ln n + \frac{1}{2}\left(1 + \frac{1}{n}\right) + \sum_{k=1}^{m} \frac{B_{2k}}{(2k)!}\left[(-1)^{2k-1}\frac{(2k-1)!}{n^{2k}} - (-1)^{2k-1}(2k-1)!\right] + R_1$$

$$= \ln n + \frac{1}{2}\left(1 + \frac{1}{n}\right) + \sum_{k=1}^{m} \frac{B_{2k}}{2k}\left(1 - \frac{1}{n^{2k}}\right) + R_1$$

Die Summenregel auf die Euler'sche Konstante angewandt, liefert:

$$\gamma = \lim_{n \to \infty}\left(\sum_{k=1}^{n} \frac{1}{k} - \ln n\right) = \frac{1}{2} + \sum_{k=1}^{m} \frac{B_{2k}}{2k} + R_2$$

Damit ergibt sich:

$$\sum_{k=1}^{n} \frac{1}{k} = \ln n + \gamma + \frac{1}{2n} - \sum_{k=1}^{m} \frac{B_{2k}}{2k} \frac{1}{n^{2k}} + R_1 - R_2$$

Vernachlässigt man die Restglieder, so folgt:

$$\sum_{k=1}^{n} \frac{1}{k} = \ln n + \gamma + \frac{1}{2n} - \frac{1}{12n^2} + \frac{1}{120n^4} - \frac{1}{252n^6} + \cdots$$

Nach γ aufgelöst, zeigt sich:

$$\gamma = \sum_{k=1}^{n} \frac{1}{k} - \ln n - \frac{1}{2n} + \frac{1}{12n^2} - \frac{1}{120n^4} + \frac{1}{252n^6} + \cdots$$

Euler berechnete damit die Konstante für ($n = 10$) bis zum Term mit $\frac{1}{n^{12}}$ und erhielt eine 16-stellige Genauigkeit $\gamma = 0.5772156649015325\ldots$

c) In gleicher Weise lässt sich eine Näherung für die Fakultätsfunktion erhalten:

$$n! = n^n \sqrt{2\pi n}\, e^{-n} \left(1 + \frac{1}{12n} + \frac{1}{288n^2} - \frac{139}{51840n^3} + \cdots \right)$$

Hier liegt die Abschätzung zugrunde:

$$\ln n! = \sum_{k=1}^{n} \ln k \approx \int_1^n \ln x \, dx \approx n \ln n - n \;\Rightarrow\; n! \approx n^n e^{-n}$$

Der Vorfaktor wurde von James Stirling (1692–1770) bestimmt; die Näherung für große Fakultäten wird daher nach ihm benannt:

$$n! \approx \sqrt{2\pi n}\left(\frac{n}{e}\right)^n$$

Beispiel Gesucht ist die Wahrscheinlichkeit, dass bei $2n$ Münzwürfen genau n mal „Kopf" (K) fällt:

$$p(|K| = n) = \frac{1}{2^{2n}} \binom{2n}{n} = \frac{1}{2^{2n}} \frac{(2n)!}{n!n!}$$

Mit der Formel von Stirling lässt sich dies abschätzen zu:

$$p(K = n) \approx \frac{1}{2^{2n}} \frac{\sqrt{4\pi n}(2n)^{2n}e^{-2n}}{\left(\sqrt{2\pi n}\, n^n\, e^{-n}\right)^2} = \frac{1}{2^{2n}} \frac{2\sqrt{\pi n}\, 2^{2n}\, n^{2n}e^{-2n}}{n^{2n}e^{-2n}2\pi n} = \frac{1}{\sqrt{\pi n}}$$

Für 50 mal „Kopf" bei 100 Münzwürfen ergibt sich genähert:

$$p(K = 50) \approx \frac{1}{\sqrt{50\pi}} = 0.080$$

Ergänzung In seiner Schrift *Institutionem Calculi Integralis* (Vol. I, 1768) fand Euler folgende Universal-Substitution für Integranden der Form $R(\sin x, \cos x, \tan x)$, die trigonometrischen Funktionen in rationaler Form enthalten:

$$t = \tan \frac{x}{2} \;\Rightarrow\; x = 2\arctan t \;\Rightarrow\; dx = \frac{2}{1 + t^2} dt$$

Mithilfe der Formeln $\tan x = \frac{2\tan\frac{x}{2}}{1 - \tan^2\frac{x}{2}}$ $\;\therefore\; \tan^2\frac{x}{2} = \frac{1-\cos x}{1+\cos x}$ ergeben sich die Substitutionen

$$\tan x = \frac{2t}{1 - t^2} \;\therefore\; \sin x = \frac{2t}{1 + t^2} \;\therefore\; \cos x = \frac{1 - t^2}{1 + t^2}$$

Beispiel $\int \frac{1+\sin x}{\sin x(1+\cos x)} dx$. Die Universal-Substitution liefert:

$$\int \frac{1 + \frac{2t}{1+t^2}}{\frac{2t}{1+t^2}\left(1 + \frac{1-t^2}{1+t^2}\right)} \frac{2}{1 + t^2} dt = \frac{1}{2} \int \left(t + 2 + \frac{1}{t}\right) dt$$

$$= \frac{1}{4}t^2 + t + \frac{1}{2}\ln t + C = \frac{1}{4}\tan^2\frac{x}{2} + \tan\frac{x}{2} + \frac{1}{2}\ln\left|\tan\frac{x}{2}\right| + C$$

Karl Weierstraß hat bewiesen, dass jede rationale Funktion von $(\sin x, \cos x)$ durch diese Substitution in eine rationale Funktion des Parameters übergeht, die anschließend durch Partialbruchzerlegung integriert werden kann.

14.10 Die Zetafunktion

Ähnlich wie bei den Reihen mit inversen Potenzen gelang es Euler auch die Zetafunktion zu faktorisieren. Wegen der Divergenz der harmonischen Reihe konvergiert die Zetafunktion (im Reellen) nur für Exponenten $x > 1$.

$$\zeta(x) = \sum_{k=1}^{\infty} \frac{1}{k^x} = 1 + \frac{1}{2^x} + \frac{1}{3^x} + \frac{1}{4^x} + \cdots + \frac{1}{k^x} + \cdots$$

Beispiel ist:

$$\zeta(6) = 1 + \frac{1}{2^6} + \frac{1}{3^6} + \frac{1}{4^6} + \cdots + \frac{1}{k^6} = \frac{\pi^6}{945}$$

Die allgemeine Reihe ist mit den Bernoulli-Zahlen B_{2n} verknüpft:

$$\sum_{k=1}^{\infty} \frac{1}{k^{2n}} = \frac{(2\pi)^{2n}}{2(2n)!} |B_{2n}|$$

Die Reihensummation für die inversen Kuben gelang ihm nicht. Immerhin fand er in einer späten Arbeit (1772) folgenden Term[34]:

$$1 + \frac{1}{2^3} + \frac{1}{3^3} + \frac{1}{4^3} + \cdots + \frac{1}{k^3} + \cdots = \frac{\pi^2}{4} + 2\int_0^{\pi/2} x\ln(\sin x)dx$$

Das bestimmte Integral enthält die *Zetafunktion*, die Euler natürlich nicht unter diesem Namen kannte. Setzt man diesen Integralwert ein, so ergibt sich:

$$1 + \frac{1}{2^3} + \frac{1}{3^3} + \frac{1}{4^3} + \cdots + \frac{1}{k^3} + \cdots = \frac{\pi^2}{4} + \frac{2}{16}(7\zeta(3) - \pi^2\ln 4) \approx 1.808929$$

Der exakte Wert ist jedoch $\zeta(3) = 1.2020569$. Diese Konstante wird nach Roger *Apéry* (1916–1994) benannt, da er 1978 die Irrationalität von $\zeta(3)$ bewiesen hat. Ein Bericht darüber gibt van der Poorten[35]. Die Formel ziert auch Apérys Grabstein auf dem Friedhof *Père Lachaise* (Paris):

$$1 + \frac{1}{8} + \frac{1}{27} + \frac{1}{64} + \cdots \neq \frac{p}{q}$$

In seiner Schrift *Introductio in analysin infinitorum* multiplizierte Euler die Reihe zuerst mit $\frac{1}{2^x}$ und erhielt:

$$\frac{1}{2^x}\zeta(x) = \frac{1}{2^x} + \frac{1}{4^x} + \frac{1}{8^x} + \frac{1}{10^x} + \frac{1}{12^x} + \cdots$$

Subtrahiert man das von $\zeta(x)$, so erhält man:

$$\left(1 - \frac{1}{2^x}\right)\zeta(x) = 1 + \frac{1}{3^x} + \frac{1}{5^x} + \frac{1}{7^x} + \frac{1}{9^x} + \frac{1}{11^x} + \cdots$$

Multiplizieren mit $\frac{1}{3^x}$ liefert:

$$\left(1 - \frac{1}{2^x}\right)\frac{1}{3^x}\zeta(x) = \frac{1}{3^x} + \frac{1}{9^x} + \frac{1}{15^x} + \frac{1}{21^x} + \frac{1}{27^x} + \cdots$$

Subtrahiert man dies von $\left(1 - \frac{1}{2^x}\right)\zeta(x)$, so zeigt sich:

$$\left(1 - \frac{1}{2^x}\right)\left(1 - \frac{1}{3^x}\right)\zeta(x) = 1 + \frac{1}{5^x} + \frac{1}{7^x} + \frac{1}{11^x} + \frac{1}{13^x} \cdots$$

---

[34] Ayoub R.: *Euler and the Zeta Function*, American Mathematical Monthly 81 (1974), S. 1067–1086.

[35] Poorten van der, A., Apéry, R.: A proof that Euler missed …, The Mathematical Intelligencer 1, 1979, S. 195–203.

Setzt man das Verfahren jeweils mit der nächsten Primzahl fort, so ergibt sich schließlich:

$$\left[\prod_{p\ prim} \left(1 - \frac{1}{p^x} \right) \right] \zeta(x) = 1$$

Die Zetafunktion kann somit als Euler-Produkt dargestellt werden:

$$\zeta(x) = \prod_{p\ prim} \left(1 - \frac{1}{p^x} \right)^{-1}$$

Euler betrachtete auch den Fall $(x = 1)$, bei dem die Zetafunktion in die harmonische Reihe H übergeht:

$$H = \sum_{k=1}^{\infty} \frac{1}{k} = \prod_{p\ prim} \frac{1}{1 - \frac{1}{p}}$$

Logarithmieren zeigt:

$$\ln H = - \sum_{p\ prim} \left(1 - \frac{1}{p} \right)$$

Einsetzen von $x = -\frac{1}{p}$ in die Mercator-Reihe liefert:

$$\ln H = \sum_{p\ prim} \left(\frac{1}{p} + \frac{1}{2} \cdot \frac{1}{p^2} + \frac{1}{3} \cdot \frac{1}{p^3} + \frac{1}{4} \cdot \frac{1}{p^4} + \cdots \right)$$

Die Summe kann zerlegt werden in:

$$\ln H = \sum_{p\ prim} \frac{1}{p} + \sum_{p\ prim} \left(\frac{1}{k} \cdot \frac{1}{p^k} \right)$$

Da die Exponenten der zweiten Reihe im Nenner mindestens quadratisch sind, konvergiert die Reihe gegen einen endlichen Wert $K < \infty$. Damit folgt:

$$\ln H = \sum_{p\ prim} \frac{1}{p} + K = \infty \Rightarrow \sum_{p\ prim} \frac{1}{p} = \infty$$

Dies bedeutet, die Summe der inversen Primzahlen divergiert; dies ist ein weiterer Beweis für das Nichtabbrechen der Primzahlfolge.

Bemerkung Euler gab in der Publikation *Remarques sur un beau rapport entre les séries des puissances tant directes que réciproques* der Berliner Akademie (1749), also 110 Jahre vor Riemann, eine Gleichung an, die der Funktionalgleichung der Zetafunktion gleichwertig ist:

$$\zeta(1-s) = \pi^{-s} 2^{1-s} \Gamma(s) \cos \frac{\pi s}{2} \zeta(s)$$

Die Funktionalgleichung führte Riemann zu seiner berühmten Vermutung, dass die komplexe Zetafunktion (außer den trivialen Nullstellen) beliebig viele weitere mit dem Realteil $\frac{1}{2}$ habe; die Nullstelle mit dem kleinsten Betrag ist $\zeta\left(\frac{1}{2} + i \cdot 14.1347251\ldots\right) = 0$.

Anwendung Euler befasste sich auch mit der Frage: Wie groß ist die Wahrscheinlichkeit, dass zwei natürliche Zahlen a, b teilerfremd sind?

Die Wahrscheinlichkeit, dass die natürliche Zahl a oder b die Primzahl p (unabhängig voneinander) als Teiler hat, ist gleich $\frac{1}{p}$. Somit ist die Wahrscheinlichkeit, dass *beide* Zahlen nicht den gemeinsamen Primfaktor p haben, gleich $\left(1 - \frac{1}{p^2}\right)$. Für die Wahrscheinlichkeit des Ereignisses $ggT(a,b) = 1$, ist das Produkt über alle Primzahlen zu nehmen. Es gilt somit:

$$\prod_{p\ prim} \left(1 - \frac{1}{p^2}\right) = \frac{1}{\zeta(2)} = \frac{6}{\pi^2}$$

Analog lässt sich zeigen, dass die Wahrscheinlichkeit für die Teilerfremdheit dreier natürlicher Zahlen gleich ist $\frac{1}{\zeta(3)}$.

14.11 Die Gammafunktion

Die früheste Erwähnung einer die Fakultät interpolierenden Funktion (Abb. 14.26) findet sich in einem Brief vom 6. Oktober 1729, den Daniel Bernoulli an Goldbach schrieb:

$$\left(A + \frac{n}{2}\right)^{n-1} \left(\frac{2}{1+n} \cdot \frac{3}{2+n} \cdot \frac{4}{3+n} \cdots \frac{A}{A-1+n}\right)$$

Für eine hinreichend große Zahl A liefert der Term den Wert $n!$ In ähnlicher Form verwendet Euler in seiner Schrift[36] *De progressionibus* später die Form (in moderner Schreibweise):

$$n! = \frac{1 \cdot 2^n}{1+n} \frac{2^{n-1} \cdot 3^n}{2+n} \frac{3^{n-1} \cdot 4^n}{3+n} \frac{4^{n-1} \cdot 5^n}{4+n} \cdots$$

---

[36] Euler L.: De progressionibus transcendentibus seu quarum termini generales algebraice dari nequeunt, Comm. Acad. Sci. Petropol., 5 (1730/31), S. 36–37.

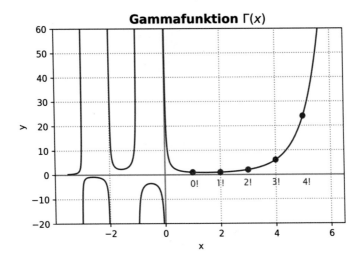

Abb. 14.26 Die Gammafunktion

Hergeleitet hat er diese Form vermutlich mittels:

$$n! = 1 \cdot 2 \cdot 3 \cdot 4 \cdots n = \frac{1 \cdot 2 \cdot 3 \cdots \cdot n}{(1+n)(2+n)(3+n)\cdots}$$

$$= \frac{2}{n+1}\frac{3}{n+2}\frac{4}{n+3}\cdots = \frac{1 \cdot 2^n}{1+n}\frac{2^{n-1} \cdot 3^n}{2+n}\frac{3^{n-1} \cdot 4^n}{3+n}\cdots \tag{1}$$

Am 28. November 1729 teilte Euler folgende Integraldarstellung der St. Petersburger Akademie mit, die er am selben Tag auch brieflich an Goldbach mitteilte:

$$n! = \int_0^1 (-\ln t)^n dt$$

Durch die Substitution $t \mapsto -\ln x$ erhält man die Integralform:

$$(n-1)! = \int_0^1 \left[\ln \frac{1}{x}\right]^{n-1} dx$$

Die Bezeichnungsweise $\Gamma(n)$ wurde von Adrian-Marie Legendre im Jahr 1812 eingeführt. Legendres Substitution $t \mapsto \ln \frac{1}{x}$ liefert die bekannte Schreibweise:

$$\Gamma(n) = \int_0^\infty t^{n-1} e^{-t}\, dt \tag{2}$$

Legendre nannte (2) das *zweite Euler'sche Integral,* wobei er die Betafunktion als *erstes Euler'sche Integral* zählte:

$$B(m,n) = \int_0^1 x^{m-1}(1-x)^{n-1} dx = \frac{\Gamma(m)\Gamma(n)}{\Gamma(m+n)} \tag{3}$$

Aus der Definition folgt für $n \in \mathbb{N}$: $\Gamma(n+1) = n!$ Daraus folgt die Funktionalgleichung:

$$n(n-1)! = n! \ \Rightarrow \ x\Gamma(x) = \Gamma(x+1)$$

Durch Umformung von (1) fand Euler eine etwas merkwürdige Produktdarstellung:

$$n! = \left[2^n \frac{1}{n+1}\right]\left[2^{1-n}\frac{3^n}{n+2}\right]\left[3^{1-n}\frac{4^n}{n+3}\right]\left[4^{1-n}\frac{5^n}{n+4}\right]\cdots$$

Zunächst überprüfte er die Ganzzahlen $n = 1, 2, 3$:

$$1! = \left[\frac{2}{2}\right]\left[\frac{3}{3}\right]\left[\frac{4}{4}\right]\left[\frac{5}{5}\right]\cdots = 1$$

$$2! = \left[\frac{2 \cdot 2}{3}\right]\left[\frac{3 \cdot 3}{2 \cdot 4}\right]\left[\frac{4 \cdot 4}{3 \cdot 5}\right]\left[\frac{5 \cdot 5}{4 \cdot 6}\right]\cdots = 2$$

$$3! = \left[\frac{2 \cdot 2 \cdot 2}{1 \cdot 1 \cdot 4}\right]\left[\frac{3 \cdot 3 \cdot 3}{2 \cdot 2 \cdot 5}\right]\left[\frac{4 \cdot 4 \cdot 4}{3 \cdot 3 \cdot 6}\right]\left[\frac{5 \cdot 5 \cdot 5}{4 \cdot 4 \cdot 7}\right]\left[\frac{6 \cdot 6 \cdot 6}{5 \cdot 5 \cdot 8}\right]\cdots = 6$$

Die obige Produktdarstellung funktioniert auch für nichtganzzahlige Werte. Für $\left(n = \frac{1}{2}\right)$ erhielt er:

$$\left(\frac{1}{2}\right)! = \left[\frac{\sqrt{1}\sqrt{2}}{\frac{3}{2}}\right]\left[\frac{\sqrt{2}\sqrt{3}}{\frac{5}{2}}\right]\left[\frac{\sqrt{3}\sqrt{4}}{\frac{7}{2}}\right]\left[\frac{\sqrt{4}\sqrt{5}}{\frac{9}{2}}\right]\left[\frac{\sqrt{5}\sqrt{6}}{\frac{11}{2}}\right]\cdots$$

$$= \sqrt{\frac{2 \cdot 4}{3 \cdot 3}\frac{4 \cdot 6}{5 \cdot 5}\frac{6 \cdot 8}{7 \cdot 7}\frac{8 \cdot 10}{9 \cdot 9}\frac{10 \cdot 12}{11 \cdot 11}\cdots}$$

Der Radikand des unendlichen Produktes ist der Kehrwert des Wallis-Produkts:

$$\left(\frac{3}{2} \cdot \frac{3}{4}\right)\left(\frac{5}{4} \cdot \frac{5}{6}\right)\left(\frac{7}{6} \cdot \frac{7}{8}\right)\left(\frac{9}{8} \cdot \frac{9}{10}\right)\cdots = \frac{4}{\pi}$$

Damit ist der Wert bestimmt:

$$\left(\frac{1}{2}\right)! = \frac{\sqrt{\pi}}{2}$$

Weitere gebrochene Binomialkoeffizienten ergeben sich:

$$\left(\frac{5}{2}\right)! = \frac{5}{2}\left(\frac{3}{2}\right)! = \frac{5}{2} \cdot \frac{3}{2}\left(\frac{1}{2}\right)! = \frac{15}{8}\sqrt{\pi} \ \ \therefore \ \ \left(-\frac{1}{2}\right)! = 2\left(\frac{1}{2}\right)! = \sqrt{\pi}$$

Für festes $m \in \mathbb{N}$ lässt sich zeigen:

$$\lim_{n \to \infty} \frac{n!(n+1)^m}{(n+m)!} = 1$$

Multiplizieren mit $(x!)$ liefert:

$$x! = \lim_{n\to\infty} n! \frac{x!}{(n+x)!}(n+1)^x$$

$$= \lim_{n\to\infty}(1\cdot 2\cdot\cdots n)\frac{1}{(1+x)(2+x)\cdots(n+x)}\left[\frac{2}{1}\frac{3}{2}\frac{4}{3}\frac{5}{4}\cdots\frac{n+1}{n}\right]^x$$

$$= \prod_{n=1}^{\infty}\left[\frac{1}{1+\frac{x}{n}}\left(1+\frac{1}{n}\right)^x\right]$$

Euler erhielt damit eine Darstellung, die für alle positiven Ganzzahlen gilt:

$$\Gamma(x) = \frac{1}{x}\prod_{n=1}^{\infty}\frac{\left(1+\frac{1}{n}\right)^x}{1+\frac{x}{n}}$$

Aus der Funktionalgleichung folgt:

$$\Gamma(1-x)\Gamma(x) = \frac{1}{x}\prod_{n=1}^{\infty}\frac{1}{1-\frac{x^2}{n^2}}$$

Euler hatte bereits die Produktentwicklung von $\frac{\sin x}{x}$ gefunden:

$$\frac{\sin\pi x}{\pi x} = \prod_{n=1}^{\infty}\left(1-\frac{x^2}{n^2}\right)$$

Aus dem Vergleich konnte er noch den Ergänzungssatz der Gammafunktion herleiten:

$$\Gamma(1-x)\Gamma(x) = \frac{\pi}{\sin\pi x}$$

Diese Formel erlaubt die Berechnung von Funktionswerten ohne Integral. Für $\left(x = \frac{1}{2}\right)$ erhält man:

$$\left[\Gamma\left(\frac{1}{2}\right)\right]^2 = \frac{\pi}{\sin\frac{\pi}{2}} \;\Rightarrow\; \Gamma\left(\frac{1}{2}\right) = \sqrt{\pi}$$

Daraus gewinnt man rekursiv weitere Werte:

$$\Gamma\left(-\frac{3}{2}\right) = \frac{\Gamma\left(-\frac{1}{2}\right)}{\left(-\frac{3}{2}\right)} = \frac{\Gamma\left(\frac{1}{2}\right)}{\left(-\frac{3}{2}\right)\left(-\frac{1}{2}\right)} = \frac{4}{3}\sqrt{\pi}$$

Schon gewusst? Ein scheinbar neuer Zweig der Analysis ist der *Fractional Calculus* *(FC)*. Wie der Name sagt, kann man damit auch *gebrochene* Ableitungen, wie $\frac{d^{1/2}}{dx^{1/2}}$ oder $\frac{d^{\sqrt{2}}}{dx^{\sqrt{2}}}$ definieren.

In einem Brief vom 30. September 1695 an Leibniz fragte l'Hôpital an, ob eine Ableitung der Ordnung ½ existiere und wie sie beschaffen sein müsse. Leibniz schrieb zurück: *Es führt zunächst zu einem Paradoxon, wird aber eines Tages wichtige Anwendungen finden.* Verschiedene Mathematiker, wie Euler (1730), Liouville (1832) und Riemann (1847) haben sich damit beschäftigt. Mit dem Entwicklung des Operatorkalküls (1893) durch O. Heaviside wurde ein neuer Zugang gefunden. Die erste internationale Konferenz zum *Fractional Calculus* fand erst 1974 statt; das erste Lehrbuch erschien im selben Jahr von K. B. Oldham und J. Spanier[37].

Für die k-te Ableitung der Potenz x^n gilt:

$$\frac{d^k}{dx^k}x^n = \frac{n!}{(n-k)!}x^{n-k} = \frac{\Gamma(n+1)}{\Gamma(n+1-k)}x^{n-k}$$

Für die Standardparabel folgt für $k = \frac{1}{2}$:

$$\frac{d^{1/2}}{dx^{1/2}}x^2 = \frac{\Gamma(3)}{\Gamma\left(\frac{5}{2}\right)}x^{3/2} = \frac{8}{3\sqrt{\pi}}x^{3/2}$$

Die zweifache Anwendung des Operators $\frac{d^{1/2}}{dx^{1/2}}$ führt zur gewöhnlichen ersten Ableitung:

$$\frac{d^{1/2}}{dx^{1/2}}\left(\frac{d^{1/2}}{dx^{1/2}}x^2\right) = \frac{d^{1/2}}{dx^{1/2}}\left(\frac{8}{3\sqrt{\pi}}x^{3/2}\right) = \frac{8}{3\sqrt{\pi}}\frac{\frac{3}{4}\sqrt{\pi}}{1}x = 2x$$

Eine Stammfunktion von x^n ergibt sich für $k = -1$:

$$\frac{d^{-1}}{dx^{-1}}x^n = \frac{\Gamma(n+1)}{\Gamma(n+2)}x^{n+1} = \frac{1}{n+1}x^{n+1}$$

Mithilfe der Gammafunktion können auch Ableitungen und Integrale komplexer Ordnung anderer Funktionen definiert werden.

Ergänzung 1 zur Gammafunktion Euler machte auch Ansätze zur Ermittlung des sog. elliptischen Integrale:

$$\int \frac{dx}{\sqrt{R(x)}}$$

Dabei ist $R(x)$ ein Polynom höchstens vierten Grades. Die Theorie der elliptischen Funktionen wurde von Legendre in seinem Werk *Traité des fonctions* 1825/26 begründet. Er konnte zeigen, dass das allgemeine elliptische Integrale $\int \frac{P(x)}{\sqrt{R(x)}}dx$ auf 3 Grundintegrale reduziert werden kann.

---

[37] Oldham K.B., Spanier J.: The Fractional Calculus, Dover Publications, Mineola 2006.

Beispiel Der Umfang s der Lemniskate $(a = 1)$ führt nach G. C. Fagnano mittels einer Substitution auf das Integral:

$$s = 4 \int_0^1 \frac{1}{\sqrt{1 - x^4}} dx$$

Die Substitution $z \mapsto x^4$ liefert mit (3):

$$4 \int_0^1 \frac{1}{\sqrt{1 - x^4}} dx = \int_0^1 (1 - z)^{-1/2} z^{-3/4} dz = B\left(\frac{1}{2}, \frac{1}{4}\right) = \frac{1}{\sqrt{2\pi}} \Gamma^2\left(\frac{1}{4}\right) = 5.2441151086\ldots$$

Ergänzung 2 Eine divergente Reihe.

Mit der Gammafunktion ist auch ein kurioses Beispiel einer divergenten Reihe verknüpft. Nikolaus Bernoulli hatte in einem Brief von 1743 Zweifel an der Gültigkeit von divergenten Reihen geäußert. Nach einem Bericht seines Assistenten P. H. Fuß[38] erklärte Euler: *Der Begriff Summe sei nur für eine konvergente Reihe sinnvoll; dagegen habe eine divergente Reihe einen Wert, der sich aus einem analytischen Ausdruck ergebe.*

Euler betrachtete folgende Reihe, die nur im Nullpunkt konvergiert:

$$y = x - 1!x^2 + 2!x^3 - 3!x^4 \pm \cdots$$

Er konnte zeigen, dass diese Reihe formal eine Differenzialgleichung erfüllt, die folgende Integraldarstellung hat:

$$y(x) = e^{1/x} \int_0^x \frac{e^{-1/t}}{t} dt$$

Daher betrachtete er die obige Reihe als gültige Entwicklung des Integrals. Für den „Wert" der Reihe an der Stelle $(x = 1)$ erhielt Euler:

$$1 - 1 + 2 - 6 + 24 - 120 + 720 \pm \ldots = 0.596347362123(!)$$

Der exakte Wert des Integrals für $(x = 1)$ ist $0.59634736232319\ldots$

14.12 Differenzialgleichungen und Variationsrechnung

Euler liefert im Kapitel IX seines Werks *Institutiones calculi differentialis*[39] (1755) eine umfassende Diskussion der Differenzialgleichungen.

---

[38] Fuss P. H.: Correspondance Mathématique et Physique de quelques célèbres géomètres du XVIIIème Siècle. Précédée d'une notice sue les Traveaux de Léonhard Euler, Band I, St. Petersburg 1843, S. 323.

[39] Euler L., Blanton J.D. (Hrsg.): Foundations of differential calculus, Springer 2000, § 281–327.

14.12.1 Die Euler'sche Differenzialgleichung

Die Euler'sche Differenzialgleichung wird im englischen Sprachraum auch *Euler linear equation* genannt, um sie von der in der Variationsrechnung verwendeten zu unterscheiden. Sie hat mit konstanten Koeffizienten p_i die Form:

$$x^n \frac{d^n y}{dx^n} + p_1 x^{n-1} \frac{d^{n-1} y}{dx^{n-1}} + p_2 x^{n-2} \frac{d^{n-2} y}{dx^{n-2}} + \cdots + p_{n-1} x \frac{dy}{dx} + p_n y = f(x)$$

Die Gleichung geht durch die Substitution $x \mapsto e^t$ in eine lineare Differenzialgleichung mit konstanten Koeffizienten über. Wegen $e^t > 0$ gilt dies nur für $x > 0$; für $x < 0$ muss $x \mapsto -e^t$ gesetzt werden. Aus der Substitution folgt:

$$\frac{dy}{dx} = \frac{dy}{dt} \frac{dt}{dx} \quad \therefore \quad x \frac{dy}{dx} = \frac{dy}{dt} \quad \Rightarrow \quad x^2 \frac{d^2 y}{dx^2} = \frac{d^2 y}{dt^2} - \frac{dy}{dt}$$

Beispiel $x^2 y'' + 6xy' + 6y = \frac{1}{x^2}$

Einsetzen der Substitution liefert die lineare Differenzialgleichung

$$\frac{d^2 y}{dt^2} + 5 \frac{dy}{dt} + 6y = e^{-2t}$$

Für die homogene Gleichung macht man den Ansatz $y = e^{at}$. Dies liefert die quadratische Gleichung:

$$a^2 + 5a + 6 = 0 \quad \Rightarrow \quad a_1 = -2; a_2 = -3$$

Die homogene Lösung ist daher $y_{hom} = C_1 e^{-2t} + C_2 e^{-3t}$. Eine partikuläre Lösung der inhomogenen Gleichung ist $y = te^{-2t}$, wie man durch Einsetzen bestätigt. Die allgemeine Lösung für $x > 0$ ist somit:

$$y = C_1 e^{-2t} + C_2 e^{-3t} + te^{-2t} \quad \Rightarrow \quad y = \frac{C_1}{x^3} + \frac{C_2}{x^2} + \frac{\ln x}{x^2}$$

14.12.2 Ein Variationsproblem

Gesucht ist ein Extremwert des Funktion*als:*

$$J[y(x)] = \int_{x_0}^{x_1} F[x, y, y'] dx$$

Notwendig für das Auftreten eines Extremwerts ist die Gültigkeit der *Euler'schen Differenzialgleichung:*

$$\frac{\partial F}{\partial y} - \frac{d}{dx} \frac{\partial F}{\partial y'} = 0$$

Auf welcher Kurve bewegt sich ein Massenpunkt, der sich vom Punkt $A(a, f(a))$ zum Punkt $B(b, f(b))$ in kürzester Zeit (ohne Schwerkraft) bewegen soll?

$$\int_a^b F[x,y,y']\,dx = \int_a^b \sqrt{1+y'^2}\,dx \to Minimum$$

Einsetzen in die Euler'sche Differenzialgleichung zeigt:

$$\frac{\partial F}{\partial y} = 0 \quad \therefore \quad \frac{d}{dx}\frac{\partial F}{\partial y'} = \frac{d}{dx}\frac{y'}{\sqrt{1+y'^2}} = 0 \quad \Rightarrow \quad \frac{y'}{\sqrt{1+y'^2}} = C$$

Auflösen nach y' ergibt:

$$y' = \frac{C}{\sqrt{1-C^2}} = C_1 \quad \Rightarrow \quad y = C_1 x + C_2$$

Die gesuchte Kurve ist eine Gerade.

14.12.3 Satz von Euler über homogene Funktionen

Eine Funktion $F(x,y)$ zweier Veränderlicher heißt *homogen* vom Grad m, wenn gilt:

$$F(\lambda x, \lambda y) = \lambda^m F(x,y)$$

Eine homogene Funktionen vom Grad m erfüllt den *Satz* von Euler (aus *Calculi Integralis* 1768/70):

$$x\frac{\partial F}{\partial x} + y\frac{\partial F}{\partial y} = mF$$

Beispiel 1 $F(x,y) = \frac{x^2+y^2}{xy}$ ist homogen vom Grad Null:

$$F(\lambda x, \lambda y) = \frac{\lambda^2 x^2 + \lambda^2 y^2}{\lambda x \lambda y} = \lambda^0 \cdot F(x,y)$$

Es gilt somit $x\frac{\partial F}{\partial x} + y\frac{\partial F}{\partial y} = 0$.

Beispiel 2 $F(x,y) = \frac{x}{x^2+y^2}$ ist homogen vom Grad (-1):

$$F(\lambda x, \lambda y) = \frac{\lambda x}{\lambda^2 x^2 + \lambda^2 y^2} = \lambda^{-1} \cdot F(x,y)$$

Es resultiert damit $x\frac{\partial F}{\partial x} + y\frac{\partial F}{\partial y} = -F$.

Der Satz kann verallgemeinert werden auf Funktionen mehrerer Variablen $F(x_1, x_2, x_3, \ldots, x_n)$:

$$\sum_i x_i \frac{\partial F}{\partial x_i} = mF$$

14.12.4 Lösung einer homogenen Differenzialgleichung

Eine homogene Differenzialgleichung 1. Ordnung vom Grad 0 kann auf die Form $y' = f\left(\frac{y}{x}\right)$ gebracht werden. Mithilfe der Substitution $z \mapsto \frac{y}{x}$ erhält man eine separable Differenzialgleichung. Es ergibt sich damit:

$$z = \frac{y}{x} \Rightarrow y = xz(x) \Rightarrow y' = z(x) + xz'(x)$$

Nach Einsetzen in die Differenzialgleichung erhält man:

$$z(x) + xz'(x) = f(z) \Rightarrow z'(x) = \frac{f(z) - z}{x}$$

Beispiel $y' = \frac{x}{y} + \frac{y}{x} = \frac{x^2+y^2}{xy} \Rightarrow y' = \frac{1+\left(\frac{y}{x}\right)^2}{\frac{y}{x}} \Rightarrow f(z) = \frac{1+z^2}{z}$.

Einsetzen liefert die Differenzialgleichung für z:

$$z'(x) = \frac{f(z) - z}{x} = \frac{\frac{1+z^2}{z} - z}{x} = \frac{1}{xz}$$

Trennung der Variablen zeigt:

$$z\,dz = \frac{dx}{x} \Rightarrow \frac{1}{2}z^2 = \ln|x| + C_1 \Rightarrow z = \pm\sqrt{2\ln|x| + C}$$

Die Rücksubstitution ergibt die Lösung $y = \pm x\sqrt{2\ln|x| + C}$.

14.13 Euler und die Fourier-Reihen

In einem Schreiben vom 4. Juli 1744 an Goldbach stellte Euler die erste trigonometrische Reihe vor:

$$\frac{\pi}{2} - \frac{x}{2} = \sum_{k=1}^{\infty} \frac{\sin(kx)}{k}$$

Über 10 Jahre später, im Jahre 1755 veröffentlichte Euler in seinem *Werk Institutiones calculi differentialis* einen Beweis. Heute wissen wir, die Funktion hat die Periode 2π. Abb. 14.27 zeigt die Partialsumme der ersten 8 Terme.

Euler fand die trigonometrischen Reihen mithilfe einer geometrischen Reihe:

$$\frac{1}{1 + a(\cos x + i\sin x)} = \sum_{k=0}^{\infty} a^k (\cos x + i\sin x)^k$$

Mithilfe der Beziehung, die später nach *de Moivre* genannt wird, formte er um

$$\frac{1}{1 + a(\cos x + i\sin x)} = \sum_{k=0}^{\infty} a^k (\cos kx + i\sin kx)$$

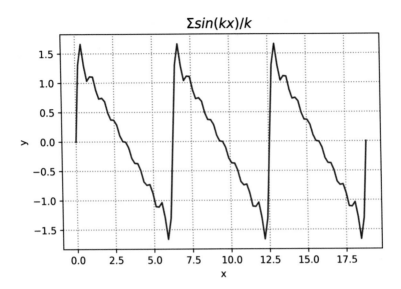

Abb. 14.27 Fourier-Entwicklung der Sägezahnfunktion

Erweitern mit dem Konjugiert-komplexen der linken Seite und Trennung nach Real- und Imaginärteil liefert:

$$\frac{a\cos x - a^2}{1 - 2a\cos x + a^2} = \sum_{k=0}^{\infty} a^k \cos kx$$

$$\frac{a\sin x}{1 - 2a\cos x + a^2} = \sum_{k=0}^{\infty} a^k \sin kx$$

Euler setzt nun $a = \pm 1$ und erhält die (divergente) Reihe:

$$\frac{1}{2} = 1 \pm \cos x + \cos 2x \pm \cos 3x + \cos 4x \pm \cdots \tag{1}$$

Ohne Bedenken integriert er und findet mit einer passenden Konstanten (für $0 < x < \pi$)

$$\frac{\pi}{2} - \frac{x}{2} = \sin x + \frac{1}{2}\sin 2x + \frac{1}{3}\sin 3x + \frac{1}{4}\sin 4x \pm \cdots$$

Analog zeigt sich für $-\frac{\pi}{2} < x < \frac{\pi}{2}$:

$$\frac{x}{2} = \sin x - \frac{1}{2}\sin 2x + \frac{1}{3}\sin 3x - \frac{1}{4}\sin 4x \pm \cdots$$

Erneute Integration zeigt:

$$\frac{x^2}{4} - \frac{\pi^2}{4} = -\cos x + \frac{1}{4}\cos 2x - \frac{1}{9}\cos 3x + \frac{1}{16}\cos 4x \pm \cdots$$

Die Integrationskonstante wurde passend gewählt. Euler war der Meinung, dass die Reihen allgemeingültig sind. So differenzierte er Gleichung (1) und fand den unsinnigen Ausdruck:

$$\cos x \pm 4\cos 2x + 9\cos 3x \pm 16\cos 4x + \cdots = 0(!)$$

Erst Daniel Bernoulli, der eine ähnliche Herleitung fand, machte ihn auf die Beschränkung des Definitionsbereichs aufmerksam. Das eigentlich überraschende an Reihe (1) sah Euler nicht, nämlich dass eine Funktion auf einem bestimmten Intervall als Summe periodischer Funktionen dargestellt werden kann.

Bei einem astronomischen Problem entdeckte Euler, dass die Koeffizienten einer trigonometrischen Reihe über die Orthogonalität dieser Funktionen bestimmt werden können. Darunter versteht man:

$$\int_0^T \cos\frac{n\pi x}{T}\cos\frac{m\pi x}{T}dx = \begin{cases} 0 \text{ für } n \neq m \\ T/2 \quad \text{ für } n = m \neq 0 \\ T \quad \text{ für } n = m = 0 \end{cases}$$

Jede auf einem Intervall T periodische und dort stetige Funktion kann in eine trigonometrische Reihe entwickelt werden. Für die Koeffizienten der Reihe gilt:

$$f(x) = \frac{a_0}{2} + \sum_{k=1}^{\infty} a_k \cos\frac{k\pi x}{T} \Rightarrow a_k = \frac{2}{T}\int_0^T f(T)\cos\frac{k\pi x}{T}dx$$

Auch die Nachfolger Eulers, d'Alembert und Lagrange, dachten noch, dass nur bestimmte Funktionen eine solche Umformung erlauben.

Von Jean Baptiste Fourier (1768–1830) stammt die vollständige Theorie der Fourier-Reihen. In seinem Werk *Théorie analytique de la chaleur* (1822) zeigt er zum Erstaunen seiner Mathematikkollegen, dass es zu jeder periodischen und abschnittsweise stetigen Funktion eine solche Reihe gibt. Fourier hatte zusammen mit Gaspard Monge (1746–1818) am Ägypten-Feldzug Napoleons (1798) teilgenommen und bedeutende Beiträge an der wissenschaftlichen Auswertung für die Enzyklopädie *Description de l'Égypte* geleistet.

14.14 Numerik bei Euler

Eine der bekannten numerischen Methoden, die Euler zurückgehen, ist das Euler'sche Polygonzugverfahren gezeigt werden (aus *Institutiones Calculi Integralis*). Die Methode zur schrittweisen Integration einer Differenzialgleichung erster Ordnung nähert sich der Lösungskurve an, indem sie bei jedem Schritt ein Stück Tangente verwendet, deren Steigung der Differenzialgleichung entnommen wird.

14.14.1 Das Euler'sche Polygonzugverfahren

Gesucht ist eine Lösung der Differenzialgleichung auf dem Intervall $[x_0; x_n]$

$$\frac{dy}{dx} = f(x, y); \, y(x_0) = y_0$$

Ersetzt man die linke Seite durch den Differenzenquotienten im Punkt (x_0, y_0), so folgt:

$$\frac{y_1 - y_0}{x_1 - x_0} = f(x_0, y_0)$$

Mit der Schrittweite $h = x_1 - x_0$ gilt:

$$y_1 = y_0 + h f(x_0, y_0)$$

Wiederholung des Schritts liefert:

$$y_2 = y_1 + h f(x_1, y_1); \, h = x_2 - x_1$$

Analog ergibt der nächste Schritt:

$$y_3 = y_2 + h f(x_2, y_2); \, h = x_3 - x_2$$

Das Verfahren soll nun in n Schritten auf das Intervall $[x_0; x_n]$ ausgeweitet werden. Die Schrittweite h ergibt sich aus:

$$\frac{x_n - x_0}{n} = h \implies x_n = x_0 + nh$$

Ausgehend von Startpunkt x_0 mit dem Funktionswert y_0 werden nach folgendem Schema sukzessive die x-Werte und Funktionswerte der Lösung berechnet:

$$x_n = x_0 + nh$$
$$y_n = y_{n-1} + hf(x_{n-1}, y_{n-1})$$

Als **Beispiel** betrachtet wird das Abkühlungsproblem eines Körpers der Anfangstemperatur $T_0 = 95\,°C$ in einer Umgebungstemperatur $T_\infty = 20\,°C$ mit der Abkühlungskonstanten $\alpha = -0.15/min$. Nach Newton gilt die Differenzialgleichung (engl. *Newton's law of cooling*):

$$\frac{dT}{dt} = \alpha(T - T_\infty); \, T(0) = T_0$$

Betrachtet wird der Zeitraum $t \in [0; 20]$ Minuten mit einer Schrittweite von $h = 1\,min$. Die ersten Schritte sind:

1. Schritt: $t_1 = t_0 + h = 1; T_1 = T_0 + hf(t_0, T_0) = 95 - 0.15(95 - 20) = 83.75$
2. Schritt: $t_2 = t_1 + h = 2; T_2 = T_1 + hf(t_1, T_1) = 83.75 - 0.15(83.75 - 20) = 74.19$

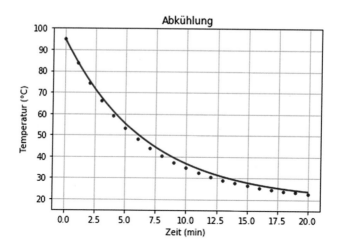

Abb. 14.28 Zum Euler'schen Polygonzugverfahren

3. Schritt: $t_3 = t_2 + h = 3; T_3 = T_2 + hf(t_2, T_2) = 74.19 - 0.15(74.19 - 20) = 66.06$
4. Schritt: $t_4 = t_3 + h = 4; T_4 = T_2 + hf(t_3, T_3) = 66.06 - 0.15(66.06 - 20) = 59.15$

Das Verfahren setzt sich in der angegebenen Weise fort. Das Ergebnis kann der Abb. 14.28 entnommen werden. Die blauen Punkte zeigen die numerischen Werte, die rote Kurve stellt die exakte Lösung dar:

$$T(t) = \left(75e^{-0.15t} + 20\right) \, °C$$

14.14.2 Das verbesserte Euler-Verfahren

Auch wenn es inzwischen Methoden höherer Genauigkeit gibt, so ist das Euler'sche Polygonzugverfahren der erste Prototyp zur numerischen Integration einer Differenzialgleichung. Hinzu kommt, dass die Methode leicht verbessert werden kann (Carl Runge 1895):

$$x_{n+1} = x_n + h$$
$$k_1 = f(x_n, y_n)$$
$$k_2 = f\left(x_n + \frac{h}{2}, y_n + k_1\frac{h}{2}\right)$$
$$y_{n+1} = y_n + hk_2$$

Die damit erzielte Genauigkeit reicht für viele Anwendungen aus.
Ein einfaches **Beispiel** ist:

$$y' = x - y; \, y(0) = 1$$

Auf dem Intervall $[0; 1]$ ergibt sich mit Schrittweite $h = 0.1$ die Tabelle:

x	y_euler	exakt
0.0	1.0000	1.0000
0.1	0.9100	0.9097
0.2	0.8381	0.8375
0.3	0.7824	0.7816
0.4	0.7416	0.7406
0.5	0.7142	0.7131
0.6	0.6988	0.6976
0.7	0.6944	0.6932
0.8	0.7000	0.6987
0.9	0.7145	0.7131
1.0	0.7371	0.7358

Das exakte Integral ist $y = 2e^{-x} + x - 1$. Zeichnet man im Definitionsbereich von $y' = f(x, y)$ in jedem Punkt (x, y) die Steigung y' ein, so erhält man das *Richtungsfeld* der Differenzialgleichung. Verbindet man alle Punkte gleicher Steigung mit einer Kurve, so ergeben sich die *Isoklinen*. Die Abb. 14.29 zeigt das Richtungsfeld der Differenzialgleichung im Bereich $[-1; 4] \times [-1; 4]$, ebenso die Isoklinen $\{y = x - k; -4 \le k \le 4; k \in \mathbb{Z}\}$ und die gesuchte Integralfunktion.

14.14.3   Iteration von Bernoulli-Euler

Nach einer Idee von Nikolaus Bernoulli löste Euler in seiner *Vollständigen Anleitung zur Algebra* (II, Abs. 1, § 231–238) quadratische Gleichungen $x^2 = ax + b$ mithilfe der zweifach zurückgreifenden Iteration

$$x_{i+2} = ax_{i+1} + bx_i$$

Die Startwerte $(x_0; x_1)$ sind vorzugeben. Euler verwendet für die Folge $\{x_i\}$ die Bezeichnungsweise $\{p, q, r, s, t, u, \ldots\}$. Der Grenzwert $\lim\limits_{i \to \infty} \frac{x_{i+1}}{x_i}$ konvergiert dann gegen

Abb. 14.29 Richtungsfeld und Isoklinen einer Differenzialgleichung

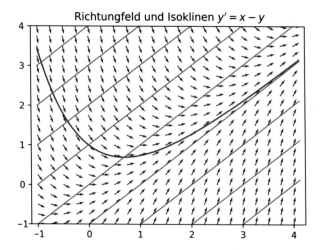

Richtungfeld und Isoklinen $y' = x - y$

eine Nullstelle der Gleichung. Euler argumentiert folgendermaßen. Im Fall einer Konvergenz gilt mit guter Näherung:

$$\frac{x_{i+1}}{x_i} \approx x \wedge \frac{x_{i+2}}{x_{i+1}} \approx x \Rightarrow \frac{x_{i+2}}{x_i} \approx x^2$$

Einsetzen liefert:

$$x^2 = ax + b \Rightarrow \frac{x_{i+2}}{x_i} = a\frac{x_{i+1}}{x_i} + b \Rightarrow x_{i+2} = ax_{i+1} + bx_i$$

Beispiel (II, Abs. 1, § 233) Euler löst die Gleichung $x^2 = 2x + 1$. Mit den Startwerten $x_0 = 1$; $x_1 = 2$ erhält er die x-Werte und ihre Quotienten:

2	2.0000000
5	2.5000000
12	2.4000000
29	2.4166667
70	2.4137931
169	2.4142857
408	2.4142012
985	2.4142157
2378	2.4142132
5741	2.4142136
13860	2.4142136

Die Konvergenz erfolgt gegen die positive Lösung $x = 1 + \sqrt{2}$.

Für kubische Gleichungen $x^3 = ax^2 + bx + c$ macht Euler die Rekursion dreifach zurückgreifend:

$$x_{i+3} = ax_{i+2} + bx_{i+1} + cx_i$$

Beispiel (II, Abs. 1, § 234) Euler löst die Gleichung $x^3 = x^2 + 2x + 1$. Mit den Startwerten $x_0 = 0$; $x_1 = 1$; $x_2 = 1$ ergeben sich die folgenden x-Werte und ihre Quotienten:

1	1.0000000
3	3.0000000
6	2.0000000
13	2.1666667
28	2.1538462
60	2.1428571
2745	2.1478873
5896	2.1479053
12664	2.1478969
27201	2.1478996
58425	2.1478990

Die Konvergenz erfolgt hier gegen die einzige reelle Lösung:

$$x = \frac{1}{3}\left(1 + \sqrt[3]{\frac{1}{2}\left(47 - 3\sqrt{93}\right)} + \sqrt[3]{\frac{1}{2}\left(47 + 3\sqrt{93}\right)}\right)$$

Euler begründet den Algorithmus auch allgemein. Es sei eine Nullstelle der Polynomgleichung $\sum_{k=0}^{n} a_k x^k = 0$ gesucht. Für die Quotienten gilt:

$$\frac{x_{i+1}}{x_i} \approx x; \; \frac{x_{i+2}}{x_i} \approx x^2; \ldots; \frac{x_{i+k}}{x_i} \approx x^k$$

Einsetzen in das Polynom liefert:

$$\sum_{k=0}^{n} a_k \frac{x_{i+k}}{x_i} = 0 \; \Rightarrow \; \sum_{k=0}^{n} a_k x_{i+k} = 0 \; \Rightarrow \; x_{i+n} = -\frac{1}{a_n} \sum_{k=0}^{n-1} a_k x_{i+k}$$

Damit ist die Rekursion gezeigt. Das Verfahren kann in vielfältiger Weise verallgemeinert werden, auch zur Eigenwertbestimmung von Matrizen.

Hinweis Die Darstellung des Verfahrens im Band Tropfke[40] (1980) ist nicht korrekt: Die Nullstelle von $x^3 = 3x + 1$ wird dort falsch mit $\frac{1}{2}\left(3 + \sqrt{13}\right)$ angegeben.

14.14.4 Integration mit Euler-Maclaurin

Die Euler-Maclaurin-Formel kann auch zur numerischen Integration verwendet werden:

$$\int_a^{a+nh} f(x)dx = h\left[\frac{1}{2}f(a) + f(a+h) + \cdots + f(a+(n-1)h) + \frac{1}{2}f(a+nh)\right]$$
$$- \frac{B_2 h^2}{2!}\left[f'(a+nh) - f'(a)\right] - \frac{B_4 h^4}{4!}\left[f^{(3)}(a+nh) - f^{(3)}(a)\right] - \cdots$$

Ein **Beispiel** $\int_{10}^{20} \frac{dx}{x} = \ln 2$ ist:

Mit $h = 1; f'(x) = -\frac{1}{x^2}; f^{(3)}(x) = -\frac{6}{x^4}; f^{(5)}(x) = -\frac{120}{x^6}; f^{(7)}(x) = -\frac{5040}{x^8}$ folgt:

$$\int_{10}^{20} \frac{dx}{x} = \frac{1}{2} \cdot \frac{1}{10} + \frac{1}{11} + \cdots + \frac{1}{19} + \frac{1}{2} \cdot \frac{1}{20} - \frac{B_2}{2!}\left(\frac{1}{10^2} - \frac{1}{20^2}\right) - \frac{B_4}{4!}\left(\frac{6}{10^4} - \frac{6}{20^4}\right)$$
$$- \frac{B_6}{6!}\left(\frac{120}{10^6} - \frac{120}{20^6}\right) - \frac{B_8}{8!}\left(\frac{5040}{10^8} - \frac{5040}{20^8}\right) - \cdots = 0.693147180560$$

Literatur

Calinger, R.: Leonhard Euler: Mathematical Genius in the Enlightenment. Princeton (2019)

Das 1913 vom schwedischen Mathematiker Gustaf Eneström gegründete **Euler-Archiv** enthält Referenzen auf 866 wissenschaftliche Arbeiten von Euler, nummeriert von E1 bis E866. Es findet sich im Internet: //scholarlycommons.pacific.edu/euler-works

Dunham, W.: Euler – The Master of Us all. Math. Association of America, Washington (1999)

---

[40]Tropfke J., Vogel K., Reich K., Gericke H. (Hrsg.): Geschichte der Elementarmathematik, Band I: Arithmetik und Algebra, de Gruyter Berlin 1980, S. 511.

Dunham, W.: The Genius of Euler: Reflections on his Life and Work. MAA, Washington (2007)

Euler, L.: De fractionibus continuis observationes. Commentarii academiae scientiarum Petropolitanae 11

Euler, L.: De transformatione serierum in fractiones continuas, ubi simul haec theoria non mediocriter amplificatur, Opuscula Analytica 2

Euler, L.: De progressionibus transcendentibus seu quarum termini generales algebraice dari nequeunt. Comm. Acad. Sci. Petropol. 5 (1730/31)

Euler, L.: De formis radicum aequationum cuiusque ordinis conjectio. Comm. Ac. Petropol. VI (1732/33)

Euler, L.: Solutio problematis ad geometriam situs pertinentis, Commentarii academiae scientiarum Petropolitanae 8 (1736/41)

Euler, L.: Sur la Probabilité des sequences dans la Lotterie Génoise. Berlin (1767)

Euler, L.: Evolutio producti infiniti $(1 - x)(1 - xx)(1 - x^3)(1 - x^4)(1 - x^5)(1 - x^6)$ etc. in seriem simplicem (1775)

Euler, L.: Elements of Algebra. Springer (1912)

Euler, L.: Institutiones Calculi Differentialis, Opera Omnia, Ser. I. Leipzig (1913)

Euler, L., Blanton, J.D. (Hrsg.): Introductio in analysin infinitorum (1748), Bd. 1. Springer (1988)

Euler, L.: Introduction to Analysis of Infinite, Book I + II. Springer (1988/90)

Euler, L.: Foundations of Differential Calculus. Springer (2000)

Euler, L., Hofmann, J. E. (Hrsg.): Vollständige Anleitung zur Algebra. Reclam, Stuttgart (1959)

Euler, L., Juskevic, A. P., Smirnov, V.I., Habicht, W. (Hrsg.): Leonhardi Euleri Commercium Epistolicum/Leonhard Euler Briefwechsel. Springer (1975)

Euler, L., Walter, W. (Hrsg.): Einleitung in die Analysis des Unendlichen, Teil 1. Springer (2014)

Euler, L., Weber, H. (Hrsg.): Vollständige Anleitung zur Algebra. Springer (1911)

Fellmann, E. A: Leonhard Euler, im Sammelband Die Großen, Bd. VI/2, Hrsg. Fassmann K., Coron/Kindler (1977)

Fellmann, E. A.: Leonhard Euler. Rowohlt Monographien, Hamburg (1985)

Fellmann, E. A.: Leonhard Euler. Birkhäuser, Basel (2007)

Fellmann, E. A: Leonhard Euler: Beiträge zu Leben und Werk. Birkhäuser, Basel (2012)

Fueter, R.: Leonhard Euler, Beiheft zur Zeitschrift „Elemente der Mathematik". Springer, Basel (1948)

Havil, J.: GAMMA: Eulers Konstante, Primzahlstrände und die Riemannsche Vermutung. Springer (2013)

Juškevič, A. P., Kopelevič, J. K.: Christian Goldbach (1690–1764). Birkhäuser, Basel (1994)

Knobloch, E. et al. (Hrsg.): Zum Werk Leonhard Eulers. Birkhäuser, Basel (1984)

Knobloch, E.: Das große Spargesetz der Natur: Zur Tragikomödie zwischen Euler, Voltaire und Maupertuis, Mitteilung der Deutschen Mathematiker-Vereinigung 3/95

Lokenath, D.: The Legacy of Leonhard Euler – A Tricentennial Tribute. Imperial College, London (2010)

Nahin, P. J.: Dr. Euler's Fabulous Formula. Princeton University (2006)

Phillips, G. M. (Hrsg.): Two Millennia of Mathematics, from Archimedes to Gauss. Springer, New York (2000)

Pleschinski, H. (Hrsg.): Voltaire – Friedrich der Große – Briefwechsel. dtv, München (2010)

Sandifer, C. E.: The Early Mathematics of Euler. MAA Press, Providence (2007)

Sandifer, C. E.: How Euler did even more. MAA Press, Providence (2015)

Thiele, R.: Leonhard Euler. Teubner, Leipzig (1982)

Thiele, R.: The Mathematic and Science of Leonhard Euler, S. 81–149, im Sammelband Van Brummelen

Truesdell, C.: Biographie Eulers, S. VII–XXXIX, Einleitung zur Algebra. Springer (1972)

Literatur

Adamson, D.: Blaise Pascal, Mathematician, Physicist and Thinker about God. St. Martin's, New York (1995)

Ahrens, W.: Mathematische Unterhaltungen und Spiele, Bd. 1. Leipzig (1910)

Aigner, M., Ziegler, G.M.: Das BUCH der Beweise. Springer (2002)

Alberti, L.B., Bätschmann, O., Gianfreda, S. (Hrsg.): Della Pittura – Über die Malkunst[4]. Wissenschaftliche Buchgesellschaft, Darmstadt (2014)

Aldersey-Williams, H.: Dutch Light – Christian Huygens and the Making of Science in Europe. Picador, London (2020)

Alten, H.-W., Naini, A.D., et al.: 4000 Jahre Algebra – Geschichte, Kulturen, Menschen. Springer (2003)

Andriesse, C.D.: Huygens: The Man Behind the Principle. Cambridge University (2005)

Anonym: Diverses Methodes universelles, et novelles, en Tout ou en partie pour faire des Perspectives. Paris (1642)

Archibald, T.: Differentialgleichungen: Ein historischer Überblick, im Sammelband Jahnke

Archimedes, C.A. (Hrsg.): Archimedes Werke. Wissenschaftl. Buchgesellschaft, Darmstadt (1983)

Ashmole, E.: William Lilly's History of his Life and Times. London (1826)

Atiyah, M.: "Mind, Matter and Mathematics", Vortrag vom 10.2.2008. Royal Society of Edinburgh

Ayoub, R.: Euler and the zeta function. Am. Math. Mon. **81** (1974)

Ayoub, R.: The lemniscate and Fagnano's contributions to elliptic integrals. Arch. Hist. Exact Sci. **29** (1984)

Barner, K.: Das Leben Fermats, Mitteilungen der Deutschen Mathematiker-Vereinigung. (3) (2001)

Baron, M.E.: The Origins of the Infinitesimal Calculus. Pergamon, Oxford (1969)

Barrow, I., Child, J.M. (Hrsg.): The Geometrical Lectures of Isaac Barrow. Open Court Publishing, Chicago (1916)

Barth, F., Haller, R.: Stochastik- Leistungskurs. Ehrenwirth, München (1983)

Béguin, A.: Blaise Pascal. Rowohlt Monographien, Hamburg (1992)

Béguin, A.: Pascal par lui-meme. Paris (1952)

Bell, A.E.: Christian Huygens and the Development of Science in the Seventeenth Century. Edward Arnold, London (1950)

Bell, E.T.: Men of Mathematics. Simon & Schuster Reprint (1986)

Bell, E.T.: The Development of Mathematics. Dover, Mineola (1992)

Bellhouse, D.R.: Abraham de Moivre – Setting the Stage for Classical Probability and its Applications. CRC Press (2011)

Bernoulli, J., Haussner, R. (Hrsg.): Wahrscheinlichkeitsrechnung (Ars conjectandi 1713). Wilhelm Engelmann, Leipzig (1899)

Bernoulli, J., Weil, A. (Hrsg.): Die Werke Jakob Bernoullis, Bd. I–IV. Birkhäuser, Basel (1956)

Bernoulli, J.: Lettres astronomiques. Berlin (1774)

Bernoulli, J.: Opera omnia, Bd. I–III. Georg Olms, Hildesheim (1968)

Bernoulli, J.: Quaestiones Nonnullae de Usuris. Acta Erud. (1690)

Bombelli, R.: L' Algebra: Opera di Rafael Bombelli da Bologna, Giovanni Rossi (Hrsg.), 1579. ETH-Bibliothek Zürich, Rar 5441. https://doi.org/10.3931/e-rara-3918

Bose, R.C., Shrikhande, S.S.: On the falsity of Euler's conjecture about the non-existence of two orthogonal Latin squares of order 4t + 2. Proc. Natl. Acad. Sci. USA **45** (1959)

Bosse, A. (Hrsg.): Manière universelle de Mr Desargues pour pratiquer le perspective par petit-pied. Des-Hayes, Paris (1648)

Bosse, A.: Traité des Geometrales et Perspectives Enseignées dans l'Academie Royale de la Peinture et Sculpture. L'Auteur, Paris (1655)

Bourbaki, N.: Elemente der Mathematikgeschichte. Vandenhoek & Ruprecht, Göttingen (1971)

Bradly, R.E., Sandifer C.E. (Hrsg.): Leonhard Euler: Life, Work and Legacy. Elsevier, Amsterdam (2006)

Bressoud, D.M.: Calculus Reordered – A History of the Big Ideas. Princeton University (2019)

Brezinski, C.: History of Continued Fractions and Padé Approcimants. Springer (1991)

Bronstein, I.N., Semendjaev, K.A.: Taschenbuch der Mathematik, 5. Aufl. Harri Deutsch (2001)

Brunschvicg, L., Lewis, G. (Hrsg.): Blaise Pascal. Paris (1953)

Bundschuh, P.: Einführung in die Zahlentheorie. Springer (2008)

Cajori, F.: Historical notes on the Newton-Raphson method of approximation. Am. Math. Mon. **18** (1911)

Cajori, F.: The works of William Oughtred. The Monist **25** (1915)

Cajori, F.: William Oughtred, A Great 17th-Century Teacher of Mathematics. Open Court Publishing, Chicago (1916)

Calinger, R. (Hrsg.): Classics of Mathematics. Moore Publishing, Oak Park (1982)

Calinger, R.: Leonhard Euler: Mathematical Genius in the Enlightenment. Princeton (2019)

Cantor, M.: Vorlesungen über Geschichte der Mathematik, Bd. II. Teubner, Leipzig (1913)

Cantor, M.: Huygens, Christian. Allg. Dtsch. Biogr. **13**, 480–486 (1881)

Cardano, G.: De ludo alae. Opera Omnia Band I, Lyon (1663)

Caspar, M.: Johannes Kepler – Die Biografie, aequis Aufl. ohne Verlagsort (2020)

Chasles, M., Sohnke, L.A. (Hrsg.): Geschichte der Geometrie. Gebauer, Halle (1839)

Child, J.M. (Hrsg.): The Early Mathematical Manuscripts of Leibniz. Open Court Publishing, Chicago (1920)

Clark, K.M. (Hrsg.): Jost Bürgi's Aritmetische und Geometrische Tabulen (1620). Birkhäuser (2015)

Coolidge, J.L.: The Mathematics of Great Amateurs. Clarendon, Oxford (1990)

Coolidge, J.L.: The Number e. Am. Math. Mon. **57** (1950)

Cooper, M., Hunter, M. (Hrsg.): Robert Hooke – Tercentennial Studies. Routledge, London (2006)

Cooper, M.: Robert Hooke and the Rebuilding of London. History Press, London (2005)

Curabelle, I.: Examen des Oeuvres du S[R]. Desargues, Henault Paris (1644)

Danielis, B.: Basilensis Joh. Fil. Exercitationes Quaedam Mathematicae. Venedig (1724)

Dauben, J.W. (Hrsg.): Mathematical Perspectives, Essays on Mathematics and Its Historical Development. Academic Press, New York (1981)

de Fermat, P., Wieleitner, H. (Hrsg.): Einführung in die ebenen und körperlichen Örter. Ostwald's Klassiker 208, Leipzig (1923) de Fermat, P.: Ad locos planos et solidos isagoge, Œuvres de Fermat, Bd. I

De la Hire, P., Robinson, B. (Hrsg.): New Elements of Conick Sections. Midwinter, London (1704)

de La Hire, P., Lehmann, E (Hrsg.): De La Hire und seine sectiones conicae. Jahresbericht Gymnasium, Leipzig (1888)

de Padova, T.: Das Weltgeheimnis: Kepler, Galilei und die Vermessung des Himmels. Piper, München (2010)

de Padova, T.: Leibniz, Newton und die Erfindung der Zeit. Piper, München (2013)

Debnath, L.: The Legacy of Leonhard Euler: A Tricentennial Tribute. Imperial College Press, London (2010)

Desargues, G.: Des Herren des Argues von Lion: Kunstrichtige und probmäßige Zeichnung zum Stein=Hauen und in der Bau=Kunst. Helmers, Nürnberg (1699)

Descartes, R.: Philosophische Schriften in einem Band. Felix Meiner, Hamburg (1996)

Devlin, K.: Mathematics: The New Golden Age. Penguin, London (1988)

Devlin, K.: Pascal, Fermat und die Berechnung des Glücks. Eine Reise in die Geschichte der Mathematik. Beck. München (2009)

Devlin, K.: The Unfinished Game, Pascal, Fermat and the 17th Century Letter that made the World Modern. Basic Books, New York (2008)

Dicker, G.: Descartes – An Analytical and Historical Introduction. Oxford University (2013)

Dickson, L.E.: History of the Theory of Numbers, Volume II: Diophantine Analysis. Dover (2005)

Dieudonné, J. (Hrsg.): Geschichte der Mathematik 1700–1900. Vieweg, Braunschweig (1985)

Dieudonné, J.: Mathematics – The Music of Reason. Springer (1992)

Doebel, G.: Johannes Kepler – Er veränderte das Weltbild. Styria Reprint, Graz (1996)

Dunham, W. (Hrsg.): The Genius of Euler: Reflections on his Life and Work. The MAA Tercentenary Euler Celebration, Washington (2007)

Dunham, W.: Euler – The Master of Us all. Mathematical Association of America, Washington (1999)

Dunham, W.: Journey Through Genius – The Great Theorems of Mathematics. Penguin, New York (1991)

Dürer, A.: Unterweisung der Messung 1525. Verlag A. Uhl, Nördlingen Reprint (1983)

Eberlein, J.K.: Albrecht Dürer. Rowohlt Monographien, Hamburg (2003)

Edgerton, S.Y.: Die Entdeckung der Perspektive. Wilhelm Fink. München (2002)

Edwards, C.H.: The Historical Development of the Calculus. Springer (1979)

Esteve, M.R.M.: Algebra and Geometry in Pietro Mengoli (1625–1686). Hist. Math. 33 (2006)

Euler, L., Blanton, J.D. (Hrsg.): Introductio in analysin infinitorum (1748), Bd. 1. Springer (1988)

Euler, L., Blanton, J.D. (Hrsg.): Foundations of Differential Calculus. Springer (2000)

Euler, L., Hewlett, J.E. (Hrsg.): Elements of Algebra. Springer (2012)

Euler, L., Hofmann, J.E. (Hrsg.): Vollständige Anleitung zur Algebra. Reclam, Stuttgart (1959)

Euler, L., Juskevic, A.P., Smirnov, V.I., Habicht, W. (Hrsg.): Leonhardi Euleri Commercium Epistolicum/Leonhard Euler Briefwechsel. Springer (1975)

Euler, L., Walter, W. (Hrsg.): Einleitung in die Analysis des Unendlichen, Teil 1. Springer (2014)

Euler, L., Weber, H. (Hrsg.): Vollständige Anleitung zur Algebra. Springer (1911)

Euler, L.: De formis radicum aequationum cuiusque ordinis conjectio, Comm. Ac. Petropol. 1732/33, Bd. VI

Euler, L.: De fractionibus continuis observationes. Commentarii academiae scientiarum Petropolitanae 11

Euler, L.: De progressionibus transcendentibus seu quarum termini generales algebraice dari nequeunt. Comm. Acad. Sci. Petropol. 5(1730/31)

Euler, L.: De transformatione serierum in fractiones continuas, ubi simul haec theoria non mediocriter amplificatur. Opusc. Anal. 2

Euler, L.: Foundations of Differential Calculus. Springer (2000)

Euler, L.: Histoire de l'Académie de Berlin, Bd. V (1749)

Euler, L.: Institutiones Calculi Differentialis. Opera Omnia, Ser. I, Leipzig (1913)

Euler, L.: Introduction to Analysis of Infinite, Book I +II. Springer (1988/1990)

Euler, L.: Solutio problematis ad geometriam situs pertinentis. Commentarii academiae scientiarum Petropolitanae **8**(1736/41)

Euler, L.: Sur la Probabilité des sequences dans la Lotterie Génoise. Berlin (1767)

Federico, P.J.: Descartes on Polyhedra – A Study of the De Solidorum Elementis. Springer (1982)

Feller, W.: An Introduction to Probability, Bd. 1. Reprint Wiley (2018)

Fellmann, E.A.: Leonhard Euler. Rowohlt Monographien, Hamburg (1985)

Fellmann, E.A: Leonhard Euler, im Sammelband Die Großen Band VI/2, Hrsg. Fassmann K., Coron/Kindler (1977)

Fellmann, E.A: Leonhard Euler: Beiträge zu Leben und Werk. Birkhäuser, Basel (2012)

Field, J.V., Gray, J.J. (Hrsg.): The Geometrical Work of Girard Desargues. Springer (1987)

Finster, R., van den Heuvel, G.: Gottfried Wilhelm Leibniz. Rowohlt Monographien, Hamburg (1990)

Fleckenstein, J.O.: Der Prioritätsstreits zwischen Leibniz und Newton. Birkhäuser, Basel (1956)

Fleckenstein, J.O.: Johann und Jakob Bernoulli. Birkhäuser, Basel (1949)

Francisci Vietae Fontenaeensis De aequationum recognitione et emendatione tractatus duo, Parisiis (1615)

Francisci Vietae opera mathematica/in unum volumen congesta, ac recognita, opera atque studio Francisci a Schooten Leydensis (1646)

Franke, G.: Christian Huygens, Exempla Historica, Epochen der Weltgeschichte in Biographien, Bd. 27. Fischer (1975)

Fueter, R.: Leonhard Euler, Beiheft zur Zeitschrift „Elemente der Mathematik". Springer, Basel (1948)

Fuss, N.: Lobrede auf Herren Leonhard Euler. Johann Schweighäuser, Basel (1786)

Fuss, P.H.: Correspondance Mathématique et Physique de quelques célèbres géomètres du XVIIIème Siècle. Précédée d'une notice sue les Traveaux de Léonhard Euler, Bd. I. St. Petersburg (1843)

Gerhardt, C.I.: Desargues und Pascal über die Kegelschnitte, Sitzungsber. der Königl. Preuß. Akademie (1892)

Gerlach, W.: Johannes Kepler, Exempla historica, Epochen der Weltgeschichte in Biographien, Bd. 27. Fischer (1975)

Giovanni, R. (Hrsg.): L' Algebra: Opera di Rafael Bombelli da Bologna. ETH-Bibliothek Zürich, Rar 5441 (1579)

Glaisher, J.W.L.: Q. J. Pure Appl. Math. **46** (1914/1915)

Gleick, J.: Isaac Newton. Harper Perennial, London (2004)

Goldstine, H.H.: A History of Numerical Analysis from the 16th Through the 19th Century. Springer, New York (1977)

González-Velasco, E.A.: Journey Through Mathematics – Creative Episodes in its History. Springer (2014)

Grant, H., Kleiner, I.: Turning Points in the History of Mathematics. Birkhäuser (2015)

Gray, J.: A History of Abstract Algebra. Springer (2018)

Gray, J.: The Real and the Complex: A History of Analysis in the 19th Century. Springer (2015)

Gronau, D.: Johannes Kepler und die Logarithmen. Ber. der Math.- statist. Sektion in der Forschungsgesellschaft Joanneum. Ber. Nr. 284 (1987), Graz (1987)

Hairer, E., Wanner, G.: Analysis by its History. Springer (2008)

Hales, T.C., Ferguson, S. P., Lagarias, J.C. (Hrsg.): The Kepler Conjecture – The Hales-Ferguson Proof. Springer (2010)

Hall, A.R.: From Galileo to Newton 1630–1720. Collins, London (1963)

Hall, A.R.: Philosophers at War: The Quarrel Between Newton and Leibniz. Cambridge University (1980)

Hall, M.B.: Henry Oldenburg: Shaping the Royal Society. Oxford University (2002)

Haller, R., Barth, F.: Berühmte Aufgaben der Stochastik – Von den Anfängen bis heute[2]. de Gruyter, Berlin (2016)

Hammer, F.: Die mathematischen Schriften Keplers (Band 9), Nachbericht zu den Tabulae Rudolphinae (Band 10). Beck, München (1937–2017)

Hamming, R.: The unreasonable effectiveness of mathematics. Am. Math. Mon. **87**(2), 1980

Hardy, G.H., Ramanujan, S.: An Introduction to the Theory of Numbers, 5. Aufl. Clarendon, Oxford (1979)

Harriot, T.: A Briefe and True Report of the New Found Land of Virginia. Dover (1972) (Reprint 1590)

Havil, J.: GAMMA: Eulers Konstante, Primzahlstränge und die Riemannsche Vermutung. Springer (2013)

Havil, J.: John Napier: Life, Logarithms, and Legacy. Princeton University Press (2014)

Heath, T.L. (Hrsg.): Euclid – The Thirteen Books of the Elements, Bd. 1. Dover (1946)

Herrmann, D.: Antike Mathematik[2], Geschichte der Mathematik in Alt-Griechenland und im Hellenismus. Springer (2020)

Herrmann, D.: Mathematik im Mittelalter – Geschichte der Mathematik des Abendlands mit ihren Quellen in China, Indien und im Islam. Springer (2016)

Herrmann, D.: Mathematik im Vorderen Orient – Geschichte der Mathematik in Altägypten und Mesopotamien. Springer (2019)

Heyne, A., Heyne, A.K.: Leonhard Euler. Springer (2007)

Hirsch, E.C.: Der berühmte Herr Leibniz – Eine Biographie. Beck, München (2001)

Hochstetter, E., et al. (Hrsg.): Herrn von Leibniz' Rechnung mit Null und Eins. Siemens AG (1966)

Hofmann, J.E.: Pierre de Fermat – Eine wissenschaftsgeschichtliche Skizze. Sci. Hist. **13**(1) (1971)

Hofmann, J.E.: R. Bombelli – Erstentdecker des Imaginären II. Prax. der Math. **14**(10) (1972)

Hofmann, J.E.: R. Bombelli – Erstentdecker des Imaginären. Prax. der Math. **14**(9) (1972)

Hofmann, J.E., Wieleitner, H., Mahnke, D.: Die Differenzenrechnung bei Leibniz. Sitzungsberichte d. Preuss. Akademie d. Wissenschaften, Phys.-Math. Klasse (1931)

Hofmann, J.E.: Bombellis 'Algebra' – eine genialische Einzelleistung und ihre Einwirkung auf Leibniz. Studia Leibnitiana **4**(3–4) (1972)

Hofmann, J.E.: Die Entwicklungsgeschichte der Leibniz'schen Mathematik während des Aufenthalts in Paris 1672–1676. Leibniz, München (1949)

Hofmann, J.E.: Geschichte der Mathematik, Bd. I–III. Sammlung Göschen de Gruyter, Berlin (1957/1963)

Hofmann, J.E.: Leibniz in Paris (1672–1676), His Growth to Mathematical Maturity. Cambridge University (1974)

Hollingdale, S.: Makers of Mathematics. Penguin. London (1989)

Holz, H.H.: Gottfried Wilhelm Leibniz. Reclam, Leipzig (1983)

Hoppe, J.: Johannes Kepler. Teubner, Leipzig (1987)

Huygens, C.: Oeuvres Complètes, Société Hollandaise des Science. La Haye Nijhoff (1888–1950)

Ineichen, R.: Leibniz, Caramuel, Harriot und das Dualsystem. Z. d. Dtsch. Math.-Ver. **16** (2008)

Inwood, M.: The Man Who Knew Too Much – The Strange and Inventive Life of Robert Hooke. Pan MacMillan, Basingstoke (2012)

Isaev, A.: Twenty-One Lectures on Complex Analysis- A first Course. Springer (2017)

Ivins, W.M.: Art & Geometry – A Study in Space Intuitions. Dover, New York (2018)

Jahnke, H.N. (Hrsg.): Geschichte der Analysis. Spektrum, Heidelberg (1999)

Jardine, L.: The Curious Life of Robert Hooke – The Man Who measured London. HarperCollins, London (2003)

Jordan, M.: Der vermisste Traktat des Piero della Francesca über die fünf regelmäßigen Körper, Jahrbuch der Königlich Preußischen Kunstsammlungen 1. Bd., 2./4. H. (1880)

Juškevič, A.P., Kopelevič, J.K.: Christian Goldbach (1690–1764). Birkhäuser, Basel (1994)

Kanton Basel-Stadt (Hrsg.): Leonhard Euler (1707–1783) Beiträge zu Leben und Werk. Birkhäuser, Basel (1983)

Katz, V., Parshall-Hunger, K.: Taming the Unknown – A History of Algebra from Antiquity to the Early Twentieth Century. Princeton University (2020)

Kaunzner, W.: Über Henry Briggs, den Schöpfer der Zehnerlogarithmen, im Sammelband: Visier- und Rechenbücher der frühen Neuzeit, Schriften des Adam-Ries-Bundes Band 19. Annaberg (2008)

Kheirandish, E. (Hrsg.): The Arabic Version of Euclid's Optics, Bd. I. Springer (1999)

Knobloch, E., et al. (Hrsg.): Zum Werk Leonhard Eulers. Birkhäuser, Basel (1984)

Knobloch, E.: Das große Spargesetz der Natur: Zur Tragikomödie zwischen Euler, Voltaire und Maupertuis, Mitteilung der Deutschen Mathematiker-Vereinigung 3/95

Knobloch, E.: Leibniz und sein mathematisches Erbe, Mitteilungen der Math. Gesellschaft der DDR (1984)

Kollerstrom, N.: Thomas Simpson and "Newton's Method of Approximation". Br. J. Hist. Sci. (1992)

Křížek, M., Luca, F., Somer, L.: 17 Lectures on Fermat Numbers – From Number Theory to Geometry, CMS Books in Mathematics. Springer (2001)

Kuehn, K.: Logarithms a Journey of their Tables to all over the World 2017.pdf

Kühne, A.: Jörg Glockendons „Von der Kunnst Perspectiva" als erstes Werk der Perspektivliteratur im deutschsprachigen Raum, im Sammelband: Rechenmeister und Mathematiker der frühen Neuzeit, Adam-Ries-Bund Band 25, Annaberg (2017)

Lagrange, J.-L.: Solution de différens problèmes du calcul integral, Mélanges de philosophie et de mathématique de la Société royale de Turin, Bd. III (1766)

Leibniz, G.W.: Supplementum Geometriae Dimensioriae seugeneralissima omnium tetra gonismorum effectio per motum. Acta Eruditorum, Leipzig (1693)

Liske, M.-T.: Gottfried Wilhelm Leibniz. Beck, München (2000)

Loeffel, H.: Blaise Pascal, Vita Mathematica, Bd. 2. Birkhäuser (1987)

Lutsdorf, H.T.: Die Euler-Gerade und ihre ursprüngliche Herleitung, eine Studie in klassischer Algebra. ETH Zürich (2012)

Mahnke, D.: Zur Keimesgeschichte der Leibnizschen Differentialrechnung, Sitzungsbericht der Gesellschaft zur Förderung der ges. Naturwissenschaften, Marburg, Berlin (1932)

Mahoney, M.S.: The Mathematical Career of Pierre de Fermat[2]. Princeton University Press (1993)

Mainzer, K.: Geschichte der Geometrie. BI Wissenschaftsverlag, Zürich (1980)

Maor, E.: e – The Story of a Number. Princeton University (1994)

Mikami, Y.: The Development of Mathematics in China and Japan. Chelsea Publishing, New York (1974)

Moritz, R.E.: On Mathematics and Mathematicians. Mason Press (2007)

Mortimer, E.: Blaise Pascal – The Life & Work of a Realist. Methuen & Co, London (1959)

Nahin, P.J.: An Imaginary Tale – The Story of $\sqrt{-1}$. Princeton University (1998)

Nahin, P.J.: Dr. Euler's Fabulous Formula: Cures Many Mathematical Ills. Princeton Science Library (2017)

Newton, I., Colson, J. (Hrsg.): The Method of Fluxions. London (1736)

Nikiforowski, W.A., Freimann, L.F.: Wegbereiter der modernen Mathematik. VEB Fachbuchverlag, Leipzig (1978)

Oldham, K.B., Spanier, J.: The Fractional Calculus. Dover, Mineola (2006)

Ostermann, A., Wanner, G.: Geometry by its History. Springer, Berlin (2012)

Pascal, B.: Essay pour les Coniques, im Sammelband Smith (1959)

Pascal, B.: Kleine Schriften zur Religion und Philosophie. Meiner Hamburg (2008)

Pascal, B.: Oeuvres complète. In: Brunschvicg, L., Boutroux, P., Gazier, F. (Hrsg.) Bd. I–XIV. Paris (1908–1925) (Reprint 1966)

Pascal, B.: Pensées (Ed. Brunschvig), Ed.: Giraud V., Paris (1924)

Pascal, G.: Das Leben des Monsieur Pascal. In: Pascal, B. (Hrsg.) Kleine Schriften zur Religion und Philosophie. Felix Meiner. Hamburg (2008)

Perler, D.: René Descartes. Beck, München (1998)

Phillips, G.M. (Hrsg.): Two Millennia of Mathematics, from Archimedes to Gauss. Springer, New York (2000)

Pleschinski, H. (Hrsg.): Voltaire – Friedrich der Große – Briefwechsel. dtv, München (2010)

van der Poorten, A., Apéry, R.: A proof that Euler missed ... Math. Intell. 1 (1979)

Poser, H.: René Descartes – Eine Einführung. Reclam, Stuttgart (2003)

Poudra, N.G. (Hrsg.): Oeuvres de Desargues, Bd. I + II. Cambridge University (2011)

Raffelt, A.: Das Leben Pascals, Vorwort zu: Kleine Schriften zur Religion und Philosophie. Meiner, Hamburg (2005)

Rehbock, F.: Geometrische Perspektive. Springer (1980)

Reich, K.: Diophant, Cardano, Bombelli, Viète : Ein Vergleich ihrer Aufgaben, Festschrift für Kurt Vogel, S. 131–150. München (1968)

Rheinfelder, H.: Blaise Pascal, Exempla historica, Epochen der Weltgeschichte in Biographien, Bd. 28. Fischer (1984)

Rice, B., Gonzalez-Velasco, E., Corrigan, A.: The Life and Works of John Napier. Springer (2017)

Röd, W.: René Descartes, Exempla historica, Epochen der Weltgeschichte in Biographien, Bd. 28. Fischer (1975)

Roegel, D.: Napier's ideal construction on the logarithms. https://hal.inria.fr/inria-00543934/document

Scharlau, W., Opolka, H.: Von Fermat bis Minkowski, Eine Vorlesung über die Zahlentheorie und ihre Entwicklung. Springer, Berlin (1980)

Schmidhuber, J.: m.faz.net/aktuell/wirtschaft/digitec/gottfried-wilhelm-leibniz-war-derersteinformatiker-17344093.html

Schmidt, A.: Einführung in die algebraische Zahlentheorie. Springer (2007)

Schneider, I. (Hrsg.): Die Entwicklung der Wahrscheinlichkeitstheorie von den Anfängen bis 1933. Wissenschaftliche Buchgesellschaft, Darmstadt (1988)

Schneider, I. (Hrsg.): Der Briefwechsel zwischen Pascal und Fermat, im Sammelband Schneider

Schneider, I.: Abraham der Moivre, im Sammelband: Die Großen Band VI/1, Fassmann K. (Hrsg.), S. 334–345. Kindler/Coron (1977)

Schneider, I.: Algebra in der frühen Glücksspiel- und Wahrscheinlichkeitsrechnung, im Sammelband Scholz

Schneider, I.: Der Mathematiker Abraham de Moivre. Arch. Hist. Exact Sci. 5, 177–317 (1968)

Schneider, I.: François Viète, in: Exempla historica, Epochen der Weltgeschichte in Biographien, Bd. 27. Fischer (1984)

Schneider, I.: Isaac Newton – Beck'sche Reihe großer Denker. Beck, München (1988)

Schneider, I.: Leibniz on the Probable, im Sammelband Dauben (1981)

Schneider, I.: Pierre de Fermat, im Sammelband: Die Großen Band V/2, Fassmann H. (Hrsg.) Coron/Kindler (1995)

Schoberleitner, F.: Geschichte der Mathematik, Manuskript Johann-Kepler-Universität Linz 11.02.2019. www.jku.at/forschung/forschungs-dokumentation/vortrag/30884

Scholz, E. (Hrsg.): Geschichte der Algebra – Eine Einführung. BI Wissenschaftsverlag, Mannheim (1990)

Scholz, E.: G. W. Leibniz als Mathematiker. www2.math.uni-wuppertal.de/~scholz/preprints/ Leibniz.pdf

Schupp, H., Dabrock, H.: Höhere Kurven – situative, mathematische, historische und didaktische Aspekte. BI Wissenschaftsverlag, Mannheim (1980)

Scriba, C.J.: Gregory's converging double sequence: a new look at the controversy between Huygens and Gregory over the 'analytical' quadrature of the circle. Hist. Math. **10**(3) (1983)

Seltman, M., Goulding, R. (Hrsg.): Thomas Harriot's Artis Analyticae Praxis. Springer (2007)

Sesiano, J.: An Introduction to the History of Algebra – Solving Equations from Mesopotamian Times to the Renaissance. American Mathematical Society, Providence (2009)

Shirley, J.W.: Thomas Harriot: A Biography. Clarendon, Oxford (1983)

Simmons, G.: Calculus with Analytic Geometry. McGraw-Hill. New York (1996)

Singh, S.: Fermats letzter Satz. Hanser. München (1998)

Smith, D.E., Latham, M.L. (Hrsg.): The Geometry of René Descartes: With a Facsimile of the First Edition. Dover (2012)

Smith, D.E.: A Source Book in Mathematics – 125 Selections From the Classic Writings. Dover (1959)

Sonar, T.: 3000 Jahre Analysis. Springer, Heidelberg (2011)

Sonar T.: Der Prioritätsstreit zwischen Leibniz und Newton, Jahrbuch 2016 der Braunschweigischen Wissenschaftlichen Gesellschaft, S. 157-182. Cramer, Braunschweig (2017)

Sonar, T.: Die Geschichte des Prioritätsstreits zwischen Leibniz und Newton. Springer, Berlin (2016)

Specht, R.: René Descartes. Rowohlts Monographien, Hamburg (2006)

Spieß, O.: Leonhard Euler. Frauenfeld und Leipzig (1929)

Stedall, J. (Hrsg.): The Greate Invention of Algebra: Thomas Harriot's Treatise on Equations. Oxford University (2003)

Stedall, J.: A Discourse Concerning Algebra – English Algebra to 1685. Oxford University (2002)

Stedall, J.: From Cardano's Great Art to Lagrange's Reflections: Filling a Gap in the History of Algebra. European Mathematical Society, Zürich (2011)

Stedall, J.: John Wallis and the French: his quarrels with Fermat, Pascal, Dulaurens, and Descartes. Hist. Math. **39** (2012)

Stein, E., Heinekamp, A. (Hrsg.): G.W. Leibniz – Das Wirken des großen Philosophen und Universalgelehrten als Mathematiker, Physiker, Techniker. G.-W.-Leibniz-Gesellschaft, Hannover (1990)

Stein, E.: Gottfried Wilhelm Leibniz seiner Zeit weit voraus als Philosoph, Mathematiker, Physiker, Techniker, Abhandl. zur Braunschweig, Bd. 54. Wissenschaftl. Gesellschaft (2005)

Sternemann, W.: Die stetige Verzinsung bei Jakob Bernoulli. Math. Semesterber. **62**(2), 159–172 (2015)

Stevin, S., Gericke, H., Vogel, K. (Hrsg.): De Thiende (Dezimalzahlrechnung), Ostwalds Klassiker der exakten Wissenschaften. Frankfurt (1965)

Struik, D.J. (Hrsg.): A Source Book in Mathematics 1200–1800

Suter, H.: Geschichte der Mathematischen Wissenschaften, Bd. I + II. Sändig Reprint, Zürich (1875)

Swetz, F.J. (Hrsg.): The European Mathematical Awakening – A Journey Through the History of Mathematics from 1000 to 1800. Dover, Mineola (2013)

Tarry, G.: „Le Probléme de 36 Officiers". Compte Rendu de l'Association Française pour l'Avancement des Sciences. Secrétariat de l'Association. 1 (1900)

Taton, R.: „L'Essay pour les Coniques" de Pascal, Revue d'histoire des sciences et de leurs applications, tome 8, n°1 (1955)

Taton, R.: Introduction biographique, in Desargues. L'oeuvre mathématique, Paris (1951)

Thiele, R.: Leonhard Euler. Teubner, Leipzig (1982)

Thiele, R.: The Mathematics and Science of Leonhard Euler, im Sammelband Van Brummelen

Truemper, K.: The Daring Invention of Logarithm Tables – How Jost Bürgi, John Napier, and Henry Briggs Simplified Arithmetic and Started the Computing Revolution. Leibniz Company, Plano (2020)

Truesdell, C.: Biographie Eulers, Einleitung zur Algebra. Springer (1972)

Varignon, P.: Nouvelles conjéctures sur la pesanteur, A Paris (1690)

Vasari, G.: Le Vite de' più eccellenti architetti, pittori, et scultori italiani, da Cimabue infino a' tempi nostril. Torrentino Florenz (1550)

Viète, F., Reich, K., Gericke, H. (Hrsg.): Einführung in die Neue Algebra, Historiae scientiarum elementa, Bd. 5. Fritsch, München (1973)

Viète, F., Witmer, T.R. (Hrsg.): The Analytic Art: Nine Studies in Algebra, Geometry and Trigonometry from the Opus Restitutae Mathematicae Analyseos. Dover (1983)

Vitruv, R.F. (Hrsg.): Zehn Bücher über die Architektur. Marix, Wiesbaden (2012)

Vollrath, H.-J.: Gottfried Wilhelm Leibniz (1646–1716) als Mathematiker, Broschüre des Instituts für Mathematik Universität Würzburg (2016)

van Brummelen, G., Kinyon, M. (Hrsg.): Mathematics and the Historian's Craft, CMS Books in Mathematics. Springer (2005)

von Braunmühl, A.: Vorlesungen über Geschichte der Trigonometrie Band I+II. Teubner, Leipzig (1890/1900)

von Humboldt, A.: Kosmos-Entwurf einer physischen Weltbeschreibung, Bd. II. Cotta, Tübingen (1847)

von Voltaire, B.R. (Hrsg.): Stürmischer als das Meer – Briefe aus England. Diogenes (2017)

von Poelje, O.: Gunter Scales in Operation. Conference der Oughtred Society (2006)

von Poelje, O.: Journal of the Oughtred Society, Bd. 13, No. 1. Spring (2004)

Vredeman J. de Vries, Baudoin, R. (Hrsg.): Perspective. Broché (2003)

Vredeman J. de Vries, Placek, A. (Hrsg.): Studies in Perspective. Dover (2014)

Waller, R. (Hrsg.): The Posthumous Works of Robert Hooke – Containing his Cutlerian Lectures. London (1705)

Wallis, J., Beeley, P., Scriba, C. (Hrsg.): Correspondence , Bd. IV (1672–1675). Oxford University (2014)

Wallis, J., Stedall, J. (Hrsg.): The Arithmetic of Infinitesimals 1756. Springer (2004)

Weil, A.: Zahlentheorie, Ein Gang durch die Geschichte von Hammurapi bis Legendre. Birkhäuser (1992)

Weissenborn, H.: Die Prinzipien der höheren Analysis, Bd. II. Zürich (1875)

Westfall, R.: Isaac Newton. Spektrum Akademischer, Heidelberg (1996)

Westfall, R.: The Life of Isaac Newton. Cambridge University (2015)

Whiteside, D.T. (Hrsg.): The Mathematical Papers of Isaac Newton. Cambridge Press (1967)

Whiteside, D.T.: Isaac Newton: Birth of a Mathematician. Notes Rec. R. Soc. **19** (1964)

Wickert, J.: Isaac Newton. Rowohlts Monographie, Hamburg (1995)

Wußing, H.: 6000 Jahre Mathematik – Eine Zeitreise, Band I: Von den Anfängen bis Leibniz und Newton. Springer (2008)

Wußing, H.: Isaac Newton. Teubner, Leipzig (1977)

Yoder, J.: Unrolling Time: Christiaan Huygens and the Mathematization of Nature. Cambridge University (2004)

Zeuthen, H.G.: Geschichte der Mathematik im XVI. und XVII. Jahrhundert, Leipzig (1903)

Stichwortverzeichnis

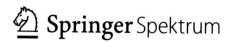

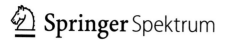

Printed in the United States
by Baker & Taylor Publisher Services